AF552005

Philipp Julius Meyer
Kartographie und Weltanschauung

Philipp Julius Meyer

Kartographie und Weltanschauung

Visuelle Wissensproduktion
im Verlag Justus Perthes
1890 – 1945

WALLSTEIN VERLAG

Gedruckt mit freundlicher Unterstützung
des Förderungsfonds Wissenschaft der VG Wort

Bibliografische Information der Deutschen Nationalbibliothek
Die Deutsche Nationalbibliothek verzeichnet diese Publikation in der Deutschen Nationalbibliografie; detaillierte bibliografische Daten sind im Internet über http://dnb.d-nb.de abrufbar.

www.wallstein-verlag.de

2019 an der Philosophischen Fakultät der Universität Erfurt angenommene Dissertation.

Vom Verlag gesetzt aus der Minion Pro und der Myriad Pro
Umschlaggestaltung: Marion Wiebel, Wallstein Verlag, unter Verwendung der Karte »Südsee-Schutzgebiete« von Paul Langhans (1908); Quelle: Paul Langhans, Südsee-Schutzgebiete, Deutsche Kolonial-Wandkarten Nr. 2, 6 Kt. in verschied. Maßstäben auf 1 Bl., Gotha 1908, Deutsche National-Bibliothek Leipzig, W 723-2, © Ernst Klett Verlag, Stuttgart; Photo: Alexander Meyer.
Lithografie: SchwabScantechnik GmbH, Göttingen
Druck und Verarbeitung: Hubert & Co, Göttingen
ISBN 978-3-8353-5025-0

Inhalt

1. Einleitung

1.1 Der ›Ahnensaal‹ in Gotha

Zwischen der alltäglichen Nutzung von Karten und dem Wissen über ihre Herstellung besteht ein offenkundiges Missverhältnis. Immer mehr Menschen nutzen Google Maps, OpenStreetMap oder ähnliche kartenbasierte Anwendungen, um sich zu orientieren und sich zielgerichtet fortzubewegen. Würde man Nutzer/innen dieser Tools jedoch dazu befragen, wie denn die Daten ›in die Karte‹ bzw. auf das Display ihres Smartphones gelangen, würde man wahrscheinlich nur sehr vage Antworten erhalten. Der Produktionsprozess von raumbezogenen Daten und deren kartographische Verarbeitung ist für die allermeisten Benutzer/innen eine Black Box, ein Fragezeichen,[1] auch wenn sie zunehmend selbst zu Produzent/innen digitaler Karten werden.[2]

Dieser Sachverhalt ist jedoch keineswegs neu. 1926 amüsierte sich der Kartograph Hermann Haack (1872-1966) in einem Text über die »völlige Unkenntnis« vieler Nutzer/innen von Atlanten in Bezug auf die Kartographie, die sich in »zahlreichen Anfragen und Vorschlägen« äußere, die Haack »tagaus, tagein« per Brief erreichten.[3] Dort sei etwa zu lesen, die Kartographen würden für die Herstellung der Karten in die zu zeichnenden Gebiete entsandt, »man beneidet diese um die wunderbaren Reisen in alle Länder der Welt, zu denen der schöne Beruf Gelegenheit gebe! Dabei sind gerade die größten Kartographen ihr ganzes Leben fast nicht vom Zeichenpulte hinweggekommen.«[4]

1 Dazu trägt der Umstand bei, dass Karten die Bearbeitungsschritte ihrer Herstellung verdecken. Siehe hierzu David Gugerli/Daniel Speich, Topografien der Nation. Politik, kartografische Ordnung und Landschaft im 19. Jahrhundert, Zürich 2002, S. 211.

2 Tom Hoyer, Raumkonstruktionen im Web 2.0 erkennen, bewerten und reflektieren: Über technische Möglichkeiten und soziale Praktiken im Umgang mit nutzergenerierten Webkarten, Duisburg/Essen 2020, URL: https://doi.org/10.17185/duepublico/71830 [10.6.2021]. Pablo Abend, Geobrowsing, Google Earth und Co. Nutzungspraktiken einer digitalen Erde, Bielefeld 2013. Manuel Schramm, Digitale Landschaften, Stuttgart 2009.

3 Hermann Haack, Vom Werden des Stieler. Eine kartographische Plauderei für Laien, Gotha 1926, S. 3. Obwohl es auch Kartographen gab, die die Gebiete, von denen sie Karten anfertigen wollten, selbst kartierten und daher auch bereisten. Zu nennen sind hier etwa die Kartographen des Kolonialkartographischen Instituts in Berlin, Max Moisel (1869-1920) und Paul Sprigade (1863-1928). Vgl. Jana Moser, Untersuchungen zur Kartographiegeschichte von Namibia. Die Entwicklung des Karten- und Vermessungswesens von den Anfängen bis zur Unabhängigkeit 1990, Dresden 2007, S. 46 f.

4 Haack, Vom Werden des Stieler, S. 4.

Um auf diesem Gebiet Aufklärung zu betreiben, produzierte das Berliner Reichsamt für Landesaufnahme 1928 den Dokumentarfilm *Karte und Atlas*, der die vielfältigen Methoden und Praktiken der Landesvermessung und der Kartenherstellung einem breiten Publikum näherbringen sollte. Kooperationspartner war hierbei Justus Perthes' Geographische Anstalt, ein Verlag in der etwas abseits gelegenen ehemaligen Residenzstadt Gotha in Thüringen, in der Hermann Haack zu dieser Zeit als wissenschaftlicher Leiter der Kartographie beschäftigt war. Bei dem Verlag handelte es sich dem Film zufolge um die »älteste und bekannteste« der »privaten Geographischen Anstalten«, die sich in der Herstellung und im Verkauf »geographischer Karten aller Länder und Erdteile« betätigten.[5] Tatsächlich genoss der 1785 von Justus Perthes (1749-1816) gegründete Verlag damals weltweites Ansehen – wenn auch der Ruhm in den 1920er Jahren bereits ein wenig verblasst war.[6]

Insbesondere während des 19. Jahrhunderts hatte der Verlag einen rasanten Aufstieg erlebt. 1817 erschien hier die erste Lieferung des *Hand-Atlas über alle Theile der Erde nach dem neuesten Zustande und über das Weltgebäude*. Herausgegeben von Adolf Stieler (1775-1836) und Christian Gottlieb Reichard (1758-1837) wurde er als *Stielers Handatlas* berühmt und weltweit verkauft.[7] Heinrich Berghaus (1797-1884) legte mit seinem *Physikalischen Atlas* von 1838 Grundlagen der

5 Lehrfilm »Karte und Atlas«, Bearb. vom Reichsamt für Landesaufnahme Berlin und Justus Perthes Geographische Anstalt Gotha, Produktion und Verleih von Naturfilm Hubert Schonger, 1928. Für die Entwicklung des Verlags anhand seines Gebäudes siehe Abb. 1, S. 11. Grundlegend zur Geschichte und Bedeutung des Verlags und der Sammlung Perthes siehe Petra Weigel, Die Sammlung Perthes Gotha, Berlin 2011. Dies., Geographische Wissensproduktion – Reflexionen aus der Perspektive der geographie- und kartographiehistorischen Sammlung Perthes der Forschungsbibliothek Gotha, in: Berichte zur Wissenschaftsgeschichte 40 (2017), S. 86-90. Dies., Ein Archiv der Erforschung und Entdeckung der Erde. Die Sammlung Perthes Gotha, in: Ingrid Kästner/Jürgen Kiefer (Hg.), Beschreibung, Vermessung und Visualisierung der Welt, Aachen 2012, S. 353-392. Heinz Peter Brogiato, Gotha als Wissens-Raum, in: Sebastian Lentz/Ferjan Ormeling (Hg.), Die Verräumlichung des Welt-Bildes. Petermanns Geographische Mitteilungen zwischen »explorativer Geographie« und der »Vermessenheit« europäischer Raumphantasien, Stuttgart 2008, S. 15-30. Trotz der marxistisch-leninistischen Rahmung bietet die Verlagsgeschichte von Franz Köhler einen guten Überblick und viele detailreiche Einblicke zu Justus Perthes: Franz Köhler, Gothaer Wege in Geographie und Kartographie, Gotha 1987.

6 Seit den 1870er Jahren machten die sich formierende universitäre Geographie und die Geographischen Gesellschaften Perthes den Rang als Mittelpunkt geographischen Wissens mehr und mehr streitig. Siehe Heinz Peter Brogiato, »Baedeker« und »Stieler«. Die Rolle des Verlagswesens zwischen Popularisierung und Professionalisierung der Geographie im 19. Jahrhundert, in: Monika Estermann/Ute Schneider (Hg.), Wissenschaftsverlage zwischen Professionalisierung und Popularisierung, Wiesbaden 2007, S. 77-114, hier S. 93.

7 Der Geograph und Ethnologe Georg Gerland (1833-1919) schrieb 1882, der *Stieler* habe »von allen Atlanten die weiteste Verbreitung«. Laut Gerland seien 66 % der 7. Auflage des *Stielers* nicht in Deutschland verkauft worden. Georg Gerland, Stieler's Atlas, in: Deutsche Rundschau 32 (1882), S. 466-472, hier S. 472. Zu *Stielers Handatlas* siehe Jürgen Espenhorst, Petermann's

modernen thematischen Kartographie. 1863 veröffentlichte seine Neffe Hermann Berghaus (1828-1890) die erste Auflage der *Chart of the World*, eine bahnbrechende Karte des Weltverkehrs, die selbst von der US-amerikanischen Navy als offizielle Karte eingeführt wurde.[8] Auf der Weltausstellung in Paris 1855 wurde der Verlag für seine Karten ausgezeichnet – nur einer von zahlreichen internationalen Preisen.[9] Im selben Jahr erschien erstmals die von August Petermann (1822-1878) gegründete Zeitschrift *Mittheilungen aus Justus Perthes' Geographischer Anstalt über wichtige neue Erforschungen auf dem Gesammtgebiete der Geographie*, kurz *Petermanns Mitteilungen* genannt, die sich zum transnationalen Leitmedium für die Erforschung und Vermessung der Erde entwickelte. 1893 erschien im Perthes-Verlag die erste nach einheitlichen Gesichtspunkten bearbeitete *Karte des Deutschen Reichs in 27 Blättern* von Carl Vogel (1828-1897).[10] Ab 1907 lieferte der Verlag insgesamt 16 Karten in Kupferstich als Beilage für die Encyclopædia Britannica.[11] Karten aus Gotha waren weltweit geschätzt.

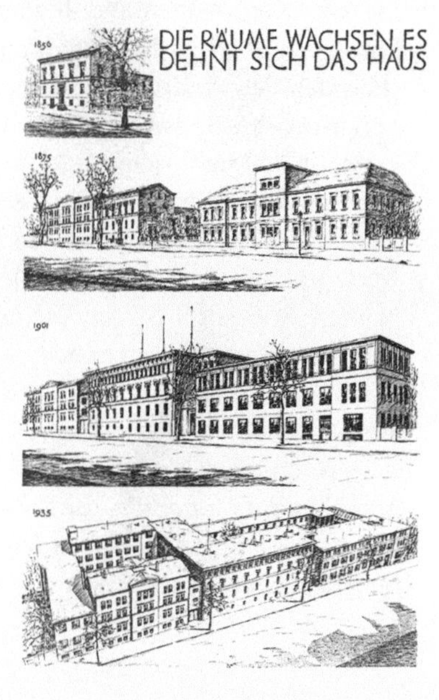

Abb. 1: Verlagsgebäude von Justus Perthes zwischen 1856 und 1935.

Den räumlichen Kristallisationspunkt dieses globalen Renommees bildete der ›Ahnensaal‹ im Verlagsgebäude (siehe Abb. 2, S. 209). Hier befand sich zum einen die wichtigste Quelle der Kartenproduktion: die hauseigene Kartensammlung. Das Kartenmaterial war in großformatigen Mappen in Kartenschränken gelagert,

Planet. A Guide to German Handatlases and their Siblings throughout the World 1800-1950, Bd. 1: The Great Handatlases, Schwerte 2003.

8 Hermann Haack, Hermann Berghaus (1828-1890), in: ders., Schriften zur Kartographie. Ausgewählt und bearbeitet von Werner Horn, Gotha/Leipzig 1972, S. 191-199, hier S. 196. Zur Chart of the World siehe Steffen Siegel/Petra Weigel, Der »Mercatorgeist« des 19. Jahrhunderts – Reflexionen der globalen Ordnung in Hermann Berghaus' Chart of the World (1863-1924), in: Ute Schneider/Stefan Brakensiek (Hg.), Gerhard Mercator – Wissenschaft und Wissenstransfer, Darmstadt 2015, S. 197-230. Iris Schröder, Eine Weltkarte aus der Provinz: Die Gothaer Chart of the World und die Karriere eines globalen Bestsellers, in: Historische Anthropologie 25 (2017), H. 3, S. 353-376.

9 Vgl. die Liste der Auszeichnungen in: Justus Perthes, Haupt-Katalog, Gotha 1915, o. S.

10 Carl Vogel, Karte des Deutschen Reichs, 27 Blätter in Kupferstich im Maßstab 1:500.000, Gotha 1893.

11 Vgl. Justus Perthes, Fünf Generationen Justus Perthes 1785-1935, Gotha 1935, S. XXVII.

die nach Kontinenten und Regionen geordnet waren. Der erwähnte Dokumentarfilm von 1928 zeigt den Kartographen Rudolf Schleifer (1879-1944), wie er im flackernden Schein der Filmbeleuchtung einzelne Karten aus dem Schrank ›Asien‹ heraussucht, die als Grundlage für eine neue Karte dienen sollten. Zum anderen verweist der mythisch aufgeladene Name ›Ahnensaal‹ auf die lange Reihe der Porträts, die über den Kartenschränken hingen und auch heute noch in der Sammlung Perthes zu sehen sind. Dabei handelte es sich um Porträts derjenigen Kartographen, die die Tradition und den Ruhm des Verlags begründet hatten. Namen wie Adolf Stieler, Heinrich Berghaus, August Petermann, Carl Vogel, Hermann Berghaus oder auch Emil von Sydow (1812-1873) repräsentieren epochemachende Innovationen in Kartographie und Geographie – gemeinsam bildeten sie eine »kleine, geographische Gelehrtenrepublik«.[12] Ihre stummen Porträts forderten von ihren Nachfolgern – bis in die zweite Hälfte des 20. Jahrhunderts ebenfalls allesamt Männer[13] – die Fortführung der Verlagstradition und die Einhaltung der kartographischen Tugenden, vor allem exaktes Quellenstudium, geschultes Sehen, genaues Zeichnen und unerschütterlichen Arbeitseifer.[14]

1.2 Forschungsstand und Fragestellung der Untersuchung

Dieses Buch handelt von zwei Kartographen, die ebenfalls in diese illustre Reihe von Porträts aufgenommen wurden: Paul Langhans (1867-1952) und der bereits erwähnte Hermann Haack (1872-1966) (siehe die Abb. 3-4 u. 6-7, S. 209-210).[15] Beide kamen zu einer Zeit in den Verlag – Langhans im Oktober 1889, Haack im April 1897 –, als dieser sich mit tiefgreifenden Veränderungen konfrontiert sah, wirtschaftlichen, technischen wie politischen (vgl. Kap. 2). Die beiden Kartographen weisen auf den ersten Blick viele Gemeinsamkeiten auf.[16] Keiner von ihnen hatte einen bürgerlichen Hintergrund, sie waren soziale Aufsteiger, wobei ihnen

12 Max Eckert, Die Kartenwissenschaft. Forschungen und Grundlagen zu einer Kartographie als Wissenschaft, 2 Bde., Berlin/Leipzig 1921 u. 1925, hier Bd. 1, S. 41.

13 Um den historischen Umstand abzubilden, dass im Untersuchungszeitraum einige der für die Studie relevanten Berufe ausschließlich von Männern ausgeübt wurden, verzichtet sie an den entsprechenden Stellen auf eine genderneutrale Sprache. Ist dies nicht der Fall, wird eine genderneutrale Sprache verwendet.

14 Epistemische Tugenden wie »Ausdauer, Genauigkeit und Umsicht« sind »Fähigkeiten und Einstellungen […], die bestimmte Diskursgemeinschaften für die Produktion, die Vermittlung oder den Erwerb von Wissen als vorbildlich, wenn nicht als verbindlich erachten«. Andreas Gelhard/Ruben Hackler/Sandro Zanetti, Einleitung, in: dies. (Hg.), Epistemische Tugenden. Zur Geschichte und Gegenwart eines Konzepts, Tübingen 2019, S. 1-8, hier S. 2, 3.

15 Für die vom Verlag offiziell verwendeten Photographien von Langhans und Haack siehe Abb. 3 und 4, für ihre Ahnensaalporträts siehe Abb. 6. und 7.

16 Brogiato, Gotha als Wissens-Raum, S. 28.

ihr Talent und die erweiterten öffentlichen Bildungsmöglichkeiten zugutekamen, aber auch die Unterstützung von Bernhard Perthes (1858-1919), der 1881 in jungen Jahren den Verlag übernommen hatte und der zunehmend auf akademisch ausgebildeten Nachwuchs für seine ›geographische Anstalt‹ setzte.

Abb. 5: Bernhard Perthes (vermutlich nach 1900)

Hermann Oscar Haack, geboren am 29. Oktober 1872, kam aus einer bildungsfernen Schicht, sein Vater betrieb das örtliche Postamt in Friedrichswerth, einem kleinen Dorf, wenige Kilometer nordwestlich von Gotha gelegen.[17] Paul Max Harry Langhans wurde am 1. April 1867 in Hamburg geboren und entstammte dem kleinbürgerlichen Milieu. Sein Vater arbeitete als Gastwirt und später als Quartiersmann im Hamburger Hafen.[18] Neben ihrem sozialen Aufstieg teilten beide die langjährige Anstellung bei Justus Perthes. Sie verbrachten ihr gesamtes Arbeitsleben, bis ins hohe Alter, in Gotha und stiegen im Verlag zu den prägendsten Kartographen der ersten Hälfte des 20. Jahrhunderts auf. Beide erlebten die vielfachen politischen und sozialen Erschütterungen, Brüche und Verwerfungen, die das 20. Jahrhundert mit dem Beginn des Ersten Weltkriegs bestimmten und die seiner Kernzeit zwischen 1917 und 1989 das Signum eines »Zeitalters der Extreme« aufprägten.[19] Und gerade in diesem Zusammenhang werden schließlich auch die Unterschiede im Hinblick auf ihre berufliche und persönliche Entwicklung sichtbar. Die vorliegende Arbeit setzt hier an und untersucht die kartographische Wissensproduktion beider Verlagskartographen in ihrer Beziehung zu den politischen Entwicklungen im Zeitraum von 1890 bis 1945 unter der Perspektive der visuellen Gestaltung ihrer Karten und in Verbindung mit verlagswirtschaft-

17 Günter Bauerfeind, Hermann Haack 1872-1966. Nestor der deutschen Kartographie, Gotha 2009, S. 10.

18 Manfred Langhans, Zur Familiengeschichte unseres Langhans-Stammes, unveröffentlichtes Manuskript, Hegenlohe 1967, Kreisarchiv Ratzeburg, KrArchivRz AGen2, S. 5 f. Über die Tätigkeiten der Mütter schweigen sich die Quellen aus.

19 Eric Hobsbawm, Das Zeitalter der Extreme. Weltgeschichte des 20. Jahrhunderts, München 1998. Die Arbeit orientiert sich jedoch eher an der Periodisierung von Ulrich Herbert, der von einem langen 20. Jahrhundert ausgeht. Damit bezieht er auch die für die Entwicklungen des 20. Jahrhunderts so grundlegenden letzten Jahrzehnte des 19. Jahrhunderts ein. Siehe Ulrich Herbert, The Short and the Long Twentieth Century. German and European Perspectives, in: German Historical Institute London Bulletin 42 (2020), H. 2, S. 9-24.

lichen Aspekten. Ein Ausblick soll die grundlegenden Entwicklungen nach 1945 erfassen.

Denn nach 1945 wurde das Porträt von Paul Langhans im ›Ahnensaal‹ abgehängt und entfernt. Das Porträt Hermann Haacks verblieb hingegen an Ort und Stelle. In den 1950er Jahren ergänzte der Verlag das Porträt sogar um ein Gemälde, das Haack mit Globus und Zirkel als »Nestor der Kartographie« in Szene setzte.[20] Diese Bildpolitik hing ursächlich mit dem Umbruch im Frühjahr 1945, dem Ende des sogenannten Dritten Reichs und den darauffolgenden politischen Transformationen zusammen.

Paul Langhans, der 1940 »für sein jahrzehntelanges Wirken als Rufer völkischen Erwachens« und als »geographischer Wissenschaftler deutscher Art« zum Ehrenbürger Gothas ernannt wurde, galt der Gemeindevertretung nun als »aktive[r] Nazi«.[21] Hermann Haack, der 1942 von Adolf Hitler für seine »Verdienste um die wissenschaftliche deutsche Kartographie«[22] mit der Goethe-Medaille für Kunst und Wissenschaft ausgezeichnet wurde, galt nach 1945 hingegen als ›unpolitischer‹, rein wissenschaftlich arbeitender Kartograph und wurde in der DDR schließlich sogar zum Vertreter einer humanistischen Wissenschaftstradition erklärt (vgl. Kap. 8).[23]

Die Rezeption der beiden Verlagskartographen ist bis heute mehrheitlich diesem simplifizierenden Schwarz-Weiß-Muster gefolgt. Haacks zweifelsohne bedeutende Leistungen und Innovationen – besonders auf dem Gebiet der Schulkartographie – wurden und werden eingehend gewürdigt. Eine breitgefächerte Produktpalette für den Geographieunterricht trägt heute seinen Namen. Jedoch bleibt entsprechend diesem Rezeptionsschema der politische Kontext der Arbeiten Haacks vollständig ausgeblendet; seine Würdigung erfolgt auf einer historisch

20 Bauerfeind, Hermann Haack 1872-1966, S. 9. Für die Ahnensaal-Porträts von Langhans und Haack sowie für das Gemälde von Haack siehe die Abb. 6, 7 und 8, S. 210. Zur Funktion des Globus als Symbol von politischer Herrschaft und geographischem Wissen vgl. Tanja Michalsky, Karten schaffen Räume. Kartographie als Medium der Wissens- und Informationsorganisation, in: Ute Schneider/Stefan Brakensiek (Hg.), Gerhard Mercator – Wissenschaft und Wissenstransfer, Darmstadt 2015, S. 15-40, hier S. 15 f. Das Gemälde von Haack hing ursprünglich im Speisesaal der Belegschaft und befindet sich heute im ›Ahnensaal‹ der Sammlung Perthes. Für diese Informationen bedanke ich mich bei der Wissenschaftlichen Referentin der Forschungsbibliothek Gotha für die Sammlung Perthes, Petra Weigel.

21 Protokoll der Sitzung der Gemeindevertretung vom 8. November 1946, Stadtarchiv Gotha 1.2/1151, o. P.

22 Brief der Präsidialkanzlei des Führers und Reichskanzlers an das Reichsministeriums für Wissenschaft, Erziehung und Volksbildung vom 17. Oktober 1942, Bundesarchiv Berlin, BArch R/4901 726, Bl. 142.

23 Brief des Präsidenten der Gesellschaft für Deutsch-Sowjetische Freundschaft Georg Handke (1894-1962) an Hermann Haack vom 29. Oktober 1960, Familienarchiv Heiner Haack, Nl Hermann Haack.

konturlos bleibenden, allen konkreten Zeitbezügen enthobenen Ebene.[24] Diese jüngere Aneignung Haacks basiert auf einem älteren Narrativ, das insbesondere von der DDR-Historiographie entwickelt wurde und unmittelbar an die geschilderte Bildpolitik im ›Ahnensaal‹ anschloss.[25] Doch auch die Rezeption in der Bundesrepublik erfolgte nach einem dichotomischen Schema, in der Weise, dass Langhans gänzlich von der Bildfläche verschwand, während Haack auch hier auf seine rein wissenschaftlichen Erfolge reduziert wurde.[26]

Damit war Haack allerdings kein Einzelfall in der Kartographie und Geographie. Erst im Zuge einer beginnenden Aufarbeitung durch die Disziplingeschichte, die Ende der 1970er Jahre einsetzte und sich kritisch und differenziert mit den zeitgeschichtlichen Bezügen von Politik und Geographie auseinandersetzte, wurde die auf die wissenschaftlichen Errungenschaften ›großer Männer‹ reduzierte Perspektive allmählich aufgegeben.[27] Als Pionierarbeiten bei der Erforschung des Zusammenhangs von Politik und Geographie können die Studien von Hans-Dietrich Schultz und Georg Sandner gelten.[28] Franz-Josef Schulte-Althoff machte bereits zu Beginn der 1970er Jahre auf die Verbindung von Geographie und

24 Bauerfeind, Hermann Haack 1872-1966. Helmut Langer, Hermann Haack. Schöpfer der Wand-Atlanten, in: Gothaer Geowissenschaftler in 220 Jahren, hg. vom Urania Kultur und Bildungsverein Gotha e. V., Gotha 2005, S. 36-38.

25 Werner Horn, In Memoriam. Das Lebenswerk von Hermann Haack, in: Petermanns Geographische Mitteilungen 110 (1966), H. 3, S. 161-175. Rudolf Habel, Hermann Haack – Gesellschaftlicher Fortschritt und Wandel, in: Gottfried Suchy (Hg.), Gothaer Geographen und Kartographen. Beiträge zur Geschichte der Geographie und Kartographie, Gotha 1985, S. 127-133. Willi Stegner, Geschichtswandkarten im Verlagsschaffen der Gothaer Geographisch-Kartographischen Anstalt, in: Hans Richter u. a. (Hg.), Fortschritte in der geographischen Kartographie, Gotha 1985, S. 45-57. Franz Köhler, Die Wandatlanten von Hermann Haack und die gesellschaftlichen Einflüsse ihrer Entstehung, in: Hans Richter u. a. (Hg.), Fortschritte in der geographischen Kartographie, Gotha 1985, S. 58-69. Köhler, Gothaer Wege. Köhler weist bereits auf Widersprüche in der bestehenden Rezeption von Haack hin, verbleibt aber letztlich in ihrem Rahmen. Eine interessante, mit vielen biographischen Details versehene Variante des Narrativs vom ›unpolitischen‹ Kartographen Haack, der die Welt rein ›wissenschaftlich‹ betrachtet, stellt ein Buch für Jugendlich dar: Hans-Joachim Malberg, Die Welt auf dem Papier. Ein Leben für Geographie, Atlas und Landkarte, Weimar 1956.

26 Heinz Bosse, Hermann Haack. Ein Gedenken zum 100. Geburtstag, in: Kartographische Nachrichten 22 (1972), H. 5, S. 173-177. Friedrich Pfrommer, Die Bedeutung von Hermann Haack für die Schulgeographie und Schulkartographie, in: Kartographische Nachrichten 22 (1972), H. 5, S. 177-179. Werner Painke, Haacks Wandatlanten gestern und heute, in: Kartographische Nachrichten 22 (1972), H. 5, S. 180-183.

27 Ute Wardenga, Writing the History of Geography: What We Have Learnt – and Where to Go Next, in: Geographica Helvetica 68 (2013), H. 1, S. 27-35, hier S. 28.

28 Hans-Dietrich Schultz, Die deutschsprachige Geographie von 1800 bis 1970: ein Beitrag zur Geschichte ihrer Methodologie, Berlin 1980. Gerhard Sandner, Die »Geographische Zeitschrift« 1933-1944. Eine Dokumentation über Zensur, Selbstzensur und Anpassungsdruck bei wissenschaftlichen Zeitschriften im »Dritten Reich«, in: Geographische Zeitschrift 71 (1983), H. 2, S. 65-87, H. 3, S. 127-149.

Kolonialismus aufmerksam.[29] Grundlegend für diesen Zusammenhang ist zudem die Studie von Johannes Fabian, die – aus einer transnationalen Perspektive – die tradierte Dichotomie von rational handelnden europäischen Forschungsreisenden und ihren irrationalen Forschungsobjekten, den Afrikaner/innen im 19. Jahrhundert, radikal in Frage stellte.[30]

Für die Frage nach der Rolle der Geographie bei der nationalsozialistischen Raumplanung während des Zweiten Weltkriegs stellen die Arbeiten von Mechthild Rössler Standardwerke dar.[31] Die Entwicklung der Schulgeographie seit dem Ende des 19. Jahrhunderts behandelt eingehend wie facettenreich Heinz Peter Brogiato.[32] Henning Heske untersuchte speziell den Geographieunterricht im Nationalsozialismus.[33] Die unterschiedlichen Konzepte der Geographie und des Geographieunterrichts im 19. und 20. Jahrhundert, auch in ihren politischen Kontexten, beleuchtet Hans-Dietrich Schultz.[34] Diese Forschung kann einer breiteren historiographischen Entwicklung zugeordnet werden, die seit den 1980er Jahren

29 Franz-Josef Schulte-Althoff, Studien zur politischen Wissenschaftsgeschichte der deutschen Geographie im Zeitalter des Imperialismus, Paderborn 1971. Siehe auch Carsten Gräbel, Die Erforschung der Kolonien: Expeditionen und koloniale Wissenskultur deutscher Geographen, 1884-1919, Bielefeld 2015. Zur Kritik an Gräbel vgl. die Rezension von Norman Henniges in: Berichte. Geographie und Landeskunde 89 (2015), H. 3, S. 259-262. Sowie Heinz Peter Brogiato, »Sich selbst ein Monument gesetzt« – Hans Meyer und der Kilimandscharo, in: ders./Matthias Röschner (Hg.), Koloniale Spuren in den Archiven der Leibniz-Gemeinschaft, Halle a. S. 2020, S. 52-73, hier S. 64, Anm. 50.

30 Johannes Fabian, Out of Our Minds. Reason and Madness in the Exploration of Central Africa, Berkeley 2000.

31 Mechthild Rössler, »Wissenschaft und Lebensraum«. Geographische Ostforschung im Nationalsozialismus. Ein Beitrag zur Disziplingeschichte der Geographie, Berlin/Hamburg 1990. Dies./Sabine Schleiermacher (Hg.), Der »Generalplan Ost«. Hauptlinien der nationalsozialistischen Planungs- und Vernichtungspolitik, Berlin 1993. Für den Zeitraum 1880 bis 1980 siehe Ariane Leendertz, Ordnung schaffen. Deutsche Raumplanung im 20. Jahrhundert, Göttingen 2008. Für den Zusammenhang von Geographie und nationalsozialistischer Weltanschauung auf Grundlage einer quantitativen Zeitschriftenananlyse nach wie vor gültig: Horst-Alfred Heinrich, Politische Affinität zwischen geographischer Forschung und dem Faschismus im Spiegel der Fachzeitschriften. Ein Beitrag zur Geschichte der Geographie in Deutschland von 1920 bis 1945, Gießen 1991.

32 Heinz Peter Brogiato, »Wissen ist Macht – geographisches Wissen ist Weltmacht«. Die schulgeographischen Zeitschriften im deutschsprachigen Raum (1880-1945) unter besonderer Berücksichtigung des Geographischen Anzeigers, 2 Bde., Trier 1998. Ders., »An dem Knochen wird von vielen genagt«. Zur Entwicklung der geographischen Schulatlanten im 19. Jahrhundert, in: Internationale Schulbuchforschung 19 (1997), H. 1, S. 35-66.

33 Henning Heske, Und morgen die ganze Welt. Erdkundeunterricht im Nationalsozialismus, 2. Aufl. [1. Aufl. 1988], Norderstedt 2015.

34 Aus der Fülle der Publikationen sei nur ein aktueller Zeitschriftenaufsatz genannt: Hans-Dietrich Schultz, Albrecht Penck: Vorbereiter und Wegbereiter der NS-Lebensraumpolitik?, E&G Quaternary Science Journal 66 (2018), S. 115-129, URL: https://doi.org/10.5194/egqsj-66-115-2018 [14.6.2019].

für eine intensive Beschäftigung mit der Rolle der Wissenschaften in der Zeit des Nationalsozialismus sorgte.[35]

Im Hinblick auf Paul Langhans und Hermann Haack hat insbesondere Heinz Peter Brogiato eine kritische und differenzierte Betrachtung vorgenommen. Er analysiert in seiner Dissertation über die Schulgeographie vom Ende des 19. Jahrhunderts bis zum Ende des Zweiten Weltkriegs den *Geographischen Anzeiger* – eine von 1899 bis 1944 im Perthes-Verlag erschienene Fachzeitschrift für Schulgeograph/innen – im Vergleich mit anderen schulgeographischen Periodika des deutschsprachigen Raums.[36] Hermann Haack als wichtigster Herausgeber des *Anzeigers* wird in diesem Zusammenhang ausführlich in den Blick genommen. Auch die Entwicklung des von Haack gegründeten Verbands deutscher Schulgeographen (VdS), der 1912 seine Arbeit aufnahm, wird ausführlich dargestellt. Die Arbeit stellt zugleich ein umfangreiches Kompendium geographischer Wissenschaft im Untersuchungszeitraum dar und ist historische Darstellung sowie bibliographisches und prosopographisches Nachschlagewerk in einem. Die Untersuchung fokussiert dabei in erster Linie auf den Herausgeber Haack. Seine Karten werden zwar umfassend aufgeführt, jedoch nicht systematisch in die Interpretation einbezogen. Eine politische Einordnung Haacks, so konstatiert auch Brogiato, steht nach wie vor aus.[37]

Paul Langhans wird von Brogiato ebenfalls behandelt – erstmals weder gemäß einer Schwarz-Weiß-Schablone noch als unbedeutende Randfigur.[38] Zudem hat er Langhans in zwei weiteren Aufsätzen beleuchtet, einmal als Herausgeber von *Petermanns Mitteilungen*[39] und anhand einer kolonialen Schulwandkarte.[40]

35 Michael Burleigh, Germany turns eastwards. A study of Ostforschung in the Third Reich, Cambridge/New York 1989. Hieran schlossen in den 1990er Jahren weitere Arbeiten an: Michael Fahlbusch, »Wo der deutsche … ist, ist Deutschland!« Die Stiftung für Deutsche Volks- und Kulturbodenforschung in Leipzig 1920-1933, Bochum 1994. Ders., Wissenschaft im Dienst der nationalsozialistischen Politik? Die »Volksdeutschen Forschungsgemeinschaften« von 1931-1945, Baden-Baden 1999. Rüdiger Hachtmann, Wissenschaftsmanagement im Dritten Reich. Geschichte der Generalverwaltung der Kaiser-Wilhelm-Gesellschaft, 2 Bde., Göttingen 2007. Mark Walker u. a. (Hg.), The German Research Foundation 1920-1970. Funding poised between science and politics, Stuttgart 2013.

36 Brogiato, Wissen ist Macht.

37 Ebd., Bd. 1: Textband, S. 166 f. Alle folgenden Zitatangaben aus dieser Publikation beziehen sich auf Bd. 1.

38 Ebd., S. 246-269. Siehe auch Heinz Peter Brogiato, Paul Langhans: Der völkische Kartograph, in: Gothaer Geowissenschaftler in 220 Jahren, hg. vom Urania Kultur und Bildungsverein Gotha e. V., Gotha 2005, S. 39-40.

39 Heinz Peter Brogiato, PGM in der Epoche der Weltkriege (1909-1945), in: Petermanns Geographische Mitteilungen 148 (2004), H. 6, S. 20-29.

40 Heinz Peter Brogiato/Dirk Hänsgen/Ulrike Schmid/Walter Sperling, Paul Langhans und seine Wandkarte der Deutschen Kolonien in Afrika 1908, in: Harald Leisch (Hg.), Perspektiven der Entwicklungsländerforschung. Festschrift für Hans Hecklau, Trier 1995, S. 81-102. Für die in dem Aufsatz thematisierte Karte siehe Abb. 24.

Dennoch ist in Bezug auf Langhans eine diachron angelegte, ausführliche Darstellung, die Aspekte von Kartenproduktion und politischer Überzeugung aufeinander bezieht, bislang ein Desiderat. An diesem Umstand ändert auch der instruktive Aufsatz von Imre Demhardt zu Langhans' *Deutschem Kolonial-Atlas* grundlegend nichts, da dieser sich auf einen einzelnen Atlas beschränkt.[41]

Mit der Rezeption von Langhans und Haack ist im Hinblick auf die Fragestellung dieser Arbeit eine von insgesamt zwei Ebenen angesprochen. Die bisherige Rezeption, mit Ausnahme der Arbeiten von Brogiato, kann dahingehend zusammengefasst werden, dass sie Berührungspunkte, Kontinuitäten und Verschränkungen des Perthes-Verlags und seiner Wissensproduktion mit kolonialer, völkischer und nationalsozialistischer Weltanschauung in der Person von Paul Langhans bündelt. Er gilt als alleiniger Repräsentant einer »chauvinistischen« Kartographie im Verlag.[42] Auf diese Weise werden die Beziehungen zwischen Verlag und radikalem Nationalismus gleichsam personalisiert.[43] Diese Form der Rezeption ist zum einen unterkomplex, zum anderen verstellt sie den Blick auf tatsächliche historische Zusammenhänge. Damit soll keinesfalls in Abrede gestellt werden, dass Langhans ein überzeugter Antisemit und Nationalsozialist war. Dennoch greift das bisherige Narrativ in seiner personalisierten Form zu kurz.

Die These, die auf dieser ersten Ebene der Arbeit verfolgt wird, lautet, dass anstatt von einseitig personalisierten Beziehungen und Kontinuitäten zwischen nationalistischer Weltanschauung und kartographischer Wissensproduktion vielmehr von komplexeren, vielseitigen Beziehungsformen auszugehen ist, in die verschiedene Akteure des Verlags eingebunden waren. Um diese Beziehungen herauszuarbeiten, werden in der vorliegenden Untersuchung sowohl das politische Engagement in Verbänden und Institutionen als auch die kartographische Wissensproduktion von Haack und Langhans nachgezeichnet, kontextualisiert und miteinander verknüpft. Dabei werden – was bisher ebenfalls nicht erfolgt ist – Haack und Langhans systematisch aufeinander bezogen.[44] Ziel ist es, auf der Ebene der historischen Personen, das bisherige dichotomische Bild der Rezeption

41 Imre Demhardt, Paul Langhans und der Deutsche Kolonial-Atlas 1893-1897, in: Cartographica Helvetica 39-40 (2009), H. 40, S. 17-30.

42 Köhler, Gothaer Wege, S. 168.

43 Die Begriffe Ideologie und Weltanschauung verwende ich in Anlehnung an Lutz Raphael synonym. In Bezug auf die NSDAP verwendet Raphael beide Begriffe, um das »Ensemble der von der NSDAP propagierten Begriffe und Argumente zu bezeichnen, die nach Einschätzung ihrer Vertreter in den engeren Bereich leitender Werte und gültiger Wahrheiten des Nationalsozialismus eingereiht werden konnten«. Im Kern zielen also, gemäß dieser Definition, sowohl Ideologie als auch Weltanschauung darauf ab, leitende Werte und gültige Wahrheiten zu schaffen und zu etablieren. Vgl. Lutz Raphael, Radikales Ordnungsdenken und die Organisation totalitärer Herrschaft: Weltanschauungseliten und Humanwissenschaftler im NS-Regime, in: Geschichte und Gesellschaft 27 (2001), H. 1, S. 5-40, hier S. 6, Anm. 4.

44 Siehe den Abschnitt Methodische Reflexion.

zu verschieben, weiter zu differenzieren und die ›weißen Flecken‹ hinsichtlich der Beziehung von politischer Ideologie und kartographischer Praxis zu verkleinern.

Mit der Beziehung von Ideologie und Praxis ist schließlich die zweite Ebene der Arbeit angesprochen. Hier soll das Fallbeispiel der beiden Perthes-Kartographen einen weiter gefassten Zusammenhang zwischen Weltanschauung und kartographischer Wissensproduktion aufzeigen. Die Arbeit leistet damit einen empirischen Beitrag zur Erforschung des Verhältnisses von Politik und Verlagskartographie. Bevor eine Fragestellung im Hinblick auf dieses Verhältnis formuliert wird, sollen jedoch zunächst der allgemeine Forschungszusammenhang, in den sich die Untersuchung einordnet, der Stand der Forschung und einige Grundannahmen erläutert werden. Dabei sollen anhand des genannten Begriffs der ›kartographischen Wissensproduktion‹ verschiedene Forschungsfelder in Beziehung gesetzt werden.

1.2.1 Kartographie

Dieses Buch befasst sich mit zwei Kartographen sowie deren Texten und Karten und ist daher innerhalb der neueren historischen Raumforschung situiert.[45] Diese nahm ihren Ausgangspunkt bei Texten von Michel Foucault,[46] Edward Soja,[47] Henri Lefebvre[48] und Michel de Certeau,[49] die das Räumliche als eine fruchtbare analytische Perspektive wieder stärker in den Vordergrund rückten.[50] Denn vor allem in der deutschen Geschichtswissenschaft hatte die ideologische ›Raumversessenheit‹ des Nationalsozialismus zu einer ›Raumvergessenheit‹ in der Nachkriegszeit geführt.[51] Die ohnehin stärker auf Strukturen fokussierte Gesellschaftsgeschichte der 1970er Jahre brachte Phänomenen der historischen Raum-

45 Grundlegend zur historischen Raumforschung siehe Susanne Rau, Räume. Konzepte, Wahrnehmungen, Nutzungen, 2. Aufl., Frankfurt a. M. 2017.

46 Michel Foucault, Andere Räume, in: Karlheinz Barck (Hg.), Aisthesis, Wahrnehmung heute oder Perspektiven einer anderen Ästhetik. Essais, Leipzig 1990, S. 34-46.

47 Edward Soja, Thirdspace. Journeys to Los Angeles and Other Real-and-Imagined Places, Cambridge u. a. 1996.

48 Henri Lefebvre, La production de l'espace, 4. Aufl. [1. Aufl. 1974], Paris 2000. Zu Lefebvre siehe Jenny Bauer/Robert Fischer (Hg.), Perspectives on Henri Lefebvre. Theory, Practices and (Re)Readings, Berlin 2018. Susanne Rau, Rhythmusanalyse nach Lefebvre, in: Sabine Schmolinsky/Diana Hitzke/Heiner Stahl (Hg.), Taktungen und Rhythmen. Raumzeitliche Perspektiven interdisziplinär, Berlin/Boston 2018, S. 9-24.

49 Michel de Certeau, L'invention du quotidien, Bd. 1: Arts de faire, Paris 1990.

50 Jürgen Osterhammel, Die Wiederkehr des Raumes: Geopolitik, Geohistoire und historische Geographie, in: Neue politische Literatur. Berichte über das internationale Schrifttum 43 (1998), S. 374-397.

51 Peter Haslinger/Vadim Oswalt, Raumkonzepte, Wahrnehmungsdispositionen und die Karte als Medium von Politik und Geschichtskultur, in: dies. (Hg.), Kampf der Karten: Propaganda- und Geschichtskarten als politische Instrumente und Identitätstexte, Marburg 2012, S. 1-12, hier S. 2.

wahrnehmung oder der konzeptuellen und praxeologischen Raumproduktion keinerlei Interesse entgegen. Das sich unter dem Label *Spatial Turn* formierende Forschungsfeld führte jedoch seit den 1990er Jahren und besonders nach der Jahrtausendwende zu einer Vielzahl von Arbeiten, die auf Fragestellungen nach den Konstitutions- und Transformationsprozessen des Räumlichen abzielten oder auf der Ebene der Subjekte, Raumwahrnehmungen und -praktiken untersuchten.[52] Gemeinsame Grundlage dieser Forschung ist die in der Tradition des Sozialkonstruktivismus und des *Cultural Turn* stehende Annahme, dass es sich bei Räumen und Raumvorstellungen um das Ergebnis sozialer Konstruktionen und Praktiken handelt, die historisch und lokal ganz unterschiedliche Formen des Räumlichen hervorbringen können. Eine historische Perspektive des Räumlichen kann mithin Zusammenhänge und Mannigfaltigkeiten sichtbar machen, die andernfalls verstellt bleiben.[53]

Die erneute Sensibilität für das Räumliche führte auch zu Positionen, die den Raum selbst wieder zum Agens zu machen schienen,[54] was zu einer Kritik seitens der Geographie führte, die auch nach 1945 ihre Kernkompetenz der räumlichen Analyse nicht aufgegeben hatte.[55] Früher als in der Geschichtswissenschaft geschehen, hatte die Geographie diese jedoch sozialkonstruktivistisch gewendet und warnte nun vor einer Reessentialisierung des Raumes.[56] Vice versa ist als Beitrag der Geschichtswissenschaften in dieser hier nur skizzierten Debatte festzuhalten, dass sie auf eine konsequente Historisierung von räumlichen Wahrnehmungen, Diskursen, Praktiken und deren materiellen Substraten insistierte. Susanne Rau betont hierbei den wechselseitigen Zusammenhang von historischen Zeitregimen und räumlichen Transformationen.[57] Für die Geographie hat Ute Wardenga die historische Dimension der habituellen und argumentativen Praktiken sowie der verschiedenen Raumkonzepte herausgearbeitet.[58] So ist festzuhalten, dass es lohnt, beides, Räumliches und Zeitliches, in ihren historischen Bezügen und Amalgamierungen in den Blick zu nehmen.[59]

52 Siehe Rau, Räume, S. 121-182.

53 Ebd., S. 193.

54 In diesem Zusammenhang wird oft genannt: Karl Schlögel, Im Raume lesen wir die Zeit. Über Zivilisationsgeschichte und Geopolitik, Frankfurt a. M. 2006.

55 Zu den Narrativen der Geographie über die Entwicklung der eigenen Disziplin siehe Wardenga, Writing the History of Geography, S. 29 ff.

56 Jörg Döring/Tristan Thielmann (Hg.), Spatial turn. Das Raumparadigma in den Kultur- und Sozialwissenschaften, Bielefeld 2008.

57 Rau, Räume, S. 164 ff., 195. Für ein urbanes, epochenübergreifendes Fallbeispiel räumlicher Wandlungsprozesse siehe dies., Räume der Stadt. Eine Geschichte Lyons 1300-1800, Frankfurt a. M./New York 2014.

58 Ute Wardenga, »Kultur« und historische Perspektive in der Geographie, in: Geographische Zeitschrift 93 (2005), H. 1, S. 17-32.

59 Siehe hierzu die Publikationen der Erfurter RaumZeit-Forschung, URL: https://www.uni-erfurt.de/philosophische-fakultaet/raumzeit-forschung/ [14. 6. 2019].

Karten sind im Kontext raumzeitlicher Imaginationen und Planungsprozesse Medien von kaum zu überschätzender Bedeutung.[60] Zur Beziehung von Kartographie und raumbezogener Forschung konstatiert der Kultur- und Wissenschaftshistoriker Christian Holtorf: »Die Wissensgeschichte der Kartografie beschäftigt sich heute mit dem historischen Wandel der Erfahrung, der Darstellungsform, der Herstellung und des Gebrauchs von Räumen.«[61] Susanne Rau verweist zudem auf die mediale Dimension von Karten, da diese »Zeugnis über Repräsentation und mediale Vermittlung räumlicher Konfigurationen ablegen«.[62] Die mediale Dimension führt auch zu den materiellen Aspekten von Karten, ihrer Produktion und ihres Gebrauchs, die in letzter Zeit stärker in den Fokus gerückt wurden.

Aus historischer Perspektive sind Karten daher auf ganz unterschiedlichen Ebenen aufschlussreich. Zum einen können sie als Zugang zu historischen Wissensbeständen dienen, zum anderen aber – bei entsprechender Quellenlage – können sie auch zeigen, auf welche Weise historische Wissensbestände für eine kartographische Darstellung bearbeitet und visuell übersetzt wurden.[63]

Der Mannigfaltigkeit und Heterogenität bei der Herstellung und Nutzung von Räumen entspricht die Pluralität von Karten.[64] Das *Lexikon der Kartographie* bemerkt in diesem Zusammenhang: »Die Begriffsbestimmungen über Kartographie und Karten, in denen Wesen, der Inhalt, die Methoden und die Anwendungsmöglichkeiten zum Ausdruck gebracht werden sollen, sind ebenso zahlreich wie mitunter widersprüchlich.«[65] Anstelle einer ausufernden Diskussion über das

60 Siehe hierzu Maren Möhring/Gabriele Pisarz-Ramirez/Ute Wardenga, Imaginationen, Berlin/Boston 2019, S. 15.

61 Christian Holtorf, Zur Wissensgeschichte von Geografie und Kartografie. Einleitung, in: Berichte zur Wissenschaftsgeschichte 40 (2017), H. 1, S. 7-16, hier S. 10.

62 Rau, Räume, S. 125.

63 Karsten Jahn/Ute Wardenga, Wie Afrika auf die Karte kommt. Das Beispiel Georg Schweinfurth, in: Geert Castryck/Silke Strickrodt/Katja Werthmann (Hg.), Sources and Methods for African History and Culture. Essays in Honour of Adam Jones, Leipzig 2016, S. 137-161.

64 Matthew H. Edney, Cartography. The Ideal and its History, Chicago/London 2019. Edney betont besonders stark die Kontextabhängigkeit von Karten, die er als Medien eines prozessualen Wissensaustausches mit räumlichem Bezug fasst, in der die Grenzen zwischen Kartenproduzierenden und Kartennutzer/innen fließend sind. Edney lehnt den Begriff der Kartographie ab, da dieser ein ahistorisches Ideal von Karten reproduziere, das viele ihrer tatsächlichen Produktions- und Verwendungsweisen verdecke.

65 Werner Witt, Art. »Kartographie und Karten: Definitionen«, in: ders., Lexikon der Kartographie (Die Kartographie und ihre Randgebiete, Bd. B), hg. von Erik Arnberger, Wien 1979, S. 301-303, hier S. 301. Dort findet sich auch eine Auswahl von Definitionen. Das Lexikon der Geographie definiert die Karte als »abstrahierendes und zugleich anschauliches Modell aus graphischen Zeichen, das Teile des oberflächennahen Bereichs der Erde oder anderer Himmelkörper bzw. Konstruktionen (Ideen, Planungen) darstellt, die sich auf deren Oberfläche beziehen. Wie jedes Modell vereinfacht und verallgemeinert die Karte die Wirklichkeit zweckbezogen. Im Rahmen ihrer Zweckbestimmung dient sie der Speicherung und der Vermittlung von Informationen und Wissen sowie dem Erkenntnisgewinn über die wiedergegebenen Räume.« Vgl. Konrad Großer, Art. »Karte«, in: Ernst Brunotte u. a. (Hg.), Lexikon der Geographie, Bd. 2, Heidelberg/Berlin 2002, S. 207.

›Wesen‹ *der* Karte soll hier daher auf zwei Bestimmungen Max Eckerts und ihren Zusammenhang aufmerksam gemacht werden.

Max Eckert (1868-1938), der nach der Jahrhundertwende die Kartographie als eigenständige wissenschaftliche Disziplin begründete,[66] hat die Karte einmal als »das Auge der Geographie« bezeichnet und gleichfalls konstatiert: »Karte ist Staats- und Weltwissen«.[67] Damit macht Eckert zwei für diese Arbeit zentrale Argumente deutlich: 1. Karten können politisch relevantes Wissen vermitteln und erzeugen – und dies gilt nicht nur für die klassischen politischen Karten. 2. Sowohl für ihren Herstellungs- als auch für ihren Nutzungsprozess spielt das Sehen, die Visualität eine zentrale Rolle.[68] Hierbei erweist sich die Karte als ein komplexes Medium sui generis, das textuelle[69] und bildhafte[70] Kommunikationsprozesse miteinander verschränkt und zudem unterschiedliche Repräsentationsformen des Wissens wie Diagramme, Texte, Statistiken, Piktogramme oder Photographien inkorporieren kann.

Es soll zugleich darauf verwiesen werden, dass die Frage, was eine Karte *ist*, nicht nur von der Karte selbst, sondern auch von ihrer jeweiligen Verwendungsweise abhängt: Karten können als Texte genutzt werden, bspw. im Zuge der Forschung zu historischen Ortsnamen, Karten können bildlich erschlossen werden, etwa durch das Einprägen orographischer oder territorialer Formen. Karten können aber auch für Messungen herangezogen werden – hier gibt es sogar ein eigenes Forschungsfeld, die Kartometrie. Karten dienen zudem in ganz unterschiedlichen wissenschaftlichen Disziplinen als Arbeitsunterlagen der Erkenntnisgewinnung sowie als Visualisierungen der Präsentation und Plausibilisierung von Forschungsergebnissen.[71] Mit Karten werden Ressourcen erschlossen, militärische Operationen geplant, politische Forderungen symbolisiert, Wohnungen

66 Max Eckert, Die Kartographie als Wissenschaft, in: Zeitschrift der Gesellschaft für Erdkunde zu Berlin 42 (1907), H. 8, S. 539-555. Ders., Die Kartenwissenschaft.

67 Max Eckert, Kartographie. Ihre Aufgaben und Bedeutung für die Kultur der Gegenwart, Berlin 1939, S. 119.

68 Bruno Schelhaas/Ute Wardenga, »Die Hauptresultate der Reisen vor Augen zu bringen« – oder: Wie man Welt mittels Karten sichtbar macht, in: Christian Berndt/Robert Pütz (Hg.), Kulturelle Geographien. Zur Beschäftigung mit Raum und Ort nach dem Cultural Turn, Bielefeld 2007, S. 143-166.

69 Zur Beziehung von Karte und Kartenkommentar vgl. Alexander Schunka, Das Rohe, das Gekochte – und das Kochrezept. Kartenkommentare des 19. Jahrhunderts als historische Quellen, in: Steffen Siegel/Petra Weigel (Hg.), Die Werkstatt des Kartographen. Materialien und Praktiken visueller Welterzeugung, München 2011, S. 143-160.

70 Gyula Pápay, Kartenwissen – Bildwissen – Diagrammwissen – Raumwissen. Theoretische und historische Reflexionen über die Beziehungen der Karte zu Bild und Diagramm, in: Stephan Günzel/Lars Nowak (Hg.), KartenWissen. Territoriale Räume zwischen Bild und Diagramm, Wiesbaden 2012, S. 45-62.

71 Bruno Latour, Zirkulierende Referenz. Bodenstichproben aus dem Urwald am Amazonas, in: ders., Die Hoffnung der Pandora, 5. Aufl. [1. Aufl. 2002], Frankfurt a. M. 2015, S. 36-95. In his-

geschmückt und Dokumentarfilme mit historischer Authentizität ausgestattet – und vieles andere mehr. Ein Kennzeichen von Karten ist ihre Diversität und dementsprechend breit sind die in Karten gespeicherten Wissensbestände.

Ein derart kulturwissenschaftlich geprägtes Verständnis weicht erheblich von einer Wissenschaft der Kartographie ab, wie sie Max Eckert vorschwebte und wie sie, zwar reformuliert und aktualisiert, aber auf ähnlichen Prämissen beruhend bis zum Ende der 1980er Jahre Bestand hatte. Gemäß diesem Forschungsparadigma, das, verkürzt gesagt, positivistisch und fortschrittsoptimistisch fundiert war, galt die Aufmerksamkeit vor allem der Frage, wie Karten die Wirklichkeit stets ›besser‹, d. h. immer exakter abbilden könnten.[72] Seit den 1960er Jahren wurde vor allem mit kommunikationstheoretischen Ansätzen untersucht, wie als objektiv und universal gültig betrachtete Informationen möglichst ungestört und verzerrungsfrei mit Hilfe der Kartographie zu den Nutzer/innen gelangen könnten: »From the perspective of the practitioner, cartographic research aimed to support the creation of an optimum map.«[73]

Im Anschluss an Brian Harleys 1989 veröffentlichten Aufsatz *Deconstructing the Map* entstand schließlich eine Forschungsperspektive, die Karten nicht vor dem Hintergrund der Annahme stetig verbesserter technischer Möglichkeiten und folglich immer präziserer Abbildungen der Welt betrachtete, sondern Harleys etwas provokativ formulierter Aufforderung folgte, »to begin from the premise that cartography is seldom what cartographers say it is«.[74]

Dieser Ansatz einer Critical Cartography betont, dass Karten zwar die räumliche Gestalt von Objekten und ihre Lagebeziehungen annähernd adäquat abbilden können – vollständig umsetzbar ist dies nicht, aufgrund des verzerrenden Charakters von Kartenprojektionen –, sie aber unter keinen Umständen neutral sind.[75] Denn für jede Karte müssen aufgrund ihres notwendig abstrahierenden Charakters Daten ausgewählt und aufbereitet werden; Karten operieren daher immer im Modus des Betonens und Normalisierens auf der einen und – kritisch formuliert – des Verschweigens auf der anderen Seite. Auch ganz ›gewöhnliche‹ topographische Karten verfahren auf diese Weise.[76] Weiter wird hervorgehoben,

torischer Perspektive: Nils Güttler, Das Kosmoskop. Karten und ihre Benutzer in der Pflanzengeographie des 19. Jahrhunderts, Göttingen 2014.

72 Georg Glasze, Karten und Kartographie, in: Manfred Rolfes/Anke Uhlenwinkel (Hg), Metzler Handbuch Geographieunterricht. Ein Leitfaden für Praxis und Ausbildung, Braunschweig 2013, S. 333-341, hier S. 334 f.

73 Alexander J. Kent/Peter Vujakovic, Introduction, in: dies. (Hg.), The Routledge Handbook of Mapping and Cartography, New York/London 2017, S. 1-6, hier S. 1.

74 Brian Harley, Deconstructing the Map, in: Cartographica 26 (1989), H. 2, S. 1-20, hier S. 1.

75 Vgl. hierzu auch Ute Wardenga, Kartenkonstruktion und Kartengebrauch im Spannungsfeld von Kartentheorie und Kartenkritik, in: Armin Hüttermann (Hg.), Räumliche Orientierung. Räumliche Orientierung, Karten und Geoinformation im Unterricht, Braunschweig 2012, S. 134-143, hier S. 142 f.

76 Michalsky, Karten schaffen Räume, S. 17.

dass Karten keine universal gültigen Kommunikationsformen aufweisen, sondern von sozialen und kulturellen Konventionen geprägt sind. Die Nordung moderner Karten und die kulturell differierenden Konnotationen ihrer Farben seien hier als Beispiele erwähnt.[77] Die Critical Cartography bildete sich im Anschluss an Harley in den 1990er Jahren heraus und betrachtete Karten stärker als spezifische Produkte ihrer historischen, sozialen und kulturellen Entstehungskontexte.[78]

Besonderes Augenmerk legt die Critcal Cartography auf die Analyse von Karten als machtvolle Instrumente, die unhintergehbare und damit der Reflexion nicht zugängliche Welt- und Raumbilder erzeugen,[79] weil diese als natürliche und wahre Repräsentationen der Welt oder eines Ausschnitts von ihr aufgefasst werden: »Für den Prozess der Raumbildung ist die kartographische Repräsentation konstitutiv, sie ist eben kein abbildendes Verfahren von allein illustrativem Wert, sondern stets eine in bestimmte Wissenssysteme und Machtrelationen eingebundene Kulturtechnik der Raumkonstituierung.«[80] Die Verschiebung hin zu einer stärker kulturwissenschaftlich geprägten Analyse von Karten lässt sich also wie folgt zusammenfassen: Karten werden nicht länger nur als mehr oder weniger genaue Abbilder einer universal verstehbaren Wirklichkeit aufgefasst, sondern auch als komplexe, standortgebundene, vielfach interessengesteuerte, räumliche Wissensordnungen, die mit Hilfe standardisierter Zeichen soziale Raumvorstellungen repräsentieren – und selbst erzeugen. Will man der Formel von Hans-Dietrich Schulz – »Räume sind nicht, Räume werden gemacht«[81] – eine kartographische Entsprechung zur Seite stellen, so lautet sie: »Karten bilden keine vorhandenen Räume ab, sondern Karten schaffen Räume.«[82]

77 »The lines on maps that we are all familiar with and seem so ›natural‹, such as the grid depicting lines of latitude and longitude, are entirely conventional.« David N. Livingstone, Putting Science in its Place. Geographies of Scientific Knowledge, Chicago 2003, S. 154.

78 Denis Wood/John Fels/John Krygier, Rethinking the Power of Maps, New York 2010. Jeremy W. Crampton/John Krygier, An Introduction to Critical Geography, in ACME: An International E-Journal for Critical Geographies 4 (2005), H. 1, S. 11-33. Brian Harley, The New Nature of Maps. Essays in the History of Cartography, Baltimore 2001. Denis Wood, The Power of Maps, New York 1992.

79 Raumbilder sind sozial konstruierte Vorstellungen von räumlichen Ordnungen. Raumbilder enthalten somit auch immer typische Strukturprinzipien, Wertemuster und Imaginationen der sie erzeugenden Gesellschaften oder Gruppen. Vgl. Ulrike Jureit, Das Ordnen von Räumen. Territorium und Lebensraum im 19. und 20. Jahrhundert, Hamburg 2012, S. 12. Im Gegensatz zum Weltbild, das sich auf eine Ganzheit bezieht, sei es die Erde oder das Universum, beziehen sich Raumbilder immer auf lokalisierbare Teilbereiche der Erdoberfläche. Vgl. Horst Thomé, Art. »Weltbild«, in: Joachim Ritter (Hg.), Historisches Wörterbuch der Philosophie, Bd. 12: W-Z, Basel 2004, S. 454-460.

80 Jureit, Das Ordnen von Räumen, S. 24, Anm. 42.

81 Hans-Dietrich Schultz, Räume sind nicht, Räume werden gemacht. Zur Genese »Mitteleuropas« in der deutschen Geographie, in: Europa Regional 5 (1997), H. 1, S. 2-14.

82 Michalsky, Karten schaffen Räume, S. 15. In ähnlicher Weise konstatieren Steffen Siegel und Petra Weigel »Karten spiegeln eine neue Ordnung der Welt nicht allein, sie nehmen vielmehr

In der aktuellen Forschung zur Kartographie sieht Christian Holtorf vor allem Fragen nach den »Produktionsbedingungen und Gestaltungsnormen, nach Herstellungs- und Gebrauchstechniken, nach Verwendungskontexten und Sehgewohnheiten, nach Medien der Aufzeichnung und der Veröffentlichung« im Fokus stehen.[83] Wie in anderen Bereichen der Geistes- und Sozialwissenschaften ist in den letzten Jahren also auch im Zusammenhang mit kartographischen Themen dem konkreten Tun, den Praktiken eine erhöhte Aufmerksamkeit gewidmet worden.[84] Zusätzlich verstärkt durch den anhaltenden Trend zur Biographie, geraten damit auch die Produzent/innen von Karten, die Kartograph/innen selbst vermehrt in den Blick. So hat der Osteuropahistoriker Steven Seegel mit *Map Men* eine biographisch angelegte Studie zu fünf äußerst kartenaffinen Geographen und ihren transnationalen Beziehungen vom Ende des 19. bis zur Mitte des 20. Jahrhunderts vorgelegt.[85]

Obwohl damit Untersuchungszeitraum und methodischer Zugang mit der vorliegenden Arbeit übereinstimmen, gibt es dennoch konzeptuelle Unterschiede: So wählt Seegel für seine Darstellung mit dem US-Amerikaner Isaiah Bowman (1878-1950), dem Deutschen Albrecht Penck (1858-1945), dem Polen Eugeniusz Romer (1871-1954), dem Ungarn Pál Teleki (1879-1941) und dem Ukrainer Stepan Rudnyzkyj (1877-1937) absolut herausragende Vertreter der Disziplin und damit die ›großen Männer‹ des Fachs. Diese »Eisenbahngeographen«, wie Hermann Haack Albrecht Penck einmal spöttisch bezeichnete,[86] eilten, zugespitzt gesprochen, permanent von internationalen Fachtagungen zu politischen Kongressen, und von dort aus weiter zu renommierten Universitäten, wo sie Gastprofessuren übernahmen. Daher eignen sich diese Geographen auch besonders gut für die Geschichte einer transnationalen Elite, wie Seegel sie schreibt, in der Briefe und Karten kreuz und quer über den Globus zirkulieren, die tendenziell aber auch dazu neigt, historische und regionale Unterschiede einzuebnen, um eine relativ homogene Klasse transnationaler Wissenschaftler porträtieren zu können.

Dagegen sind Langhans und Haack klassische ›Armchair Cartographers‹ und eindeutig provinzieller.[87] Zwar nahmen auch sie regelmäßig am Deutschen

aktiv Anteil an ihrer Modellierung.« Vgl. Siegel/Weigel, Der »Mercatorgeist« des 19. Jahrhunderts, S. 201.

83 Holtorf, Zur Wissensgeschichte von Geografie und Kartografie, S. 10.

84 Norman Henniges, Die Spur des Eises. Eine praxeologische Studie über die wissenschaftlichen Anfänge des Geologen und Geographen Albrecht Penck (1858-1945), Leipzig 2017. Steffen Siegel/Petra Weigel (Hg.), Die Werkstatt des Kartographen. Materialien und Praktiken visueller Welterzeugung, München 2011.

85 Steven Seegel, Map Men. Transnational Lives and Deaths of Geographers in the Making of East Central Europe, Chicago/London 2018.

86 Brief von Hermann Haack an Bernhard Perthes vom 31. Juli 1908, Forschungsbibliothek Gotha, Sammlung Perthes, SPA ARCH MFV 300/38, Bl. 99.

87 Gotha war aber kartographisch betrachtet eine »Mini-Metropolis«. Vgl. Güttler, Das Kosmoskop, S. 209 ff. Bereits Max Eckert bezeichnete Gotha als »geographische Gelehrtenrepublik«. Vgl. Eckert, Die Kartenwissenschaft, Bd. 1, S. 41.

Geographentag teil und zumindest Haack reiste im Auftrag des Verlags mehrfach zu internationalen Konferenzen, auch ihre Karten zirkulierten transnational,[88] ihr unverrückbares Zentrum blieb aber Gotha und ihr dortiger Schreibtisch bzw. Kartenpult. Damit sind sie möglicherweise weniger atemberaubend, dafür geraten jedoch die spezifischen Eigenheiten ihrer Karten weniger aus dem Blick.[89] Seegel legt in seiner Darstellung ein Schwergewicht auf ›Men‹, weniger auf ›Maps‹. Ausführliche Kartenanalysen finden sich in seinem Buch nicht. In der vorliegenden Studie werden solche Analysen dagegen vorgenommen, weil gerade auf diesem Wege Karten, die ihnen eingeschriebenen Deutungsmuster und die Kartographen miteinander verbunden und historisch kontextualisiert werden sollen.[90]

Neben den Kartographen hat die jüngere Forschung weitere an der Kartenproduktion beteiligte, bisher ausgeblendete Personengruppen – wie bspw. die Koloristinnen – in den Vordergrund gerückt.[91] Dennoch legt diese Arbeit ihren Schwerpunkt auf die Kartographen, obgleich andere Beteiligte durchaus auftauchen. Das Argument ist hier, dass für die Untersuchung der Verbindungen von Politik und Kartographie, Akteure mit einem relativ großen Handlungsspielraum in Bezug auf die Gestaltung von Karten herangezogen werden sollten – was bei leitenden Verlagskartographen wesentlich stärker der Fall ist als bei Kupferstechern oder Koloristinnen. Zugleich wird deutlich werden, dass der Spielraum für Kartographen, besonders im Kontext eines Verlags, keineswegs unbegrenzt war. Denn Karten sind, das sei hier abschließend bemerkt, im Kontext eines Kartenverlags Produkte, mit denen Geld verdient werden will. Eine Karte ist hier folglich nicht nur ein Medium der Raumkonstitution oder eine »Waffe« in der politischen Auseinandersetzung,[92] sondern auch eine Ware.[93] Eine Ware, die Käufer/innen Orientierung und räumlich organisiertes Wissen, aber auch bürgerlichen Status versprach.

88 Verena Bunkus untersucht in ihrem Dissertationsvorhaben mit dem Projekttitel *Deutscher Osten, polnischer Westen. Geographische Wissenszirkulation zwischen 1880 und 1939* u.a. die Rezeption von Karten Paul Langhans' in Ostmitteleuropa.

89 Siehe hierzu Monika Dommann, Alles fließt. Soll die Geschichte nomadischer werden?, in: Geschichte und Gesellschaft 42 (2016), H. 3, S. 516-534, hier S. 531 ff.

90 Zum Begriff Deutungsmuster siehe den Abschnitt Methodische Reflexion.

91 Nils Güttler, Unsichtbare Hände. Die Koloristinnen des Perthes Verlags und die Verwissenschaftlichung der Kartographie im 19. Jahrhundert, in: Archiv für Geschichte des Buchwesens, 68 (2013), S. 133-154.

92 Hans-Dietrich Schultz, Das Kartenbild als Waffe in der Nachkriegszeit, in: Kartographische Nachrichten 58 (2008), H. 1, S. 19-27.

93 Dem Warencharakter von Karten widmet sich Alexander Sievers in seiner in diesem Jahr eingereichten Dissertation. Er kann zeigen, dass gerade auch Kartographen ihre Erzeugnisse an die Erwartungen der Zielgruppen anpassten. Zum anderen belegt er, dass die Vorstellung eines nationalen Kartenmarktes für das 19. Jahrhundert nicht zutreffend ist und ein florierender internationaler Markt für Karten existierte.

1.2.2 Wissen

Ausgangspunkt für den zweiten Teil des Begriffs einer ›kartographischen Wissensproduktion‹ ist der Vorschlag des Schweizer Historikers Philipp Sarasin, den Begriff des Wissens als Möglichkeit zu nutzen, einen Zusammenhang zwischen einzelnen Elementen historiographischer Untersuchungen wie bspw. »Bevölkerungsgrößen, Eisenbahnlinien, politische[n] Strukturen, Geschlechterordnungen, Duelle[n], Fabriken und religiöse[n] Bekenntnisse[n]« herzustellen.[94] Diesen disziplinären Modus nennt Sarasin »Wissensgeschichte« und bezeichnet es als deren Aufgabe, die »gesellschaftliche Produktion und Zirkulation von Wissen« zu untersuchen, wodurch die traditionellen Felder der Wissenschaftsgeschichte und der Historiographien einzelner Disziplinen eine erhebliche Ausweitung erfahren. Wissen wird bei diesem Zugriff zugleich zum Agens und Kitt historischer Erzählungen.[95]

Auch in Bezug auf den Begriff des Wissens sollen hier anstatt einer allgemeingültigen und damit ahistorischen Definition[96] einige Wegmarken genannt werden, die als Basis einer kulturalistischen Wissenschaftsforschung gelten können und die von der Wissensgeschichte übernommen, allerdings in größeren soziopolitischen Kontexten untersucht worden sind.[97]

Bereits 1935, eine breite Rezeption jedoch erst seit Ende der 1970er Jahre erfahrend, legte der polnische Mikrobiologe und Wissenschaftssoziologe Ludwik Fleck (1896-1961) eine Studie vor, wonach die Genese »wissenschaftlicher Tatsachen« vor allem durch Kommunikation und Auseinandersetzungen innerhalb und zwischen sozialen Gruppen erfolge und damit von sozialen Beziehungen nicht zu trennen sei. Eine voraussetzungslose Beobachtung oder ein standortunabhängiges Wissen an sich existiert laut Fleck nicht. Wissensproduktion ist damit kontext- und interessengebunden, wenn auch hiervon keineswegs vollständig determiniert. Wissen wird in »Denkkollektiven« ausgetauscht, die durch regelmäßige Interaktion stabile Denk- und Beobachtungsstile ausprägen, die wiederum konstitutiv

94 Philipp Sarasin, Was ist Wissensgeschichte?, in: Internationales Archiv für Sozialgeschichte der deutschen Literatur 36 (2011), H. 1, S. 159-172, hier S. 159.

95 Ebd., S. 164.

96 Dem Philosophen Hans Jörg Sandkühler zufolge lautet die »gängige Standarddefinition«: »Wissen ist gerechtfertigte wahre Überzeugung (justified true belief).« Sandkühler betont, dass ›Wissen‹ eher als Problem denn als Begriff gehandhabt werden sollte: »Bevor wir nicht *wissen*, was Überzeugungen sind, wie die Wahrheit von Überzeugungen bestimmt werden kann und was die Mittel und Wege der Rechtfertigung sind, kann von einer Aufklärung über Wissen kaum gesprochen werden.« Hans Jörg Sandkühler, Kritik der Evidenz, in: Johannes Bellmann/ Thomas Müller (Hg.), Wissen, was wirkt. Kritik evidenzbasierter Pädagogik, Wiesbaden 2011, S. 33-56, hier S. 47. Hervorhebung im Original.

97 Daniel Speich-Chassé/David Gugerli, Wissensgeschichte. Eine Standortbestimmung, in: Traverse. Zeitschrift für Geschichte 19 (2012), H. 1, S. 85-100.

für die Wissensgenese sind. Fleck wies auch auf die intensiven Wechselwirkungen zwischen wissenschaftsinternen und -externen Bereichen hin.[98] So speist sich laut Fleck die Forderung nach einfachen und klaren Begrifflichkeiten vor allem aus der alltagsweltlichen Erfahrung und wird insbesondere von Öffentlichkeit und Politik erhoben und an die Wissenschaft herangetragen. Solche Forderungen haben Einfluss darauf, wie die Wissenschaft Beobachtungen und Informationen zu Wissen verdichtet.[99]

Michel Foucault hat die intimen Beziehungen von Wissen und Macht in unterschiedlichsten Kontexten herausgearbeitet: medizinischen,[100] juristischen[101] und biologischen.[102] Bruno Latour und die Science Studies haben auf die konstitutive Rolle konkreter Praktiken für die Produktion von Wissen aufmerksam gemacht und sie insbesondere für die Naturwissenschaften untersucht.[103] In der Wissenschaftsgeschichte fanden seit den 1990er Jahren breit angelegte Bemühungen zur Historisierung von wissenschaftlichen Fundamentalbegriffen wie ›Objektivität‹ oder ›Beobachtung‹ statt. Beide sind in ihren historisch variierenden Ausprägungen, so ein Ergebnis dieser Studien, an spezifische Verfahren der Visualisierung und an epistemische Tugenden geknüpft.[104]

Außerdem konnte gezeigt werden, dass gesellschaftlich wirkmächtiges Wissen nicht nur an Universitäten und Forschungseinrichtungen entsteht, sondern auch in vermeintlich peripheren Einrichtungen wie Museen, privaten Sammlungen, Archiven oder zoologischen Gärten.[105] Nicht nur Wissenschaftler/innen, sondern auch Vertreter/innen anderer Berufsfelder sowie Amateur/innen verschiedenster Couleur sind demnach an der Herstellung von Wissen beteiligt. Wissenschaftsverlage sind ebenfalls als Orte identifiziert worden, an denen Wissen nicht nur einfach an die Leser/innen weitergeleitet, sondern aktiv formatiert, produziert und popularisiert wird, worauf weiter unten noch zurückzukommen ist.

98 Ludwik Fleck, Entstehung und Entwicklung einer wissenschaftlichen Tatsache. Einführung in die Lehre vom Denkstil und Denkkollektiv, hg. von Lothar Schäfer und Thomas Schnelle, 10. Aufl. [1. Aufl. 1935], Frankfurt a. M. 2015.

99 Ebd., S. 138 ff., 149 ff.

100 Michel Foucault, Wahnsinn und Gesellschaft. Eine Geschichte des Wahns im Zeitalter der Vernunft, 11. Aufl. [1. Aufl. 1973], Frankfurt a. M. 1995.

101 Michel Foucault, Überwachen und Strafen. Die Geburt des Gefängnisses, 2. Aufl. [1. Aufl. 1977], Frankfurt a. M. 1995.

102 Michel Foucault, Geschichte der Gouvernementalität, Bd. 2: Die Geburt der Biopolitik. Vorlesung am Collège de France 1978-1979, hg. von Michel Sennelart, Frankfurt a. M. 2006.

103 Bruno Latour, Science in Action. How to Follow Scientists and Engineers Through Society, Cambridge (MA) 1987. Karin Knorr Cetina, Die Fabrikation von Erkenntnis. Zur Anthropologie der Naturwissenschaft, 2. Aufl. [1. Aufl. 1984], Frankfurt a. M. 2002.

104 Lorraine Daston/Peter Galison, Objektivität. Wissenschaftliche Sonderausgabe, Berlin 2017. Lorraine Daston/Elisabeth Lunbeck (Hg.), Histories of Scientific Observation, Chicago/London 2011. Zum Begriff der Epistemischen Tugenden siehe Anm. 14 in diesem Kapitel, S. 12.

105 Lynn K. Nyhart, Modern Nature. The Rise of a Biological Perspective in Germany, Chicago 2009.

In dem derart abgesteckten Feld von *Spatial Turn*, kultur- und medienwissenschaftlich informierter Forschung zur Kartographie sowie der Wissensgeschichte ist die vorliegende Studie zur ›kartographischen Wissensproduktion‹ angesiedelt. Sie steht dabei im Spannungsfeld von »Akteure[n] des Wissens« und »Repräsentationsformen und Medialität des Wissens«.[106] Sie soll zunächst das eingangs formulierte Ziel einer Revision der bisherigen Rezeption von Hermann Haack und Paul Langhans leisten und zeigen, dass bei der kartographischen Visualisierung nationalistischer Ideologien im Zeitraum von 1890 bis 1945 fragmentierte und interpersonelle Beziehungen und Kontinuitäten statt einseitiger persönlicher ›Verstrickungen‹ vorlagen.

Auf einer zweiten Ebene leistet die Arbeit in Form eines Fallbeispiels einen Beitrag zur Erforschung der Beziehung zwischen nationalistischen Ideologien und kartographischer Wissensproduktion in privatwirtschaftlichen Verlagen. Dafür werden drei Bereiche zusammengezogen: Politik, Ökonomie und Visualität von Karten. Diese drei Bereiche werden näher erläutert, bevor abschließend eine hier in Anschlag zu bringende These formuliert wird.

1.2.3 Politik

Zunächst zum Bereich der Politik: Hier fokussiert die Untersuchung auf den Bereich der nationalistischen Diskurse, die am Ende des 19. Jahrhunderts in Deutschland an Dominanz gewannen. Innerhalb einer längeren Entwicklung, die bis 1848 zurückreichte, trat nach der Reichseinigung von 1871 sukzessive neben den noch vormodern geprägten Konservatismus und den liberalen Nationalismus eine politische Strömung, die von der Forschung unter dem Begriff eines »radikalen Nationalismus« subsumiert wird.[107] Damit ist ein dynamisches und heterogenes politisches Milieu bezeichnet, das jedoch ein gemeinsames Ziel verfolgte: Man war mit dem 1871 erreichten Status Quo nicht zufrieden und strebte tiefgreifende Veränderungen sowohl im Inneren als auch in den Außenbeziehungen des Kaiserreichs an. Im Einzelnen sind darunter sowohl die heterogenen Ideen der völkischen Sammelbewegung als auch der moderne, sich wissenschaftlich gerierende und bereits vor der Jahrhundertwende zunehmend biologistisch argumentierende Antisemitismus zu fassen.[108] Hinzu kommen die Agitation für eine imperialisti-

106 Sarasin, Was ist Wissensgeschichte?, S. 167.

107 Peter Walkenhorst, Nation – Volk – Rasse. Radikaler Nationalismus im Deutschen Kaiserreich 1890-1914, Göttingen 2007. Stefan Breuer, Ordnungen der Ungleichheit. Die deutsche Rechte im Widerstreit ihrer Ideen 1871-1945, Darmstadt 2001. Geoff Eley, Reshaping the German right. Radical nationalism and political change after Bismarck, New Haven 1980.

108 Michael Fahlbusch/Ingo Haar/Alexander Pinwinkler (Hg.), Handbuch der völkischen Wissenschaften. Akteure, Netzwerke, Forschungsprogramme, 2 Bde., 2. Aufl., Berlin/Boston 2017. Stefan Breuer, Die Völkischen in Deutschland: Kaiserreich und Weimarer Republik, Darm-

sche Machterweiterung des Deutschen Reiches durch die Alldeutschen und die Kolonialbewegung sowie die Forderungen nach einer Germanisierung der östlichen Provinzen Preußens, in denen Gebiete mit einer polnischsprachigen Bevölkerungsmehrheit existierten.[109] Völkisches Denken, Antisemitismus und Imperialismus grenzten sich teilweise voneinander ab,[110] überlagerten sich jedoch vielfach und existierten auch in Kombination mit dem tradierten Konservatismus und dem Nationalliberalismus.[111]

Der Radikalnationalismus erhielt während der 1890er Jahre massiven Aufschwung. Dafür stehen emblematisch drei politische Entwicklungen. Zunächst die Formierung von Agitationsverbänden, wobei die 1891 erfolgte Gründung des Allgemeinen Deutschen Verbandes, ab 1894 Alldeutscher Verband, den Auftakt markierte.[112] Dann eine verstärkte politische Organisierung der bereits seit Ende der 1870er Jahre öffentlichkeitswirksam publizierenden Antisemiten, die sich in den sogenannten Antisemitenparteien zusammenschlossen, jedoch keinen größeren Einfluss erlangten.[113] Schließlich fand die Forderung nach einem erweiterten Einfluss des Reiches nun einen deutlich stärkeren Niederschlag in der Außenpolitik. Die pragmatische Sicherungspolitik Bismarcks wurde Stück für Stück aufgegeben und durch die in den 1890er Jahren einsetzende ›Weltpolitik‹ Kaiser Wilhelms II. ersetzt. Sie markierte den Beginn forcierter Bemühungen des Reiches, auf globaler Ebene macht- und symbolpolitisch zu den bereits etablierten Großmächten aufzuschließen.[114]

Die Radikalnationalisten, allen voran der Alldeutsche Verband, entfalteten fortan eine aggressive Propaganda und gingen auch zum Kaiser und zur Reichsleitung in offene Opposition, wenn diese den vielzitierten Platz an der Sonne aus ihrer Sicht nicht kompromisslos und ›männlich‹ genug vertreten hatten. Diese sich um 1890 dynamisierenden Entwicklungen korrespondieren zeitlich mit dem Beginn der Karriere von Paul Langhans bei Justus Perthes 1889, weshalb die Wahl

stadt 2008. Uwe Puschner, Die völkische Bewegung im wilhelminischen Kaiserreich: Sprache – Rasse – Religion, Darmstadt 2001. Ascan Gossler, Friedrich Lange und die »völkische Bewegung« des Kaiserreichs, in: Archiv für Kulturgeschichte 83 (2001), S. 377-411.

109 Vgl. Ulrich Herbert, Geschichte Deutschlands im 20. Jahrhundert, München 2014, S. 59 f.

110 Für eine Studie zu Juden, die sich in der politischen Rechten engagierten siehe Philipp Nielsen, Between Heimat and Hatred. Jews and the Right in Germany 1871-1935, New York 2019.

111 Herbert, Geschichte Deutschlands, S. 81.

112 Rainer Hering, Konstruierte Nation. Der Alldeutsche Verband 1890 bis 1939, Hamburg 2003. Stefan Frech, Wegbereiter Hitlers? Theodor Reismann-Grone. Ein völkischer Nationalist (1863-1949), Paderborn u. a. 2009. Grundlegend siehe Roger Chickering, We men who feel most German. A cultural study of the Pan-German League 1886-1914, London/Sydney 1984.

113 Stefan Scheil, Die Entwicklung des politischen Antisemitismus in Deutschland zwischen 1881 und 1912. Eine wahlgeschichtliche Untersuchung, Berlin 1999.

114 Dirk van Laak, Über alles in der Welt. Deutscher Imperialismus im 19. und 20. Jahrhundert, München 2005. Sebastian Conrad/Jürgen Osterhammel (Hg.), Das Kaiserreich transnational. Deutschland in der Welt 1871-1914, Göttingen 2004.

des Jahres 1890 als Beginn des Untersuchungszeitraumes sowohl auf der allgemein politischen als auch auf der Ebene der Biographien von Langhans und Haack sinnvoll ist.

In Bezug auf Nationalismus und Radikalnationalismus dienen die Kartographen Paul Langhans und Hermann Haack als Zugänge, um unterschiedliche Typen der Verbindung von Politik und kartographischer Wissensproduktion sichtbar zu machen.[115] Die Arbeit nimmt hier zum einen das diesbezügliche Engagement der beiden Kartographen in Verbänden und Institutionen in den Blick, zum anderen untersucht sie die von ihnen gestalteten und herausgegebenen Karten auf die Implementierung und Übersetzung entsprechender Deutungsmuster.[116]

Hinsichtlich des Forschungsstands sollen drei grundlegende Monographien hervorgehoben werden, weil sie ebenso auf Karten abheben, die enge Bezüge zum Radikalnationalismus aufweisen: Guntram Herbs *Under the Map of Germany*, Jason D. Hansens *Mapping the Germans* und Ulrike Jureits *Das Ordnen von Räumen*.[117]

Guntram Herb beschreibt die ideologische Funktion von Karten und die dahinterliegenden revisionistischen und expansiven deutschen Raumkonzepte der Zwischenkriegszeit. Dabei handelt er die Kontinuitäten seit dem Ende des Ersten Weltkriegs in ihrer visuellen, personellen und institutionellen Dimension breit ab. Allerdings zieht er vornehmlich geopolitische Karten oder in ihrer Gestaltung diesen nahestehende Karten für seine Analysen heran. Zudem lässt Herb seine Arbeit erst mit dem Ende des Ersten Weltkriegs beginnen.[118] Hier setzt die Kritik Jason D.Hansens an, der bemängelt, dass eine solche Periodisierung den politischen Einfluss ethnographischer Karten des 19. Jahrhunderts, der besonders wirkmächtig gewesen sei, ignorieren würde.[119] Hansen geht daher dieser Entwicklung nach und stellt die Frage in den Mittelpunkt, wie ethnographische Karten bis zum Ersten Weltkrieg so überzeugend und schließlich für die Entschlüsse der Pariser Friedenskonferenz so außerordentlich relevant werden konnten. Als Schlüssel für die im Laufe des langen 19. Jahrhunderts zunehmende Überzeugungskraft identifiziert Hansen die Professionalisierung statistischer Behörden, auf deren Daten ethnographische Karten basierten. Doch auch Institutionen und Verbände außer-

115 Sören Flachowsky/Rüdiger Hachtmann/Florian Schmaltz, Editorial, in: dies. (Hg.), Ressourcenmobilisierung. Wissenschaftspolitik und Forschungspraxis im NS-Herrschaftssystem, Göttingen 2017, S. 7-32, hier S. 14.

116 Zum Begriff des Deutungsmusters siehe den Abschnitt Methodische Reflexion.

117 Guntram Herb, Under the Map of Germany. Nationalism and Propaganda 1918-1945, London/New York 1997. Jason D. Hansen, Mapping the Germans. Statistical Science, Cartography, and the Visualization of the German Nation 1848-1914, Oxford 2015. Jureit, Das Ordnen von Räumen.

118 Dies gilt auch für Agnes Laba, die detailliert den Diskurs und seine Raumbilder zur deutschen Ostgrenze untersucht hat. Agnes Laba, Die Grenze im Blick. Der Ostgrenzen-Diskurs der Weimarer Republik, Marburg 2019.

119 Hansen, Mapping the Germans, S. 8 f.

halb staatlicher Einrichtungen wie bspw. Geographische Gesellschaften und radikalnationale Netzwerke sieht Hansen an diesem Prozess beteiligt, nicht zuletzt kämen technische Entwicklungen auf dem Gebiet der Kartographie und Veränderungen im Verlagswesen hinzu.[120] Den Prozess zunehmender Ethnisierung statistischer Erhebungen und deren Visualisierung in Karten kann er sehr genau aufzeigen,[121] wobei die Verlage und Verleger selbst allerdings nur randständig betrachtet werden. Zudem bricht Hansens Untersuchung komplementär zu derjenigen Herbs mit dem Ende des Ersten Weltkriegs ab, sodass auch hier keine die fundamentale Zäsur des Ersten Weltkriegs überwölbende Untersuchung vorgenommen wird, welche die kartographisch-politischen Kontinuitäten bzw. Diskontinuitäten zwischen dem Ende des 19. Jahrhunderts und der Zwischenkriegszeit aufzeigen könnte.[122]

Ein inhaltlicher Kritikpunkt an Hansens Darstellung betrifft seine Einschätzung der völkischen Bewegung und ihrer kartographischen Weltbilder. Werden diese zwar zunächst dem Radikalnationalismus und dem damit verknüpften Antisemitismus und Sozialdarwinismus zugeordnet, so beschreibt Hansen völkische Statistiker und Kartographen wie Paul Langhans in Teilen seines Buches in beinahe naiv anmutender Weise. Bei der Lektüre einiger Passagen gewinnt man den Eindruck, es habe sich hier um Mitglieder harmloser Kleingartenvereine gehandelt, deren zentrale Merkmale keinesfalls in der aggressiven Rhetorik gegenüber Minderheiten und anderen Nationen, der lautstarken Forderung nach eugenischen Maßnahmen und Diktatur sowie der Huldigung und dem Herbeisehnen des Krieges bestanden,[123] sondern vielmehr in »consumption, tourism and charitable giving«.[124] Hansen argumentiert, der völkische Nationalismus unterscheide sich nicht wesentlich von demjenigen einer liberalen Ausrichtung.[125] Weiterhin sei den meisten Radikalnationalisten nicht daran gelegen gewesen, »fantasy castles in the air« zu produzieren.[126] Gerade räumliche Imaginationen aber müssen als eines der zentralen Charakteristika der völkischen Bewegung hervorgehoben werden[127] – weswegen sie möglicherweise auch eine Vorliebe für Karten besaß.

120 Ebd., S. 6.

121 Ebd., S. 75-100.

122 Für die Geographie siehe in diesem Zusammenhang Ute Wardenga, »Nun ist alles anders«: Erster Weltkrieg und Hochschulgeographie, in: dies./Ingrid Hönsch (Hg.), Kontinuität und Diskontinuität der deutschen Geographie in Umbruchphasen. Studien zur Geschichte der Geographie, Münster 1995.

123 Hering, Konstruierte Nation, S. 24.

124 Hansen, Mapping the Germans, S. 15.

125 Ebd. Siehe auch S. 147-149.

126 Ebd., S. 15.

127 Nach wie vor gültig ist der von Benedict Anderson dargelegte Zusammenhang von Nationsbildung und kollektiven Imaginationen über gemeinsame Herkunft, Tradition und Geschichte. Benedict Anderson, Die Erfindung der Nation. Zur Karriere eines folgenreichen Konzepts, erw. Ausgabe [1. Aufl. in deutscher Übersetzung 1988], Berlin 1998.

Ulrike Jureit dagegen betont die ebenso zentrale wie fatale Rolle von politisierten Raumbildern wie die von den Völkischen erstrebte Übereinstimmung von politischen und ethnischen Grenzen, der das Ideal einer ethnisch homogenen Bevölkerung zugrunde lag.[128] Jureit untersucht Karten als objektivierende Medien solcher Vorstellungen in Bezug auf die Territorial- und Bevölkerungspolitik des späten 19. sowie der ersten Hälfte des 20. Jahrhunderts. Damit ist ihr Untersuchungszeitraum so gewählt, dass komplexe Genealogien und Verschiebungen von Raumbildern und ihrer kartographischen Darstellung sichtbar werden. Der langen diachronen Spanne entspricht ein breit dargestelltes Panorama, das von der Beschreibung der kartengestützten Imagination von ›leeren Räumen‹ in Afrika während des Kolonialismus über die ›Volks- und Kulturbodentheorie‹ zur Untermauerung deutscher Herrschaftsansprüche in den 1920er Jahren bis zur deutschen Lebensraumpolitik im Zweiten Weltkrieg reicht. Die Ebene der konkreten Kartenproduktion und ihrer ökonomischen Dimension wird jedoch nicht in den Blick genommen, womit der zweite Forschungszusammenhang der vorliegenden Arbeit angesprochen ist.

1.2.4 Ökonomie

Mit Justus Perthes bildete ein traditionsreicher privatwirtschaftlicher Verlag das Arbeitsumfeld von Langhans und Haack. Damit drängt sich die Frage nach der verlagsökonomischen und publizistischen Seite der kartographischen Wissensproduktion auf. Ohne eine erschöpfende betriebswirtschaftliche Analyse liefern zu wollen, soll hier der Frage nachgegangen werden, inwieweit kaufmännisches Agieren und kommerzielles Interesse das Verhältnis von Politik und Kartographie mitgestalteten. Die ökonomische Dimension der Wissensproduktion ist in der Forschung generell unterbelichtet.[129]

Allerdings ist in den letzten Jahren ein Zuwachs von Arbeiten zu Wissenschaftsverlagen sowie einzelnen Verlegern und ihrer aktiven Rolle sowohl bei der Entwicklung von Disziplinen als auch bei der Popularisierung von Wissensbeständen zu verzeichnen.[130] Auch zum Agieren von Wissenschaftsverlagen in unterschiedlichen politischen Systemen liegen bereits Studien vor.[131] Speziell für

128 Jureit, Das Ordnen von Räumen, S. 25.

129 Nils Güttler/Ina Heumann, Sammeln. Ökonomien wissenschaftlicher Dinge, in: dies. (Hg.), Sammlungsökonomien, Berlin 2016, S. 7-22, hier S. 9, 17 f.

130 Für einen Überblick siehe Christina Lembrecht, Die Entwicklung des wissenschaftlichen Verlagswesens in Deutschland im 19. und 20. Jahrhundert. Forschungsergebnisse und -desiderate, in: Archiv für Geschichte des Buchwesens 68 (2013), S. 197-213.

131 Angelika Königseder, Walter de Gruyter. Ein Wissenschaftsverlag im Nationalsozialismus, Tübingen 2016. Stefan Rebenich, C. H. Beck 1763-2013. Der kulturwissenschaftliche Verlag und seine Geschichte, München 2013. Tilmann Wesolowski, Verleger und Verlagspolitik. Der Wissen-

die Geographie und Kartographie existieren jedoch noch recht große ›weiße Flecken‹.[132] So bleiben hier die publizistischen Bezüge und ökonomischen Aspekte – möglicherweise auch aufgrund einer schlechten Überlieferungslage (siehe den Abschnitt zu den verwendeten Quellen) – vielfach im Dunkeln.[133]

Wissenschaftsverlage und Verleger/innen nehmen eine wichtige Rolle bei der Produktion und Popularisierung von Wissen ein.[134] Die Buchwissenschaftlerin Christina Lembrecht stellt heraus, dass das »wissenschaftliche Verlagswesen« eine Instanz ist, »die mit ihren Verlagsprogrammen [...] auf die Strukturvorgaben aus der Wissenschaft reagiert, die darüber hinausgehend aber auch eine aktive Rolle im wissenschaftlichen Feld einnimmt, indem sie Buchprojekte initiiert, Publikationen fördert und Wissenschaftler zur Fortführung von Publikationsprojekten animiert, und somit Einfluss auf disziplinäre Entwicklungen ausübt«.[135] Lembrecht hebt im gleichen Atemzug auch die Besonderheiten einer verlagsbasierten Wissensproduktion hervor, die sich von derjenigen der Universitäten signifikant unterscheidet:

> Als Inhaber bzw. Geschäftsführer eines »kaufmännische[n] Unternehmen[s]« muss sich der Wissenschaftsverleger allerdings nicht nur um ein Verlagsprogramm bemühen, das innerhalb der Scientific Community angesehen und geschätzt wird, sondern auch auf die wirtschaftliche Tragfähigkeit der von ihm verlegten Publikationen achten.[136]

schaftsverlag R. Oldenbourg zwischen Kaiserreich und Nationalsozialismus, München 2010. Helen Müller, Wissenschaft und Markt um 1900. Das Verlagsunternehmen Walter de Gruyters im literarischen Feld der Jahrhundertwende, Tübingen 2004. Heinz Sarkowski, Aufschwung und Niedergang des deutschen Wissenschaftsverlags von 1850 bis 1945, in: Aus dem Antiquariat 2 (2004), H. 2, S. 107-113. Allgemein zu Verlagen siehe Klaus G. Saur, Verlage im »Dritten Reich«, Frankfurt a. M. 2013.

132 Für den Verlag Bertuch in Weimar hat Andreas Christoph eine instruktive Studie vorgelegt, die der Ökonomisierung der Kartographie im frühen 19. Jahrhundert nachgeht und in diesem Zusammenhang auch, allerdings nur knapp, auf Justus Perthes eingeht. Andreas Christoph, Geographica und Cartographica aus dem Hause Bertuch. Zur Ökonomisierung des Naturwissens um 1800, München 2012.

133 Für eine der wenigen Ausnahmen siehe den Aufsatz von Ute Schneider zu Vertriebsnetzwerken von Mercator-Karten und -Globen: Ute Schneider, Der Verlag Mercator. Strategien des Vertriebs, in: dies./Stefan Brakensiek (Hg.), Gerhard Mercator. Wissenschaft und Wissenstransfer, Darmstadt 2015, S. 41-53. Für Justus Perthes geht aus marxistischer Sicht Franz Köhler vielfach auf wirtschaftliche Fragen ein. Siehe bspw. Köhler, Gothaer Wege, S. 87 ff., 175 ff.

134 Brogiato, »Baedeker« und »Stieler«.

135 Lembrecht, Die Entwicklung des wissenschaftlichen Verlagswesens, S. 207. Zur Wechselwirkung von Wissenschaftsverlagen und Wissenschaft anhand von Fallbeispielen aus der zweiten Hälfte des 19. und der ersten Hälfte des 20. Jahrhunderts siehe Monika Estermann/Ute Schneider (Hg.), Wissenschaftsverlage zwischen Professionalisierung und Popularisierung, Wiesbaden 2007.

136 Lembrecht, Die Entwicklung des wissenschaftlichen Verlagswesens, S. 207.

Lembrecht stellt hier Forschungslücken fest: »Der ökonomischen Dimension wissenschaftlicher Verlage ist bisher allerdings nur wenig Aufmerksamkeit zuteil geworden.«[137]

Die ›geographische Anstalt‹ Justus Perthes war gemäß »ihrem Selbstverständnis eine eigenständige, außeruniversitäre Forschungseinrichtung«,[138] sammelte, konzipierte, generierte und verkaufte geographisches und kartographisches Wissen, das an unterschiedliche Zielgruppen angepasst wurde. Der Verlag publizierte Zeitschriften und Monographien für den wissenschaftlichen Betrieb, besaß ein ausdifferenziertes Spektrum an Wandkarten, Atlanten und Lehrbüchern für den Schulunterricht und bot auch dem breiten Publikum Produkte, etwa sogenannte Gelegenheitskarten zu politischen Konflikten oder Ereignissen wie der »Orientreise« Kaiser Wilhelms II. im Jahr 1898.[139] Für Teilbereiche der Perthes-Produktion liegen bereits Arbeiten vor, die die betriebswirtschaftliche Dimension behandeln.[140]

Die vorliegende Arbeit widmet der verlegerischen Dimension der Kartenproduktion verstärkte Aufmerksamkeit – unter der erkenntnisleitenden Perspektive des Zusammenhangs von politischer Ideologie und kartographischer Wissensproduktion.

1.2.5 Visualität

Als drittes zentrales Moment für die Fragestellung der Untersuchung soll der Aspekt der Visualität eingeführt werden. Diese spielt für das Medium Karte eine herausragende Rolle. Der Humangeograph Boris Michel betont, dass es zwar

137 Ebd. Auch Florian Triebel hat eine verstärkte Beachtung des ökonomischen Kalküls privatwirtschaftlicher Verlage gefordert. Vgl. Florian Triebel, Theoretische Überlegungen zur Verlagsgeschichte, in: IASLonline – Forum Geschichtsschreibung des Buchhandels, URL: http://www.iasl.uni-muenchen.de/discuss/lisforen/Triebel_Theorie.pdf [21.6.2019] sowie Florian Triebel, Der Eugen Diederichs Verlag 1930-1949. Ein Unternehmen zwischen Kultur und Kalkül, München 2004.

138 Güttler, Das Kosmoskop, S. 217. Zu den »eigenständige[n] wissenschaftlichen Leistungen« des Verlags siehe auch Brogiato, »Baedeker« und »Stieler«, S. 92.

139 Petra Weigel, Von Berlin nach Jerusalem 1898. Paul Langhans vergegenwärtigt kaiserliche Reisepläne, in: dies./Haim Gorem/Bruno Schelhaas/Jutta Faehndrich (Hg.), Das Heilige Land in Gotha. Der Verlag Justus Perthes und die Palästinakartographie im 19. Jahrhundert, Gotha 2014, S. 134-135.

140 Brogiato, Zur Entwicklung der geographischen Schulatlanten. Ute Wardenga, Petermanns Geographische Mitteilungen, Geographische Zeitschrift und Geographischer Anzeiger: Eine vergleichende Analyse von Zeitschriften in der Geographie 1855-1945, in: Sebastian Lentz/Ferjan Ormeling (Hg.), Die Verräumlichung des Welt-Bildes. Petermanns Geographische Mitteilungen zwischen »explorativer Geographie« und der »Vermessenheit« europäischer Raumphantasien, Stuttgart 2008, S. 31-44.

anerkannt sei, dass die Geographie eine vornehmlich visuelle Wissenschaft darstelle, die historisch variablen »Visualitätsregime« der Geographie jedoch zu wenig Beachtung fänden.[141] In diesem Kontext verweist er auf die Bedeutung der Karte als »zentrales Begründungsinstrument der Geographie als Wissenschaft«. Die Kartographie stelle eine »spezifische visuelle Sprache der Disziplin« dar, wobei sich verschiedene kartographische Darstellungen jedoch erheblich voneinander unterschieden.[142] Im Anschluss hieran sollen die je eigenen Gestaltungsprinzipien, die visuelle Rhetorik der Kartenstile von Langhans und Haack betrachtet werden. Diese stärker individuell zentrierte Perspektive findet sich in der Literatur zur Geschichte der Kartographie und auch bei wissensgeschichtlichen Perspektiven im Grunde nicht.[143] Im zeitgenössischen kartographischen Diskurs war die Individualität von Kartographen jedoch durchaus ein Thema. Max Eckert sprach 1921 – bezogen auf die Kartenschrift – davon, dass genau »wie jedes Land auch jeder Kartograph seinen Stil (wie auch die Schriftsteller)« habe.[144] Der angesehene Göttinger Professor für Geographie Hermann Wagner (1840-1929) beklagte 1887, es sei eine »noch viel zu wenig bekannte Thatsache, dass je höher der Kartograph steht, er umso mehr individuelle Anschauungen in den Kartenbildern, besonders bei den Terrainformen, zur Darstellung bringt«.[145] Laut dem Perthes-Kartographen Berthold Carlberg (1898-1972) galt dieses individuelle Moment insbesondere für Verlagskartographen. Denn diese stünden im Gegensatz zum »amtlichen[n] Kartographen« beständig vor der Herausforderung, aus den »vielen Möglichkeiten der Bildgestaltung« unter Berücksichtigung von Maßstab und Zielgruppe der Karte die beste Auswahl zu treffen: »Hier spielt die Kartographie hinüber ins Künstlerische, d. h. nicht ins unbestimmt Gefühlsbetonte, sondern in Gebiete, die ein sicheres, auf graphischer Erfahrung aufgebautes Stilgefühl

141 Der Begriff Visualitätsregime rückt laut Michel das Soziale und Historische des Sehens in den Mittelpunkt. Boris Michel, Der Geographische Blick. Überlegungen zu einer Wissenschaftsgeschichte geographischer Visualitätsregime, in: Geographische Zeitschrift 101 (2013), H. 1, S. 20-35, hier S. 21. Ausnahmen bilden hier u. a. die genannten Arbeiten Schelhaas/Wardenga, »Die Hauptresultate der Reisen vor Augen zu bringen«. Henniges, Die Spur des Eises. Siehe ebenfalls ders., »Sehen lernen«: Die Exkursionen des Wiener Geographischen Instituts und die Formierung der Praxiskultur der geographischen (Feld-)Beobachtung in der Ära Albrecht Penck (1885-1906), in: Mitteilungen der Österreichischen Geographischen Gesellschaft 156 (2014), S. 141-170. Siehe auch Ute Wardenga, »Beobachtung ist die Grundlage der Geographie!«: Herbert Luis als Länderkundler, Kartograph und Geomorphologe, in: Geographie in München: disziplingeschichtliche Streifzüge, hg. von der Geographischen Gesellschaft München, München 2007, S. 103-133.

142 Michel, Der Geographische Blick, S. 29.

143 Zur näheren Bestimmung des Begriffs Kartenstil siehe den Abschnitt 2.5 Langhans' Kartenstil und der ökonomische Erfolg.

144 Eckert, Die Kartenwissenschaft, Bd. 1, S. 340.

145 Hermann Wagner, Vorwort, in: ders., Sydow-Wagners Methodischer Schul-Atlas. 60 Haupt- und 50 Nebenkarten auf 44 Tafeln, Gotha 1888, S. VI.

voraussetzen.«[146] Es wird hier davon ausgegangen, dass der Begriff des Kartenstils auch auf die Darstellung politisch relevanter Inhalte anwendbar ist, zumal auch physische Karten politische Deutungsmuster visualisieren können. Die Arbeit beleuchtet in diesem Zusammenhang, inwieweit die Kartenstile von Langhans und Haack dazu geeignet waren, die epistemische Autorität ideologischer Deutungsmuster zu unterstützen. Inwiefern konnten die eingesetzten Gestaltungsmittel dem Anspruch dieser Ideologien, gültiges Wissen im Sinne der klassischen Auffassung von einer »gerechtfertigten wahren Überzeugung«[147] zu sein, Plausibilität verschaffen?

Das Vermögen eines Kartenstils, genau dies zu leisten, soll im Weiteren mit dem Begriff der Evidenzerzeugung bezeichnet werden.[148] Evidenz verstanden als »Einsichtigkeit von etwas, das aus der Sache heraus einleuchtet und sich uns entweder unmittelbar, schlagartig, intuitiv und als gewiss in seiner Gegebenheit zeigt«.[149] Das *Wörterbuch der Philosophischen Begriffe* verweist dabei in der vierten Auflage von 1927 auf eine enge Nachbarschaft von Evidenz und visuellem Augenschein. Es beschreibt »Evidenz (evidentia)« als »Augenscheinlichkeit, Klarheit [...], Einsichtigkeit«.[150] Bezogen auf die Visualität von Kartographie kann man Evidenz mit einer Erfahrung veranschaulichen, die Nils Güttler für den Botaniker Oscar Drude (1852-1933) beschrieben hat. Als Drude 1884 seine von Bruno Hassenstein (1839-1902) – ebenfalls ein Kartograph bei Justus Perthes – bearbeiteten pflanzengeographischen Karten in der Hand hielt, war er durch bloße Inaugenscheinnahme augenblicklich von der Wahrheit der vom Kartographen stark veränderten

146 Berthold Carlberg, Der Kartographenberuf, in: Petermanns Geographische Mitteilungen 87 (1941), H. 4, S. 146-149, hier S. 149.

147 Zur Definition von Wissen siehe Anm. 96 in diesem Kapitel, S. 27.

148 Dirk Hänsgen spricht in diesem Zusammenhang von einer im 20. Jahrhundert entstehenden »kartografischen Evidenzkultur«. Vgl. Dirk Hänsgen, Chorematische Kartensprache zwischen französischem Geodesign und deutscher Geopolitik – ein Leseversuch, in: Peter Haslinger/Vadim Oswalt (Hg.), Kampf der Karten: Propaganda- und Geschichtskarten als politische Instrumente und Identitätstexte, Marburg 2012, S. 62-84, hier S. 63. Auch Agnes Laba betont, dass Karten »als Medien der visuellen Evidenzherstellung« fungieren. Vgl. Laba, Die Grenze im Blick, S. 37.

149 Wilhelm Baumgartner, Art. »Evidenz«, in: Peter Prechtl/Franz-Peter Burkard (Hg.), Metzler Lexikon Philosophie, 3. Aufl., Stuttgart/Weimar 2008, S. 171. Zum Herstellen, Begründen und Bestreiten von Evidenz in verschiedenen Wissenschaftsbereichen siehe Karin Zachmann/Sarah Ehlers (Hg.), Wissen und Begründen. Evidenz als umkämpfte Ressource in der Wissensgesellschaft, Baden-Baden 2019. Evidenz ist dabei jedoch nicht an eine überhistorische und universelle Vernunft gebunden, sondern wird durch Praktiken erzeugt. Vgl. Amos Morris-Reich, Race and Photography. Racial Photography as Scientific Evidence, 1876-1980, Chicago/London 2016.

150 Rudolf Eisler, Art. »Evidenz (evidentia)«, in: Wörterbuch der Philosophischen Begriffe. Historisch-quellenmässig bearbeitet von Rudolf Eisler, 4. Aufl., Bd. 1: A-K, Berlin 1927, S. 418-420, hier S. 418.

Darstellung überzeugt.[151] Somit half, Güttler zufolge, der »Verlag […] dem Botaniker sehen«.[152] Evidenz kann einem Kartenstil also dann zugeschrieben werden, wenn die Karte durch ihre visuelle Gestaltung eine unmittelbare, intuitive Überzeugung von einer kohärenten Relation zwischen der Aussage der Karte und dem von ihr dargestellten Gegenstand bzw. Zusammenhang hervorruft. Evidenten Charakter können somit nicht nur pflanzengeographische Karten aufweisen, sondern auch wirtschaftsgeographische oder ethnographische Karten, die politisch weitaus relevanter sind. Zentral für die kartographische Herstellung von Evidenz ist die Kategorie der Anschaulichkeit. Daher soll, metaphorisch gesprochen, dem Verhältnis von Anschaulichkeit und Weltanschauung nachgegangen werden.

Die drei angeführten Forschungszusammenhänge Politik, Ökonomie und Visualität – spezifischer ausgedrückt Nationalismus, Verlagsökonomie und Evidenzerzeugung mittels visueller Rhetorik von Karten – sollen nun in einer zweiten These miteinander verknüpft werden:

Entscheidend für die Etablierung einer erfolgreichen, d.h. aus Verlagssicht wirtschaftlich lukrativen Beziehung zwischen kartographischer Wissensproduktion und Politik im Untersuchungszeitraum war die Entwicklung eines Kartenstils, der nationalistischen Deutungsmustern Evidenz verleihen konnte. Nur so konnten Karten als effektive rhetorische Ressourcen politischen Zwecken dienen und eine ökonomisch signifikante Nachfrage seitens entsprechender Verwendungszusammenhänge erzeugen – wozu im weiteren Sinne auch ein staatlicher Schulunterricht gezählt wird, der politisierte und weltanschauliche Inhalte vermittelte.

Der Begriff der Ressource verweist dabei auf ein Konzept des Wissenschaftshistorikers Mitchell Ash, der für die Beschreibung des Verhältnisses von Wissenschaft und Politik vorschlägt, diese als »Ressourcen füreinander« aufzufassen.[153] Ash geht davon aus, dass Politik und Wissenschaft vielschichtige Allianzen eingehen können, um sich gegenseitig als Ressourcen nutzen zu können, etwa wenn staatliche Instanzen Forschungsaufträge vergeben, um so auf das Wissen von Expert/innen für die Umsetzung konkreter politischer Vorhaben zurückzugreifen.[154] Die Autorität wissenschaftlicher Resultate oder die Namen renommierter Wissenschaftler/innen sind aber auch wichtige Ressourcen bei der Legitimation politischer Maßnahmen. Im Gegenzug kann die Politik Gelder und erforderliche

151 Güttler, Das Kosmoskop, S. 9.

152 Ebd., S. 15. Siehe auch S. 201, 253 ff.

153 Mitchell G. Ash, Wissenschaft und Politik als Ressourcen für einander, in: Rüdiger vom Bruch/Brigitte Kaderas (Hg.), Wissenschaften und Wissenschaftspolitik. Bestandsaufnahmen zu Formationen, Brüchen und Kontinuitäten im Deutschland des 20. Jahrhunderts, Stuttgart 2002, S. 32-51.

154 Dirk van Laak, Imperiale Infrastruktur. Deutsche Planungen für eine Erschließung Afrikas 1880 bis 1960, Paderborn u. a. 2004.

Genehmigungen, sprich Handlungsspielräume sowie Prestige gewähren. Unter Ressourcen versteht Ash daher nicht nur finanzielle Mittel, sondern sie können auch »kognitiver, apparativer, personeller, institutioneller oder rhetorischer Art« sein.[155] Reizvoll an diesem Ansatz ist, dass er die Möglichkeit eröffnet, Wissenschaft bzw. einzelne Disziplinen, Institutionen oder Wissenschaftler/innen als Akteure zu betrachten, die gegenüber den verschiedenen Ebenen der Politik Handlungsspielräume besaßen und mit diesen wandelbare und ambivalente Wechselverhältnisse unterhielten. Die Auffassung einer rein passiven Wissenschaft, wie sie in Formulierungen eines »Missbrauchs« oder der »Indienstnahme« von Wissenschaft durch Politik aufscheint, kann damit überwunden und ein Blick auf die Beziehungen von Wissenschaft und Politik geworfen werden, der in beiden Seiten aktive, aber auch voneinander abhängige und miteinander verknüpfte gesellschaftliche Felder sieht. Dadurch kann es laut Ash gelingen, »das Verhältnis von Wissenschaft und Politik in modernen Gesellschaften kritisch, aber ohne unreflektierte Moralisierungen« zu beschreiben.[156] Die jüngere Forschung der Zeitgeschichte hat parallel dazu betont, dass – insbesondere während des Nationalsozialismus – die »Selbstmobilisierung« ein zentrales Kennzeichen der Handlungsweise von Funktionseliten war – ob nun Militärs, Wirtschaftsmanager oder Wissenschaftler/innen und Wissensakteure wie die Verlagskartographen Langhans und Haack.[157]

Im Falle von Justus Perthes lässt sich das Konzept von Ash dahingehend spezifizieren, dass anstelle der universitären Wissenschaft eine verlegerische Wissensproduktion und -popularisierung im Zentrum der Untersuchung steht.[158] Damit werden die bereits genannten verlagsspezifischen Bedingungen der Wissensgenese berücksichtigt. Den bereits erwähnten wissenschaftlichen Anspruch für einen Teil seiner Produkte hat der Verlag im Untersuchungszeitraum jedoch nie aufgegeben. Perthes' Hauptressource war sein geographisches Wissen und dessen kartographische Verarbeitung, das sich materiell in der umfangreichen Kartensammlung und der einzigartigen geographischen Spezialbibliothek niederschlug.

155 Ash, Wissenschaft und Politik als Ressourcen für einander, S. 32. Ders., Reflexionen zum Ressourcenansatz, in: Sören Flachowsky/Rüdiger Hachtmann/Florian Schmaltz (Hg.), Ressourcenmobilisierung. Wissenschaftspolitik und Forschungspraxis im NS-Herrschaftssystem, Göttingen 2017, S. 535-553. Siehe hierzu auch Flachowsky/Hachtmann/Schmaltz, Editorial.

156 Ash, Wissenschaft und Politik als Ressourcen für einander, S. 32.

157 Raphael, Radikales Ordnungsdenken, S. 11, 40. Ich bezeichne Haack und Langhans nicht als Wissenschaftler, da sie keine Universitätsmitarbeiter oder Angestellte von Forschungsinstituten waren, sondern als Wissensakteure, da ihre Arbeit dennoch in der Produktion von kartographischem und geographischem Wissen bestand. Zum Begriff Wissensakteur siehe Harald Fischer-Tiné, Pidgin-Knowledge. Wissen und Kolonialismus, Zürich/Berlin 2013.

158 Popularisierung kann definiert werden als »Vorgang, in dem sich Transformationen und Neuordnungen des Wissens zwischen Wissenschaft und Öffentlichkeit beschreiben lassen«. Vgl. Petra Boden/Dorit Müller (Hg.), Populäres Wissen im medialen Wandel seit 1850, Berlin 2009, S. 8. Zit. nach Christoph, Geographica und Cartographica, S. 177.

Damit verbunden bestand im Verlag die Kompetenz einer visuell flexiblen und didaktisch effektiven Darstellung zur Vermittlung dieses Wissens. Dem Konzept von Ash folgend und vor dem Hintergrund der bisherigen Ausführungen untersucht die vorliegende Arbeit Karten als Ressourcen, die Politik ›rhetorisch‹ unterstützen konnten, indem sie politischen Deutungsmustern visuelle Evidenz verliehen. Im Zuge der Untersuchung soll gezeigt werden, dass es Hermann Haack war – vor allem auf dem Gebiet der Schulwandkarten, der im Verlauf des Untersuchungszeitraums einen Kartenstil entwickelte, welcher ein Verhältnis von kartographischer Wissensproduktion und nationalistischer Weltanschauung als »Ressourcen füreinander« ermöglichte und etablierte.[159]

Somit wären einerseits anhand eines konkreten Fallbeispiels allgemeine Anhaltspunkte für die Beziehung zwischen Verlagskartographie und Politik im Zeitraum zwischen 1890 und 1945 gewonnen, andererseits würde damit auch die bisher vorherrschende Rezeption, die eine dichotomische und personalisierte Unterteilung in einen weltanschaulichen Kartographen Langhans und einen wissenschaftlich-unpolitischen Kartographen Haack vornimmt, obsolet werden. Sie müsste im Sinne der vorangehend formulierten, ersten These dahingehend korrigiert werden, dass zwar bei beiden Kartographen hinsichtlich des Verhältnisses von nationalistischer Weltanschauung und kartographischer Wissensproduktion von verschieden gelagerten Überzeugungen, Praktiken und Kontinuitäten bzw. Diskontinuitäten auszugehen ist, dass beide jedoch – auf unterschiedliche Weise – an diesem Verhältnis partizipierten.

1.3 Methodische Reflexion

1.3.1 Der biographische Zugang

Obwohl die Biographie als klassische Gattung der Historiographie zu keiner Zeit gänzlich verschwand, geriet sie doch seit den 1970er Jahren im Zuge des Aufkommens einer Sozialgeschichte, die in erster Linie gesellschaftliche Strukturen in ihren historischen Entwicklungen beobachten wollte, in die Kritik. Sie wurde als ein langweiliges, theoretisch unreflektiertes und ideologieverdächtiges Relikt betrachtet und daher für eine sich als historische Sozialwissenschaft verstehende Geschichtswissenschaft als ungeeignet und unzeitgemäß abgelehnt.[160]

Diese Kritik vertiefte die theoretischen und methodischen Reflexionen zur Gattung der Biographie, was zur Etablierung einer produktiven Biographieforschung

159 Ash bezeichnet pädagogisches Wissen und »für die Propaganda funktionalisierbares Wissen« als »mobilisierbare Ressourcen«. Vgl. Ash, Reflexionen zum Ressourcenansatz, S. 550.

160 Henniges, Die Spur des Eises, S. 45 f.

führte.[161] Thomas Etzemüller etwa kritisiert an dem tradierten Muster von Biographien vor allem zwei Punkte: Zunächst einmal trage es dazu bei, Männlichkeit als Norm festzulegen und Geschlechterrollen zu fixieren, da fast immer erfolgreiche Männer, selten erfolgreiche Frauen und so gut wie nie erfolglose Frauen den Gegenstand von Biographien bildeten.[162] Diese Kritik berührt auch die vorliegende Arbeit, wenn diese sich auch zugutehalten mag, dass sie zumindest einen erfolgreichen und einen weniger erfolgreichen Kartographen betrachtet.

Der zweite Kritikpunkt Etzemüllers betrifft den Umstand, dass Biographien die von ihnen beschriebenen Subjekte zumeist als geschlossene physische und psychische Einheiten darstellen würden, vielfach sogar teleologisch als von Geburt an auf ein Lebensziel hin ausgerichtet.[163] Erwartet man an dieser Stelle, dass Etzemüller Vorschläge liefert, wie Biographien ›richtig‹ zu schreiben seien, wird man allerdings enttäuscht. Zwar stellt er einige Beispiele von »Anti-Biographien« vor, kommt jedoch zu dem Schluss, dass eben bestimmte »Genreregeln und kulturelle Konzepte des ›Selbst‹, der ›Identität‹« dafür verantwortlich seien, »narrativ denjenigen spezifischen Zusammenhang« herzustellen, der aus einem Leben »eine Biographie kondensiert«.[164] Letztlich bestimmten Textkonventionen darüber, ob es sich um eine Biographie handele oder nicht. Von daher seien »Anti-Biographien« eben auch keine Biographien, so Etzemüllers Urteil.

Biographien stellen somit nach wie vor eine von mehreren Möglichkeiten dar, historiographische Erzählungen zu strukturieren. Dies ist laut dem durchaus streitbaren[165] Historiker Jörg Baberowski auch dringend erforderlich, denn: »Jeder weiß, dass die Vergangenheit ebenso wie die Gegenwart unstrukturiert ist, dass die Wirklichkeit ein unbegriffenes Chaos ist.«[166] Geschichte müsse daher mit dem Philosophen Theodor Lessing (1872-1933) als Sinngebung des an sich Sinnlosen verstanden werden.[167] Diese Sinngebung erfolge über Narrative, die die Ver-

161 Levke Harders, Historische Biografieforschung, Version: 1.0, in: Docupedia-Zeitgeschichte, URL: https://docupedia.de/zg/Harders_historische_Biografieforschung_v1_de_2020#Institutionalisierung_der_Biografieforschung, [02.02.2021]. Grundlegend für die Kritik an der Biographie: Pierre Bourdieu, Die biographische Illusion, in: BIOS 3 (1990), H. 1, S. 75-81.

162 Thomas Etzemüller, Das biographische Paradox – oder: wann hört eine Biographie auf, eine Biographie zu sein?, in: Non Fiktion 8 (2013), H. 1, S. 89-103, hier S. 90.

163 Ebd.

164 Ebd., S. 103.

165 Wolfgang Benz, Professoraler Populismus. Gedanken zum Fall Baberowski: Warum Historiker den Versuchungen der Demagogie widerstehen sollten, Der Tagesspiegel Online vom 21.6.2017, URL: https://www.tagesspiegel.de/wissen/streit-um-thesen-zur-migration-professoraler-populismus/19957412.html [16.6.2019].

166 Jörg Baberowski, Brauchen Historiker Theorien?, in: ders. (Hg.), Arbeit an der Geschichte. Wie viel Theorie braucht die Geschichtswissenschaft?, Frankfurt a.M./New York 2010, S. 117-128, hier S. 120.

167 Theodor Lessing, Geschichte als Sinngebung des Sinnlosen, München 1919.

gangenheit ordnen und zugleich in einen Bezug zur Gegenwart setzen.[168] Neben der Funktion, historische Texte zu strukturieren, können Biographien aber auch ganz eigene Perspektiven erzeugen.[169] Denn ihre Subjekte, historische Personen, sind immer auch Kristallisationspunkte historischer Entwicklungen: In ihrem Denken und Handeln konstituieren, verknüpfen und transformieren sich Emotionen, Diskurse, Strukturen, Ereignisse, Praktiken und Objekte. Diesen Umstand soll der Begriff des ›biographischen Zugangs‹ erfassen: Personen können als heuristisches Werkzeug dem Zugang zu verschiedenen Dimensionen von Geschichte dienen und diese miteinander in Beziehung setzen. Darüber hinaus verkörpern Personen unterschiedlichste menschliche Erfahrungen, individuelle Sinn- und Lebenswelten. Gleichzeitig sind sie mehr oder weniger typische Vertreter/innen verschiedener sozialer Gruppen und Generationen. Sie sind der Ort, an dem Individuelles und Allgemeines interagieren. Dies einzufangen, kann die Stärke von Biographien ausmachen und dieser Fähigkeit verdankt sich möglicherweise auch ihre anhaltende Konjunktur.

Paul Langhans und Hermann Haack dienen in der vorliegenden Arbeit als Zugang zum Verhältnis zwischen einer verlagswirtschaftlichen kartographischen Wissensproduktion und den politischen Ideologien des Nationalismus in der Zeit zwischen 1890 und 1945. Daher beschränkt sich die Untersuchung auf die berufliche und die politische Seite ihres Lebens, das Privatleben tritt in den Hintergrund. Die Arbeit ist so angelegt, dass sie anstelle eines gegenüberstellenden Vergleichs eine Darstellung wählt, die die beiden Kartographen in ihren Wechselwirkungen und Verflechtungen zeigt, um so differenziert historische Entwicklungen sichtbar zu machen.

1.3.2 Tiefenbohrungen

Der biographische Zugang wird an verschiedenen Stellen durch ausführliche Karten- und Textanalysen ergänzt. Dabei werden als Schlüsselquellen identifizierte Dokumente auf die ihnen eingeschriebenen Deutungsmuster hin untersucht. Im Falle von Karten wird auch die visuelle Gestaltung der Deutungsmuster in die Analyse miteinbezogen.

Als Deutungsmuster sollen im Sinne der Wissenssoziologischen Diskursanalyse »Interpretationsschemata oder -rahmen (frames)« verstanden werden, die »für individuelle und kollektive Deutungsarbeit im gesellschaftlichen Wissensvorrat zur Verfügung stehen und in ereignisbezogenen Deutungsprozessen aktualisiert

168 Baberowski, Brauchen Historiker Theorien, S. 124 f.

169 Durch die verstärkte Hinwendung zur materiellen Kultur entstehen nicht mehr nur Biographien von Menschen, sondern auch von Objekten. Vgl. Peter Braun, Objektbiographie: Ein Arbeitsbuch, Weimar 2015.

werden«.[170] Deutungsmuster sind »gesellschaftlich vorübergehend konventionalisierte« Zuschreibungen und stehen damit zwischen individuellen Ansichten und gesellschaftlichen Diskursen, die aus zahlreichen Deutungsmustern komplexe Wissensbestände synthetisieren.[171] Ein Beispiel für ein Deutungsmuster aus dem Untersuchungszeitraum ist die positive Bewertung von Technisierung als ›Fortschritt‹.[172] Gleichzeitig wurden Großstädte, obgleich der Raum der stärksten Technisierung, als lebensfeindlich wahrgenommen.[173] Das zeigt, dass der gesellschaftliche Wissensvorrat verschiedene, zum Teil völlig gegensätzliche Deutungsmuster aufbewahrt, die sowohl auf der Ebene individueller Deutungen und Praktiken als auch in Diskursen aufgegriffen, kombiniert und verändert werden – um die Welt verstehen, bewerten und bearbeiten zu können.[174] Auch Karten sind in diese Prozesse involviert, indem sie Deutungsmuster visuell übersetzen und räumlich lokalisieren. Damit können sie vorhandenen Deutungsmustern Glaubwürdigkeit und Plausibilität verleihen, besonders wenn die kartographische Gestaltung Evidenz erzeugt.

Durch die Feinanalyse, die in Anlehnung an die Wissenssoziologische Diskursanalyse durchgeführt wurde, können Deutungsmuster in Texten identifiziert und in ihrem Zusammenhang rekonstruiert werden: »Eine Feinanalyse wird meist in mehreren Schritten erfolgen, die sich in Pendelbewegungen hin zum Text und davon weg bewegen: Beginnend mit dem Lesen einzelner Dokumente schreitet man zu Paraphrasierungen, zur Kontextanalyse und analytischen Zergliederung, zur detailgenauen Interpretation und schließlich zur Zusammenfassung.«[175] Die »detailgenaue Interpretation« des Textes erfolgt in der Weise, dass während mehrfacher Lesevorgänge Kodes in Form von Stichwörtern für einzelne Sinn- und Bewertungselemente vergeben werden. Diese werden in erneuten Lese- und Interpretationsvorgängen, die auch durch Notizen vertieft und dokumentiert werden können, Schrittweise verdichtet und abstrahiert, bis am Ende eine Struktur aus Kodes und Subkodes entsteht, die den zu analysierenden Text in seinen Deutungsmustern, also seinen Sinnbausteinen und ihrer spezifischen Verknüpfung, rekonstruiert hat:

170 Reiner Keller, Diskursforschung. Eine Einführung für SozialwissenschaftlerInnen, 4. Aufl., Wiesbaden 2011, S. 108.

171 Ebd.

172 Für die Bewertung des Fortschritts im Bereich der Energiegewinnung siehe Jürgen Osterhammel, Die Verwandlung der Welt. Eine Geschichte des 19. Jahrhunderts, Jubiläums-Edition München 2013, S. 928-930.

173 Zum Diskurs um den Lärm in Großstädten siehe Peter Payer, Der Klang der Großstadt. Eine Geschichte des Hörens. Wien 1850-1914, Wien u. a. 2018, S. 126-132.

174 Als Ergebnis dieser sozialen Prozesse entsteht die Wirklichkeit. Vgl. Peter Berger/Thomas Luckmann, The Social Construction of Reality. A Treatise in the Sociology of Knowledge, Garden City (NY) 1966.

175 Keller, Diskursforschung, S. 99.

> Die verschiedenen Strategien der (qualitativen) Kodierung zielen auf die begriffliche Verdichtung einzelner Textpassagen innerhalb von Dokumenten sowohl in analytisch-gliedernder wie auch in interpretierender Hinsicht. Die Richtung oder das Ziel dieser Verdichtung wird in der Diskursforschung durch die spezifischen Fragestellungen und damit verbundenen Konzepte vorgegeben (bspw. Bausteine der Phänomenstruktur, Subjektpositionen, Praktiken, Deutungsmuster).[176]

Anschließend können Verbindungen zu zeitgenössischen Diskursen oder anderen Texten hergestellt werden. Der Sinn dieses Vorgehens im Kontext der Arbeit besteht darin, ein Verfahren an die Hand zu bekommen, das eine dichte Interpretationsarbeit und eine ausführliche Beschreibung der zu analysierenden Quelle verlangt und dementsprechend vielschichtige Resultate hervorbringt.

Dienen Haack und Langhans also als Zugänge zum historischen Material, so dient die Feinanalyse ihrer zentralen Karten und Texte wiederum der Identifikation und Rekonstruktion von »sozial konventionalisierten« Deutungsmustern, also Bausteinen zeitgenössischer Diskurse und politischer Ideologien. Zugleich kann so deren Aufnahme und spezifische visuelle Verarbeitung durch Langhans und Haack in den Blick genommen werden. Erkenntnisleitend ist die Frage nach dem Zusammenhang von kartographischer Wissensproduktion in einem nach wirtschaftlichen Gesichtspunkten agierenden Verlag und politischer Ideologie, um dadurch zum einen die bisherige Rezeption der beiden Verlagskartographen zu hinterfragen und zum anderen allgemeine Anhaltspunkte und Merkmale dieser Beziehung herauszuarbeiten.

1.4 Verwendete Quellen

Im Vordergrund der Dissertation stehen die Kartographen Paul Langhans und Hermann Haack. Dieser Fokus schlug sich zwangsläufig auch auf die Recherche und die Auswahl der Quellen nieder.

Da Haack und Langhans noch während bzw. unmittelbar nach dem Studium im Verlag Justus Perthes ihre berufliche Karriere begannen und ihn zeitlebens nicht verließen, verfügt das Archiv des ehemaligen Verlags über die wichtigsten Bestände zu den beiden Kartographen. Dieses wird heute von der Sammlung Perthes in Gotha, die Teil der Forschungsbibliothek Gotha der Universität Erfurt ist, verwahrt und wissenschaftlich erschlossen.[177] Glücklicherweise ist das Archiv

176 Ebd., S. 98 f.

177 Zur Sammlung Perthes siehe Weigel, Die Sammlung Perthes Gotha. Dies., Ein Archiv der Erforschung und Entdeckung der Erde. Dies., Geographische Wissensproduktion – Reflexionen aus der Perspektive der geographie- und kartographiehistorischen Sammlung Perthes. Dies., Das Kartenproduktionsarchiv des Justus Perthes Verlags in der Forschungsbibliothek Gotha,

im Gegensatz zu den Beständen anderer Verlagshäuser – wie etwa Dietrich Reimer in Berlin oder Velhagen & Klasing in Leipzig[178] – im Zweiten Weltkrieg nicht zerstört worden, wodurch ein nahezu einzigartiger Überlieferungszusammenhang erhalten werden konnte.[179] Er besteht aus der Verlagsbibliothek, der Kartensammlung des Verlags und dem Verlagsarchiv.

Die Bestände der Sammlung Perthes sind auch deswegen besonders, weil Bernhard Perthes ab den 1880er Jahren den Verlag Stück für Stück zu einem Unternehmen ausbaute, in dem der komplette Herstellungsprozess der Karten konzentriert und kein Produktionsschritt mehr ausgelagert werden musste: Von der Kartensammlung und der Bibliothek, die das wissenschaftliche Quellenmaterial bereithielten – das Material für die Karten ›unbekannter Gebiete‹ kam von den Forschungsreisenden per Post –, über die einzelnen Redaktionen, die die Originalzeichnungen der Karten anfertigten, sowie die Kupferstich-, Lithographie- und Druckwerkstätten zu ihrer Vervielfältigung, bis hin zur Setzerei, Buchbinderei und Aufziehwerkstatt für die Wandkarten befand sich alles an einem Ort – Buchhaltung, Lager und Vertrieb inklusive. Diese Bestandteile bildeten einen feingliedrigen Organismus der kartographischen Wissensproduktion und hinterließen mannigfaltiges Material: Kartenentwürfe, Kupferplatten für den Kartendruck, geschäftliche Unterlagen, Personalakten, Korrespondenzen. In einigen Fällen ist daher eine detaillierte Rekonstruktion von Kartenherstellungsprozessen möglich. Im Untersuchungszeitraum sind bei den für die Aufarbeitung politischer Zusammenhänge maßgeblichen Bestände Bereinigungen feststellbar, sie sind aber bei weitem nicht so umfassend, wie es Franz Köhler darstellt, was bereits durch Heinz Peter Brogiato konstatiert wurde.[180] Durch die Verwendung der Bestände für die Kartenherstellung in der Zeit des seit 1955 bestehenden Nachfolgebetriebs VEB Hermann Haack Geographisch-Kartographische Anstalt Gotha gingen Materialien und Unterlagen verloren oder befanden sich in einem schlechten Zustand. Aufgrund intensiver Maßnahmen für den Erhalt der Bestände, die 2015 auch zur Einrichtung des Perthes-Forums am ehemaligen Standort des Verlags führten, konnten viele Karten für die Forschung erschlossen und wieder benutzbar gemacht werden.[181] Allerdings sind bisher nicht alle Bestände systematisch erschlossen, was zukünftige Forschung notwendig macht und weitere Erkenntnisse erwarten lässt.

in: Ludger Syré (Hg.), Ressourcen für die Forschung. Spezialsammlungen in Regionalbibliotheken, Frankfurt a. M. 2018, S. 125-141.

178 Von Reimer wurden zwar nicht alle Unterlagen vernichtet, aber ein Großteil. Vgl. Moser, Untersuchungen zur Kartographiegeschichte von Namibia, S. 6.

179 Nur das Archiv des ehemaligen Verlags Bartholomew & Son in Edinburgh verfügt über eine ähnlich umfangreiche Überlieferung. Das Archiv befindet sich heute in der National Library of Scotland.

180 Köhler, Gothaer Wege, S. 235. Brogiato, Wissen ist Macht, S. 102.

181 Christian Kreienbrink/Petra Weigel, Papierreinigung mit Elektrostatik. Entstaubung, Reinigung und Neuordnung der Kartensammlung Perthes, in: Restauro 2, März 2013, S. 39-43.

Von zentraler Bedeutung für die Arbeit war der Nachlass von Hermann Haack. Hier wurde vor allem der Briefwechsel mit den Verlagsinhabern Bernhard und Joachim Perthes (1889-1954) sowie Haacks Personalakte und einzelne Manuskripte von Haack, bspw. ein ausführliches Konzept für die von Haack geleitete zehnte Auflage des *Stieler-Handatlas* ausgewertet. Weiterhin wurden auch die von Haack vor allem im *Geographischen Anzeiger* publizierten Texte zu theoretischen Problemen der Kartographie und zur Popularisierung von einzelnen Perthes-Produkten herangezogen. Haacks Korrespondenz als Schriftleiter des *Geographischen Anzeigers* wurde bereits von Brogiato umfassend ausgewertet, auf eine erneute Sichtung konnte daher verzichtet werden. Zusätzlich wurden die allerdings nur fragmentarisch erhaltenen Korrespondenzen ausgewertet, die Haack mit den für die politischen Karten zuständigen Kartenautoren wie Max Georg Schmidt (1870-1956) und Heinrich Hertzberg (1859-1931) unterhielt.

Im Falle von Paul Langhans ist das überlieferte Material schmaler. Seine Personalakte und die Akte zur Zeitschrift *Deutsche Erde*, deren Herausgeber Langhans war, liefern dennoch wichtige Einblicke, auch hinsichtlich seiner Haltung zur kaufmännischen Seite seiner Tätigkeit als Verlagskartograph. Um über Langhans ein umfassendes Bild zu erhalten, wurde über das Archiv-Portal Kalliope Einsicht in mehrere Korrespondenzen genommen, die Langhans mit dem Leipziger Philologen Eugen Mogk (1854-1939), dem Freiburger Historiker Ludwig Schemann (1852-1938), dem Göttinger Geographen Hermann Wagner (1840-1929), dem Bonner Historiker Aloys Schulte (1857-1941), dem Königsberger Geographen Friedrich Hahn (1852-1917) und dem Berliner Statistiker Richard Boeckh (1824-1907) unterhielt. Außerdem wurden Personalakten von Kartographen aus Langhans' Redaktion wie Carl Barich (1859-1931) und Berthold Carlberg (1898-1972) ausgewertet. Zudem konnten erstmals Teile des sehr umfangreichen Schriftwechsels der Redaktion von *Petermanns Geographischen Mitteilungen* ausgewertet werden, deren Herausgeber Langhans von 1909 bis Ende 1937 war. Auch die Personalakten der Nachfolger auf diesem Posten – Nikolaus Creutzburg (1893-1978) und Max Hannemann (1892-1960) – waren aufschlussreich in Bezug auf Langhans' Herausgeberschaft. Eine wichtige Quelle stellte zudem die Lebensbeschreibung von Paul Langhans dar, die sein Sohn Manfred Langhans (1901-1992) 1967 verfasst hat.[182] Auch wenn diese Quelle aufgrund der persönlichen Nähe des Autors zu Paul Langhans und der zeitlichen Distanz zum Untersuchungszeitraum mit Vorsicht zu verwenden ist, gibt sie vielfach Aufschluss über berufliche wie persönliche Beziehungen, Einstellungen und Standpunkte von Paul Langhans.

Für die verlagswirtschaftliche Dimension konnten erstmalig die Buchführungs-Ergebnisse ausgewertet werden, die der Prokurist des Verlags, Theodor Klemm (1868-1936), in den Jahren 1924 bis 1934 anfertigte. Auch die Fortführungen der

182 Manfred Langhans, Zur Familiengeschichte unseres Langhans-Stammes, unveröffentlichtes Manuskript, Hegenlohe 1967, Kreisarchiv Ratzeburg, KrArchivRz AGen2.

Buchführungs-Ergebnisse bis einschließlich 1942 konnten eingesehen werden. Für die Entwicklungen in der Zeit vor 1924 bieten diese Berichte ebenfalls wichtige Anhaltspunkte, da Klemm in den Jahren 1924/25 umfangreiche Rückblicke auf die wirtschaftlichen Entwicklungen seit der Jahrhundertwende vornahm. Diese Dokumente, die auf der Ebene einzelner Verlagsprodukte Absatzzahlen, Herstellungskosten, Einnahmen und Ausgaben auflisten und auch textuelle Analysen und Kommentare enthalten, ermöglichen profunde Erkenntnisse über die ökonomische Entwicklung des Verlags und den betriebswirtschaftlichen Erfolg der Produkte von Langhans und Haack. Auch auf politische Kontexte wird immer wieder Bezug genommen, sodass Wechselwirkungen nachvollziehbar werden. Ergänzend wurden für die Zeit vor 1919 die Ausgangsbücher des Verlags, die den Absatz von einzelnen Produkten aufzeigen, und Teile des umfangreichen Schriftwechsels zwischen Theodor Klemm und Bernhard sowie Joachim Perthes herangezogen. Eine erschöpfende Auswertung aller Bestände der Sammlung Perthes für den Untersuchungszeitraum konnte aufgrund der nicht vollständigen Erschließung und des schieren Umfangs nicht erfolgen, sodass auch hier weitere Erkenntnisse zu erwarten sind. Dennoch sind die gegenwärtig wichtigsten bekannten Unterlagen sowie relevante, bisher unbeachtete oder nicht erschlossene Bestände ausgewertet worden.

Weitere Bestände wurden im Bundesarchiv in Berlin-Lichterfelde, im Zentralarchiv der Geographie des Leibniz-Instituts für Länderkunde in Leipzig, im Thüringischen Staatsarchiv und im Stadtarchiv Gotha eingesehen. Abschließend sind die familiären Nachlässe von Haack und Langhans zu erwähnen. Der Bestand zu Langhans brachte hier keine neuen Erkenntnisse, derjenige von Haack enthielt jedoch sehr aufschlussreiches Material.

Einen zentralen Untersuchungsgegenstand der Arbeit bilden die Karten von Langhans und Haack. Hier wurden die Kartensammlung der Deutschen Nationalbibliothek Leipzig, die Sammlung Perthes und die Kartensammlung der Staatsbibliothek zu Berlin genutzt. Auch Karten anderer Kartographen wie Richard Kiepert (1846-1915) wurden in die Analyse einbezogen. Der quantitative Umfang der herausgegebenen, verantwortlich geleiteten und selbst bearbeiteten Karten von Haack und Langhans ist zu groß für eine erschöpfende Analyse. Die verschiedenen Auflagen mit eingerechnet, liegen für beide jeweils dreistellige Zahlen an Karten vor. Von daher bilden die in der Arbeit analysierten Karten ein repräsentatives Korpus, dem eine an die Fragestellung der Arbeit angepasste Auswahl zugrunde liegt. Hierfür wurden die in den Archiven aufgefundenen Publikationslisten von Langhans und Haack sowie die entsprechenden Angaben in den Katalogen des Perthes-Verlags auf relevante Karten hin untersucht.

Des Weiteren wurden verschiedene Texte für die Kartenanalyse herangezogen. Dazu gehören die mit den Karten in einem direkten Zusammenhang stehenden Texte, wie Kartenkommentare oder Quellenangaben, weiterhin theoretische Texte, wie diejenigen von Max Eckert, Kartenrezensionen, und schließlich, als eine äußerst ergiebige Quelle, die vom Perthes-Verlag zu den Schulwandkarten publizierten Begleithefte. Sie machen die von den Kartenautoren und Kartographen intendierte inhaltliche und visuelle Wirkung sowie die entsprechenden Gestaltungsmethoden der Karten nachvollziehbar. Nicht zuletzt wurden auch Werbeanzeigen des Verlags ausgewertet, die teils ebenfalls von großer Aussagekraft für die politischen und ökonomischen Kontexte der Karten sind.

1.5 Aufbau der Studie

Nach dem einführenden ersten Kapitel behandelt das zweite Kapitel Paul Langhans in der Zeit vor dem Ersten Weltkrieg, zeigt sein politisches Engagement, analysiert sein erstes großes Projekt, den *Deutschen Kolonial-Atlas* und zeichnet hier die enge Verbindung zwischen Langhans' Weltanschauung und den im Atlas erzeugten Raumbildern nach. Zudem geht das Kapitel auf den spezifischen Kartenstil von Langhans und den wirtschaftlichen Erfolg seiner Karten bis 1914 ein.

In Kapitel drei wird Hermann Haack behandelt, seine Bedeutung für die Schulkartographie herausgearbeitet und insbesondere der Kartenstil, den er für seine Schulwandkarten entwickelte, in den Blick genommen. Im Mittelpunkt steht hier seine intensive Beschäftigung mit einem Farbschema zur Geländedarstellung und dessen Adaption für kulturgeographische und koloniale Zwecke. Weiter wird Haacks organisatorische Rolle in der Schulgeographie behandelt und gezeigt, wie ökonomische Interessen Haacks Perspektive auf den Kolonialismus veränderten.

Das vierte Kapitel bildet einen Schwerpunkt der Darstellung und behandelt die Zeit des Ersten Weltkriegs. Dabei wird der Krieg als doppelter Wendepunkt erkennbar, der sowohl zu einer Veränderung der Stellung beider Kartographen im Verlag führte als auch ihre Kartenproduktion nachhaltig beeinflusste.

Den tiefgreifenden Auswirkungen des Krieges geht ebenso Kapitel fünf nach. Es zeichnet die Schwierigkeiten für Justus Perthes nach, gleichzeitig den nationalen und den internationalen Markt zu bedienen, ohne in der explosiven Stimmung nach 1918 zur Zielscheibe nationalistischer Agitation zu werden. Die veränderte politische Situation führte auch zu einer vielfachen Kritik an den Langhans-Karten, deren Hintergründe beleuchtet werden, um so den Rückgang von Langhans' Kartenproduktion nach dem Krieg erklären zu können.

Das sechste Kapitel zeichnet nach, wie Hermann Haack in der Zeit nach dem Ersten Weltkrieg agierte. Anhand der schwierigen Produktion der zehnten Auflage des *Stieler-Handatlas* kann gezeigt werden, dass er die zunehmenden ökonomischen Herausforderungen durch ein flexibles Ausbalancieren der nationalen und der internationalen Verlagsinteressen bewältigte. Zudem wird die weitere

Entwicklung seines Schulwandkartenprogramms beschrieben und hier die zunehmende Nähe zu völkischen Perspektiven herausgearbeitet.

Kapitel sieben verfolgt diesen Faden weiter und zeigt die engen Wechselwirkungen zwischen Nationalsozialismus und Haacks Schulwandkartenproduktion auf politischem und ökonomischem Gebiet. Die Darstellung von Haacks Wandlungsfähigkeit und dessen pragmatische Motive werden anhand von Vorträgen Haacks auf den Kongressen der Internationalen Geographischen Union (IGU) weiter vertieft.

Das achte Kapitel stellt Paul Langhans als Ehrenbürger und als Herausgeber von *Petermanns Mitteilungen* während des Nationalsozialismus dar und macht hier ideologische Parallelen deutlich. Schließlich wird ein Ausblick in die Zeit nach 1945 unternommen, der aufzeigt, wie sich die Rezeption von Haack und Langhans verschob und welche Ursachen hierbei eine Rolle spielten. Abschließend erfolgt im neunten Kapitel eine zusammenfassende Betrachtung der Ergebnisse der Studie.

2. Die völkische Erde: Paul Langhans und sein *Deutscher Kolonial-Atlas*

2.1 Einleitung

In diesem Kapitel werden verschiedene Dimensionen der Kartenproduktion von Paul Langhans vom Ende des 19. Jahrhunderts bis zum Ersten Weltkrieg beleuchtet. Dabei soll aufgezeigt werden, dass ein Großteil seiner Karten in einem dezidiert politischen Kontext betrachtet werden muss: dem der völkischen Bewegung, die um 1890 im Kaiserreich an politischer Dynamik gewann.

Der Begriff des Völkischen bzw. der völkischen Bewegung fiel bereits in der Einleitung. Er ist für das Verständnis des politischen Weltbildes von Langhans und für die Konzeption seiner Karten zentral. Daher werden an dieser Stelle noch einmal die wesentlichen Merkmale dieser heterogenen Sammelbewegung zusammengefasst: Die Ersetzung des Adjektivs ›national‹ durch ›völkisch‹ wurde von dem preußischen Offizier Hermann von Pfister-Schwaighusen (1836-1916) in der Mitte der 1870er Jahre vorgeschlagen.[1] Dabei bezeichnete dieses Schlagwort »mehr als das Adjektiv, das dem Substantiv ›Volk‹ zugeordnet ist. ›Völkisch‹ ist auch nicht nur ein Synonym des aus dem Lateinischen stammenden Lehnwortes ›national‹.«[2] Vielmehr handelt es sich um eine spezifische Form des Nationalismus, die gegen den althergebrachten, konservativen Nationalismus und dessen auf formaler Staatsbürgerschaft beruhendes Zugehörigkeitsmodell gerichtet war.[3] Denn, so lautete die völkische Grundannahme, territorial gebundene Staaten und Dynastien seien vergänglich, Völker würden hingegen historisch keinen substanziellen Veränderungen unterliegen. Vor diesem Hintergrund setzten die Völkischen auf ein Konzept von staatlicher Zugehörigkeit, das auf einer imaginierten gemeinsamen Abstammung in kultureller, historischer und sprachlicher Hinsicht

1 Uwe Puschner, Einleitung zur 2. Auflage. Verwissenschaftlichung der Weltanschauung. Völkische Aspirationen, Strategien und Rezeptionen in der langen Jahrhundertwende, in: Michael Fahlbusch/Ingo Haar/Alexander Pinwinkler (Hg.), Handbuch der völkischen Wissenschaften, Bd. 1: Biographien, 2. Aufl., Berlin/Boston 2017, S. 9-18, hier S. 9.

2 Ebd. Für die historische Entwicklung der Begriffssemantik siehe grundlegend: Reinhart Koselleck, Art. »Volk, Nation, Nationalismus, Masse«, in: Otto Brunner/Werner Conze/Reinhart Koselleck (Hg.), Geschichtliche Grundbegriffe. Historisches Lexikon zur politisch-sozialen Sprache in Deutschland, Bd. 7: Verw-Z, Stuttgart 1992, S. 141-431.

3 Vgl. Ulrich Herbert, Best. Biographische Studien über Radikalismus, Weltanschauung und Vernunft, Neuaufl. [1. Aufl. 1996], München 2016, S. 69f.

basierte und eine ethnisch homogene Bevölkerung anstrebte.[4] Das Staatsvolk sollte somit als *ethnos* definiert sein und nicht als *demos* im Sinne einer gleichen rechtlichen Teilhabe an politischen Entscheidungen.[5] Die politische Konsequenz daraus war die Forderung der Völkischen nach einem großdeutschen Reich, das alle ›Deutschen‹ umfassen sollte und die preußisch-kleindeutsche Lösung entschieden ablehnte.[6] Innerhalb des völkischen Milieus zirkulierten zahlreiche biologistische Spekulationen, welche die angebliche Unwandelbarkeit des ›Volkes‹ belegen sollten. Diese Spekulationen ließen die Völkischen zu einem Theorieherd des Rassismus werden. Eng hiermit verknüpft war wiederum ein starker antisemitischer Zug, der sich vom traditionellen Antijudaismus darin unterschied, dass er sich ›modern‹ und ›wissenschaftlich‹ gab, weil er nicht religiös, sondern biologisch argumentierte, dabei aber viele religiöse Elemente bewahrte.[7] Überhaupt kennzeichnete selbst die abstrusesten völkischen Spekulationen, dass sie sich meist als wissenschaftliche Tatsachen ausgaben,[8] wobei ein vielfach widersprüchliches diskursives Geflecht aus Überzeugungen, ein »komplexes Weltanschauungssystem« entstand.[9]

Nach der Jahrhundertwende wurde ›völkisch‹ zum allgemeinen Schlagwort in der politischen Landschaft Österreich-Ungarns und des Deutschen Reiches. In den 1920er Jahren wurde die völkische Bewegung schließlich zum »öffentlich wahrgenommenen Faktor, vornehmlich in Gestalt des Nationalsozialismus«.[10] Tatsächlich waren alle zentralen Glaubensinhalte des Nationalsozialismus wie der biologische Antisemitismus und die Überzeugung von der Höherwertigkeit alles Deutschen, der Arierkult sowie ein großer Teil seines Zeichen- und Ritualvorrats der völkischen Bewegung entnommen. Die völkische Weltanschauung bildet demnach trotz ihrer Heterogenität und schubweisen Radikalisierung eine bedeutsame ideologische Kontinuitätslinie zwischen dem letzten Drittel des 19. Jahrhunderts und den 30er und 40er Jahren des 20. Jahrhunderts – von der Elemente in Teilen der Gesellschaft bis heute wirksam sind.[11]

Langhans trat zu der Zeit – im Oktober 1889 – als die völkische Bewegung sich stärker zu organisieren begann, in Justus Perthes' Geographische Verlagsanstalt

4 Hering, Konstruierte Nation, S. 12.

5 Michael Wildt, Die Ambivalenz des Volkes. Der Nationalsozialismus als Gesellschaftsgeschichte, Frankfurt a. M. 2019, S. 11.

6 Das soziale Ziel der Völkischen war die Herstellung einer inklusiven Gleichheit innerhalb der ›Volksgemeinschaft‹ bei gleichzeitig prinzipieller Betonung der Ungleichheit in Bezug auf Menschen, die nicht als Teil der ›Volksgemeinschaft‹ definiert wurden. Vgl. Herbert, Best, S. 70.

7 Gregor Hufenreuter, Völkisch-religiöse Strömungen im Deutschbund, in: Uwe Puschner/Clemens Vollnhals (Hg.), Die völkisch-religiöse Bewegung im Nationalsozialismus. Eine Beziehungs- und Konfliktgeschichte, Göttingen 2012, S. 219-232.

8 Puschner, Verwissenschaftlichung, S. 11.

9 Ebd., S. 9.

10 Ebd.

11 Wildt, Die Ambivalenz des Volkes, S. 16 ff.

ein.[12] Er wurde in den folgenden Jahrzehnten zu dem Kartographen, der imperialistische und völkische Visionen in ein umfangreiches Programm ethno- und germanozentrischer Raumbilder übersetzte. Paul Langhans ist in der Geschichte der Geographie bereits als »völkischer Kartograph« und politischer Aktivist der radikalen Rechten beschrieben worden.[13] Ein systematischer Zusammenhang zwischen seinen Karten und der von ihm vertretenen politischen Vorstellungen ist bisher allerdings nicht vorgenommen worden. Langhans' Karten werden in diesem Kapitel daher zum einen in ihre historischen Zusammenhänge gestellt, um folgende Frage zu beantworten: In welche Diskurse waren sie eingebettet und welche der dort zirkulierenden Wissensbestände visualisierten sie? Des Weiteren steht Langhans' charakteristischer Kartenstil im Fokus. An welche Traditionen knüpfte er an? In welche spezifische Form übersetzte er völkische Deutungsmuster? Außerdem soll der ökonomische Erfolg seiner kartographischen Erzeugnisse betrachtet werden.

Abb. 9: Paul Langhans um 1901

Das Kapitel beginnt mit einem kurzen Abschnitt, der zeigt, dass Langhans' Biographie schon früh Berührungspunkte mit der Kolonialbewegung aufweist und dass diese auch sehr eng mit seinen kartographischen Anfängen verbunden war. Anschließend wird der Diskurs der Kolonialbewegung anhand der Forschungsliteratur rekonstruiert, um vor dieser Folie die Besonderheiten von Langhans' kartographischer Wissensproduktion vertiefend herausarbeiten zu können. Dies soll insbesondere anhand der eingehenden Untersuchung seines *Deutschen Kolonial-Atlas* erfolgen, der zwischen 1893 und 1897 in 15 Lieferungen erschien.[14]

12 Brief von Bernhard Perthes an Paul Langhans vom 2. Oktober 1889, Forschungsbibliothek Gotha, Sammlung Perthes, SPA ARCH PGM 558, Bl. 78.

13 Brogiato, Der völkische Kartograph. Brogiato, Wissen ist Macht, S. 246. Marc Zirlewagen, Art. »Langhans, Paul (Max Harry)«, in: ders., Biographisches Lexikon der Vereine Deutscher Studenten: Bd. 1: Mitglieder A-L, Norderstedt 2014, S. 485-487. Philipp Meyer, Art. »Paul Langhans«, in: Michael Fahlbusch/Ingo Haar/Alexander Pinwinkler (Hg.), Handbuch der völkischen Wissenschaften, Bd. 1: Biographien, 2. Aufl., Berlin/Boston 2017, S. 404-408. Dieter Fricke, Art. »Paul Langhans«, in: Uwe Puschner (Hg.), Handbuch zur »Völkischen Bewegung« 1871-1918, München 1999, S. 915-916.

14 Paul Langhans, Deutscher Kolonial-Atlas. 30 Karten mit 300 Nebenkarten, Gotha 1897. Für eine Übersicht der einzelnen Lieferungen vgl. Demhardt, Kolonial-Atlas, S. 24.

Hier kann gezeigt werden, dass Langhans' ein spezifisches Konzept des Kolonialen verfolgte, dem ein völkisches Weltbild zugrunde lag. Um dieses Konzept schärfer konturieren zu können, erfolgt ein Vergleich mit einem Konkurrenzprodukt,[15] dem *Deutschen Kolonial-Atlas*, der 1893 im Verlag Dietrich Reimer in Berlin erschien und von dem Kartographen Richard Kiepert (1846-1915) bearbeitet wurde. Das Vorwort dieses Atlas verfasste der Geograph Joseph Partsch (1851-1925).[16] In einer Feinanalyse sollen die jeweiligen Kolonialkonzepte untersucht und grundlegende Unterschiede sichtbar gemacht werden. So wird zugleich deutlich, dass Konzepte von Kolonien weder allgemein geteilt noch unumstritten, sondern vielmehr umkämpfte Vorstellungen waren, in denen zugleich unterschiedliche Raum-, Bevölkerungs-, Geschichts- und Zeitmodelle verhandelt wurden. Langhans' *Deutscher Kolonial-Atlas* stellte die kartographische Konstituierung eines neuen Raumes dar, die Visualisierung eines globalen Empires des ›Deutschtums‹ auf der Grundlage völkischer Prämissen.

Anschließend soll allgemeiner auf den kartographischen Stil von Langhans eingegangen und hier grundlegende Eigenheiten und Traditionslinien nachvollzogen werden. Langhans beschritt durchaus neue Wege, indem er bspw. wirtschaftsgeographische Aspekte in den Mittelpunkt seiner Karten stellte.[17] Damit konnte er an den Diskurs über den Erwerb von Kolonien anschließen, denn dieser war von Beginn an stark mit wirtschaftlichen Interessen verknüpft und es waren vielfach ökonomische Argumente, mit denen für Kolonialbesitz geworben wurde.[18] Nahe am Puls der Zeit war auch die Auswahl der dargestellten Objekte seiner Handelskarten, die das ganze Feld der sich intensivierenden globalen Beziehungen – Schifffahrt (Dampferlinien), Kommunikation (Unterseekabel), Migrationsströme, Handelsbeziehungen und Forschungsreisen – abdeckten und sich damit in die Tradition etwa der *Chart of the World* von Hermann Berghaus (1828-1890) stellten.[19] Jedoch

15 Ebd., S. 25.

16 Joseph Partsch war ein bekannter Geograph, besonders in der damaligen geographischen ›Königsdisziplin‹ der Länderkunde. Zur Zeit des Erscheinens des Atlas war er Inhaber des Lehrstuhls für Geographie an der Universität Breslau, 1905 wechselte er an die Universität Leipzig. Siehe Viola Imhof, Art. »Partsch, Joseph«, in: Neue Deutsche Biographie 20 (2001), S. 76-77, URL: https://www.deutsche-biographie.de/pnd116048786.html#ndbcontent [15. 5. 2019]. Heinz Peter Brogiato/Alois Mayr (Hg.), Joseph Partsch – Wissenschaftliche Leistungen und Nachwirkungen in der deutschen und polnischen Geographie. Beiträge und Dokumentationen anlässlich des Gedenkkolloquiums zum 150. Geburtstag von Joseph Partsch (1851-1925) am 7. und 8. Februar 2002 im Institut für Länderkunde Leipzig, Leipzig 2002.

17 Köhler, Gothaer Wege, S. 148 ff.

18 Vgl. Friedrich Fabri, Bedarf Deutschland der Colonien? Eine politisch-ökonomische Betrachtung, Gotha 1879, S. 12. »Die Übergänge von formaler Territorialherrschaft zu unterschiedlichen Formen indirekter Herrschaft, ökonomischer Kontrolle und imperialistischer Infiltration waren häufig fließend.« Sebastian Conrad, Deutsche Kolonialgeschichte, München 2008, S. 15.

19 Hermann Berghaus/Friedrich von Stülpnagel, Chart of the World on Mercator's Projection, 1 Kt. auf 8 Bl., 1:15.000.000, Gotha 1863. Zur Globalisierung im 19. Jahrhundert siehe grundlegend Osterhammel, Die Verwandlung der Welt.

war eine entscheidende Veränderung eingetreten: war die *Chart of the World* ein Produkt der vornehmlich international ausgerichteten Ära unter der Leitung des Chefkartographen August Petermann (1822-1878) gewesen,[20] so stellte Langhans die Phänomene der weltweiten Zunahme von Handels- und Verkehrsverbindungen in eine Perspektive, die einseitig nationalen Wahrnehmungsmustern folgte.[21]

Langhans' *Kolonial-Atlas* kann demzufolge auch als Versuch verstanden werden, scheinbar kontradiktorische Entwicklungen wie den Globalisierungsschub und den wachsenden Nationalismus am Ende des 19. Jahrhunderts kartographisch in Beziehung zu setzen. Der Atlas war damit der durchaus radikale und singuläre Versuch, eine deutsch-völkische Perspektive in einen globalen Maßstab zu überführen.

In gestalterischer Hinsicht wiesen Langhans' Karten jedoch auch konservative Merkmale auf. In der klassischen Perthes-Tradition stehend, möglichst viele geographische Objekte in der Karte zu berücksichtigen, wirkten sie vielfach statisch und überladen.[22] Fehlende Dynamisierung und mangelhafte Anschaulichkeit bspw. aufgrund eines wenig systematischen Farbeinsatzes waren eindeutige Schwachpunkte seiner Karten.

2.2 Die Anfänge: Von Hamburg über Leipzig und Kiel nach Gotha

Paul Langhans wurde am 1. April 1867 in Hamburg geboren. Sein Vater Paul betrieb zunächst eine Gastwirtschaft und arbeitete dann als Quartiersmann im Hamburger Hafen, sodass die Bedingung für eine enge Bindung an Schifffahrt,

20 Zu Petermanns Bedeutung für die Geographie vgl. Brogiato, Gotha als Wissens-Raum. Siehe auch Bruno Schelhaas, Das »Wiederkehren des Fragezeichens in der Karte«: Gothaer Kartenproduktion im 19. Jahrhundert, in: Geographische Zeitschrift 97 (2009), H. 4, S. 227-242. Zu den politischen Einstellungen Petermanns vgl. Schulte-Althoff, Geographie im Zeitalter des Imperialismus, S. 92, 106 f.

21 Kennzeichnend für diese Verschiebung ist folgende Karte: Paul Langhans, Kaufmännische Wandkarte der Erde zur Übersicht der Handelsbeziehungen, Dampfer und Kabelverbindungen des Deutschen Reiches mit Übersee sowie der deutschen Schutzgebiete und Konsulate, Gotha 1899. Die Karte steht, was Darstellung und Thema angeht, völlig in der Tradition der Chart of the World, bildet aber nur Schiffslinien deutscher Firmen, deutsche Unterseekabel etc. ab. In einer Werbeanzeige im *Geographischen Anzeiger* wurde die Karte explizit als »deutsche Karte« und als »Gegenstück« zu der dem »internationalen Gebrauch« dienenden Chart of the World beschrieben. Vgl. o. V., Werbeanzeige: Kaufmännische Wandkarte der Erde zur Übersicht der Handelsbeziehungen, Dampfer und Kabelverbindungen des Deutschen Reiches mit Übersee sowie der deutschen Schutzgebiete und Konsulate, in: Geographischer Anzeiger 1 (1899), September-Heft, S. 17.

22 Vgl. zum ›Perthes-Stil‹ und der hohen Informationsdichte vieler Perthes-Karten Güttler, Das Kosmoskop, S. 273, 293 f.

Handel und ›überseeische‹ Interessen wohl schon durch das Elternhaus gegeben waren.[23] Langhans erlebte vermutlich bereits als Kind und später als Schüler eines Hamburger Realgymnasiums die Atmosphäre und Tradition der Stadt als weltweit operierende Handelsmetropole, als ›Tor zur Welt‹.[24] Hamburg war in diesem Zusammenhang auch ein Zentrum der Kolonialbewegung, deren Wurzeln stark von Handelsinteressen geprägt waren und die mit der Hamburger Kaufmannschaft sehr einflussreiche Fürsprecher hatte.[25] Diese Bewegung übte spätestens 1884 auf den Obersekundaner Langhans einen prägenden Einfluss aus. Langhans las dabei nicht nur die phantasieanregenden Berichte aus den fernen Ländern, er kartographierte sie auch: »Zu diesem Zweck suchte er die heimkehrenden Forschungsreisenden bereits auf ihren Schiffen im Hamburger Hafen auf, um sie zu befragen, Tagebuchskizzen und -eintragungen zu erbitten und dergleichen mehr.«[26]

Bereits als Schüler trat er in Kontakt mit einer weltweit rezipierten Fachzeitschrift für Geographie, den bereits erwähnten, 1855 von August Petermann gegründeten *Mittheilungen aus Justus Perthes' Geographischer Anstalt über wichtige neue Erforschungen auf dem Gesammtgebiete der Geographie* [in der Folge als *Petermanns Mitteilungen* oder einfach als *Mitteilungen* bezeichnet]. Hier veröffentlichte Langhans' 1885 auch seine erste Karte.[27] Es war eine Karte der »Sklavenküste«, die das entstehende deutsche ›Schutzgebiet‹ im heutigen Togo zeigte.[28] Schon der Beginn von Langhans kartographischer Praxis war also stark vom Kolonialismus beeinflusst.

Langhans nutzte geschickt die Kontakte, die er sich in Hamburg aufbauen konnte. So stand er u.a. mit Forschungsreisenden wie Hugo Zöller (1852-1933) in persönlichem Kontakt und verarbeitete dessen Routenaufnahmen in seinen

23 Manfred Langhans, Familiengeschichte, S. 5. Quartiersmänner prüften im Auftrag von Handelsfirmen die Güte der eingehenden Ware. Ebd. Langhans' Mutter Auguste wird charakterlich beschrieben, jedoch kein Beruf angegeben. Familiengeschichte, S. 6 f.

24 Siehe zur Tradition Hamburgs Susanne Rau, Holsteinische Landesstadt oder Reichsstadt? Hamburgs Erfindung ihrer Geschichte als Freie Reichsstadt, in: Bea Lundt (Hg.), Nordlichter. Geschichtsbewußtsein und Geschichtsmythen nördlich der Elbe, Köln u.a. 2004, S. 159-178.

25 Vgl. die Beiträge zu Hamburg in: Ulrich van der Heyden/Joachim Zeller (Hg.), Kolonialismus hierzulande – Eine Spurensuche in Deutschland, Erfurt 2008. Conrad, Deutsche Kolonialgeschichte, S. 18, 24.

26 Manfred Langhans, Familiengeschichte, S. 10. Siehe auch Brogiato, Wissen ist Macht, S. 246.

27 Zu *Petermanns Mitteilungen* siehe Imre Demhardt, Der Erde ein Gesicht geben. Petermanns geographische Mitteilungen und die Anfänge der modernen Geographie in Deutschland, Erfurt 2006. Sebastian Lentz/Ferjan Ormeling (Hg.): Die Verräumlichung des Welt-Bildes. Petermanns Geographische Mitteilungen zwischen »explorativer Geographie« und der »Vermessenheit« europäischer Raumphantasien, Stuttgart 2008. Eine Literaturübersicht findet sich unter URL: https://www.uni-erfurt.de/forschungscampus-gotha/campus-gotha/akteure/wissen-global/publikationen-aus-der-sammlung, [11.2.2021].

28 Paul Langhans, Das deutsche Gebiet an der Sklavenküste (Togoland), in: Dr. A. Petermann's Mitteilungen aus Justus Perthes' Geographischer Anstalt 31 (1885), Tafel 11.

Karten.[29] Die Begeisterung für die Bereisung, ›Entdeckung‹ und die kartographische Erfassung Afrikas war von Beginn an eng verknüpft mit der Befürwortung von territorialer Inbesitznahme und Herrschaft.[30] Auf diesen Zusammenhang hatte der Inspektor der Rheinischen Missionsgesellschaft Friedrich Fabri (1824-1891) – einer der zentralen Agitatoren des deutschen Kolonialismus – bereits 1879 verwiesen:

> […] sollen wir auch in diesen Gebieten nur die für alle Welt sammelnden und forschenden Theoretiker sein und bleiben? Sollen wir fortwährend von der Studirstube aus in allen Welttheilen wohl zu Hause sein, ohne irgendwo in überseeischen Gebieten ein nationales Heim wiederzufinden?[31]

Im Wintersemester 1886/87 begann Langhans sein Studium in Leipzig.[32] Dort studierte er u.a. bei Friedrich Ratzel (1844-1904). Ratzel, stark von Evolutionstheorien beeinflusst, war einer der prominentesten zeitgenössischen Geographen.[33] Sowohl seine *Anthropo-Geographie* wie seine *Politische Geographie* wurden von Fachkollegen wie Georg Gerland (1833-1919) zwar kritisch aufgenommen, waren aber dennoch auf Jahrzehnte hinaus einflussreich.[34] Besonders in der *Politischen Geographie* propagierte Ratzel ein Staatskonzept, das dessen Funktionsweise mit dem Wachstum von biologischen Organismen parallelisierte. Hierfür verwendete Ratzel auch der Ökologie entnommene Begrifflichkeiten wie ›Lebensraum‹ und führte sie in die Humangeographie ein.[35] Das von Ratzel formulierte ›Gesetz der

29 Brief von Paul Langhans an Bruno Hassenstein vom 26. August 1885, Forschungsbibliothek Gotha, Sammlung Perthes, SPA ARCH PGM 558, Bl. 138. Zum Kontakt zwischen Langhans und Zöller siehe Brogiato, Wissen ist Macht, S. 246 f.

30 Obwohl Sebastian Conrad darauf hinweist, dass gesamtgesellschaftlich gesehen, die Kolonialbewegung kaum mehr als eine »Randerscheinung« war. Die Deutsche Kolonialgesellschaft umfasste vor 1914 nie mehr als 43.000 Mitglieder, was wenig war im Vergleich zu den Zahlen der Kriegervereine oder des Flottenvereins. Vgl. Conrad, Deutsche Kolonialgeschichte, S. 24. Der Dachverband der Kriegervereine, der Kyffhäuserbund, zählte 1910 mehr als 2,5 Millionen Mitglieder, der Flottenverein 1912 mehr als 1,1 Millionen. Vgl. Herbert, Geschichte Deutschlands, S. 87, 92.

31 Fabri, Colonien, S. 11 f.

32 Zirlewagen, Langhans, S. 485.

33 Zu Ratzel siehe Hans-Dietrich Schultz, Herder und Ratzel: Zwei Extreme, ein Paradigma?, in: Erdkunde 52 (1998), H. 2, S. 127-143. Ders., Friedrich Ratzel: (k)ein Rassist?, Flensburg 2006. Rainer Sprengel, Kritik der Geopolitik: Ein deutscher Diskurs 1914-1944, Berlin 1996, S. 141 ff.

34 Friedrich Ratzel, Anthropo-Geographie oder Grundzüge der Anwendung der Erdkunde auf die Geschichte, 2. Aufl. in 2 Bdn. [1. Aufl. 1882], Stuttgart 1891/99. Friedrich Ratzel, Politische Geographie oder die Geographie der Staaten, des Verkehrs und des Krieges, 2. Aufl. [1. Aufl. 1897], München/Leipzig 1903. Zur Rezeption siehe Hans-Dietrich Schultz, Unpolitische »politische Bildung« durch Geographie? Eine disziplinhistorische Skizze, in: Zeitschrift für Geographiedidaktik 44 (2016), H. 4, S. 5-36, hier S. 18 f.

35 Friedrich Ratzel, Der Lebensraum. Eine biogeographische Studie, in: Karl Bücher u. a., Festgaben für Alfred Schäffle, Tübingen 1901, S. 101-189.

wachsenden Räume‹ postulierte, es sei nur natürlich und entspreche dem ›Lebensgesetz‹ eines Staates, wenn er expandiere.[36] Damit lieferte Ratzel eine wissenschaftliche Grundlage für Imperialismus und deutsche ›Weltpolitik‹.[37] Der Begriff ›Lebensraum‹, der im Kaiserreich noch selten verwendet wurde, entwickelte in den 1920er Jahren seine eigene semantische Dynamik und wurde schließlich einer der Leitbegriffe der nationalsozialistischen Weltanschauung und Politik.[38] Langhans jedenfalls übernahm vermutlich von Ratzel eine anthropogeographische Affinität mit ausgeprägter Schlagseite zu politischen Fragen. Während des Studiums engagierte sich Langhans hier zunehmend auch außerhalb der Hörsäle. Vor allem im Verband der Vereine Deutscher Studenten (VDSt), dem Juden nicht beitreten durften und wo er laut seinem Sohn Manfred Langhans (1901-1992) antisemitisch geprägt wurde.[39]

Der Geograph Kurt Hassert (1868-1947)[40], der ebenfalls in Leipzig bei Ratzel studierte, schrieb 1927 in einem unveröffentlicht gebliebenen Manuskript über die kartographischen Interessen von Langhans: Er »entschied [...] sich für ein Arbeitsgebiet, bei dem wirtschaftliche, koloniale und völkische Interessen im Vordergrund standen«.[41] Diese Interessen waren schon zu Langhans' Studienzeiten unübersehbar und standen für ihn in einem inneren Zusammenhang. Aufmerksam verfolgte er die sogenannten Nationalitätenkämpfe an den Grenzen des Deutschen Reiches und die von deutschen Auswander/innen gegründeten Siedlungen in Südamerika. Er stand weiterhin in Kontakt mit dem Verlag Justus Perthes und erstellte verschiedene Karten dieser Siedlungen, bspw. von den Serra-Kolonien in Rio Grande do Sul für *Petermanns Mitteilungen*.[42]

36 Schultz, Unpolitische »politische Bildung«, S. 17f.

37 Ebd.

38 Siehe Woodruff D. Smith, »Weltpolitik« und »Lebensraum«, in: Sebastian Conrad/Jürgen Osterhammel (Hg.), Das Kaiserreich transnational. Deutschland in der Welt 1871-1914, Göttingen 2004, S. 29-48, hier S. 30. Heike Wolter, Volk ohne Raum. Semantische Dimensionen des Lebensraum-Begriffs in der Weimarer Republik, in: Sebastian Lentz/Ferjan Ormeling (Hg.), Die Verräumlichung des Welt-Bildes. Petermanns Geographische Mitteilungen zwischen »explorativer Geographie« und der »Vermessenheit« europäischer Raumphantasien, Stuttgart 2008, S. 193-204. Rössler, »Wissenschaft und Lebensraum«.

39 Manfred Langhans, Familiengeschichte, S. 14f. Zur Entstehungsgeschichte der VDSt vgl. Volker Ullrich, Die nervöse Großmacht 1871-1918. Aufstieg und Untergang des deutschen Kaiserreichs, Erw. Neuausg. [1. Aufl. 1997], Frankfurt a. M. 2013, S. 390.

40 Zu Hassert siehe die Kurzbiographie bei Brogiato, Wissen ist Macht, S. 512.

41 Kurt Hassert, Paul Langhans 60 Jahre, zum 1. April 1927, unveröffentlichtes Manuskript, S. 1, Forschungsbibliothek Gotha, Sammlung Perthes, SPA ARCH PGM 558.

42 Brief von Paul Langhans an Alexander Supan vom 5. Juli 1889, Forschungsbibliothek Gotha, Sammlung Perthes, SPA ARCH PGM 558, Bl. 142. Für eine Übersicht der Publikationen von Langhans siehe Brogiato, Wissen ist Macht, S. 257-268. Siehe auch die Übersicht in der Personalakte: Forschungsbibliothek Gotha, Sammlung Perthes, SPA ARCH PGM 558, Bl. 67-74.

1888/89 studierte Langhans schließlich in Kiel und wurde hier Vorsitzender des örtlichen Vereins Deutscher Studenten.[43] Besonders interessierte er sich für die im Grenzgebiet von Dänemark und Nordschleswig zwischen der dänisch- und der deutschsprachigen Bevölkerung schwelenden Konflikte. Der VDSt Kiel ließ unter Langhans' Vorsitz sogar ein Denkmal für die 1848 in der Schlacht von Bau (dänisch: Bov) im Kampf mit dänischen Truppen getöteten Studenten errichten.[44] Über die Sprachverhältnisse in Schleswig publizierte Langhans auch mehrere Karten, in denen er den Bevölkerungsanteil der Sprachgemeinschaften in seiner räumlichen Verteilung darstellte. Dafür unternahm er in den Sommern 1888 und 1889 intensive Studien vor Ort und hatte, vermittelt durch Friedrich Ratzel, hierfür ein Stipendium der Carl-Ritter-Stiftung des Leipziger Vereins von Freunden der Erdkunde erhalten.[45] Die Ergebnisse, die die empirische Basis für Langhans' Doktorarbeit bilden sollten, wurden jedoch nur zum Teil veröffentlicht.[46] Die Ursache hierfür war, dass die Regierung der preußischen Provinz Schleswig-Holstein »davon erfahren hatte« und Langhans sowie die Stiftung »im nationalen Interesse« bat, von dem Vorhaben abzusehen, vermutlich weil sie eine Zunahme ethnischer Spannungen befürchtete.[47] Eine Episode, die unterstreicht, wie stark wissenschaftliche, scheinbar neutrale Sprachenkarten mit politischen Implikationen aufgeladen waren.[48]

Völkisch konturierter ›Nationalitätenkampf‹ an den Grenzen des Deutschen Reichs, ›deutsche‹ Siedlungen und Wirtschaftsverbindungen in einer immer stärker global vernetzten Welt sowie der Aufbau eines weltumspannenden deutschen Kolonialreiches bildeten bereits im Studium die Fixsterne in Langhans' Gedankenwelt. Langhans musste sein Studium jedoch aus finanziellen Gründen bereits vorzeitig beenden. Er konnte sein Studium also nicht wie geplant mit dem Doktortitel abschließen und musste es im Sommer 1889 abbrechen. Ein wohlhabender Onkel hatte ihm das Studium mit einem Darlehen finanziert und als dieses ausgeschöpft

43 Zirlewagen, Langhans, S. 485.

44 Ebd.

45 Brogiato, PGM in der Epoche der Weltkriege, S. 21.

46 Paul Langhans, Die Sprachgrenze in Schleswig, in: Dr. A. Petermann's Mitteilungen aus Justus Perthes' Geographischer Anstalt 36 (1890), H. 10, S. 247-249. Ders., Die Sprachverhältnisse in Schleswig, in: Dr. A. Petermann's Mitteilungen aus Justus Perthes' Geographischer Anstalt 38 (1892), H. 11, S. 256-259.

47 Brief von Paul Langhans an den Statistiker Richard Boeckh (1824-1907) vom 24. Mai 1906, Zentral- und Landesbibliothek Berlin, Sammlung Kuczynski, Kuc7-4-15. Zu Boeckh siehe Hansen, Mapping the Germans, S. 29-38.

48 Sprachenkarten zeigen die »Verbreitung bestimmter Sprachen oder Elemente derselben«. Vgl. Wolf Günther Koch, Art. »Sprachen- und Völkerkarten«, in: Jürgen Bollmann/Wolf Günther Koch (Hg.), Lexikon der Kartographie und Geomatik. In zwei Bänden, Bd. 2: Karto bis Z, Heidelberg/Berlin 2002, S. 337. Sprachenkarten sind eng mit anderen ethnischen Karten wie ›Völkerkarten‹ oder ›Nationalitätenkarten‹ verwandt, da Letztere häufig ebenfalls auf dem Kriterium der Sprache basieren.

war, war Langhans gezwungen, sich nach einer Arbeit umsehen.[49] Im Juli 1889 schrieb Langhans von einer Hamburger Adresse an den Geographen Alexander Supan (1847-1920), dem Herausgeber von *Petermanns Mitteilungen*: »Beigeschlossen noch eine kleine Arbeit für die ›Mitteilungen‹. [...] Sendungen wollen Sie von jetzt ab immer an meine hiesige Adresse richten. Das ›Studieren‹ hat ein Ende.«[50]

Langhans berichtete von akuten Geldnöten und bat schließlich um eine Einstellung als »Lehrling (rebus technicis)« im Perthes-Verlag. Langhans erwähnte, er habe auch die Möglichkeit, in einem anderen Verlag anzufangen, wolle aber lieber zu Perthes.[51] Bernhard Perthes (1858-1919) – der den Verlag 1881 in jungen Jahren übernommen und eine umfassende Modernisierung eingeleitet hatte – stimmte zu. Langhans trat am 7. Oktober 1889 mit einem monatlichen Gehalt von 100 Mark in die ›Geographische Anstalt‹ ein.[52] Dies war der Beginn eines 50 Jahre währenden Arbeitslebens im Verlag. Sein erster Lehrer war der Kartograph Carl Vogel (1828-1897). Dieser war ursprünglich Topograph, galt als Meister der Reliefdarstellung und leitete zu Beginn der 1890er Jahre die Ausführung und Herausgabe der 27 Blätter umfassenden *Karte des Deutschen Reichs*, das erste Kartenwerk des Kaiserreichs in einheitlicher Darstellung.[53] Sie stellte die kartographische Variante der politischen Vision eines geeinten und einheitlichen Nationalstaates dar.

Ein Jahr später – zum 1. Oktober 1890 – erhielt Langhans ein Monatsgehalt von 150 Mark. Zudem gewährte Bernhard Perthes dem Lehrling aus dem Norden ein Darlehen in Höhe von 3000 Mark, mit dem er die Schulden für sein Studium abbezahlen konnte.[54] Die Darlehensgewährung war ein Mittel, das Perthes später auch gegenüber Hermann Haack anwandte (vgl. Kap. 3) und das einerseits als großzügige Förderung angesehen werden kann, andererseits bot es auch die Möglichkeit der Kontrolle und der Bindung an den Verlag, denn die Konditionen des Darlehens sahen vor, dass dieses in Raten beglichen werden konnte, bei Austritt aus dem Verlag musste es jedoch sofort vollständig zurückgezahlt werden.[55]

49 Manfred Langhans, Familiengeschichte, S. 10 f.

50 Brief von Paul Langhans an Alexander Supan vom 25. Juli 1889, Forschungsbibliothek Gotha, Sammlung Perthes, SPA ARCH PGM 558, Bl. 143.

51 Brief von Paul Langhans an Alexander Supan vom 21. September 1889, Forschungsbibliothek Gotha, Sammlung Perthes, SPA ARCH PGM 558, Bl. 80.

52 Brief von Bernhard Perthes an Paul Langhans vom 2. Oktober 1889, Forschungsbibliothek Gotha, Sammlung Perthes, SPA ARCH PGM 558, Bl. 78. Zum Vergleich: 1889 betrug das durchschnittliche jährliche Einkommen im Deutschen Reich pro Haushalt 1935 Mark. Bis 1913 stieg es auf 3158 Mark. Siehe Hendrik K. Fischer, Konsum im Kaiserreich. Eine statistisch-analytische Untersuchung privater Haushalte im wilhelminischen Deutschland, Berlin 2011, S. 325.

53 Carl Vogel, Karte des Deutschen Reichs, 27 Blätter in Kupferstich im Maßstab 1:500.000, Gotha 1893.

54 Brief von Bernhard Perthes an Paul Langhans vom 25. Juni 1890, Forschungsbibliothek Gotha, Sammlung Perthes, SPA ARCH PGM 558, Bl. 84.

55 Ebd.

Bei Perthes sollte Langhans vorrangig eine Produktpalette aufbauen, die das Erstarken des deutschen Nationalismus widerspiegelte und diesen für Perthes ökonomisch nutzbar machen sollte. Haack schrieb 1911, Bernhard Perthes sei ein Verleger, der »kein Opfer scheute«, um Langhans' Karten zu ermöglichen.[56] Laut Perthes selbst wurde dabei, zumindest was den *Deutschen Kolonial-Atlas* betraf, auf die »urteilslose Masse abgesehen, die das kauft, was ihr zuerst geboten werde«.[57] Von seiner persönlichen Weltanschauung und seinen Interessen her, schien Langhans für ein ›nationales‹ Verlagsprogramm durchaus der geeignete Mann. War er während seiner Studienzeit bereits sehr engagiert in nationalistischen Verbänden, so baute er diese Aktivitäten nach seiner Übersiedlung nach Gotha weiter aus. Im Laufe der kommenden Jahre trat er zahlreichen völkischen, antisemitischen und nationalen Organisationen bei und war die treibende Kraft beim Aufbau ihrer lokalen Strukturen in Gotha.

Zu Beginn der 1890er Jahre gründete er in Gotha eine Ortsgruppe der antisemitischen Deutschsozialen Reformpartei, von 1896 bis 1907 war er Herausgeber des *Antisemitischen Monatsblattes für die Mitglieder und Freunde der Deutschsozialen Reformpartei*.[58] 1896 trat Langhans weiterhin als Gründer des Nationalen Jugendbundes (Deutscher Wartburg-Bund) in Erscheinung, 1898 als Gründer einer Ortsgruppe des Deutschnationalen Handlungsgehilfen-Verbandes, 1900 gründete er den Deutschnationalen Turnverein Jahn, dem Juden nicht beitreten durften. Von 1902 bis 1912 gehörte er zudem dem geschäftsführenden Ausschuss des Alldeutschen Verbandes an. Ab 1917 war Langhans auch Vorstandsmitglied im Alldeutschen Verband. Darüber hinaus war er Mitglied im Hauptvorstand des Vereins für das Deutschtum im Ausland und Gründungsmitglied des Deutschen Bundes zur Bekämpfung der Frauenemanzipation.[59]

Der Alldeutsche Verband, gegründet 1891, war einer der lautstärksten Agitationsverbände im Kaiserreich und ist dem äußersten rechten politischen Spektrum zuzuordnen.[60] Laut der Selbstbeschreibung in einer Werbebroschüre von 1899, die im einschlägigen Verlag J.F. Lehmann in München erschien,[61] war der Verband

56 Hermann Haack, Gotha als Mittelpunkt deutscher Erd- und Volksforschung, in: ders. (Hg.), Deutsche Art und Arbeit in Stadt und Land Gotha. Festschrift zum Hermannsfest des Deutschbundes in Gotha, 10.-12. Juni 1911, hg. im Auftrag der Deutschbund-Gemeinde Gotha, Gotha 1911, S. 58-63, hier S. 62.

57 Zit. nach Demhardt, Kolonial-Atlas, S. 25. Vgl. auch Köhler, Gothaer Wege, S. 148.

58 Zur Deutschsozialen Reformpartei siehe Dieter Fricke, Art. »Deutschsoziale Reformpartei (DSRP) 1894-1900«, in: ders. (Hg.), Die bürgerlichen Parteien in Deutschland. Handbuch der Geschichte der bürgerlichen Parteien und anderer bürgerlicher Interessenorganisationen vom Vormärz bis zum Jahre 1945, Bd. 1: Alldeutscher Verband – Fortschrittliche Volkspartei, Leipzig 1968, S. 759-762.

59 Meyer, Langhans, S. 404.

60 Siehe für die Literatur zum Alldeutschen Verband Kap. 1, Anm. 112, S.30.

61 Sigrid Stöckel (Hg.), Die »rechte Nation« und ihr Verleger. Politik und Popularisierung im J.F. Lehmanns Verlag 1890-1979, Berlin 2002.

> eine Zusammenfassung aller Deutschgesinnten der schärferen Tonart, die ohne Rücksicht auf die Gunst oder Ungunst der Regierenden und der großen Masse, unabhängig von den politischen Parteien und Fractionen, alles bekämpfen, was im und am deutschen Volke noch undeutsch ist [...]. In unserer Zeit der Halbheit, Lauheit und Zweckmäßigkeit will er die Deutschen zum Selbstbewußtsein, zur Unabhängigkeit und zur Rücksichtslosigkeit erziehen.[62]

In derselben Broschüre findet sich auch eine Karte von Langhans mit dem Titel *Deutschland*, in der die politischen Grenzen von 1899 sowie diejenigen »zur Zeit Karl[s] V.« und die des »Linzer Programms« der österreichischen Alldeutschen eingezeichnet waren.[63] Zudem wurden die ethnischen Verhältnisse Mitteleuropas nach den Kategorien »Deutsche« und »Undeutsche« dargestellt. Die Unterscheidung von ›Deutschen‹ und ›Undeutschen‹ muss vor dem Hintergrund betrachtet werden, dass der Leipziger Professor für Statistik und Vorsitzende des Alldeutschen Verbandes von 1893 bis 1908, Ernst Hasse (1846-1908), als eines der zentralen innenpolitischen Ziele der Alldeutschen formuliert hatte: »Das Deutsche Reich muß ein deutsches werden.«[64] Das Ziel war also eine ethnische Homogenisierung Deutschlands unter Ausschluss der als ›undeutsch‹ definierten Minderheiten. Langhans' Karte war eine Visualisierung dieses Programms. Sie zeigte sowohl die Gebiete, wo dieses Ziel erreicht war, als auch diejenigen, wo dies nicht der Fall war. An dieser Karte zeigt sich bereits in nuce Langhans' raumzeitliches Konzept einer kartographischen Verschmelzung zeitgenössischer und historischer Grenzen unter völkischen Gesichtspunkten, wodurch historische Prozesse und Differenzen zugunsten einer konstruierten Kontinuität von Deutschland und den Deutschen eingeebnet wurden. Interessant ist, dass die Karte auch die Angabe »Gotha, Justus Perthes« enthielt und von daher vermutlich bei Perthes im Auftrag des Alldeutschen Verbandes gedruckt wurde – Berührungsängste mit den Alldeutschen hatte man offensichtlich keine.

Am stärksten verbandelt war Langhans jedoch mit dem sogenannten Deutschbund. Dieser war 1894 von dem Publizisten Friedrich Lange (1852-1917)[65] gegrün-

62 O.V., Alldeutsches Werbe- und Merk-Büchlein, hg. vom Alldeutschen-Verbande, München 1899, S. 1. Für diese Quelle bedanke ich mich herzlich bei Norman Henniges.

63 Ebd., o.S. Vgl. zu den Forderungen und der territorialen Konzeption des ›Linzer Programms‹ Brigitte Hamann, Hitlers Wien. Lehrjahre eines Diktators, München/Zürich 2001, S. 337 ff.

64 Siehe Ernst Hasse, Die Polenfrage, eine Daseinsfrage des Deutschtums, in: Die deutsche Ostmark. Aktenstücke und Beiträge zur Polenfrage, hg. vom All-Deutschen Verbande, Berlin 1894, S. 3-11, hier S. 11. Zu Ernst Hasse siehe Hans-Günter Zmarzlik, Art. »Hasse, Ernst«, in: Neue Deutsche Biographie 8 (1969), S. 39-40, URL: https://www.deutsche-biographie.de/pnd116514353.html#ndbcontent [15.5.2019].

65 Gregor Hufenreuter, Art. »Lange, Friedrich«, in: Wolfgang Benz (Hg.), Handbuch des Antisemitismus. Judenfeindschaft in Geschichte und Gegenwart, Bd. 2/2: Personen L-Z, Berlin 2009, S. 452-453.

det worden, bereits ein Jahr später trat Langhans ihm bei.[66] Der Deutschbund war eine radikalnationale, antisemitische und die Sozialdemokratie bekämpfende Vereinigung, die ihr Ziel nicht in der Schaffung einer politischen Massenorganisation sah, sondern in der Formung einer völkischen Elite, die als künftige »Führerschicht« dienen sollte. Langhans selbst charakterisierte den Deutschbund als völkische Erziehungsgemeinschaft.[67] Welchem Zweck diese ›Erziehung‹ diente, führte er an anderer Stelle aus: »Denn nur der höhere innere Wert des Menschen, die geschlossene strebende Persönlichkeit sichert im Ringen der Völker die führende Stelle, nur das leuchtende Beispiel treuer Pflichterfüllung, selbstloser Hingabe und Opferwilligkeit reißt die abseits stehenden Volksgenossen mit zu gleichem Tun.«[68] Der Deutschbund war personell eng mit dem Alldeutschen Verband und später mit der NSDAP verbunden – wofür Langhans' Biographie selbst ein gutes Beispiel ist (vgl. Kap. 8). Der Deutschbund war die einzige radikalnationale Vereinigung, die nach 1933 nicht gleichgeschaltet oder aufgelöst wurde, wenn sie auch ihre politische Bedeutung einbüßte. Von 1907 bis 1942 war Langhans im Deutschbund in leitender Funktion als sogenannter Bundeswart tätig, darüber hinaus auch als Herausgeber für die *Deutschbund-Blätter* zuständig. Bereits seit 1899 war er zudem Leiter der einflussreichen Deutschbund-Gemeinde Gotha, deren Mitgliederzahl er laut Hermann Haack bis 1912 von 10 auf 150 steigern konnte (vgl. Kap. 3).

Das erste eigenständige Projekt von Langhans bei Perthes und zugleich die Grundlage seiner Karriere und seines Rufes als »einer der hervorragendsten und unermüdlichsten Vorkämpfer des Deutschtums«[69] war der *Deutsche Kolonial-Atlas*, an dem Langhans seit 1890 arbeitete und dessen erste Lieferung 1893 erschien.[70] Entscheidend dabei war der von Langhans enorm weit gefasste Kolonialbegriff, in dem die Kategorien Raum, Zeit und Bevölkerung völkisch aufgefasst und verknüpft wurden.[71] Um dies genauer zu beleuchten, werde ich sowohl die

66 Zum Deutschbund siehe Dieter Fricke, Art. »Der Deutschbund«, in: Uwe Puschner/Walter Schmitz/Justus H. Ulbricht (Hg.), Handbuch zur »Völkischen Bewegung« 1871-1918, München 1999, S. 328-340. Hufenreuter, Völkisch-religiöse Strömungen im Deutschbund. Zum Gründer des Deutschbundes Friedrich Lange (1852-1917) siehe Gossler, Friedrich Lange und die »völkische Bewegung« des Kaiserreichs.

67 Meyer, Langhans, S. 404.

68 Paul Langhans, Der Deutschbund, in: Hermann Haack (Hg.), Deutsche Art und Arbeit in Stadt und Land Gotha. Festschrift zum Hermannsfest des Deutschbundes in Gotha 10.-12. Juni 1911, hg. im Auftrag der Deutschbund-Gemeinde Gotha, Gotha 1911, S. 1.

69 Kurt Hassert, Paul Langhans 60 Jahre, zum 1. April 1927, unveröffentlichtes Manuskript, S. 3, Forschungsbibliothek Gotha, Sammlung Perthes, SPA ARCH PGM 558.

70 Buchführungs-Ergebnisse 1924, Bl. 25 vom 4. September 1925, Forschungsbibliothek Gotha, Sammlung Perthes, SPA ARCH FFA. Für eine Übersicht zu den einzelnen Lieferungen siehe Demhardt, Kolonial-Atlas, S. 24.

71 Zu verschiedenen Kolonialbegriffen siehe Birthe Kundrus, Colonialism, Imperialism, National Socialism. How Imperial was the Third Reich?, in: Geoff Eley/Bradley Naranch (Hg.), German Colonialism in a Global Age, Durham/London 2014, S. 330-346.

Einleitung von Langhans' *Kolonial-Atlas* als auch die von Joseph Partsch verfasste Einleitung des *Deutschen Kolonial-Atlas* von Richard Kiepert einer Feinanalyse unterziehen. Im Weiteren werden dann die spezifischen Kolonialkonzepte von Langhans und Partsch und deren kartographische Visualisierungen aufeinander bezogen.

Zunächst soll jedoch der seit dem Ende der 1870er Jahre aufkommende öffentliche Diskurs in Deutschland um die Bedeutung und die mögliche Funktion von Kolonien anhand der Forschungsliteratur skizzenhaft rekonstruiert werden, um die Kolonial-Atlanten in ihren historischen Kontext einzubetten.[72]

2.3 Der koloniale Diskurs im Kaiserreich

Dem Erwerb deutscher ›Schutzgebiete‹ in den Jahren 1884 und 1885 ging eine jahrelange massive publizistische Agitation voraus.[73] Die sich zum Ende der 1870er Jahre intensivierende Publizistik, die um die zentrale Frage kreiste »Bedarf Deutschland der Colonien?«,[74] wie von Friedrich Fabri suggestiv formuliert, zielte von Beginn an darauf ab, in der öffentlichen Meinung Kolonien als Allheilmittel für alle zeitgenössisch virulenten politischen und wirtschaftlichen Probleme zu präsentieren.[75]

Denn das 1871 geschaffene Deutsche Reich kleindeutschen Zuschnitts war bereits kurz darauf in eine auf vielfältigen Ebenen wirksame Krise geraten, der nationalen Euphorie folgte recht bald das realpolitische Erwachen. Mit dem sogenannten Gründerkrach machte sich ab 1873 eine empfindliche wirtschaftliche Krise bemerkbar[76] und dem formal geeinten Reich stand eine gesellschaftliche Realität der inneren Spaltung mit vielschichtigen Konfliktlinien entgegen.[77] Religiöse, so-

72 Es gab auch schon vorher koloniale Bestrebungen in Deutschland vgl. Hans Fenske, Ungeduldige Zuschauer. Die Deutschen und die europäische Expansion 1815-1880, in: Wolfgang Reinhard (Hg.), Imperialistische Kontinuität und nationale Ungeduld im 19. Jahrhundert, Frankfurt a. M. 1991, S. 87-123. Susanne M. Zantop, Kolonialphantasien im vorkolonialen Deutschland (1770-1870), Berlin 1999.

73 Klaus Jürgen Bade, Die zweite Reichsgründung in Übersee: Imperiale Visionen, Kolonialbewegung und Kolonialpolitik in der Bismarckzeit, in: Adolf Birke/Günther Heydemann (Hg.), Die Herausforderung des europäischen Staatensystems. Nationale Ideologie und staatliches Interesse zwischen Restauration und Imperialismus, Göttingen/Zürich 1989, S. 183-215, hier S. 183.

74 So der programmatische Titel der Denkschrift von Friedrich Fabri, mit der die breite öffentliche Debatte 1879 begann.

75 Bade, zweite Reichsgründung, S. 183 f.

76 Vgl. Fabri, Colonien, S. 1 ff. Bade, zweite Reichsgründung, S. 188, 199.

77 So war das sich als Nationalstaat definierende Kaiserreich de facto ein »Nationalitätenstaat« mit polnisch, dänisch und sorbisch sprechenden Minderheiten. Vgl. Philipp Ther, Deutsche Geschichte als imperiale Geschichte. Polen, slawophone Minderheiten und das Kaiserreich als

ziale und kulturelle Antagonismen kennzeichneten die Beziehungen innerhalb der heterogenen Bevölkerung und ihrer politischen Repräsentanten im Reichstag.[78]

Hinzu kamen massive Konflikte, die aus den Prozessen der Industrialisierung und den damit einhergehenden sozialen Transformationen resultierten: ein massiver Zuwachs der Bevölkerung und der Ansteig der Arbeitslosigkeit, Spannungen zwischen ländlichen und urbanen Lebenswirklichkeiten.[79] Das ›Gespenst der Revolution‹ versetzte sowohl bürgerliche als auch adelige Eliten in Angst und Schrecken. Bismarck reagierte hierauf mit dem bekannten Sozialistengesetz und einem Programm staatlicher Sozialversicherung.[80] Vor allem die wirtschaftlichen Schwierigkeiten veranlassten Millionen Deutsche auszuwandern und sich zumeist in den USA (ca. 90 Prozent)[81] oder in Südamerika eine neue Existenz aufzubauen.[82] Zwischen 1880 und 1893, während der letzten großen Auswanderungswelle, wanderten 1,8 Millionen Menschen aus Deutschland aus. Das entspricht bei einer Bevölkerung von 45 Millionen Menschen im Jahre 1880 ca. vier Prozent der Gesamtbevölkerung.[83] Dieser ›Aderlass der Nation‹ und wie man mit ihm umgehen sollte, war Gegenstand zahlreicher Debatten und Publikationen in diesen Jahren.

Die einflussreiche These vom ›Sozialimperialismus‹, die Hans-Ulrich Wehler Ende der 1960er Jahre erstmals formulierte, zielte daher darauf ab, die koloniale Expansion Deutschlands vorrangig mit diesen inneren Konflikten zu erklären. Der Kolonialismus sei demnach ein Versuch gewesen, die Probleme durch die Begeisterung der Arbeiterschaft für eine nationale Expansion zu bewältigen.[84] Diese These ist in der jüngeren Forschung jedoch weitestgehend revidiert worden.[85] Dabei wurde vor allem darauf verwiesen, dass die Kolonialbewegung und der von ihr geführte Diskurs keinesfalls nur aus einer genuin deutschen, quasi innen-

kontinentales Empire, in: Sebastian Conrad/Jürgen Osterhammel (Hg.), Das Kaiserreich transnational. Deutschland in der Welt 1871-1914, Göttingen 2004, S. 129-148, hier S. 141 ff.

78 Zum Zusammenhang von Homogenitätsvorstellung und tatsächlicher sozialer, kultureller und politischer Spaltung im Kaiserreich siehe David Blackbourn, Das Kaiserreich transnational. Eine Skizze, in: Sebastian Conrad/Jürgen Osterhammel (Hg.), Das Kaiserreich transnational. Deutschland in der Welt 1871-1914, Göttingen 2004, S. 302-324, hier S. 304.

79 Bade, zweite Reichsgründung, S. 189.

80 Ebd., S. 190 f., 201.

81 Ebd., S. 190.

82 Ebd., S. 189.

83 Ebd., S. 189, 203.

84 Hans-Ulrich Wehler, Bismarck und der Imperialismus, 3. Aufl. [1. Aufl. 1969], Köln 2017.

85 Einen kritischen Kommentar bietet bereits Bade, zweite Reichsgründung, S. 203 ff. Bade bewertet die These Wehlers jedoch als »nach wie vor gültige Orientierungshilfe zum Verständnis zeitgenössischer Expansionsvorstellungen«. Vgl. ebd., S. 202. Vgl. zur Kritik an Wehler die gute Zusammenfassung bei Woodruff D. Smith, Contexts of Colonialism, Rezension zu: Geoff Eley/Bradley Naranch (Hg.), German Colonialism in a Global Age, Durham/London 2014, in: History and Theory 55 (2016), H. 2, S. 290-301, hier S. 298 f.

politischen Konstellation gespeist wurden. Vielmehr waren auch transnationale Faktoren ganz entscheidend an der Entstehung eines globalen ›Hochimperialismus‹ nach 1880 beteiligt. Diese stellten den Rahmen für die Unternehmungen ganz verschiedener Kolonialmächte wie den USA, Russland, Japan, Deutschland, Frankreich, Belgien, Italien, Portugal, England oder Österreich-Ungarn und sogar Dänemark dar. Auch wenn Prozesse wie die Industrialisierung, Infrastrukturentwicklung, Kommunikationsbeschleunigung, weltwirtschaftliche Konkurrenz oder die Suche nach Rohstoff- und Absatzmärkten an verschiedenen Orten unterschiedliche Ausprägungen und Effekte hervorriefen, so wäre es doch verfehlt, wollte man diese Rahmenbedingungen für die Kolonisierung und die Austauschprozesse zwischen den Kolonialmächten zugunsten einer rein nationalen Betrachtungsweise ausblenden.[86]

Der *Deutsche Kolonial-Atlas* von Paul Langhans war allerdings ein Visualisierungsprogramm, das anderen Kolonialmächten eine äußerst geringe Aufmerksamkeit zukommen ließ. Von daher konzentriere ich mich im Folgenden hauptsächlich auf den Diskurs in Deutschland – der aber seinerseits transnationale Entwicklungen aufnahm und verarbeitete.

Bismarck selbst hatte das Reich nach 1871 für territorial »saturiert« erklärt und war zunächst gegen jede staatliche Kolonialexpansion, wiewohl er private deutsche Handelsbestrebungen außerhalb Europas förderte.[87] Noch im Juni 1884, als das Deutsche Reich bereits die ersten ›Schutzerklärungen‹ für deutsche Kaufleute abgegeben hatte, betonte Bismarck seine Gegnerschaft gegen ›Siedlungskolonien‹, d.h. gegen Kolonien, in die Deutsche vornehmlich auswandern und die einer direkten staatlichen Verwaltung unterliegen sollten. In einer Rede vor dem Reichstag bezeichnete er diese Art der Kolonisierung als »falsche[n] Weg« und als Idee, wonach man »einen Hafen hatte bauen wollen, wo noch kein Verkehr war, eine Stadt hatte bauen wollen, wo noch die Bewohner fehlten, wo dieselben erst künstlich herbeigezogen werden sollten«.[88] Dieser politischen Agenda Bismarcks, wonach der territoriale Vereinigungsprozess Deutschlands bereits abgeschlossen sei, stellten die Kolonialbefürworter die Idee von einer noch kommenden »nationalen Vollendung« durch eine »zweite Reichsgründung in Übersee« entgegen.[89] Zu den wichtigsten Sprechern, die sich im Diskurs um Kolonien bedingungslos für einen ›Erwerb‹ aussprachen bzw. ihn sogar vehement einforderten, gehörten der bereits erwähnte Inspektor der Rheinischen Missionsgesellschaft und »Vater der deutschen Kolonialbewegung« Friedrich Fabri (1824-1891), der Hamburger Kaufmann

86 Conrad, Deutsche Kolonialgeschichte, S. 18.

87 Bade, zweite Reichsgründung, S. 184, 186.

88 Bismarck zur »pragmatischen« Kolonisierung (Rede Bismarcks vor dem Reichstag am 26. Juni 1884), in: Deutsche Geschichte in Dokumenten und Bildern (DGDB), Deutsches Historisches Institut Washington D.C., URL: http://germanhistorydocs.ghi-dc.org/sub_document.cfm?document_id=1868 [16.5.2019].

89 Bade, zweite Reichsgründung, S. 185, 187.

Wilhelm Hübbe-Schleiden (1846-1917) und der sächsische Rittergutsbesitzer sowie zeitweilige Diamantenhändler Ernst von Weber (1830-1902).[90] Explizites Ziel des von ihnen publizistisch initiierten »Rufs nach Kolonien« war die Erzeugung von politischem Druck durch die öffentliche Meinung auf die Reichsleitung, um auf diesem Wege eine staatliche Unterstützung der Kolonialbewegung zu erzwingen.[91]

Der Historiker Klaus Jürgen Bade hat in den Publikationen Fabris, Webers und Hübbe-Schleidens einige zentrale Argumentationsstränge identifiziert, die sich über den Kolonialdiskurs allmählich zu gesellschaftlich vielfach geteilten Wahrnehmungs- und Deutungsmustern auswuchsen.[92] Von diesen sollen hier kurz die Wichtigsten wiedergegeben werden.

Zunächst spielte der Faktor des erhofften deutschen Machtzuwachses eine ganz eminente Rolle. So wurde argumentiert, dass sich Deutschland, nachdem es in seiner bisherigen Geschichte kolonial zu passiv agiert habe, sich nicht die Chance entgehen lassen dürfe, eine »Weltstellung« auf der Basis eines Kolonialreiches zu erlangen. Die zunehmende Konkurrenz zwischen den Großmächten im Zuge des Scramble for Africa nahm man auf Seiten der Kolonialpublizisten in Form eines »historischen Zeitdrucks« wahr, ein zunehmend kleiner werdendes Zeitfenster, das noch blieb, um doch noch ein imperiales Deutschland ›in Übersee‹ zu verwirklichen und die zukünftige Großmachtstellung Deutschlands auf diese Weise zu sichern.[93] In den Worten Hübbe-Schleidens ausgedrückt: »Überseeische Politik allein vermag auch den Grund zu legen zu einer Weltmacht Deutschland!«[94]

Zweitens waren wirtschaftliche Argumente von enormer Bedeutung. Kolonien wurden als Lösung der weltweiten Wirtschaftskrise angepriesen, die vor allem eine Absatz- und Überproduktionskrise war.[95] Diesen industriellen Wachstumsstörungen wollte man mit Handels-, Plantagen- und Bergbaukolonien begegnen. Handelsplantagen sollten als Absatzmärkte für in Deutschland hergestellte Waren dienen, Plantagen- und Bergbaukolonien sollten die benötigten Rohstoffe für die Wirtschaft liefern.[96] Vor allem die in den 1870er Jahren einsetzende Kritik an der Freihandelsdoktrin der Manchester School, lieferte den protektionistisch orientierten Kolonialpublizisten das Argument, man müsse nun Kolonien besitzen, um so national geschützte Produktionskreisläufe und Märkte zu etablieren.[97] Im Gründungsmanifest der Gesellschaft für deutsche Kolonisation vom 28. März 1885 heißt es: »Der deutsche Export ist abhängig von der Willkür fremdländischer

90 Ebd., S. 200, 186.

91 Ebd., S. 184. Vergleiche zur Einschätzung der Massen Fabri, Colonien, S. 4.

92 Smith, »Weltpolitik« und »Lebensraum«, S. 34.

93 Bade, zweite Reichsgründung, S. 186 f.

94 Zit. nach ebd., S. 187.

95 Ebd., S. 213.

96 Ebd., S. 188.

97 Ebd., S. 199. Fabri, Colonien, S. 4 f.

Zollpolitik. Ein unter allen Umständen sicherer Absatzmarkt fehlt unserer Industrie, weil eigene Kolonien unserem Volke fehlen.«[98]

Sehr wichtig in der Diskussion um Kolonien war, drittens, das Problem der wachsenden Bevölkerung und der instabilen Wirtschaftsverhältnisse, was zum Phänomen der Massenauswanderung führte. Diese Thematik bildete einen der zentralen Bausteine des Diskurses um die ›koloniale Frage‹.[99] Siedlungskolonien sollten die deutschen Auswander/innen aufnehmen, ihnen eine vielfach agrarromantisch imaginierte Siedlungs- und Kultivierungsarbeit ermöglichen und gleichzeitig dafür sorgen, dass sie dem nun kolonial erweiterten ›Vaterland‹ erhalten blieben und sich nicht anderen Nationen anschlossen.[100] Denn dort würden sie zu »Kunden und Lieferanten fremder Völker, ja oft genug unsere Nebenbuhler und Feinde«.[101]

Vielfach wurden Kolonien auch mit der Lösung der sozialen Spannungen in Deutschland und hier vor allem mit der Bekämpfung der erstarkenden Sozialdemokratie in Verbindung gebracht, indem man vorschlug, Teile der Arbeiterschaft als Siedler in den Kolonien einzusetzen und so aus ihnen »zufriedene deutsche Bauern« zu machen.[102] Nur durch »regelmäßige weite Abzugskanäle« für »den ungeheuren Bevölkerungszuwachs« könne eine Revolution in Deutschland verhindert werden, argumentierte etwa Ernst von Weber.[103] Der Utopie einer sozialistischen Revolution wurde in der Kolonialpropaganda gezielt die nationale Vision eines imperialen Reiches entgegengesetzt, dieses »böte Tausenden einen Ableiter für ihre gärende und brütende Einbildungskraft«.[104] Denn, so Hübbe-Schleiden, das »normale Verhältnis einer solchen Herrschaft der germanischen Cultur in tropischen Ländern wird alsdann sein, daß auch die Plebejer unseres Stammes unter den Völkern niederer Rassen zur Aristokratie werden«.[105]

Schließlich wurde der Kolonialismus mit der sogenannten Kulturmission legitimiert und durch das damit verbundene Konstrukt einer historischen Aufgabe bzw. einer göttlichen Sendung sogar zur moralischen Pflicht erhoben. In der Kulturmission wurden laut Bade Sendungsbewusstsein und Sozialdarwinismus amalgamiert.[106] Die kolonisierten Menschen, zu denen sich die Kolonisten in großer kultureller Distanz wähnten, sollten durch Bekehrung zum Christentum

98 Abgedruckt in Wolfgang J. Mommsen, Imperialismus. Seine geistigen, politischen und wirtschaftlichen Grundlagen. Ein Quellen- und Arbeitsbuch, Hamburg 1977, S. 124 f.

99 Smith, »Weltpolitik« und »Lebensraum«, S. 31 f.

100 Bade, zweite Reichsgründung, S. 189 f. Zu den Imaginationen, die mit den Siedler/innen und ihrer Lebenswelt verbunden waren vgl. Conrad, Deutsche Kolonialgeschichte, S. 65.

101 Zit. nach Fabri, Colonien, S. 16.

102 Zit. nach Bade, zweite Reichsgründung, S. 192.

103 Zit. nach ebd., S. 201.

104 Zit. nach ebd., S. 192.

105 Zit. nach Schulte-Althoff, Geographie im Zeitalter des Imperialismus, S. 103 f.

106 Bade, zweite Reichsgründung, S. 193.

sowie die ›Erziehung zur Arbeit‹ eine ›kulturelle Hebung‹ erfahren. Dies sei die geschichtliche und sittliche Mission der ›Kulturvölker‹ auf dem ›dunklen Kontinent‹. Die Kulturmission bzw. Mission Civilisatrice war ideologisch und legitimatorisch gesehen der »Kern des kolonialen Projekts« aller westlichen Kolonialmächte.[107]

Hinzu kamen auch Ziele, die die Bildung der Bevölkerung und die Modernisierung des Landes forderten, wobei die einzelnen Bestandteile der Kulturmission nicht immer trennscharf zu unterscheiden sind, da diese meist »gespeist [waren] von einer spezifischen Melange aufklärerischer Emanzipationsversprechen und sozialdarwinistischer Hierarchien«.[108] Teilweise befanden sich diese beiden Elemente der Kulturmission auch in einer Spannung zueinander, da die emanzipatorisch ausgerichteten Ziele eine begrenzte Assimilation der ›Eingeborenen‹ nahelegten, während der zunehmend ›rassisch‹ interpretierte Sozialdarwinismus auf eine prinzipielle Differenz zwischen Kolonisierten und Kolonisten hinauslief. Letztlich blieb die hierarchische Trennung zwischen Kolonisten und Kolonisierten immer die Leitvorstellung der Kolonialmächte. Häufig in der Spielart des viel beschworenen Gegensatzes zwischen ›Natur- und Kulturvölkern‹. Diese Perspektive verstärkte sich seit dem späten 18. Jahrhundert zunehmend, auch wenn man den Kolonisierten teilweise die Fähigkeit zusprach, »in einer unbestimmten Zukunft zu gleichberechtigten Bürgern zu werden«.[109] Der bereits erwähnte Geograph und Herausgeber von *Petermanns Mitteilungen* Alexander Supan drückt diese Haltung 1906 im Grunde idealtypisch aus:

> Man kann nicht verlangen, daß sich die Naturvölker mit einem Rucke den neuen Bedingungen anpassen; man muß ihnen Zeit zur Entwicklung lassen, aber es wird nicht zu vermeiden sein, daß die Entwicklung ein rascheres Tempo einschlägt, als für viele zuträglich ist. Gleichberechtigung der Eingeborenen mit den Weißen mag als letztes Ziel im Auge behalten werden, das, wenn jemals, so doch nur in einer sehr fernen Zukunft erreicht werden kann, denn Gleichberechtigung begreift Gleichverpflichtung in sich, und dazu sind die Neger noch nicht fähig. Erst müssen sie wie wir gelernt haben, an der großen Aufgabe der Menschheit, die Erde immer wohnlicher zu machen, mitzuarbeiten. Was man fordern kann, ist nur dies: daß allen die Möglichkeit zu höherem Aufsteigen in der Gesittung geboten werde. Mögen dann immerhin diejenigen Völker, die diese Gelegenheit nicht ergreifen wollen oder dazu unfähig sind, allmählich durch den natürlichen Gang der Dinge vom Schauplatz verschwinden, andere werden an ihre Stelle treten, wie sich jetzt schon in Afrika eine Scheidung zwischen anpassungsfähigen und kulturell stagnierenden Stämmen anzubahnen beginnt.[110]

107 Conrad, Deutsche Kolonialgeschichte, S. 26, 70.

108 Ebd., S. 26.

109 Ebd., S. 62.

110 Alexander Supan, Die territoriale Entwicklung der europäischen Kolonien. Mit einem kolonialgeschichtlichen Atlas von 12 Karten und 40 Kärtchen im Text, Gotha 1906, S. 318.

Wofür das auf dem eurozentristischen Fortschrittsglauben basierende Argument der Kulturmission in der tatsächlichen Praxis der Kolonialherrschaft vielfach diente, zeigen in krassester Form Aussagen des ›Kolonialpioniers‹ und ›Begründers‹ Deutsch-Ostafrikas Carl Peters (1856-1918)[111] aus dem Jahr 1886:

> Die Kolonialpolitik will nichts Anderes, als die Kraftsteigerung und Lebensbereicherung der stärkeren, besseren Rasse, auf Kosten der schwächeren, geringeren, die Ausbeutung der nutzlos aufgespeicherten Reichtümer dieser im Dienste des Kulturfortschritts jener. Es ist ein Irrtum, der gerade dem Deutschen nahe liegt und deshalb um so unzweideutiger zurückgewiesen werden muss, wenn man meint, die Kolonialpolitik bezwecke allein die moralische und materielle Hebung fremder Volksstämme. Sie soll weitblickend genug sein, um sich diese Aufgabe als ein hervorragendes Mittel zum Zweck zu stellen. Dieser ist und bleibt aber schließlich die rücksichtslose und entschlossene Bereicherung des eigenen Volkes auf anderer schwächerer Völker Unkosten.[112]

Zum Teil konnte sich in der Haltung der Kolonisten auch unerschütterliches Überlegenheitsgefühl mit durchaus wohlwollenden Absichten gegenüber den Kolonisierten verbinden. Fast immer dominierten dabei aber Paternalismus und Sendungsglaube. So hieß es in einem Nekrolog über den Forschungsreisenden Wilhelm Junker (1840-1892): »Er war kein schwächlicher Philanthrop, er erkannte sehr wohl die Schwächen des Negers, aber stets behandelte er ihn als Menschen, den er durch die überlegene Ruhe seiner Vernunft zu leiten wusste.«[113]

Im deutschen Kolonialdiskurs verdichteten sich die verschiedenen Argumente der wirtschaftlichen, kulturellen und moralischen Notwendigkeit von Kolonialbesitz zum Schlagwort der »zweiten Reichsgründung in Übersee«.[114] Die ab 1884 schließlich verwirklichte koloniale Realität war jedoch eine gänzlich andere, als es die Phantasien suggeriert hatten, die in der Kolonialpublizistik entfaltet worden waren. Die hauptsächlich von privaten Gesellschaften organisierte, unter dem formalen Schutz des Reiches stehende deutsche Kolonialherrschaft erwies sich als

111 Zu Peters siehe Christian Geulen, »The Final Frontier …«. Heimat, Nation und Kolonie um 1900: Carl Peters, in: Birthe Kundrus (Hg.), Phantasiereiche. Zur Kulturgeschichte des deutschen Kolonialismus, Frankfurt a. M./New York 2003, S. 35-55. Zu Peters Herrschaftspraktiken in Deutsch-Ostafrika siehe Michael Pesek, Koloniale Herrschaft in Deutsch-Ostafrika. Expeditionen, Militär und Verwaltung seit 1880, Frankfurt a. M./New York 2005, S. 168 ff., 191 ff.

112 Carl Peters über die sozialistische Opposition gegen die Kolonialpolitik (9. und 16. Februar 1886), in: Deutsche Geschichte in Dokumenten und Bildern (DGDB), hg. vom Deutschen Historischen Institut Washington D. C., URL: http://germanhistorydocs.ghi-dc.org/sub_document.cfm?document_id=1871 [17. 5. 2019].

113 Hugo Wichmann, Dr. Wilhelm Junker, †, in: Dr. A. Petermann's Mitteilungen aus Justus Perthes' Geographischer Anstalt 38 (1892), H. 3, S. 66-67, hier S. 67. Grundlegend hierzu Johannes Fabian, Out of Our Minds. Reason and Madness in the Exploration of Central Africa, Berkeley 2000.

114 Bade, zweite Reichsgründung, S. 185 f., 195.

äußerst begrenzt. Bereits zum Jahreswechsel 1888/89 folgte dem Kolonialenthusiasmus eine tiefe Desillusionierung.[115] Fabri bilanzierte 1889, aus dem kolonialen Traum sei ein Albtraum geworden.[116]

Klaus Jürgen Bade gelangt zu dem Urteil, dass kein einziges der vielfältigen Krisenphänomene im Deutschen Reich, als dessen einziger Ausweg immer wieder der Besitz von Kolonien beschworen worden war, tatsächlich durch die Kolonien gelöst wurde.[117] Insbesondere das zentrale Problem der Arbeitslosigkeit und der damit verbundenen Auswanderung löste sich schließlich durch das Einsetzen eines stabilen Wirtschaftswachstums Mitte der 1890er Jahre und der rapiden Abnahme der Geburtenrate zur Jahrhundertwende auf. Um diese Zeit begann die Auswanderung als »soziales Massenphänomen« zu verschwinden.[118] Bereits Mitte der 1880er Jahre war zudem deutlich geworden, dass die deutschen ›Schutzgebiete‹ von ihren klimatischen und vegetativen Bedingungen her völlig ungeeignet für eine massenhafte Besiedlung durch deutsche Auswander/innen waren.[119] Auch die großen Hoffnungen, die in die Kolonien aus ökonomischer Sicht gesetzt wurden, erwiesen sich als Trugschluss. Der Anteil der Kolonien am Außenhandel Deutschlands blieb bis zum Ende der deutschen Kolonialherrschaft unbedeutend.[120] Dagegen verstärkten sich die Spannungen zwischen dem Reich und den anderen Kolonialmächten. Diese wurden durch den radikalen Nationalismus der 1890er Jahre weiter befeuert. Zunehmend setzte sich in rechten Kreisen die Meinung durch, koloniale Erwerbungen seien nun nicht mehr durch Landnahme »jenseits der Meere« möglich, da die Welt bereits »vergeben« sei, sondern nur noch mit einer Entscheidung auf europäischen Schlachtfeldern durchsetzbar. Fabri selbst prophezeite 1890: »Aus den Zeiten der Kabinettspolitik schon länger herausgetreten, stehen wir vor dem unheimlichen Zeitalter der Völkerkriege.«[121]

Auch die Begegnung zwischen Kolonisten und Kolonisierten vor Ort verlief nicht wie in der kolonialen Phantasie. Sie bestand aus mannigfaltigen Formen der sozialen, kulturellen und politischen Auseinandersetzung, bei der Akteure auf Seiten der Kolonisierten wie auf Seiten der Kolonisten unterschiedliche Interessen

115 Ebd., S. 211.

116 Ebd., S. 210.

117 Ebd., S. 211.

118 Ebd., S. 212 f.

119 Ebd., S. 205.

120 Für das Deutsche Reich waren die Kolonien ökonomisch insgesamt ein Verlustgeschäft. Vgl. Conrad, Deutsche Kolonialgeschichte, S. 61. Lediglich die Kolonie Togo erwirtschaftete Überschüsse. Private deutsche Firmen erzielten jedoch durchaus hohe Gewinne in den Kolonien. Vgl. Ulrike Lindner, Transimperiale Orientierung und Wissenstransfers. Deutscher Kolonialismus im Kontext, in: Deutscher Kolonialismus. Fragmente seiner Geschichte und Gegenwart, hg. vom Deutschen Historischen Museum, Darmstadt 2016, S. 16-29, hier S. 22.

121 Zit. nach Bade, zweite Reichsgründung, S. 215.

verfolgten, dabei häufig auch aufeinander angewiesen waren und somit komplexe Muster von Interaktion, von Aneignung und Kooperation sowie von Widerstand und Unterdrückung entstanden. Die sich schließlich festigende deutsche Kolonialherrschaft führte im Ergebnis jedoch überall zu ökonomischer Ausbeutung, Enteignung, Entrechtung und Gewalt – bis hin zum Genozid.[122] Begründet wurde dies mit kulturellen Argumenten sowie mit Rassentheorien.[123] Eng damit in Zusammenhang stand der beständige Versuch der Kolonisten, sich in der Begegnung zwischen Eigenem und Anderem ihrer Selbst zu vergewissern und zu verorten. Dabei verbanden sich Diskurse unterschiedlicher politischer Positionen und wissenschaftlicher Disziplinen (u.a. der Ethnologie,[124] Geographie[125] und Kartographie[126]), die in ihrer überwiegenden Mehrheit jedoch stets in eine hierarchisierende Trennung von Kolonisierten und Kolonisten mündeten. Die Bemühungen um Segregation steigerten sich im historischen Verlauf der Kolonialpolitik, als sich nach der Jahrhundertwende der Begriff der Rasse transformierte und sich zunehmend mit biologistischen und eugenischen Deutungsmustern auflud. In der Folge wurden juridische, soziale und räumliche Beziehungen in den Kolonien immer stärker auf Grundlage ›rassischer‹ Unterschiede organisiert und kodifiziert.[127]

122 Conrad betont jedoch die Notwendigkeit der Differenzierung bei der Analyse einzelner Kolonien, die sehr heterogen in Bezug auf ihre Bevölkerungsstruktur, koloniale Herrschaftspraxis und Wirtschaftsformen waren. Er spricht daher auch von »Kolonialismen im Plural«. Conrad, Deutsche Kolonialgeschichte, S. 15, 62. Zur Gewalt als Herrschaftsinstrument in Deutsch-Ostafrika vgl. Pesek, Koloniale Herrschaft in Deutsch-Ostafrika, S. 190 ff. Zur Bevölkerungspolitik in Deutsch-Südwestafrika vgl. Dörte Lerp, Imperiale Grenzräume. Bevölkerungspolitiken in Deutsch-Südwestafrika und den östlichen Provinzen Preußens 1884-1914, Frankfurt a. M. 2016.

123 Conrad, Deutsche Kolonialgeschichte, S. 65 f. Zur Strukturierung von Arbeit durch Rassismus in Deutsch-Ostafrika siehe Minu Haschemi Yekani, Koloniale Arbeit. Rassismus, Migration und Herrschaft in Tansania (1885-1914), Frankfurt a. M. 2019.

124 Vgl. Andrew Zimmerman, Ethnologie im Kaiserreich. Natur, Kultur und »Rasse« in Deutschland und seinen Kolonien, in: Sebastian Conrad/Jürgen Osterhammel (Hg.), Das Kaiserreich transnational. Deutschland in der Welt 1871-1914, Göttingen 2004, S. 191-212.

125 In diesen Zusammenhang zuletzt erschienen: Gräbel, Die Erforschung der Kolonien.

126 Matthew H. Edney, Mapping an Empire. The Geographical Construction of British India, 1765-1843, Chicago 1997. Moser, Untersuchungen zur Kartographiegeschichte von Namibia.

127 So wurde ab 1907 in Deutsch-Südwestafrika gesetzlich die Bewegungsfreiheit der schwarzen Bevölkerung eingeschränkt und die Zwangsarbeit legalisiert. Vgl. Dörte Lerp, Farmers to the Frontier. Settler Colonialism in the Eastern Prussian Provinces and German Southwest Africa, in: Journal of Imperial and Commonwealth History 44 (2013) H. 4, S. 567-583, hier S. 577. »Während sich der Nationalstaat die Homogenisierung der Bevölkerung auf seine Fahnen geschrieben hatte, reproduzierte der koloniale Staat also kulturelle und ethnische Differenzen, wenn er sie nicht geradezu schuf.« Conrad, Deutsche Kolonialgeschichte, S. 69. Siehe auch Birthe Kundrus, Moderne Imperialisten. Das Kaiserreich im Spiegel seiner Kolonien, Köln u. a. 2003, S. 222, 276 f.

Insgesamt ist eine tiefgreifende Kluft zwischen der Phantasie einer kolonialen »Allzwecktherapie« und der zwischen 1884 und 1914 eingetretenen kolonialen Praxis zu konstatieren.[128] Dies gilt wiederum auch für die Politik der ethnischen Segregation: »In der Praxis ließ sich die Politik der Differenz nicht so verwirklichen wie am grünen Tisch geplant.«[129] Begegnungen und Machtbeziehungen im kolonialen Kontext waren komplex und widersprüchlich, oft klafften die Ansprüche im Reich und die Realität vor Ort auseinander, was in den bereits grundlegend asymmetrisch strukturierten Beziehungen zwischen Kolonisten und Kolonisierten die Gewalt eskalieren ließ.[130] In Diskursen entwickelte Imaginationen können mithin sowohl in intendierter wie in nichtintendierter Weise sehr wirkmächtig sein. Karten können diese Imaginationen plausibilisieren, lokalisieren und damit unterstützen. Wie bereits deutlich wurde, war Paul Langhans ein außerordentlich interessierter Beobachter der kolonialen Entwicklungen, der sich auch außerhalb seiner kartographischen Profession sehr aktiv für deren Belange engagierte. Der *Deutsche Kolonial-Atlas* war seine erste große Arbeit für Perthes. Er umfasste 30 Haupt- und 300 Nebenkarten und erschien zwischen 1893 und 1897 in 15 Lieferungen zu je 1,60 Mark.[131] Jedes Kartenblatt wies mehrere, teilweise zahlreiche Nebenkarten auf, sodass jedes Kartenbild strukturell und inhaltlich eine sehr komplexe Visualisierung ihres Gegenstandes vornahm. Nebenkarten waren für Langhans von zentraler Bedeutung und prägten seinen Kartenstil – darauf wird noch zurückzukommen sein.

Die ersten zehn Hauptkarten des Atlas zeigen die weltweite Verbreitung des ›Deutschtums‹, d. h. die der deutschen Siedler/innen und Auswander/innen sowie ihrer Nachfahren – ganz gleich ob sie bereits im Mittelalter oder erst im 19. Jahrhundert ihre Heimat verlassen hatten. 19 Hauptkarten zeigen anschließend die deutschen ›Schutzgebiete‹: Jeweils vier Kartenblätter für Togo, Kamerun, Deutsch-Südwestafrika und Deutsch-Ostafrika sowie sieben Kartenblätter für die pazifischen ›Schutzgebiete‹. Als Karte Nr. 23 dazwischengeschaltet ist eine Karte, die die Verbreitung des ›Deutschtums‹ in Australien und Polynesien zeigt. Neben

128 Bade, zweite Reichsgründung, S. 211, 215.

129 Conrad, Deutsche Kolonialgeschichte, S. 70, 75 ff. Siehe auch Cornelia Essner, Zwischen Vernunft und Gefühl. Die Reichstagsdebatten von 1912 um koloniale »Rassenmischehe« und »Sexualität«, in: Zeitschrift für Geschichtswissenschaft 45 (1997), S. 503-519.

130 Rebekka Habermas, Skandal in Togo. Ein Kapitel deutscher Kolonialherrschaft, Frankfurt a. M. 2016, S. 17 f. Jörn Leonhard bemerkt: »Colonies served as laboratories for racist exclusion; colonial warfare generated experiences of radicalised violence, which transcended boundaries between combatants, and civilians, and undermined the ideals of a disciplined state-war.« Jörn Leonhard, Comparison, Transfer and Entanglement or: How to Write European History Today?, in: Journal of Modern European History 14 (2016), H. 2, S. 149-163, hier S. 161. Ebenso Ther, Deutsche Geschichte als imperiale Geschichte, S. 147 f.

131 Zum Preis vgl. o. V., Deutscher Kolonial-Atlas, in: Alldeutsche Blätter. Mitteilungen des Alldeutschen Verbandes 6 (1896), Oktober-Heft, S. 196.

Langhans waren die Kartographen Carl Barich (1859-1931) und Franz Hein (1839-1897) an dem Atlas beteiligt.[132]

Die Historikerin Dörte Lerp hat dafür plädiert, nicht nur die Transferprozesse und die Zirkulationswege der Konzepte von Raum und Bevölkerung zwischen kolonisierenden Nationalstaaten und Imperien nachzuzeichnen, sondern sich intensiver mit diesen Konzepten selbst und den diskursiven Prozessen ihrer Entstehung und Transformationen auseinanderzusetzen.[133] Um die Dimension Zeit erweitert, soll in der folgenden Feinanalyse in diesem Sinne aufgezeigt werden, dass Langhans in seinem *Kolonial-Atlas* die Konzepte Raum und Bevölkerung auf der Basis eines völkisch interpretierten Begriffs des ›Deutschtums‹ verknüpfte und den neuartigen Atlas eines globalen ›Deutschlands‹ entwarf.[134] Um diese Besonderheit schärfer herauszuarbeiten, wird vergleichend der erwähnte *Kolonial-Atlas* von Partsch und Kiepert herangezogen.

2.4 Feinanalyse der Atlanten von Langhans und Partsch/Kiepert

2.4.1 Einleitung

Im Folgenden soll, in Anlehnung an die Wissenssoziologische Diskursanalyse, eine Feinanalyse des 1897 in der gebundenen Ausgabe des *Kolonial-Atlas* erschienenen Begleittextes von Paul Langhans sowie der von Joseph Partsch verfassten Einleitung des *Kolonial-Atlas* von Kiepert erfolgen (siehe Abb. 10-13, S. 211-214).[135]

132 Demhardt, Kolonial-Atlas, S. 25. Moser, Untersuchungen zur Kartographiegeschichte von Namibia, S. 157.

133 Dörte Lerp, Beyond the Prairie. Adopting, Adapting and Transforming Settlement Policies within the German Empire, in: Journal of Modern European History 14 (2016), H. 2, S. 225-244.

134 Zur kartographischen Visualisierung des British Empire vgl. Zoë Laidlaw, Das Empire in Rot. Karten als Ausdruck des britischen Imperialismus, in: Christof Dipper/Ute Schneider (Hg.), Kartenwelten. Der Raum und seine Repräsentation in der Neuzeit, Darmstadt 2006, S. 146-176.

135 Paul Langhans, Zur Einführung, in: ders., Deutscher Kolonial-Atlas, o. S. Alle folgenden Zitate von Langhans finden sich ebenfalls hier. Joseph Partsch, Die Schutzgebiete des Deutschen Reiches, in: Richard Kiepert, Deutscher Kolonial-Atlas für den amtlichen Gebrauch in den Schutzgebieten nach den neuesten Quellen, mit Verwendung von kartographischem und sonstigem, bisher noch nicht veröffentlichtem, Material der Kolonial-Abteilung des Auswärtigen Amts und der Neu-Guinea-Compagnie, Berlin 1893, S. 1-32, hier S. 1. Alle folgenden Zitate von Partsch finden sich, falls nicht anders angegeben, ebenfalls hier.

Beide Texte behandeln das Phänomen der deutschen Kolonien. Dabei greifen sie auch auf historische Entwicklungen zurück und beinhalten hier zum Teil umfassende historiographische Deutungen. Die Texte gehen zudem explizit oder implizit auf die den Atlanten zugrunde liegenden Konzepte der verschiedenen Kolonialformen und ihren Zusammenhang mit dem Deutschen Reich ein. Verknüpft werden diese Ausführungen immer wieder auch mit den konkreten kartographischen Gestaltungsmitteln, die bei den Atlanten angewandt wurden und ihrem jeweils angestrebten Zweck.

Für die Analyse wurden der komplette Text von Langhans sowie der erste Textabschnitt von Partsch bis zur Zwischenüberschrift »Togo-Land« herangezogen, da dieser den allgemeinen Teil der Einleitung bildet. Zunächst sollen die Texte kurz in Bezug auf ihren Aufbau und der verwendeten Rhetorik verglichen werden. Dann wird ihr Inhalt, der mit Hilfe des Verfahrens der Kodierung hermeneutisch erschlossen wurde, genauer analysiert.

Gliederung

Den Auftakt des Textes von Langhans bildet eine Art Absichtserklärung. Demnach sei der »Begriff der Kolonie« im herkömmlichen »Sprachgebrauch dermassen vereinseitigt«. Grund hierfür sei die »neuzeitliche Bewegung zu Gunsten der Erwerbung von staatsrechtlich dem Mutterlande verbundenen reichsdeutschen überseeischen Schutzgebieten«, also die zeitgenössische Kolonialbewegung. Diese habe den Kolonial-Begriff auf den »der Staatskolonie beschränkt«. Hier setzt Langhans' Vorhaben an und stellt der konstatierten Vereinseitigung ein abweichendes Konzept entgegen, welches die vorherrschende Auffassung korrigieren soll. Hier klingt zugleich auch die Neuartigkeit des Atlas an. So konzediert Langhans, dass es durchaus »gewagt erscheinen konnte«, nicht nur die »Schutzgebiete«, sondern die gesamte »Siedelthätigkeit des Deutschtums« in seinem Atlas kartographisch darzustellen und das Ergebnis dennoch »Kolonial-Atlas« zu nennen, womit er gleichzeitig aber auch Abweichung von der Norm und Innovation beansprucht. Dabei sei laut Langhans »die Erwägung maßgebend, dass es notwendig sei, immer wieder darauf hinzuweisen, dass die heutige Kolonialpolitik des Deutschen Reiches« nicht etwas »unvermittelt Neues« sei, sondern nur das »letzte Glied« der »Jahrhunderte alten kolonisatorischen Thätigkeit der Deutschen«.

Die sich anschließenden Absätze sind räumlich gegliedert, wobei Langhans dramaturgisch geschickt seinen Kolonialbegriff Stück für Stück entfaltet. So befasst sich der zweite Absatz zunächst mit der Darstellung der staatlichen Kolonien. Der dritte Absatz thematisiert schließlich die als »Ackerbau-Kolonien« bezeichneten kontinentaleuropäischen deutschsprachigen Siedlungsgebiete, besonders zwischen »Elbe und Weichsel«. Im darauffolgenden Absatz erweitert Langhans diese Perspektive noch einmal, indem er auch die »geschlossenen deutschen Kolonialgebiete« deutscher Auswander/innen und ihrer Nachfahren in »Übersee« in seinen Atlas integriert. Siedlungen in Kanada, den USA, in Südamerika und Australien werden damit genauso unter den Kolonialbegriff subsumiert wie die der Buren, welche »mit niederdeutschem Untergrund und britischer Färbung« die »Südspitze Afrikas« besiedelten. Dies bildet die Überleitung für die Ausweitung auf alle »deutschen Stämme«, die nicht von der »neue[n] Reichsgrenze« umschlossen sind: »Siedelungen der mennonitischen Deutsch-Russen in Nord-Amerika«, »niederdeutsche Buren in Süd-Afrika«, »Schweizer und Tiroler in Amerika« oder »Flamen in Wales«: sie alle waren für Langhans Teil der »Siedelthätigkeit des Deutschtums«. Im letzten Absatz streicht Langhans schließlich heraus, dass gleichermaßen auch die gesamte »Handelskolonisation«, »der deutsche Schiffsverkehr«, die »Verbreitung der geistigen deutschen Kultur«, das »deutsche Schul- und Kirchenwesen des Auslandes« sowie die deutschen Forschungsreisen in seinem *Kolonial-Atlas* verzeichnet sind.

Joseph Partsch beginnt seinen Text mit einem historischen Abriss der europäischen, nicht allein der deutschen Kolonialgeschichte. Partsch bettet die deutschen Kolonien also in einen europäischen Rahmen ein. Nach einem pathetischen Einsteig – »Vor 400 Jahren erweiterten die großen Entdeckungsfahrten mit einem Zauberschlage die Grenzen der Welt. Es begann die Teilung der Erde unter Europas Nationen« – beschäftigt sich Partsch vor allem mit den Ursachen für die von ihm konstatierte Abwesenheit Deutschlands in diesem »Ringen nach überseeischem Besitz«. Seine Antwort lautet, dass Deutschland, dessen »Bewohner« ihre Fähigkeit zur Kolonisation »nicht nur an ihrer Ostgrenze, sondern auch in den Meeren des Nordens« bewiesen hätten, über keine den Anforderungen für Kolonialbesitz genügende Staatsorganisation an seinen Küsten verfügt habe. Erst der Aufstieg Preußens und später die Friedenszeit nach den Napoleonischen Kriegen hätten die Grundlagen für deutsche Kolonien geschaffen. Als ausschlaggebend für die Kolonialagitation bezeichnet Partsch die großen Auswanderungswellen des 19. Jahrhunderts: »Von 1821-1892 wurden über 5 Millionen deutsche Auswanderer gezählt.« Die Annahme, mittels Kolonialerwerb diese Auswander/innen in deutsche Kolonien leiten zu können, um so ihr ›Deutschtum‹ zu erhalten, war ein fester Bestandteil des Kolonialdiskurses, und findet sich auch in Partschs Text. Der erste Abschnitt endet jedoch mit dem pessimistischen Urteil, dass Deutschland den dafür passenden Zeitpunkt verpasst habe, da alle klimatisch geeigneten Gebiete für eine breite Besiedlung bereits kolonisiert seien: »So schließt die Suche nach einem für die Erhaltung der Nationalität geeigneten Ziele der Massen deutscher Auswanderer mit dem Eindruck: Zu spät!«

Hier wird der fundamentale Unterschied zu Langhans deutlich: die Siedlungen der Auswander/innen werden nicht als ›deutsche‹ Kolonien betrachtet, sondern das Ziel war es, sie in den ›Schutzgebieten‹, also in staatlichen Kolonien anzusiedeln. Partsch verfolgte ein staatsbasiertes Konzept von Kolonie, kein völkisches wie Langhans und repräsentierte somit genau die »einseitige« Begriffsverwendung von Kolonie, die Langhans in seinem Vorwort anprangerte.

Der zweite Abschnitt bei Partsch beschäftigt sich mit den Möglichkeiten von Handels- und Pflanzungskolonien. Denn mit der Absage an Siedlungskolonien, sei »noch nicht die Unmöglichkeit jeglicher kolonialer Erwerbung entschieden«. Hier zieht Partsch insbesondere die weltwirtschaftliche Entwicklung als Ursache für die deutsche Kolonialpolitik heran. Denn der zunehmende Protektionismus besonders der Vereinigten Staaten und des Russischen Reiches habe zu wachsenden Handelsbeziehungen Deutschlands »mit Afrika und den Ländern des Großen Ozeans« geführt. Da jedoch auch dort der deutsche Handel zunehmend beschränkt wurde, habe der Staat schließlich eingreifen müssen, so Partsch: »In der Verteidigung des Handelsgebietes der Südsee liegen die Wurzeln der spät begonnenen, aber doch noch zu bescheidenen Erfolgen gediehenen Kolonialpolitik des Deutschen Reiches.«

Nun folgt ein längerer Abschnitt, der die staatliche deutsche Kolonialpolitik beleuchtet. Darin betont Partsch, dass die »Leiter der deutschen Politik« zunächst kein Interesse an Kolonialpolitik gehabt hätten und erst sukzessive, aufgrund äußerer Aggressionen und kolonialen Widerstandes wie dem »Araberaufstand von 1888« eine aktivere Rolle eingenommen hätten.[136] Seine Schlussfolgerung besteht darin, dass nur die »Macht des Reiches, nicht eine Handelsgesellschaft« eine »ungestörte Behauptung« der Kolonien garantieren könne.[137] Im Gegensatz zu Langhans, der eine räumliche Gliederung und Dramaturgie seines Textes wählt, die schrittweise die verschiedenen Dimensionen seines Atlas auffächert, ordnet Joseph Partsch seinen Text entlang einer chronologischen Perspektive. Die Ursachen für die deutschen Kolonialerwerbungen sind in dem historischen Narrativ Partschs von außen diktiert. Der freien Entfaltung des deutschen Handels stehen demnach die protektionistischen Bestrebungen der anderen Mächte entgegen, ausschließlich deren aggressive Politik habe schließlich auch zu den »Schutzbriefen« geführt, mit denen das Kaiserreich seinen Unternehmern im Zweifelsfall militärischen Schutz zusicherte. Bei Langhans wird die Kolonisation als eine quasi ›natürliche‹ Eigenschaft, als ›Wesen‹ der ›Deutschen‹ beschrieben, die relativ unabhängig von staatlicher Politik seit Jahrhunderten betrieben werde und bei der der Staat nur ein Akteur unter vielen sei.

Rhetorik

Die Rhetorik bei Langhans ist im Ton entschlossen und optimistisch, teilweise finden sich auch polemische und appellative Elemente, in ihrer Begrifflichkeit ist sie ausgesprochen radikal. Besonders ins Auge fallen die vielfachen und starken Eigen-Fremd-Markierungen und -Bewertungen. Diese werden von Langhans eingesetzt, um die Grenze zwischen den als »deutsch« und »fremdvölkisch«

136 Partsch, Schutzgebiete, S. 2.
137 Ebd.

deklarierten Phänomenen so scharf wie möglich zu ziehen. Schon damit ist seiner Kartographie grundlegend eine Tendenz des *Othering*, d.h. einer bewussten Verstärkung der Differenz zwischen Eigenem und Anderem eingeschrieben, die von politisch-ideologischen Zielen geleitet war. Statt fließender Übergänge zwischen den Ethnien und multipler, veränderlicher Identitäten, ist ein starres ›entweder-oder‹ maßgebend.

Dabei wird der Behauptung der »selbstständige[n] Eigenart« des »Deutschtums«, die Langhans vor allem durch die »Ackerbau-Kolonien« des »Ostens« gewährleistet sieht, den »fremdvölkischen Einflüssen« und insbesondere ihrem »verschmelzende[n] Einflusse« positiv entgegengestellt. Die beschriebenen deutschen Siedlungstätigkeiten werden in Metaphern wie »Aufblühen«, als »sittigend« und »kulturfördernd« beschrieben. Das Gegenteil – die Expansion des Anderen – wird dagegen sprachlich mit »Hochflut« und »Abbruch« markiert. Überhaupt werden die ethnischen Auseinandersetzungen in einer martialischen Metaphorik beschrieben. So spricht Langhans davon, die »Brennpunkte deutscher Siedlungsarbeit« darzustellen, davon, in seinem Atlas »Besitzergreifung«, die »zähe Eroberungs- und Ansiedelunspolitik«, den »Schutz des Errungenen« und die »deutschen Ackerbausiedlungen« abzubilden, die »trotz slawischer Gegenarbeit immer weiter um sich greifen«. Der massive Einsatz des Adjektivs ›deutsch‹ hat dabei einen gleichzeitig nach innen homogenisierenden wie nach außen abschließenden Effekt. Dies erfolgt jedoch in einer derart massiven Weise, dass sogar eine gewisse Entleerung des Begriffs feststellbar ist. Auch Wörter aus den Begriffsfeldern von Arbeit und Kultur tauchen vielfach auf, stets mit tugendhaften, normativen Konnotationen (Fleiß, Betriebsamkeit, Tüchtigkeit und kulturfördernder Einfluss).[138] Beides wird begrifflich eng miteinander verzahnt und gegenseitig in Beziehung gesetzt. Das ›Deutschtum‹ wird so zum Träger von Tugenden stilisiert und seinerseits durch die Tugenden näher bestimmt.

Bei Partsch fallen die stärker pathetischen und stilistisch geschraubten Formulierungen auf. Vom »Zauberschlage« der Entdeckungsfahrten, von »raubgierigen Nachbarn«, dem »rührigen Menschengeschlecht«, von »klangvollen Stimmen der öffentlichen Meinung«[139] oder dem »Keim des Todes«[140] ist die Rede. Damit einher gehen stark emotionalisierende und dramatisierende Formulierungen: »Mit Wehmut sieht der Deutsche jährlich über 100 000 Landsleute dem Vaterlande den Rücken kehren.« Der Gegensatz zwischen Eigenem und Anderem findet sich durchaus auch bei Partsch, aber in weniger ausgeprägter Form als bei Langhans. Doch auch hier finden sich Formulierungen wie »deutsches Kulturleben«, »deutsche Arbeit« und die »Flut des fremden Volkstums«. Allerdings werden neben »deut-

138 Vgl. hierzu Felix Axster/Nikolas Lelle (Hg.), »Deutsche Arbeit«. Kritische Perspektiven auf ein ideologisches Selbstbild, Göttingen 2018.

139 Partsch, Schutzgebiete, S. 2.

140 Ebd.

schen Kapitalisten und Landbesitzern«[141] staatliche Akteure insgesamt wesentlich stärker akzentuiert. Während Partschs Grundhaltung pessimistisch ist, weil er Deutschlands Kolonialambitionen in der historischen Entwicklung als gescheitert beurteilt, ist Langhans von der Grundhaltung optimistisch und offensiv:

> Und doch steht auch heute noch die deutsche Ackerbaukolonisation des Ostens nicht still. Deutscher Fleiß und deutsche Tüchtigkeit lassen die Ackerbausiedelungen Süd-Rußlands trotz slawischer Gegenarbeit immer weiter um sich greifen; bis an die Hänge des Kaukasus und in die Steppen Innerasiens ziehen fortwährend deutsche Kolonistenscharen, Serben und Rumänen müssen im Banat und in Slawonien deutscher Betriebsamkeit weichen, und das neu erschlossene Bosnien bietet deutschen Ackerbauern lohnendes Arbeitsfeld.

Langhans bewertet die deutsche Auswanderung positiv, weil er von der Überlegenheit der »deutschen Kultur« überzeugt ist und staatliche Kolonien für ihn nur einen Teil und nicht einmal den bedeutendsten der deutschen Kolonien ausmachen. Die Siedlungen der Auswander/innen bleiben in seiner völkischen Konzeption deutsche Kolonien, auch wenn sie sich auf dem Territorium anderer Staaten befinden. Sie können aus seiner Perspektive ein staatliches Kolonialreich ersetzten.

2.4.2 Kodes *Deutscher Kolonial-Atlas* von Langhans

Zunächst möchte ich die von mir vergebenen Kodes kurz aufführen, anschließend werden sie mitsamt ihren Subkodes ausführlich erläutert.

1. Kode *Synchronisation*
1.1. Subkode *historische Kontinuität*
1.2. Subkode *ethnische Identität*
1.3. Subkode *territoriale Integrität*

2. Kode *Abgrenzung nach außen und Homogenisierung nach innen*
2.1. Subkode *Fremd- bzw. Gegnermarkierungen*
2.2. Subkode *Erhaltung des Eigenen*
2.3. Subkode *Abwehr/Schutz*
2.4. Subkode *Verdrängung*

1. Kode *Synchronisation*
Mit dem Kode *Synchronisation* soll der zentrale Umstand erfasst werden, dass Langhans in seinem Text das ›Deutschtum‹ als eine homogene Einheit darstellt: »Unter diesem Gesichtspunkte des inneren Zusammenhangs aller deutschen

141 Ebd.

Tochtersiedelungen will der Inhalt der nachfolgenden Blätter betrachtet sein.« Diese Konstruktionsleistung des Atlas scheint auch zeitgenössisch so ungewöhnlich gewesen zu sein, dass Langhans sie im Vorwort als erklärungsbedürftig erachtet. Nicht ohne Grund: Denn historisch und sozial völlig disparate Phänomene wie die mittelalterliche Hanse, der Deutsche Orden, die preußische Ansiedlungskommission, die habsburgische Dynastie, deutschsprachige Siedler/innen in Brasilien und »Flamen in Wales« gelten Langhans als in ihrem Kern einheitliche Repräsentanten, als »Glieder« einer sie alle überwölbenden organischen Einheit des ›Deutschtums‹. Die verschiedenen Elemente werden essentialistisch, mittels raumzeitlicher Synchronisation zu einem übergeordneten Ganzen verschweißt. Diese Synchronisation umfasst drei Dimensionen, die mit den Subkodes *historische Kontinuität*, *ethnographische Identität* und *territoriale Integrität* gekennzeichnet wurden.

Der Subkode *historische Kontinuität* wurde für die Textpassagen vergeben, in denen Langhans eine ungebrochene Kontinuität zwischen historischen und zeitgenössischen Prozessen postuliert. Gleich im bereits erwähnten ersten Absatz, in dem Langhans die Begründung und Konzeption seines Atlas erläutert, heißt es,

> dass es notwendig sei, immer wieder darauf hinzuweisen, dass die heutige Kolonialpolitik des Deutschen Reiches nicht als etwas unvermittelt Neues, sondern im Rahmen und im Zusammenhang mit der Jahrhunderte alten kolonisatorischen Thätigkeit der Deutschen betrachtet und verstanden sein will, als letztes Glied dieser Thätigkeit, das dem Anwachsen des deutschen Volksgefühls und der wirtschaftlichen Entwicklung entspricht.

Weiter stellt Langhans eine Verbindung her zwischen der »zähe[n] Eroberungs- und Ansiedelungs-Politik der Welfen, Askanier, Hohenzollern und auch Habsburger, sowie des Deutschen Ordens nach Osten hin« und der Tätigkeit der »neuzeitlichen Staatskolonisation zum Schutze des Errungenen gegen slawische Hochflut« durch die »Ansiedelungs-Kommission«.[142] Auch indem Langhans erklärt, die »deutsche Handelskolonisation«, »sowohl die mittelalterliche der Deut-

142 Die 1886 gegründete Preußische Ansiedlungskommission mit Sitz in Posen war ein zentraler Akteur der deutschen Germanisierungspolitik. Sie hatte den Auftrag, mit staatlichen Mitteln Immobilien und Land polnischsprachiger Preußen aufzukaufen und sie zu günstigen Konditionen an deutschsprachige Siedler/innen zu vergeben – allerdings war sie nicht besonders erfolgreich. Siehe Hans-Erich Volkmann, Die Polenpolitik des Kaiserreichs. Prolog zum Zeitalter der Weltkriege, Paderborn 2016, insbesondere S. 83 ff. Langhans publizierte zwischen 1896 und 1911 eine ganze Serie von Karten, die die ›Fortschritte‹ der Ansiedlungskommission visualisierten. Vgl. Paul Langhans, Die Thätigkeit der Ansiedelungs-Kommission für die Provinzen Westpreussen und Posen 1886-1896. Auf Vogels Karte des Deutschen Reiches in 1:500.000 auf Grund amtlicher Angaben, in: Dr. A. Petermann's Mitteilungen aus Justus Perthes' Geographischer Anstalt 42 (1896), Tafel 9. Siehe Abb. 14, S. 215. Diese Karten wurden auch von der Ansiedlungskommission selbst beschafft. D. h. sie müssen zwingend – auch unter praxeologischen Gesichtspunkten – als Tool der Germanisierungspolitik betrachtet werden. Für diesen wichtigen Hinweis danke ich Verena Bunkus.

schen Hansa, wie die heutige die ganze Erde umspannende«, bilde einen »Hauptgegenstand der Darstellung«, konstruiert Langhans eine geradlinig verlaufende *historische Kontinuität.*

Der Subkode *ethnische Identität* bezeichnet den Befund, dass Langhans parallel zur Konstruktion einer *historischen Kontinuität* eine ethnische Gleichheit zwischen heterogenen sozialen Gruppen herstellt. Besonders deutlich wird dies im vierten Abschnitt der Einleitung, wo Langhans die »geschlossenen deutschen Kolonialgebiete« »jenseits des Weltmeeres« charakterisiert. Hier holt Langhans ganz weit aus:

> Da die gesamte kolonisatorische Thätigkeit des Deutschtums zur Darstellung gelangen sollte, nicht nur derjenigen deutschen Stämme, welche die neue Reichsgrenze umschliesst, sind gleicherweise die Siedelungen der mennonitischen Deutsch-Russen in Nord-Amerika, der evangelischen Deutsch-Russen in der Dobrudscha, der niederdeutschen Buren in Süd-Afrika, der Schweizer und Tiroler in Amerika, der Flamen in Wales und auf den Flamischen Inseln u. s. w. berücksichtigt.

Hier wird sichtbar, dass das Konzept des ›Deutschtums‹ keineswegs an staatliche Grenzen gebunden ist, sondern ethnisch determiniert und völkisch geprägt ist. Es umfasst soziale Gruppen, die sich vielfach sprachlich nicht verständigen konnten, anderen Staaten sowie verschiedenen christlichen Konfessionen angehörten und in völlig unterschiedlichen geographischen Regionen über den Erdball verteilt lebten – teilweise seit Jahrhunderten. Hier wird Langhans' außerordentlich weit gefasste Definition des ›Deutschtums‹ in seinen globalen Ausmaßen greifbar.

Der Subkode *territoriale Integrität* wurde vergeben, um die Integration von sehr verschiedenen Regionen und Territorien als »deutsche Kolonien« zu kennzeichnen. Da Langhans sein Kolonialkonzept vornehmlich an Menschen knüpft, eben diejenigen, die er als Deutsche betrachtet, werden die von diesen Menschen bewohnten Gebiete auch zu »deutschen Kolonien«. So entsteht ein territoriales Gebilde, das sich von Europa über »die Vereinigten Staaten in Nord-Amerika mit den angrenzenden Teilen des britischen Kanada« bis in das »subtropische Süd-Amerika […], die Südspitze Afrikas […] und […] die Südostecke Australiens« erstreckt.

2. Hier schließt der zweite Kode *Abgrenzung nach außen und Homogenisierung nach innen* an. Der erste Subkode, der hier vergeben wurde, ist der der *Fremd- bzw. Gegnermarkierungen.* Mehrfach adressiert Langhans im Text das Andere, womit jeweils auch starke Wertungen einhergehen. Insbesondere die Slawen macht Langhans als Feinde aus. So spricht er, wie bereits erwähnt, von »slawischer Hochflut« und »slawischer Gegenarbeit«, die gegen das ›Deutschtum‹ gerichtet seien und es bedrohten. Aber auch der »erwachte madjarische Staatsgedanke«, also die Idee eines politisch unabhängigen Ungarns, sowie Serben und Rumänen werden eindeutig als Gegenspieler einer deutschen Kolonisation »nach Osten hin« gekennzeichnet. Hier fällt auf, dass bis auf den »madjarischen Staatsgedanken«

alle genannten Widersacher ethnische Gruppen sind. Auch bei der Benennung der Gegner denkt Langhans primär nicht in staatlichen Kategorien.

Eng mit dem Subkode *Fremd- bzw. Gegnermarkierungen* ist der Subkode *Erhaltung des Eigenen* verbunden. Besonders die kontinental-europäischen »Ackerbau-Kolonien« spielen dabei eine wichtige Rolle:

> Neben den reichsdeutschen Schutzgebieten sind am eingehendsten diejenigen Länder behandelt, welche sich der Siedelungsthätigkeit deutscher Auswanderer am meisten förderlich erwiesen haben und in welchen das Deutschtum gegenüber fremdvölkischen Einflüssen seine selbstständige Eigenart mehr oder weniger bewahrt hat: die deutschen Ackerbau-Kolonien.

Bewahrung des Eigenen wird von Langhans als absoluter und unhintergehbarer Wert gesetzt. Vermischung mit dem Anderen bedeutet Untergang. So schreibt Langhans:

> Auch beschränkt sich die Darstellung nicht auf den jetzigen Stand der deutschen Siedelungen, sondern auch die untergegangenen deutschen Acker- und Bergbaukolonien, besonders in Europa, die wegen ihrer Kleinheit dem verschmelzenden Einflusse des umgebenden Volkstums nicht widerstehen konnten, sind vertreten.

›Reinhaltung‹ wird positiv gegen ›Verschmelzung‹ gesetzt. Die Antagonisten sind hier »fremdvölkische Einflüsse« und das »umgebende Volkstum«. In den überseeischen Gebieten übernehmen »deutsche Kirchen- und Schulgemeinden, deutsche Zeitungen und Vereine« die Aufgabe »der Erhaltung deutscher Art«.

Daran anschließend sind aus Sicht von Langhans weitere Abwehrmaßnahmen notwendig. Entsprechende Textstellen wurden mit dem Subkode *Abwehr/Schutz* gekennzeichnet. Die bereits angeführte Stelle zur Preußischen Ansiedlungskommission ist hier charakteristisch. Die von ihr durchgeführte »Staatskolonisation« in den Provinzen Posen und Westpreußen diene dem »Schutz des Errungenen gegen slawische Hochflut, die besonders auch jenseits der Karpathen im Verein mit dem erwachten madjarischen Staatsgedanken dem Deutschtum so viel Abbruch gethan hat«. Im darauffolgenden Satz betont Langhans jedoch, dass die »deutsche Ackerbaukolonisation des Ostens nicht still« stehe. Defensive Festigung des bereits Erreichten und weitere Expansion werden also aufeinander bezogen und ergänzen sich wechselseitig. Staat und Volk kämpfen Seite an Seite. Der Staat als Schutzmacht, das Volk in Form der »Kolonistenscharen« als Garant der Expansion »nach Osten hin«.

Daran knüpft der Subkode *Verdrängung* an. Infolge der Expansion deutscher Kolonisten müssen aus Langhans' Sicht andere Völker zurückweichen. Dies verschweigt Langhans keineswegs, sondern merkt explizit, wenn auch eher beiläufig an: »[...] Serben und Rumänen müssen im Banat und in Slawonien deutscher Betriebsamkeit weichen, und das neu erschlossene Bosnien bietet deutschen Ackerbauern lohnendes Arbeitsfeld.« Hier kommt ein Verständnis von Ethnien zum Ausdruck, das man als ein stofflich-physisches bezeichnen könnte. Es ergibt sich zwangsläufig aus dem Postulat, dass jegliche Vermischung zwischen Ethnien negative Folgen hat. Vermischung ist negativ behaftet, also müssen die als monolithische Blöcke konzipierten ›Völker‹ einander in naturgesetzlich gedachter Auseinandersetzung verdrängen. Der Sozialdarwinismus tritt an dieser Stelle deutlich hervor. Wer faktisch Verdrängen kann, hat auch das moralische Recht dazu. Das Prinzip selbst erscheint zudem unabänderlich, da es naturgesetzlich aufgefasst wird. Diese ›Nationalitätenkämpfe‹ sind für Langhans Konflikte, die in erster Linie zwischen ›Völkern‹ ausgetragen werden. Sie sind nicht militärisch konnotiert, sondern werden auf den Ebenen von ›Kultur‹ und ›Arbeit‹ ausgetragen. Ihre Maßnahmen zielen auf sprachliche, wirtschaftliche und demographische Dominanz. Daher auch die starke Betonung von Schulen, Vereinen und Kirchengemeinden. Sie sind gewissermaßen die Träger der ethnischen Auseinandersetzungen, die Langhans beobachtet und kartographisch bearbeitet.

Das textuell wie visuell erzeugte Deutungsmuster eines globalen ›Deutschtums‹, legt bereits einen besonderen Fokus auf die deutsche Kolonisation im ›Osten‹.[143] Und dies Jahrzehnte vor den Träumen von einem deutschen Ostimperium während des Ersten Weltkriegs, das zeitweise im sogenannten Gebiet des Oberbefehlshabers Ost Wirklichkeit zu werden schien.[144] Ernst Hasse, ein entschiedener Verfechter der Ansicht von einer »Ungleichwertigkeit der Völker«, der daraus ein Recht »des deutschen Volkes ab[leitete], seine Herrschaftsansprüche gegenüber minderen Nationalitäten im Osten und Südosten durchzusetzen«, hatte die besondere Bedeutung von Langhans' Atlas bereits 1893 betont, als er in einer Rezension bemerkte:

> […] so erblicken wir doch das Eigenartige dieses Unternehmens nicht in diesen kolonialen Darbietungen im engeren Sinne des Wortes. Dies liegt vielmehr in der erweiterten Auffassung des Begriffes Kolonisation. Mit Recht sucht P. Langhans das Feld kolonialer Thätigkeit nicht ausschließlich über See, sondern auch in Europa. Und hier hat das deutsche Volk seit mehr als tausend Jahren durch Vorschiebung seines Volks- und Sprachgebietes nach dem Osten eine gewaltige kolonisatorische Arbeit geleistet, die in dieser ihrer Eigenart heute gar nicht genug gewürdigt wird.[145]

143 Christoph Kienemann, Der koloniale Blick gen Osten. Osteuropa im Diskurs des Deutschen Kaiserreiches von 1871, Paderborn 2018, S. 69-74.

144 Gregor Thum (Hg.), Traumland Osten. Deutsche Bilder vom östlichen Europa im 20. Jahrhundert, Göttingen 2006. Zum Zusammenhang von deutschem Kolonialdiskurs und dem Blick auf das östliche Europa siehe Kristin Kopp, Gray Zones. On the Inclusion of ›Poland‹ in the Study of German Colonialism, in: Michael Perraudin/Jürgen Zimmerer (Hg.), German Colonialism and National Identity, New York 2011, S. 33-42. Ebenso Kienemann, Der koloniale Blick. Gegen vereinfachte Kontinuitätslinien zwischen Kolonialismus und Nationalsozialismus argumentieren Robert Gerwarth/Stephan Malinowski, Der Holocaust als »kolonialer Genozid«?, in: Geschichte und Gesellschaft 33 (2007), H. 3, S. 439-466.

145 Ernst Hasse, Ein Atlas des Deutschtums, in: Alldeutsche Blätter. Mitteilungen des Alldeutschen Verbandes 3 (1893), August-Heft, S. 82.

Langhans blickte also bereits zu diesem Zeitpunkt – in den 1890er Jahren – mit einem kolonisierenden Blick auf Ostmitteleuropa, als dies noch die Perspektive einer radikalen Minderheit war. Das zeigt, dass Langhans hier Theoreme, Imaginationen und Forderungen der radikalen Rechten, die sich im Umkreis des Alldeutschen Verbandes und der Völkischen herausbildeten, visuell übersetzte und in eine kartographische Form brachte. Zentral für diese Perspektive war nicht der Staat, sondern das ›Volk‹, das sich demnach in einem globalen ›Deutschtum‹ manifestierte. Staaten wurden aus dieser Sicht als historisch wandelbar gedacht, das ›Volk‹ wurde hingegen als historische Konstante konstruiert. Es bildete damit ein festes Bindeglied, das die Veränderungen von Zeit und Raum überbrücken konnte. So bildete das ›Deutschtum‹ das essentialisierte Zentrum eines sich weltweit erstreckenden *ethnic empires*, das sich geographisch von der »Südostecke Australiens« bis zum »britischen Kanada« erstreckte und zeitlich bis zu den Zeiten der Hanse, der Welfen und der Askanier zurückreichte.

2.4.3 Kodes *Deutscher Kolonial-Atlas* von Kiepert und Partsch

1. Kode *Staat*
1.1. Subkode *Preußen*
1.2. Subkode *Schutz*
1.3. Subkode *staatliche Institutionen/Akteure*

2. Kode *Notwendigkeit*
2.1. Subkode *Auswanderung*
2.2. Subkode *Wirtschaft*
2.3. Subkode *Enge*

3. Kode *Abgrenzung*
3.1. Subkode *Opfer*

1. Kode *Staat*
Dieser Kode bezeichnet die zahlreichen Textstellen bei Partsch, die das Deutsche Reich, einzelne seiner Staaten sowie seine Akteure und Institutionen erwähnen.

Mit dem Subkode *Preußen* wird die Fokussierung auf diesen deutschen Staat erfasst: Partsch betrachtet Preußen als Ermöglichungsgrundlage deutscher Kolonien. Im ersten Teil des Textes, der einen geschichtlichen Abriss der »Teilung der Erde unter Europas Nationen« darstellt, wird die Abwesenheit Deutschlands bei der Kolonisierung der Welt mit dem Fehlen »eines leistungsfähigen Staatswesens« an Deutschlands Küsten erklärt. Denn das Haus Habsburg sei eine rein »binnenländische« Macht geblieben. »Erst das Aufstreben Brandenburgs, sein Kampf um die deutsche Ostseeküste schuf allmählich die Vorbedingung einer deutschen Seemacht.« Preußen und das 1871 vereinigte Deutsche Kaiserreich, das dem Geographen als Fortsetzung Preußens gilt, sind die Träger der deutschen Kolonisation indem sie als einzig wirkungsvolle Schutzmacht beschrieben werden.

Der Subkode *Schutz* erfasst diesen letztgenannten Umstand genauer. Zwar weist Partsch Akteuren aus Handel und Wirtschaft eine wichtige Rolle bei dem Prozess der Erwerbung von Kolonien zu, nämlich diesen eingeleitet zu haben. Dennoch betont Partsch, ohne staatlichen Schutz sei Kolonisation nicht möglich. So stellt er einen engen Zusammenhang her, zwischen dem Scheitern »der ersten Versuche« Kolonien in Besitz zu nehmen und dem Umstand, dass diese »ohne jeden staatlichen Rückhalt« erfolgt seien. Mehr noch, in den staatlichen Schutzbemühungen für den deutschen Handel liege die Kolonialpolitik begründet: »In der Verteidigung des Handelsgebietes der Südsee liegen die Wurzeln der spät begonnenen, aber doch noch zu bescheidenen Erfolgen gediehenen Kolonialpolitik des Deutschen Reiches.« Weiter heißt es: »Nur die aus Erfahrung gewonnene Überzeugung, dass bei den Verhältnissen der Südsee ein wirksamer Schutz deutscher Interessen bisweilen nur durch ein Entfalten der deutschen Flagge zu erzielen sei, hat die Schutzbriefe diktiert.«[146] Hier scheint ein Doppelsinn auf: Einerseits kann nur das Reich wirksamen Schutz für deutsche Wirtschaftsbestrebungen in »Übersee« bieten, andererseits wird es als rein defensive Kolonialmacht wider Willen beschrieben, das nur aufgrund äußerer Aggression zur Kolonialpolitik schritt. Die zentrale Stelle hierfür ist die Textpassage, in der es um die koloniale Inbesitznahme Deutsch-Ostafrikas geht: »Aber der nur durch kräftige Mittel des Reiches niedergeschlagene Araberaufstand von 1888 lehrte, dass nur die Macht des Reiches, nicht eine Handelsgesellschaft die feste Gewähr bieten konnte für die ungestörte Behauptung des weiten Gebietes.«[147]

Der Subkode *staatliche Institutionen/Akteure* wurde für Stellen vergeben, an dem diese auftauchten. Zwar werden auch Akteure aus Wirtschaft und Handel, wie bspw. der Kaufmann Adolf Lüderitz (1834-1886), Carl Peters oder allgemein die »deutschen Kapitalisten und Landbesitzer«[148] erwähnt, aber der Schwerpunkt liegt auf den staatlichen Institutionen bzw. Akteuren. An zahlreichen Stellen geht es um die »Leiter der deutschen Politik«, um die »Reichsregierung«[149] oder Bismarck, den »Leiter der Reichspolitik«.[150] Selbst der umtriebige Forschungsreisende Gustav Nachtigal (1834-1885) wird in seiner staatlichen Funktion als »Generalkonsul« erwähnt.[151] Auch auf der Inhaltsebene der Karten schlägt sich dies nieder. Dort sind ausschließlich die »konsularischen und diplomatischen Vertretungen

146 Partsch, Schutzgebiete, S. 2.
147 Ebd.
148 Ebd.
149 Ebd.
150 Ebd.
151 Ebd.

des Deutschen Reiches« verzeichnet.[152] Eine vergleichbare Bandbreite an nichtstaatlichen Vereinen, Zeitungen, Kirchen, Schulen etc. wie in Langhans' Atlas ist nicht vorhanden.

2. Kode *Notwendigkeit*
Unter diesem Kode soll die in mehreren Strängen verlaufende Argumentation Partschs für die alternativlose Notwendigkeit des Erwerbs von Kolonien erfasst werden. Hier knüpft er vielfach an den oben beschriebenen Kolonialdiskurs an.

Subkode *Auswanderung*: Partsch verband das »Verlangen« nach Kolonien in Deutschland insbesondere mit den Auswanderungswellen des 19. Jahrhunderts, während denen Millionen von Menschen Deutschland verließen und in andere Länder, besonders in die USA, emigrierten. Mit dieser Ansicht stand er gewiss nicht allein da, im gesamten Kolonialdiskurs war dieses Thema präsent: »Mit Wehmut sieht der Deutsche jährlich über 100 000 Landsleute dem Vaterlande den Rücken kehren«, unterstreicht Partsch. »Von 1821-1892 wurden über 5 Millionen deutsche Auswanderer gezählt.« Diese seien »verloren« für das »Vaterland«. Auffällig ist in diesem Zusammenhang, dass die Bewahrung des Eigenen, die für Langhans von so eminenter Bedeutung ist, wesentlich pessimistischer beurteilt wird: »Der Deutsche in der Union [den USA] hält im allgemeinen eine, höchstens zwei Generationen fest an seiner Sprache; dann taucht er unter in der Flut fremden Volkstums.« Auch hier die Metapher der Flut für das Andere. Aus alldem folgt für Partsch: »Es wäre für die Befestigung der deutschen Handelsbeziehungen, noch mehr für die künftige Geltung des Deutschtums in der Welt ein unschätzbarer Gewinn, wenn Deutschland seine Auswanderer in ein überseeisches Gebiet lenken könnte.« Somit wurden wirtschaftliche und demographische Entwicklungen miteinander verschränkt und der Erwerb von Kolonien als Lösung beider Problemkomplexe präsentiert. Damit übernahm Partsch zentrale Argumente der Kolonialbefürworter. In Bezug auf den Erwerb von Siedlungskolonien blieben sie jedoch bloße Theorie, wie sich auch Partsch eingestehen musste. So kam er zu der Einschätzung, dass geeignete Gebiete schlicht nicht vorhanden seien: »Aber die gemässigten Zonen, das Ziel der Massenauswanderung, sind vergeben.«

Der Subkode *Wirtschaft* erfasst die zweite Säule in der Argumentation von Partsch für die Notwendigkeit von Kolonien. Erscheint der Aufbau von Siedlungskolonien wenig aussichtsreich, so bewertet Partsch die Möglichkeit von Handels- und Plantagenkolonisation optimistischer: »Noch blieb in den Tropen manch wertvoller Platz für Handels-Stationen und Pflanzungskolonien.« Die unbedingte Notwendigkeit von Absatzmärkten in den Handelskolonien und von Rohstoffen für die verarbeitende Industrie in Deutschland aus den Pflanzungskolonien streicht Partsch mehrfach heraus und stellt seine Ansicht hierüber auch als eine allgemeine Einschätzung der Lage dar: »Die Nachteile, welche aus dem Mangel an

152 Ebd.

jedem überseeischen Besitzes für Deutschlands Weltstellung und seine Zukunftsaussichten erwuchsen, wurden allgemein empfunden.« Hier wird deutlich, dass Partsch in seine Argumente für Kolonien sowohl die materielle Dimension von Handel und Wirtschaft als auch ideelle Werte wie die »künftige Geltung des Deutschtums in der Welt« einfließen ließ. Immer wieder nahm er Bezug auf die Zukunft und betonte, dass sich der Mangel an Kolonien negativ auswirken werde, der Besitz jedoch positiv. Und dies, obwohl Partsch am Ende des Textes zu einer realistischen Einschätzung des tatsächlichen ökonomischen Wertes der Kolonien kommt. Dieser fiel nämlich recht dürftig aus: »Vorläufig allerdings nehmen die deutschen Kolonieen [sic!] im Gesamtbilde der deutschen Handelsbewegung noch einen sehr bescheidenen Raum ein.« Dies sollte sich bis zum Verlust der Kolonien im Ersten Weltkrieg nicht mehr grundlegend ändern.

Der Subkode *Enge* zielt auf eine Argumentationsfigur, die sich in der Metapher der räumlichen Enge verdichtete und die bei Partsch mehrfach auftaucht. Zunächst fungierte diese Figur als Begründung für die deutschen Bestrebungen nach Kolonien und indirekt auch für die Auswanderung aus Deutschland:

> Erst im 19. Jahrhundert, als in langer Friedenszeit Deutschland wieder aufblühte, die Bevölkerung wuchs und der Raum für die Verwertung ihrer Kräfte in der Heimat immer enger wurde, erwachten Bestrebungen, in der nahezu vergebenen Welt noch Platz für deutsche Arbeit und deutsches Kulturleben zu sichern.

Partsch differenziert dabei zwischen einer ›Enge‹ in Deutschland und einer globalen ›Enge‹, wenn er von der »Verschärfung des wirtschaftlichen Wettbewerbs auf der dem rührigen Menschengeschlecht allmählich enger werdenden Erde« spricht. Hier zeigt sich auch, dass Partsch einen universalen Begriff von einer den ›Völkern‹ und Staaten übergeordneten Einheit eines »Menschengeschlechts« verwendet, der bei Langhans fehlt.

3. Kode *Abgrenzung*

Auch Partsch verfolgt in seinem Text eine Abgrenzung zwischen dem Eigenen und dem Anderen. Entscheidend ist jedoch, dass er beides in erster Linie durch Staaten verkörpert sieht, weniger durch ›Völker‹, wie es bei Langhans der Fall ist. Vereinzelt hebt er auf Letztere ab, etwa wenn er eingangs den Beginn der Kolonisation »vor 400 Jahren« beschreibt: »Nicht nur die räumliche Stellung, sondern auch die Zeitverhältnisse begünstigten in diesem Wettstreit die Völker des Westens.« Auch das ›Deutschtum‹ wird erwähnt. Auf den gesamten Text besehen, dominiert jedoch ganz unverkennbar eine auf Staaten bezogene Perspektive, wie im Kode *Staat* bereits erfasst.

Die Abgrenzung Deutschlands gegenüber den anderen Staaten erfolgt bei Partsch über eine Erzählung, die der Subkode *Opfer* erfassen soll. Partsch beschreibt Deutschland als ein permanentes Beuteobjekt – auch historisch gesehen.

Dies wird schon zu Beginn des Textes deutlich, an einer Stelle, an der Partsch die deutsche Nichtbeteiligung an der frühneuzeitlichen Kolonisation zu erklären versucht:

> An seinen Küsten bestand kein größeres leistungsfähiges Staatswesen. Die rein binnenländische österreichische Hausmacht war gegen die Türkengefahr gekehrt. Schließlich machten religiöse Gegensätze Deutschland zum Tummelplatz raubgieriger Nachbarn. Der dreißigjährige Krieg hinterließ das Land zum Tode erschöpft; die Küste großenteils in der Hand eines fremden Eroberers.

»Türkengefahr«, »raubgierige Nachbarn« und »fremde Eroberer« bilden laut Partsch eine historische Kontinuität von äußeren Bedrohungen, die Deutschlands Entwicklung zu einer Kolonialmacht verhindert hätten. Auch die »schwere Erschütterung der Napoleonischen Kriege« kam hier hinzu. Daran schließt sich Partschs Narrativ der zeitgenössischen Kolonialpolitik des Deutschen Reiches an. Dieses wird, wie bereits erwähnt, als rein defensiver Akteur beschrieben, der nur auf äußere Aggressionen mit der Erteilung von »Schutzverträgen« reagiert habe und somit von außen zu einer eigenen Kolonialpolitik gedrängt worden sei.

2.4.4 Einordnung in den Kolonialdiskurs und Vergleich der beiden Atlanten

Der Staat ist bei Partsch insofern eine Schlüsselkategorie, als er in zweifacher Weise als Conditio sine qua non für Kolonialbesitz angesehen wird. Zunächst wird er historisch als Voraussetzung für die Kolonisation gesetzt: »Erst das Aufstreben Brandenburgs, sein Kampf um die Ostseeküste schuf allmählich die Vorbedingungen einer deutschen Seemacht.« Zum zweiten garantiert in einer Welt konkurrierender Mächte nur der Staat einen wirksamen Schutz jeglicher Besiedlung, jeder Entwicklung im Sinne der propagierten »deutschen Kulturarbeit« sowie jeder wirtschaftlichen Betätigung von privaten Kaufleuten oder Handelsgesellschaften in den Kolonien. Der Staat wird somit historisch und machtpolitisch das ordnende Zentrum der Kolonisation, auch wenn das Reich als eine Kolonialmacht wider Willen beschrieben wird. In diesem Sinne ist Partschs Auffassung eine staats- und völkerrechtlich orientierte.

Auch der Kolonialbegriff ist bei Partsch dementsprechend angelegt. Er spricht im gesamten Text nur von ›überseeischen‹ Kolonien. Sein Begriff umfasst damit nur die »Schutzgebiete« in Afrika und im Südpazifik. Die kontinentalen ›Ackerbaukolonien‹, die bei Langhans eine derart prominente Stellung einnehmen und die er implizit als zukünftige Siedlungskolonien in den Blick rückt, finden bei Partsch überhaupt keine Erwähnung. Auch die Ziele der deutschen Auswanderer – vornehmlich die USA und Gebiete in Südamerika – sind bei ihm an keiner Stelle als Kolonien klassifiziert, sondern werden als Gebiete beschrieben, an die »das

Vaterland« seine Auswanderer verliert. Die Assimilation der Deutschen, die in den USA sowohl sprachlich als auch formal staatsbürgerlich erfolgte, wird von Partsch somit durchaus in Rechnung gestellt. In diesem Sinne ist das ganze Konzept des *Kolonial-Atlas* von Partsch und Kiepert ausgerichtet. Die Kartenblätter zeigen ausschließlich die staatlichen Schutzgebiete. Genau gegen diese aus seiner Sicht »dermaßen vereinseitigt[e]« Auffassung richtet sich Langhans' ethnozentrischer Kolonialbegriff.

Im Kontext des oben skizzierten Kolonialdiskurses, wird deutlich, dass Partsch und Kiepert den in diesem Diskurs mehrheitlich vertretenen Typus von Kolonie verwenden und in ihrem Atlas visualisieren, nämlich den der ›überseeischen Kolonie‹, der überdies ein starkes Engagement des Staates einforderte. Langhans' Atlas hingegen kann als kartographische Untermauerung der konzeptionellen Forderung von Sebastian Conrad herangezogen werden, der für einen weiten Kolonialbegriff plädiert, der kulturgeschichtlich konturiert ist und »der über das etablierte Kolonialreich hinausgeht und in der Lage ist, etwa auch den deutschen Einfluss im osmanischen Reich, die kolonialen Phantasien und Imaginationen, die Orientreisen des Kaisers und die kolonialen Herrschaftsstrukturen im Osten Europas mit einzubeziehen«.[153]

Beide, Partsch und Langhans, verarbeiten in ihren Begleittexten bereits die Erkenntnis, dass die im Kolonialdiskurs ersehnten Siedlungskolonien auf anderen Kontinenten nicht zu haben waren. Die dortigen Gebiete waren schlicht und ergreifend – höchstens in sehr bescheidenem Umfang in Deutsch-Südwestafrika – für eine Besiedlung mit Europäern nicht geeignet. Während Partsch dies mit einem melancholischen »Zu spät!« kommentiert und die Idee von Siedlungen aufgibt, richtet Langhans seinen Blick ›nach Osten‹. Zwar wird die sogenannte deutsche Ostkolonisation des Mittelalters auch im Kolonialdiskurs erwähnt, aber in erster Linie als historisches Phänomen.[154] Für Langhans hingegen ist diese Bewegung keinesfalls abgeschlossen. Er betont jedoch gleichzeitig die Relevanz der »Handels- und Pflanzungskolonien« in den »Schutzgebieten«. Sein Kolonialbegriff steht gewissermaßen im Schnittpunkt zwischen der Konzeption eines überseeischen und eines kontinentalen Kolonialreichs.[155] So zeichnet er die Konturen eines globalen Deutschlands auf der Basis völkischer Ideologie.

153 Conrad, Deutsche Kolonialgeschichte, S. 15. Langhans publizierte auch eine Karte der ›Orientreise‹ Kaiser Wilhelms II. Siehe Paul Langhans, Karte zur Palästina-Fahrt des Deutschen Kaisers. Die östlichen Mittelmeerländer in 1:3.500.000, Gotha 1898. Siehe hierzu Weigel, Von Berlin nach Jerusalem 1898.

154 Fabri, Colonien, S. 13. Supan, Die territoriale Entwicklung, S. 254.

155 Ther, Deutsche Geschichte als imperiale Geschichte, S. 130 f.

2.4.5 Vergleich der Karten von Langhans und Kiepert

Nachdem die Besonderheiten in der Kolonialkonzeption von Langhans durch einen Vergleich mit der Konzeption von Partsch und Kiepert vor dem Hintergrund des Kolonialdiskurses herausgearbeitet wurden, stehen nun die Karten selbst im Mittelpunkt. Es soll gezeigt werden, dass Langhans' *Kolonial-Atlas* sowohl innovative Elemente als auch darstellungsbezogene Schwächen aufwies. Da der Atlas einen sehr großen Umfang besitzt, werde ich mich auf den Vergleich des jeweils ersten Kartenblattes der Atlanten von Kiepert und Langhans konzentrieren (siehe Abb. 15 u. 16, S. 216-219). Die Langhans-Karte trägt am rechten unteren Bildrand den Vermerk »Abgeschlossen Oktober 1892«. Aus den Begleitworten von Richard Kiepert geht hervor, dass seine Karte zwischen September und Jahresende 1892 abgeschlossen wurde, sodass beide Karten ungefähr zur selben Zeit fertiggestellt wurden. Perthes war in der Auslieferung jedoch einige Wochen schneller als die Konkurrenz bei Reimer.[156]

Den Karten liegt die Mercator-Projektion zugrunde, der bereits eine koloniale Perspektive inhärent ist, indem sie bspw. Europa gegenüber Afrika vergrößert darstellt. Als konforme bzw. winkeltreue Projektion sind die dargestellten Flächen verzerrt, die Winkelangaben entsprechen jedoch den tatsächlichen Verhältnissen, was für die Schiffsnavigation von entscheidender Bedeutung ist.[157] Bei beiden Karten schließen sich am unteren Rand der Hauptkarte weitere Nebenkarten bzw. statistische Übersichten an. Die Darstellungen wirken daher auf den ersten Blick recht ähnlich. Doch bereits die Titel der Karten weisen darauf hin, dass es sich um grundverschiedene Darstellungen handelt. Heißt es bei Kiepert ausladend »Erdkarte zur Übersicht des Kolonialbesitzes, der Konsularischen und Diplomatischen Vertretungen und der Postdampferlinien des Deutschen Reiches«, lautet die Überschrift bei Langhans schlicht und monumental »Verbreitung der Deutschen über die Erde«.[158]

Betrachtet man die verwendeten Farben, so ergeben sich bei Langhans zunächst Irritationen, während Kieperts Farbenwahl gewohnten kolonialen Konventionen entspricht: Jede Kolonialmacht erhält hier eine klar abgegrenzte Farbe, in denen

156 Demhardt, Kolonial-Atlas, S. 25.

157 Mark S. Monmonier, Rhumb Lines and Map Wars. A Social History of the Mercator Projection, Chicago 2004.

158 Richard Kiepert, Erdkarte zur Übersicht des Kolonialbesitzes, der Konsularischen und Diplomatischen Vertretungen und der Postdampferlinien des Deutschen Reiches, in: ders., Deutscher Kolonial-Atlas für den amtlichen Gebrauch in den Schutzgebieten nach den neuesten Quellen, mit Verwendung von kartographischem und sonstigem, bisher noch nicht veröffentlichtem, Material der Kolonial-Abteilung des Auswärtigen Amts und der Neu-Guinea-Compagnie, Berlin 1893, Nr. 1. Paul Langhans, Verbreitung der Deutschen über die Erde, in: ders., Deutscher Kolonial-Atlas. 30 Karten mit 300 Nebenkarten, Gotha 1897, Nr. 1.

auch alle ihr zugeordneten Kolonien gehalten sind.[159] Bei Langhans sind die hervortretenden Farben Rosa, Rot, Gelb und verschiedene Schattierungen von Braun. Die deutschen Kolonien sind hier, soweit die Grenzen bereits festgelegt sind, mit roten Grenzlinien eingetragen, ihre Flächen sind jedoch altweiß gehalten. Weiterhin auffällig ist, dass Holland und Teile Belgiens in dunklem Rot dargestellt sind. Auch die zerklüftete braun-gelbe Farbgebung weiter Teile der USA, welche den Grenzlinien der Bundesstaaten folgt, erscheint ungewöhnlich.

Ein Blick auf die Legende bringt Klärung. Dabei wird deutlich, dass Langhans' ethnisch zentrierte Perspektive auf die Welt sich gleich im ersten Kartenblatt niederschlägt. Die Farben geben – nach Prozenten abgestuft – den Anteil der ›Deutschen‹ an der Bevölkerung der jeweiligen Staaten wieder. Dunkelrot entspricht 95 bis 100 % ›Deutsche‹, Rosa entspricht 70 bis 95 %, Gelb 30 bis 70 %, Dunkelbraun 5 bis 30 %, Hellbraun 1 bis 5 % und Altweiß »unter 1 % (rein fremdsprachlich)«. Dieses Zitat macht deutlich, worauf sich Langhans bezieht, wenn er ›Deutsche‹ erfasst: Die Sprache. Da Niederländisch für Langhans ein niederdeutscher Dialekt ist, kommt es, dass Holland dunkelrot erscheint und damit ›deutscher‹ ist als das Deutsche Reich selbst.[160] Denn für Langhans zählen die polnisch sprechenden preußischen Staatsbürger/innen oder die französisch sprechenden Bewohner/innen des Elsass nicht als Deutsche. Es handelt sich um die Visualisierung eines sprachlich-ethnisch fundierten Zugehörigkeitskonzepts. Formale Staatsangehörigkeit und Staatsterritorien spielen keine Rolle. Die deutschen Kolonien bleiben somit weiß und sind nur durch ihre Grenzen markiert, enthalten also laut Langhans weniger als 1 % Deutsche.

Richard Kiepert stellt alle Kolonien flächig in den Farben des jeweilig formalrechtlich besitzenden Staates dar. Somit wird eine staats- und völkerrechtlich basierte Visualisierung vorgenommen. Das geht so weit, dass Belgien, obwohl faktisch den Kongo-Staat beherrschend, nicht als Kolonialmacht berücksichtigt wird, da es sich beim Kongo-Staat rechtlich um Privatbesitz des belgischen Königs Leopold II. (1835-1909) handelte, wie Kiepert in den Begleitworten betont. Auch Österreich-Ungarn ist hier keine Kolonialmacht, da es keine ›überseeischen‹ Kolonien besitzt. Langhans stellt Staatsgrenzen nur als gepunktete Haarlinien dar, bei Kiepert treten sie, rotgepunktet, deutlich hervor. In Afrika verzeichnet Langhans interessanterweise auch die Grenzen der autochthonen Staaten, die noch nicht kolonisiert sind. Diese fehlen bei Kiepert wiederum vollständig. Bei Kiepert bilden die Zonen, die noch nicht unter den Kolonisten aufgeteilt wurden, weiße

159 Wobei jedoch nicht das British Empire rot markiert ist, sondern das Deutsche Reich, Dänemark sowie Holland und Belgien. Eine ähnliche Darstellung ist bei Langhans' Karte in Form einer Nebenkarte ebenfalls vorhanden.

160 Zum Verhältnis zwischen deutschem und flämischem Nationalismus siehe Jakob Müller, Die importierte Nation. Deutschland und die Entstehung des flämischen Nationalismus 1914 bis 1945, Göttingen 2020.

Flecken oder einfach eine indifferente graue Landmasse.[161] Es liegen damit auch bei der kartographischen Darstellungsweise zwei grundsätzlich verschiedene, eine ethnographische und eine staatlich-territoriale Darstellung vor.

Dieser Befund wird untermauert durch die Tatsache, dass Langhans in seiner Karte die »Hochdeutschen Zeitungen« und »Hochdeutschen Kirchengemeinden« verzeichnet, womit vermutlich die evangelisch-protestantischen Gemeinden bezeichnet sind. Außerdem finden sich deutsche Schulen, die Ortsgruppen des »Allgemeinen Deutschen Verbandes« (ab 1894 Alldeutscher Verband) sowie »Deutsche-Kolonial etc. Vereine« und die »Schulvereine zur Erhaltung des Deutschtums«. Kiepert nimmt dagegen nur die staatlichen Vertretungen, die verschiedenen Konsulate, Botschaften und Gouverneurssitze in den Kolonien auf. Das Verzeichnen der Ortsgruppen des Alldeutschen Verbandes und der Kolonial-Vereine wirft ein Licht auf Langhans' politischen Standpunkt, es unterstreicht gleichermaßen aber auch seinen Anspruch, alle Repräsentanten des ›Deutschtums‹ visuell zu integrieren. In seinem *Kolonial-Atlas* sind daher u.a. deutsche Banken, Konsulate, Kohlestationen der deutschen Marine, Handelskontore, Telegraphenlinien, Zeitungen und Missionsstationen verzeichnet.

Dies erzeugt insgesamt eine ungeheuer hohe Informationsdichte und -tiefe und erinnert darin an die *Chart of the World*, allerdings in konsequent deutsch-nationaler Wendung. Der Anspruch auf Vollständigkeit war bei Langhans derart ausgeprägt, dass er nur mit gravierenden Schwierigkeiten bei der Lesbarkeit der Karte erkauft werden konnte und vielfach zu einer Überlastung der Karten führte. Während die Zeitungen der nationalistischen Agitationsverbände sich positiv äußerten, die »Fülle des Stoffes«[162] lobend hervorhoben, zudem betonten, die »neuesten Forschungen sind bestens berücksichtigt«,[163] erfolgte von fachlicher Seite durchaus Einspruch. Der Göttinger Ordinarius für Geographie Hermann Wagner, der sehr eng mit Perthes verbunden war und eine Art akademischer Schutzpatron des Verlags darstellte, lobte 1896 in einem Brief an Bernhard Perthes zwar grundsätzlich das »zeitgemäße und patriotische Unternehmen«, kritisierte aber die Umsetzung: Langhans wähle für die zahlreichen Details einen zu kleinen Maßstab, außerdem sei die Schrift zu klein geraten: »dem Leser wird die Lupe aufgezwungen«.[164] Dies gelte, so Wagner weiter, auch für andere von Langhans bearbeitete Atlanten, es handelte sich also um ein grundsätzliches Problem.[165] Lang-

161 Zur kartographischen Imagination des ›leeren Raums‹, siehe Jureit, Das Ordnen von Räumen, S. 118ff.

162 O. V., Deutscher Kolonial-Atlas, in: Alldeutsche Blätter. Mitteilungen des Alldeutschen Verbandes 6 (1896), Oktober-Heft, S. 196.

163 O. V., Deutscher Kolonial-Atlas, in: Das Deutschthum im Auslande. Mitheilungen des Allgemeinen Deutschen Schulvereins 14 (1895), Januar/Februar-Heft, S. 12.

164 Zit. nach Demhardt, Kolonial-Atlas, S. 25.

165 Ebd. Bis einschließlich 1896 waren von Langhans der Deutsche Marine-Atlas (1894), der Kleine Handelsatlas (1895) und der Staatsbürger-Atlas (1896) erschienen.

hans' Einsatz von Farben im *Kolonial-Atlas* erfolgte nicht nach einem konsistenten System und entsprach nicht dem Ideal einer harmonischen Kartengestaltung. Im vorliegenden Kartenbeispiel etwa wurde die Darstellung des prozentualen Anteils der ›Deutschen‹ an der Gesamtbevölkerung anhand einer Farbskala von Rot – Rosa – Gelb – Violett – Dunkelbraun – Hellbraun – Altweiß vorgenommen.

2.5 Langhans' Kartenstil und der ökonomische Erfolg

Diese ersten Hinweise sollen dazu dienen, abschließend den Kartenstil von Paul Langhans allgemeiner zu analysieren, dessen Traditionslinien nachzuzeichnen sowie den Zusammenhang zum wirtschaftlichen Erfolg des *Kolonial-Atlas* aufzuzeigen.

Zunächst muss grundsätzlich betont werden, dass unterschiedliche Typen von Karten wie etwa Handkarten, Schulwandkarten oder Karten verschiedener Typen von Atlanten jeweils andere Funktionen erfüllen, stark variierende Formate aufweisen und sich daher in Bezug auf Maßstab, Informationsfülle und Signaturen unterscheiden. Paul Langhans und Hermann Haack haben beide im Laufe ihrer Karriere Karten unterschiedlichster Art gezeichnet und bearbeitet. Dennoch haben sie sich gewissen Bereichen intensiver gewidmet, waren für bestimmte Kartentypen prägender und haben hier eigene und typische Ansätze und Lösungen entwickelt. Es lässt sich daher ungeachtet der allgemeinen Konventionen der verschiedenen Kartentypen von jeweils spezifischen Kartenstilen sprechen.

Der Geograph Nikolaus Creutzburg (1893-1978) – ab 1938 Herausgeber von *Petermanns Mitteilungen* – betonte im Hinblick auf Haack:

> Wohl war die Richtung der kartographischen Betätigung Haacks durch Wesensart und Charakter der Perthesschen Anstalt, durch ein bestimmtes Verlagsprogramm bis zu einem gewissen Grade vorgezeichnet, wenn auch nicht streng vorgeschrieben. Es blieb immer noch genügend Spielraum für die Entfaltung eigener Ideen, ja für die Entwicklung eines eigenen Stiles.[166]

Gleiches galt auch für Langhans. Zumal dieser selbstbewusst eigene Wege ging, wie auch Bernhard Perthes erkennen musste. An Hermann Wagner schrieb der Verleger 1892, bei Langhans handele es sich um einen »unzweifelhaft hochbegabten aber auch äußerst eigensinnigen Verfasser«.[167]

Um Langhans' charakteristischen Kartenstil näher zu analysieren, soll exemplarisch das Kartenblatt Nr. 10 aus dem *Kolonial-Atlas* mit dem Titel *Deutsche Kulturbestrebungen in Afrika* genauer betrachtet werden (siehe Abb. 17, S. 220-221).[168]

166 Nikolaus Creutzburg, Hermann Haack 80 Jahre, in: Berichte zur Deutschen Landeskunde 12 (1953), H. 1, S. 56-61, hier S. 58.

167 Zit. nach Demhardt, Kolonial-Atlas, S. 25.

168 Paul Langhans, Deutsche Kulturbestrebungen in Afrika, in: ders., Deutscher Kolonial-Atlas. 30 Karten mit 300 Nebenkarten, Gotha 1897, Nr. 10.

Sofort fällt auf, dass das Kartenblatt ein komplexes Arrangement von Haupt- und Nebenkarten bildet. Links oben finden sich mehrere Nebenkarten zu den *Brandenburgisch-Preußischen Besitzungen* des späten 17. und 18. Jahrhunderts in Westafrika. Einzelne Festungen erscheinen in detaillierten Grundrissen, mit dem Siegel des preußischen Gouverneurs der Insel Argien vor der Küste des heutigen Mauretaniens wird auch ein piktorales Element integriert. Dann – in der Nebenkarte links unten – folgen die Routen deutscher Afrikaforscher, die im 19. Jahrhundert dem Verlauf des Nils nachgingen. Dies war ein ungelöstes geographisches Rätsel, dessen Aufklärung das bürgerliche Europa damals aufmerksam verfolgte. Ganz ähnlich die Hauptkarte: Dort finden sich die Routen deutscher Forschungsreisender im gesamten Afrika dargestellt. Unabhängig davon, ob sie im Auftrag Englands, Ägyptens oder des Kongo-Staates agierten.

Auf dieser Karte sind außerdem die deutschen Kolonien sowie die Reisen der bereits genannten Akteure Carl Peters, Gustav Nachtigal und anderer eingezeichnet, die das Ziel des Aufbaus eines deutschen Kolonialreichs verfolgten. Ganz unten befindet sich eine weitere Nebenkarte mit den deutschen Handelsniederlassungen an der afrikanischen Westküste. Auch die berühmte Woermann-Linie ist hier verzeichnet. Der Betreiber, der Hamburger Kaufmann Adolph Woermann (1847-1911), importierte vor allem Spirituosen nach West-Afrika. Langhans' *Kolonial-Atlas* vermerkt hierzu, dass unter den Waren, die 1895 in die deutsche Kolonie Togo eingeführt wurden, Spirituosen mit einem Gesamtwert von 800.000 Mark den ersten Platz einnahmen. Langhans kommentierte diesen Beweis »deutscher Kulturbestrebungen« sogar mit einem Ausrufezeichen.[169] Woermann selbst verteidigte seine Geschäfte mit den bemerkenswerten Worten: »Ich meine, dass es da, wo man Zivilisation schaffen will, hier und da eines scharfen Reizmittels bedarf, und dass scharfe Reizmittel der Zivilisation wenig schaden.«[170]

Was hier gezeigt werden soll ist, dass die Karten von Langhans häufig ein komplexes, detailliertes Konglomerat aus ganz verschiedenen historischen Ereignissen, Strukturen und Prozessen bildeten, die zeitlich und räumlich weit auseinanderliegende Phänomene visuell miteinander verschmolzen. In diesem Fall u.a. die preußischen Kolonien der Frühen Neuzeit, die Forschungsexpeditionen des 19. Jahrhunderts, privatwirtschaftlicher Handel und staatliche Kolonialpolitik. All das verwob Langhans zu einem Narrativ von den »deutschen Kulturbestrebungen in Afrika«. Es war die beschriebene völkische Perspektive, die die Herstellung derartiger Narrationen überhaupt erst ermöglichte. Denn das ›Deutschtum‹ veränderte sich aus dieser Sicht im Laufe der Zeit oder in der Ausdehnung des Raumes nicht,

169 Paul Langhans, Wirtschaftliche Grundzüge der Schutzgebiete Kamerun und Togo. (Begleitworte zur »Karte der Schutzgebiete Kamerun und Togo«) II. Togo, in: ders., Deutscher Kolonial-Atlas, o.S.

170 Zit. nach Michael Schubert, Der schwarze Fremde. Das Bild des Schwarzafrikaners in der parlamentarischen und publizistischen Kolonialdiskussion in Deutschland von den 1870er bis in die 1930er Jahre, Stuttgart 2003, S. 109.

es blieb sich stets gleich oder bildete allenfalls Variationen derselben Essenz. Ob nun die südafrikanischen Buren des 19. Jahrhunderts, die mittelalterliche Hanse, die »Deutsch-Russen«, »Schweizer und Tiroler« in den USA oder die »Flamen in Wales«[171] – sie alle waren im *Kolonial-Atlas* verzeichnet. Ebenso materielle Objekte und Einrichtungen: Unterseekabel, Zeitungen, Schulen, Missionsstationen. Selbst Eichen konnten zu Repräsentanten des ›Deutschtums‹ werden.[172] Langhans erzeugte eine kartographische Synthese zwischen der Erde und dem ›Deutschtum‹, die sowohl den Globalisierungsschub des 19. Jahrhunderts als auch den ethnischen Nationalismus der Zeit verarbeitete. Langhans entgrenzte Deutschland in seinen Karten auf der Basis eines angeblich homogenen ›deutschen Volkes‹ und erhob es damit zu einem globalen Phänomen.

Konsequenterweise hieß die Zeitschrift, die Langhans 1902 gründete und die dieses Programm wissenschaftlich absichern sollte, *Deutsche Erde*. In einer Werbeanzeige des Perthes-Verlags wurde ihre inhaltliche Zielstellung folgendermaßen umrissen: »Die ›Deutsche Erde‹ behandelt das deutsche Volk in ethnographischem Sinn ohne Rücksicht auf Zeit und Raum, denn das deutsche Volk war eher als sein Name und politische Grenzen heben die Volks- und Kulturgemeinschaft nicht auf.«[173] Gemäß diesem Programm visualisierte Langhans mit seinen Karten am Ende des 19. Jahrhunderts einen neuen, auf völkischen Koordinaten basierenden Raum.

Als weiteres Beispiel für Langhans' synthetisch-narrativen Kartenstil soll eine Karte des *Alldeutschen Atlas* dienen, den Langhans mit finanzieller Unterstützung des Alldeutschen Verbandes herausgab und der erstmals 1900 erschien. Die Karte trägt den Titel *Deutsche und Undeutsche im Deutschen Reich* (siehe Abb. 18, S. 222-223).[174] Die Hauptkarte zeigt die Verteilung der Ethnien im Kaiserreich und den angrenzenden Gebieten. Interessant ist, dass, wie schon im *Kolonial-Atlas*, Holländer und Flamen als Deutsche verzeichnet sind. Im Hinblick auf die weitere historische Entwicklung bemerkenswert ist der Umstand, dass Langhans die Masuren und Kaschuben, westslawische Ethnien Ost- bzw. Westpreußens, mit der gleichen hellgrünen Farbe wie die Polen versah, was nach dem Ersten Weltkrieg zu heftigen Konflikten führen sollte (vgl. Kap. 5). Links oben auf der Karte befindet sich eine Nebenkarte zu Langhans' Forschungsfeld während seines Studiums, den *Dänen in Nordschleswig* (siehe Abb. 19, S. 224). Darunter befindet sich die Nebenkarte *Polen im Ruhr-Kohlengebiet*. Rechts unten in einer Nebenkarte ist eine Übersicht aller Ortsgruppen des Alldeutschen Verbandes platziert. Darüber schließlich befindet

171 Langhans, zur Einführung, in: ders., Deutscher Kolonial-Atlas.

172 Paul Langhans, Die Eichen im Deutschen Reiche, in: Deutsche Erde 11 (1912), Tafel 2.

173 Zit. nach Brogiato, Wissen ist Macht, S. 252, Abb. 33. Ein sprechendes Beispiel für diese Perspektive ist die Karte Otto Curs, Deutschlands Gaue um das Jahr 1000, in: Deutsche Erde 8 (1909), H. 3, 5. Sonderkarte.

174 Paul Langhans, Deutsche und Undeutsche im Deutschen Reich, in: ders., Alldeutscher Atlas, 3. Aufl., Gotha 1905, Nr. 3.

sich eine vierte Nebenkarte, die das *Evangelische Waisenhaus Neuzedlitz und Umgebung* darstellt (siehe Abb. 20, S. 225).

Unwillkürlich stellt sich die Frage: Was hat es mit diesem unscheinbaren, peripheren Waisenhaus auf sich und warum steht es an so prominenter Stelle? Neuzedlitz (polnisch: Ruchocin) befand sich im Kreis Witkowo in der damaligen Provinz Posen, in einem mehrheitlich polnischsprachigen Gebiet des Kaiserreichs. Seit der Mitte der 1880er Jahren setzten intensivierte Bemühungen zur Germanisierung dieser Provinz ein.[175] Das Waisenhaus Neuzedlitz stellte in diesem Kontext ein Modellprojekt dar. Gegründet und finanziert wurde es 1897 vom Gründungsmitglied des Alldeutschen Verbandes Alfred Hugenberg (1865-1951), der in der Weimarer Republik zu einem der wohlhabendsten Unternehmer des Reiches aufstieg. Als Medienmogul wurde Hugenberg ein entscheidender Multiplikator antidemokratischer sowie antisemitischer Meinungen und ein zentraler Wegbereiter des Nationalsozialismus. Organisatorisch beteiligt an dem Projekt waren weiterhin mehrere deutsche Großstädte, aus denen Waisenkinder nach Neuzedlitz gebracht wurden sowie die evangelische Kirche, die für die Erziehung vor Ort zuständig war.[176] Der zuständige Pfarrer Kupfernagel bilanzierte 1912:

> 1185 Zöglinge sind in den 15 Jahren durch das Waisenhaus gegangen. Was damals vielfach als Utopie verspottet wurde, hat sich als durchführbar herausgestellt: die Mehrzahl der Kinder sind dauernd dem Lande und dem Deutschtum der Ostmark gewonnen, sie sind ihrer neuen Heimat auch nach ihrer Volljährigkeit treu geblieben.[177]

Diese Langhans-Karte erzählt also die Geschichte vom Kampf um den völkisch homogenen Nationalstaat. Auf der linken Seite sind die Gefährdungen durch ethnische Minderheiten wie die Dänen oder die Polen im Ruhrgebiet repräsentiert. Auf der rechten Seite stehen, positiv konnotiert gegenüber, die Ortsgruppen des Alldeutschen Verbands und die von ihm finanzierte Germanisierungspolitik in den Ostprovinzen des Kaiserreiches. Langhans' Karten bilden vielfach solche komplexen, kartographisch verdichteten Narrationen. Um sie mit allen ›Nebenhandlungen‹ zu verstehen, benötigt es sehr viel Kontextwissen. Historiographisch funktionieren diese Karten wie Zugangsfenster zu zahlreichen Diskursen und

175 Einen Überblick der Germanisierungspolitik in den Preußischen Provinzen Westpreußen und Posen während des Kaiserreichs bietet Gerhard Wolf, Ideologie und Herrschaftsrationalität. Nationalsozialistische Germanisierungspolitik in Polen, Hamburg 2012, S. 35-52. Siehe auch Volkmann, Die Polenpolitik des Kaiserreichs. Sehr differenziert zur allgemeinen Polenpolitik im Kaiserreich Robert Spät, Die »polnische Frage« in der öffentlichen Diskussion im Deutschen Kaiserreich 1894-1918, Marburg 2014. Nach wie vor lesenswert Thomas Nipperdey, Deutsche Geschichte 1866-1918, Bd. 2: Machtstaat vor Demokratie, 3. Aufl., München 1995, S. 266-281.

176 Heidrun Holzbach, Das System Hugenberg. Die Organisation bürgerlicher Sammlungspolitik vor dem Aufstieg der NSDAP, Stuttgart 1981, S. 32.

177 Zit. nach Eugen von Horn, Die Ostmarkenfrage und ihre Lösung, Berlin 1913, S. 32.

visuellen Wissensordnungen. Ein zentrales Charakteristikum war ihre Dichte an Details und Informationen. Gerade diese Dichte verbürgte für Langhans selbst die Wissenschaftlichkeit seiner Karten. Es ist wichtig festzuhalten, dass sich Langhans' Karten hierzu häufig eines komplexen Arrangements von Haupt- und Nebenkarten bedienten, die einerseits Zoom-In-Effekte in einzelne Objekte wie Festungen und Dörfer ermöglichten und damit eine große Detailtiefe boten, die jedoch gleichzeitig in serieller Folge, wie im *Kolonial-Atlas*, ein völkisches ›Deutschtum‹ auf globaler Maßstabsebene erzeugen konnten.

Abb. 21: Hermann Berghaus (1850)

Innerhalb der Tradition von Perthes orientierte sich Langhans besonders an den Kartographen Hermann Berghaus (1828-1890) und Bruno Hassenstein (1839-1902). Bezogen auf Berghaus, schrieb Langhans 1900 in einem Brief an den Geographen Friedrich Hahn (1852-1917),[178] er fühle sich keinem seiner »Fachvorgänger so verwandt« wie dem Urheber der *Chart of the World*. Auch andere von Berghaus' thematischen Karten, besonders seine Neubearbeitung des *Physikalischen Atlas*, waren für Langhans richtungsweisend.[179] Was hatte Langhans mit Hermann Berghaus gemeinsam? Liest man Hermann Haacks biographische Beschreibung von Berghaus, so sind die Parallelen derart augenfällig, dass man fast meinen könnte, der Text beschreibe Langhans. So wird dort Berghaus' Arbeitsweise für die Vorbereitung seiner Karten folgendermaßen beschrieben:

> Berghaus war der geborene Sammler von Quellen und Material. Nichts entging da seinem Spürsinn, die kleinsten Körnchen wurden aus der Spreu gesondert und in unermüdlichem Fleiße zusammengetragen; so schwollen seine »Kollektaneen« und »Konvolute«, gefüllt mit Zeitungsausschnitten und Notizzetteln, die bis auf die Größe halber Briefmarken heruntergingen, daß die Deckel zu platzen drohten.[180]

178 Brief von Paul Langhans an Friedrich Hahn vom 12. Oktober 1900, Staatsbibliothek zu Berlin, Handschriftenabteilung, Slg. Darmstaedter Ld. 1910: Langhans, Paul, Bl. 2.

179 Hermann Berghaus, Berghaus' Physikalischer Atlas, 3. Aufl., Gotha 1892. Thematische Karten, im Untersuchungszeitraum auch als physikalische oder angewandte Karten bezeichnet, bilden im Gegensatz zu topographischen Karten die geographische Verteilung unterschiedlichster, themenbezogener Merkmale und Entitäten ab. Klassische Themen sind Tier- und Pflanzenarten, Ethnien, klimatische Verhältnisse oder die Bevölkerungsdichte. Vgl. Ute Schneider, »Den Staat auf einem Kartenblatt übersehen!« Die Visualisierung der Staatskräfte und des Nationalcharakters, in: Christof Dipper/Ute Schneider (Hg.), Kartenwelten. Der Raum und seine Repräsentationen in der Neuzeit, Darmstadt 2006, S. 11-25, hier S. 13.

180 Haack, Hermann Berghaus (1828-1890), S. 193.

Die wissenschaftliche Güte einer Karte drückte sich für Berghaus darin aus, möglichst alles verfügbare Material auf dem aktuellen Stand darzustellen. Und genau dieses Verständnis von Kartographie teilte auch Langhans. Nicht ohne Grund bemerkte Hermann Wagner, es sei »wirklich erstaunlich, was Langhans für ein Sammelgenie ist«, in ihm stecke ein »zweiter Berghaus«.[181] Wie dieser, war auch Langhans ein Quellenbesessener, ein ›Jäger und Sammler‹ allen verfügbaren Materials. Und wie Berghaus, war auch Langhans bekannt für seine persönlich zurückhaltende Art und die Vermeidung der großen Bühne.[182] So schrieb Langhans im September 1914 kurz vor seinem 25-jährigen Dienstjubiläum an Bernhard Perthes und bat um einige Tage Urlaub, »um drohenden Ehrungen aus dem Wege gehen zu können«.[183] Beide kennzeichnete weiterhin, dass sie wenig Texte produzierten. Haack beschrieb Berghaus als »schreibunlustigen Mann, dem das Wort nur schwer aus der Feder floß«, der zudem eine »ungelenke, breite und geschraubte Art zu schreiben« habe.[184] Manfred Langhans bemerkte über seinen Vater:

> Sich schriftstellerisch auszudrücken, lag Paul absolut nicht. Ein Buch hat er nie verfasst. Seine wissenschaftlichen Aufsätze stellen meist nur mehr oder weniger kurze erklärende Begleittexte zu seinen Kartenwerken dar und sind in einem recht nüchternen, ja trockenen Stil gehalten. Auch in seinen zahlreichen ausserberuflichen Tätigkeitsbereichen versagte sich ihm die Feder völlig. Das wirkt umso erstaunlicher, als Paul ein hervorragender Redner war.[185]

Für Langhans sprachen die Karte und die jeweiligen Quellenangaben für sich selbst. Eine weitere Parallele zu Berghaus betrifft die Distanz zur Schulkartographie und deren Anforderung, Wissen zweckmäßig ausgewählt und anschaulich darzustellen. Laut Haack fehlte es Berghaus hier vor allem »an der richtigen Fühlung mit der Praxis der Schule und des Unterrichts«.[186] Auch Langhans hat die Schulkartographie, obwohl ein Teil seiner Wandkarten explizit als Schulwand-

181 Zit. nach Demhardt, Kolonial-Atlas, S. 25.

182 Wenn die Ausführungen von Manfred Langhans aufgrund der Nähe zu seinem Vater durchaus mit Vorsicht zu bewerten sind, so deckt sich seine Einschätzung durchaus mit anderen Quellen, wenn er über Paul Langhans schreibt: »Als hanseatisches Erbe erfüllte ihn eine lebhafte Abneigung gegen staatliche Titel und Ehrungen und Pöstchen, gegen lautes öffentliches Lob und vor allem gegen jedes Selbstlob und gegen alles, was man heute unter publicity begreift.« Manfred Langhans, Familiengeschichte, S. 8.

183 Brief von Paul Langhans an Bernhard Perthes vom 30. September 1914, Forschungsbibliothek Gotha, Sammlung Perthes, SPA ARCH PGM 558, Bl. 97. Der Eintrag von Berghaus in der ADB vermerkt: »B. war ein stiller, bescheidener Mann ohne gesellige Bedürfnisse und jeder Reclame feind, so daß er, abgesehen von engen Fachkreisen, der Mitwelt fast unbekannt blieb.« Viktor Hantzsch, Art. »Berghaus, Hermann«, in: Allgemeine Deutsche Biographie 46 (1902), S. 379-381, URL: https://www.deutsche-biographie.de/pnd116132469.html#adbcontent [17.5.2019].

184 Haack, Hermann Berghaus (1828-1890), S. 198.

185 Manfred Langhans, Familiengeschichte, S. 9 f.

186 Haack, Hermann Berghaus (1828-1890), S. 194.

karten beworben wurde, nie als genuin eigenes Arbeitsfeld verstanden.

Ein zweites Vorbild für Langhans war Bruno Hassenstein, der vor allem berühmt war für die kartographische Verarbeitung von Forschungsreisen in Europäern unbekannte Gebiete und hier als exzellenter Kompilator sehr heterogenen Materials galt: Notizen, Beschreibungen, topographische Skizzen und Routenaufnahme unterschiedlichster Qualität. Aus diesem mannigfaltigen Material erstellte er Karten auf dem aktuellen Stand des Wissens von der jeweiligen Region, vor allem für *Petermanns Mitteilungen*. Haack schrieb 1911 an Bernhard Perthes, seines Wissens sei Langhans als Nachfolger Hassensteins in den Verlag gekommen und habe daher stets die Leitung der *Mitteilungen* angestrebt (vgl. Kap. 3).[187] Ein Vorhaben, das schließlich auch gelang: Seit April 1909 war Langhans als Nachfolger Alexander Supans ihr Herausgeber und blieb es bis Ende 1937 (vgl. Kap. 5 u. 8).

Abb. 22: Bruno Hassenstein (vermutlich 1890er Jahre)

Schlussendlich ist noch eine dritte Traditionslinie für Langhans auszumachen: Er hatte eine ausgeprägte Vorliebe für Statistik.[188] Natürlich arbeiten die meisten Kartographen mit Statistiken, vor allem diejenigen, die sich, wie Langhans, vornehmlich mit der Darstellung ethnischer und sozialer Verhältnisse beschäftigen. Langhans hegte dennoch eine besondere Obsession für Zahlen und Tabellen. So schrieb er an den Statistiker Richard Boeckh (1824-1907), der selbst auch Sprachenkarten bearbeitet hatte, Boeckh sei derjenige, »dem ich das Meiste verdanke, als dessen Schüler ich gelte, ohne je bei ihm gehört zu haben und dem unter all den Vielen, denen meine Arbeit mich nahe brachte, ich innerlich am nächsten stehe«.[189] Im *Alldeutschen Atlas* kommt sowohl Langhans' Vorliebe für Statistik als auch ihr Einsatz für seine Weltanschauung zum Ausdruck. So geht dem Kartenteil ein ausführlicher statistischer Abschnitt voraus, in dem Statistiken wie *Die deutschen Großstädte der Erde* – auf dem »Neu York« mit 583.000 »Deutschen« den vierten Platz einnahm – oder *Der Grad des nat.[ionalen] Charakters der europ.[äischen]*

187 Brief von Hermann Haack an Bernhard Perthes vom 29. Juli 1911, Forschungsbibliothek Gotha, Sammlung Perthes, SPA ARCH MFV 300/38, Bl. 120.

188 Zum Verhältnis von ethnographischen Karten und Statistik vgl. Schneider, Den Staat auf einem Kartenblatt übersehen. Hansen, Mapping the Germans, S. 94 ff. Siehe auch Maciej Górny, Vaterlandszeichner. Geografen und Grenzen im Zwischenkriegseuropa, Osnabrück 2019, S. 144-157.

189 Brief von Paul Langhans an Richard Boeckh vom 24. Mai 1906, Zentral- und Landesbibliothek Berlin, Sammlung Kuczynski, Kuc7-4-15.

Staaten enthalten sind. Letztere sollte das Maß ethnischer Homogenität der europäischen Staaten darstellen.[190]

Wie sehr diese Statistiken von der zugrunde gelegten Weltanschauung geprägt waren, illustriert die Statistik *Polen in den preußischen Ostmarken 1900*.[191] Dort wird der Anteil von polnischsprachigen deutschen Staatsbürger/innen – in der Überschrift als Polen bezeichnet – in den Städten und Kreisen verzeichnet, in denen sie mehr als 20 % der Bevölkerung stellten. Eine Anmerkung vermerkt lapidar: »Doppelsprachige je zur Hälfte gerechnet«.[192] Da mehrsprachige Lebensformen der Ideologie der Alldeutschen widersprachen, weil sie sich dem ›Entweder-oder‹ eines ethnischen Nationalismus sperrten, wurden Zweisprachige statistisch geteilt und einfach »je zur Hälfte« den Polnisch- und Deutschsprachigen zugerechnet und so eine aus Sicht der Alldeutschen störende Kategorie von Mehrsprachigen vermieden. Allerdings war Langhans nicht der Einzige, der so vorging: Die sogenannten Doppelsprachigen wurden häufig, jedoch nicht immer, von den bearbeitenden Statistikern auf die Gruppe der Polnisch- und Deutschsprachigen aufgeteilt.[193] Derart zugerichtete Statistiken trugen ihrerseits zu einer Verfestigung polarer Wahrnehmungsmuster und Ordnungsvorstellungen bei und ihre politischen Implikationen wurden von Experten durchaus kritisiert.[194]

Es lässt sich abschließend festhalten, dass Langhans, was seine Arbeitsweise betrifft, durchaus in den Traditionen von Berghaus, Hassenstein und Boeckh stand und sein Kartenstil somit fest in der Tradition des 19. Jahrhunderts verwurzelt war – und es auch blieb (vgl. Kap. 5). Insbesondere war er ein Kartograph mit einer Affinität für Statistik und ein ›Jäger und Sammler‹ vielfältiger Informationen. Sein Ideal tendierte dazu, möglichst das gesamte gesammelte Material in die Karte einzuarbeiten. Für schuldidaktische Bedürfnisse hatte er wie sein Vorbild Hermann Berghaus wenig Sinn. Der große Unterschied zwischen Langhans und seinen Vorbildern betraf die Verschiebung der Perspektive, des kartographischen Blicks könnte man sagen. Denn wo die *Chart of the World* noch international ausgerichtet und in englischer Sprache gehalten war, stellten die Karten von Langhans Visualisierungen einer nationalen Weltanschauung dar, sie waren der Beginn einer neuen, völkisch-nationalen Produktlinie bei Perthes.

Der wirtschaftliche Erfolg von Langhans' Erzeugnissen stand jedoch in keinem Verhältnis zum betriebenen Aufwand. Bereits in Bezug auf den *Kolonial-Atlas* hatte Bernhard Perthes Langhans im Dezember 1897 geschrieben, er bedauere, dass die »unter Ihrer Leitung begonnenen Unternehmungen« trotz »inhaltlicher

190 Langhans, Alldeutscher Atlas, S. 1.

191 Ebd., S. 2.

192 Ebd.

193 Paul Weber, Die Polen in Oberschlesien. Eine statistische Untersuchung, Berlin 1914, S. 7.

194 Ludwig Bernhard, Die Fehlerquellen in der Statistik der Nationalitäten, in: Paul Weber, Die Polen in Oberschlesien. Eine statistische Untersuchung, Berlin 1914, S. III-XXI.

Abb. 23: Theodor Klemm an seinem Arbeitsplatz (1935)

Vorzüglichkeit« keinen dementsprechenden Erfolg gezeitigt hätten. Trotzdem bewunderte Perthes nach wie vor Langhans' »Findigkeit« und seine »Arbeitskraft«.[195] Der einflussreiche Prokurist des Verlags, Theodor Klemm (1868-1936), der seit 1903 im Verlag tätig war,[196] bezifferte 1925 den durch den *Kolonial-Atlas* entstandenen Gesamtverlust auf eine Summe von 54.000 Mark.[197] Von Langhans' national ausgerichteten Atlanten, die alle um die Jahrhundertwende erschienen, erlebten die meisten mehrere Auflagen, nach 1905 wurde jedoch nur der *Handelsschul-Atlas* noch ein weiteres Mal aufgelegt.[198] Auf lange Sicht betrachtet war dies ein Misserfolg, was sicher auch damit zu tun hatte, dass radikalnationale Positionen im Kaiserreich, trotz der lautstarken Agitation der entsprechenden Verbände, immer noch die Meinung einer Minderheit darstellten. Aber Langhans verarbeitete auch allgemein ›patriotische‹ und damit potentiell sehr populäre Themen bspw. in seinem *Armee-Atlas* von 1899 und dem *Marine-Atlas*,

195 Brief von Bernhard Perthes an Paul Langhans vom 20. Dezember 1897, Forschungsbibliothek Gotha, Sammlung Perthes, SPA ARCH PGM 558, Bl. 121. Vgl. auch Brogiato, Wissen ist Macht, S. 247. Demhardt geht davon aus, der Atlas habe wirtschaftlichen Erfolg gehabt, belegt dies jedoch nicht. Vgl. Demhardt, Kolonial-Atlas, S. 21.

196 Geschäftsrundschreiben von Justus Perthes vom 1. Juli 1904, Deutsche Nationalbibliothek Leipzig, Sammlung der Geschäftsrundschreiben der Börsenvereinsbibliothek, Bö-GR/P/199. Klemm hat sich um Perthes sehr verdient gemacht. Die 1935 erschienene Verlagsgeschichte hob seine Leistungen besonders für die Zeit nach dem Ersten Weltkrieg hervor. In Bezug auf die zehnte *Stieler*-Auflage hieß es: »Wenn es trotzdem gelang, das begonnene *Stieler*-Werk durchzuhalten, so ist das nicht zuletzt dem ungewöhnlichen kaufmännischen Geschick des langjährigen Prokuristen Theodor KLEMM (1903/1934) zu danken, der auch heute noch in seinem Ruhestand der Firma als ›Treuhänder‹ mit Rat und Tat zur Seite steht.« Vgl. Justus Perthes, Fünf Generationen Justus Perthes 1785-1935, S. XXIV. Schon 1912 hatte Bernhard Perthes an Hermann Wagner geschrieben: »Klemm hat das große Verdienst, die ›Akademie‹ Justus Perthes wieder auf vernünftige kaufmännische Basis gebracht zu haben [sic!]. Die Wissenschaft hat ihm nicht zum kleinsten Teil das Fortbestehen des Hauses zu danken.« Zit. nach ebd.

197 Buchführungs-Ergebnisse 1924, Bl. 25 vom 4. September 1925, Forschungsbibliothek Gotha, Sammlung Perthes, SPA ARCH FFA. Die Währungen werden so angegeben, wie sie in den Geschäftsunterlagen angegeben sind.

198 Paul Langhans, Handelsschul-Atlas, unter Förderung des Deutschen Handelsschulmänner-Vereins bearbeitet, 4. Aufl., Gotha 1923. Vgl. Die Veröffentlichungen von Professor Langhans nach Sachgebieten geordnet, Forschungsbibliothek Gotha, Sammlung Perthes, SPA ARCH PGM 558, Bl. 67-74.

der 1898 in zweiter Auflagen erschien, sich aber langfristig ebenfalls nicht etablieren konnte.[199]

Der entscheidende Grund hierfür ist darin zu sehen, dass der Kartenstil von Langhans zu komplex, zu detailliert, zu wissenschaftlich im Duktus war – auch wenn das für ideologisch aufgeladene Karten merkwürdig klingen mag.[200] Sie waren, mit einem Wort, zu wenig anschaulich gestaltet. Auch die Wirkung seiner Schulwandkarten litt unter zu vielen Informationen, sie waren wenig generalisiert, überladen und wiesen daher auch keine Fernwirkung auf, was für diesen Kartentyp von elementarer Bedeutung ist. Ohne Fernwirkung, d.h. ohne die visuelle Gliederung der Informationen abhängig von der Distanz zur Karte, bleiben Schulwandkarten didaktisch wirkungslos, da Schüler/innen in den hinteren Reihen des Klassenzimmers auf der Karte nichts ›sehen‹ können.[201] Langhans' Schulwandkarten orientierten sich noch stark an einer bereits vor der Jahrhundertwende zunehmend kritisierten pädagogischen Praxis der reinen Abfrage von Lernstoff.[202] Sie waren, im Gegensatz zu Haacks' Schulwandkarten, kaum nach wahrnehmungspsychologischen Kenntissen gestaltet (vgl. Kap. 3) (siehe Abb. 24 u. 25, S. 226-229).[203]

Zwar griff Langhans populäre nationale Themen auf, aber sein Kartenstil entsprach zu sehr den Traditionen des 19. Jahrhunderts, die mehrheitlich noch aus der Zeit der Erforschung ›unbekannter‹ Erdregionen stammten, die sich aber allmählich überlebt hatten und das breite Publikum offensichtlich nicht mehr ansprachen. Als Langhans 1900 durch den Großherzog von Sachsen-Weimar-Eisenach »für seine Karten des Deutschtums« ehrenhalber den Professorentitel verliehen bekam, bemerkte Langhans bissig: »Jedenfalls – und dieser Gesichtspunkt scheint mir bei der Beurteilung des Ganzen das Ausschlaggebende zu sein –

199 Paul Langhans, Justus Perthes' Deutscher Marine-Atlas, 2. Aufl., Gotha 1898. Paul Langhans, Justus Perthes' Deutscher Armee-Atlas, Gotha 1899.

200 In Bezug auf die engen Verbindungen von Wissenschaft und Politik sieht Mitchell Ash den simplifizierenden Gebrauch des Begriffs Pseudowissenschaft kritisch, da dies einen Wissenschaftsbegriff voraussetzt, der absolute normative und historische Setzungen impliziert. Stattdessen plädiert er für die historische Aufarbeitung der Beziehung von Wissenschaft und Politik sowie des Begriffs der Pseudowissenschaft in seiner jeweiligen Verwendungsweise. Mitchell G. Ash, Pseudowissenschaft als historische Größe. Ein Abschlusskommentar, in: Dirk Rupnow u. a. (Hg.), Pseudowissenschaft. Konzeptionen von Nichtwissenschaftlichkeit in der Wissenschaftsgeschichte, Frankfurt a. M. 2008, S. 451-460.

201 Norman Henniges/Philipp Meyer, »Das Gesamtbild des Vaterlandes stets vor Augen«: Hermann Haack und die Gothaer Schulkartographie vom Wilhelminischen Kaiserreich bis zum Ende des Nationalsozialismus, in: Zeitschrift für Geographiedidaktik 44 (2016), H. 4, S. 37-60, hier S. 40.

202 Schultz, Die deutschsprachige Geographie von 1800 bis 1970, S. 103.

203 Paul Langhans, Schutzgebiete in Afrika, Deutsche Kolonial-Wandkarten Nr. 1, 6 Kt. in verschied. Maßstäben auf 1 Bl., Gotha 1908. Ders., Südsee-Schutzgebiete, Deutsche Kolonial-Wandkarten Nr. 2, 6 Kt. in verschied. Maßstäben auf 1 Bl., Gotha 1908.

dürfte es jetzt ein gut Teil leichter sein, das Mißtrauen des großen Haufens gegen meine Erzeugnisse zu überwinden.«[204]

Festzuhalten bleibt, dass die Produktpalette von Perthes am Ende des 19. Jahrhunderts um einen der Zeit entsprechenden nationalistischen Zweig erweitert wurde und Langhans dieser neuen Produktlinie vorstand. Seine politischen Interessen – die Begeisterung für die Kolonien, das Faible für die ›Nationalitätenkämpfe‹ in den Grenzregionen des Reiches und die völkisch ausgerichtete Anteilnahme am globalen ›Deutschtum‹ – brachte er hier voll mit ein. In einem Zeitungsartikel anlässlich seines 73. Geburtstages am 1. April 1940 hieß es, propagandistisch gefärbt, aber durchaus zutreffend: »Eines aber wird jeder erkennen, hier hat ein politischer Mensch gewirkt, der mit wissenschaftlichem Ernst gerade zur Tagespolitik – man möchte sagen – vorstieß.«[205]

Langhans ging mit Feuereifer an diese Aufgabe. Manfred Langhans bemerkte rückblickend, sein Vater habe der Familie »höchstens sonntags einige Stunden« zur Verfügung gestanden.[206] Als Langhans 1892 zu einem mehrtägigen Militärmanöver einberufen wurde, ließ er sich von Perthes sogar Kartenentwürfe zuschicken, um sie währenddessen korrigieren zu können. Mit dieser Einstellung konnte er Bernhard Perthes offensichtlich beeindrucken, der ihn für leitende Funktionen im Verlag vorsah, wie Langhans' Übernahme der Herausgeberschaft von *Petermanns Mitteilungen* belegt. Bereits 1898 schrieb Perthes an Hermann Wagner:

> […] ich habe einen ganz eminenten Kerl schon im eigenen Haus, der – wollte ich Einem das Heft in die Hand geben – ausschließlich und allein dazu befähigt wäre: Langhans. Sie kennen seine riesige Arbeitskraft, seinen enormen Fleiß, seine große Geschicklichkeit in der Herbeiziehung des neuesten und wichtigsten Stoffes, er ist auch zweifellos dazu befähigt einem großen Personal vorzustehen. Nur ihn zu koordinieren das geht nicht und deshalb ist er mir zum »Stieler« leider nichts nütze.[207]

Langhans war selbstbewusst, hatte seine eigenen Vorstellungen und Pläne und verfolgte dabei nicht immer ausschließlich die Interessen des Verlags: Für seinen rastlosen Einsatz im Auftrag radikalnationalistischer Organisationen wie dem Deutschbund, wandte Langhans sehr viel Zeit und Energie auf (vgl.

204 Brief von Paul Langhans an Bernhard Perthes vom 17. April 1900, Forschungsbibliothek Gotha, Sammlung Perthes, SPA ARCH PGM 558, Bl. 118.

205 Zeitungsartikel »Nationaler Kartograph – Kämpfer – Gründer der Deutschkunde«, in: Gauzeitung vom 1. April 1940, Forschungsbibliothek Gotha, Sammlung Perthes, SPA ARCH PGM 558, Bl. 20.

206 Manfred Langhans, Familiengeschichte, S. 9.

207 Brief von Bernhard Perthes an Hermann Wagner vom 3. Februar 1898, Forschungsbibliothek Gotha, Sammlung Perthes, SPA ARCH MFV 305/306, Bl. 1196-1199. Für diese Quelle bedanke ich mich herzlich bei Norman Henniges.

Kap. 3 u. 5).[208] Zudem hatte er damit zu kämpfen, dass seine Produkte nicht den erhofften wirtschaftlichen Erfolg einbrachten. Dies waren handfeste Nachteile im sich mehr und mehr abzeichnenden Konflikt mit Hermann Haack um die Führung bei Perthes, der sich insbesondere am Streit um die Leitung der neuen Auflage des *Stieler-Handatlas*, dem Premiumatlas des Hauses, entzündete. Im Sommer 1905 wurden die ersten organisatorischen Vorbereitungen für die zehnte Auflage getroffen. Dabei war von der Verlagsleitung zunächst eine Dreiteilung der *Stieler*-Redaktion ins Auge gefasst worden: Langhans sollte trotz der von Bernhard Perthes geäußerten Bedenken Afrika und Europa bearbeiten, dem altgedienten Hermann Habenicht (1844-1917) wurden Asien und Amerika zugeteilt. Hermann Haack bekam lediglich die Restposten »Allgemeines, Australien, Russland und Balkan« zugewiesen.[209] Eine Verteilung, die im Zuge der internen Machtverschiebungen während der folgenden Jahre jedoch grundlegend revidiert werden sollte.

208 So unternahm er bspw. 1904 eine mehrtägige Vortragsreise für den Alldeutschen Verband. Vgl. Brief von Paul Langhans an Bernhard Perthes vom 26. Februar 1904, Forschungsbibliothek Gotha, Sammlung Perthes, SPA ARCH PGM 558, Bl. 112.

209 Anordnung der Verlagsleitung vom 19. August 1905, Forschungsbibliothek Gotha, Sammlung Perthes, SPA MFV 30/2, Bl. 76.

3. Das Relief der Kultur: Haacks Schulwandkarten im Spannungsfeld von physischer und politischer Geographie

3.1 Einleitung

In diesem Kapitel sollen besonders zwei Dinge im Fokus stehen. Zum einen Haacks pragmatisch und strategisch geprägtes Verhältnis zu politischen Themen. Gezeigt werden soll dies an seiner sich wandelnden Beziehung zum Kolonialismus und anhand seiner geschickten Lobbyarbeit im von ihm initiierten Verband deutscher Schulgeographen (VdS). Hier wird auch sein Talent deutlich, politische Positionen und die Interessen des Perthes-Verlags in Einklang zu bringen. Zweitens sollen Anschaulichkeit und Variabilität der von Haack entwickelten kartographischen Gestaltungsmittel nachgezeichnet werden. Im Hinblick hierauf soll insbesondere der Farbeinsatz bei seinen Schulwandkarten betrachtet werden.

Wie zu zeigen sein wird, ermöglichte dieser Farbeinsatz eine anschauliche Darstellung des physikalischen Geländes, aber ebenso die effektive Visualisierung eines zeitgenössischen Konzepts von Kultur. Die normative Bewertung kultureller Unterschiede wurde dadurch gewissermaßen physikalisiert, d.h. verfestigt, naturalisiert und auf Dauer gestellt.[1] Derartige Austauschprozesse zwischen physischer Geographie und Anthropogeographie waren nicht ungewöhnlich, versuchte sich die Geographie doch daran, ›Brückenfach‹ zwischen Natur- und Humanwissenschaften zu sein.[2] Die Kartographie als basale Visualisierungsform geographischen Wissens blieb von diesen Transferprozessen nicht unberührt.[3] So wird ersichtlich, dass Haacks Kartenstil nicht nur physikalische, sondern auch humangeographische Phänomene – mit durchaus politischen Implikationen – anschau-

1 In der Hochschulgeographie bestand dabei vor dem Ersten Weltkrieg eine Dominanz der physikalischen Seite der Geographie. Vgl. Schultz, Unpolitische »politische Bildung«, S. 22f. Nach dem Krieg ändert sich dies und die Hochschulgeographie wandte sich verstärkt der Anthropogeographie zu. Siehe Wardenga, »Nun ist alles anders«.

2 Zu den Entwicklungen und Debatten um den Gegenstand der Geographie siehe Schultz, Unpolitische »politische Bildung«, S. 12ff. Grundlegend dazu Schultz, Die deutschsprachige Geographie von 1800 bis 1970. Ebenso Ute Wardenga, Geographie als Chorologie. Zur Genese und Struktur von Alfred Hettners Konstrukt der Geographie, Stuttgart 1995. Siehe außerdem Geoffrey J. Martin, All Possible Worlds. A History of Geographical Ideas, 4. Aufl. [1. Aufl. 1972], Oxford 2005. Zur Geographie als ›Brückenfach‹ siehe Schultz, Die deutschsprachige Geographie von 1800 bis 1970, S. 40f.

3 Max Eckert bezeichnete Karten als den »Niederschlag des geographischen Wissens einer Zeit«. Max Eckert, Kartenkunde, Berlin/Leipzig 1936, S. 5.

lich und evident zu gestalten verstand. Zunächst soll aber Haacks Werdegang von einem talentierten Schüler zu einem der wichtigsten Kartographen bei Justus Perthes nachgezeichnet werden.

3.2 Hermann Haack und Bernhard Perthes – eine besondere Beziehung

Am 30. Juni 1906 schrieb Hermann Haack an seinen langjährigen Förderer Bernhard Perthes einen Brief, bewegt von der »Erinnerung an jene entscheidende Schicksalsstunde im eigenen Leben, da Sie mir vor 13 Jahren zum ersten Mal die Hand reichten«.[4] In diesem Brief gab er das Versprechen: »Für den Erfolg seiner Arbeit kann kein Mensch bürgen, aber der Wille und die Kraft dazu sollen, so lange sie mein sind, auch Ihnen gehören.«[5]

Die Geschichte der Beziehung von Bernhard Perthes zu Hermann Haack umfasst verschiedene Facetten: Philanthropie, ökonomisches Kalkül, gezielte Nachwuchsförderung und wechselseitige Abhängigkeiten. Haack, geboren in dem kleinen Dorf Friedrichswerth bei Gotha, war in sehr einfachen Verhältnissen aufgewachsen, konnte aber Dank der Bemühungen eines engagierten Pfarrers das renommierte Gymnasium Ernestinum in Gotha besuchen.[6] Da er aus finanziellen Gründen jedoch keine Aussicht auf ein Studium hatte, fasste er zunächst den Beruf seines Vaters und des Großvaters als Postbeamter ins Auge.[7] Doch durch die Initiative eines Lehrers, des am Ernestinum Deutsch, Geographie und Geschichte unterrichtenden Alfred Schulz (1846-1895), wurde im Frühjahr 1893 die Verbindung zwischen dem frisch examinierten Haack und dem Verleger Bernhard Perthes hergestellt. Perthes erklärte sich bereit, das Studium Haacks mit einem Darlehen zu finanzieren, um ihn dann später, bei entsprechender Eignung, in seine Firma zu übernehmen.

25 Jahre später, im April 1918, resümierte Perthes wehmütig die erste Begegnung zwischen den beiden. Er selbst sei damals nur eine Stunde zuvor zum zweiten Mal Vater eines Sohnes geworden. Der Sohn, Gottfried Perthes, starb im Juni 1915 während des Ersten Weltkriegs im Baltikum: »Schicksale, wie sie das Leben mit sich bringt. […] Sie aber lieber Dr. Haack haben gehalten, was Sie damals verspro-

4 Brief von Hermann Haack an Bernhard Perthes vom 30. Juni 1906, Forschungsbibliothek Gotha, Sammlung Perthes, SPA ARCH MFV 300/38, Bl. 82.

5 Ebd.

6 Karl Heck, Hermann Haack. Ein Bild seines Lebens und seiner Leistung, in: Geographischer Anzeiger 33 (1932), H. 11, S. 329-336, hier S. 329.

7 O. V., Manuskript »Hermann Haack. Ein Lebensbild zu seinem 60. Geburtstag am 29. Oktober 1932. Von einem Freund und Mitarbeiter«, S. 4, Forschungsbibliothek Gotha, Sammlung Perthes, SPA ARCH MFV 300/38.

chen; ich fand einen Glauben in Ihnen, der seine Kraft entfaltete zum Wohle des alten Hauses.«[8] Etwas zu dieser Zeit Unwahrscheinliches war gelungen: Der begabte Sohn aus einer vielköpfigen armen Familie aus der thüringischen Provinz war zu einer festen Größe eines im ganzen Herzogtum bekannten und in Fachkreisen weltweit geschätzten Verlags geworden.

Im April 1893 begann Haack sein Geographie-Studium – zunächst bei Alfred Kirchhoff (1838-1907) in Halle –, das er zielstrebig anging.[9] An Bernhard Perthes, mit dem er während seines ganzen Studiums einen engen Briefverkehr unterhielt, schrieb er damals: »Ich hoffe, oder habe vielmehr die feste Überzeugung in meinem Berufe volle Befriedigung zu finden und sage Ihnen für die Erfüllung meines langjährigen Lieblingswunsches nochmals meinen herzlichen Dank.«[10] Dem ehrgeizigen Haack, der von den weitgespannten Beziehungen des einflussreichen Perthes profitierte, öffneten sich schnell die Türen der akademischen Welt. Perthes seinerseits trieb mit der akademischen Ausbildung Haacks die systematische Neuausrichtung seiner Verlagsanstalt voran, die bereits einige Jahre zuvor begonnen hatte, und die mit der Geschichte der ›Anstalt‹ und den allgemeinen Entwicklungen in der Geographie aufs Engste verknüpft war.

Nachdem Justus Perthes bis in das letzte Drittel des 19. Jahrhunderts hinein eine unangefochtene Spitzenstellung in der deutschen kartographischen Verlagslandschaft eingenommen hatte, veränderte der Suizid des international renommierten Chefkartographen des Hauses August Petermann 1878 vieles in der ›Anstalt‹ – bzw. war sein Tod möglicherweise bereits Ausdruck eines schleichenden Bedeutungsverlustes.[11] Mit Petermanns Tod ging dem Verlag seine zentrale Gestalt verloren und auch die so wichtige transnationale Vernetzung des Verlags brach zwar nicht gänzlich ab, erlitt jedoch empfindlichen Schaden, da sie in erster Linie durch die Person und den Namen Petermann befördert wurde.

Wenn es auch Petermanns Schülern weiterhin gelang, innovative Karten und Atlanten zu entwickeln, stellte das Jahr 1878 doch eine Zäsur dar. In der Folge verlor Perthes auch auf dem Sektor der technischen Entwicklung an Boden.[12] Erst

8 Brief von Bernhard Perthes an Hermann Haack vom 22. April 1918, Forschungsbibliothek Gotha, Sammlung Perthes, SPA ARCH MFV 300/38, Bl. 177.

9 Kirchhoff war vor allem als Didaktiker und Länderkundler bekannt. Politisch vertrat er die preußisch-kleindeutsche Lösung und erteilte völkischen Visionen eine Absage. Siehe Hans-Dietrich Schultz, Raumkonstrukte der klassischen deutschsprachigen Geographie des 19./20. Jahrhunderts im Kontext ihrer Zeit. Ein Überblick, in: Geschichte und Gesellschaft 28 (2002), H. 3, S. 343-377, hier S. 364 f., 367 f.

10 Brief von Hermann Haack an Bernhard Perthes vom 26. April 1893, Forschungsbibliothek Gotha, Sammlung Perthes, SPA ARCH MFV 300/38, Bl. 11.

11 Brogiato, »Baedeker« und »Stieler«, S. 93. Brogiato, Gotha als Wissens-Raum, S. 26.

12 Durch das Einführen des elektrochemischen Verfahrens der Galvanoplastik in den 1840er Jahren, mit dessen Hilfe Kupferstichplatten reproduziert werden konnten, war Perthes ein technologischer Spitzenreiter der Kartenproduktion geworden. Vgl. Köhler, Gothaer Wege, S. 82 f. Brogiato, Gotha als Wissens-Raum, S. 21.

1895, relativ spät im Vergleich zur Konkurrenz, erfolgte mit der Einführung des Umdruckverfahrens – welches die Übertragung von Kupferstichplatten auf Drucksteine ermöglichte – die durchgehende Umstellung auf die Lithographie für eine schnelle und kostengünstigere Vervielfältigung der Karten.[13] Zu diesem Zeitpunkt hatten sich preiswerte und qualitativ ernstzunehmende Konkurrenzunternehmen bereits auf dem Markt etabliert (vgl. Kap. 6). Zu nennen ist hier vor allem *Andrees Allgemeiner Handatlas*, der seit 1881 in der Leipziger Niederlassung des Verlags Velhagen & Klasing erschien und der Atlas von Ernst Debes (1840-1923) aus dem Verlag Wagner & Debes, ebenfalls in Leipzig ansässig. Zudem professionalisierte sich die Geographie gegen Ende des 19. Jahrhunderts zusehends und formierte sich als universitäre Disziplin, auch die Geographischen Gesellschaften gewannen in den 1870er Jahren an Einfluss und boten Forschungsreisenden ein attraktives Angebot von Vortrags- und Publikationsmöglichkeiten sowie die begehrten Auszeichnungen.[14] Für den bisherigen Platzhirsch Justus Perthes waren damit vielfache Herausforderungen verbunden, es drohte das Abgleiten aus dem Zentrum der kartographischen Wissensproduktion in die Peripherie. Als ein wichtiges Mittel, um diesen Herausforderungen zu begegnen, betrachtete Bernhard Perthes die akademische Ausbildung der neuen Kartographengeneration. Bereits Richard Lüddecke (1859-1898) und Paul Langhans hatten ein Studium absolviert, bevor sie zu Perthes kamen.

Auch Hermann Haack sollte diesen Weg beschreiten, wobei Perthes einerseits das Ziel verfolgte, Fachkräfte für seine Anstalt zu erhalten, die auch in der Lage waren, den zu verarbeitenden Stoff auf der Höhe der Zeit, und das bedeutete wissenschaftlich zu durchdringen und zu bearbeiten.[15] Andererseits sollte Haack ganz gezielt Kontakte zur Hochschulgeographie aufbauen bzw. festigen, um Kooperationen anzubahnen und auch in Bezug auf den Wissenszuwachs immer auf dem neuesten Stand zu bleiben. Regelmäßig fragte Perthes bei Haack nach, ob er seine Kontakte pflege, wobei sein Tonfall dabei von ermunternd bis ermahnend variieren konnte. So begrüßte er es außerordentlich, als Haack im Wintersemester 1895/96 pflichtbewusst meldete, er habe in Berlin, der letzten Station seines Studiums, gute Kontakte herstellen können und sogar von Ferdinand von Richthofen (1833-1905), dem berühmten Geomorphologen und Asienreisenden, eine Assistentenstelle angeboten bekommen.[16] Dass Perthes bereits im Vorfeld mit von Richthofen Kon-

13 Köhler, Gothaer Wege, S. 183 f. Das aufwendige und kostenintensive Handkolorit wurde damit auf Liebhaberausgaben beschränkt. Vgl. hierzu auch Güttler, Unsichtbare Hände.

14 Heinz Peter Brogiato, Von der Expedition zur Schulwissenschaft. Die Entwicklung der Geographie im 19. Jahrhundert, in: Jürgen Runge (Hg.), Arktis bis Afrika – 150 Jahre wissenschaftliche Geographie in Deutschland, Frankfurt a. M. 2015, S. 161-207, hier S. 176-182.

15 Henniges/Meyer, Hermann Haack, S. 39. Schultz, Raumkonstrukte, S. 345.

16 Briefe von Hermann Haack an Bernhard Perthes vom 4. Dezember 1895 und vom 27. Januar 1896, Forschungsbibliothek Gotha, Sammlung Perthes, SPA ARCH MFV 300/38, Bl. 37, 38, 45.

Abb. 26: Hermann Haack während seiner Militärzeit in Kiel (1897)

takt aufgenommen hatte, um seinen Schützling einzuführen,[17] scheint Haack nicht bekannt gewesen zu sein. So zog der Verleger im Hintergrund auf subtile Weise die Fäden.

Dabei konvergierten Perthes' verlegerische Interessen mit Haacks Talent und Ehrgeiz. Haack war auf allen Stationen seines Studiums, zunächst in Halle bei Alfred Kirchhoff, dann in Göttingen bei Hermann Wagner und schließlich bei von Richthofen in Berlin persönlicher »Adjunctus« dieser drei Führungsfiguren der deutschsprachigen Geographie. Wann genau die Entscheidung fiel, dass Haack bei Perthes übernommen wurde, ist nicht exakt zu rekonstruieren. Einerseits schrieb Perthes im Oktober 1895 an von Richthofen, dass in dieser Sache noch keine Entscheidung getroffen sei, andererseits nannte Wagner Haack scherzhaft bereits »die Gothaer Zukunft«.[18] Jedenfalls fuhr Haack während der Semesterferien bereits regelmäßig nach Gotha, wo er unter Anleitung von Richard Lüddecke »stramm mitzeichnen«[19] musste und auf diese Weise eine umfassende kartographische Lehre absolvierte.[20] Gemeinsam mit seinem intensiven Studium stellte dies eine hervorragende Ausbildung dar.

Gleichzeitig musste Haack mit seiner Arbeit im Verlag bereits einen Teil des von Perthes ›investierten‹ Geldes abtragen. Haack, der, wie erwähnt, aus einer armen Familie kam und bereits mit zehn Jahren dauerhaft bei seinen Großeltern lebte,[21] kannte Geldsorgen von Kindheit an. Die »leidige Geldfrage« begleitete ihn auch während seines gesamten Studiums und der sich anschließenden Militärzeit:[22] »Als Bürgschaft kann ich Ihnen nichts geben, als Fleiß und guten Willen, etwas Tüchtiges zu lernen« schrieb er aus Göttingen an Perthes.[23] 50 Mark monatlich

17 Brief von Bernhard Perthes an Ferdinand von Richthofen vom 16. Oktober 1895, Forschungsbibliothek Gotha, Sammlung Perthes, SPA ARCH MFV 300/38, Bl. 36.

18 Heck, Hermann Haack, S. 330.

19 Brief von Bernhard Perthes an Hermann Haack vom 11. Mai 1895, Forschungsbibliothek Gotha, Sammlung Perthes, SPA ARCH MFV 300/38, Bl. 34.

20 Brief von Hermann Haack an Bernhard Perthes vom 26. Februar 1894, Forschungsbibliothek Gotha, Sammlung Perthes, SPA ARCH MFV 300/38, Bl. 26.

21 Heck, Hermann Haack, S. 329.

22 Brief von Hermann Haack an Bernhard Perthes vom 27. Dezember 1895, Forschungsbibliothek Gotha, Sammlung Perthes, SPA ARCH MFV 300/38, Bl. 40

23 Brief von Hermann Haack an Bernhard Perthes vom 23. Oktober 1894, Forschungsbibliothek Gotha, Sammlung Perthes, SPA ARCH MFV 300/38, Bl. 29.

erhielt Haack von Perthes um seine Lebenskosten zu bestreiten. Die zum Studium benötigten Bücher und Karten wurden ihm großzügig aus den Beständen der Verlagsbibliothek zur Verfügung gestellt. Dass das Geld nicht immer reichte, davon zeugen die Briefe, in denen Haack um zusätzliches Geld bat, was ihn zunächst sichtlich Überwindung kostete. Die finanzielle Abhängigkeit und der drohende Widerruf der Unterstützung bei Nichtbewährung bildeten offensichtlich eine effiziente Leistungskontrolle. Als das Monatsgeld einmal ausblieb, bat Haack Perthes, »um meines Studiums willen«, ihm die Gunst nicht zu entziehen.[24] Zeichenmaterialien, die Russischstunden, die Haack seit November 1895 regelmäßig bei einem russischen Geographen aus dem Kolloquium Richthofens nahm, und die in Haacks Leben noch sehr wichtig werden sollten (vgl. Kap. 8 u. 9), sowie Kollegiengelder und die Promotionsgebühr in Höhe von 250 Mark[25] übernahm Perthes daher bereitwillig.[26]

Gerade an den finanziellen Angelegenheiten lassen sich jedoch auch Haacks wachsendes Selbstbewusstsein und sein zunehmender Drang nach Eigenständigkeit ablesen. Bat Haack zu Beginn noch umständlich um jede Zuwendung, wurde er sich mit wachsendem Erfolg und insbesondere nach seiner Promotion bei Kirchhoff im März 1896 seines Wertes und seiner Fähigkeiten mehr und mehr bewusst und stellte dementsprechend selbstbewusst Forderungen. Bei einem Manöver, in dem er sich im August 1896 während seiner einjährigen Militärzeit in Kiel befand, ersuchte Haack Perthes um Geld, mit der Begründung, dass seine »Manöverkasse« in »recht kläglichem Zustande« sei.[27] Schließlich präsentierte Bernhard Perthes jedoch die Rechnung: Von April 1893 bis Ende März 1897, in der Zeit von Haacks Studium und Militärzeit bis zum Eintritt in den Verlag, hatte er insgesamt eine Summe von 4802,20 Mark erhalten, wie der »Rechnungs Auszug für Herrn Dr. Herm. Haack« penibel aufführte.[28] Was sich Perthes von dieser ›Investition‹ erwartete, teilte er ebenfalls mit:

> Sie sollen mit der Zeit auch ein Meister im Zeichnen werden. Wie Sie alsdann vorwärts kommen und was Sie einmal erreichen werden steht im Grunde bei Ihnen. Sie finden bei mir vorzügliche Vorbedingungen, ausgezeichnete Hülfsmittel, aber das Beste müssen Sie doch selbst mitbringen. Und Sie treten besser

24 Brief von Hermann Haack an Bernhard Perthes vom 20. Januar 1894, Forschungsbibliothek Gotha, Sammlung Perthes, SPA ARCH MFV 300/38, Bl. 25.

25 »Das ist sehr viel Geld und ich weiß keinen Rat, wenn Sie nicht wiederum dem begonnenen Werke zu seiner Vollendung verhelfen.« Brief von Hermann Haack an Bernhard Perthes vom 27. Dezember 1895, Forschungsbibliothek Gotha, Sammlung Perthes, SPA ARCH MFV 300/38, Bl. 40.

26 Briefe von Hermann Haack an Bernhard Perthes, o. D. und vom 4. Dezember 1895, Forschungsbibliothek Gotha, Sammlung Perthes, SPA ARCH MFV 300/38, Bl. 18, 37, 38.

27 Brief von Hermann Haack an Bernhard Perthes vom 17. August 1896, Forschungsbibliothek Gotha, Sammlung Perthes, SPA ARCH MFV 300/38, Bl. 57.

28 Rechnungs-Auszug für Herrn Dr. Herm. Haack von 1893 bis Ende März 1897, Forschungsbibliothek Gotha, Sammlung Perthes, SPA ARCH MFV 300/38, Bl. 68.

> vorgebildet ein als die meisten Ihrer Kollegen zuvor. Selbstverständlich werden Ihnen sofort bestimmte zeichnerische Arbeiten übertragen, aber ich halte mich vergewissert, daß Sie in der Ausführung dieser und in dem Einhalten der Geschäftsstunden allein, weder Ihre Aufgabe noch Ihre Befriedigung finden werden. Es gilt vielmehr für Sie engste Fühlung mit den Fortschritten der geographischen Wissenschaft zu halten und diese für die praktischen Ziele unserer Anstalt nutzbar zu machen wo und so weit es nur immer geht.[29]

In diesem Zitat finden sich noch einmal die philanthropischen, paternalistischen und strategischen Aspekte der Beziehung zwischen Perthes und Haack verdichtet. Haack war es bereits im Studium auf all seinen Stationen gelungen, »Fühlung« mit der Wissenschaft zu halten. Schnell kam er in Halle in persönlichen Kontakt mit Alfred Kirchhoff, der ihn auch in den Verein für Erdkunde zu Halle aufnahm. Der Geograph Willi Ule (1861-1940) nahm sich seiner besonders in den praktisch orientierten Kartenübungen und in den Kartierungsexkursionen im Gelände an. Im Verein für Erdkunde war auch Heinrich Hertzberg (1859-1931) aktiv, sodass Haack mit dem späteren Kartenautoren vieler seiner historischen Wandkarten bereits hier den ersten Kontakt herstellte.[30] Weitere Dozenten von Haack in Halle waren der Historiker Theodor Lindner (1843-1919), dessen geschichtliches Kolleg er besuchte, und Adolf Schenck (1857-1936), bei dem er Vorlesungen über Afrika hörte.[31] Zum Wintersemester 1894/95 wechselte Haack nach Göttingen. Dort wurde der bereits erwähnte Hermann Wagner zur einflussreichen Figur für Haacks weiteren Werdegang. Der Kontakt zu Hermann Wagner wurde so eng, dass Haack einmal überstürzt aus Gotha abreiste, ohne sich bei Bernhard Perthes zu verabschieden, weil Wagner ihn dringlich nach Göttingen beordert hatte. Wagner ermöglichte Haack 1895 auch den Besuch des Bremer Geographentags. Auch auf der letzten Station seines Studiums, in Berlin, knüpfte Haack Beziehungen. Bei dem distanzierten und eher verschlossenen Ferdinand von Richthofen war er ebenfalls Assistent, gleichzeitig pflegte er Kontakt zur Gesellschaft für Erdkunde zu Berlin und auch im »neue[n], sehr original und elegant ausgestattete[n] Kolonialheim« ging Haack ein und aus: »Ich verkehre sehr regelmäßig und oft, meist drei mal in der Woche, daselbst und habe alle, gegenwärtig hier anwesenden ›Afrikaner‹ persönlich kennen gelernt.«[32] Haack baute demnach bereits während seines Studiums Kontakte zur Kolonialgeographie auf.

29 Brief von Bernhard Perthes an Hermann Haack vom 19. Februar 1897, Forschungsbibliothek Gotha, Sammlung Perthes, SPA ARCH MFV 300/38, Bl. 67.

30 Einladung des studentischen Vereins für Erdkunde zu Halle a.S. an Bernhard Perthes vom 13. Mai 1893, Forschungsbibliothek Gotha, Sammlung Perthes, SPA ARCH MFV 300/38, Bl. 14.

31 Brief von Hermann Haack an Bernhard Perthes vom 27. Oktober 1893, Forschungsbibliothek Gotha, Sammlung Perthes, SPA ARCH MFV 300/38, Bl. 23.

32 Brief von Hermann Haack an Bernhard Perthes vom 4. Dezember 1895, Forschungsbibliothek Gotha, Sammlung Perthes, SPA ARCH MFV 300/38, Bl. 37.

Mit der Zeit wuchsen Haacks Selbstbewusstsein und Initiative. Als Perthes ihm zu Weihnachten 1895 den *Staatsbürger-Atlas*[33] von Paul Langhans mit den Worten schickte »Nun, geehrter Herr Haack, feiern Sie vergnügt Weihnachten in der Reichshauptstadt und zum ersten Male fern von zu Haus. Beifolgend schicke ich Ihnen das Neueste aus der Anstalt!«,[34] war Haacks Einschätzung gleichermaßen forsch wie fundiert:

> Er [der Atlas] macht einen sehr eleganten Eindruck und ersetzt viele dickleibige Statistiken. Aber gerade deshalb wird er sehr schwer auf dem Laufenden zu erhalten sein. Ferner will es mir bei einigen Blättern scheinen, als ob ihr Inhalt sich besser durch eine Tabelle als durch eine Karte darstellen ließe. Möge sich das kleine Werk die Herzen aller Deutschen erobern![35]

Dieses Zitat zeigt zweierlei: Zunächst einmal Haacks kritische Haltung und sein bereits früh ausgeprägtes Gespür für die dem jeweiligen Gegenstand angemessene kartographische Darstellung. Zum zweiten Langhans' bereits erwähnte Vorliebe für statistisches Material und deren erschöpfende kartographische Verarbeitung, die vielfach über das gebotene Maß hinausging (vgl. Kap. 2).

Im Januar 1896 reichte Haack schließlich seine Promotion bei Kirchhoff in Halle ein.[36] Thematisch war seine Arbeit mit dem Titel »Die mittlere Höhe von Südamerika« von Hermann Wagner angeregt worden,[37] gedruckt wurde die Arbeit im Perthes-Verlag.[38] Am 5. März 1896 meldete Haack lakonisch an Perthes: »Soeben habe ich mein Doktorexamen magna cum laude bekommen. Haack.«[39] Zu dieser Zeit ging er in seinen Planungen zusehends eigene Wege. Bereits der Entschluss, zeitnah zu promovieren, hatte Perthes Respekt abgenötigt.[40] Haacks Absicht, die sich anschließende Militärzeit in München zu absolvieren, stand Perthes hingegen ablehnend gegenüber, er favorisierte Berlin. Haack setzte sich schließlich für Kiel als Garnisonsort ein und auch durch. Den Militärdienst empfand er dabei von Anfang als Zumutung.[41] Das obligatorische Manöver bezeichnete Haack als die »schrecklichste Zeit, die ich jemals habe durchmachen

33 Paul Langhans, Justus Perthes' Staatsbürger-Atlas, Gotha 1896.

34 Brief von Hermann Haack an Bernhard Perthes vom 19. Dezember 1895, Forschungsbibliothek Gotha, Sammlung Perthes, SPA ARCH MFV 300/38, Bl. 39.

35 Brief von Hermann Haack an Bernhard Perthes vom 27. Dezember 1895, Forschungsbibliothek Gotha, Sammlung Perthes, SPA ARCH MFV 300/38, Bl. 40.

36 Ebd.

37 Gutachten von Norbert Krebs vom 8. Juli 1942, Bundesarchiv Berlin, BArch R/4901 726, Bl. 110.

38 Brief von Hermann Haack an Bernhard Perthes vom 3. Mai 1896, Forschungsbibliothek Gotha, Sammlung Perthes, SPA ARCH MFV 300/38, Bl. 52.

39 Brief von Hermann Haack an Bernhard Perthes vom 5. März 1896, Forschungsbibliothek Gotha, Sammlung Perthes, SPA ARCH MFV 300/38, Bl. 48.

40 Brief von Bernhard Perthes an Hermann Haack vom 19. Dezember 1895, Forschungsbibliothek Gotha, Sammlung Perthes, SPA ARCH MFV 300/38, Bl. 39.

41 Brief von Hermann Haack an Bernhard Perthes vom 3. Mai 1896, Forschungsbibliothek Gotha, Sammlung Perthes, SPA ARCH MFV 300/38, Bl. 52.

müssen«.[42] Perthes, der Haack regelmäßig ermahnte, auch in Kiel Kontakte zur Hochschulgeographie, besonders zu dem Meereskundler Otto Krümmel (1854-1912) zu knüpfen, reagierte schließlich ungehalten, als Haack ihm brieflich offenbarte, wie sehr ihm die Militärzeit zusetzte. Haack schrieb:

> Es ist die Sorge darum, daß ich die geringe Zeichenfertigkeit, die ich mir in den früheren Ferien mühsam angeeignet habe, jetzt vollständig verliere. Um nicht ganz aus der Übung zu kommen, habe ich einige kleinere Zeichnungen versucht. Aber der Versuch ist kläglich gescheitert: Die Finger sind steif, und geschwollen von der Kälte. Die Zeichnungen sind eine ‹…› Darstellung der Thatsache, daß das Gewehr eben keine Zeichenfeder ist.[43]

Perthes rügte Haack daraufhin und sah sich darin bestätigt, dass Kiel der falsche Ort für Haack gewesen sei: »Sie scheinen den richtigen Anschluss dort nicht gefunden zu haben.«[44] Den aus seiner Sicht zu laxen Umgang Haacks mit dem Militärdienst missbilligte er ebenfalls: »Den Einfluss des Dienstjahrs auf Ausbildung und Erziehung des Menschen bin ich geneigt den allergrößten Wert beizulegen.«[45] Als Perthes jedoch schließlich erfuhr, dass Haack befördert wurde, war er versöhnt.

Haack gab daraufhin »das heilige Versprechen, welches ich von Anfang an gegeben, all' meine Kraft, mein ganzes Leben dem Wohle der Anstalt zu widmen: das ist ja das Einzige, womit ich mich meinem zweiten Vater dankbar zeigen kann«.[46] Ein zukunftsweisendes und bezeichnendes Versprechen für die Beziehung der beiden. Im Frühjahr 1897 endete Haacks einjährige Militärzeit schließlich. Perthes gab die weitere Richtung vor: »Am 1. Mai treten Sie dann mit M. 125.- Monatsgehalt bei mir ein.«[47]

In seinen frühen Briefen zeigen sich bereits einige charakteristische Eigenschaften von Haacks Stil und Persönlichkeit. Trotz der manchmal etwas unterwürfigen Haltung, die Haack gerade zu Beginn gegenüber dem väterlich wohlwollenden bis strengen Perthes einnahm, wusste er doch meist genau, was er wollte und wie er vorgehen musste, um seine Ziele zu erreichen. Anhand der zunehmenden Offenheit, die Haack in seinen Briefen an den Tag legte, etwa wenn er über Hermann

42 Brief von Hermann Haack an Bernhard Perthes vom 14. September 1896, Forschungsbibliothek Gotha, Sammlung Perthes, SPA ARCH MFV 300/38, Bl. 58.

43 Brief von Hermann Haack an Bernhard Perthes vom 25. November 1896, Forschungsbibliothek Gotha, Sammlung Perthes, SPA ARCH MFV 300/38, Bl. 61. Hier und im Folgenden steht ›…‹ für ein einzelnes im Originaltext unleserliches Wort.

44 Brief von Bernhard Perthes an Hermann Haack vom 27. November 1896, Forschungsbibliothek Gotha, Sammlung Perthes, SPA ARCH MFV 300/38, Bl. 62.

45 Ebd. Zum Stellenwert des Militärs in Deutschland siehe Ute Frevert, Die kasernierte Nation. Militärdienst und Zivilgesellschaft in Deutschland, München 2001.

46 Brief von Hermann Haack an Bernhard Perthes, o. D., mit Vermerk: 1897, Forschungsbibliothek Gotha, Sammlung Perthes, SPA ARCH MFV 300/38, Bl. 65.

47 Brief von Bernhard Perthes an Hermann Haack vom 19. Februar 1897, Forschungsbibliothek Gotha, Sammlung Perthes, SPA ARCH MFV 300/38, Bl. 67.

Wagner schrieb, dieser sei wegen der Verlobung seiner Tochter zur Zeit guter Laune, »was meiner Arbeit sehr zu passen kommt«,[48] deutet sich auch das wachsende Vertrauensverhältnis zwischen Haack und Perthes an. Dies war eine entscheidende Grundlage für den späteren Aufstieg Haacks im Verlag. Deutlich wird in den Briefen auch die große rhetorische Begabung Haacks, seine stilistische Bandbreite, sein Witz, der manchmal etwas lakonisch-saloppe Ausdruck, die sarkastischen und teilweise durchaus derben Beschreibungen. Franz Köhler charakterisierte dies zutreffend als »launig-lockeren« Ton.[49]

Dieser Stil wurde in den folgenden Jahren nachgerade typisch für Haack. So schrieb er über die Sitzungen auf dem Internationalen Geographenkongress in Genf 1908:

> Nach einer kurzen wissenschaftlichen Mitteilung eines Franzosen, die den Prof. Oberhummer ziemlich in den Harnisch brachte, wurde die erste Sitzung geschlossen, und damit die einzige, welche in der Lage war, ihre Tagesordnung einzuhalten: die meisten anderen Sitzungen waren dieser Notwendigkeit von vornherein enthoben, weil sie entweder überhaupt keine Tagesordnung hatten, oder diese vorsichtigerweise erst am Morgen nach dem Tage ausgegeben wurde, für den sie bestimmt war. So kam es, daß in manchen Sektionen außer dem Vorstandstische niemand erschien, in anderen harrten wieder die Zuhörer vergebens der Weisheit, da von den Rednern, die sie leiten sollten, 5 nicht anwesend waren. Kurzum, es herrscht eine geradezu grenzenlose Unordnung.[50]

Über ein von ihm organisiertes Dinner für die Perthes-Kartographen und die »Herren Reisenden«, die vom Prokuristen Klemm für den Verlag engagierten Handelsvertreter, berichtete Haack:

> Außer dem Hause habe ich noch nie mehr als drei Perthesianer an einem Tische zusammen sitzen sehen, das mag historisch begründet sein aber so recht behaglich ist es eigentlich nicht. So war die Gelegenheit günstig, einmal einen Versuchsballon steigen zu lassen. […] Die Herren kamen zunächst etwas schüchtern und mißtrauisch an, aber als sie merkten, daß man bei Leuten war und keiner biß, kam das Vertrauen zur Sache, […]. Ich hätte nie geglaubt, daß Kartenmenschen so fröhliche Gesichter machen können.[51]

Diese Beschreibungen, die Haacks Sinn für absurde und komische Situationen offenbaren, gingen teilweise auch in recht abfällige und überhebliche Beschreibun-

48 Brief von Hermann Haack an Bernhard Perthes vom 6. Mai 1895, Forschungsbibliothek Gotha, Sammlung Perthes, SPA ARCH MFV 300/38, Bl. 33.

49 Köhler, Gothaer Wege, S. 66.

50 Brief von Hermann Haack an Bernhard Perthes vom 31. Juli 1908, Forschungsbibliothek Gotha, Sammlung Perthes, SPA ARCH MFV 300/38, Bl. 99.

51 Brief von Hermann Haack an Bernhard Perthes vom 9. Mai 1911, Forschungsbibliothek Gotha, Sammlung Perthes, SPA ARCH MFV 300/38, Bl. 116.

gen anderer Personen über. Über den Kartographen Albert Scobel (1851-1912), der für den Verlag Velhagen & Klasing tätig war, und den Haack 1907 auf dem Geographentag in Nürnberg getroffen hatte, äußerte er:

> Auch der Herr Scobel hat sich nicht gerade zu dem nettesten Menschen entwickelt, den ich mir vorstellen kann, er macht einen inferioren, etwas fettigschmierigen Eindruck! Schade, aber vielleicht auch gut, daß man mit seinen Spezialkollegen nicht gerade viel Staat machen kann.[52]

Sein variabler, bildhafter und flüssig zu lesender Stil kam Haack auch bei seinen Publikationen zugute, die der Popularisierung von kartographischem Wissen und der Werbung für Justus Perthes dienten. Im Gegensatz dazu waren Langhans' Briefe von einem förmlichen, distanzierten und vielfach barock wirkenden Stil gekennzeichnet.

Haack wurde im Verlag zunächst seinem bisherigen Ausbilder, dem noch recht jungen Kartographen Richard Lüddecke (1859-1898)[53] zugewiesen, der ihn weiter betreute und zu dem er eine herzliche Beziehung hatte.[54] Lüddecke war vor allem im Bereich der Schulkartographie tätig. Auf dem Gebiet der Schulatlanten setzte in den 1870er Jahren ein zunehmender Konzentrationsprozess ein. Nur die kapitalkräftigen, in der Produktion leistungsfähigen und mit Zugriff auf umfangreiche Wissensbestände ausgestatteten Verlage überlebten diese Entwicklung.[55] Perthes gehörte zu jenem relativ kleinen Kreis, verlor aber aufgrund des hohen Konkurrenzdrucks im Bereich der Schulatlanten massiv an Marktanteilen: um 1880 hatte der Anteil bei ca. 50 % gelegen, er sank auf nur ca. 5 % im Jahr 1899![56] Perthes hatte die Weiterentwicklung seiner Schulatlanten versäumt und strebte nun die Rückeroberung seiner einstigen marktbeherrschenden Stellung an. Damit sollte, wie Bernhard Perthes kämpferisch verkündete, »unsere Entschlossenheit die alte Vorherrschaft Gothas nicht verloren gehen zu lassen« unter Beweis gestellt werden.[57] Genau in dieser Zeit war Haack in den Verlag gekommen und sollte ihn bei diesem Vorhaben unterstützen. Allerdings starb Lüddecke bereits 1898. Haacks neuer

52 Brief von Hermann Haack an Bernhard Perthes vom 28. Mai 1907, Forschungsbibliothek Gotha, Sammlung Perthes, SPA ARCH MFV 300/38, Bl. 86.

53 Zu Richard Lüddecke siehe Hermann Haack, Richard Lüddecke (1859-1898), in: ders., Schriften zur Kartographie. Ausgewählt und bearbeitet von Werner Horn, Gotha/Leipzig 1972, S. 200-201.

54 Brief von Hermann Haack an Bernhard Perthes vom 21. April 1912, Forschungsbibliothek Gotha, Sammlung Perthes, SPA ARCH MFV 300/38, Bl. 129.

55 Dies waren neben Justus Perthes der Verlag Dietrich Reimer in Berlin, Westermann in Braunschweig sowie die beiden bereits erwähnten Leipziger Verlage Velhagen & Klasing und Wagner & Debes. Vgl. Brogiato, Zur Entwicklung der geographischen Schulatlanten, S. 52 f. Zu historischen Schulatlanten siehe auch Patrick Lehn, Deutschlandbilder. Historische Schulatlanten zwischen 1871 und 1990. Ein Handbuch, Köln u. a. 2008.

56 Brogiato, Zur Entwicklung der geographischen Schulatlanten, S. 56.

57 Brief von Bernhard Perthes an Hermann Haack vom 20. Dezember 1904, Forschungsbibliothek Gotha, Sammlung Perthes, SPA ARCH MFV 300/38, Bl. 81. Köhler, Gothaer Wege, S. 127.

Vorgesetzter wurde der wesentlich ältere, verdiente, aber auch etwas verschrobene Hermann Habenicht.[58] Ihre Beziehung stand unter schlechten Vorzeichen, denn Habenicht gehörte der älteren Kartographengeneration der Autodidakten und Petermannschüler an. Von den jungen Akademikern im Verlag, Langhans und Haack, hielt er nicht viel.[59] Zwar steuerte Haack – noch auf Fürsprache Lüddeckes[60] – die Kartenzeichnung für Australien und Neuseeland zur neunten Auflage des *Stieler-Handatlas* bei, die zwischen 1900 und 1905 erschien, jedoch blieb Haacks hauptsächliches Tätigkeitsfeld zunächst die Schulkartographie, was seinen Kartenstil nachhaltig prägte und von Anfang an seinen später so charakteristischen Stil, seinen didaktischen Blick für das jeweils Wesentliche einer Karte schulte.

Neben mehreren Schulatlanten, darunter auch einige für Italien, Bolivien und Chile bestimmte Versionen,[61] stellte seit 1899 außerdem eine neugegründete Zeitschrift ein zentrales Betätigungsfeld Haacks dar. Der *Geographische Anzeiger*, der ein, wenn nicht gar *das* zentrale Medium der deutschsprachigen Schulgeographie in der ersten Hälfte des 20. Jahrhunderts werden sollte.[62] Zunächst als ein bunt durcheinandergewürfeltes Blatt, als ein »Inseratenanhang« zur Bewerbung neuer Perthes-Produkte gegründet und bis 1902 redaktionell gemeinsam von Haack, Langhans und Otto Sonne (*1868)[63] betreut, entwickelte es sich zu einer Zeitschrift, die sich in der Hauptsache an Geographielehrer/innen wandte und deren Interessen vertreten wollte.[64]

Haacks schriftstellerisches Talent und seine unvoreingenommene Haltung, die schon in seinen frühen Briefen an Perthes deutlich wurden, kamen ihm auch bei seiner redaktionellen Tätigkeit für den *Anzeiger* zugute. Intensiv beschäftigte er sich mit Pädagogik, insbesondere mit den zu dieser Zeit vieldiskutierten Reformansätzen und mit kartentheoretischen Positionen. Er schärfte anhand vieler kleiner und umfangreicherer Rezensionen, aber auch in eigenen Aufsätzen seinen kritischen Blick, entwickelte profunde Kenntnisse und mehr und mehr auch eigenständige kartographische Gestaltungsgrundsätze.[65]

Grundlegend sowohl für Haacks Bedeutung als Kartograph als auch für seine Visualisierung von politischen Deutungsmustern waren seine Schulwandkarten:

58 Zu Hermann Habenicht vgl. Brogiato, Wissen ist Macht, S. 86.

59 Brogiato, Wissen ist Macht, S. 155 f.

60 Brief von Hermann Haack an Bernhard Perthes vom 29. Juli 1911, Forschungsbibliothek Gotha, Sammlung Perthes, SPA ARCH MFV 300/38, Bl. 119.

61 Heck, Hermann Haack, S. 331.

62 Grundlegend zum Geographischen Anzeiger und seiner Entwicklung Brogiato, Wissen ist Macht.

63 Zu Sonne vgl. Brogiato, Wissen ist Macht, S. 229, Anm. 4.

64 Zur Gründung des Geographischen Anzeigers aus der Sicht Haacks siehe Hermann Haack, 25 Jahre Geographischer Anzeiger, in: Geographischer Anzeiger 25 (1924), H. 11/12, S. 249-263. Zur Gründung des Verbands deutscher Schulgeographen siehe ebd., S. 254 ff.

65 Henniges/Meyer, Hermann Haack, S. 39 f.

»Einen eigenen Stil, eine unverkennbar eigene Handschrift hat er vielleicht am meisten auf dem Gebiet der großen Schulwandkarten entwickelt.«[66] Denn, wie bereits erwähnt, Haack sollte insbesondere die Schulkartographie bei Perthes reformieren. Hierfür waren die Schulwandkarten elementar. Die erste dieser Art, die bei Perthes erschien, war die Karte *Asia*, die Emil von Sydow (1812-1873) 1838 veröffentlicht hatte.[67] Um die Jahrhundertwende waren die nachfolgenden Perthes-Schulwandkarten, etwa die physischen aus der Serie Sydow-Habenicht und die historischen von Spruner-Bretschneider, nicht mehr zeitgemäß, besonders »die koloniale Entwicklung« und das Bedürfnis nach neuen Karten zur deutschen Geschichte »verlangten gebieterisch neue Lösungen«.[68] Daher entwickelte Haack ein umfassendes Schulwandkartenprogramm, das bis in die 1940er Jahre erweitert wurde und laut ursprünglichem Konzept rund 250 einzelne Karten umfassen sollte.[69] Bis 1938 erschienen insgesamt 135 Karten.[70] Das gesamte Programm war aufgeteilt in drei *Große Wandatlanten*. Diese stellten jeweils eine in mehrere Abteilungen gegliederte Serie von Schulwandkarten dar, die in sich abgeschlossen waren und nach dem Atlas-Prinzip gestaltet aufeinander aufbauten und verwiesen. 1907 begann die erste Reihe, der *Große Geographische Wandatlas* zu erscheinen.[71] Er umfasste physische Karten und erlangte besonders durch seine plastische Geländedarstellung und den kräftigen Farbeinsatz Bekanntheit. 1912 kamen die ersten Karten des *Großen Historischen Wandatlas* auf den Markt. Ihm kommt hinsichtlich des hier interessierenden Zusammenhangs von Kartographie und politischen Deutungsmustern eine besondere Bedeutung zu (vgl. Kap. 7).

Bereits ein begleitend zum *Historischen Wandatlas* erscheinendes Erläuterungsheft macht dies deutlich. Der Text betonte, das übergeordnete Ziel des historischen Unterrichts müsse es sein, »die Gedankenrichtung der heranwachsenden Jugend derart zu orientieren, dass sie instinktiv vaterländische Interessen unter dem Gesichtswinkel weltwirtschaftlicher Fragen zu erfassen und daß sie dement-

66 Creutzburg, Hermann Haack 80 Jahre, S. 59. »Hier können besonders die physischen Karten seines ›Großen Geographischen Wandatlas‹ als unerreicht gelten, sie sind schlechthin vorbildlich in Farbenwahl, Generalisierung, Ausruckskraft des Reliefs, Plastik und Übersichtlichkeit. Was über den Haackschen Stil gesagt wurde, bezieht sich aber auch auf die vielen thematischen Karten, die Haack geschaffen hat und die zum Besten gehören, was wir auf diesem Gebiet besitzen.« Ebd. Mit den thematischen Karten waren hier auch Haacks dezidiert politische Karten adressiert.

67 Heinz Peter Brogatio/Walter Sperling, Betrachtungen zur Wandkarte »Asia« von Emil von Sydow (1838): 150 Jahre Schulwandkarten bei Justus Perthes, Darmstadt 1989. Allgemein zu Emil von Sydows Schulkartographie siehe Manuel Schramm, Der »Sydow«: Zur Geschichte eines Schulatlas im 19. Jahrhundert, in: Archiv für Kulturgeschichte 97 (2015), H. 1, S. 153-176.

68 Heck, Hermann Haack, S. 331.

69 Ebd., S. 332.

70 Henniges/Meyer, Hermann Haack, S. 40.

71 1932 folgte in kleinerem Format der Kleine Geographische Wandatlas.

sprechend weltpolitisch zu denken und zu handeln lernt«.[72] Weiter wurde darauf hingewiesen, »daß wir danach trachten, die Gedanken- und Willensrichtung der Jugend in nationalpolitischem Sinne zu erziehen«.[73] Als methodisch zentral für diese Zwecke wurde die Karte herausgestellt: »Erst die überzeugende Kraft des konkreten Kartenbildes wird den versteinerten Lehrgang der referierenden Methode durchbrechen und der Methodik des Geschichtsunterrichtes neue Wege weisen können.«[74] Die Karte fördere die Aufmerksamkeit der Schüler/innen durch die erfolgende »gedankliche Interpretation eines konkreten Farbenbildes« im Gegensatz zum »abstrakten Gedankengang der referierenden Methode«.[75] Zudem biete die Karte die Möglichkeit, vielfältigen Stoff zu versammeln, und, bei entsprechender kartographischer Verarbeitung, sei sie durchaus in der Lage, historische Prozesse zu veranschaulichen. Aus dieser Betonung des Prozesshaften entwickelte sich später die charakteristische Dynamisierung von Haacks historischen und politischen Schulwandkarten. Das »Kartenbild« könne so »nach jeder gewünschten Richtung gedanklich orientieren und jede bedeutungsvollere Gruppe historischer Ereignisse in den Vordergrund der Beobachtung rücken«.[76] Denn die Karte nutze »Raum- und Farbensinn« und sei daher von der psychologischen Wirksamkeit dem rein mündlichen Vortrag bei weitem überlegen.

Bereits seit dem Beginn seiner Karriere bei Perthes, hatte sich Haack im Zusammenhang mit der Schulkartographie an der Frage abgearbeitet, wie das Wesentliche des darzustellenden Stoffes durch die visuellen Möglichkeiten der Karte effektiver an Schüler/innen vermittelt werden könne. Er entwickelte einen Kartenstil – besonders bei den Schulwandkarten –, der sich durch die Gleichzeitigkeit von ›Anschaulichkeit‹ – also das Wesentliche einprägsam hervorhebend – und ›Richtigkeit‹ – also das Wesentliche trotz Generalisierung nicht verfälschend – auszeichnen sollte.[77]

Mit der Generalisierung ist ein kartographisches Verfahren bezeichnet, das dazu dient, den Grad des Detailreichtums und der Menge der darzustellenden Informationen an den Maßstab der Karte anzupassen.[78] Karten, die einen kleinen Maßstab aufweisen, also einen relativ großen Erdausschnitt oder gar die ganze Erde darstellen, können auf die Fläche bezogen, nur relativ geringe Informationsmengen vermitteln. Sie müssen daher stark generalisiert sein. Dabei wird in der

72 Benno Bohnenstaedt, Die Wandkarte im historischen Unterricht, in: Justus Perthes, Haack-Hertzberg Großer Historischer Wandatlas, Gotha 1912, S. 3-24, hier S. 5.

73 Ebd., S. 6.

74 Ebd., S. 10.

75 Ebd., S. 9.

76 Ebd., S. 13.

77 Henniges/Meyer, Hermann Haack, S. 38, 42, 45.

78 Siehe Jürgen Bollmann, Art. »kartographische Generalisierung«, in: ders./Wolf Günther Koch (Hg.), Lexikon der Kartographie und Geomatik. In zwei Bänden, Bd. 2: Karto bis Z, Heidelberg/Berlin 2002, S. 21-23.

Regel auf Grundlage mehrerer großmaßstäbiger, also kleinräumiger und detaillierter Karten eine Karte mit reduziertem Informationsgehalt entworfen. Diese Reduktion, die Auswahl, Verallgemeinerung und zeichnerische Abstraktion des Stoffes wird mit dem Begriff Generalisierung umfasst. Obwohl es Regeln für die Generalisierung gibt, ist dies ein Tätigkeitsbereich, bei dem die individuellen Fähigkeiten des Kartographen, sein ›künstlerisches Talent‹ nach damaligem Verständnis, besonders zum Tragen kommen.[79] Haack selbst verstand unter »zielbewußte[r] Generalisierung« eine »Kunst, deren Gesetze sich durch Erfahrung und Studium gewinnen, aber nicht durch mathematische Formeln festlegen lassen.«[80] Der Geograph Nikolaus Creutzburg schrieb in diesem Zusammenhang 1953 über Haack:

> [E]r ist der geborene Kartograph. Er arbeitet elastisch, nicht starr, er weiß genau, daß für jeden Maßstab, für jede Kartenart, für jeden Verwendungszweck eigene Gesetze gelten – und er versteht es meisterhaft, in jedem Fall das Optimum an Ausdruckskraft, an Wirkungsmöglichkeit, aber auch an Klarheit herauszuholen, dabei aber stets die Grundsätze wissenschaftlicher Zuverlässigkeit zu wahren. In der Kunst der Generalisierung ist er unerreicht.[81]

Doch orientierte sich das Prinzip der ›Richtigkeit‹ und der wissenschaftlichen Zuverlässigkeit im Hinblick auf den *Historischen Wandatlas* eben an den erwähnten pädagogischen Zielen »im nationalpolitischen Sinne«.[82] In diesem Zusammenhang waren Generalisierung und Fernwirkung von Haacks Schulwandkarten an der didaktischen Selektion, Betonung und Evidenzerzeugung der entsprechenden Inhalte ausgerichtet: »[…] der methodischen Klarheit des Kartenbildes [ist] auf Kosten seiner historischen Vollständigkeit der Vorzug zu geben.«[83] Psychologisch reflektierte Farbgestaltung, vor allem für die assoziative Verknüpfung »von inhaltlichen Vorstellungen« mit »Farbeneindrücken«,[84] zielgerichtete Stoffauswahl und das Sichtbarmachen von Prozessen gewährleisteten die Anschaulichkeit von Haacks

79 Vgl. Werner Horn, Das Generalisieren von Höhenlinien für geographische Karten, in: Petermanns Geographische Mitteilungen 91 (1945), H. 1-3, S. 38-46, hier S. 39.

80 Hermann Haack, Die »Farbenplastik« Karl Peuckers in ihrer Beziehung zu den herkömmlichen Methoden der Geländedarstellung, in: ders., Schriften zur Kartographie. Ausgewählt und bearbeitet von Werner Horn, Gotha/Leipzig 1972, S. 13-19, hier S. 15.

81 Creutzburg, Hermann Haack 80 Jahre, S. 59. Haack bezeichnete diese Ausführungen in einem Brief an Creutzburg als »das Beste und Tiefste, was je über mich und meine Arbeit geschrieben worden ist oder geschrieben werden könnte. Mit feinstem Nachempfinden haben Sie erkannt und dargestellt, was ich in meiner geographisch-kartographischen Lebensarbeit wollte und erstrebte.« Brief von Hermann Haack an Nikolaus Creutzburg vom 10. November 1952, SPA ARCH 626/04, o. P.

82 Siehe hierzu auch Henniges/Meyer, Hermann Haack, S. 42 f.

83 Bohnenstaedt, Die Wandkarte im historischen Unterricht, S. 17.

84 Ebd., S. 14.

Kartenstil und zeichneten seine Schulwandkarten gegenüber denen von Langhans aus (vgl. Kap. 2).[85]

Den Lehrer/innen wurden jedoch keine fundierten Kompetenzen im Umgang mit Karten zugetraut und die Beigabe von »Begleitheften« vorgeschlagen, die die einzelnen Karten »zu interpretieren haben« und die den Lehrer/innen als Leitfaden dienen sollten.[86] Diese Begleithefte wurden von Perthes herausgegeben und stellen in Bezug auf die Intentionen der Kartenmacher eine hervorragende Quelle dar – sie werden von daher in dieser Arbeit immer wieder herangezogen. Der Erläuterungstext zum *Historischen Wandatlas* war von Benno Bohnenstaedt (1876-1931)[87] verfasst, der neben dem bereits erwähnten Heinrich Hertzberg[88] und Max Georg Schmidt (1870-1956)[89] der wichtigste Kartenautor der historischen Schulwandkarten war. Alle drei waren Lehrer mit ausgesprochen »deutschnationaler Gesinnung«.[90] Als Kartenautoren waren sie in erster Linie für die Inhalte der Karten verantwortlich, unterlagen jedoch bezüglich der Konzeption des Wandatlas und der einzelnen Schulwandkarten sowie deren visueller Gestaltung Haacks Entscheidungen. Daher präsentierten Haack und Bohnenstaedt auch gemeinsam mehrere Karten des *Historischen Wandatlas* am 4. Juni 1912 vor der »Historischen Gesellschaft in Leipzig«.[91]

Franz Köhler stellt in seiner 1987 erschienenen Monographie über den Perthes-Verlag das Verhältnis von Kartograph und Kartenautor jedoch als einen vollständig arbeitsteiligen Prozess dar (vgl. Kap. 7). Demnach seien allein die Kartenautoren für die »Karteninhalte« zuständig gewesen und demzufolge ausschließlich diese bzw. die Lehrkräfte an den Schulen für die in den 1930er und 1940er Jahren erfolgende Verwendung der Schulwandkarten für die »Verbreitung der faschistischen Kriegspsychose unter der Jugend« verantwortlich zu machen.[92]

Diese Darstellung der kartographischen Wissensproduktion ist in mehrerlei Hinsicht irreführend. Zunächst ist grundlegend darauf hinzuweisen, dass, wie Mitchell Ash betont, Wissenschaftler/innen und im weiteren Sinne auch andere zentrale Akteure der Wissensproduktion, also auch Verlagskartographen wie Haack und Langhans, eine aktive Rolle im Zusammenspiel von Politik und

85 Vgl. Köhler, Gothaer Wege, S. 216.

86 Bohnenstaedt, Die Wandkarte im historischen Unterricht, S. 14. Die Idee zu den Begleitheften stammte von Haack. Vgl. Brief von Hermann Haack an Bernhard Perthes vom 9. Mai 1911, Forschungsbibliothek Gotha, Sammlung Perthes, SPA ARCH MFV 300/38, Bl. 115.

87 Bohnenstaedt war 1912 Oberlehrer an der städtischen Oberrealschule in Halle. Vgl. Justus Perthes, Haack-Hertzberg Großer Historischer Wandatlas, Gotha 1912, Deckblatt.

88 Hertzberg war 1912 Oberlehrer an der städtischen Oberrealschule in Halle. Ebd.

89 Schmidt war 1912 Direktor des Realgymnasiums und der Realschule in Lüdenscheid. Ebd.

90 Henniges/Meyer, Hermann Haack, S. 40.

91 Brief von Hermann Haack an Bernhard Perthes vom 21. April 1912, Forschungsbibliothek Gotha, Sammlung Perthes, SPA ARCH MFV 300/38, Bl. 130. Möglicherweise meinte Haack hiermit die philologisch-historische Klasse der Königlich Sächsischen Gesellschaft der Wissenschaften zu Leipzig.

92 Köhler, Gothaer Wege, S. 216, 220 f.

Wissensproduktion einnehmen konnten.[93] Eine pauschale Rede von ihrem Missbrauch oder ihrer Indienstnahme durch die Politik ist daher zurückzuweisen.[94] Des Weiteren ist die Trennung in eine ›unbelastete‹, ja progressive kartographische Form – für die nach Köhlers Lesart der Kartograph Haack steht[95] – und in einen politisch ›belasteten‹ Inhalt, für den die Kartenautoren verantwortlich sind, problematisch, weil Form und Inhalt in der Karte zusammenwirken und demnach auch im Zusammenhang zu bewerten und zu analysieren sind. Eine absolute Trennung der Arbeit von Kartograph und Kartenautor wird zugleich auch dem tatsächlichen Planungs- und Herstellungsprozess von Karten nicht gerecht. Es ist eine unzutreffende Vereinfachung, wenn bspw. der Kartograph Willi Stegner diesen so darstellt, dass die »Entwürfe der Autoren […] von Gothaer Kartographen nach Haacks Anweisungen ausgeführt« wurden. Vielmehr wurden unter der Leitung von Haack bereits Korrekturen an den Entwürfen der Kartenautoren vorgenommen, Signaturen verändert, Farben angepasst sowie Inhalte gestrichen bzw. hinzugefügt, schließlich an die Kartenautoren zurückgesandt und im weiteren Austausch finalisiert.[96] Von daher war der Bearbeitungsprozess der Wandkarten nicht in zwei strikt getrennte Arbeitsschritte aufgeteilt, nach dem Prinzip, hier finaler Entwurf durch die Kartenautoren, dort rein technische Ausführung durch die Kartographen. Das Zusammenwirken von Verlagskartographen und Kartenautoren war ein wechselseitiger Kommunikations- und Aushandlungsprozess, der sowohl Inhalte wie Gestaltung der Karten betraf.[97] Semantik und Visualität gehen bei Karten eine untrennbare Verbindung ein, die in einem gemeinsamen Arbeitsprozess von Kartograph und Kartenautor produziert werden.

Ganz abgesehen davon, war Haack für die Planung des grundlegenden Programms der Wandatlanten und für die gesamte Projektsteuerung verantwortlich, wie auch Stegner betont.[98] Das heißt konkret, er legte fest, zu welchen Themen Karten produziert wurden, wann und in welcher Reihenfolge diese erschienen, welche Mittel aufgewendet und welche Kartenautoren verpflichtet wurden.[99] Zu

93 Siehe hierzu auch Raphael, Radikales Ordnungsdenken, S. 31 f.

94 Flachowsky/Hachtmann/Schmaltz, Editorial, S. 10.

95 Köhler, Gothaer Wege, S. 152, 154.

96 Viele Beispiele hierfür in Bezug auf den Großen Historischen Wandatlas finden sich in der recht umfangreichen Korrespondenz zwischen Max Georg Schmidt und dem Verlag. So schreibt Schmidt etwa an Haack in Bezug auf die »Revision der Kolonialkarte des 19. Jahrhunderts«, er habe »mancherlei auszusetzen. Ob Sie es alles berücksichtigen können und wollen, muss ich Ihnen überlassen. Animam salvavi!« Brief von Max Georg Schmidt an Hermann Haack vom 6. April 1941, Forschungsbibliothek Gotha, Sammlung Perthes, SPA ARCH MFV 027/1, Bl. 1.

97 Vgl. Henniges/Meyer, Hermann Haack, S. 56.

98 Stegner, Geschichtswandkarten im Verlagsschaffen der Gothaer Geographisch-Kartographischen Anstalt, S. 50.

99 Vgl. dazu die Korrespondenz mit Max Georg Schmidt in SPA ARCH MFV 027/5 sowie den Brief von Hermann Haack an Bernhard Perthes vom 16. September 1914, Forschungsbibliothek Gotha, Sammlung Perthes, SPA ARCH MFV 300/38, Bl. 154.

versuchen, Haack von der politischen Dimension der Schulwandkarten zu trennen, indem Köhler schreibt, für Haack habe »Richtigkeit und Wahrhaftigkeit« bei den Unterrichtsmitteln »vor allen anderen Anforderungen« gestanden,[100] geht folglich von falschen Annahmen aus. Haacks spezifischer Kartenstil sorgte durch seine Generierung visueller Evidenz für eine effektive Vermittlung politischer Aussagen. Der Geograph Oswald Murris (1884-1964) verwies 1942 hinsichtlich der Wandkarten Haacks auf deren »unverkennbar klares und einprägsames Gesicht, an dem man unschwer unter vielen anderen sofort die Haacksche Manier erkennt«.[101]

Schlussendlich begann 1913 auch die dritte Reihe der Wandkarten, der *Große Physikalische Wandatlas*, zu erscheinen, der Themen der Allgemeinen Erdkunde darstellte und Karten verschiedenster Bereiche wie Klima, Wirtschaft oder Bevölkerung umfasste. Da er aus thematischen Karten bestand, ist auch er im Untersuchungszeitraum zentral für die Visualisierung politischer Ideologie.[102] Insbesondere die VII. Abteilung zu »Völker, Sprachen, Staatskunde«, die in den 1930er Jahren dann »Rassen, Völker, Staaten« hieß, ist von höchster Relevanz. Für den *Physikalischen Wandatlas* arbeitete Haack mit Fachleuten aus den jeweiligen Disziplinen zusammen.

Die theoretische und praktische Auseinandersetzung Haacks mit kartographischen Gestaltungsmitteln soll im Folgenden an einem Beispiel, anhand der Geländedarstellung in Schulwandkarten gezeigt werden. Konkret wird nachvollzogen, wie Prinzipen bei der Verwendung von Farbe, die eine verbesserte Darstellung des physischen Terrains ermöglichen sollten, von Haack auch in Schulwandkarten angewandt wurden, die kulturelle Entwicklungen visualisierten. Dabei wird deutlich, dass Haack sich theoretisch außerordentlich fundiert und facettenreich mit Theorien kartographischer Gestaltung auseinandersetzte und gleichzeitig sehr pragmatisch und variabel bei deren praktischer Umsetzung agierte – ohne dabei den wirtschaftlichen Rahmen der Kartenherstellung aus den Augen zu verlieren. Zugleich wird anhand dieses Transfers von Darstellungsmitteln für physikalische Höhenunterschiede in kulturelle Kontexte auch einsichtig, dass durch dieses Vorgehen ein zeitgenössischer Kulturbegriff visuell plausibilisiert wurde, der seinerseits von Höhenunterschieden der Kulturen ausging. Damit werden normative und koloniale Implikationen von Haacks Kartenstil erkennbar.[103]

100 Köhler, Gothaer Wege, S. 220.

101 Oswald Muris, Hermann Haack und die deutsche Schulkartographie, in: Geographischer Anzeiger 43 (1942), H. 19-22, S. 357-364, hier S. 363.

102 Zu thematischen Karten siehe Kap. 2, Anm. 17, S. 54.

103 Siehe zum folgenden Abschnitt auch Jana Moser/Philipp Meyer, The Use of Color in Geographic Maps, in: Bettina Bock von Wülfingen (Hg.), Science in Color. Visualizing Achromatic Knowledge, Berlin/Boston 2019, S. 163-180.

3.3 Das Problem der Geländedarstellung

Neben dem fundamentalen Problem, dass Karten den Versuch darstellen, die Oberfläche einer dreidimensionalen Kugel auf eine zweidimensionale Fläche zu projizieren, stellt auch die Darstellung des Reliefs der Erdoberfläche ein zentrales Problem für die Kartographie dar. Max Eckert (1868-1938), der nicht zuletzt aufgrund seiner zweibändigen *Kartenwissenschaft*[104] als einer der führenden Kartentheoretiker gilt, stellte 1921 fest: »In der Geschichte der Kartographie und in der Betrachtung der Kartographie als Wissenschaft ist kein Kapitel gleich wichtig und interessant wie das über die Entwicklung des Geländebildes auf der Karte.«[105] Die Ergebnisse der Bemühungen der Kartographen waren aus Eckerts Perspektive jedoch lange Zeit unbefriedigend gewesen: Ketten von sogenannten Maulwurfshügeln bevölkerten die Karten, fiktionale Gebirge dienten vielfach als reine Füllobjekte für unbekannte Gebiete, geschweige denn, dass diese Darstellungen geeignet wären, eine Vorstellung realer Geländeformen zu vermitteln.[106] Erst im 18. Jahrhundert und darauf aufbauend im 19. Jahrhundert entstanden allmählich Formen der Geländedarstellung, die den Ansprüchen einer adäquaten Darstellung der »physiognomischen Eigenheiten [...] der Erdrinde« genügten.[107] Die zu dieser Zeit wichtigsten Mittel der Geländedarstellung waren die Schraffen, die Schummerung, die Höhenlinien bzw. Isohypsen sowie die farbigen Höhenschichten.[108] Alle diese Methoden besaßen Unterformen und wurden auch in verschiedener Weise miteinander kombiniert, sodass sich eine große Zahl an unterschiedlichen Darstellungsmöglichkeiten entwickelte.

Doch trotz, oder gerade wegen der vielfältigen Darstellungsmöglichkeiten wurde um die Wende zum 20. Jahrhundert die Debatte um die richtige Darstellungsweise des Terrains weitergeführt und sogar intensiviert. Mehr denn je schien man von einer Lösung des Problems entfernt. Haack bemerkte hierzu in einem seiner ersten theoretischen Texte:

> In der modernen Kartographie ist wohl keine Frage brennender als die nach der besten Darstellungsmethode der dritten Dimension der Erdoberfläche, des Geländes. Eine jahrhundertelange rege Arbeit [...] ist nicht imstande gewesen, eine endgültige Klärung der Meinungen in dieser Hinsicht herbeizuführen; im

104 Eckert, Die Kartenwissenschaft.

105 Ebd., Bd. 1, S. 399.

106 Für einen Überblick zur Entwicklung der Geländedarstellung siehe ebd., S. 400 ff.

107 Ebd., S. 399.

108 Vgl. die entsprechenden Lemmata in Ingrid Kretschmer, Lexikon zur Geschichte der Kartographie. Von den Anfängen bis zum Ersten Weltkrieg, (Die Kartographie und ihre Randgebiete, Bd. C), hg. von Erik Arnberger, 2 Bde., Wien 1986. Zur Entwicklung der Höhenschichtenkarten siehe dies., Naturnahe Farben kontra Farbhypsometrie, in: Cartographica Helvetica 21 (2000), H. 1, S. 39-48.

Gegenteil, es scheinen gerade jetzt die Gegensätze zwischen den Anhängern einzelner Parteien wieder schärfer hervorzutreten.[109]

Als problematisch erwies sich dabei vor allem, dass physische Karten zwei verschiedenen Anforderungen gerecht werden sollten, die schwer vereinbar waren. Zum einen sollten sie Höhenunterschiede messbar darstellen, d.h. die einzelnen Höhen und Tiefen der Geländeformen sollten durch die Kartenutzer/innen numerisch exakt zu ermitteln sein. Zum anderen sollten sie aber laut dem Wiener Kartographen Karl Peucker (1859-1940) auch anschaulich sein. Peucker hatte 1898 mit seiner Theorie der Geländedarstellung eine breite Debatte ausgelöst.[110] Haack konstatierte: »Die wissenschaftliche Kartographie [...] hat nach Peucker die Aufgabe, ein ›objektives, das ist nach allen Dimensionen in gleichem Maße meßbares und anschauliches‹ Bild des geographischen Raumes zu geben.«[111] Anschaulichkeit war für Haack von enormer Wichtigkeit, nämlich ein »allgemeines wesentliches Merkmal« der Kartographie, das gemäß seiner Definition bedeutete, »daß die Karte ihren spezifischen Inhalt möglichst klar und deutlich, auf den ersten Blick verständlich darstellt«.[112] Weiter führte er in Bezug auf Schulwandkarten aus, die Karte solle »dem Schüler die Möglichkeit bieten, sich von dem, was er auf der Karte sieht, klare und deutliche Vorstellungen zu machen; wenn sie das thut, kommt ihr die Eigenschaft der Anschaulichkeit von selbst zu«.[113] Dabei beschränkte sich Anschaulichkeit für Haack jedoch nicht auf die rein »sinnliche Anschauung«, sondern umfasste in Anlehnung an Pestalozzi das »Anschauen«, d.h. den Prozess des »innern, selbstständigen geistigen Verarbeiten[s] des dargebotenen Stoffes, der vorgeführten Belehrung«.[114] Somit verknüpften sich im Begriff der Anschauung visuelle und kognitive Gesichtspunkte als zwei Seiten einer Medaille. Das künftige Ziel von Haacks Kartenstil im Kontext der Schulgeographie bestand darin, psychologisch einprägsame Formen zu schaffen, die leicht zu erkennen, gut zu memorisieren und einfach zu reproduzieren waren. ›Anschaulich‹ gestaltet konnten dabei sowohl die Formen von Gebirgszügen als auch politisch konnotierte und emotional aufgeladene Kartenbilder sein. So konnte

109 Haack, Die »Farbenplastik« Karl Peuckers in ihrer Beziehung zu den herkömmlichen Methoden der Geländedarstellung, S. 13.

110 Karl Peucker, Schattenplastik und Farbenplastik. Beiträge zur Theorie der Geländedarstellung, Wien 1898.

111 Hermann Haack, Die verschiedenen Methoden der Geländedarstellung und ihre Anwendungsbereiche, in: ders., Schriften zur Kartographie. Ausgewählt und bearbeitet von Werner Horn, Gotha/Leipzig 1972, S. 20-37, hier S. 23f.

112 Ebd., S. 33.

113 Hermann Haack, Schulkartographie und Pädagogik (Schluss), in: Geographischer Anzeiger 2 (1900), September-Heft, S. 118-119, hier S. 118.

114 Hermann Haack, Über Anschauung und Anschaulichkeit im geographischen Unterricht (Schluss), in: Geographischer Anzeiger 1 (1899), Dezember-Heft, S. 4.

Haacks Kartenstil theoretisch sowohl dem Erzeugen von geomorphologischem Wissen wie dem Festigen von »Gesinnungswissen« dienen.[115]

Haack schaltete sich um die Jahrhundertwende mit einer Reihe von Aufsätzen und in enger Auseinandersetzung mit der Theorie von Peucker in die Diskussion um die Frage ein, wie nun gleichzeitig Messbarkeit und Anschaulichkeit zu erreichen sei. Haack übernahm dabei zwar wichtige Elemente von Peuckers Theorie, kritisierte und modifizierte sie aber auch. So stellte Haack zunächst einmal grundlegend fest, dass es niemals kartographische Darstellungsprinzipien geben könne, die allgemeingültig für alle verschiedenartigen Karten- und Geländetypen anwendbar seien:

> Jeder, der mit den Grundlagen der Kartographie auch nur oberflächlich vertraut ist, weiß, daß es unmöglich ist, eine Projektion zu ersinnen, die mit gleichem Erfolge für alle Karten anzuwenden wäre. Ebenso unmöglich ist es, eine Methode der Geländedarstellung zu schaffen, die für jede Karte gleich geeignet ist. [...] Die Lösung der Frage spitzt sich mithin darauf zu, daß es allein darauf ankommt, das Wesen der einzelnen Methoden gesetzmäßig festzulegen und dann nach sorgsamer Erwägung des Maßstabes, des Zwecks und – was durchaus nicht als Nebensache zu betrachten ist – der Herstellungskosten der Karte die für den einzelnen Fall den größten Vorteil gewährende Darstellungsart auszuwählen.[116]

In diesem letzten Halbsatz drückt sich die von Haack fast idealtypisch verkörperte, von praktischen und ökonomischen Erwägungen geleitete Sichtweise eines Verlagskartographen aus.

Im Folgenden wird nur ein Aspekt der Geländedarstellung weiterverfolgt, jedoch ein ganz zentraler: den der Funktion der Farbe bei der Terraindarstellung. Peucker wies der Farbe die entscheidende Bedeutung bei einer – zumindest theoretisch erreichbaren – Anschaulichkeit der Terraindarstellung zu: »Die einzige Möglichkeit, die Formenbilder aus der Papierebene herauszuheben, die Höhenlage der Anschauung direkt zugänglich zu machen, liefert die Farbe.«[117] Bei dieser Annahme berief sich Peucker auf zwei von Hermann von Helmholtz (1821-1894) beschriebene physiologische Eigenheiten des Sehvorgangs. Erst diese ermöglichten, so Peucker, eine wissenschaftliche und keine willkürliche Anwendung der Farben bei der Geländedarstellung.[118]

Demnach ist die Wahrnehmung der Verschiedenheit der Farben durch die unterschiedlichen Wellenlängen des Lichts bedingt. Aus den unterschiedlichen Wellenlängen resultiert auch ein abweichender Brechungswinkel, wenn Licht auf

115 Ash, Reflexionen zum Ressourcenansatz, S. 550.

116 Haack, Die »Farbenplastik« Karl Peuckers, S. 13 f.

117 Haack, Methoden der Geländedarstellung, S. 27.

118 Ebd.

die Linse des Auges trifft. Die Farbe mit der größten Wellenlänge und dem kleinsten Brechungswinkel ist Rot. Umgekehrt weist Violett die kleinste Wellenlänge und den größten Brechungswinkel auf. Alle anderen Farben liegen entsprechend dem Lichtspektrum zwischen diesen beiden Extremen verteilt. Der Effekt beim Sehen ist folgender: Die große Wellenlänge und der kleine Brechungswinkel sorgen dafür, dass sich die Lichtstrahlen aus dem Bereich des Spektrums, der rot wahrgenommen wird, genau auf der Netzhaut vereinigen und damit für ein scharfes Bild der betrachteten Fläche sorgen. Im Gegensatz dazu schneiden sich die Lichtstrahlen aus dem violett wahrgenommenen Spektrum bereits zwischen Linse und Netzhaut, brechen sich, fallen in einem »Streukegel« auf die Netzhaut und erzeugen daher ein undeutliches Bild.[119] Der menschliche Sehapparat besitzt aber die Fähigkeit, diesen Effekt auszugleichen. Die sogenannte Akkommodation sorgt für die Anpassung der Linse des Auges je nach Wellenlänge und Brechungswinkel und generiert somit scharfe Bilder aller vom Menschen wahrnehmbaren Farben.[120] Ein damit verbundener Nebeneffekt ist für Peuckers Theorie zentral, nämlich der, dass es durch die Akkommodation erscheint, als läge die rote Fläche dem Auge näher, die violette dem Auge ferner; mit anderen Worten: »als sprängen die roten Flächen hervor und wichen die violetten Flächen zurück«.[121] Entsprechend dem Lichtspektrum weisen demnach – in der Reihenfolge Blau, Grün, Gelb, Orange – alle Farben zum Rot hin zunehmend die Eigenschaft auf, in der Wahrnehmung hervorzutreten.

Aus diesen Vorgängen zog Haack mit Verweis auf Peucker den Schluss: »Die innerhalb der Grenzen Rot und Violett liegenden Farben bilden mithin eine Stufenleiter, die es ermöglichen muß, eine Folge von Höhenstufen durch entsprechende Färbung zur direkten sinnlichen Anschauung zu bringen.«[122] Auf den Punkt gebracht hieß das: Auf der Karte sollten die verschiedenen Höhenstufen des Geländes entsprechend dieser »Stufenleiter« gefärbt sein – dies würde ihnen aufgrund der genuinen Farbeigenschaften einen plastischen, dreidimensionalen Effekt verleihen, so als ob das Gebirge sich aus der Karte herauswölbe. Haack gab jedoch im gleichen Atemzug zu bedenken, dass die Eignung dieser »Stufenleiter« für eine anschauliche Darstellung des Terrains dadurch eingeschränkt werde, dass Situationszeichnung und Schrift der Karte sich »wie ein ungleichmaschiger schwarzer Schleier über das Ganze legen«.[123]

Hier erhofften sich Peucker und Haack Abhilfe durch eine weitere Eigenheit des Sehapparats, der sogenannten Adaption. Sie bezeichnet die Eigenschaft der Pupille, sich bei »lichtstarken Flächen« zusammenzuziehen, sich aber bei »lichtschwachen Flächen« zu weiten:[124] »Die lichtstarken Flächen verhalten sich da-

119 Ebd.
120 Ebd.
121 Peucker, Schattenplastik und Farbenplastik, S. 83.
122 Haack, Methoden der Geländedarstellung, S. 28.
123 Peucker, Schattenplastik und Farbenplastik, S. 85.
124 Haack, Methoden der Geländedarstellung, S. 28.

durch zu den lichtschwachen ähnlich wie die roten Strahlen zu den violetten; jene scheinen hervorzutreten, diese zurückzuweichen.«[125] Der Einsatz von lichtstarken und lichtschwachen Farbtönen sollte den Effekt der unterschiedlichen Farbwirkungen in Bezug auf Nähe und Distanz bzw. Höhe und Tiefe zusätzlich verstärken.

Peucker fasste seine Theorie der Farbenplastik »für die Darstellung der Höhenlage auf geographischen Karten« in zwei Begriffen zusammen.[126] »Chromatische Plastik«, die durch die Farben selbst entsteht und »adaptive Plastik«, die ihre Wirkung aus der Lichtstärke der Farben bezieht. Abschließend formulierte Peucker das Zusammenwirken beider Prinzipien für die Höhendarstellung: »Farbenreihe des Spektrums von Blaugrün bis Orangerot (chromatische Plastik), wiedergegeben in durchwegs gebrochenen Farben (Naturfarben) unter Anwendung des Prinzips ›je höher, desto intensiver‹ (adaptive Plastik).«[127] Das letztgenannte Prinzip spielte bei Haack auch für die Visualisierung von Kultur eine wesentliche Rolle.

Damit war für Haack zu diesem Zeitpunkt, 1902, das Problem der gleichzeitig messbaren und anschaulichen Geländedarstellung *theoretisch* gelöst. Einige Jahre später, 1911, betonte Haack in seinem Vortrag *Über die Fortschritte der Kartographie im letzten Jahrzehnt* zwar Peuckers große Verdienste um die Geländedarstellung, stellte jedoch fest, dass seine Theorie in der Praxis nicht umsetzbar sei. Zumal Peucker »sein Verfahren neuerdings zum Patent angemeldet hat, zwingt er dadurch die übrigen Kartenzeichner, ihre eigenen Wege zu gehen«.[128] Auch hier war es die verlegerisch-angewandte Perspektive, die Haack geltend machte. Er setzte sich aber weiterhin intensiv mit Peuckers Ansätzen auseinander und entwickelte sie weiter.[129] Bereits 1902 hatte Haack jedoch die praktische Perspektive des Kartenmachens hervorgehoben und betont, der »schnelle Flug der Theorie« könne nicht allein maßgebend sein.[130] Er wies in diesem Zusammenhang auf »den gerade der Praxis des Kartographen oft Richtung und Ziel gebenden pekuniären Gesichtspunkt« hin.[131] Dies zeigt, wie Haack versuchte, aus der Kombination von Theorie, praktischer Anwendbarkeit und ökonomischen Rahmenbedingungen ein optimales Ergebnis zu erzielen. Diese Kombination zeigt sich auch in Haacks partieller Aneignung von Peuckers Ideen. Hier ist besonders die leuchtend orangerote Färbung für die höchstgelegenen Gebiete der Hochgebirge zu nennen, die ein

125 Ebd.

126 Ebd.

127 Peucker, Schattenplastik und Farbenplastik, S. 96.

128 Hermann Haack, Die Geographie auf der 51. Versammlung deutscher Schulmänner und Philologen in Posen, in: Geographischer Anzeiger 12 (1911), H. 11, S. 246-248, hier S. 248.

129 Hermann Haack, Über die Farbe in der Kartographie und ihre gesetzmäßige Anwendung, in: ders., Schriften zur Kartographie. Ausgewählt und bearbeitet von Werner Horn, Gotha/Leipzig 1972, S. 47-90, hier S. 58ff.

130 Haack, Methoden der Geländedarstellung, S. 32.

131 Ebd.

Markenzeichen seiner Wandkarten wurde, so auch auf der bekannten Schulwandkarte *Die Alpenländer* von 1911 (siehe Abb. 27, S. 230-231).[132]

Die Forderung nach Anschaulichkeit beschränkte sich für Haack indes nicht nur auf die Darstellung von Höhen und Tiefen, sondern galt auch für andere Bereiche der Kartographie:

> Der Inhalt ist dabei durchaus nicht auf die dritte Dimension beschränkt; man denke nur an das große Gebiet der Karten zur physischen Erdkunde, an die zahlreichen Aufgaben, welche Statistik und Kulturgeographie in der Gegenwart der Kartographie stellen. Alle diese Karten sollen und müssen ihren Gegenstand »anschaulich« darstellen.[133]

So wird klar, dass Haack die in Anlehnung an Peucker erarbeiteten Grundsätze, die für die Darstellung physikalischer Oberflächenformen entwickelt worden waren, durchaus auch auf anderen Gebieten einsetzen wollte. Auch hier galt es Anschaulichkeit herzustellen und so der Darstellung Evidenz zu verleihen.

3.4 Kultur als Relief

1912 erschien im Perthes-Verlag eine umfangreiche Erläuterungs- und Werbebroschüre für den im selben Jahr auf den Markt gekommenen, von Hermann Haack und Heinrich Hertzberg gemeinsam herausgegebenen *Großen Historischen Wandatlas*. Darin wurde auch die IV. Abteilung des Wandatlas beschrieben, welche die Schulwandkarten »zur Kultur- und Kolonialgeschichte der Welt« umfasste:

> Diese Kartenreihe, die besonders den Entwicklungsgang der europäischen Kolonisation bis zum Jahre 1900 darstellen soll, ist dem kolonialpolitischen Bedürfnis der Gegenwart entsprungen und soll mit dazu dienen, das Interesse für die Kolonien zu erregen und zu ihrem Verständnis beizutragen. [...] auch die Ethnographie, die Völkerkunde, eine für das Verständnis außereuropäischer Erdteile so wichtige Disziplin, soll auf diesen Karten nach Möglichkeit zu Worte kommen. Zur Technik und Farbgebung unserer Karten soll so viel bemerkt werden, daß durch die verschieden starke Intensität der Farben die Höhe der Gesittung angedeutet werden soll, so daß die Naturvölker in schwächeren, zurücktretenden, die Gebiete reiferer Kultur aber in satten und lebhaften Farbentönen dargestellt sind.[134]

132 Hermann Haack, Alpenländer, in: ders. (Hg.), Großer Geographischer Wandatlas, 1:450.000, Gotha 1911.

133 Haack, Methoden der Geländedarstellung, S. 33.

134 O. V., Haack-Hertzberg Großer Historischer Wandatlas, IV. Abteilung: Kultur- und Kolonialgeschichte der Welt, Einleitung, in: Justus Perthes, Haack-Hertzberg Großer Historischer Wandatlas, Gotha 1912, S. 38.

Zu den »bedeutenden Vorarbeiten« der Kartenreihe gehörten demnach Atlanten von Alexander Supan und dem Historiker Karl Lamprecht (1856-1915).[135] Hier waren nun also nicht mehr physikalische, sondern historische, politische und kulturelle Gegebenheiten zu visualisieren. Haacks Forderung, auch diesen Bereich anschaulich darzustellen, wurde interessanterweise mit einem Verfahren verwirklicht, welches ursprünglich für die Darstellung physikalischer Höhenunterschiede konzipiert worden war, nämlich mit Peuckers adaptiver Farbenplastik, also dem Prinzip ›je höher, desto intensiver‹, wonach höhere Geländeschichten einen intensiveren Farbton als niedrigere erhalten sollen, um so das physiologische Prinzip der Adaption auszunutzen.

Konsequenterweise beschrieb eine Werbeanzeige des Perthes-Verlags die erste Weltkarte aus der genannten Abteilung der »Kultur- und Kolonialgeschichte der Welt«, mit dem Titel *Das Zeitalter der Entdeckungen*[136] (siehe Abb. 28, S. 232-233) wie folgt:

> Die Karte stellt den ethnographischen und politischen Zustand der gesamten bewohnten Erde dar, wie er sich etwa in dem Zeitraum von 1490 bis zum Beginn des XVII. Jahrhunderts herausgebildet hat. [...] Bei der Farbengebung wurde als allgemeiner Grundsatz befolgt, daß die führenden Staaten und Völker, die auf die historische Entwicklung des dargestellten Zeitalters von bestimmenden Einfluß waren, in besonders leuchtenden, kräftig hervortretenden und in die Ferne wirkenden Farben gehalten sind. Dagegen sinkt mit der politischen und geschichtlichen Bedeutung auch die Kraft der Farbe, so daß die Indianerstämme Südamerikas und die sibirischen Jägervölker die lichteste Farbe erhalten mußten.[137]

Betrachtet man die Karte, so sieht man dieses Prinzip tatsächlich in der Weise umgesetzt, dass alle europäischen Staaten in intensiven, hervortretenden Farben gehalten sind. Außerhalb Europas ebenso die als kulturell bedeutsam eingestuften Reiche der Osmanen (helles Gelb), das Indische Mogulreich (Blau) und das China der Ming-Dynastie (dunkles Gelb). Innerhalb Europas scheint es ebenfalls eine Rangfolge zu geben: Portugal – möglicherweise als Wegbereiter des europäischen Kolonialismus – erscheint in kräftigem Rot. Alle anderen außereuropäischen Gebiete erscheinen in auffällig blassen grünlichen, bräunlichen oder bläulich-

135 Supan, Die territoriale Entwicklung. Karl Lamprecht, Europäische Expansion in Vergangenheit und Gegenwart, in: Julius von Pflugk-Harttung (Hg.), Ullsteins Weltgeschichte, Bd. 6, Berlin 1908, S. 599-625.

136 Heinrich Hertzberg, Das Zeitalter der Entdeckungen (von 1490 bis zum Beginn des XVII. Jahrhunderts), in: Hermann Haack/Heinrich Hertzberg (Hg.), Großer Historischer Wandatlas, 1:20.000.000, Gotha 1912.

137 O. V., Haack-Hertzberg Großer Historischer Wandatlas, IV. Abteilung: Kultur- und Kolonialgeschichte der Welt, Nr. 5, in: Justus Perthes, Haack-Hertzberg Großer Historischer Wandatlas, Gotha 1912, S. 39.

violetten, wenig differenzierten Farbtönen. Mit Hilfe der Farbwahl und der Intensität der Farben wurde historische Bedeutung und kulturelle Höhe markiert. Ein Verfahren zur Darstellung physikalischer Höhenunterschiede wurde adaptiert und auf Geschichte und Kultur übertragen. Haack wäre ebenso wenig ein findiger Praktiker der Kartographie gewesen, hätte er nicht Elemente der Kartengestaltung ausgetauscht, angepasst und neu miteinander kombiniert.

Die Übernahme von Verfahren der Höhendarstellung für die Darstellung kultureller Sachverhalte zeigt aber auch, wie stark die Strahlkraft naturwissenschaftlicher Denkstile in dieser Zeit war. Gerade die Geographie, die in ihrer Zwischenstellung als ›Brückenfach‹ Natur- und Geisteswissenschaften verklammerte, war am Transfer von Denkfiguren zwischen Naturwissenschaften und Geisteswissenschaften und damit an einer Naturalisierung sozialer und kultureller Phänomene beteiligt.[138] Vielfach geschah dies mit Hilfe metaphorischer Rede. So gingen die meisten zeitgenössischen Konzepte von Kultur von einer normativ verstandenen Rangordnung, von ›Höhenstufen‹ verschiedener Kulturen aus, was dem Deutungsmuster der Kulturmission Legitimation verschaffte, womit wiederum das Recht auf Kolonisation begründet wurde (vgl. Kap. 2).[139] Die Metapher von Höhen und Tiefen legte den Einsatz von Methoden der kartographischen Geländedarstellung für die Veranschaulichung kultureller Hierarchie nahe.

Den »Karten zur Kultur- und Kolonialgeschichte der Welt« lag ein Konzept von Kultur zugrunde, das der Historiker Andrew Zimmerman als »modernisierenden Kulturbegriff« bezeichnet hat.[140] Wesentlich für diesen Kulturbegriff war die Abkehr von einem als auf Europa beschränkt kritisierten Klassizismus, von einer als überholt empfundenen kosmopolitischen Aufklärung und schließlich von einem als fortschrittsfeindlich und damit kulturfeindlich betrachteten universellen Katholizismus.[141] Gleichzeitig erfolgte mit diesem Begriff eine positive Hinwendung zum Fortschrittsdenken, zu den Naturwissenschaften, zu einem Konzept von Moderne, das auf einem Bruch und nicht auf einer Kontinuität mit der Vergangenheit basierte. Das prägte auch den Blick auf die Menschen in den Kolonien, die seit 1884 zum ›größeren Deutschland‹ gehörten. Sie befanden sich diesem Konzept zufolge auf einer niedrigeren ›Kulturstufe‹, bzw. wurden als geschichts- und kulturlose ›Naturvölker‹ den ›Kulturnationen‹ in einer hierarchischen Beziehung gegenübergestellt.[142]

Damit unterscheidet sich dieser Kulturbegriff ganz wesentlich von einem sozialkonstruktivistischen Verständnis, das Kultur laut dem Soziologen Andreas Reck-

138 Für die Geschichtswissenschaft siehe Christian Mehr, Kultur als Naturgeschichte. Opposition oder Komplementarität zur politischen Geschichtsschreibung 1850-1890?, Berlin 2009.

139 Zur Normativität dieses Kulturbegriffs siehe Andreas Reckwitz, Die Transformation der Kulturtheorien. Zur Entwicklung eines Theorieprogramms, Weilerswist 2000, S. 65.

140 Zimmerman, Ethnologie im Kaiserreich, S. 197.

141 Ebd., S. 200.

142 Ebd., S. 198.

witz auffasst als »Komplex von Sinnsystemen oder – wie häufig formuliert wird – von ›symbolischen Ordnungen‹, mit denen sich die Handelnden ihre Wirklichkeit als bedeutungsvoll erschaffen und die in Form von Wissensordnungen ihr Handeln ermöglichen und einschränken«.[143] Das im Untersuchungszeitraum wirkmächtige Konzept von Kultur war dagegen

> nicht unabhängig zu denken von deren Bewertung. »Kultur« stellt in dieser Bedeutung nichts Wertfreies, rein Deskriptives dar, sondern umschreibt eine in irgendeiner Weise ausgezeichnete, erstrebenswerte Lebensweise. Der Begriff eignet sich damit zur Affirmation wie zur Selbst- und Fremdkritik.[144]

Karten partizipierten an diesem modernistischen Diskurs von Kultur, dessen Grundlage auf einer Metaphorik der Asymmetrie, der Stufenleiter, der Höhen und Tiefen basierte. Karten konnten diese Höhenunterschiede anschaulich machen.

Ein instruktives Beispiel dafür, wie hierbei aus bloßen Metaphern Analogieschlüsse wurden, bietet der in der angeführten Erläuterungsbroschüre zu den Karten der »Kultur- und Kolonialgeschichte der Welt« erwähnte Historiker Karl Lamprecht. Dessen kulturhistorische Methode hatte für Aufsehen und Aufruhr in der Geschichtswissenschaft gesorgt.[145] Denn Lamprecht fasste die Geschichte als »die Biologie des geschichtlichen Geisteslebens« auf.[146] Und wie der Biologie in den Naturwissenschaften, sollte der Geschichte in den Geisteswissenschaften die Führungsrolle dauerhaft zukommen. Ihre Aufgabe sei es dabei, unter der Vielheit geschichtlicher Erscheinungen die Entwicklungsgesetze der menschlichen Kultur zu eruieren. Diese Aufgabe mache Historiographie erst zu einer Wissenschaft. Lamprecht glaubte, mit seiner umfangreichen *Deutschen Geschichte*[147] habe er zugleich den charakteristischen Verlauf jeder menschlichen Kulturentwicklung beschrieben.[148] Damit wurden »die Kulturzeitalter der deutschen Geschichte« zum idealtypischen Modell von Kulturentwicklung überhaupt, denn sie seien »wohldefinierbare, klare, wissenschaftliche Begriffe«.[149] Lamprechts Kulturbegriff wurde dabei nicht nur als Modell deskriptiver Beschreibung verstanden, sondern auch als Wertmaßstab. In dem von dem Perthes-Prospekt als »Vorarbeit« bezeichneten Text Lamprechts *Europäische Expansion* ist es der »europäisch-teutonische Kulturkreis«, der »jegliche Kultur früherer Zeiten und Völker qualitativ wie namentlich quantitativ überragt«.[150]

143 Reckwitz, Transformation der Kulturtheorien, S. 84.

144 Ebd., S. 65.

145 Bernhard vom Brocke, Art. »Lamprecht, Karl«, in: Neue Deutsche Biographie 13 (1982), S. 467-472, URL: https://www.deutsche-biographie.de/pnd118569015.html#ndbcontent [12. 6. 2019].

146 Karl Lamprecht, Die kulturhistorische Methode, Berlin 1900, S. 16.

147 Karl Lamprecht, Deutsche Geschichte, 12 Bde. und 3 Erg.-Bde., Berlin 1891-1909.

148 Lamprecht, Die kulturhistorische Methode, S. 27.

149 Ebd.

150 Lamprecht, Europäische Expansion, S. 600.

Vielfach finden sich bei Lamprecht Analogieschlüsse zwischen geomorphologischen und kulturellen Phänomenen, zwischen Natur- und Kulturgeschichte, die er miteinander kurzschloss:

> Wie die Erdrinde, soweit wir sie kennen, aus einer Anzahl übereinandergelagerter Schichten besteht, […], so haben sich auf diesem physikalisch-chemischen Bestand ihres Daseins wiederum Reste der menschlichen Geschichte in tausend Formen von verschiedenen Sedimenten niedergeschlagen; und nur das unterscheidet sie auf den ersten Blick von den natürlichen Sedimenten, daß sie, wir glauben es, nicht eine niedergehende, sich auflösende, sondern eine aufwärts gerichtete, steigende Entwicklung erkennen lassen. […] Diese Sedimente sind aber sehr ungleich verteilt. An manchen Stellen werden nur dünne und ärmliche Zeugnisse primitiver Kulturen gefunden; anderswo bedeutet vielleicht jeder Fund noch einen Fortschritt in der Erkenntnis großer und hoher menschlicher Entwicklung […]. Man könnte sagen: so ungleich wie das physische Niveau der Erdrinde mit seinen Gebirgen und Ebenen, seinen Hoch- und Tiefländern ist, so ungleich ist auch das Niveau der geschichtlichen Überlieferung.[151]

Wer in diesem hierarchischen Kulturmodell auf dem Gipfel stand, darüber urteilte Lamprecht unter dem Eindruck des beginnenden Ersten Weltkriegs unzweideutig:

> Aber in der [deutschen] Nation selbst, aus wirtschaftlichen wie gelehrten Kreisen, erhob sich im letzten Jahrzehnt mit steigender Stärke der Ruf nach einer äußeren Kulturpolitik, nach einer geregelten Einwirkung deutscher Hochkultur auf die Völker des Erdballs. Es waren Ansätze, die innerlich schon aus dem Deutschland des neuen Reichs hinüberführten in jenes höhere, größere, zur geistigen Führung der Welt mitberufene Deutschland, dessen wir harren. […] Dies war der Augenblick, in dem der ungeheure Krieg, in welchem wir leben, mit fürchterlicher Gewalt auf uns herabbrach. Er traf uns vor allem auch kriegerisch nicht unvorbereitet. Und so rein unsere Seelen sind von jeder Schuld an seinem Anlaß, so sehr dürfen wir sagen, daß wir auch geistig vorbereitet waren. Soll es zu einer leitenden Stellung unseres Volkes in der Welt kommen, politisch wie kulturell, so war sie wohl schwerlich anders als durch einen Krieg in eben dieser Zeit und unter diesen Umständen erreichbar.[152]

Der hier zum Ausdruck gebrachte Imperialismus, dessen Anspruch auf die »leitende Stellung unseres Volkes in der Welt« mit der deutschen »Hochkultur« begründet wurde, beruhte auf dem strukturell gleichen Kulturbegriff, den die

151 Ebd., S. 599.

152 Karl Lamprecht, Deutscher Aufstieg 1750-1914, Gotha 1914, S. 42 f. Zu den Auswirkungen des Krieges auf Karl Lamprecht und die Beziehung zu seinem belgischen Kollegen und Freund Henri Pirenne vgl. Folker Reichert, Eines Freundes Feind zu sein. Karl Lamprecht und Henri Pirenne vor und nach 1914, in: Archiv für Kulturgeschichte 100 (2018), H. 1, S. 65-92.

Reihe der Kolonialkarten von Hertzberg und Haack visualisierte. Dass Haack diese Auffassung von Kultur nicht nur kartographisch umsetzte, sondern die Kulturmission Deutschlands in den Kolonien auch expressis verbis vertrat, zeigt eine von ihm 1902 im *Geographischen Anzeiger* veröffentlichte Rezension. Haack besprach hier keine Karte, sondern ein anderes Lehrmittel für den Erdkundeunterricht, ein geographisches Charakterbild, das typische Landschaften, ihre charakteristischen Tier-, Pflanzen- sowie Kulturformen darstellte.[153] Das Bild stammte aus der Serie *Deutschlands Kolonien*, herausgegeben von dem Lehrer Max Eschner (1864-1926) im Leipziger Schulbilder-Verlag F.E. Wachsmuth.[154] Haack bezeichnete es als »Meisterwerk« und bedauerte daher, dass ihm nur das dritte Bild der Sammlung vorlag, »der ›Ochsenzug in der Grassteppe Südwestafrikas‹«.[155] Haack schilderte die hier abgebildete Szenerie ausführlich, hob aber darüber hinaus Visualität insgesamt als ein entscheidendes Moment für den Unterricht hervor:

> Die rötlich flimmernden Farben der Ferne […] lassen die auf die ganze Landschaft drückende Hitze ahnen, und noch mehr verrät sie der vielköpfige Zug der breitgehörnten Ochsen, die mit vorgestreckten Köpfen und geblähten Nüstern […] dem nahe winkenden Wassertümpel zustreben, so daß der Führer des Zugs, ein zerlumpter Hottentottenknecht, nicht nötig hätte, die lange Peitsche zu schwingen. In feiner Betonung der Pointe der ganzen Sammlung, die den deutschen Kolonien gewidmet ist, vom Maler in den Vordergrund des Bildes gestellt, fesseln zwei deutsche Soldaten in der malerisch-kleidsamen Tracht der Schutztruppe, markige Gestalten auf feurigen Pferden, den Blick des Beschauers. – Es ist ein vergebliches Unterfangen, durch das Wort und die Schilderung den großen Eindruck eines Gemäldes wiedergeben zu wollen. Gerade die Betrachtung und das Studium dieses Bildes hat die Ueberzeugung in mir befestigt, daß es keinem Lehrer und verstände er mit Engelszungen zu reden, gelingen wird, durch die erhabenste Schilderung einen gleich tiefen Eindruck im Schüler hervorzurufen.[156]

Im selben Artikel wies Haack daher Kritik an bildlichen Darstellungen im geographischen Unterricht entschieden zurück. Der sächsische Seminarlehrer und Ratzel-Schüler Emil Schöne (*1871)[157] hatte sich nämlich für den Vorzug der mündlichen Landschaftsschilderung gegenüber der bildlichen Landschaftsmalerei

153 Hermann Haack, Das »Malerische Element« in den geographischen Lehrmitteln, Teil 1, in: Geographischer Anzeiger 3 (1902), August-Heft, S. 115-118.

154 Max Eschner (Hg.), Deutschlands Kolonien. Farbige Künstler-Steinzeichnungen für Schule und Haus, Leipzig 1902.

155 Haack, Das »Malerische Element«, S. 117.

156 Ebd.

157 Zu Emil Schöne vgl. Schultz, Unpolitische »politische Bildung«, S. 18 f.

ausgesprochen und sich dabei hauptsächlich auf das Argument gestützt, die Schilderung sei prozesshaft, das Bild jedoch statisch. Schöne argumentierte:

> Aus diesen angeführten Gründen meine ich, daß die Landschaftsschilderung die berufenste Kunst ist, ästhetisches Genießen an der Landschaft zu vermitteln. Sie darf im schulgeographischen Betrieb daher wohl gelegentlich das landschaftliche Einzelbild zur Unterstützung herbeiziehen, sich aber unter keinen Umständen von diesem verdrängen lassen![158]

Haack erwiderte hierauf:

> Schöne hat meines Erachtens einen Faktor außer Rechnung gelassen, der seine Betrachtung zu einem anderen Ergebnis geführt haben würde: Die Phantasie. Bilder, wie das vorliegende, müssen die Phantasie der Schüler mächtig anregen und beleben, vorausgesetzt, daß man es mit frischen, deutschen Jungen und nicht mit vorzeitig blasierten Schlafmützen zu tun hat. Aber diese durch das Bild angeregte Phantasie in rechte Bahnen zu leiten, ihr gesunde Nahrung zu bieten, bleibt nach wie vor der an das Bild anknüpfenden Schilderung des Lehrers vorbehalten. Das Eine soll nicht das Andre verdrängen, sondern unterstützen. Bild und Schilderung zusammen verbürgen einen Erfolg, der durch die leuchtenden Augen der Schüler am besten bewiesen wird.[159]

Der Text der Rezension unterstreicht Haacks ausgeprägtes Gespür für Visualität und auch sein Vorhaben, ihre Wirkung, den »tiefen Eindruck im Schüler« und das Anregen der Phantasie, ganz gezielt zu nutzen. Auch wenn er den Vortrag für die Vermittlung von Inhalten und die Einordnung des Bildlichen als unentbehrlich ansieht, scheint er in Bezug auf die Affekte doch primär auf Visualität zu setzen. In genau diese Richtung zielte auch die Entwicklung des Stils seiner Schulwandkarten: Nicht mehr die bloße Unterstützung bei der Abfrage von Stoff, sondern das Erzeugen von »leuchtenden Augen« war die Intention.

Zugleich wird auch Haacks hierarchischer Blick hinsichtlich der Kolonisierten und Kolonisten deutlich. Laut Haack bestand hierin sogar der Zweck der Serie von Charakterbildern, »die Pointe der ganzen Sammlung«. Im kolonialen Kontext propagierte Haack imperialistische Sichtweisen, die durchaus rassistische Elemente aufwiesen. Allerdings bewegte Haack sich im Rahmen eines Staats- und Wirtschaftskolonialismus, explizit völkisches Gedankengut äußerte er zu jener Zeit nicht. Gleichfalls scheint an dem konkreten Beispiel auf, wie Texte, Bilder und Karten sowie die mündliche Kommunikation im Unterricht wechselseitig an der Herstellung eines kolonialen Deutungsmusters von ›Kulturhöhe‹ und Kulturmission beteiligt waren. Alle diese medialen Formen und Praktiken waren an der Etablierung und Zirkulation eines hierarchisch-naturalisierten Kulturbegriffs beteiligt.

158 Zit. nach Haack, Das »Malerische Element«, S. 118.

159 Ebd.

3.5 Haack und die Schulgeographie

Umso mehr erstaunt ein ausführlicher Brief, den Haack nur wenige Jahre vor dieser Rezension an Bernhard Perthes schrieb und der sich beinahe als ein antikoloniales Statement lesen lässt und dessen Inhalt den bisher beschriebenen Haltungen Haacks völlig entgegenzulaufen scheint. Der Brief ist undatiert, bezieht sich aber auf den Perthes-Schulkatalog 1900/1901.[160] Aufgrund seiner zentralen Bedeutung für das Verständnis von Haacks Entwicklung wird er hier ausführlich wiedergegeben:

> Diese Bemerkungen richten sich allein auf die Ankündigung des Geographischen Anzeigers, gegen die ich folgende Bemerkungen zu äußern für meine Pflicht halte: 1. Jeder Leser des Katalogs muß durch den Wortlaut dieser Ankündigung in den Glauben versetzt werden, in dem Anzeiger eine politische Zeitschrift vor sich zu haben, die sich auf den Boden der »Deutschen Kolonialgesellschaft« und der »Alldeutschen Vereine« stellt. Ich bin der festen Überzeugung, daß es gerade unter den Lesern sehr viele gibt, die sich der politischen Überzeugung dieser Verbände nicht anschließen können. 2. Die Artikel des Anzeigers, welche die deutsch kolonialen und deutsch völkischen Bestrebungen betreffen, sind von ihren Verfassern von vornherein gar nicht für die Schule oder für die Lehrer bestimmt, sondern für ein weites, den politischen Tagesfragen Interesse entgegenbringendes Publikum einer bestimmten politischen Richtung.[161] Die Lehrer kommen deshalb für sie nur insofern in Betracht, als sie gebildete Männer sind und zufällig gerade diese politische Überzeugung teilen, keinesfalls aber als Lehrer ihrer Schulen. 3. Die von mir verfaßten, nur für die Schule bestimmten Artikel und Bücherbesprechungen werden von der Ankündigung in ihrem jetzigen Wortlaut gar nicht berührt: Denn mit voller Absicht habe ich in denselben jede Berührung derartiger Fragen peinlich vermieden. Mein ganzes Bestreben ist dahin gegangen, auf einem ganz neutralen Boden unsere Anstalt wieder in Berührung mit der Schule zu bringen. [...] 4. Alle in dem Katalog angezeigten Schulartikel stehen mit den deutschvölkischen Bestrebungen in gar keiner Beziehung. Sie sind zum großen Teil zu einer Zeit entstanden, in der die Wellen dieser modernen Bewegung bei weitem nicht so hoch gingen als gegenwärtig, und von Autoren verfaßt, die dieser Bewegung für ihre Person ganz ferne standen. Es muß deshalb meiner Meinung nach nur vermieden werden, diesen Artikeln und damit, vielleicht ohne es zu beabsichtigen,

160 In den Schulkatalogen bewarb der Perthes-Verlag regelmäßig seine Schulprodukte.

161 Bis 1902 waren sowohl Hermann Haack als auch Paul Langhans und Otto Sonne Redakteure des Geographischen Anzeigers. Für die hier von Haack gemeinten, kolonialen und völkischen Artikel war Langhans verantwortlich. 1902 gründete Langhans dann schließlich die Deutsche Erde und es kam zu einer redaktionellen Trennung.

> unserem ganzen Schulverlag, eine Tendenz, ein Gepräge aufzudrücken, die er gar nicht besitzt [...]. Schulkarten müssen, wenn sie einen allgemeinen Erfolg haben sollen, so gehalten sein, daß sie von Lehrern aller politischen Richtungen ohne Anstoß benutzt werden können. 5. Ich habe seit längerer Zeit einige der ersten pädagogischen und Schul-Zeitschriften studiert, indessen habe ich bisher noch keine Andeutung dafür finden können, daß aus der Schule heraus der Wunsch geäußert worden wäre, die moderne deutschvölkische Bewegung auch in die Schulkarten und Schulbücher hineinzutragen [...]. Aus allen diesen kurz angedeuteten Gründen möchte ich mir erlauben, dem Wunsche Ausdruck zu geben, daß unsere Anstalt in der Zukunft wie bisher in der Schulkartographie an dem bewährten unpolitischen und nach jeder Seite hin neutralen Standpunkte festhalten möge. Ich bin der festen Überzeugung, daß die Anstalt auf diesem Wege in der Schulwelt Anerkennung finden und darum Erfolge erzielen wird [...].
>
> Um jedem Mißverständnisse vorzubeugen, möchte ich noch einmal ganz ausdrücklich hervorheben, daß es mir selbstverständlich fern liegt, die Anzeiger-Arbeiten des Herrn Langhans in den Hintergrund zu drängen. Würde die Ankündigung für das große Publikum oder einen der deutschvölkischen Bestrebungen nahestehenden Interessentenkreis bestimmt, so würde die Ankündigung in ihrer jetzigen Form meinen vollen Beifall finden. Ebenso halte ich es für durchaus richtig und wünschenswert, daß die Anstalt, so weit es nur irgend möglich ist, den Strömungen und Fragen der Gegenwart in jeder Weise Rechnung trägt, dagegen auch für ebenso notwendig, daß alle übrigen Verlagsunternehmen, die ihrem Wesen nach selbstständige und in sich abgeschlossene Ganze bilden, von diesen, ihrer Natur nach wechselnden Zeitströmungen ganz unbehelligt bleiben müssen.[162]

Zunächst scheint der offensichtliche Widerspruch zwischen dem protestierenden Inhalt dieses Schreibens und Haacks Haltung in seiner Rezension des Charakterbilds schwerlich zusammenzubringen zu sein. Ganz offen äußerte sich Haack in seinem Brief gegen die Vereinnahmung der von ihm verantworteten schulgeographischen Produkte für koloniale und völkische Zwecke und forderte einen »unpolitischen« und »neutralen« Standpunkt ein. Doch nur einige Jahre später sollten seine Kultur- und Kolonialkarten darauf abzielen, »Interesse für die Kolonien zu erregen und zu ihrem Verständnis beizutragen«.

Liest man zwischen den Zeilen, so lässt sich dieser scheinbare Widerspruch auflösen. So betont Haack, in seiner für ihn charakteristischen, abwägenden Argumentationsweise, die mitunter dazu führt, dass sein persönlicher Standpunkt unscharf wird, im Falle von Produkten, die »für das große Publikum oder einen der deutschvölkischen Bestrebungen nahestehenden Interessentenkreis« bestimmt

162 Brief von Hermann Haack an Bernhard Perthes o. D., Forschungsbibliothek Gotha, Sammlung Perthes, SPA ARCH MFV 300/38, Bl. 77. Hervorhebungen im Original.

seien, »würde die Ankündigung in ihrer jetzigen Form meinen vollen Beifall finden«. Das unterstreicht Haacks fundamentale Orientierung an den von ihm ausgemachten Interessen unterschiedlicher Zielgruppen. Denn oberste Priorität für Haack besaß der Absatz, der ökonomische Erfolg des Verlags: »Ich bin der festen Überzeugung, daß die Anstalt auf diesem Wege in der Schulwelt Anerkennung finden und darum Erfolge erzielen wird.« Diesem Erfolg ordnete er alles unter und passte seine Strategie immer wieder den Interessen der Klientel an. Diese Flexibilität ist essentiell für Haack, dem entsprach auch seine vielfach zu beobachtende dialektische Rhetorik des Sowohl-als-auch, die es ihm ermöglichte, je nach Fortgang der Entwicklung, seine Ausrichtung anzupassen, ohne in allzu große Widersprüche zu geraten.

Ganz offensichtlich erschien Haack kurz nach der Jahrhundertwende eine offene Kolonialagitation dem Absatz nicht zuträglich. Zudem wollte er womöglich stärker autonom die Inhalte des *Anzeigers* gestalten, sich von Langhans' Programm abgrenzen und das eigene Profil schärfen. Seine Intervention bei Bernhard Perthes erfolgte allerdings zu einer Zeit, als die Schulgeographie begann, die praktische und damit auch die politische Ausrichtung der Geographie stärker zu betonen. Und dies trotz der in der Frage nationaler Bildungsideale eher indifferenten preußischen Schulpolitik und der diesbezüglich zurückhaltenden Lehrplannovellierungen von 1892 und 1901.[163] Die Schulgeographie verstand sich in den Jahren vor dem Ersten Weltkrieg zunehmend als Fach, das Fragen der ›staatsbürgerlichen Erziehung‹ und der Kolonien behandeln sollte.[164] In den *Reformvorschlägen des Deutschen Geographentages für den erdkundlichen Unterricht an höheren Schulen* hieß es 1909:

> Eine große und durchaus berechtigte Bewegung für staatsbürgerliche Erziehung hat gerade in Deutschland in jüngster Zeit eingesetzt. Ein sehr wesentlicher Teil einer solchen besteht aber in der Darstellung der wirtschaftlichen Verhältnisse und Aufgaben unseres Volkes, und dieser Teil der staatsbürgerlichen Erziehung fällt notwendig dem erdkundlichen Unterricht zu.[165]

163 Carolyn Grone, Schulen der Nation? Nationale Bildung und Erziehung an höheren Schulen des Deutschen Kaiserreichs von 1871 bis 1914, Bielefeld 2007, S. 80 f., 160, URL: https://pub.uni-bielefeld.de/record/2306162 [22. 2. 2021]. Grone betont, dass eine stärker national ausgerichtete Bildung und Erziehung auf den höheren Knaben- und Mädchenschulen des Kaiserreichs weniger auf einer administrativ-institutionellen Leitlinie beruhte, als vielmehr das Ergebnis individueller Initiativen von Lehrer/innen war. Vgl. ebd., S. 221 f.

164 Brogiato, Wissen ist Macht, S. 312 ff. Brogiato macht aber auch deutlich, dass innerhalb der Schulgeographie die Ansichten einzelner Autoren in dieser Frage teilweise erheblich auseinandergingen. Ebd., S. 315, 318 f.

165 Abgedruckt im Geographischen Anzeiger unter dem Titel: Neue Bahnen für den erdkundlichen Unterricht an deutschen Schulen, in: Geographischer Anzeiger 12 (1911), H. 9, S. 193-198, hier S. 194.

Mit dieser Konturierung als nationalpolitisches Fach erhoffte man sich, die Forderungen nach einer höheren Stundenzahl, nach einem sämtliche Klassenstufen umfassenden Unterricht und nach einer verbesserten Ausbildung für Geographielehrer/innen durchsetzen und so dem Fach weiteren Boden in der Gewichtung der Schulfächer erkämpfen zu können.[166]

Vor dem Hintergrund dieser sukzessiven Entfaltung des Potentials nationalpatriotischer und insbesondere kolonialpolitischer Agitation für die Zwecke der Schulgeographie, schwenkte auch Haack nachhaltig auf diese Linie ein.[167] In Abgrenzung zur Hochschulgeographie, die in weiten Teilen immer noch an einer stark naturwissenschaftlich ausgerichteten Geographie festhielt,[168] entwickelte sich Haack zu einem Sprecher der stärker anthropogeographisch ausgerichteten Schulgeographie und verband dies auch mit dem Anspruch, den *Geographischen Anzeiger* zum Sprachrohr der Schulgeographie auszubauen.[169] Als weiteres zentrales Argument für die Relevanz und Nützlichkeit der Geographie wurde angeführt, dass die immensen wirtschaftlichen, sozialen und politischen Veränderungen seit der zweiten Hälfte des 19. Jahrhunderts vor allem Prozesse auf »geographischer Grundlage« seien.[170]

Dieses Argument machte Haack auch für die Schulgeographie geltend. In einer eingehenden Beschreibung des *Anzeigers*, die anlässlich der 1911 erfolgten Übernahme der *Zeitschrift für Schulgeographie* durch den Perthes-Verlag gedruckt wurde und das Ziel verfolgte, deren bisherige Leserschaft für den *Anzeiger* zu gewinnen, heißt es programmatisch: »Das Wirtschaftsleben unserer Tage ruht auf einer geographischen Grundlage wie die Landkarte auf dem mathematischen Gradnetz. Eine geographische Zeit fordert geographische Bildung.«[171] Das Interesse für koloniale Themen zeigte sich besonders an den vielfachen Aufsätzen, kleineren Meldungen und auch bildlichen Darstellungen im *Anzeiger*, etwa zur Marokko-Krise oder zu Maßnahmen der wirtschaftlichen Erschließung der deutschen Kolonien.[172]

166 Schultz, Unpolitische »politische Bildung«, insbesondere S. 15 ff.

167 Henniges/Meyer, Hermann Haack, S. 43.

168 Schultz, Unpolitische »politische Bildung«, S. 22 f.

169 So hieß es in einer Selbstbeschreibung der Herausgeber des Anzeigers: »Der Geographische Anzeiger ist das einzige Fachblatt für die Gesamtinteressen des geographischen Unterrichts an allen Lehranstalten mit deutscher Unterrichtssprache.« Hermann Haack/Heinrich Fischer, Aufgabe und Ziel der Zeitschrift, in: Geographischer Anzeiger 12 (1911), H. 10, o. S.

170 O. V., Neue Bahnen für den erdkundlichen Unterricht, S. 194.

171 Hermann Haack/Heinrich Fischer, Es geht vorwärts, vorwärts auf der ganzen Linie!, in: Geographischer Anzeiger 12 (1911), H. 10, o. S.

172 Siehe beispielhaft Albert Fabarius, Koloniale Erziehung, Aus einer Rede von Prof. A. Fabarius gelegentlich der Einweihung des Neu- und Erweiterungsbaues der Kolonialschule Witzenhausen am 21. Juni 1905, ausgewählt von Hermann Haack, in: Geographischer Anzeiger 12 (1911), H. 3, S. 61-62. Hermann Haack, Ein Prachtwerk über die deutschen Kolonien, Geogra-

Um den Forderungen der Schulgeographie stärkeren Nachdruck zu verleihen, wurden zunehmend Bestrebungen für den Aufbau einer konzentrierten Lobby- und Verbandsarbeit unternommen. Ein zentrales Ergebnis dieser Bemühungen war der ab dem 1. Januar 1912 bestehende Verband deutscher Schulgeographen (VdS), bei dessen Gründung Hermann Haack als entscheidender Initiator fungiert hatte, wobei er gegenüber der Hochschulgeographie ziemlich vorangestürmt war.[173] Haacks Vorstoß zielte darauf ab, durch den Verband die Interessen der Schulgeograph/innen zu bündeln und diesen eine erhöhte Schlagkraft zu verschaffen, um so die oben genannten Ziele zu erreichen. Nebenbei sollte der Perthes-Verlag auf geschickte Weise wieder stärker in den Mittelpunkt des Marktes für geographische Lehrmittel gerückt und wieder enger an die Lehrer/innen angebunden werden, indem der *Geographische Anzeiger* gleichzeitig offizielles Organ des VdS wurde.[174] Haack machte bereits vor der Gründung des Verbandes unmissverständlich klar, dass er die »Anzeigergemeinde« als »Stamm des vorgeschlagenen Verbandes gelten lassen« wollte.[175] Dass Haack hinter den Kulissen intensive Verhandlungen zur Vorbereitung der Verbandsgründung geführt hatte, und bspw. den seit 1903 als Mitherausgeber des *Anzeigers* fungierenden Heinrich Fischer (1861-1924)[176] überzeugen konnte, dessen Ständige Kommission für den erdkundlichen Unterricht[177] zugunsten des VdS aufzulösen, zeigen Haacks Briefe an Perthes.[178] Die Verhandlungen waren dabei keinesfalls ein Selbstläufer und Haack musste zahlreiche Konflikte, auch mit seinem ehemaligen Mentor Hermann Wagner, ausfechten.[179] Haack verstand es in der Folge jedoch geschickt, den *Anzeiger* als Zeitschrift des Verbandes zu profilieren.[180] Damit konnte er die Zahl der

phischer Anzeiger 12 (1911), H. 5, S. 99-100. Hermann Haack, Marokko und Tripoli, in: Geographischer Anzeiger 12 (1911), H. 10, S. 232.

173 Für eine ausführliche Darstellung siehe Brogiato, Wissen ist Macht, S. 326-347. Zur Kritik seitens der Hochschulgeographie, vor allem durch Albrecht Penck und Hermann Wagner, siehe Heinz Peter Brogiato, Die Gründung des Verbands deutscher Schulgeographen, in: Frank-Michael Czapek, 100 Jahre Verband Deutscher Schulgeographen, hg. vom Verband Deutscher Schulgeographen e.V, Bretten 2012, S. 139-163, hier S. 146-152.

174 Ebd., S. 146. Innerhalb von zwei Jahren traten dem VdS fast 3.000 Mitglieder bei. Vgl. Heinz Peter Brogiato, Exkurs: Geographielehrer in der Zeit des Ersten Weltkriegs, in: ders./Bruno Schelhaas, »Die Feder versagt …« Feldpostbriefe aus dem Ersten Weltkrieg an den Leipziger Geographie-Professor Joseph Partsch, Leipzig 2014, S. 415-420, hier S. 418.

175 Hermann Haack, Der »Verband deutscher Schulgeographen«, eine Notwendigkeit der Zeit, in: Geographischer Anzeiger 12 (1911), H. 12, S. 265-271, hier S. 270.

176 Siehe zu Heinrich Fischer Brogiato, Wissen ist Macht, S. 167-174.

177 Heck, Hermann Haack, S. 334.

178 Brief von Hermann Haack an Bernhard Perthes vom 2. Oktober 1911, Forschungsbibliothek Gotha, Sammlung Perthes, SPA ARCH MFV 300/38, Bl. 125.

179 Brief von Hermann Haack an Bernhard Perthes vom 1. Juni 1912, Forschungsbibliothek Gotha, Sammlung Perthes, SPA ARCH MFV 300/38, Bl. 139. Brogiato, Wissen ist Macht, S. 331-337.

180 Ebd., S. 331.

Bezieher/innen deutlich steigern.[181] Es ist nicht weiter überraschend, dass viele Neuheiten von Perthes im *Anzeiger* ausgiebig beworben und besprochen wurden, wobei zu erwähnen ist, dass auch Konkurrenzunternehmen wie Wagner & Debes Anzeigen schalteten – was wiederum die Reichweite des *Anzeigers* unterstreicht.

Anhand des Gründungsaufrufs des VdS sollen im Folgenden koloniale Deutungsmuster, die von weiten Teilen der Schulgeographie geteilt und die von Haack in seiner Funktion als Geschäftsführer des VdS, »bei dem alle Fäden zusammenliefen«[182] propagiert wurden, in einer Feinanalyse aufgezeigt werden (siehe Abb. 29 u. 30, S. 234-235).[183] Unverkennbar betrachtete Haack das Verknüpfen politischer Anschauungen mit schulgeographischen Belangen mittlerweile als ausgesprochen nützlich.

3.6 Der Gründungsaufruf des Verbands deutscher Schulgeographen

Der dem Aufruf zugrunde liegende Impetus bestand darin, der gesellschaftlichen Relevanz der Geographie im Allgemeinen und der Erdkunde als Unterrichtsfach im Besonderen Nachdruck zu verleihen. Denn nur, wenn die Relevanz zweifelsfrei gesichert war, ließen sich auch legitime Forderungen an die staatlichen Instanzen nach einer Förderung der Schulgeographie stellen. Der VdS sollte dabei in einem ersten Schritt als die geeignete Plattform für eine wirksame Durchsetzung dieser Interessen präsentiert werden. Der Text beinhaltete dabei zwei grundlegende Deutungsmuster. Erstens ermöglicht Geographie bzw. geographisches Wissen demnach politische Macht, die hier konsequent als »Weltmacht« gefasst wird. Zweitens vermittelt die Geographie ein holistisches Wissen über die Beziehungen von üblicherweise getrennt betrachteten Phänomenen. Diesen beiden Deutungsmustern entsprechen die vergebenen Kodes *Macht* und *Verbindung*.

1. Kode *Macht*

»Wissen ist Macht, geographisches Wissen ist Weltmacht!« So lautet der erste Satz des Aufrufs an die »deutschen Schulgeographen!«. Geographisches Wissen be-

181 Die Zahl der monatlich ausgelieferten Hefte des Geographischen Anzeigers lag im Jahr 1911, also vor der Gründung des VDS, bei durchschnittlich 1258 Exemplaren, 1912 sprang sie auf 1861. 1914 erreichte sie ihren Höhepunkt mit 2417, bevor sie während des Krieges auf 1754 absank (1917). Die Zahlen basieren auf eigener Auszählung auf Grundlage des Auslieferungsbuches von Justus Perthes. Ausgangsbuch 1895-1919, Forschungsbibliothek Gotha, Sammlung Perthes, SPA ARCH FFA.

182 Brogiato, Wissen ist Macht, S. 338.

183 O. V., Aufruf an die deutschen Schulgeographen!, in: Geographischer Anzeiger 12 (1911), H. 12, o. S. Alle folgenden Zitate hier.

ansprucht also nicht, wie es die Sentenz Francis Bacons (1561-1626) »auch die Wissenschaft selbst ist Macht« besagt, einfach allgemein Macht, sondern eine zeitgemäße Machtform, die ›Weltmacht‹. Damit reklamierte die Geographie für sich, der von Kaiser Wilhelm II. ausgegebenen Losung, Deutschland müsse Weltpolitik betreiben, die nötigen Kenntnisse bereitstellen zu können, also ein Fundament für die Realisierung des Weltmachtanspruchs zu sein. Dabei bedient sich der Text einer Argumentation, die auch in der damaligen Diskussion um die Gestaltung des Geographieunterrichts eine tragende Rolle spielte und die sich im didaktischen Prinzip ›vom Nahen zum Fernen‹ verdichtete.[184] Demnach waren diejenigen Inhalte des Unterrichts, die den Schüler/innen Kenntnisse über ferne und ihnen unbekannte Regionen und Menschen vermitteln sollten, in ihrer Verschiedenheit zum bereits Bekannten und Umgebenden darzustellen. Voraussetzung hierfür war eine profunde Kenntnis des Eigenen, der ›Heimat‹.[185] Im Text wird der Geographie diese Vermittlungsfunktion auch in Bezug auf allgemeine politische und kulturelle Aufgaben zugewiesen. Der Aufruf unterscheidet hier zunächst zwei zentrale Objekte der Geographie, »Boden« und »deutsche Stämme«, erst in zweiter Linie werden »Erde« und »Mensch« genannt.[186] Diesen beiden Gegenständen sind die ersten beiden Absätze des Aufrufs gewidmet und ihnen entsprechen die vergebenen Subkodes.

1.1. Subkode *Boden*

> Nur wer den Boden des eigenen Vaterlandes und die Schätze kennt, die er seit Ewigkeiten birgt oder durch die belebende Kraft der Sonne alljährlich neu hervorsprießen läßt, kann die Grundlagen und Entwicklungsmöglichkeiten seines Wirtschaftslebens beurteilen und in Wechselbeziehung setzen mit dem Wirken der Länder jenseits von Grenz und See!

Der Geographie wird hier ein relevantes Wissen über Bodenschätze und Landwirtschaft zugeschrieben. Beide zusammen bilden demnach die Grundlage der gesamten Wirtschaft. Nur dieses Wissen ermögliche die Planung der Wirtschaft und des Handels mit anderen Staaten und den Kolonien. Der Boden im Zusammenwirken mit den klimatischen Verhältnissen sei die Grundlage der Wirtschaft. Diese wird somit vorrangig physikalisch gedacht, soziale Aspekte ausgeblendet. Auffallend ist auch die romantisierende Rede über den »Boden«, der »seit Ewigkeiten« seine »Schätze« berge, womit er zum Garanten von Unveränderlichkeit

184 Siehe hierzu Güttler, Das Kosmoskop, S. 229.

185 Zur ›Heimatkunde‹ siehe Oliver Kann, Karten des Krieges. Deutsche Kartographie und Raumwissen im Ersten Weltkrieg, Paderborn 2020, S. 190 ff.

186 Die Beziehung zwischen Erde und Mensch war im Rahmen der Konstituierung der Geographie als wissenschaftliche Disziplin einer der umstrittensten Themen. Vgl. Schultz, Die deutschsprachige Geographie von 1800 bis 1970. S. 77 ff. Siehe auch Wardenga, Geographie als Chorologie, S. 101 ff.

und Stabilität wird. Werte, nach denen in einer Zeit äußerst dynamischer Veränderungen der Lebens- und Umweltbedingungen ein verbreitetes Bedürfnis bestand.[187]

1.2. Subkode *deutsche Stämme/Volk*

> Nur wem die traute Kenntnis von Art und Wesen deutscher Stämme Vertrauen zu deutscher Volkskraft vermittelt hat, wird die Sendung verstehen können, die ihr zu kolonialer Betätigung in aller Welt für Gegenwart und Zukunft geworden ist!

Die Geographie besitzt demnach auch ein Wissen über »Art und Wesen deutscher Stämme«. Nur wer dieses essentialistisch gedachte »Wesen« kennt, kann aus ihm die kulturelle »Sendung« ableiten, welche wiederum die »koloniale Betätigung in aller Welt« fundiert. In Kurzfassung: Nur geographisches Wissen kann die deutsche Kulturmission und damit den Anspruch auf Kolonien legitimieren und auf Dauer stellen (»Gegenwart und Zukunft«). Da die Geographie die kulturelle Sendung begründen kann, »vermittelt die Erdkunde ein Wissen, das sich wie kaum ein anderes dem Wesen unseres Volkes anpaßt«, wie es in einer späteren Passage des Textes heißt. Mit anderen Worten, die Deutschen sind von ihrem »Wesen« her zur Kolonisierung bestimmt, aber erst geographisches Wissen macht dieses »Wesen« operationalisierbar.

2. Kode *Verbindung*

Geographisches Wissen kann laut dem Aufruf Beziehungen herstellen zwischen Entitäten, die ohne die Geographie disparat und ohne Zusammenhang erscheinen würden. Der Text nennt insbesondere die Verbindungen von Erde und Mensch, zwischen Eigenem und Fremdem, zwischen Vergangenheit und Zukunft sowie zwischen den gegensätzlichen bildungspolitischen Forderungen der humanistischen Tradition und Tendenzen schulischer Modernisierung. Allen diesen Verbindungen ist jeweils ein Subkode zugeordnet. Ihre Grundlage ist zum einen, dass das »Weltganze« im Text holistisch aufgefasst wird: Potentiell kann hier alles mit allem zusammenhängen, überall herrschen »Wechselbeziehungen« vor. Ein Deutungsmuster, das zum einen den zeitgenössischen Globalisierungsschub reflektiert, aber auch an Traditionen der deutschen Ideengeschichte, wie die Philosophie Hegels und Leitvorstellungen der Romantik, anknüpft.[188] Die Geographie nimmt damit für sich in Anspruch, in der zunehmenden Ausdifferenzierung der Wissenschaf-

187 Zu den gesellschaftlichen »Wandlungsdynamiken« im Übergang vom 19. zum 20. Jahrhundert vgl. Herbert, Geschichte Deutschlands, S. 34ff. Nur ein Beispiel: 1871 gab es in Deutschland acht Städte mit mehr als 100.000 Einwohner/innen, in ihnen lebten insgesamt knapp zwei Millionen Menschen. 1920 waren es 48 solcher Städte mit etwa 13 Millionen Einwohner/innen. Ebd., S. 35.

188 Kristian Köchy, Ganzheit und Wissenschaft. Das historische Fallbeispiel der romantischen Naturforschung, Würzburg 1997.

ten und der damit einhergehenden, zunehmend als unübersichtlich wahrgenommenen Wissensvielfalt Einheit stiften zu können und festen ›Boden‹ zu gewähren.

2.1. Subkode *Erde und Mensch*

> Nur wer mit tiefem Verständnis eingedrungen ist in die oft geheimnisvoll verschlungenen, dabei in ihren Wirkungen mit seltener Kraft in die Erscheinung tretenden Wechselbeziehungen, die Erde und Mensch seit Vorbeginn verbinden, wird frei von den Fesseln ärmlicher Gegenwart die erhabene und erhebende Unendlichkeit des Weltganzen empfinden!

Diese recht dunkel formulierte Passage präsentiert das geographische Wissen als eine Art Gnosis. Die Adepten der Geographie müssen ein »tiefe[s] Verständnis« entwickeln, um die »geheimnisvoll verschlungenen« Wechselbeziehungen zwischen Erde und Mensch zu erkennen.[189] Dabei werden diese Wechselbeziehungen analog zu naturgesetzlichen Prinzipien als unveränderlich und »seit Vorbeginn« an wirkend gedacht. Diese Gesetze sind ewig, müssen aber aufgedeckt werden, da sie nicht selbstevident sind. Das Ziel besteht in der Empfindung der »Unendlichkeit des Weltganzen«. Diese Art von Wissen oder Anschauung, die offenbar nicht auf rationale Erkenntnis, sondern auf ein »erhabene[s] und erhebende[s]« Gefühl zielt, scheint die Schwelle zum schwärmerisch Irrationalen zu überschreiten. Hier klingen deutlich Bezüge zur Lebensreform und Lebensphilosophie an.

2.2. Subkode *Humanismus und Realismus*

Die Erdkunde schlägt »die Brücke [...] zwischen humanistischer und realistischer Grundbildung« und gibt damit vor, das Potential zu besitzen, den seit dem letzten Drittel des 19. Jahrhunderts andauernden Konflikt zwischen klassischem Bildungsideal und stärker praktisch, naturwissenschaftlich und neusprachlich ausgerichteten Schulkonzeptionen zu überwinden.

2.3. Subkode *Vergangenheit, Gegenwart und Zukunft*

Auch die verschiedenen Dimensionen der Zeit vermag die Geographie laut dem Aufruf zu verbinden. Dies hängt mit dem postulierten Vermögen zusammen, die ahistorischen, »seit Vorbeginn« wirkenden Kräfte, die das Verhältnis von Mensch und Erde sowie von Natur und Kultur bestimmen, entschlüsseln zu können. Die »Fesseln ärmlicher Gegenwart« werden damit abgelegt und die koloniale »Sendung« der »deutschen Stämme«, »in aller Welt für Gegenwart und Zukunft« ermöglicht. Hierfür müsse jedoch zunächst die »unwürdige Stellung« der Schulgeographie überwunden werden.

189 Die Rede von den »geheimnisvoll verschlungenen« Wechselbeziehungen zwischen Erde und Mensch ist möglicherweise auch ein Reflex auf die methodologische Suchbewegung der Geographie bei der Bestimmung dieser Beziehung. Siehe dazu Anm. 2 in diesem Kapitel, S. 105.

2.4. Subkode *Eigenes und Anderes*

Auch das Eigene und das Andere wird im Text in Beziehung gesetzt, allerdings in einem hierarchischen Verhältnis. Das Andere kann nur in Differenz zum Eigenen erkannt und verstanden werden. Voraussetzung ist die Kenntnis des Eigenen, welche dem Text zufolge nur die Geographie vermitteln kann. Anhand des Eigenen wird das Andere jedoch nicht nur als Fremdes erkannt, sondern auch bewertet. Das Eigene wird mithin zum Wertmaßstab des Anderen. Die Welt wird zwar in der Figur des »Weltganzen« als ein komplexes, zusammenhängendes Ganzes beschrieben. Dieser globale Untersuchungsgegenstand wird aber unter nationalen Prämissen bewertet. Ihm wird zwar eine Eigengesetzlichkeit, aber keine Eigenwertigkeit zuerkannt, es soll vielmehr nach Maßgabe des Eigenen bewertet und gestaltet werden. Dieses hierarchische Verhältnis ermöglicht den Eingriff in die »Länder jenseits von Grenz und See« als legitime politische, kulturelle und wirtschaftliche Umgestaltung.

Bereits vom Geographentag in Innsbruck im Mai 1912 konnte Haack berichten, dass der Verband deutscher Schulgeographen zunehmend Anklang fand. Haack führte nach eigener Aussage viele Gespräche mit Lehrern, die ihm Mut »für die Zukunft« machten. »Es ist gar kein ‹…› Zweifel, daß ich mehr und mehr Vertrauen und Anhang finde.«[190] Dass die Vorbereitung jedoch nicht ohne Konflikte ablief, belegt ein Schreiben Haacks an Bernhard Perthes vom 1. Juni 1912:

> Die Schulsitzung verlief nach außen und für den Fernerstehenden ziemlich harmlos; dagegen hat es hinter den Kulissen nicht an Kämpfen gefehlt und selbst mit Wagner bin ich wegen des Verbandes beinahe zusammengeraten. Die Tagung hat mich ziemlich mitgenommen und mit Ihrem Einverständnis möchte ich mich ein paar Tage ausruhen.[191]

Perthes war sehr zufrieden mit Haacks Bemühungen und den erzielten Ergebnissen in Bezug auf die Schulwandkarten und den VdS und bilanzierte im Dezember 1912:

> Was Ihrer Arbeitskraft und -Lust im vergangenen Jahr wieder gelungen ist: Der »Große Historische« [gemeint ist der Große Historische Wandatlas], der »Verband«, die »Stieler-Organisation« [vgl. hierzu Kap. 6] und der »Schreibkalender« [gemeint ist der von Haack herausgegebene Geographen-Kalender] muß beim Verleger einen freudigen Widerhall wecken![192]

190 Brief von Hermann Haack an Bernhard Perthes vom 27. Mai 1912, Forschungsbibliothek Gotha, Sammlung Perthes, SPA ARCH MFV 300/38, Bl. 138.

191 Brief von Hermann Haack an Bernhard Perthes vom 1. Juni 1912, Forschungsbibliothek Gotha, Sammlung Perthes, SPA ARCH MFV 300/38, Bl. 139. Vgl. auch Brogiato, Gründung des Verbands deutscher Schulgeographen, S. 147.

192 Brief von Bernhard Perthes an Hermann Haack vom 24. Dezember 1912, Forschungsbibliothek Gotha, Sammlung Perthes, SPA ARCH MFV 300/38, Bl. 141.

Haacks Agieren behielt die buchhändlerische Dimension stets im Auge und konnte durch sein Geschick entsprechende Erfolge präsentieren. Am Beispiel des Engagements für die Schulgeographie wird außerdem deutlich, dass dieses Handeln aufs Engste verflochten war mit politisch-weltanschaulichen Fragen. Letztere waren für Haack aber Mittel zum Zweck, der Absatz war das Entscheidende.

Haacks strategischer und kalkülgesteuerter Umgang mit politischen Themen und Institutionen soll abschließend durch ein weiteres Beispiel belegt werden. Dieses Beispiel betrifft auch das Verhältnis zwischen Haack und Langhans, ihr sich zuspitzendes Konkurrenzverhältnis, und ermöglicht damit einen Einblick in die Kommunikations- und Machtstrukturen im Perthes-Verlag.

3.7 Hermann Haack und der Deutschbund

Der Deutschbund wurde bereits im Zusammenhang mit den politischen Aktivitäten und der Weltanschauung von Paul Langhans betrachtet. Es lässt sich jedoch auch eine Mitgliedschaft Haacks in dieser antisemitischen und radikalnationalistischen Vereinigung nachweisen. Sogar führende Ämter wie die des Schriftleiters der *Deutschbund-Blätter* hatte er zeitweise inne.[193] 1911 gab er den Jubiläumsband der Deutschbundgemeinde Gothas heraus und steuerte hier auch einen eigenen Text bei, der den Perthes-Verlag infolge von Langhans' Kartenprogramm zum Mittelpunkt einer völkisch-nationalen Kartographie erklärte.[194] Die Flexibilität des politischen Standpunkts von Haacks ermöglichte also auch in diese Richtung grundsätzlich Anschlussfähigkeit. Ein Brief an Bernhard Perthes vom April 1912 zeigt allerdings die strategische Motivation von Haacks Engagement im Deutschbund. Aufgrund seiner zentralen Bedeutung wird wiederum ein Großteil des Schreibens wiedergegeben:

> […] zum Schluß noch ein paar Worte über eine Angelegenheit, die ich vertraulich zu behandeln bitte, da sie Langhans angehen. Sie wissen, daß ich mit ihm dem Deutschbund angehöre; er ist als sogen. Bundeswart Oberchef dieser Vereinigung, daneben ist er Vertrauensmann der »Gemeinde« Gotha, die er von 10 auf 150 Mitglieder gebracht hat […].
>
> In diesen Deutschbund hat mich nun Langhans systematisch immer tiefer hineinzuziehen und festzulegen versucht. Er hat mir die Deutschbund-Blätter angehängt und mich in tausend Kommissionen und Ausschüsse hineinsetzen lassen. Ich habe diese Lasten bisher anstandslos auf mich genommen, einmal, weil es sich zweifellos um eine fördernswerte Sache handelt, zumeist aber aus der sicheren Erkenntnis heraus, daß Langhans den Menschen einzig nach

193 Henniges/Meyer, Hermann Haack, S. 41.

194 Haack, Gotha als Mittelpunkt deutscher Erd- und Volksforschung.

seiner Stellung zu seinen deutschtümlichen Bestrebungen beurteilt. Am Sonnabend vor 8 Tagen kam er nun zu mir u. hielt mir einen langen Vortrag, daß es ihm aus verschiedenen Gründen nicht mehr möglich sei, den Vorsitz der Gothaer Gemeinde weiter zu führen und daß man – natürlich auf seine Veranlasung – mich zu seinem Nachfolger gewählt habe. Ich dankte ihm für das schmeichelhafte Vertrauen, sagte ihm aber gleich, daß für mich die Übernahme des Postens unter den gegenwärtigen Verhältnissen ein Ding der Unmöglichkeit sei. Er gab mir 8 Tage Bedenkzeit, die aber an meinem Entschluß nichts ändern konnten und Sie werden mir darin Beistimmen, wenn ich Ihnen mit zwei Worten erzähle, was dieser Posten mit sich bringt: monatlich den Vorsitz in zwei durchschnittlich von 100 Menschen besuchten Versammlungen in Gotha und auswärts, die regelmäßig von 6-1 Uhr abends dauern; für diese Versammlungen sind ständig möglichst auswärtige Redner zu besorgen. […], einmal im Jahre erscheint das Herzogs-Paar mit sämtlichem Anhang.[195] […] Bei jeder Veranstaltung nahestehender politischer Parteien u. Vereine muß der Vors.[itzende] den Bund vertreten. Das ist noch lange nicht alles, aber es mag vorläufig genügen. Und nun denken Sie, diesen Wust von neuen Pflichten mutet mir Langhans zu, während ich doch, das werden Sie mir gern bezeugen, den Kopf ohnehin voll habe von laufenden Unternehmungen und Zukunftsplänen […].

Natürlich war gegen meine endgültige Ablehnung wenig zu sagen. Aber nun – und deshalb erzähle ich Ihnen diese ganze Geschichte – präsentierte L.[anghans] Wechsel. Er kam auf den Stieler zu sprechen und machte Andeutungen, daß er von Ihnen eine Erklärung erwarte, daß er »ohne bindende Zusicherungen« sich zu »Maßnahmen« veranlaßt sehen werde, die unter Umständen zu »Erschütterungen« führen könnten; er lege deshalb Wert darauf, mir das vorher mitzuteilen, damit ich in seinem Vorgehen nicht etwa eine »persönliche Spitze«, sondern nur eine geschäftliche Angelegenheit sehe. Ich weiß nicht, ob ich recht daran tue, Ihnen dieses alles mitzuteilen. Aber die Sache hat mich so sehr beschäftigt, daß ich mich einmal darüber aussprechen mußte.

Der ganze Hergang hat meine Ansicht über Langhansens Stellung zu mir und zu Justus Perthes aufs Neue gefestigt: beide haben wir solange Interesse für ihn, als er sie braucht oder für seine Sonderbestrebungen brauchen zu können glaubt; jedes innere, wärmere, persönliche Verhältnis fehlt. […] Ich bin überzeugt, daß ihm der ganze Stieler und die Zukunft von Justus Perthes Hekuba ist, daß er durch Ausnutzung der Lage nur eigenen Vorteil herausschlagen will. Vielleicht sind Sie empört über diese Sätze; ich weiß, daß ich mich damit um

195 Siehe zu den politischen Einstellungen von Carl Eduard (1884-1954), bis 1918 regierender Herzog von Sachsen-Coburg und Gotha: Karina Urbach, Go-Betweens for Hitler, Oxford 2015. Außerdem Hubertus Büschel, Hitlers adliger Diplomat. Der Herzog von Coburg und das Dritte Reich, Frankfurt a. M. 2016.

> Kopf und Kragen schreiben kann. Aber ich richte mich ebenso zu Grunde, wenn ich ihm den Gefallen tue und die Wahl annehme. Aber wenn es wirklich mein Geschick sein soll, vor der Zeit unter die Räder zu kommen, dann soll es wenigstens nicht für eine Vereinsmeierei geschehen, sondern für ein Lebensziel, das dieses Opfer wert ist.[196]

Haack betrachtete den Deutschbund demnach zwar als »fördernswerte Sache«, war jedoch keinesfalls bereit, sich über Gebühr zu engagieren, ja er betrachtete die Aktivitäten des Deutschbundes letztlich im Vergleich zu seinen Zielen bei Perthes als »Vereinsmeierei«. Priorität hatten für ihn der Verlag und die dort »laufenden Unternehmungen«. Ausschlaggebend für sein Interesse am Deutschbund scheint vielmehr seine Beziehung zu Paul Langhans gewesen zu sein. Möglicherweise wollte Haack sich über sein Engagement im Deutschbund mit diesem gut stellen und auf Augenhöhe agieren. Denn Langhans beurteile »den Menschen einzig nach seiner Stellung zu seinen deutschtümlichen Bestrebungen«. Das Engagement Haacks war begrenzt und diente in erster Linie persönlichen Zwecken – als Langhans aus Sicht Haacks zu viel verlangte, lehnte er weitere Aktivitäten ab.

Gleichzeitig wird auch das enorme Ausmaß der Aktivitäten von Langhans im Deutschbund deutlich, die dieser bereits seit Jahren ausübte, und die beileibe nicht seine einzigen politischen Tätigkeiten waren. Langhans war nicht dazu bereit, seine Prioritäten ausschließlich an den Zielen des Verlags auszurichten. Ein weiterer Beleg für die entscheidende Rolle, die der Einsatz für radikalnationale Belange in seinem Leben besaß. Haacks Einschätzung von Langhans ist möglicherweise polemisch überzogen, im Kern ist sie dennoch zutreffend. Dass Haacks Engagement im Deutschbund strategisch motiviert war, heißt nun aber keinesfalls, dass er ein unpolitischer Kartograph war. Er verfolgte diesbezüglich nur andere Zwecke als Langhans.

Schlussendlich zeigt Haacks Brief auch die tiefen Gräben zwischen Langhans und Haack, die beide um die Führung in der Anstalt rangen. Haacks Brief ist eine Offenbarung seiner Gefühlslage gegenüber seinem Ziehvater Perthes, gleichzeitig aber auch eine handfeste Denunziation Langhans', dem Haack, indem er behauptete, »daß ihm der ganze Stieler und die Zukunft von Justus Perthes Hekuba« sei, nichts anderes vorwarf, als die Interessen des Verlags zu verletzen, wenn nicht gar zu verraten. Der *Stieler* bildete dabei das Zentrum der Auseinandersetzung zwischen Haack und Langhans.

196 Brief von Hermann Haack an Bernhard Perthes vom 21. April 1912, Forschungsbibliothek Gotha, Sammlung Perthes, SPA ARCH MFV 300/38, Bl. 134-136.

3.8 Der Konflikt um den *Stieler-Handatlas*

Mit wachsendem Einfluss der beiden Kartographen im Verlag – Langhans waren *Petermanns Mitteilungen* sowie die Überarbeitung und Erweiterung von *Vogels Karte des Deutschen Reiches* anvertraut worden,[197] Haack war im Begriff, ein großangelegtes Schulwandkartenprogramm aufzubauen – spitzte sich der Konflikt um die Frage zu, wem die wissenschaftliche Führung im Verlag zukomme. In den Jahren 1911 und 1912 eskalierte dieser schwelende Konflikt. Der Auslöser war die Frage nach der Leitung der zehnten Auflage des *Stieler-Handatlas*. Wie bereits erwähnt, hatte Perthes 1905, nach dem Abschluss der neunten Auflage, eine Aufteilung zwischen Habenicht, Langhans und Haack vorgesehen, wobei Haack eher randständige Bereiche – den allgemeinen Übersichtsteil sowie Australien, Russland und den Balkan – zugewiesen bekommen hatte. Langhans erhielt die im Mittelpunkt der Aufmerksamkeit stehenden Kontinente Europa und Afrika, Habenicht sollte Asien sowie Nord- und Südamerika bearbeiten (vgl. Kap. 2).

Bei dieser Regelung blieb es jedoch nicht. In einem Brief vom Juli 1911 forderte Haack die alleinige Leitung des Projekts, sprach Langhans und Habenicht die Eignung hierfür ab und warf dabei insbesondere sein persönliches Verhältnis zu Perthes, dem er zusätzlich indirekt mit Kündigung drohte, in die Waagschale:[198]

> Meine ganze Kraft aber soll dem Stieler gelten und es ist nicht Selbstüberhebung, sondern Selbstvertrauen, das man doch haben darf, wenn ich an meinem Platz glaube. […] Weiter lassen Sie mich daran erinnern, daß Sie mich ausdrücklich als Kartographen, nicht als Geographen und Schriftsteller in Ihr Haus genommen haben und daß mir der Stieler die Hand geführt hat bei meinen ersten Versuchen kartographischer Betätigung. Lassen Sie mich an ihm zum Meister werden.
>
> Sehr ernst bin ich mit mir darüber zu Rate gegangen, ob ich mit meiner Bitte einem meiner Mitarbeiter zu nahe treten würde. Lassen Sie mich auch darüber mit vollster Offenheit sprechen. Von den Beamten der Anstalt können dabei nur Habenicht und Langhans in Frage kommen. Habenicht scheidet seines Alters wegen ohne weiteres aus, denn es ist ausgeschlossen, daß er mit 70 Jahren einer Aufgabe Herr werden wird, der er vor 15 Jahren nicht gewachsen war [gemeint ist die einheitliche Gestaltung der neunten Auflage]. Anders liegt die Sache mit L.[anghans] Ich will auch hier historisch vorgehen. L. ist, wenn ich recht unterrichtet bin, als präsumtiver Nachfolger von Hassenstein in die An-

197 Langhans leitete die Neubearbeitung seit 1905. Sie erschien aber erst zwischen 1913 und 1915 und war ein ökonomischer Misserfolg (vgl. Kap. 4). Paul Langhans, Vogels Karte des Deutschen Reiches und der Alpenländer im Maßstab 1:500.000, 33 Blätter in Kupferstich, Gotha 1913-1915.

198 Der Brief ist bereits in Teilen abgedruckt bei Brogiato, Wissen ist Macht, S. 159 f.

stalt gekommen und hat ja dessen Erbe, wenn auch etwas verspätet, angetreten. Von vornherein ist dadurch sein Augenmerk auf die Mitteilungen überhaupt gerichtet worden und vom ersten Tage an hat er sich mit Reformplänen getragen, die bewiesen, daß sein letztes Ziel Supans Redaktionsstuhl war.[199] Ehe er dieses erreichte, mußte er, wie ich heute noch, auf Nebengeleisen fahren; so entstanden die Deutsche Erde und seine zahlreichen Deutschkarten. [...] An Stielers Handatlas dagegen hat er niemals einen Strich getan [...].

Durch die Entwicklung der letzten Jahre ist das Gleichgewicht in den leitenden Stellen der Anstalt arg verschoben worden und zwar ist mein Gewicht im gleichen Verhältnis gesunken als das von L. gestiegen ist. Das ist gewiß niemals von maßgebender Stelle mir gegenüber bindend erklärt worden; aber es ist die tatsächlich in der Anstalt herrschende Auffassung. Hat es doch Herr Klemm [der Prokurist des Verlags, vgl. Kap. 2, Anm. 196, S. 101] in taktlosester Weise für richtig befunden, mir gegenüber L. als den ersten Beamten der Anstalt, als meinen Konkurrenten zu bezeichnen, und mir schon nicht mehr durch die Blume zu verstehen gegeben, daß er einen wissenschaftlichen Direktor der Anstalt für nötig halte. Gewiß kann man dieser Ansicht sein. [...] Aber ebenso muß ich im vollen Bewußtsein der Tragweite meiner Worte erklären, daß ich eine Suprematie L. für die Anstalt für verderblich halte, daß ich ihm persönlich mir gegenüber weder nach seinen wissenschaftlichen Leistungen noch nach seiner Betätigung für die Anstalt eine solche zuerkennen kann und daß ein von Seiten der Anstalt ausgeübter Zwang, mich und meine Arbeiten ihr unterzuordnen, mich vor Entschließungen stellen würde, die die schwersten meines Lebens wären.

Ich achte L. nach seiner Arbeitskraft und seinen Leistungen hoch, ich bin ihm seit Jahren in persönlicher Freundschaft verbunden, es ist niemals das Geringste zwischen uns vorgefallen, und weil ich will, daß das für die Zukunft zu unserem und der Anstalt Besten so bleibt, muß ich um eine reinliche Scheidung bitten. Aus der genauesten Kenntnis seines Charakters weiß ich, daß er vielleicht gegen seinen eigenen Willen auch bei einer gemeinsamen Leitung des Stieler aus einem Neben- ein Untereinander machen würde, ganz so, daß <u>er oben</u> bliebe. [...] Hochverehrter lieber Herr Perthes, ich weiß, Sie fühlen mir nach, welche Kämpfe es mich gekostet hat, Ihnen diese Geständnisse zu machen. Nur maßloses Vertrauen zu Ihnen hat mir den Mut dazu gegeben. [...] Dem Zwanzigjährigen haben Sie die Hand geboten, ohne andere Gewähr als die Fürsprache seines Lehrers und ein ärmliches Schulzeugnis, entziehen Sie sie dem Vierzigjährigen nicht, der, ob er will oder nicht, mit Leib und Seele Justus Perthes verfallen ist.[200]

199 Alexander Supan war bis April 1909 Herausgeber von *Petermanns Mitteilungen* und damit Langhans' Vorgänger.

200 Brief von Hermann Haack an Bernhard Perthes vom 29. Juli 1911, Forschungsbibliothek Gotha, Sammlung Perthes, SPA ARCH MFV 300/38, Bl. 119-122.

Als Reaktion auf diesen Brief sprach Bernhard Perthes Haack die alleinige Leitung der *Stieler*-Redaktion zu und schrieb:

> Ihre Worte sagen genau das, was ich seit langem beobachte und was mich je länger je mehr mit Unruhe und Zweifel erfüllte. Es konnte gar nicht anders kommen, Ihre Schlüsse bilden den einzig logischen Ausweg! So nehmen Sie den großen Stieler in Gottes Namen allein auf Ihre starken Schultern![201]

Eine richtungsweisende Entscheidung für den Verlag, für Haack und für Langhans. Aus dem Brief lässt sich ersehen, dass zu diesem Zeitpunkt – im Sommer 1911 – Langhans' Position im Verlag noch als mindestens ebenso einflussreich wie Haacks einzuschätzen ist. Nun begannen sich die Verhältnisse jedoch nachhaltig zu verschieben. Der im vorherigen Abschnitt zitierte Brief Haacks über seine Tätigkeit im Deutschbund vom April 1912 belegt aber, dass sich der Konflikt um den *Stieler* noch monatelang hinzog. Langhans hatte sich mit seiner Ausbootung keinesfalls abgefunden. Letztlich konnte er jedoch an der Entscheidung nichts ändern, Haack blieb alleiniger Leiter des kartographischen Großprojekts (vgl. Kap. 6).

Festzuhalten bleibt, dass den, von Haack mit großem Geschick und unter Ausnutzung seiner Beziehungen und fachlichen Kompetenzen, geplanten Projekten, ein voller Erfolg beschieden war. In anderthalb Jahrzehnten bahnte Haack sich den Weg von einem Nachwuchstalent zu einer Autorität auf dem Gebiet der Kartographie. Die Übernahme der Leitungsposition des *Stieler* machte ihn zum wichtigsten Mitarbeiter im Verlag. Und diese Tendenz sollte sich in den kommenden Jahren fortsetzen, wenn auch unter den grundlegend veränderten Bedingungen des Ersten Weltkriegs. Zudem lässt sich bereits für die Zeit zwischen 1897, dem Beginn Haacks bei Justus Perthes, und dem Ausbruch des Ersten Weltkrieg 1914 konstatieren, dass das Bild von einem unpolitischen Kartographen Haack nicht aufrecht zu erhalten ist. Ebenfalls wird erkennbar, dass das Verhältnis von Weltanschauung, verlegerischen und persönlichen Interessen bei Haack ein enges und wechselseitig bedingtes war. Dabei spielte auch Haacks Gespür für visuelle Wirkung, für Anschaulichkeit und Generalisierung eine entscheidende Rolle.

Auf allen Ebenen agierte Haack als geschickt taktierender, teilweise sogar intriganter Kartograph, Verbandsfunktionär und Interessenvertreter, der Politik als Ressource für den Verlag, für die Schulgeographie und sich selbst einzusetzen wusste. Gleichwohl war er mehr als ein reiner Opportunist, denn er teilte durchaus eine deutsch-nationale Grundhaltung, die den Anspruch auf Weltgeltung und Weltmacht mit kultureller Überlegenheit legitimierte. Das Hauptaugenmerk von Haacks Bestrebungen galt aber stets dem Verlag und seiner eigenen Stellung. Wenn politische Ideologie für die Erreichung dieser Ziele ihm opportun erschien, ließ es Haack nicht an Engagement fehlen. Anhand der zitierten Briefe werden

201 Brief von Bernhard Perthes an Hermann Haack vom 5. August 1911, Forschungsbibliothek Gotha, Sammlung Perthes, SPA ARCH MFV 300/38, Bl. 124.

aber auch die Grenzen des politisch motivierten Denkens und Handelns von Haack deutlich. Da, wo persönlicher und verlegerischer Erfolg gefährdet schienen, scheute er nicht davor zurück, einen politisch neutralen Standpunkt einzufordern. Haack ließ sich jedoch zunehmend durch die nationalistische Perspektive der Lehrerschaft leiten, deren Standpunkte er bedienen wollte, um den *Geographischen Anzeiger* als Sprachrohr der Schulgeographie zu etablieren.

Politik und Weltanschauung dienten Haack in erster Linie als Ressource für die Schulgeographie und damit zugleich dem ökonomischen Erfolg von Perthes. In dieser, nicht in umgekehrter Reihenfolge, verliefen Haacks Intentionen. Dies ist der zentrale Gegensatz zu Langhans, der seine kartographische Tätigkeit im Verlag wesentlich in den Dienst politischer Weltanschauung stellte. Kartographie und Verlag waren für Langhans Ressourcen für die Verbreitung einer politischen Weltanschauung – hier war Haacks Einschätzung, dass für Langhans die »deutschtümlichen Bestrebungen« oberste Priorität hatten, absolut zutreffend. Karten waren für Langhans Träger politischer Ideen, auch wenn sie wissenschaftlichen Standards und Gepflogenheiten entsprachen. Der Kartenverkauf diente Langhans in erster Linie der Legitimierung dieser Ideen. In Haacks Fall lagen die Prioritäten genau umgekehrt. Allerdings ließ sich eben gerade auch mit kolonialer Agitation Geld verdienen, besonders in Zeiten vielfältiger Konflikte zwischen den europäischen Großmächten im Vorfeld des Ersten Weltkriegs.

Haacks zentrale Stellung im Verlag beruhte auf seinem Kartenstil und auf dem feinen Gespür für sein Klientel und dessen politische Haltung. Als der Krieg schließlich ausbrach und auch Haack zum Militär eingezogen wurde, schrieb ihm Bernhard Perthes:

> Aber was spreche ich von meinen kleinen Problemen, während Sie im Feindesland Weltgeschichte machen! […] Wären Sie hier, so würden Sie gewiß im Anzeiger […] in Leitartikeln versuchen einen allgemeinen Niederschlag der Ereignisse zu geben – und an der Hand von Kartenbeilagen würden Sie das gewiß ganz famos und auch immer mit Rücksicht auf den Geographielehrer zu machen verstehen![202]

202 Brief von Bernhard Perthes an Hermann Haack vom 6. September 1914, Forschungsbibliothek Gotha, Sammlung Perthes, SPA ARCH MFV 300/38, Bl. 151.

4. Der Erste Weltkrieg als doppelter Wendepunkt

4.1 Einleitung

In diesem Kapitel soll den wichtigsten Entwicklungen von Haack und Langhans während des Ersten Weltkriegs nachgegangen werden. Diese können mit dem Begriff des ›doppelten Wendepunkts‹ umschrieben werden: Zum einen markierte der Krieg den Moment, an dem Haack sich endgültig als Führungsfigur im Verlag durchsetzte, zum anderen jedoch, parallel zu allgemeinen Tendenzen in Deutschland, erstellte er nun auch Karten und Texte, die von völkischen Deutungsmustern beeinflusst waren, für deren kartographische Visualisierung Langhans wiederum als Wegbereiter anzusprechen ist, da er solche Karten bereits seit dem Ende des 19. Jahrhunderts publizierte. Daraus lässt sich ersehen, dass zumindest Teile von Wahrnehmungen und Deutungen, die vor dem Krieg lediglich von einer marginalen Gruppe radikaler Nationalisten geteilt wurden, aufgrund der elementar neuen Erfahrung dieses Krieges und seiner Auswirkungen in breitere Gesellschaftsschichten vordrangen.

Doch zunächst sollen anhand der Weltausstellung für Buchgewerbe und Graphik in Leipzig, die ihre Tore im Frühjahr 1914 öffnete und auf der auch Justus Perthes seine Produkte präsentierte, die charakteristischen Spannungen vor dem Krieg schlaglichtartig beleuchtet werden. Im Anschluss an das vorherige Kapitel kann hier die ambivalente Rolle des zeitgenössischen Kulturbegriffs veranschaulicht und gezeigt werden, wie Karten an diesem Begriff partizipierten.

4.2 »Von der Weltkultur zum Weltkrieg«

In der Rückschau ist das Jahr 1914 zur Chiffre geworden für den ersten modernen Krieg der Geschichte mit globalen Ausmaßen. Er ist je nach Perspektive Abschluss, Auftakt oder Katalysator von Entwicklungen, die die Welt entscheidend geprägt haben, eine Zäsur in jeder Hinsicht.[1] Blickt man jedoch auf den zeit-

1 Zu Konzepten von Periodisierung des 19. und 20. Jahrhunderts siehe Lutz Raphael, Ordnungsmuster der »Hochmoderne«? Die Theorie der Moderne und die Geschichte der europäischen Gesellschaften im 20. Jahrhundert, in: Ute Schneider/Lutz Raphael (Hg.), Dimensionen der Moderne. Festschrift für Christof Dipper, Frankfurt a. M. u. a. 2008, S. 73-91, insbesondere S. 78ff.

genössischen »Erwartungshorizont« vor dem Krieg,[2] so ergibt sich eine Differenz zur historiographischen Perspektive, die zwangsläufig aus der historischen Erfahrung heraus gewonnen wird.[3] Zwar war im allgemeinen Bewusstsein die krisenhafte Zuspitzung der Konflikte zwischen den Großmächten, die Schieflage, in die ihr ›Konzert‹ geraten war, fest verankert – dennoch hatte die Diplomatie in den mit immer kürzeren Abständen eintretenden Spannungen den ›großen Krieg‹ durch regionale Eingrenzung stets zu verhindern gewusst.[4] Zudem gab es gegenläufig zur Zuspitzung des Konflikts zwischen Zweibund und Triple Entente durchaus ernsthafte Bemühungen um Entspannung und Annäherung, insbesondere zwischen dem Deutschen Reich und England.[5]

Deshalb rechnete man trotz der immer massiver erfolgenden Aufrüstung bis zum Sommer 1914 nicht allenthalben und unmittelbar mit dem Ausbruch eines Krieges von unbekanntem Ausmaß und vertraute darauf, dass der Wille zum Frieden letztlich das Schlimmste verhindern würde.[6] Doch gerade das Vertrauen, dass es ›schon gutgehen werde‹, barg fatale Risiken:

> Umgekehrt hatten auch die Momente der Entspannung, die für die letzten Jahre vor dem Krieg so charakteristisch waren, einen widersinnigen Effekt: Indem sie einen Kontinentalkrieg *scheinbar* an den Rand des Horizonts der Wahrscheinlichkeit zurückdrängten, verführten sie die Hauptakteure dazu, die mit ihren Interventionen verbundenen Risiken zu unterschätzen. Nicht zuletzt aus diesem Grund schien die Gefahr eines Konflikts zwischen den großen Bündnisblöcken genau in dem Moment zu schwinden, als die Kette der Ereignisse, die letztlich Europa in den Krieg stürzte, in Gang gesetzt wurde.[7]

Siehe auch Dan Diner, Das Jahrhundert verstehen. Eine universalhistorische Deutung, München 1999, S. 9 f. Zuletzt: Herbert, The Short and the Long Twentieth Century.

2 Zur Differenz von »Erfahrungsraum« und »Erwartungshorizont« als Kennzeichen der Neuzeit vgl. Reinhart Koselleck, ›Erfahrungsraum‹ und ›Erwartungshorizont‹ – zwei historische Kategorien, in: ders., Vergangene Zukunft. Zur Semantik geschichtlicher Zeiten, 4. Aufl. [1. Aufl. 1979], Frankfurt a. M. 2000, S. 349-377.

3 Christopher Clark, Die Schlafwandler: wie Europa in den Ersten Weltkrieg zog, München 2015, S. 226 f., 468 f.

4 Jörn Leonhard, Die Büchse der Pandora: Geschichte des Ersten Weltkriegs, München 2014, S. 79.

5 Clark, Schlafwandler, S. 199, 419, 423. Herbert, Geschichte Deutschlands, S. 110 f. Klaus Hildebrand, Das vergangene Reich. Deutsche Außenpolitik von Bismarck bis Hitler, Studienausgabe, München 2008, S. 249 ff. Erst im Juni 1914 wurde das Vertrauen zwischen Berlin und London durch die russisch-englischen Flottengespräche stark erschüttert. Vgl. Clark, Schlafwandler, S. 540 f.

6 Diner, Das Jahrhundert verstehen, S. 38. Obwohl Gangolf Hübinger davon ausgeht, dass viele namhafte europäische Intellektuelle ihre Nationen spätestens seit 1911 auf die Unvermeidlichkeit des großen Krieges einstimmten. Vgl. Gangolf Hübinger, Hingabe an die Nation. Die Ideenkämpfe 1911-1914, in: Zeitschrift für Ideengeschichte 8 (2014), H. 1, S. 8-16.

7 Clark, Schlafwandler, S. 471. Hervorhebung im Original.

Stefan Zweig hielt in seinen Lebenserinnerungen diese Gleichzeitigkeit von besorgniserregenden Anzeichen und persistenter Sorglosigkeit fest, als er einen Kinobesuch in Tours im Frühjahr 1914 beschrieb. Zweig war zutiefst erschrocken, weil die Zuschauermenge wie wahnsinnig tobte, als die Nachrichten Wilhelm II. zeigten: »[...] daß bis tief in die Provinz, bis tief in das gutmütige, naive Volk der Haß sich eingefressen, ließ mich schauern.«[8] Und dennoch, »solche Augenblicke der Sorge flogen vorbei wie Spinnenweb im Winde. Wir dachten zwar ab und zu an den Krieg, aber nicht viel anders, als man gelegentlich an den Tod denkt – an etwas Mögliches, aber wahrscheinlich doch Fernes.«[9] Diese trügerische Sicherheit ließ in der Wahrnehmung der Menschen Raum für vielfältige andere Ereignisse, die greifbarer waren und sich in den Vordergrund schoben.[10] Die Angehörigen des Buchhandels- und Druckgewerbes etwa, aber auch Kulturinteressierte und Freundinnen und Freunde von Großereignissen überhaupt, richteten ihre Erwartungen insbesondere auf die Weltausstellung für Buchgewerbe und Graphik, kurz »Bugra« genannt, die von Mai bis Oktober 1914 in Leipzig stattfinden sollte. Doch gerade an diesem Ereignis, dieser Repräsentation der kulturellen Welt, lassen sich die Spannungen zwischen den ›Kulturnationen‹, die Ambivalenzen von Ausgleich und Konfrontation aufzeigen, die charakteristisch für die Zeit waren, die jedoch erst ex post betrachtet alternativlos in die Katastrophe führten.

Die Ausstellung fand auf dem Gelände der bereits im Jahr zuvor abgehaltenen Internationalen Baufach-Ausstellung (IBA) statt und befand sich damit auf einer symbolischen Achse zwischen dem 1905 fertiggestellten Neuen Rathaus der Stadt und dem 1913 zum hundertjährigen Jubiläum der Völkerschlacht eingeweihten Denkmal. Einem offiziellen Führer der Ausstellung nach, besaß die Ausstellung »den Charakter einer Weltausstellung größten Stils«.[11]

> Wohl kaum eine Ausstellung hat so das Interesse der Allgemeinheit auf sich gelenkt, wie die Internationale Ausstellung für Buchgewerbe und Graphik, die vom Mai bis Oktober dieses Jahres in Leipzig aus Anlaß der 150jährigen Jubelfeier der Königlichen Akademie für graphische Künste und Buchgewerbe unter Führung des Deutschen Buchgewerbe-Vereins dicht am Fuße des gewaltigen Völkerschlachtdenkmals stattfindet.[12]

Das Zentrum der Ausstellung bildete die »Halle der Kultur«. Die hier gezeigte Ausstellung wurde von mehreren Hundert »Gelehrte[n] des In- und Auslandes« ausgearbeitet, maßgeblich jedoch von dem bereits erwähnten Kulturhistoriker

8 Stefan Zweig, Die Welt von Gestern. Erinnerungen eines Europäers, 41. Aufl. [1. Aufl. 1942], Frankfurt a. M. 2014, S. 243.

9 Ebd., S. 244.

10 Leonhard, Büchse der Pandora, S. 82.

11 O. V., Was bringt uns die Weltausstellung für Buchgewerbe und Graphik, Leipzig 1914?, hg. vom Direktorium der Ausstellung, Leipzig 1914, S. 43.

12 Ebd., S. 5.

Karl Lamprecht[13] entwickelt, um »die Entwicklung von Buchgewerbe und Graphik aller Zeiten und Völker geschlossen vorzuführen«.[14] Die Konzeption der Ausstellung stellte somit durchaus den Versuch dar, unterschiedlichste historische und zeitgenössische Kulturformen ernsthaft zu würdigen und ihre Interaktionen herauszustellen, wenn auch das zugrunde liegende Tableau einer normativ-hierarchischen Klassifikation gemäß einer fortschrittsgläubigen, evolutionistischen Logik von Kultur gleichfalls unverrückbar bestehen blieb:

> Der aufmerksame Beschauer erkennt die Besonderheiten jeder Nation leicht aus den ausgestellten Gegenständen ihres Buchgewerbes, er [...] bemerkt, wie schnell in dem einen Lande die Entwicklung fortgeschritten und wie langsam in einem anderen Lande der Fortschritt war, ja er kann an den ausgestellten Gegenständen die verschiedenen Kulturstufen erkennen, auf denen zu einem gleichen Zeitpunkt die einzelnen Länder und Völker standen.[15]

Fortschrittlichkeit wurde dabei vor allem am Grad der menschlichen Beherrschung der Umwelt festgemacht. Lamprecht betonte, Ziel der Ausstellung sei »die Darstellung der steigenden Beherrschung irdischen Raumes und irdischer Zeit durch Schrift und Druck«.[16] Aus dieser Perspektive heraus konnten die sogenannten Naturvölker keinen gleichberechtigten Beitrag zur Kultur leisten und galten als aus der Zeit gefallene Vorstufen späterer, ›natürlich‹ verlaufender Entwicklungen, deren Ergebnis mit den europäischen ›Kulturnationen‹ idealtypisch vorzuliegen schienen (vgl. Kap. 3).[17] Auch in Lamprechts Parallelisierung der Vorgeschichte als menschheitlicher »Kindheit« mit der gegenwärtigen Lebensweise der ›Naturvölker‹ kommt diese paternalistische Haltung zum Ausdruck:

13 Matthias Middell, Weltgeschichte und Weltausstellung. Karl Lamprecht, das Leipziger Institut für Kultur- und Universalgeschichte und die Bugra, in: Ernst Fischer/Stephanie Jacobs (Hg.), Die Welt in Leipzig: Internationale Ausstellung für Buchgewerbe und Graphik, BUGRA 1914, Stuttgart 2014, S. 70-98.

14 O. V., Was bringt uns die Weltausstellung?, S. 6.

15 Ebd., S. 44 f.

16 Zit. nach Monika Estermann, »Schrift und Druck sind nicht einfache kulturgeschichtliche Erscheinungen ...«. Die Halle der Kultur, in: Ernst Fischer/Stephanie Jacobs (Hg.), Die Welt in Leipzig: Internationale Ausstellung für Buchgewerbe und Graphik, BUGRA 1914, Stuttgart 2014, S. 265-288, hier S. 269.

17 Karl Weule (1864-1926), Direktor des Museums für Völkerkunde in Leipzig und Verantwortlicher für den Ausstellungsbereich »Völkerkunde und Vorgeschichte« in der »Halle der Kultur« bemerkte: »Die Entwicklungsgeschichte unserer Schrift führt uns wie die jeder anderen Kulturäußerung weit in die Geschichte der Menschheit zurück. Das lehrt sowohl die Urgeschichtsforschung für die vorgeschichtlichen Bewohner Europas als auch die Völkerkunde für die noch jetzt lebenden Naturvölker, die man als kulturell zurückgebliebene Glieder der Menschheit anzusehen hat.« Zit. nach Giselher Blesse, Altamira-Decke und Palau-Haus. Das Museum für Völkerkunde zu Leipzig und die Bugra, in: Ernst Fischer/Stephanie Jacobs (Hg.): Die Welt in Leipzig: Internationale Ausstellung für Buchgewerbe und Graphik, BUGRA 1914, Stuttgart 2014, S. 509-542, hier S. 515.

> Am eindringlichsten wird der heutige Stand der Forschung vorgeführt, wenn die fortlaufenden Reihen der Entwicklung in der Kindheit, in den Vorzeiten und bei heutigen Völkern niedrigster Kultur in Parallelen nebeneinander gestellt werden. [...] Dementsprechend sind im Eckraum 2 die parallelen Entwicklungsreihen von Kindheit, Prähistorie und Völkerkunde voll durchgeführt worden.[18]

Die Bugra wollte ein möglichst umfassendes historisches und zeitgenössisches Panoptikum der Kultur auf Basis der Entwicklung von Schriftkultur und graphischer Gestaltung im weitesten Sinne zeigen. Einen großen Raum – etwa ein Drittel der Ausstellungsfläche – nahmen dabei industrielle Reproduktionstechniken ein.[19] In den »Maschinen-Hallen« I bis III wurden die neuesten Entwicklungen des graphischen Gewerbes präsentiert: Setzmaschinen, verschiedene Hoch-, Flach- und Tiefdruckverfahren, Schnellpressen und maschinelle Buchbindung.[20] Auch historische Formen wurden in lebensechten Maßstäben rekonstruiert. Die »Haynsburger Papiermühle«, eine Mühle vom Anfang des 18. Jahrhunderts aus der Umgebung von Zeitz, wurde sogar im Original wiederaufgebaut.[21] Die Bugra versuchte durch die Architektur ihrer Pavillons, aber auch durch ihre räumliche Ordnung, Kontinuitätslinien zwischen Vergangenheit und Gegenwart zu ziehen und industrielle Moderne mit einer idealisierten Vergangenheit zu versöhnen. In diesem Zusammenhang wurden auch neuere gesellschaftliche Entwicklungen durch Sonderausstellungen in Pavillons wie dem »Wandervogel-Heim«, »Die Frau im Buchgewerbe«, »Der Kaufmann«, »Deutsche Kolonien«, »Deutschtum im Ausland« oder »Schule und Buchgewerbe« präsentiert.

So sollte eine künstliche Miniatur der Welt und ihrer Kultur geschaffen werden. Die räumliche Organisation der Ausstellung bildete damit aber zugleich auch die zeitgenössischen Spannungen und Konflikte ab. Man verherrlichte das Neue, wollte es aber mit der Tradition – oder mit dem, was man sich darunter vorstellte – in Einklang bringen und es durch diese legitimiert wissen. Beispielhaft für diese Bestrebungen war die erwähnte Halle der Kultur, die von dem Architekten Wilhelm Kreis (1873-1955) bereits für die Internationale Baufach-Ausstellung (IBA) entworfen wurde und dort als »Betonhalle« der Zement- und Betonindustrie als Ausstellungsräumlichkeit gedient hatte. Sie verband eine moderne Eisenbeton-Bauweise mit einer Fassadengestaltung verschiedener historischer

18 Karl Lamprecht, Kulturhistorische Abteilung, in: Amtlicher Katalog. Internationale Ausstellung für Buchgewerbe und Graphik Leipzig 1914, Leipzig 1914, S. 19-42, hier S. 22.

19 Ernst-Peter Biesalski, »Sinnbild unserer Zeit und unseres Fleißes«: Die technischen Ausstellungsbereiche auf der Bugra, in: Ernst Fischer/Stephanie Jacobs (Hg.), Die Welt in Leipzig: Internationale Ausstellung für Buchgewerbe und Graphik, BUGRA 1914, Stuttgart 2014, S. 477-508, hier S. 478.

20 Siehe o. V., Führer Bugra: den Kollegen, die Mitgliedschaft Leipzig, hg. vom Verband der Lithographen, Steindrucker und verwandten Berufe, Leipzig 1914.

21 Ebd., S. 9.

Baustile, wodurch »modernes Baumaterial unmodern verwendet wurde«, wie der britische Architekturhistoriker Adrian Forty bemerkt.[22] Ein bauliches Beispiel für den Willen, Geschichte und beschleunigte Gegenwart in Einklang zu bringen. Man wählte dafür eine historisierende, pathetische Formensprache, in der sich der imperial anmutende Überschwang der Zeit ausdrückte, oftmals konterkariert vom unsicheren Staunen der Besucher/innen über die Dynamik der technischen Entwicklung: »Ein ewiges Dröhnen, Rauschen, Surren, Zischen erfüllt diese weiten Hallen. Überall drehen sich Räder, greifen Zähne ineinander, heben und senken sich die Hebel, alles ist in Arbeit und rastloser Tätigkeit, und immer wieder sieht der Besucher neue staunenerregende Leistungen von einigen Maschinen erbracht.«[23] Über eine moderne »70 Meter lange und 16 Meter breite« Papiermaschine hieß es: »1000 Menschenhände werden durch diese Maschine im Produktionsprozess überflüssig.«[24] Ihre Tagesleistung betrug 288 Kilometer, sie produzierte also »in 24 Stunden ein 3,6 Meter breites Papierband, das etwas länger ist als die Strecke Leipzig – Magdeburg – Hannover«.[25]

Ambivalenzen und Spannungen politischer Art drückten sich auf der »Straße der Nationen« aus, die das Messegelände rechtwinklig zur »Straße des 18. Oktober« als zweite Hauptachse durchschnitt und welche direkt auf die Halle der Kultur zuführte, die somit den »imposanten Abschluß der Völkerstraße« bildete.[26] Sinnfällig lassen sich diese Spannungen in der Architektur, in den Exponaten und anhand der menschlichen Gesten auf der Bugra nachzeichnen. So blieb die dem ein Jahr zuvor eingeweihten Völkerschlachtdenkmal zugewandte Seite des französischen Pavillons demonstrativ ohne Fenster.[27] Der Vorsteher des deutschen Buchgewerbevereins und Präsident der Ausstellung Ludwig Volkmann (1870-1947) bezeichnete die Bugra nach Kriegsausbruch in seinem Vortrag *Von der Weltkultur zum Weltkrieg* als »geistige[n] Vorhof« des Völkerschlachtdenkmals.[28] Auch auf der Ausstellung gezeigte Karten und deren Rezeption waren Ausdruck nationaler Spannungen. So kritisierte Volkmann eine im französischen Pavillon gezeigte

22 Zit. nach Tom Steinert, Nationale Selbstvergewisserung contra Weltoffenheit. Die Architekturen der Bugra und ihr städtebaulicher Zusammenhang, in: Ernst Fischer/Stephanie Jacobs (Hg.), Die Welt in Leipzig: Internationale Ausstellung für Buchgewerbe und Graphik, BUGRA 1914, Stuttgart 2014, S. 229-264, hier S. 247.

23 Zit. nach Biesalski, »Sinnbild unserer Zeit und unseres Fleißes«, S. 482.

24 O. V., Führer Bugra: den Kollegen, die Mitgliedschaft Leipzig, S. 9.

25 O. V., Was bringt uns die Weltausstellung?, o. S.

26 O. V., Amtlicher Führer durch die Internationale Ausstellung für Buchgewerbe und Graphik Leipzig 1914, hg. von der Internationalen Ausstellung für Buchgewerbe und Graphik, Leipzig 1914, S. 15.

27 Stephanie Jacobs, »Alle Sprachen der Welt klingen an unser Ohr.« Die Nationalpavillons auf der Bugra, in: Ernst Fischer/Stephanie Jacobs (Hg.), Die Welt in Leipzig: Internationale Ausstellung für Buchgewerbe und Graphik, BUGRA 1914, Stuttgart 2014, S. 289-318, hier S. 300.

28 Ludwig Volkmann, Von der Weltkultur zum Weltkrieg. Vortrag gehalten zu Leipzig den 17. September 1914, Leipzig 1914, S. 18.

Karte, »auf der es in echt geschickter Weise unklar gelassen war, ob Elsaß-Lothringen nun eigentlich zu Deutschland oder zu Frankreich gehöre«.[29] Und ein belgischer »Fachgenosse« zeigte am 19. Juli 1914 mit dem Finger auf Volkmann und bedachte ihn mit der scherzhaft-hintersinnigen Bemerkung: »Ah vous – vous voulez nous manger!«[30]

Dennoch wurde das friedenstiftende und verbindende Element der Bugra ernsthaft verfolgt, vielfach betont und gewürdigt. In Bezug auf die Atmosphäre herrschte regelrechte Euphorie, es war »ständig ein hochinteressantes Leben und Treiben, wie man es sonst im Sommer nur an den internationalen Badeorten genießen kann. Alle Sprachen der Welt klingen [...] an unser Ohr.«[31] Ein wenn auch kleiner Pavillon war eigens der Plansprache Esperanto gewidmet. Und eine der Halle der Kultur angeschlossene »Internationale graphische Kunstausstellung«[32] vereinigte »zum ersten Male die graphischen Meisterwerke aller Länder. [...] Die moderne Buchillustration fehlt natürlich nicht und [es] haben sich Künstlervereinigungen zusammengetan, um im friedlichen Wettbewerb ihre Leistungen zu zeigen.«[33]

Mitten in dieses bunte Treiben platzte am 28. Juni das Attentat von Sarajewo, bei dem der österreichische Thronfolger Franz Ferdinand und seine Frau Sophie von serbischen Nationalisten ermordet wurden. In den darauffolgenden Wochen erfolgte ein wahrer Ansturm auf den österreichischen Pavillon, da die Besucher/innen hofften, dort genauere Informationen zu erhalten.[34] Am Sonnabend, den 25. Juli gegen 18 Uhr, stieg die Spannung ins Unermessliche, denn zu diesem Zeitpunkt lief das österreichisch-ungarische Ultimatum an Serbien ab und die Frage, »ob Serbien nachgibt oder den Krieg vorzieht«, bewegte die gesamte europäische Öffentlichkeit.[35] Der Pavillon des *Leipziger Tageblatts* war zu diesem Zeitpunkt vermutlich der am meisten umdrängte auf der gesamten Bugra, denn hier gab es einen Fernsprecher, der die aus Wien zu erwartenden Nachrichten empfangen konnte. »Zu Tausenden harrte das Publikum der ersten Nachrichten, die sofort nach ihrem Eintreffen angeschlagen und bekannt gegeben wurden.«[36]

29 Ebd., S. 7.

30 Ebd., S. 12.

31 So der wissenschaftliche Direktor der Bugra, Albert Schramm (1880-1937). Zit. nach Jacobs, »Alle Sprachen der Welt klingen an unser Ohr«, S. 311.

32 O. V., Amtlicher Führer durch die Internationale Ausstellung für Buchgewerbe und Graphik, S. 25.

33 O. V., Führer Bugra: den Kollegen, die Mitgliedschaft Leipzig, S. 15 f.

34 Jacobs, »Alle Sprachen der Welt klingen an unser Ohr«, S. 297.

35 Zit. nach Stefan Paul-Jacobs, »... nicht Pulver und Blei, sondern Lettern und Druckerschwärze«. Die Bugra und der Krieg – Friedensmission und Kriegswirklichkeit, in: Ernst Fischer/Stephanie Jacobs (Hg.): Die Welt in Leipzig: Internationale Ausstellung für Buchgewerbe und Graphik, BUGRA 1914, Stuttgart 2014, S. 203-228, hier S. 205.

36 Ebd.

Wenige Tage später befand sich Europa im Krieg. Die Pavillons der nunmehr »feindlichen Staaten« wurden geschlossen, die Besucherzahlen brachen ein.[37] Die Ausstellung wurde schließlich symbolträchtig am 18. Oktober 1914 geschlossen, dem 101. Jahrestag der Völkerschlacht bei Leipzig.[38] Teile des Ausstellungsgeländes wurden dem Militär übergeben, die Pavillons von England, Russland und Italien abgerissen, im französischen Pavillon lagerten die zunächst einbehaltenen Exponate der »feindlichen Staaten«, in der Halle des deutschen Buchgewerbes exerzierten nun Soldaten.[39] Ein Abschlussbericht der Bugra wurde nie erstellt, »weil das Personal durch die Einberufung zum Heere auseinander gegangen war«.[40]

Volkmann betonte in seinem rückblickenden Vortrag, den er im September 1914 in der Alberthalle in Leipzig hielt, wie stark er selbst und die an der Organisation Beteiligten des Auslands – auch aus der nun feindlichen Kriegspartei – die Ausstellung als »Friedenswerk« begriffen hatten und wie groß das Bedauern war, die Bugra im Krieg enden zu sehen.[41] Dennoch geben Volkmanns Worte auch Einblick in das Spannungsverhältnis von aufrichtigem Friedenswillen und unbedingtem kulturellen Führungsanspruch:

> Wenn aber dereinst der Weltkrieg, so Gott will, ehrenvoll und siegreich für uns beendet ist, dann wird auch der Begriff einer Weltkultur, dem wir an unserem Teile redlich zu dienen suchten, wieder zur rechten Geltung gelangen, denn ferne sei es, dauernde persönliche Feindschaft zwischen den Völkern voraussagen oder herbeiführen zu wollen. Zu klein ist unsere Erde bei den heutigen Verhältnissen des Verkehrs und des Wirtschaftslebens, als daß ein Land sich noch hermetisch gegen das andere abzuschließen vermöchte, zu stark sind auch die Beziehungen geistiger Art, als daß man sie einfach wegleugnen oder beseitigen könnte. Hoffen wir vielmehr, daß dieses blutige Ringen der Völker Europas zu einer Einigung unter deutscher Vorherrschaft führen möge, wie einst der Kampf um Preußens Vormachtstellung zur Einigung Deutschlands geführt hat. […] Ein geeintes Europa unter unbestritten germanischer Führung aber wird die stärkste Gewähr für dauernden sicheren Frieden bieten und die Gewähr für eine neue Weltkultur, die eine vorwiegend germanische sein soll und wird, nicht nur in Wirklichkeit, wie es schon vordem längst war, sondern auch im klaren Bewußtsein und in der neidlosen Anerkennung der Anderen.[42]

37 Kamen vor Kriegsausbruch im Durchschnitt 23.000 Besucher/innen pro Tag, waren es nach Kriegsausbruch 3.800. Ebd., S. 207 ff.

38 Dieses Enddatum war bereits vor Kriegsausbruch geplant. Vgl. Karl Stoye, Rückblick auf die »Iba« 1913 und »Bugra 1914«, Maschinengeschriebenes Manuskript von 1929, Deutsche Nationalbibliothek Leipzig, DBSM/HA 1949 B 1019, S. 46.

39 Paul-Jacobs, »… nicht Pulver und Blei, sondern Lettern und Druckerschwärze«, S. 217.

40 Stoye, Rückblick, S. 52.

41 Volkmann, Von der Weltkultur zum Weltkrieg. Stoye, Rückblick, S. 46.

42 Volkmann, Von der Weltkultur zum Weltkrieg, S. 19 f.

Nicht immer konnte also klar unterschieden werden zwischen der völkerverbindenden Macht der Kultur und der Kultur als Medium nationaler Machtartikulation. Das deutsche Streben nach Macht und Anerkennung durch die etablierten Großmächte – zum Schlagwort geronnen im Begriff der Weltpolitik[43] – stieß auf deren erbitterte Gegenwehr,[44] was wiederum auf deutscher Seite seine Antwort fand in einer »Politik der Stärke«[45] und der »freien Hand«[46]. Die daraus resultierenden permanenten Konflikte im Gefüge der Mächte schrieben sich auch den Versuchen der Vermittlung ein, wie sie die Bugra intentional darstellte.

4.3 Deutschland: »Ein Riesengemälde«

Auch für den Perthes-Verlag war die Bugra ein Großereignis. Die Vorbereitungen verliefen fieberhaft, denn der Verlag wollte sich als national wie international führender Kartenverlag präsentieren. Und dieses Vorhaben gelang auch, der Verlag wurde als einer der wenigen der insgesamt über 2000 vertretenen Firmen und Künstler/innen mit dem höchsten Preis, dem Sächsischen Staatspreis, ausgezeichnet.[47]

Der umtriebige Theodor Klemm koordinierte die umfangreichen Vorarbeiten für die Gestaltung der dem Verlag zur Verfügung stehenden »Koje« in der Haupthalle für das »Deutsche Buchgewerbe«.[48] Am 5. Mai, einen Tag vor der Eröffnung der Bugra, schrieb er an Bernhard Perthes: »Mit dem Aufbau bin ich heute Abend zu Ende gekommen, bis auf Details, die noch fehlen. Der König kann also kommen.«[49] Auf der Bugra wollte der Verlag endlich auch seine Globen einem großen Publikum präsentieren. An ihnen war bereits seit 1902 gearbeitet worden. Dabei hatte man zuerst die Zeichnungen und Kupferstiche angefertigt,

43 Der Begriff besaß nie eine feste, konsistente Definition, bezeichnete im allgemeinen Verständnis aber eine »Außenpolitik mit dem Ziel, den Einfluss Deutschlands als Weltmacht auszudehnen und so zu den anderen großen Akteuren auf der Weltbühne aufzuschließen«. Clark, Schlafwandler, S. 206 f.

44 Ebd., S. 222 ff.

45 Ebd., S. 463.

46 Hildebrand, Das vergangene Reich, S. 190 ff.

47 Justus Perthes, Haupt-Katalog, Gotha 1915, o. S.

48 O. V., Amtlicher Katalog. Internationale Ausstellung für Buchgewerbe und Graphik, S. 295.

49 Brief von Theodor Klemm an Bernhard Perthes vom 5. Mai 1914, Forschungsbibliothek Gotha, Sammlung Perthes, SPA ARCH MFV 307, Bl. 471. König Friedrich August von Sachsen war »allerhöchster Protektor« der Bugra und eröffnete die Ausstellung am 6. Mai 1914 gemeinsam mit den »Spitzen der Reichs-, Staats-, und städtischen Behörden, de[n] Vertreter[n] der Industrie und des Gewerbes, der Wissenschaft und der Kunst, de[n] Kommissare[n] und Delegierten des Auslandes«. O. V., Amtlicher Führer durch die Internationale Ausstellung für Buchgewerbe und Graphik, S. 10.

bevor man an die Beschaffung der Globuskugeln gegangen war und hatte somit »den Hausbau [...] gewissermaßen mit dem Dach begonnen«, wie Klemm 1925 in einer Rückschau ironisch kommentierte. Denn es zeigte sich beim Aufbringen der lithographierten Kartenelemente auf die »Pappkugeln«, dass Letztere nicht so »gleichmäßig rund« geliefert werden konnten, wie es die »mathematisch errechneten« Kartenteile erfordert hätten – weitere teure Nachbearbeitungen waren die Folge.

Im Juni 1914 glaubte man bei Perthes, diese Schwierigkeiten endgültig überwunden zu haben: Am Tag des Kriegsausbruchs konnten schließlich auch die Globen mit dem größten Durchmesser von 64 cm von Gotha nach Leipzig geschickt werden. Doch wollte sie nun niemand mehr kaufen: »Beinahe jeder Interessent wollte vor dem Kaufe den Ausgang des Krieges abwarten; jeder rechnete mit einer Aenderung des politischen Bildes, zumeist allerdings zugunsten Deutschlands.«[50] Eine Anekdote, die auf gleich mehreren Ebenen das verschlungene Verhältnis von Verlagsökonomie und Politik verdeutlicht.

Sowohl im *Geographischen Anzeiger* als auch im *Hauptkatalog* des Verlags von 1915 sind Bilder des Perthes-Standes auf der Bugra überliefert.[51] Zentral beherrscht wurde er von der neuen Haack-Wandkarte *Deutschland Physisch: Riesen-Ausgabe.*[52] Diese gigantische Karte in den Maßen von 350 cm x 340 cm, deren Preis mit 200 Mark ebenfalls neue Maßstäbe setzte, nahm fast die gesamte Rückwand der Ausstellungskoje ein.[53] Im Maßstab 1:450.000 war ein Gebiet in physischer Darstellung abgebildet, das im Süden Norditalien und im Norden Teile Dänemarks umfasste und im Westen bis nach Paris, im Osten bis in die Karpaten reichte. Überschrieben war die Karte mit dem Titel »Deutschland«.[54]

Höchst aufschlussreich ist die zugehörige Werbeanzeige des Perthes-Verlags.[55] Sie wirft ein Schlaglicht sowohl auf den Entstehungshintergrund als auch auf die beabsichtigte Wirkung der Karte. Die »Riesen-Ausgabe« war demnach zugleich eine Zusammenfassung und Erweiterung der bereits erschienenen Wandkarten *Nordwest-Deutschland, Nordost-Deutschland, Deutsche Mittelgebirge* und der bereits im dritten Kapitel erwähnten Karte der *Alpenländer*. Der Text der Werbeanzeige gab an, es sei »schwer [gewesen], der Versuchung zu widerstehen, unter Verwendung dieser Karten eine zusammenhängende Riesenkarte von Deutsch-

50 Buchführungs-Ergebnisse 1924, Bl. 12 vom 20. August 1925, Forschungsbibliothek Gotha, Sammlung Perthes, SPA ARCH FFA.

51 Justus Perthes, Haupt-Katalog 1915, S. 23.

52 Hermann Haack, Deutschland Physisch, Riesen-Ausgabe, 1:450.000, Gotha 1914.

53 200 Mark entsprach in etwa dem durchschnittlichen Monatslohn eines Kupferstechers bei Perthes. Vgl. Köhler, Gothaer Wege, S. 176.

54 Justus Perthes, Wandkarten, Globen, Atlanten Bücher und Zeitschriften für den geographischen Unterricht, für Lehrer und Lernende, Gotha 1914, S. 42. Zur Benennungsmacht von Karten vgl. Gugerli/Speich, Topografien der Nation, S. 75 ff.

55 Justus Perthes, Wandkarten, Globen, Atlanten Bücher und Zeitschriften 1914, S. 42.

Abb. 31: Stand von Justus Perthes auf der Weltausstellung für Buchgewerbe und Graphik, Leipzig 1914.

land im Maßstab 1:450 000 zu entwerfen«.[56] Was den seitens des Verlags imaginierten Effekt der Karte auf die Betrachter/innen angeht, so lieferte die Werbeanzeige folgende Beschreibung, die der Karte eine nahezu somnambule Wirkung zuschrieb:

> Ein Riesengemälde von packender Kraft, von hinreißender Wirkung aber bildet nun auch die zusammengesetzte Karte. Es kettet und bannt den Blick des Beschauers, es läßt ihn nicht los, es zwingt ihn, sich tief zu versenken in die gewaltigen Züge des deutschen Vaterlandes, es läßt ihn lesen in diesen Zügen und aus ihnen verstehen das Wesen deutschen Bodens und deutschen Volkstums, das sich zuerst in jenem gründet, es läßt ihn im innersten Herzen spüren, was des Deutschen Vaterland ist, und wenn er sich endlich losreißt, wird das schöne stolze Heimatlied »Deutschland, Deutschland über alles, über alles in der Welt« auch ohne sein Wollen lebendig in ihm nachklingen. Für Lehrsäle, Schulaulen, und -gänge, Versammlungs- und Festräume läßt sich kaum ein gewaltigerer und doch gleich wertvoller Wandschmuck denken als diese Riesenkarte von Deutschland.[57]

56 Ebd.
57 Ebd.

An der Kombination von Karte und Werbetext lässt sich Verschiedenes zeigen. Zunächst wird unverkennbar, dass eine systematische Trennung von politischen und physischen Karten, zumindest was die intendierte Wirkung und die Praxis der Kartennutzung anbelangt, nicht aufrecht zu halten ist.[58]

Die Formulierung, die Karte lasse den Betrachtenden lesen in »des Vaterlandes [...] Zügen und aus ihnen verstehen das Wesen deutschen Bodens und deutschen Volkstums, das sich zuerst in jenem gründet«, verweist auf das Paradigma der ›natürlichen Länder‹ als theoretischem Fundament der »Riesenkarte«. Dabei handelt es sich, vereinfacht formuliert, um ein geographisches Konzept, wonach sich die Erdoberfläche aufgrund ihrer physischen Gegebenheiten in individuelle Einheiten gliedere, welche die sie bewohnenden Menschen und deren Kulturen prägen. Ferner sei es den Geographen möglich, an physikalischen Oberflächenformen orientierte Grenzen dieser Erdräume zu ermitteln, welche überdies auch die besseren, weil ›natürlichen‹ Staatsgrenzen seien.[59] Erst mit der Dynamik des Weltkriegs und der Wucht der ihm nachfolgenden politischen Entwicklungen geriet diese ›Bodenhaftung‹ der Geographie nachhaltig ins Wanken.[60] Dies führte zu einer verstärkten Hinwendung zu der bereits vor der Jahrhundertwende von Friedrich Ratzel konzipierten Anthropogeographie, die Staaten die Fähigkeit zuschrieb, die ›Gesetze‹ der Erdoberfläche partiell zu überwinden.[61] Die »Riesenkarte« betonte noch das Primat des »Bodens« über das »Volkstum«. Dieses Verhältnis sollte sich im Gefolge des Weltkriegs jedoch verschieben.[62]

Die monumentalen Ausmaße der Karte und die Motivation für ihre Herstellung – Prestigestreben und ökonomischer Konkurrenzkampf – zeigen: Justus Perthes wollte mit der Karte demonstrieren, was man in Gotha zu leisten im Stande war – dabei durfte es ruhig kolossal zugehen. Dabei macht die Anzeige des Verlags auch deutlich, dass die Karte sich aufgrund ihrer Ausmaße gar nicht für

58 Vgl. in diesem Zusammenhang auch die Werbeanzeige zu einer physischen Haack-Schulwandkarte: o. V., Werbeanzeige: Der Orient und Vorderindien, in: Justus Perthes, Wandkarten, Globen, Atlanten Bücher und Zeitschriften für den geographischen Unterricht, für Lehrer und Lernende, Gotha 1919, S. 39.

59 Henniges/Meyer, Hermann Haack, S. 42. Schultz, Die deutschsprachige Geographie von 1800 bis 1970, S. 98 ff.

60 Wardenga, »Nun ist alles anders«. Laba, Die Grenze im Blick, S. 107.

61 Ute Wardenga, Theorie und Praxis der länderkundlichen Forschung und Darstellung in Deutschland, in: Frank Dieter Grimm/Ute Wardenga, Zur Entwicklung des länderkundlichen Ansatzes, Leipzig 2001, S. 9-35, hier S. 14, 16. Schultz, Unpolitische »politische Bildung«, S. 16 ff. Hans-Dietrich Schultz, Völkerkarten im Geografieunterricht des 20. Jahrhunderts. Ausgewählte Beispiele nebst Anregungen für den aktuellen Umgang mit diesem Kartentyp, in: Peter Haslinger/Vadim Oswalt (Hg.), Kampf der Karten. Propaganda- und Geschichtskarten als politische Instrumente und Identitätstexte, Marburg 2012, S. 13-61, hier S. 24 ff.

62 Guntram Herb, Von der Grenzrevision zur Expansion: Territorialkonzepte in der Weimarer Republik, in: Iris Schröder/Sabine Höhler (Hg.), Welt-Räume. Geschichte, Geographie und Globalisierung seit 1900, Frankfurt a. M./New York 2005, S. 175-203, hier S. 188.

den Schulunterricht verwenden ließ, sondern vielmehr als »Wandschmuck« gedacht war und damit nicht mehr auf eine Vielzahl geographischer Objekte und deren Zusammenhänge verwies, sondern gleichsam als Ganzes zum Zeichen nationaler Einheit und Größe wurde.[63] Im Grunde war die Karte ein »Riesengemälde« des zu dieser Zeit besonders virulenten Schlagworts von ›Mitteleuropa‹.

4.4 Deutschland und ›Mitteleuropa‹

Die Gliederung der erwähnten Kartenserie, die der »Riesenkarte« zugrunde lag, folgte dem Konzept des »Dreiklangs«, wodurch Joseph Partsch die geographische Gestalt Mitteleuropas charakterisiert sah. Diesen Gedanken führte Partsch in seiner Monographie *Mitteleuropa* aus.[64]

1897 war er dafür von dem britischen Geographen und Begründer der geopolitisch einflussreichen Heartland-Theorie[65] Halford Mackinder (1861-1947) gebeten worden, für dessen zwölfbändiges Werk *The Regions of the World*[66] den Teil *Central Europe* zu verfassen. Die Übersetzung des Manuskripts ins Englische und mancherlei Kürzungen führten jedoch dazu, dass Partsch sein Vorhaben, »den unter Führung der deutschen Kultur zur heutigen Blüte erhobenen Erdenraum im Rahmen eines Weltbildes zu angemessener Geltung zu bringen« nicht erfüllt sah, woraufhin er sein deutsches Manuskript 1904 bei Justus Perthes veröffentlichte.[67] Zur Beschreibung Mitteleuropas bediente er sich einer musikalischen Metaphorik, um den Übergangscharakter zwischen dessen einzelnen Elementen zu unterstreichen und die unscharfen Grenzen Mitteleuropas herauszustellen: »Das Land zwischen dem Alpenrande und den Meeren des Nordens ist keine natürliche Einheit. Es zerfällt in zwei Gürtel, von denen der südliche des alten Mittelgebirges aus Frankreich, der nördliche des jungen Tieflandes aus Rußland herüberstreicht. Der

63 Zu dieser Funktionsweise, bei der die Karte selbst zum ›Logo‹ wird siehe Laidlaw, Empire in Rot, S. 148. Siehe hierzu auch Anderson, Erfindung der Nation, S. 151 f.

64 Joseph Partsch, Mitteleuropa. Die Länder und Völker von den Westalpen und dem Balkan bis an den Kanal und das Kurische Haff, Gotha 1904. Ausführlich zu Partschs Mitteleuropakonzept und dessen Kontexten insbesondere der »Weltreichslehre« vgl. Hans-Dietrich Schultz, Großraumkonstruktion versus Nationsbildung: das Mitteleuropa Joseph Partschs. Kontext und Wirkung, in: Heinz Peter Brogiato/Alois Mayr (Hg.), Joseph Partsch – Wissenschaftliche Leistungen und Nachwirkungen in der deutschen und polnischen Geographie. Beiträge und Dokumentationen anlässlich des Gedenkkolloquiums zum 150. Geburtstag von Joseph Partsch (1851-1925) am 7. und 8. Februar 2002 im Institut für Länderkunde Leipzig, Leipzig 2002, S. 85-127.

65 Halford John Mackinder, The Geographical Pivot of History, in: The Geographical Journal 23 (1904), H. 4, S. 421-437.

66 Halford John Mackinder (Hg.), The Regions of the World, 12 Bde., London 1902-1905.

67 Partsch, Mitteleuropa, S. VII.

Dreiklang Alpen, Mittelgebirge, Tiefland beherrscht die Symphonie des mitteleuropäischen Länderbildes. Wo einer seiner Töne ausklingt, ist Mitteleuropa zu Ende.«[68]

Der Ausschnitt von Haacks »Riesenkarte« weist im Westen und Osten deutliche Parallelen zu Partschs Fassung von Mitteleuropa auf, im Süden und Südosten weichen sie allerdings voneinander ab, da Partsch hier sehr viel weiter in Richtung Balkan ausgriff.[69] Der liberale Theologe und Reichstagsabgeordnete Friedrich Naumann (1860-1919) gab seiner Mitteleuropa-Konstruktion von 1915,[70] die wohl zugleich die populärste war,[71] mit dem Deutschen Reich und Österreich-Ungarn als dessen Kerngebiete jedoch eine ganz ähnliche Form.[72] Dabei verwies Naumann eigens auf das Potential von Karten als visuelle Träger seiner politischen Einheitsidee:

> Nehmt die Karte zur Hand und seht, was zwischen Weichsel und Vogesen liegt, was zwischen Galizien und Bodensee lagert! Diese Fläche sollt ihr als eine Einheit denken, als ein vielgegliedertes Bruderland, als einen Verteidigungsbund, als ein Wirtschaftsgebiet! Hier soll aller geschichtlicher Partikularismus im Drange des Weltkrieges soweit verwischt werden, daß er die Einheitsidee verträgt. Das ist die Forderung der Stunde, das ist die Aufgabe dieser Monate. Die Geschichte will im Donner der Kanonen darüber mit uns reden; an uns ist es, ob wir hören wollen.[73]

Naumann, auch vor seinem sozialliberalen Hintergrund, sah eine mehr ökonomische und keineswegs – wie etwa die Alldeutschen[74] – eine durch militärische Annexionen erzwungene Vorherrschaft der beiden Kernstaaten Deutsches Reich und Österreich-Ungarn vor. Die Intentionen hinter dem Schlagwort Mitteleuropa konnten also beträchtlich variieren. So trat Naumann für eine Verständigung mit Polen auf Augenhöhe ein, während radikalnationale Vorstellungen für Teile

68 Ebd., S. 4.

69 Zur Uneinheitlichkeit der Konzepte bezüglich der Grenzen ›Mitteleuropas‹ vgl. Wolfgang J. Mommsen, Die Mitteleuropaidee und die Mitteleuropaplanungen im Deutschen Reich vor und während des Ersten Weltkrieges, in: Richard G. Plaschka u. a. (Hg.), Mitteleuropa-Konzeptionen in der ersten Hälfte des 20. Jahrhunderts, Wien 1995, S. 3-24, hier S. 20. Zu den verschiedenen geographischen Konzepten von Mitteleuropa siehe Schultz, Raumkonstrukte, S. 355 ff.

70 Friedrich Naumann, Mitteleuropa, Berlin 1915.

71 Es war nach Bismarcks Autobiographie »Gedanken und Erinnerungen« das erfolgreichste politische Sachbuch der Kaiserzeit. Vgl. Andreas Peschel, Friedrich Naumanns und Max Webers »Mitteleuropa«. Eine Betrachtung ihrer Konzeptionen im Kontext mit den »Ideen von 1914« und dem Alldeutschen Verband, Dresden 2005, S. 16, Anm. 9. Zur Rezeption von Naumanns Konzept durch die Geographie vgl. Schultz, Großraumkonstruktion versus Nationsbildung, S. 103 ff.

72 Zu Naumann siehe Rüdiger vom Bruch (Hg.), Friedrich Naumann in seiner Zeit, Berlin/New York 2000.

73 Naumann, Mitteleuropa, S. 3.

74 Hering, Konstruierte Nation, S. 134 ff.

Polens die Germanisierung vorsahen.[75] Dennoch basierten alle Mitteleuropa-Konzeptionen, je nachdem, mehr implizit oder explizit formuliert, mal stärker ökonomisch,[76] mal kulturell, mal machtpolitisch ausgerichtet, auf einer Vorherrschaft des Deutschen Reiches oder eines ethnisch definierten ›Deutschtums‹. Auch Partsch sah eine deutsche Führungsrolle in Mitteleuropa als gegeben und stand damit in der Tradition etwa eines Friedrich List (1789-1846). Beide stellten sie die ökonomische und kulturelle Vorherrschaft Deutschlands, nicht die politische in den Vordergrund.[77] Diese Unterschiede waren aber in der erregten Atmosphäre vor dem Ersten Weltkrieg nicht immer trennscharf auseinanderzuhalten.[78]

Die für selbstverständlich genommene Dominanz durch das Deutsche Reich und die deutschen Eliten Österreich-Ungarns war eine Ursache dafür, dass es ganz natürlich erschien, Mitteleuropa mit dem Begriff ›Deutschland‹ zu betiteln, wie auf der »Riesenkarte« Haacks geschehen. Zumal, wie der Geograph Emil Meynen (1902-1994)[79] 1928 postulierte, der in den 1840er Jahren entstandene Begriff eines »geographischen Deutschlands« deckungsgleich mit Mitteleuropa sei. Die politische Einigung 1871 habe, so Meynen, einen neuen Begriff von Deutschland entstehen lassen, der sich vornehmlich auf das Deutsche Reich beschränkte: »Das geographische Deutschland nannte man fortan ›Mitteleuropa‹.«[80]

Haacks Intentionen können also auch so gedeutet werden, den Begriff von Deutschland wieder stärker geographisch, im Sinne der Theorie der ›natürlichen

75 So schrieb Naumann: »Mitteleuropa hat sich in Nationalitäts- und Konfessionsangelegenheiten durchaus nicht einzumischen.« Zit. nach Mommsen, Mitteleuropaidee, S. 21. Zu den radikalnationalen Plänen siehe Walkenhorst, Nation – Volk – Rasse, S. 208. Laba, Die Grenze im Blick, S. 50 ff.

76 Vgl. das Konzept eines »mitteuropäischen Zollvereins« von Walther Rathenau bei Mommsen, Mitteleuropaidee, S. 12.

77 Walkenhorst, Nation – Volk – Rasse, S. 205. Zu Plänen stärker wirtschaftlich geprägter Hegemonie siehe Stephen G. Gross, Export Empire. German Soft Power in Southeastern Europe, 1890-1945, Cambridge 2015.

78 Vgl. Mommsen, Mitteleuropaidee, S. 3. »[…] großdeutsch-imperiale Ideen mitteleuropäischen Zuschnitts [waren] keineswegs nur auf das äußerste rechte Lager im Spektrum des deutschen politischen Denkens des Kaiserreichs beschränkt.« Ebd., S. 10. »Zwar stellte die kleindeutsche Sicht der Dinge unumstritten die herrschende Meinung dar; […]. Aber man darf füglich davon ausgehen, daß unterschwellig weithin die Bereitschaft bestand und sich in den letzten Jahren vor dem Ersten Weltkrieg noch verstärkte, gegebenenfalls über die bestehende Lösung der deutschen Frage hinauszugehen, […].« Ebd.

79 Meynen war in den 1940er Jahren aktiv an der NS-Lebensraumpolitik beteiligt und nach 1945 einer der führenden Geographen in der Bundesrepublik. Zu Meynen siehe Ute Wardenga/Norman Henniges/Heinz Peter Brogiato/Bruno Schelhaas, Der Verband deutscher Berufsgeographen. Eine sozialgeschichtliche Studie zur Frühphase des DVAG, Leipzig 2011.

80 Emil Meynen, Zu den verschiedenen Begriffsauffassungen von Deutschland, in: Der Auslandsdeutsche. Halbmonatsschrift für Auslandsdeutschtum und Auslandskunde 11 (1928), H. 18, S. 574-576, hier S. 575.

Länder‹ zu visualisieren.[81] Ob die meisten Betrachter/innen auf der Bugra jedoch zwischen den sublimen Unterscheidungen von politischen, geographischen und sprachlich-kulturellen Konnotationen des Deutschland-Begriffs zu unterscheiden wussten, erscheint zweifelhaft,[82] zumal die Kongruenz der unterschiedlichen Dimensionen auch in den Augen vieler Geographen erklärtes Ziel der Politik sein sollte.[83] Der Begriff des »geographischen Deutschland«, den die »Riesenkarte« überwältigend in Szene setzte, kann daher als eine Art Maximalbegriff verstanden werden, der die verschiedenen Dimensionen – geographischer, politischer, sprachlicher und kultureller Art – von ›Deutschland‹ umfasste. Aber auch die von Meynen 1928 geäußerte Auffassung – »Bei jeglicher Grenzziehung aber bleiben wir uns bewußt, daß deutsches Wesen und deutsche Kultur weiter drang und dringen wird!«[84] – war durchaus schon vor 1914 verbreitet.[85]

Der Schritt, den Haack und Justus Perthes unternahmen, indem sie das auf der »Riesenkarte« dargestellte Gebiet von Mitteleuropa schlicht mit »Deutschland« überschrieben und das Ergebnis demonstrativ als Aushängeschild des Verlags auf der Bugra präsentierten, wirkt aus heutiger Sicht radikal, er war im Diskurs zu Mitteleuropa jedoch bereits angelegt und kann als Visualisierung von dessen Kernaussagen betrachtet werden. Die Betitelung eines physischen Kartenbilds mit dem seit 1870/71 überwiegend staatlich-politisch konnotierten Begriff Deutschland kann dabei als geschickte kartographische Praxis gelesen werden, die, in der Wahrnehmung der Betrachter/innen, physisches Terrain in potentielles politisches Territorium verwandelte. Nach Kriegsausbruch entsprach diese Darstellung im Hinblick auf die territorialen Veränderungen nach dem Krieg auch den Erwartungen eines Großteils des deutschen Publikums, wie die eingangs geschilderte Reaktion auf die Perthes-Globen deutlich macht.

4.5 Expansion – Bedrohung – Krieg

Die »Riesenkarte« war jedenfalls sicher nicht dazu geeignet, das Vertrauen der auf der Bugra anwesenden europäischen Besucher/innen in die friedlichen Absichten Deutschlands zu stärken. Karten wurden diesbezüglich vielfach als Absichtserklärungen gelesen. Dies galt jedoch für alle Seiten, wie die oben erwähnte französische Karte von Elsass-Lothringen unterstreicht. Darin drückt sich ein zentra-

81 Schultz, Raumkonstrukte, S. 361 ff.

82 Walkenhorst, Nation – Volk – Rasse, S. 204.

83 Schultz, Raumkonstrukte, S. 368.

84 Meynen, Zu den verschiedenen Begriffsauffassungen, S. 576.

85 Vgl. etwa die Karte Paul Langhans, Deutschland nach Osten, in: ders., Alldeutscher Atlas, 3. Aufl., Gotha 1905, Nr. 4.

ler Aspekt für die Ermöglichung des großen Krieges in Europa aus: Das ubiquitäre Gefühl, bedroht zu werden.

Dies war, abgesehen von den konkreten Intentionen und Zielen der einzelnen Großmächte, ein grundlegendes, strukturelles Problem, eine Wahrnehmung, die alle Großmächte – und nicht nur diese – gemeinsam teilten.[86] Die eigenen, über jeden Zweifel erhabenen Rechte waren demnach beständig gefährdet und mussten permanent und unter allen Umständen verteidigt werden. Das Misstrauen und die sich zyklisch steigernde Anspannung vor dem Krieg waren teilweise so groß, dass es zu Panikattacken, Nervenzusammenbrüchen und grassierender Paranoia unter den obersten politischen und militärischen Entscheidungsträgern kam.[87] Diesen Umstand verstärkend kam die Auffassung hinzu, eigene Rechte und Ansprüche nur mit Drohgebärden und einer maximal unnachgiebigen Haltung nach außen durchsetzen zu können.[88] Die Wahrnehmung der Bedrohung pflegte dabei eine enge Nachbarschaft mit der Überzeugung einzugehen, wonach es für Staaten existentiell sei, zu wachsen, expansive Interessen zu verfolgen und notfalls militärisch durchzusetzen.[89] Die eigenen Interessen konnten so stets nur auf Kosten des Sicherheitsgefühls der Kontrahenten befriedigt werden.[90] Dies führte zu immer neuen Aufrüstungszyklen und internationalen Krisen. Insbesondere das Argument der kulturellen Überlegenheit sowie das Bedürfnis, gegenüber als rückständig betrachteten Regionen die Rolle des Prometheus einzunehmen, bot den Großmächten – und nicht nur diesen, wie sich in den Balkankriegen zeigte – immer wieder Anlass zu Forderungen nach Einfluss und territorialer Erweiterung. So verschwammen nach und nach die Grenzen von Bedrohungsgefühl und aggressiver Drohgebärde, von legitimem Schutz und diffusem Drang nach mehr, was den Spielraum für eine politische Lösung der Krise stetig verkleinerte.

Vor allem die »nervöse Großmacht« Deutschland verstrickte sich mehr und mehr in die Widersprüche von Friedenswahrung und Kriegskurs.[91] Obwohl der Ausspruch Ciceros *Si vis pacem para bellum (Wenn du Frieden willst, bereite Krieg vor)* durchaus allgemein Hochkonjunktur hatte.[92] Allerdings muss die Strategie der deutschen Führung in der Julikrise mit Gerd Krumeich als entscheidendes, fatales Vabanquespiel bewertet werden. Denn es war der verantwortungslose Glaube, den Konflikt auf Österreich-Ungarn und Serbien begrenzen zu können, gepaart mit der bewussten Inkaufnahme eines Krieges mit Russland bei

86 Clark, Schlafwandler, S. 226, 447, 463 f.

87 Ebd., S. 424 f., S. 427, S. 466 f., S. 572, 716 f.

88 Leonhard, Die Büchse der Pandora, S. 78.

89 Sönke Neitzel, Weltmacht oder Untergang. Die Weltreichslehre im Zeitalter des Imperialismus, Paderborn u. a. 2000.

90 Clark, Schlafwandler, S. 457.

91 Ullrich, Die nervöse Großmacht.

92 Clark, Schlafwandler, S. 604.

einem Scheitern dieses Plans, der letztlich sehenden Auges in die Katastrophe führte.[93]

Davon unbeirrt prägte Wilhelm II. nach Kriegsausbruch die offizielle deutsche Version von einem aufgezwungenen Verteidigungskrieg, indem er behauptete: »Mitten im tiefsten Frieden sind wir schmählich überfallen worden.«[94] Legte er damit einerseits bereits den Grundstein für die gescheiterte gesellschaftliche Aufarbeitung des Krieges nach 1918, so drückte er damit zugleich eine Position aus, die bei allen Kriegsparteien vorherrschend war – die gerechte Sache gegen den feindlichen Aggressor glaubte jeder für sich in Anspruch nehmen zu können.[95] Und dies, obwohl keine Partei den Krieg unter allen Umständen hatte verhindern wollen und er vielerorts als Chance imaginiert wurde, unliebsame Verhältnisse nach eigenen Vorstellungen zu korrigieren. So schlussfolgert der australische Historiker Christopher Clark, die »Krise, die im Jahr 1914 zum Krieg führte, war die Frucht einer gemeinsamen politischen Kultur«.[96]

Diese politische Kultur war im Wesentlichen eine imperialistische, die sich ganz heterogener Mittel und Argumente bediente und so weitverzweigte Bereiche wie Handel, Kulturpolitik, Werbung, Wissenschaft und Militär umfasste.[97] Karten entwarfen die entsprechenden Weltbilder. Praktiken der Landesvermessung und -aufnahme in den Kolonien waren konstitutiver Bestandteil der Herrschaft über sie. Welche Evidenz und Beweiskraft Karten seitens der politischen Eliten zugeschrieben wurden, beweisen die Verhandlungen auf der Pariser Friedenskonferenz 1918/19, über die der Historiker Charles Seymour (1885-1963), Mitglied der amerikanischen Verhandlungsdelegation in Paris, rückblickend sagte: »Maps were everywhere. They were not all good […]. But the appeal to the map in every discussion was constant.«[98] Ganz im Einklang mit der Zeit befand sich also das

93 Gerd Krumeich, Juli 1914. Eine Bilanz. Mit einem Anhang: 50 Schlüsseldokumente zum Kriegsausbruch, Paderborn u. a. 2014, S. 79 ff., 183 f.

94 Zit. nach Volkmann, Von der Weltkultur zum Weltkrieg, S. 3. Vgl. zur offiziellen Version der deutschen Regierung zum Kriegsausbruch Herbert, Geschichte Deutschlands, S. 114.

95 Durch den völkerrechtswidrigen Überfall auf das neutrale Belgien und die Kriegserklärungen an Russland und Frankreich galt Deutschland der Weltöffentlichkeit als Aggressor. In Deutschland war es hingegen Konsens der öffentlichen Meinung, Opfer einer ›Einkreisungspolitik‹ unter der Führung Englands zu sein, deren Ziel es sei, die Machtstellung und den Wohlstand Deutschlands zu zerstören. Vgl. Steffen Bruendel, Volksgemeinschaft oder Volksstaat. Die »Ideen von 1914« und die Neuordnung Deutschlands im Ersten Weltkrieg, Berlin 2003, S. 29.

96 Clark, Schlafwandler, S. 717. Obwohl Clark sehr gut die gemeinsame Verstrickung der europäischen Großmächte in die Kriegsursachen aufzeigen kann, ist nichtsdestoweniger von einer »Hauptverantwortung« Deutschlands und Österreich-Ungarns auszugehen. Vgl. Krumeich, Juli 1914, S. 184. Zumal auch Krumeich den »imperialen Zuschnitt« der Politik aller damaligen Großmächte in Rechnung stellt. Ebd.

97 Rüdiger vom Bruch, Weltpolitik als Kulturmission. Auswärtige Kulturpolitik und Bildungsbürgertum in Deutschland am Vorabend des Ersten Weltkrieges, Paderborn u. a. 1982.

98 Zit. nach Hansen, Mapping the Germans, S. 1.

Motto des Schulkatalogs des Perthes-Verlags für das Schuljahr 1914/15: »Wissen ist Macht – Geographisches Wissen ist Weltmacht!«[99]

4.6 »In Arlon nichts Neues«?

Am 1. August 1914, »gegen 7 Uhr abends«, erhielt auch die Garnison in Gotha den Mobilmachungsbefehl, der Krieg war Realität geworden. Es »erklangen von den Kirchen die Glocken, wogte in den Straßen das Getriebe von Menschen. Zeitungsblätter flogen von Hand zu Hand, einer rief es dem Anderen zu: Mobilmachung! Krieg! Unfaßbar noch der Gedanke diesem Geschlecht, das nur den Frieden gekannt, fast ihn für ewig gehalten hatte.«[100] Die öffentliche Erregung in Gotha war derart groß, dass paranoide Verhaltensmuster um sich griffen:

> Zu tief griff das Schicksal heute in jede Familie, in jeden Beruf. Gruppen bildeten sich in den Straßen, die eifrigst ihre Meinungen austauschten. Gerüchte tauchten auf, die – oft seltsam genug – überall Glauben fanden. Hier sollten Agenten Brücken gesprengt, da Brunnen vergiftet, dort feindliche Flieger offene Städte mit Bomben beworfen haben. Man begann, Spione zu suchen. Harmlose Ausländer und Passanten wurden verhaftet. Aufgeregtes Treiben herrschte bis tief in die Nacht in den Gassen.[101]

Da Hermann Haack das 45. Lebensjahr noch nicht vollendet hatte, wurde auch er einberufen: Er kam zum Landsturm-Infanterie-Bataillon Gotha.[102] Einheiten des Landsturms wurden vornehmlich in der Etappe eingesetzt, wo sie militärisch wichtige Objekte z. B. Bahnhöfe, Brücken oder Straßen sichern sollten, aber auch bei der Verwaltung besetzter Gebiete sowie für die Bewachung und Verlegung von Kriegsgefangenen wurden sie herangezogen.[103] Haack wurde als Unteroffizier der 4. Kompanie des Bataillons zugeteilt.[104] Die allgemeinen Kampfhandlungen an der Westfront begannen in der Nacht zum 4. August.[105] Für ältere Jahrgänge galten

99 Perthes, Wandkarten, Globen, Atlanten, Bücher und Zeitschriften 1914, o. S.

100 Arno Buttmann, Kriegsgeschichte des Königlich Preußischen 6. Thüringischen Infanterie-Regiments Nr. 95 1914-1918, Zeulenroda 1935, S. 3.

101 Ebd., S. 4.

102 Hein, Das kleine Buch vom deutschen Heere. Ein Hand- und Nachschlagebuch zur Belehrung über die deutsche Kriegsmacht, Kiel und Leipzig 1901, S. 69 f.

103 O. V., Art. »Etappenwesen«, in: Emil Hartmann (Hg.), Kurzgefasstes Militär-Hand-Wörterbuch für Armee und Marine, Leipzig 1896, S. 234.

104 Brief von Bernhard Perthes an das Landsturm-Infanterie-Bataillon Gotha in Arlon, Gouvernement Belgien, o. D., Forschungsbibliothek Gotha, Sammlung Perthes, SPA ARCH MFV 300/38, Bl. 163.

105 Leonhard, Die Büchse der Pandora, S. 160.

jedoch längere Mobilisierungsfristen. So musste das Ersatzbataillon des Infanterie-Regiments 95 in Gotha erst zum 21. August alle »gedienten Leute marschbereit machen«, und das schloss auch das Landsturm-Infanterie-Bataillon mit ein.[106] Am Sonntag, dem 23. August verließ die Einheit und mit ihr Haack die Stadt.[107] Am 25. August wurde per Zug das belgische Arlon in der Provinz Luxemburg erreicht, das sich nahe der umkämpften Festung Longwy befand. In Arlon war seit dem 12. August ein deutscher Militärstützpunkt eingerichtet, der über ein eigenes Kriegsgericht verfügte, das auch Verfahren gegen belgische Zivilisten durchführte, die als sogenannte Franktireure verdächtigt wurden, als irreguläre Heckenschützen hinterrücks deutsche Truppen beschossen zu haben.[108]

Das Bataillon aus Gotha belegte in Arlon das Bahnhofsgelände und versorgte zunächst Kriegsverwundete und war an deren Abtransport beteiligt.[109] Haack schrieb in Briefen und Postkarten an Bernhard Perthes recht ausführlich über die Situation und seine persönlichen Befindlichkeiten in Arlon.[110] Wie für den Landsturm vorgesehen, bewachte das Bataillon kriegswichtige Objekte im rückwärtigen Gebiet und sicherte den Abtransport von Kriegsgefangenen.[111] In seinem ersten längeren Brief vom 16. September schildert Haack zunächst seinen Alltag, der vor allem von Langeweile geprägt war:

> Wir, also wenigstens ich, leide hier am meisten am geistigen Elend. Die vielfachen Unbequemlichkeiten, die der Soldatendienst nun einmal mit sich bringt und die dem mehr als 40 jährigen noch empfindlicher auf die Nerven fallen als dem jungen Rekruten, ließen sich noch ertragen; aber der geistige Müßiggang ist einfach unerträglich. Ein Brief von daheim, in unregelmäßiger Bestellung, und hin und wieder eine Zeitung, die ein vorüberfahrender Militärzug herauswirft, ist alles, was wir bekommen. Sonst sind wir auf unsere eigene Philosophie und die von Mund zu Mund laufenden Räubergeschichten angewiesen. Sie sehen, das geistige Ausruhen, das Sie mir so oft gewünscht haben, hat sich nun von selbst in reichstem Maße eingestellt.[112]

Doch berichtet Haack in dem Brief auch von einem Ereignis, welches vermutlich eines der prägendsten Kriegserlebnisse für ihn war:

106 Buttmann, Kriegsgeschichte, S. 316.

107 Brief von Bernhard Perthes an Hermann Haack vom 6. September 1914, Forschungsbibliothek Gotha, Sammlung Perthes, SPA ARCH MFV 300/38, Bl. 150.

108 John Horne/Alan Kramer, Deutsche Kriegsgreuel 1914. Die umstrittene Wahrheit, Hamburg 2001, S. 93.

109 Brief von Hermann Haack an Bernhard Perthes, o. D., Vermerk: 29. August 1914 erhalten, Forschungsbibliothek Gotha, Sammlung Perthes, SPA ARCH MFV 300/38, Bl. 148.

110 Zu Feldpostbriefen als Quellenmaterial vgl. Brogiato/Schelhaas, »Die Feder versagt …«, S. 9 ff.

111 Brief von Hermann Haack an Bernhard Perthes, o. D., Vermerk: 1. Sep. 1914 erhalten, Forschungsbibliothek Gotha, Sammlung Perthes, SPA ARCH MFV 300/38, Bl. 149.

112 Brief von Hermann Haack an Bernhard Perthes vom 16. September 1914, Forschungsbibliothek Gotha, Sammlung Perthes, SPA ARCH MFV 300/38, Bl. 152.

> Schon am 2. Tage unseres Hierseins ward uns die traurige Pflicht, 115 Freibeuter [gemeint sind Franktireure] jeden Alters [!] zu erschießen: der Massentod war furchtbar, der zuckende Leichenhaufen ein entsetzlicher Anblick. Aber die Strenge hatte Erfolg. Wohl fiel im Anfang noch hin und wieder ein Schuß auf unsern Posten – mancher davon wohl auch nur in der erregten Phantasie – jetzt aber ist alles durchaus ruhig. Die Einwohner von Arlon wünschen uns gewiß nach wie vor zur Hölle, aber unsere Beförderung dahin erhoffen sie von Russen und Franzosen, sie selbst lassen die Hand aus dem Spiel.[113]

Der sogenannte Franktireur-Krieg, der sich zwischen August und Oktober 1914 in Belgien und Nordfrankreich abspielte, ist bis heute in der Historiographie höchst umstritten.[114] Tatsache ist, dass während des Einmarschs in das neutrale Belgien Tausende Zivilisten durch deutsches Militär erschossen und viele Ortschaften niedergebrannt wurden.[115] Die Erschießung in Arlon, die Haack nur in dieser kurzen Passage schilderte, kann anhand der Studie der beiden Historiker John Horne und Alan Kramer wie folgt rekonstruiert werden:

Bereits während der deutschen Einnahme von Arlon war es zu Spannungen zwischen Zivilbevölkerung und deutschem Militär gekommen. So hatte der Kommandeur der 41. Infanteriebrigade Hans von der Esch (1862-1934) bereits bei der Besetzung des Ortes angekündigt, jede feindliche Handlung der Zivilbevölkerung werde mit dem Tod bestraft. Nachdem eine deutsche Kavallerieeinheit angegeben hatte, sie sei beschossen worden, ließ von der Esch einen belgischen Polizeiwachtmeister hinrichten.[116] Am 22. August fand im ca. 30 Kilometer entfernten Dorf Rossignol ein heftiges Gefecht zwischen der deutschen 12. Infanteriedivision, der deutschen 3. Kavalleriedivision und der französischen 3. Kolonialdivision statt. Während dieser Schlacht kam es in der Gegend von Rossignol zu mehreren Franktireurvorfällen.[117] Bei den folgenden Repressalien seitens der Deutschen wurden etwa 63 Einwohner des benachbarten Dorfes Tintigny ermordet.[118] Laut Horne und Kramer wurden schließlich am 25. August »108 Zivilisten aus Rossignol

113 Ebd.

114 Die Frage, ob es Franktireure als Massenphänomen tatsächlich gab oder nicht, kann im Rahmen dieser Arbeit nicht geklärt werden. Vgl. zu der Debatte Ullrich, Die nervöse Großmacht, S. 737. Ebenso Ulrich Keller, Schuldfragen. Belgischer Untergrundkrieg und deutsche Vergeltung im August 1914, Paderborn u. a. 2017.

115 Horne und Kramer gehen von insgesamt ca. 6500 getöteten Zivilisten in Belgien und Frankreich aus. Horne/Kramer, Deutsche Kriegsgreuel, S. 618.

116 Ebd., S. 36.

117 Der Begriff Franktireurvorfall bezeichnet Ereignisse, bei denen die Behauptung aufgestellt wurde, es habe einen Angriff durch Franktireure gegeben. Ob dieser jeweils tatsächlich erfolgte, ist an dieser Stelle nicht zu klären und auch irrelevant. Haacks Brief legt den Schluss nahe, dass es sowohl reale Angriffe gab, wie auch solche, die nur in der Phantasie der deutschen Truppen stattfanden.

118 Horne/Kramer, Deutsche Kriegsgreuel, S. 92.

und 14 anderen Ortschaften nach Arlon gebracht. Dort übergab man sie dem Landsturmbataillon Gotha unter dem Befehl des Majors von Hedemann«.[119] Der Major erkundigte sich bei seinem Vorgesetzten Oberst Richard von Tessmar (1853-1928) und erhielt den Befehl, die Gefangenen zu erschießen. Von Hedemann bestätigte 1915 im Rahmen einer internen Ermittlung des deutschen Heeres die Erschießung der Gefangenen: »Danach gab man den versammelten Gefangenen dreimal auf Deutsch und Französisch zu verstehen, sie würden beschuldigt, auf deutsche Soldaten geschossen und diese getötet zu haben. Wer der Meinung sei, er sei unschuldig, oder wer sonst noch etwas zu sagen habe, solle vortreten. Wenn niemand etwas zu sagen habe, würden sie zum Tod verurteilt und alle erschossen. Da niemand vortrat, so Hedemann, sei er zu dem Schluß gelangt, sie hätten sich alle als schuldig betrachtet.«[120] Im Laufe der ersten Kriegswochen entwickelte sich, angeheizt durch die Vorkommnisse in Belgien, ein wahrer Propagandakrieg zwischen der Entente und dem Deutschen Reich.[121]

Haack jedenfalls zeigte sich emotional erschüttert, andererseits rechtfertigte er die Maßnahme euphemistisch als »Strenge«, die »Erfolg« gehabt habe. Eine Kritik an derartigen Formen der Kriegsführung findet sich in seinem Brief nicht. Ob und in welcher Form er persönlich an der Erschießung beteiligt war, muss ungeklärt bleiben. Dass er jedoch zumindest anwesend war, ist aufgrund der Schilderung seines persönlichen Augenscheins unzweifelhaft. Diese bestürzende Episode wird an dieser Stelle aus zweierlei Gründen erwähnt: Zum einen wurde Haack in der DDR zum Humanisten und Repräsentanten der Völkerverständigung erhoben (vgl. Kap. 8 u. 9) – was angesichts von Haacks Apologie einer Erschießung von Zivilisten höchst zweifelhaft erscheinen muss. Zweitens markierte der Erste Weltkrieg einen Wendepunkt: War Haack vor dem Krieg ein Vertreter eines Nationalismus, der zwar anschlussfähig für völkisches Gedankengut, aber dennoch grundlegend national-konservativ geprägt war, erschienen zum Ende des Krieges und nach dem Krieg vermehrt von Haack herausgegebene Karten, die völkische Weltbilder vermittelten. Sicherlich war ein entscheidender Faktor für diese Entwicklung, dass sich diese Karten aufgrund des allgemeinen Stimmungswandels durch den Krieg und den Versailler Vertrag nun besser verkauften – das war Haack natürlich bewusst. Dennoch ist nicht auszuschließen, dass ihn das persönliche Erleben der Brutalität des modernen Krieges verändert und möglicherweise radikalisiert hat.

Aus der Korrespondenz zwischen Haack und Bernhard Perthes geht ebenfalls hervor, dass Haack nach wie vor versuchte, den *Geographischen Anzeiger* zu lenken, auch wenn er dafür in der Etappe in Arlon denkbar schlecht positioniert war.

119 Ebd., S. 93 f.

120 Ebd., S. 94 f.

121 Siehe hierzu ausführlich Bruendel, Volksgemeinschaft, S. 38 ff.

Abb. 32: Hermann Haack am 27. September 1914 als Unteroffizier in Arlon (sitzend).

Aber er bemühte sich, so viel wie möglich am Verlagsleben teilzuhaben und nicht allzu sehr in die Isolation zu geraten:

> Mein Schema ist ‹…›, soweit es Arlon und mich angeht; eine Woche ist wie die andere und eine Woche vergeht wie die andern und von der Weltgeschichte, die ich mitmachen soll, erahne ich kaum etwas. Tragen Sie es mir deshalb nicht nach, wenn ich in Zukunft unter dem Motto: »In Arlon nichts Neues« hin und wieder zur Postkarte greife; Sie kennen ja meine Liebe zu Justus Perthes'scher Geschichte, lassen Sie mich auch die Kapitel wenigstens in extenso miterleben, die sich abspielen, während ich fern vom Hause bin.[122]

Die Gründe für Haacks Versuch, die Leitung über den *Anzeiger* aufrechtzuerhalten, waren zweierlei. Einerseits misstraute er dem Mitherausgeber Heinrich Fischer,[123] von dem er offenbar erwartete, dass dieser Haacks Einberufung – die ja im August von noch durchaus unabsehbarer Dauer war – für die Verbesserung seiner Stellung innerhalb der Redaktion und der Schulgeographie auszunutzen versuchte:

> Daß Fischer die günstige Gelegenheit meines Fernseins nach Möglichkeit ausnutzen wird, sich Ellenbogenraum zu schaffen, sieht ihm ähnlich, deshalb ist

122 Brief von Hermann Haack an Bernhard Perthes vom 16. September 1914, Forschungsbibliothek Gotha, Sammlung Perthes, SPA ARCH MFV 300/38, Bl. 154.

123 Vgl. zu Fischer Brogiato, Wissen ist Macht, S. 167-174.

> Vorsicht geboten. Helfen wird es ihm doch nichts, denn wenn ich wieder daheim bin, kommt er unweigerlich wieder auf seinen alten Posten.[124]

Der letzte Satz zeigt die Machtverhältnisse innerhalb der Redaktion. Haack war nach wie vor die zentrale Figur des *Anzeigers*. Zudem wollte Haack die Kartographie des Verlags weiterhin steuern. In den Briefen von Bernhard Perthes an Haack gibt es keinerlei Anzeichen dafür, das Perthes auch nur kurzzeitig erwogen hat, Langhans als Ersatz für Haack einzusetzen. Dagegen gab Haack auch aus Arlon weiterhin bis ins Detail gehende Anweisungen für einzelne Kartographen und deren Projekte, die wiederum interessante Rückschlüsse auf den Einfluss des Krieges auf die Kartenproduktion ermöglichen:

> Oldenburg sollte die Schweiz (Höhenschichten usw.) fertig machen und dann an die Wandkarte der Vereinigten Staaten gehen unter Schleifers beratender Hilfe: die Arbeit schien mir geeignet, weil die Vereinigten Staaten wohl bis auf weiteres bestehen bleiben werden. […] Material liegt ferner für eine weitere Weltkarte von Hertzberg vor, es ist aber ausgeschlossen, daß er diese vornehmen kann, da ich mir selbst noch nicht klar bin, ob etwas und was sich daraus machen läßt. […] Schleifer sollte Kartenkatalog und Sammlung in Ordnung bringen und sich dann an den physikalischen Wandatlas machen. Wind und Wetter behaupten ihre Gestalt auch gegen Kanonen und Maschinengewehre. Ob sich diese Arbeitsordnung nun auch wirklich durchführen läßt, kann ich von hier aus nicht beurteilen, wenn es aber einigermaßen ginge, würde ich mich freuen.[125]

Zunächst ist es aufschlussreich, was Haack zur Zusammenarbeit mit seinem Kartenautor für den *Historischen Wandatlas* Heinrich Hertzberg bemerkt. Denn es wird in dieser Passage einmal mehr deutlich, dass Haack stets Ausgangs- und Angelpunkt der Kartenproduktion war, d.h. wenn er keine klare Vorstellung davon hatte »ob etwas und was sich daraus machen läßt«, die Arbeit seitens des Kartenautors gar nicht erst aufgenommen wurde (vgl. Kap. 3).

Weiterhin ist höchst interessant, wie hier der Zusammenhang von Kartenproduktion, politischer Situation und wirtschaftlichem Interesse beschrieben wird. Der Krieg warf alle vorherigen Planungen über den Haufen, der Verlag musste umdisponieren und improvisieren. Schließlich wollte man nicht das Risiko eingehen, Karten herzustellen, die binnen Tagen überholt sein würden. Haack reagierte entsprechend weitsichtig, indem er die Herstellung von meteorologischen Karten und einer Karte der USA anordnete.

Dass Geographie und Kartographie letztlich trotzdem zu den Gewinnern des Kriegs zählen würden, auch in wirtschaftlicher Hinsicht, daran bestand für Haack

124 Brief von Hermann Haack an Bernhard Perthes vom 16. September 1914, Forschungsbibliothek Gotha, Sammlung Perthes, SPA ARCH MFV 300/38, Bl. 154.

125 Ebd.

kein Zweifel: »Dagegen bin ich überzeugt, daß für die Geographie nach dem Feldzug die besten Aussichten sind und ich freue mich darauf, sie mit ausnutzen zu helfen.«[126] Für den Perthes-Verlag war der Kriegsausbruch – trotz aller Euphorie – zunächst jedoch ein großer wirtschaftlicher Unsicherheitsfaktor. Viele Angestellte wurden zum Kriegsdienst einberufen.[127] Die verbliebenen Mitabeiter/innen wurden zu »Notstandsarbeiten« innerhalb des Verlags herangezogen. Bernhard Perthes schrieb:

> Sonst kann ich Ihnen von JUSTUS nicht viel erzählen, es werden zur Beschäftigung der Leute »Notstandsarbeiten« gemacht – darunter eine, die Sie allerdings auch berührt: ich laße jetzt die riesigen Stöße alter, verstaubter ‹…› Karten aus der historischen Abteilung fein säuberlich herrichten – leider fehlt zur gleichzeitigen Ordnung nur der Fachmann [gemeint ist Haack]! Aber diesem wird famos vorgearbeitet, und so hoffe ich daß seine Stunde auch einmal kommt.[128]

Und Haacks Stunde kam schließlich schneller als gedacht. Im Herbst 1914 entschloss sich Bernhard Perthes schweren Herzens – auch auf entschiedenes Drängen von Theodor Klemm hin – die Militärbehörden um die Freistellung Haacks zu bitten.[129] Über seinen inneren Konflikt schrieb Perthes: »Zwei Seelen wohnen auch in meiner Brust! Die eine will als Patriot dem Vaterland keine Kraft abziehen, und die andere weiß sich in ‹…› Überzeugung, daß es auch hinter der Front Stellungen auszufüllen gilt, durch die der Allgemeinheit nicht weniger gedient werden kann.«[130] Das drohende ökonomische Fiasko gab schließlich den Ausschlag. Und so bemühte sich Perthes, Haack freistellen zu lassen und den kartographischen »Fachmann« wieder an Bord zu bekommen. In einem Schreiben an das »Landsturm-Infanterie-Bataillon Gotha in Arlon Gouvernement Belgien« legte Perthes seine Begründung ausführlich dar. Sie belegt eindrucksvoll Haacks mittlerweile herausragende Stellung im Verlag:

> Dr. Haack ist der eigentliche wissenschaftliche Leiter der Geographischen Anstalt. Von seinen Vorarbeiten und seiner Aufsichtsführung hängt die unmittel-

126 Brief von Hermann Haack an Bernhard Perthes vom 8. Oktober 1914, Forschungsbibliothek Gotha, Sammlung Perthes, SPA ARCH MFV 300/38, Bl. 159.

127 Insgesamt starben im Ersten Weltkrieg 18 Mitarbeiter von Perthes. Vgl. Fünf Generationen Justus Perthes 1785-1935, o. S.

128 Brief von Hermann Haack an Bernhard Perthes vom 30. September 1914, Forschungsbibliothek Gotha, Sammlung Perthes, SPA ARCH MFV 300/38, Bl. 156.

129 Perthes schrieb an Haack, Klemm habe mit »der ihm eigentümlichen Hartnäckigkeit« auf ihn eingewirkt, damit dieser den Versuch wage, »um unserer Kartographie wieder mit dem so nötigen frischen Wind in die Segel zu fahren«. Brief von Bernhard Perthes an Hermann Haack vom 3. November 1914, Forschungsbibliothek Gotha, Sammlung Perthes, SPA ARCH MFV 300/38, Bl. 161.

130 Brief von Bernhard Perthes an Hermann Haack vom 3. November 1914, Forschungsbibliothek Gotha, Sammlung Perthes, SPA ARCH MFV 300/38, Bl. 162.

> bare Beschäftigung von über 50 Beamten (Kartographen, Zeichner, Kupferstecher und Lithographen) ab, in zweiter Linie aber eine beinahe doppelt so große Anzahl von Arbeitern. Die meisten dieser Angestellten sind verheiratet und durch Jahrzehnte im Dienste der Anstalt; sie stellen ihrerseits Heerespflichtige in reichlicher Zahl.
>
> Die bisherige Abwesenheit des Dr. Haack ist durch Vornahme allerlei Notarbeiten auszugleichen versucht worden, sein längeres Fortbleiben aber, über die bald verflossenen drei Kriegsmonate hinaus, würde eine immer mehr um sich greifende Arbeitslosigkeit der genannten Angestellten zur Folge haben […].
>
> Eine Vertretung des Dr. Haack durch eine Ersatzkraft ist andererseits nicht zu ermöglichen; sein Ausbildungsgang und sein Universitätsstudium sind den besonderen Bedürfnissen der Geographischen Anstalt genau angepaßt gewesen und jeder andere hätte sich die nötigen Fachkenntnisse erst wiederum von vorne anzueignen.[131]

4.7 Justus Perthes im Krieg

Dem Antrag wurde entsprochen und Haack kehrte schließlich im November des Jahres nach Gotha zurück. Im Januar 1916 schrieb Perthes ihm erleichtert und anerkennend: »Wenn es in allen Kriegsnöten bisher gelungen ist einen guten Teil des Betriebes der Anstalt unter frischem Wind weiter segeln zu lassen, so danke ich das Ihrer unermüdlichen Schaffenskraft mit in aller erster Linie!«[132]

Warum konnte Paul Langhans, langjähriger leitender Kartograph, »nimmermüde[r] Mann«[133] und einstiger Hoffnungsträger des Verlags, sich nicht in Stellung bringen, Haack nicht ersetzen? Gerade in diesen Monaten des Spätsommers und Herbst 1914, als die nationale Begeisterung scheinbar keine Grenzen kannte! Die Ursache ist darin zu sehen, dass die Produkte, für die Langhans verantwortlich war, keinen durchschlagenden wirtschaftlichen Erfolg hatten (vgl. Kap. 2). Dieser Umstand sollte sich auch nach dem Krieg nicht mehr grundlegend ändern (vgl. Kap. 5).

Das Genre der Kriegskarten, die Langhans von Krisen- und Kriegsgebieten anfertigte und die in hohen Auflagen zum Schleuderpreis von 1,– Mark bereits seit der Jahrhundertwende bei Perthes erschienen, entwickelten sich gegen alle Erwar-

131 Brief von Bernhard Perthes an das Landsturm-Infanterie-Bataillon Gotha in Arlon, Gouvernement Belgien, o. D., Forschungsbibliothek Gotha, Sammlung Perthes, SPA ARCH MFV 300/38, Bl. 163-165.

132 Brief von Bernhard Perthes an Hermann Haack vom 31. Januar 1916, Forschungsbibliothek Gotha, Sammlung Perthes, SPA ARCH MFV 300/38, Bl. 174.

133 Manfred Langhans, Familiengeschichte, S. 17.

tungen bei Kriegsausbruch nicht zum dauerhaften Verkaufsschlager. Nach anfänglichem großen Absatz,[134] ließ Perthes die Langhans' Kriegskarte von Belgien in die Septemberausgabe des *Geographischen Anzeigers* einbinden, weil sie zum einen günstiger als eine Bildbeilage war, aber vor allem, weil von ihr im Lager »noch riesige Vorräte« vorhanden waren.[135] »Es ist merkwürdig wie der Absatz dieser Karten durch das Sortiment fast mit einem Schlag aufhörte – als ob eine plötzliche Übersättigung eingetreten wäre.«[136]

Das bereits 1905 »zur Beschäftigung der Kartenzeichner und Kupferstecher« begonnene Unternehmen einer erweiterten Neuauflage von *Vogels Karte des Deutschen Reiches*, wurde aus der Sicht Theodor Klemms »unglücklicherweise Professor Langhans anvertraut, der damals auch an Beschäftigungslosigkeit litt«.[137] Erst 1913 begann dann *Vogels Karte des Deutschen Reiches und der Alpenländer* zu erscheinen, »leider mit sehr geringem Erfolg« – und dies obwohl sie im Krieg vom Militär verwendet wurde.[138] Noch 1917 waren rund 220.000 Mark des vom Verlag in die Kartenproduktion investierten Kapitals ungedeckt, d.h. nicht durch Einnahmen wieder ausgeglichen.[139] Das Kartenwerk sollte sich in den 1930er Jahren für den Verlag allerdings noch durchaus bezahlt machen (vgl. Kap. 7).

Auch die Zahl der Abonnements der *Deutschen Erde*, die sich nach einiger Anlaufzeit hoffnungsvoll entwickelt hatte,[140] war nach 1909 rückläufig. Hatte man in diesem Jahr den Spitzenwert mit durchschnittlich 1335 verkauften Exemplaren je Ausgabe erreicht (von 1902 bis 1908 erschienen sechs Hefte pro Jahr, seit 1909 acht), waren es 1914 nur noch 930.[141] Zum Vergleich: 1914 wurden durchschnittlich 2045 Exemplare von *Petermanns Mitteilungen* und 2417 Exemplare des *Geographi-*

134 Brief von Bernhard Perthes an Hermann Haack vom 6. September 1914, Forschungsbibliothek Gotha, Sammlung Perthes, SPA ARCH MFV 300/38, Bl. 151. Vgl. auch Kann, Karten des Krieges, S. 215.

135 Brief von Hermann Haack an Bernhard Perthes vom 30. September 1914, Forschungsbibliothek Gotha, Sammlung Perthes, SPA ARCH MFV 300/38, Bl. 156.

136 Ebd.

137 Buchführungsergebnisse 1924, Bl. 40 vom 23. September 1925, Forschungsbibliothek Gotha, Sammlung Perthes, SPA ARCH FFA.

138 Zur Militärkartographie im Ersten Weltkrieg siehe grundlegend Kann, Karten des Krieges.

139 Buchführungsergebnisse 1934, Bl. 34 vom 16. November 1935, Forschungsbibliothek Gotha, Sammlung Perthes, SPA ARCH FFA. 1924 gab Klemm die ungedeckten Kosten mit 225.000 Mark an. Vgl. Buchführungsergebnisse 1924, Bl. 40 vom 23. September 1925, Forschungsbibliothek Gotha, Sammlung Perthes, SPA ARCH FFA.

140 Im September 1908 schrieb Perthes an Langhans, die Deutsche Erde habe ihren Absatz weiter steigern können und mit etwas Glück komme »das Anlagekapital vielleicht in wenig Jahren wieder herein«. Brief von Bernhard Perthes an Paul Langhans vom 11. September 1908, Forschungsbibliothek Gotha, Sammlung Perthes, SPA ARCH PGM 558, Bl. 105.

141 Die Zahlen basieren auf eigener Auszählung auf Grundlage des Auslieferungsbuches von Justus Perthes. Ausgangsbuch 1895-1919, Forschungsbibliothek Gotha, Sammlung Perthes, SPA ARCH FFA.

schen Anzeigers je Ausgabe verkauft (jeweils zwölf Hefte pro Jahr). Der *Anzeiger* hatte 1913 erstmalig die *Mitteilungen* überholt und konnte seinen Vorsprung zumindest bis 1917 weiter ausbauen.[142] Hermann Haacks Strategie, den *Anzeiger* zum offiziellen Organ des Verbands deutscher Schulgeographen zu machen, um so mehr Bezieher/innen zu gewinnen, war vollkommen aufgegangen. Obwohl Langhans durchaus versucht hatte, seine außerordentlich guten Kontakte innerhalb nationalistischer[143] und diesbezüglich anschlussfähiger wissenschaftlicher Kreise[144] in ökonomisch Verwertbares für den Perthes-Verlag zu verwandeln, war der Erfolg insgesamt durchwachsen, auch wenn Klemm 1924 rückblickend zugestand, die *Deutsche Erde* »erhielt sich infolge seines Abonnenten- und Inserenten-Fanges«.[145]

Langhans war hierfür mit einigen nationalistischen Verbänden eine enge Kooperation eingegangen. Es wurde ein Abnehmermodell vereinbart, wodurch deren Mitglieder die *Deutsche Erde* zum Vorzugspreis erhielten, die Verbände im Gegenzug jedoch eine Mindestzahl von 50 Exemplaren pro Ausgabe abnehmen mussten.[146] Je nach den Absatzzahlen sollten sie zusätzlich am Gewinn der *Deutschen Erde* beteiligt werden. Ebenfalls wurde eine inhaltliche Zusammenarbeit vereinbart, so war etwa ein Austausch von Beiträgen vorgesehen. Die *Deutsche Erde* sollte wissenschaftliche Themen veröffentlichen, die verbandseigenen Zeitschriften Beiträge »politisch-ethischen, aktuellen oder populären Inhalts«. Außerdem sollten die Verbände monatlich Inserate in der *Deutschen Erde* schalten.[147] Vertragspartner des Perthes-Verlags waren die Vereine Nordmark aus Troppau (Österreich-Ungarn) und Südmark aus Graz,[148] der Deutsche Ostmarken-

142 Die Zahlen basieren auf eigener Auszählung auf Grundlage des Auslieferungsbuches von Justus Perthes. Ausgangsbuch 1895-1919, Forschungsbibliothek Gotha, Sammlung Perthes, SPA ARCH FFA.

143 Im Februar 1904 schrieb Langhans während einer Vortragsreise durch das Rheinland, die Agitation des Alldeutschen Verbandes werde demnächst ein Dutzend neuer Bezieher für die Deutsche Erde nach sich ziehen. Vgl. Brief von Paul Langhans an Bernhard Perthes vom 26. Februar 1904, Forschungsbibliothek Gotha, Sammlung Perthes, SPA ARCH PGM 558, Bl. 112.

144 Indem Langhans bspw. erreichte, dass die Deutsche Erde seit 1906 den Zusatztitel »unter Förderung der Zentralkommission für wissenschaftliche Länderkunde von Deutschland« trug. Vgl. Brogiato, Wissen ist Macht, S. 254. Siehe auch die Namen der Wissenschaftler, die als Mitarbeiter der Deutschen Erde gelistet waren, ebd., S. 253 f.

145 Buchführungsergebnisse 1924, Bl. 25 vom 4. September 1925, Forschungsbibliothek Gotha, Sammlung Perthes, SPA ARCH FFA.

146 Vgl. Hansen, Mapping the Germans, S. 122.

147 Der Geograph Georg A. Lukas (1875-1957) bezeichnete die Deutsche Erde als »wissenschaftliche Ergänzung« der »völkischen Schutzarbeit«. Vgl. Georg A. Lukas, Geographie und völkische Schutzarbeit, in: Geographische Zeitschrift 25 (1919), H. 8/9, S. 235-245, hier S. 236.

148 Zu den sogenannten Schutzvereinen siehe Peter Haslinger (Hg.), Schutzvereine in Ostmitteleuropa. Vereinswesen, Sprachenkonflikte und Dynamiken nationaler Mobilisierung 1860-1939, Marburg 2009.

verein,[149] der Deutschbund, der Verein für das Deutschtum im Ausland und der Alldeutsche Verband, der sich verpflichtete, 65 Exemplare von jedem Heft abzunehmen.[150] Die Liste der Vertragspartner unterstreicht die außerordentlich gute Vernetzung von Langhans in das nationale bis radikalnationale und völkische Milieu.

Trotz aller Bemühungen, war diesem Geschäftsmodell aber offensichtlich kein beidseitiger Gewinn beschieden. So kündigte der Verein für das Deutschtum im Ausland in einem Schreiben vom 24. Oktober 1914 seine vertragliche Abnahmegarantie auf, mit der Begründung, diese habe sich finanziell »im Laufe der vergangenen 6 Vertragsjahre« nicht gelohnt und somit »leider die vorausgesetzten Früchte für uns nicht getragen«.[151] Aufgrund des Krieges könne daher die Abnahme der 50 Exemplare und die Schaltung von Inseraten nicht mehr getragen werden. Der Vertrag müsse daher »zu unserem Bedauern« zum 1. Januar 1915 als aufgelöst betrachtet werden; »wobei wir nicht verfehlen, zu versichern, dass wir nach wie vor im Hinblick auf die gemeinsame nationale Aufgabe die ›Deutsche Erde‹ nach Kräften fördern werden«.[152] 1915 wurde die Deutsche Erde schließlich eingestellt. Da der Verlag aufgrund des Krieges Einschnitte vornehmen musste, entschied er sich für die Aufgabe der *Deutschen Erde*, weil diese eine sehr spezifische Klientel bediente und ihre Absatzzahlen rückläufig waren. Der *Geographische Anzeiger* und *Petermanns Mitteilungen* besaßen Priorität. Beide konnten höhere Auflagen vorweisen und erfüllten zentrale Funktionen für den Verlag. Die *Mitteilungen* stellten das traditions- und prestigeträchtige wissenschaftliche Aushängeschild des Verlags im In- und Ausland dar, der *Anzeiger* sicherte die Verbindung zur Schulgeographie und hatte sich eine breite ›Gemeinde‹ erschließen können. Allerdings stellte dieser trotzdem – ebenso wie die Mitteilungen seit der Übernahme durch Langhans 1909[153] – für den Verlag ein Zuschussgeschäft dar.[154] Klemm betonte jedoch, dass der Verlag diese Investitionen in Kauf nehmen müsse, da der *Anzeiger* zum Verkauf anderer Verlagsprodukte, insbesondere der »Haack'schen Schulwandkarten«, beitrage.[155]

149 Zum Ostmarkenverein siehe Jens Oldenburg, Der deutsche Ostmarkenverein 1894-1934, Berlin 2002. Zur Bedeutung der Agitation des Ostmarkenvereins vgl. Nipperdey, Deutsche Geschichte, Bd. 2, S. 277.

150 Verträge zwischen Justus Perthes und den Verbänden aus dem Zeitraum 1908/1909, Forschungsbibliothek Gotha, Sammlung Perthes, SPA ARCH MFV 188, Bl. 6-13. Zu den Mitgliedszahlen der einzelnen Verbände vgl. Walkenhorst, Nation – Volk – Rasse, S. 309.

151 Brief des Vereins für das Deutschtum im Ausland an Justus Perthes vom 24. Oktober 1914, Forschungsbibliothek Gotha, Sammlung Perthes, SPA ARCH MFV 188, Bl. 15.

152 Ebd.

153 Buchführungsergebnisse 1924, Bl. 26 vom 9. September 1925, Forschungsbibliothek Gotha, Sammlung Perthes, SPA ARCH FFA.

154 Brogiato 1998, Wissen ist Macht, S. 298.

155 Buchführungsergebnisse 1924, Bl. 26 vom 9. September 1925, Forschungsbibliothek Gotha, Sammlung Perthes, SPA ARCH FFA.

Dass für Langhans die geschäftliche Seite seiner Tätigkeit nicht an erster Stelle stand, belegt ein Schreiben an Bernhard Perthes vom Februar 1908, worin er um die Anstellung einer Schreibhilfe bat, die ihn bei der Erledigung der Korrespondenz der *Deutschen Erde* unterstützen sollte. Dies begründete er damit, dass

> aus Mangel an Hilfe die Weiterführung des Briefwechsels unterbleiben muß, da ich selbst wohl den persönlichen, wissenschaftlichen und technischen Teil desselben erledigen kann, nicht aber den geschäftlichen. So liegen gerade augenblicklich Dutzende von Schreiben vor, die sich auf den Anzeigenteil oder Karten der »D.E.« [Deutschen Erde] beziehen, aber keine Erledigung finden können aus Mangel an Zeit. Geschweige daß letztere vorhanden wäre zur durchaus notwendigen Anknüpfung neuer Verbindungen.[156]

Überhaupt scheint Langhans die Idee einer geschäftlich betriebenen Kartographie persönlich nicht recht behagt zu haben. Für ihn standen stets Wissenschaft und Weltanschauung im Vordergrund, was für ihn keinen Widerspruch darstellte (vgl. Kap. 2). In diesem Sinne schrieb er 1906 an Richard Boeckh:

> Sie wissen, daß bei aller Bedeutung wissenschaftlicher Arbeit die hiesige geographische Anstalt immerhin doch ein gewerbliches Unternehmen ist, das neben zahlreichen Opfern für die Wissenschaft doch auch nicht den ausgleichenden Erwerb außer Acht lassen darf. Geschäftlicher Blick und richtiges Empfinden für die Empfänglichkeit der Welt für Äußerlichkeiten gehören daher zweifellos zu den Erfordernissen der Leitung der Anstalt. Sie sehen, ich erkenne die Notwendigkeit dieser Auffassung durchaus an, obgleich ich persönlich darunter zu leiden habe.[157]

Bereits während des Ersten Weltkriegs gab es allerdings einen ersten Versuch, die *Deutsche Erde* wiederzubeleben. Im Oktober 1917 führte der Hamburger Kaufmann Franz Ferdinand Eiffe (1860-1941) von der Vereinigung für Deutsche Siedlung und Wanderung Gespräche mit Langhans über ein Wiedererscheinen der *Deutschen Erde*, ermöglicht durch finanzielle Unterstützung der Vereinigung. Diese war eine Körperschaft des Alldeutschen Verbandes, welche die »Rückwanderung« von Auslandsdeutschen ins Reich am Ende des Ersten Weltkriegs organisieren und koordinieren sollte.[158] In einem Flugblatt hieß es in charakteristischer Hybris: »Nicht wieder dürfen Millionen von Deutschen auswandern, sich ziellos über den Erdball zerstreuen, geschweige denn durch ihre

156 Brief von Paul Langhans an Bernhard Perthes vom 2. Februar 1908, Forschungsbibliothek Gotha, Sammlung Perthes, SPA ARCH MFV 188, Bl. 3.

157 Brief von Paul Langhans an Richard Boeckh vom 24. Mai 1906, Zentral- und Landesbibliothek Berlin, Sammlung Kuczynski, Kuc7-4-15.

158 Vgl. Thomas Müller, Imaginierter Westen. Das Konzept des »deutschen Westraums« im völkischen Diskurs zwischen Politischer Romantik und Nationalsozialismus, Bielefeld 2009, S. 171f., insb. Anm. 240.

höhere Intelligenz und Kultur andere Völker zum Schaden Deutschlands kräftigen.«[159]

Die *Deutsche Erde* sollte laut dem Plan als *Zeitschrift der Vereinigung für Deutsche Siedlung und Wanderung* erscheinen, aber Langhans hielt dies während des Krieges für ausgeschlossen, »da die Papierbeschaffung unmöglich ist«. Nur »ordinäres Holzpapier« sei verfügbar und der Verlag lehne es »mit Rücksicht auf sein Ansehen« ab, derartiges Papier für die *Deutsche Erde* zu verwenden.[160] Dennoch kam schließlich ein Vertrag zustande, der ab dem 1. Januar 1919 in Kraft treten sollte. Die Vereinigung für Deutsche Siedlung und Wanderung verpflichtete sich, jeweils 500 Exemplare zum Preis von 4000 Mark abzunehmen.[161] Zur Umsetzung des Vertrags kam es jedoch nicht. Denn am 2. Oktober 1918 – nur wenige Wochen vor dem Waffenstillstand am 11. November – schrieb Perthes an die Vereinigung, er würde den Vertrag gerne erfüllen, sehe sich jedoch »bei der jetzigen allgemeinen Lage dazu leider nicht im Stande!«.[162] Der Grund war nach wie vor der, dass die »Papierbewilligung« nicht zu erhalten sei. Auch die »Setzer- und Druckerlöhne« seien derart gestiegen, dass »der Verlag von jeder nicht durchaus notwendigen Herstellung absehen muss – jedenfalls kann eine auf eine beschränkte Bezieherzahl zugeschnittene Zeitschrift, die vor dem Krieg schon 12 Mark kostete, jetzt nicht zu dem gleichen Preise gegeben werden, sie müsste das Doppelte kosten. Sollte es Ihnen nach Wiederkehr geordneter Zustände noch möglich sein auf die Sache zurückzukommen, würde ich mich freuen.«[163]

In dieser Aussage von Perthes wird noch einmal der Charakter der *Deutschen Erde* als Zeitschrift mit einem sehr spezifischen Profil deutlich. Sie verhandelte unter völkisch-nationalistischen Prämissen Spezialfragen der verschiedensten Wissenschaften. Da mit Beginn des Kriegs die Ressourcen des Verlags zunehmend beschränkt waren und vor dem Hintergrund des Profils sowie sinkender Absatzzahlen, entschied sich Perthes, die *Deutsche Erde* einzustellen und seine Zeitschriften mit einem breiteren Zielpublikum weiterzuführen: *Petermanns Mitteilungen* und den *Geographischen Anzeiger*.

159 O. V., Flugblatt der Vereinigung für deutsche Siedlung und Wanderung, in: Datenbank des Deutschen Historischen Museums, URL: https://www.dhm.de/datenbank/dhm.php?seite=5&fld_0=D2A05289 [20.7.2017].

160 Notiz über eine Besprechung zwischen Franz Ferdinand Eiffe und Paul Langhans vom 18. Oktober 1917, Forschungsbibliothek Gotha, Sammlung Perthes, SPA ARCH MFV 188, Bl. 16.

161 Vereinbarung zwischen der Vereinigung für Deutsche Siedlung und Wanderung, Bernhard Perthes und Paul Langhans, Forschungsbibliothek Gotha, Sammlung Perthes, SPA ARCH MFV 188, Bl. 19.

162 Brief von Bernhard Perthes an die Vereinigung für Deutsche Siedlung und Wanderung vom 2. Oktober 1918, Forschungsbibliothek Gotha, Sammlung Perthes, SPA ARCH MFV 188, Bl. 18.

163 Ebd.

Abb. 33: Joachim Perthes (1953)

Im Februar 1927 erfolgte der zweite und letzte Anlauf, die *Deutsche Erde* zu reaktivieren. Joachim Perthes (1889-1954),[164] seit dem Tod seines Vaters Bernhard im Dezember 1919 alleiniger Verlagsinhaber, ließ eine »Schätzung der Herstellungskosten für einen Jahrgang« vornehmen. Dabei waren nur sechs Hefte anstelle der seit 1909 erscheinenden Zahl von acht Heften vorgesehen. Zum veranschlagten Personal hieß es: »[...] keine Belastung durch Redaktionsarbeit im Hause, da der Herausgeber [gemeint ist Langhans] glaubt, sie neben seinen anderen Aufgaben und ohne Vermehrung seiner Hilfskräfte selbst bewältigen zu können.«[165] Joachim Perthes' Formulierung, der Herausgeber *glaube*, diese Belastung stemmen zu können, unterstreicht die Skepsis des Verlegers, aber auch den Willen von Langhans, die *Deutsche Erde* wieder erscheinen zu lassen. Die Kalkulation gelangte jedoch letztlich zu dem Schluss, dass eine Wiederaufnahme der Zeitschrift auf Jahre hinaus ein Zuschussgeschäft wäre. Damit endet ihre Verlagsakte, sie blieb endgültig ein »Opfer des Weltkriegs«.[166]

Dagegen konnte Haack noch im Januar 1917 in Bezug auf den *Anzeiger* verkünden: »Der neue Jahrgang ohne Preiserhöhung!«[167] Und entgegen der unvermeidlichen materiellen Beschränkungen,[168] konnte Haack selbst noch bei Kriegsende feststellen, dass der *Anzeiger* »trotz Papierhunger und Zensurnot als ein ganz ansehnlicher Geselle dastand, der weder sein Zehrgeld erhöhen noch auf sein kleidsames gelbes Friedenswams verzichten mußte«.[169] Im Vergleich zu den völkischen Netzwerken von Langhans erwies sich die Abnehmerschaft der Lehrer/innen bzw. der Schulgeographie, die im Verband deutscher Schulgeogra-

164 Joachim Perthes war bereits seit 1916 Teilhaber im Verlag. Er hatte zuvor eine Ausbildung zum Buchhändler absolviert. 1913 wurde er bei Hermann Wagner promoviert. Vgl. Brogiato, Wissen ist Macht, S. 87.

165 Schätzung der Herstellungskosten für einen Jahrgang der »Deutschen Erde« vom 23. Februar 1927, Forschungsbibliothek Gotha, Sammlung Perthes, SPA ARCH MFV 188, Bl. 20.

166 Kurt Hassert, Paul Langhans 60 Jahre, zum 1. April 1927, unveröffentlichtes Manuskript, S. 3, Forschungsbibliothek Gotha, Sammlung Perthes, SPA ARCH PGM 558.

167 Hermann Haack, Der neue Jahrgang ohne Preiserhöhung!, in: Geographischer Anzeiger 18 (1917), H. 1, S. 1-2.

168 Brogiato, Wissen ist Macht, S. 357f.

169 Hermann Haack, Ein Wort zum Kriegsende an unsere Leser und Verbandsmitglieder, in: Geographischer Anzeiger 19 (1918), H. 11/12, o. S.

phen unter Haacks Führung zusammengefasst war, als ökonomisch tragfähiger. Im Laufe von zwei Jahren nach der Verbandsgründung traten dem VdS fast 3000 Mitglieder bei.[170] Die Entscheidung, den *Geographischen Anzeiger* zum offiziellen Organ des VdS zu machen, erwies sich als genialer Schachzug, insbesondere vor dem Hintergrund, dass sich der *Anzeiger* an Lehrer/innen aller Schularten richtete und nicht vorwiegend an Lehrer/innen höherer Schulen wie etwa die *Geographische Zeitschrift* des Heidelberger Geographen Alfred Hettners (1859-1941).[171]

Der Krieg führte jedoch nicht nur zu ökonomischen Verwerfungen, sondern auch zu inhaltlichen Verschiebungen. Der Krieg galt vielen als Möglichkeit, bislang nicht Erreichtes zu verwirklichen. Dies glaubten auch die Schulgeographen. So entwickelte der schulgeographische Diskurs – als dessen Leitmedium sich der *Anzeiger* verstand – während der ersten Kriegsjahre eine nationalistische Schärfe, die von neuer Qualität war. Der bereits seit der Jahrhundertwende von der Schulgeographie eingeschlagene Weg der Verknüpfung von geographischem Unterricht und staatsbürgerlicher Bildung unter dem Primat des nationalen Interesses[172] – zum gegenseitigen Vorteil von Geographie und Staat, so das Kalkül – wurde mit Beginn des Krieges in gesteigerter Weise fortgesetzt.[173] Darüber kam es zu Auseinandersetzungen mit der deutschen Hochschulgeographie. Diese hielt es laut ihrer »Heidelberger Zusammenkunft« im April 1916 »für verfehlt, wenn die Geographie auf der Schule, so wie es neuerdings verlangt worden ist, unter Verzicht auf die Reform der letzten Jahrzehnte wieder der Hauptsache nach in politische Geographie ausläuft«.[174]

Robert Sieger (1864-1926), Professor für Geographie an der Universität Graz und Mitglied des Gründungsausschusses des VdS, begründete in dem Entwurf eines Schreibens an Hermann Haack vom Dezember 1916 – die Streichungen sind hier in Klammern mit angegeben – seinen Austritt aus diesem Ausschuss mit dem Konflikt zwischen Hochschul- und Schulgeographie. Der Entwurf zeigt, welche Blüten die von der Schulgeographie forcierte »Kriegsgeographie« in den ersten Kriegsjahren trieb. Sieger notierte:

> [...] ich komme mir lächerlich vor, wenn ich – dessen Leitsatz es ist, »in der Kriegszeit kein Wort sprechen, das man nach dem Krieg lieber nicht gesagt hätte« (man kann trotzdem ein guter Hasser [~~seiner~~] unserer Feinde sein!) – als

170 Brogiato, Geographielehrer in der Zeit des Ersten Weltkriegs, S. 418.

171 Wardenga, Petermanns Geographische Mitteilungen, Geographische Zeitschrift und Geographischer Anzeiger, S. 42. Zu Hettner siehe dies., Geographie als Chorologie.

172 Brogiato, Geographielehrer in der Zeit des Ersten Weltkriegs, S. 417.

173 Henniges/Meyer, Hermann Haack, S. 43.

174 Bruno Dietrich, Heidelberger Zusammenkunft der Hochschulgeographen, in: Dr. A. Petermann's Mitteilungen aus Justus Perthes' Geographischer Anstalt 62 (1916), H. 6, S. 201-204, hier S. 202.

> eine Art Wappentier [~~Schutzengel~~] für Verfasser dastehe, die z. B. in ihrer Kriegsstimmung [~~in blinder Kriegswut oder beschränktem Selbstgefühl~~] etwa eine »deutsche Länge, deutsche Zeit!« und damit die Verwüstung mühsam gewonnener Einheitlichkeiten verlangen (denn warum zur Berliner nicht Wiener, Budapester, Sofiater Zeit?), um nur auf ein neuestes Heft hinzuweisen. Ich verkenne nicht, dass daneben viel Ausgezeichnetes steht, ich übersehe auch nicht, dass die Ausschreitungen, gegen die man in Heidelberg Stellung nehmen musste, nun im Ausklingen sind – aber was ist nicht in den Notizenabschnitten des G. A. [Geographischer Anzeiger] alles erwähnt worden, was nur eine »gute« Gesinnung und sonst keinen Wert, ja das Gegenteil aufwies![175]

Sieger machte in dem Entwurf auch eine Bemerkung, wonach Haack ihm gegenüber angedeutet habe, »dass Rücksichten auf gewisse mitarbeitende Leser Ihnen [gemeint ist Haack] manchmal schwer werden«. Dieser Hinweis kann so interpretiert werden, dass Haack nicht allen politischen »Ausschreitungen« persönlich zustimmte, sie jedoch mit Blick auf die Sichtweisen einer Mehrzahl der Lehrer/innen und die Absatzzahlen von Perthes trotzdem in den *Anzeiger* aufnahm. Öffentlich wies Haack die von Sieger geäußerte inhaltliche Kritik allerdings kühl zurück.[176] Auch brachte Haack im *Anzeiger* regelmäßig selbst politische Ansichten zum Ausdruck und hielt sich diesbezüglich keinesfalls zurück. In seinem 1915 publizierten Aufruf »An die Getreuen unseres Verbandes!«, schrieb er im Hinblick auf das kommende Jahr 1916: »Den vollen Sieg der deutschen Waffen soll es uns bringen und den Zusammenbruch der Feinde, die ihn ehrlich verdient haben; ein neues Vaterland von der Kraft des alten, aber erhöht im Innern und erweitert nach außen.«[177] Damit vertrat er eindeutig annexionistische Positionen.

Die politisch-anwendungsorientierte Ausrichtung des *Geographischen Anzeigers* wurde auch nach dem offenen Konflikt mit der Hochschulgeographie grundsätzlich fortgeführt. Zwar wurde in Reaktion auf die »Heidelberger Zusammenkunft« auch die Relevanz der reinen Wissenschaft und der physikalischen Geographie als Grundlage der politischen betont.[178] Dennoch wurde das Primat des Politischen in der Schulgeographie, z. T. auch in Frontstellung gegen die Hochschulgeogra-

175 Entwurf eines Briefes von Robert Sieger an Hermann Haack vom 28. Dezember 1916, Niedersächsische Staats- und Universitätsbibliothek Göttingen, Nl Hermann Wagner, Cod Ms H Wagner 44:11, o. P. Zur Einschätzung der Ziele des Geographischen Anzeigers in der Pädagogik durch Sieger vgl. Robert Sieger, Politische Weltkunde, in: Dr. A. Petermann's Mitteilungen aus Justus Perthes' Geographischer Anstalt 64 (1918), H. 6, S. 261-262.

176 Vgl. Haacks Kommentar zum Austritt Siegers: Hermann Haack, An unsere Mitglieder, in: Geographischer Anzeiger 18 (1917), H. 1, S. 25-26, hier S. 25 f.

177 Hermann Haack, An die Getreuen unseres Verbandes!, in: Geographischer Anzeiger 16 (1915), H. 12, o. S.

178 Vgl. Alfred Rathsburg, Geographische Lehrplanfragen (Fortsetzung), in: Geographischer Anzeiger 18 (1917), H. 11, S. 281-291, hier S. 288 ff.

phie, weiterhin aufrechterhalten.[179] Gerade weil die Schulgeographie mit dem Dienen der nationalen Sache für die Zeit nach dem Krieg Vorteile bei der Gestaltung des Curriculums in den deutschen Einzelstaaten zu erlangen hoffte, erschien eine entpolitisierte Schulgeographie – wie sie Haack noch um 1900 gefordert hatte – nicht opportun. Grundlage für die Verzahnung von Politik und Schulgeographie war eine Einsicht, die Haack bereits 1913 im Hinblick auf die Balkankriege ausgedrückt hatte: »Daß es politische Vorgänge sind, die dem geographischen Interesse der Allgemeinheit einen starken Impuls geben, dafür mögen die Ereignisse, die sich in jüngster Zeit auf dem Balkan abgespielt haben, einen schlagenden Beweis liefern.«[180] Haack, der sich sowohl inhaltlich als auch organisatorisch als einer der führenden Akteure der Schulgeographie positionierte, war somit auf gleich mehreren Ebenen an einer Politisierung der Schulgeographie interessiert.

1916 verdeutlichte Haack dies noch einmal in seinem Beitrag zum Sammelband *Die deutsche Schule und die deutsche Zukunft. Beiträge zur Entwicklung des Unterrichtswesens*, der von dem Pädagogen und Schuldirektor Jakob Wychgram (1858-1927) herausgegeben wurde.[181] Ziel des Buches war es laut Wychgram, »die Einwirkungen, die der Krieg vermutlich auf das deutsche Unterrichtswesen haben werde«, auf verschiedenen Gebieten zu analysieren.[182]

Haack machte in seinem Beitrag eine enge Nachbarschaft zwischen den Erkenntnissen des Kriegs und dem Nutzen der Geographie aus: »[…] wir Geographen haben seit Jahrzehnten mit der Kraft tiefster Überzeugung für das gekämpft, was der Krieg jetzt geographisch lehrt«.[183] Und auch wenn Haack durchaus betonte, dass es die »Werke des Friedens« seien, »die doch in erster Linie das Ziel der Schularbeit sind und bleiben müssen«, so war es zunächst der Krieg, der laut

179 Vgl. bspw. Heinrich Fischer, Kriegs- und schulgeographische Schnitzel. Das deutsche Gymnasium und die Erdkunde, in: Geographischer Anzeiger 19 (1918), H. 1/2, S. 19-23, hier S. 23. Hier komme ich zu einem anderen Befund als Heinz Peter Brogiato, der stärker das Einlenken der Schulgeographie gegenüber der Hochschulgeographie betont und die Jahre 1917 und 1918 hauptsächlich durch die »Reformbestrebungen der Nachkriegszeit« geprägt sieht. Vgl. Brogiato, Wissen ist Macht, S. 357. Politische Themen und Kriegsaffirmation bestimmten jedoch auch in diesen Jahren die Inhalte des Anzeigers ganz wesentlich, auch bei den Debatten um pädagogische Reformen. Vgl. Alfred Rathsburg, Geographische Lehrplanfragen (Schluß), in: Geographischer Anzeiger 18 (1917), H. 12, S. 309-316.

180 Hermann Haack, Neue Schulwandkarten: Kartographische Grundsätze und Erläuterungen, Gotha 1913, S. 10.

181 Hermann Haack, Durchhalten und Umlernen!, in: Jakob Wychgram (Hg.), Die deutsche Schule und die deutsche Zukunft. Beiträge zur Entwicklung des Unterrichtswesens, Leipzig 1916, S. 124-129.

182 Jakob Wychgram, Die Entstehung dieses Buches, in: ders. (Hg.), Die deutsche Schule und die deutsche Zukunft. Beiträge zur Entwicklung des Unterrichtswesens, Leipzig 1916, S. V-XIII, hier S. V.

183 Haack, Durchhalten und Umlernen, S. 124

Haack die Einsicht in den Wert der Karten und des Kartenlesens allgemein durchgesetzt hatte.

> Auch wenn der Frieden wiedergekehrt ist, wird es wie vordem die Pflicht aller Schulen sein, die gründliche Kenntnis des eigenen Vaterlandes und des eigenen Volkstums als die Quellen unserer Kraft zu pflegen und in einem geographisch begründeten, staatsbürgerlichen Unterricht jeden heranwachsenden Deutschen zu dem durch den Krieg neu gestählten Bewußtsein zu bringen, daß der einzelne im Staate aufzugehen hat.[184]

Die Karten wurden als Medium einer Pädagogik betrachtet, welches dem Kind die unbedingte Unterordnung unter eine dem Individuum übergeordnete Einheit vermitteln sollte. Diese abstrakte Ganzheit, die abstrakten Begriffe Deutschland, Deutsches Reich und deutsches Volk konnten dem Kind durch die Repräsentation der Karte anschaulich vor Augen geführt werden. Es selbst schrumpfte dagegen zu einem unsichtbaren Punkt auf der Karte zusammen und ging auf in den farbigen Linien und Flächen des »Vaterlandes«. Haack behauptete weiter, diese »geographische Erziehung« sei eine gemeinsame »Grundforderung« sowohl der »deutschen Geographen« wie des »deutschen Volkes«. Der Kampf der Geographen und der Kampf des »Volkes« wurden so miteinander verbunden, der Krieg wurde zur Bewährungsprobe, und trotz aller Schrecken und Leiden enthielt er das Versprechen auf eine bessere Zukunft. Denn

> wenn die maßgebenden Stellen durch die große Zeit nur insoweit umgelernt haben, daß sie Halbheiten verabscheuen, wird die Grundforderung der deutschen Geographen – nein, des deutschen Volkes: vollwertigen geographischen Unterricht an allen Schulen und durch alle Unterrichtsstufen, in der deutschen Schule der Zukunft ihre Erfüllung finden![185]

4.8 Langhans' »hochfliegende Pläne«

Während Haack also für ein stärkeres Gewicht des Geographieunterrichts, aber gleichzeitig und damit verschränkt auch für mehr Marktanteile von Perthes kämpfte, spielten für Paul Langhans auch Projekte außerhalb des Verlags eine zentrale Rolle.

War er durch das Einstellen der *Deutschen Erde* einer wesentlichen Stütze seiner Stellung und sicher einer Herzensangelegenheit beraubt, so hatte bereits die Nichtberücksichtigung bei der zehnten Auflage des *Stieler-Handatlas* eine Beschädigung seines Führungsanspruchs innerhalb des Verlags dargestellt. Ob diese Rückschläge Anlass für Langhans' gesteigerte Aktivitäten im Rahmen seiner be-

184 Ebd., S. 128.
185 Ebd., S. 129.

reits in den 1890er Jahren begonnenen weltanschaulichen Tätigkeiten außerhalb des Verlags gaben, ist nicht nachweisbar, liegt jedoch nahe. Jedenfalls nahm Langhans in den Jahren vor dem Ersten Weltkrieg großangelegte Projekte in Angriff. Mit diesen ambitionierten Vorhaben, die Manfred Langhans in der Rückschau als »hochfliegende Pläne«[186] bezeichnete, wollte er Gotha zu einem Zentrum der ›Deutschkunde‹ machen: »So ist Gotha, wie bereits früher für die internationale Kartographie, in den letzten Jahrzehnten auch für die Deutschkunde zum Mittelpunkt geworden.«[187]

Bereits 1912 – also zeitlich parallel zu den Planungen einer Deutschen Bücherei in Leipzig[188] – unternahm er den »Aufruf zur Errichtung einer Deutschen Nationalbücherei in Gotha«.[189] Ganz im mystifizierenden, völkischen Duktus des Deutschbundes gab er dabei das Ziel aus, es stehe dabei nicht mehr, wie noch in den Anfangsjahren der *Deutschen Erde*, die »Erfassung des Deutschtums nach Zahl und Raum« im Mittelpunkt, sondern nunmehr mache sich »die Arbeit nach der Tiefe geltend, nach der Aufklärung der Wesensbedingungen und Daseinsnotwendigkeiten unseres Volkes, gemessen an dem Wettbewerb mit anderen Volkskulturen«. Dabei wies das Programm der Deutschen Nationalbücherei sehr enge Parallelen zur Konzeption von Langhans' *Kolonial-Atlas auf*:

> Diese soll enthalten alle Arbeiten zur germanischen Stammesforschung, zur deutschen Landes- und Volkskunde, zur Geschichte der Deutschen aller Zeiten und Stämme, zur deutschen Sprach- und Mundartenforschung, zur deutschen Kulturarbeit auf der ganzen Erde.

Das ganze »deutsche Volk ohne Unterschied des Bekenntnisses oder der Staatsangehörigkeit« wurde aufgerufen, durch Geld- oder Bücherspenden den »großen Plan verwirklichen zu helfen«.

Am Ende des Aufrufs stand eine Liste gewichtiger nationaler bis radikalnationaler und völkischer Vertreter verschiedenster Couleur, die den Aufruf unterstützten.[190] Dem Kuratorium der Bücherei gehörten neben Langhans als dem Vorsitzenden u. a. der antisemitische ›Literaturhistoriker‹ und später vom National-

186 Manfred Langhans, Familiengeschichte, S. 17.

187 Paul Langhans, Gotha und die Deutschkunde, in: Deutsche Erde 9 (1910), H. 5, S. 133.

188 Erich Ehlermann, Eine Reichsbibliothek in Leipzig (1910). Gesellschaft der Freunde der Deutschen Bücherei Leipzig, Leipzig 1927.

189 O. V., Aufruf zur Errichtung einer Deutschen Nationalbücherei in Gotha, Deutsche Erde 11 (1912), H. 1, S. 1. Alle folgenden Zitate hier.

190 »Felix Dahn †. Ferdinand Avenarius. Houston Stewart Chamberlain. Heinrich Claß. Adolf Damaschke. Gustav Groß. Ernst Haeckel. Albrecht Haupt. Gerhart Hauptmann. Theodor v. Heigel. Wilhelm Kienzl. Emil Kirdorf. Hans v. Köster. Karl Lamprecht. Joseph Lauff. Friedrich Lienhard. Friedrich v. Lindequist. Hans Meyer. Eugen Mogk. Arthur Moeller van den Bruck. Adam Müller-Guttenbrunn. Anton Ohorn. Wilhelm Rein. Bernhard Rogge. Peter Rosegger. Otto Sarrazin. Dietrich Schäfer. Emil v. Schenkendorff. Bruno Schmitz. Gustav Schreiner. Paul Schultze-Naumburg. Heinrich Sohnrey. Martin Spahn. August Sperl. Karl Freiherr v. Stengel.

sozialismus hofierte Schriftsteller Adolf Bartels (1862-1945)[191] an, ebenso der Direktor der Herzoglichen Bibliothek in Gotha Rudolf Ehwald (1847-1927), Ernst Albert Fabarius (1859-1927), Gründer und Direktor der Kolonialschule in Witzenhausen, der Geograph Fritz Regel (1853-1915) und auch Hermann Haack, der dazu möglicherweise von Langhans animiert worden war (vgl. Kap. 3).[192]

Untergebracht war die Nationalbücherei zunächst in den Räumlichkeiten des Herzoglichen Staatskassengebäudes.[193] Ganz bewusst grenzte man sich von der in Leipzig entstehenden Deutschen Bücherei ab. Beide Bibliotheken seien »zwei ihrem Charakter und Aufbau nach so verschieden geartete Unternehmungen, daß lediglich die bedauerliche Ähnlichkeit der Namen für die Uneingeweihten eine Verwechslung herbeiführen könnte«.[194] Die Deutsche Bücherei in Leipzig sammele »lediglich nach bibliographischen, nicht nach zweckwissenschaftlichen Grundsätzen. Sie spiegelt die Vielseitigkeit des deutschen Büchermarktes wider nach dem äußeren Merkmal des Erscheinungsortes, nicht aber nach dem geistigen deutschkundlichen Werte«.[195] Das Ziel der »zweckwissenschaftlichen« Tätigkeit der Deutschen Nationalbücherei in Gotha sollte darin bestehen, »Ausgangspunkt und wissenschaftliche Grundlage umfassender deutscher Volksforschung« zu sein.[196]

> Sie kann daher nicht Endziel, sondern nur notwendige Vorbedingung tiefschürfender Arbeit sein, die die Entwicklung des deutschen Kulturlebens durch die Jahrhunderte zu verfolgen sich bemüht und die aus der Kenntnis der Vergangenheit heraus die Richtlinien zu ergründen sucht für eine körperliche, geistige und sittliche Höherzüchtung des deutschen Menschen in der Zukunft.[197]

Friedrich Teutsch. Henry Thode. Hans Thoma. Siegfried Wagner. Heinrich Wastian. Hans Freiherr v. Wolzogen. Ernst Zahn. Philipp Zorn.« Ebd.

191 Zu Bartels' Arbeitsweise und Antisemitismus vgl. den sarkastisch-kritischen Artikel von Kurt Tucholsky, den er unter Pseudonym veröffentlichte: Ignaz Wrobel, Herr Adolf Bartels, in: Die Weltbühne Nr. 12 vom 23 März 1922, S. 291, URL: https://www.textlog.de/tucholsky-adolf-bartels.html [30.5.2019]. Bartels' Arbeiten, unter denen seine Geschichte der deutschen Literatur weite Verbreitung fand, zeigen ihn auch laut seines Eintrags in der NDB seit der Jahrhundertwende »als einseitigen Parteigänger des Rassenprinzips und des Antisemitismus; von da an sind seine zahlreichen Arbeiten zumeist nicht Wissenschaft, sondern Propaganda zugunsten eines rein völkischen Schrifttums. […] Anklang fand er mit seinen späteren Werken nur bei denen, die die deutsche Literatur mit gleichen Augen ansahen«. Vgl. Walter Goetz, Art. »Bartels, Adolf«, in: Neue Deutsche Biographie 1 (1953), S. 597, URL: https://www.deutsche-biographie.de/pnd118652702.html#ndbcontent [2.4.2019].

192 O. V., Der Verwaltungsausschuss (Kuratorium) der Deutschen Nationalbücherei zu Gotha, in: Deutsche Erde (11) 1912, H. 2, Beilage zur Deutschen Erde Nr. 1, S. IV.

193 Ebd.

194 O. V., Die Deutsche Nationalbücherei in Gotha und die Deutsche Bücherei in Leipzig, in: Deutsche Erde (11) 1912, H. 6/7, Beilage zur Deutschen Erde Nr. 2, S. X-XI, hier S. X.

195 Ebd., S. XI.

196 Ebd., S. X.

197 Ebd., S. X f.

Bezieht man die biologistischen Manifeste des Deutschbundes in dieser Zeit mit ein, so muss davon ausgegangen werden, dass diese Rhetorik nicht metaphorisch gemeint war und hier geisteswissenschaftliche Arbeit mit eugenischen Zielstellungen verknüpft wurde.[198] Ferner sollte die Nationalbücherei ein Mittel völkischer Einigung nach innen und eine Waffe im Kampf nach außen sein:

> So wird die deutsche Nationalbücherei eine Rüstkammer werden für die Behauptung und Befestigung der Stellung des Deutschtums in der Welt, für die erfolgreiche Durchführung der unserem Volke bevorstehenden Nationalitätenkämpfe. Das ist nicht mit dem Sammeln der Bücher getan. Das kann nur der Geist wirken, der aus ihnen Waffen zu schmieden weiß.[199]

In direkter Verbindung mit der Nationalbücherei standen die von Langhans mitgeplanten und ebenfalls in Gotha angesiedelten Institutionen des ›Deutschen Volkstumsmuseums‹ und des ›Hochstifts für Deutsche Volksforschung‹. Wilhelm Peßler (1880-1962), Volkskundler und damaliger Assistent am ›Vaterländischen Museum‹ in Hannover, führte die Zielstellung des Deutschen Volkstumsmuseums in einem Bericht in der *Deutschen Erde* näher aus.[200] Auf den vier Gebieten des »Körperlichen, Geistigen, Sprachlichen und Sachlichen« sollte mit Hilfe von »Gegenstand selbst«, »Modell« und »Abbildung« dargestellt werden, »was deutsch ist im Gegensatz zu anderen Völkern und Kulturen«.[201] Besonders hob Peßler den Wert von Karten für diese Aufgabe hervor: »Die Karte teilt mit dem Modell den großen Vorzug, daß sie das Darzustellende in großer Übersichtlichkeit gibt, wie sie der Gegenstand selbst und eine Reise ins Land oft nicht zu bieten vermögen.«[202] Karten sollten die Ergebnisse der »Ethno-Geographie«, der »Wissenschaft von der Volkstumsverbreitung« präsentieren.[203]

Die Karten der »Ethno-Geographie«[204] waren die visuelle Speerspitze für die Praxis eines ethnischen *Othering* auf zunehmend biologischer Grundlage. Neben die traditionellen Differenzmerkmale von Sprache und Religion traten zunehmend körperliche Merkmale, die mit stereotypen Charaktereigenschaften verbun-

198 Vgl. etwa den 1912/13 ausgearbeiteten »Arbeitsplan des Deutschbundes in der Rassenfrage«. Siehe hierzu Walkenhorst, Nation – Volk – Rasse, S. 114.

199 Hans Witte, Eine Aufgabe der Deutschen Nationalbücherei zu Gotha, in: Deutsche Erde (11) 1912, H. 2, Beilage zur Deutschen Erde Nr. 1, S. II-IV, hier S. II.

200 Wilhelm Peßler, Das geplante Deutsche Volkstumsmuseum in Gotha, in: Deutsche Erde (11) 1912, H. 6/7, Beilage zur Deutschen Erde Nr. 2, S. V-VIII.

201 Ebd., S. V.

202 Ebd.

203 Ebd.

204 Wilhelm Peßler, Deutsche Ethno-Geographie und ihre Ergebnisse, soweit sie kartographisch abgeschlossen sind. Ein Beitrag zur deutschen Ethnologie, in: Deutsche Erde 8 (1909), H. 7, S. 194-201, Deutsche Erde 8 (1909), H. 8, S. 234-239 und Deutsche Erde 9 (1910), H. 1, S. 3-9. Wilhelm Peßler, Grundsätzliche Bemerkungen zu neueren ethno-geographischen Karten des Deutschtums. Ein Beitrag zur deutschen Ethnologie, in: Deutsche Erde 11 (1912), H. 2, S. 34-40, H. 3, S. 62-73.

den, zum ›Volkscharakter‹ geformt wurden.[205] Damit einher ging das Ziel, die Bevölkerung in der Wahrnehmung von Differenz zu schulen. Nicht mehr nur zwischen den tradierten sozialen Differenzen von Junker und städtischer Arbeiterin, von niederbayerischem Katholiken und protestantischer Mecklenburgerin sollte dabei unterschieden werden, vielmehr traten daneben immer stärker neue Leitlinien der Wahrnehmung nach völkischem Ethnos und den vieldiskutierten eugenischen und demographischen Forschungen auf:

> Sein Hauptwerk [des Volkstumsmuseums] aber wird darin bestehen, daß es allen Deutschen, welchen Alters, Standes und Geschlechts sie auch seien, durch Gegenstand, Modell, Bild und Karte die außerordentlich große Mannigfaltigkeit des deutschen Wesens und ihre Gruppierung unmittelbar vor Augen führt und es so jedem Besucher möglich macht, sofort zu erkennen, zu welcher Gruppe sein Heimatsort und damit die ihm am nächsten stehende Bevölkerung gehört, z.B. ob er in dem Gebiet mit dem höchsten Hundertsatz von Blonden wohnt, ob in seinem Bezirk die geringste Kinderzahl in Deutschland ist, ob seine Heimat die größten Wehrpflichtigen stellt, ob die Zahl der Verbrechen in seiner Gegend der Durchschnitt oder das Maximum des Reiches darstellt, ob die Mundart seiner Provinz eine fränkische oder bajuwarische ist.[206]

Traditionelle soziale Differenzen wie Standes- oder Konfessionszugehörigkeit sollten überwunden werden, denn man identifizierte sie mit der traditionellen deutschen »Uneinigkeit« und dem Partikularismus. Neue Ordnungskriterien wie etwa Gesetzestreue, Verbrechen und Wehrfähigkeit rückten stärker ins Zentrum der Aufmerksamkeit und wurden dabei biologisiert, d.h. mit körperlichen und geistigen Veranlagungen in Beziehung gesetzt.[207] Entsprechende Wissensbestände wurden durch Statistiken generiert und durch Karten visuell verdichtet dargestellt. Ihnen sollte die Aufgabe zukommen »Kriminalität, die Neigung zu bestimmten Berufen usw. […] anschaulich zu machen« und die »deutschen Einheitsbestrebungen und das Schwanken der Staatsgrenzen im Verhältnis zu den Volksgrenzen [zu] zeigen«.[208] Ein Dispositiv aus Modellen wie der lebensechten Nachbildung eines »rein blonde[n] Durchschnittstyps aus dem Nordgebiet […] und als Gegenstück hierzu ein rein brünetter Typus aus dem Südgebiet«,[209] Abbildungen, Statistiken und Karten sollte die Wahrnehmung der Bevölkerung neu ausrichten.[210] »Es

205 Per Leo, Der Wille zum Wesen. Weltanschauungskultur, charakterologisches Denken und Judenfeindschaft in Deutschland 1890-1940, Berlin 2013. Daston/Galison, Objektivität, S. 355ff., insbesondere S. 358f.

206 Peßler, Das geplante Deutsche Volkstumsmuseum in Gotha, S. V f.

207 Vgl. Thomas Etzemüller, Ein ewigwährender Untergang. Der apokalyptische Bevölkerungsdiskurs im 20. Jahrhundert, Bielefeld 2007.

208 Peßler, Das geplante Deutsche Volkstumsmuseum in Gotha, S. VI.

209 Ebd.

210 Zimmerman, Ethnologie im Kaiserreich, S. 211.

ist über jeden Zweifel erhaben, daß jeder Besucher sehr viel Belehrung und Freude finden und vor allem Anregung zu eigener Beobachtung mitnehmen wird.«[211]

Während die Nationale Bücherei als Forschungsgrundlage und das Volkstumsmuseum didaktischen Zwecken dienen sollte, war das Hochstift für deutsche Volksforschung das eigentliche Instrument der »deutschen Volksforschung«. Diese sei für »Gesundheit und Bestand des Volkes so besonders notwendig«, befand Langhans.[212] Denn, so hatte der Arzt und »Sozial-Hygieniker« Arthur Luerssen (1877-1917) in einem von Langhans ausführlich zitierten Artikel beklagt, die »Bevölkerung Deutschlands ist immer noch keine einheitliche – trotz der gemeinsamen Sprache und Kultur, sie ist körperlich, rassisch, zusammengesetzt aus verschiedenen Stämmen und Rassen«. Nicht allein »in der bösen deutschen Uneinigkeit und Zerfahrenheit, sondern in allen gesundheitlichen, wirtschaftlichen, sozialen Verhältnissen« komme diese Verschiedenheit zum Ausdruck. Darum müsse die Wissenschaft Klarheit herstellen, nur so könnten diese Missstände beseitigt werden:

> Es fehlen uns die Zielpunkte und Handhaben, zur Besserung der Verhältnisse einzugreifen. Können wir doch nicht einmal sagen, welche Körpereigenschaften [...] die verschiedenen Stämme Deutschlands haben, geschweige denn, welche Geisteseigenschaften! Wie wollen wir da entscheiden, ob bei bestimmten Personen, Familien oder Volksteilen gesunde, normale Verhältnisse vorliegen oder wie die zu schaffen wären? Wie wollen wir entscheiden, welche Teile der Bevölkerung vollwertig und welche etwa minderwertig und deshalb hilfsbedürftig sind, noch was da zur Besserung geschehen soll?«

Wissenschaft sollte hier der bevölkerungspolitischen Diagnose zur Verwirklichung völkischer Homogenitätsphantasien und eugenischer Gesundheitsideale dienen. Weitere Untersuchungsgegenstände sollten in der »Geburtenhäufigkeit, Kindersterblichkeit, Wachstumsschnelligkeit – in Größe, Gewicht und Leistungsfähigkeit, – in Militärtauglichkeit« liegen. Auf Grundlage eines sicheren Wissens derartiger Gegenstände würden sich konkrete politische Entscheidungen treffen lassen, etwa die Frage, »welche Bevölkerungsteile man auswandern läßt und was man dafür von fremden Völkern erhält«. Zu diesem Zweck sei laut Luerrsen ein »Institut für die Erforschung des Deutschen Volkes« einzurichten. Eine solche Einrichtung sollte – so abschließend Langhans – das Hochstift für deutsche Volksforschung darstellen.

Bereits vorhandenes Wissen und sozial geprägte Vorannahmen sind Konstitutiv für jede Beobachtung und ihre Ergebnisse.[213] An denZielstellungen der Projekte

211 Peßler, Das geplante Deutsche Volkstumsmuseum in Gotha, S. VI.

212 Paul Langhans, Die Notwendigkeit deutscher Volksforschung, in: Deutsche Erde (11) 1912, H. 6/7, Beilage zur Deutschen Erde Nr. 2, S. IX. Alle folgenden Zitate hier.

213 Ludwik Fleck, Schauen, sehen, wissen, in: ders., Erfahrung und Tatsache. Gesammelte Aufsätze, hg. von Lothar Schäfer und Thomas Schnelle, Frankfurt a. M. 1983, S. 147-174, insb. S. 159.

von Langhans und seiner völkischen Netzwerke wird deutlich, wie stark Prämissen der Eugenik und der Rassenhygiene mit ihren Leitkategorien von Leistungsfähigkeit und »Minderwertigkeit« hier bereits erkenntnisleitend waren.[214] Langhans fasste den weiteren Arbeitsplan zusammen:

> Vor Zehn Jahren hat die »Deutsche Erde« in Gotha ihre Arbeit begonnen als literarischer Sammelpunkt der deutschen Volksforschung, jetzt wäre es an der Zeit, an die Errichtung eines »Deutschen Volkstumsmuseums« zu gehen, das zunächst das bereits Erarbeitete dem Beschauer faßlich gestaltet, dann aber mit dem Wachstum der äußeren Mittel auch zu eigener Forschung übergeht in der Erweiterung zu einem »Hochstift für deutsche Volksforschung«.[215]

Zumindest das Unternehmen der Nationalbücherei ließ sich 1912 vielversprechend an, wie das Verzeichnis der zahlreichen Bücherspenden belegt.[216] Das Hochstift wurde jedoch erst im Juni 1918 unter der Schirmherrschaft des Herzogs von Sachsen-Coburg und Gotha Carl Eduard eröffnet.[217] Langhans wurde »Obmann« und hielt in dieser Funktion im Juni 1918 den Eröffnungsvortrag.[218] Das Hochstift sollte »nach Art der älteren deutschen Akademien« in drei Abteilungen gegliedert sein.[219] Die erste Abteilung sollte die »Körperlichkeit des deutschen Menschen und seine[n] raßlichen Daseinsbedingungen« erforschen, ihr stand als »Ältester« der Direktor des Hygiene-Instituts in München und Vorsitzender der Deutschen Gesellschaft für Rassenhygiene Professor Max von Gruber (1853-1927) vor.[220] Die zweite Abteilung sollte den Titel »Geistesleben der Deutschen, ihre[n] inneren Wesensanlagen und ihre[r] künstlerische[n] Betätigung« tragen, ihr »Ältester« war der Neukantianer Bruno Bauch (1877-1942), Professor für Philo-

214 Grundlegend zu Rassismus und Eugenik siehe Claudia Bruns/Michaela Hampf (Hg.), Wissen – Transfer – Differenz. Transnationale und interdiskursive Verflechtungen von Rassismus ab 1700, Göttingen 2018. Stefan Kühl, Die Internationale der Rassisten. Aufstieg und Niedergang der internationalen eugenischen Bewegung im 20. Jahrhundert, 2. Aufl. [1. Aufl. 1997], Frankfurt a. M./New York 2014. Christian Geulen, Wahlverwandte. Rassendiskurs und Nationalismus im späten 19. Jahrhundert, Hamburg/Bielefeld 2004. Pascal Grosse, Kolonialismus, Eugenik und bürgerliche Gesellschaft 1850-1918, Frankfurt a. M./New York 2000.

215 Langhans, Die Notwendigkeit deutscher Volksforschung, S. IX

216 O. V., 1. Nachweis der Bücherspenden, in: Deutsche Erde (11) 1912, H. 6/7, Beilage zur Deutschen Erde Nr. 2, S. XII.

217 Zeitungsartikel zur Gründung des Hochstifts, Forschungsbibliothek Gotha, Sammlung Perthes, SPA ARCH PGM 558, Bl. 11.

218 Einladung an Bernhard Perthes zur Festsitzung anlässlich des 100. Geburtstages von Herzog Ernst II. von Sachsen-Koburg und Gotha am 20. Juni 1918, Forschungsbibliothek Gotha, Sammlung Perthes, SPA ARCH PGM 558, Bl. 10.

219 Zeitungsartikel zur Gründung des Hochstifts, Forschungsbibliothek Gotha, Sammlung Perthes, SPA ARCH PGM 558, Bl. 11.

220 Gernot Rath, Art. »Gruber, Max von«, in: Neue Deutsche Biographie 7 (1966), S. 177-178, URL: https://www.deutsche-biographie.de/gnd116887311.html#ndbcontent [23. 7. 2017].

sophie in Jena.[221] Die dritte Abteilung sollte durch den Historiker Raimund Kaindl (1866-1930) von der Universität Graz geleitet werden und die »Begrenzung der sprachlichen und sachlichen Kulturkreise der deutschen Stämme und der deutschen Siedlung und Wanderung« erforschen.[222] Was für Mitarbeiter Langhans' für das Hochstift im Sinn hatte, teilte er dem Leipziger Professor für Nordische Philologie Eugen Mogk (1854-1939) mit. Anlässlich der Besetzung der Jury für ein Preisausschreiben des Hochstifts betonte er Mogk gegenüber, er setze »Befähigung« und »völkische Zuverlässigkeit« voraus, er könne für diese Aufgabe daher »keine volkskundlichen ›Aestheten‹ brauchen, sondern nur Männer von deutschem Fleisch und Blut«.[223]

Doch das Kriegsende bedeutete das Aus dieser Pläne. In einem Zeitungsartikel vom 2. Mai 1919 wurden die finanziellen Mittel des Hochstifts zwar noch als »gesichert« bezeichnet,[224] aber aufgrund der wirtschaftlichen Verhältnisse nach dem Krieg hat es seine Arbeit vermutlich nie aufgenommen. Zudem drängten nach dem Krieg neue Akteure und breiter aufgestellte sowie staatlich geförderte Institutionen auf das Gebiet der ›Deutschtumsforschung‹, bspw. die Mittelstelle für zwischeneuropäische Fragen, die spätere Stiftung für deutsche Volks- und Kulturbodenforschung in Leipzig (vgl. Kap. 5).

Die Deutsche Nationalbücherei war dagegen bereits während des Kriegs, im Dezember 1917, durch einen Brand schwer zu Schaden gekommen.[225] In einem Aufruf vom Frühjahr 1918 für einen Neuaufbau heißt es, sie sei »zum größten Teil ein Raub der Flammen geworden«. Die »persönliche Seite« des Unglücks bestehe darin, das Paul Langhans, der »seit 30 Jahren unbeirrt für unser Volk arbeitet« sein »Lebenswerk nahezu vernichtet« sehe, »wenn ihm nicht Hilfe wird«.[226] Dies waren schwere Rückschläge für Langhans' ehrgeizige Pläne. Es bleibt festzuhalten, dass nicht nur im Verlag die Dinge zu seinen Ungunsten verliefen, sondern auch seine weltanschaulichen Projekte entwickelten sich nicht wie erhofft. Seine »hochfliegenden Pläne« zerfielen buchstäblich zu Asche. Langhans ließ sich dadurch allerdings keinesfalls abhalten, sich weiter in den Dienst der äußersten Rechten zu stellen und völkisch-nationalistische und antisemitische Propaganda zu betreiben.

221 Alexander von Varga, Art. »Bauch, Bruno«, in: Neue Deutsche Biographie 1 (1953), S. 630-631, URL: https://www.deutsche-biographie.de/gnd11865361X.html#ndbcontent [23.7.2017].

222 Zeitungsartikel zur Gründung des Hochstifts, Forschungsbibliothek Gotha, Sammlung Perthes, SPA ARCH PGM 558, Bl. 11.

223 Brief von Paul Langhans an Eugen Mogk vom 18. August 1918, Universitätsbibliothek Leipzig, NL 246/2/1/4/2, Bl. 62.

224 Zeitungsartikel »Hochstift für deutsche Volksforschung« vom 2. Mai 1919, SPA ARCH PGM 558, Forschungsbibliothek Gotha, Sammlung Perthes, SPA ARCH PGM 558, Bl. 81.

225 Manfred Langhans, Familiengeschichte, S. 17.

226 Universitäts- und Landesbibliothek Bonn, Nl Aloys Schulte, S 2764, o. P.

Und dies nicht nur in Gotha, sondern auch auf Reichsebene. Im Oktober 1917 wurde er Vorstandsmitglied im Alldeutschen Verband.[227] Ein Jahr später, im Oktober 1918 fungierte er als Mitglied im von den Alldeutschen gegründeten ›Judenausschuss‹, der als verbands- und parteiübergreifende Plattform agierte und aus dem 1919 schließlich der Deutschvölkische Schutz- und Trutzbund hervorging, der zur wirkmächtigsten antisemitischen Vereinigung der frühen Weimarer Republik wurde und die Judenfeindschaft auf eine neue Stufe des Hasses hob (vgl. Kap. 5).[228] Der Antisemitismus, insbesondere der biologische, war vor dem Krieg nur von einer Minderheit offen vertreten worden, auch unter den radikalen Nationalisten herrschte diesbezüglich Uneinigkeit.[229] Der Erste Weltkrieg hatte auch hier einen tiefgreifenden Wandel herbeigeführt. So nahmen die deutschen Juden bereits die im Oktober 1916 vom Preußischen Kriegsministerium vorgenommene ›Judenzählung‹ im Heer als Demütigung und schweren Vertrauensbruch wahr. Der statistischen Erhebung über den Heeresdienst der Juden lag nämlich die in rechten Kreisen populäre, aber, wie sich herausstellte, völlig haltlose Legende zugrunde, wonach die deutschen Juden sich vor dem Frontdienst drücken würden. Dass nun die Regierung aufgrund solcher Agitation aktiv wurde und die geforderte Erhebung tatsächlich durchführte, wurde weithin als tiefgreifende Zäsur im Verhältnis zwischen Staat und Deutschen jüdischen Glaubens bewertet. Die Resultate entsprachen in keiner Weise den Verleumdungen, im Gegenteil, Juden stellten überproportional viele Frontsoldaten. Da dieses Ergebnis jedoch nicht veröffentlicht wurde, konnte die Legende weiter an Einfluss gewinnen.[230] Kriegsniederlage und Novemberrevolution, zum Narrativ der Dolchstoßlegende umgeformt, lösten in Deutschland dann allenthalben die Suche nach dem ›Feind im Innern‹ aus und gab den Vertretern eines rassisch gefassten Antisemitismus, welche die Juden als Antipoden der deutschen ›Volksgemeinschaft‹ schlechthin betrachteten, enormen Auftrieb: »Die Rassensemantik erlaubte es, die Juden als ›Fremdkörper im deutschen Volk‹ zu stigmatisieren und zur zentralen Differenzkategorie für die semantische Konstruktion der ›Volksgemeinschaft‹ zu machen.«[231] Die Gründung des ›Judenausschusses‹ am Ende des Ersten Weltkriegs stellte somit die konzertierte Bemühung der Rechten dar, die während der Endphase des

227 Zirlewagen, Langhans, S. 486.

228 Johannes Leicht, Art. »Alldeutscher Verband«, in: Wolfgang Benz (Hg.), Handbuch des Antisemitismus. Judenfeindschaft in Geschichte und Gegenwart, Bd. 5: Organisationen, Institutionen, Bewegungen, Berlin 2012, S. 9-12, hier S. 11.

229 Walkenhorst, Nation – Volk – Rasse, S. 303.

230 Herbert, Geschichte Deutschlands, S. 153 f. Siehe auch Judith Ciminski, Die Gewalt der Zahlen. Preußische »Judenzählung« und jüdische Kriegsstatistik, in: Arndt Engelhardt u. a. (Hg.), Ein Paradigma der Moderne: jüdische Geschichte in Schlüsselbegriffen. Festschrift für Dan Diner zum 70. Geburtstag, Göttingen 2016, S. 309-332. Sarah Panter, Jüdische Erfahrungen und Loyalitätskonflikte im Ersten Weltkrieg, Göttingen 2014.

231 Walkenhorst, Nation – Volk – Rasse, S. 303.

Krieges sich erneut vertiefenden Ressentiments auszunutzen und ihre Kräfte zu bündeln.

Langhans war hier in seinem Element. Schon 1914 hatte er in den *Deutschbund-Blättern* die Schaffung eines »deutsch-völkischen Ärztebundes« gefordert, um so die angeblich schädliche Tätigkeit jüdischer Ärztinnen und Ärzte zu verhindern, in der Langhans in grotesker Verkehrung der Tatsachen einen »Schaden des Ansehens unseres Standes [der Ärzte und Ärztinnen] und der körperlichen Entwicklung unseres Volkes« erblickte. Dagegen wollte Langhans die »Aufrechterhaltung der Unabhängigkeit der germanischen Elemente von fremdrassigen Einfluße und fremder Herrschaft« sowie die »Geltendmachung deutscher Weltanschauung in den wissenschaftlichen Bestrebungen« setzen.[232] Kein Zweifel, Langhans war ein weltanschaulicher Missionar, dessen Radikalität bereits auf den antisemitischen ›Kreuzzug‹ des Nationalsozialismus verwies (vgl. Kap. 8). Und er trennte dabei keinesfalls – wie das Zitat belegt – zwischen wissenschaftlichem Urteil und politischem Zweck, sondern forderte den Einsatz der Wissenschaft für weltanschauliche Ziele. Auch zog er von sich aus keine Grenze zwischen ›privater‹ politischer Betätigung und kartographischem Beruf. Dies wäre auch unvereinbar mit den Prinzipen des Deutschbundes gewesen, der einen, wenn auch verdeckten, ideologischen Einsatz in allen Lebensbereichen einforderte. Laut einer Selbstbeschreibung von 1917 bezweckte der Bund

> [...] ohne nach außen geschlossen aufzutreten, [...] deutschgesinnte Männer und Frauen zusammenzuscharen, welche geloben, in allen Beziehungen des Lebens, amtlich, beruflich und persönlich, das Gutdeutsche nach Kräften zu fördern, das Undeutsche zu bekämpfen.[233]

»Undeutsch« waren demnach alle internationalen Bestrebungen, die Sozialdemokratie, der Ultramontanismus sowie der »jüdische Geist«. Daher baue der Deutschbund »seine Forderungen auf die Rassenbiologie auf« und fordere »unter strenger Verschwiegenheit seiner Mitglieder, denen aus der Zugehörigkeit zum Bunde keine Nachteile erwachsen sollen, – das arische Blutsbekenntnis«.[234]

232 Paul Langhans, Besprechung der Brr. [Brüder] und Frr. [Freunde] Ärzte des DB [Deutschbundes] in Weimar, in: Deutschbund-Blätter 19 (1914), Nr. 5, Mai 1914, S. 53-54.

233 Brief des Bundeskanzlers des Deutschbunds Konrad Maß (1867-1950) an Ludwig Schemann (1852-1938) vom 25. August 1917, Universitätsbibliothek Freiburg, NL 12/1007, Bl. 16.

234 Ebd.

4.9 Das ›Volk‹ auf Schulwandkarten

Bereits weiter oben wurden zunehmende völkische Tendenzen in der Schulgeographie im Verlauf des Ersten Weltkriegs konstatiert. Trotzdem bestanden noch signifikante Unterschiede zu den radikalen Auffassungen à la Langhans. Dennoch wurde nun auch hier den ›Auslandsdeutschen‹, womit von Deutschen abstammende Menschen mit Wohnsitz außerhalb Deutschlands gemeint waren, vermehrt Aufmerksamkeit gewidmet. Lange vor dem Krieg hatte Paul Langhans diese Thematik bereits in seinen Karten visualisiert (vgl. Kap. 2). Er hatte intensiv zur Frage der Differenz von ethnischen und staatlichen Grenzen gearbeitet und durch seine mit der Autorität der Wissenschaft versehenen Karten wirkmächtige Bilder dieser Differenz geschaffen und mit Hilfe des Perthes-Verlags popularisiert.[235]

Haack hingegen war in seinen politischen Karten vor dem Krieg bei einer staatlichen, kleindeutschen Perspektive geblieben. Wenn seine Schulatlanten Sprachen- und Völkerkarten enthielten, so waren es zumeist Langhans-Karten, die Haack in seine Atlanten übernommen hatte.[236] Der Diskurs, den die Schulgeographie im *Geographischen Anzeiger* führte, interessierte sich bis zum Ersten Weltkrieg wenig für Fragen deutschsprachiger Minderheiten außerhalb der Grenzen des Deutschen Reiches. Er verblieb ebenfalls im Rahmen einer offiziellen preußischen Sichtweise und zielte auf Themen staatlicher Macht- und Kolonialpolitik ab. Zieht man die klassische Typologie nationaler Ideologien im Kaiserreich von Woodruff D. Smith heran, so könnte man Haack und den *Geographischen Anzeiger* der Ideologie der »Weltpolitik« zuordnen, Langhans und die *Deutsche Erde* der Ideologie der »Lebensraumpolitik«.[237]

Die Entwicklungen während des Ersten Weltkriegs und der Jahre danach führten nun dazu, dass diese Unterscheidung diffuser wurde und auch Haack in seinen Karten zunehmend völkische Momente integrierte, was keinesfalls heißt, dass er nun alle Positionen des radikalen Nationalismus im Sinne von Langhans übernommen hätte. Die Übernahme von völkischen Deutungsmustern zeigt aber, dass diese im Laufe des Kriegs breiter rezipiert und vermehrt geteilt wurden. Ein Indiz hierfür ist auch der von Paul Langhans 1916 in *Petermanns Mitteilungen* veröffentlichte Artikel *Deutsche Landkarten unter dem Einfluß des Weltkriegs*.[238] Im Grunde gab der Artikel lediglich ein Rundschreiben des Vereins für das Deutschtum im Ausland wieder, dem Langhans jedoch durch das Abdrucken in den *Mitteilungen* ein wissenschaftliches Forum verschaffte. In dem Rundschreiben – das an alle »Herausgeber deutscher Atlanten und Landkarten« gerichtet war – hieß es,

235 Hansen, Mapping the Germans, S. 105 ff.

236 Wie bspw. in Hermann Haack, Oberstufen-Atlas für höhere Lehranstalten. In engem Anschluß an die E. von Seydlitz'sche Geographie, Gotha 1913.

237 Smith, »Weltpolitik« und »Lebensraum«, S. 31 ff.

238 Paul Langhans, Deutsche Landkarten unter dem Einfluß des Weltkriegs, in: Dr. A. Petermann's Mitteilungen aus Justus Perthes' Geographischer Anstalt 62 (1916), H. 10, S. 379-380.

> Deutsche Karten und Atlanten sollen – bei objektivster wissenschaftlicher Bearbeitung – Mittel sein, um im deutschen Volke selbst die Freude und den Stolz auf seine Bedeutung und den Umfang seiner Leistungen zu wecken, Verständnis für seinen geschichtlichen Werdegang zu fördern, die Möglichkeiten seiner Zukunftsentwicklung zu veranschaulichen und seine Vorstellungen über den Umfang deutscher Interessen auf der Erde augenfällig zu beeinflussen.[239]

Weiter argumentierte der Text – entgegen der Tradition, dass Atlanten wie etwa der *Stieler* aufgrund ihrer hohen Qualität weltweite Verbreitung fanden –, dass deutsche Karten und Atlanten in erster Linie für Deutsche hergestellt würden. Zudem solle das ›Auslandsdeutschtum‹ zentraler Bestandteil des schulischen Unterrichts werden, jeder Atlas habe eine deutsche Sprachenkarte von Mitteleuropa aufzunehmen, »die den deutschen Kartenlesern die Ausbreitung und den Umfang deutschen Volksbodens auch außerhalb der Reichsgrenzen vor Augen führt«, denn der Krieg habe die »Bedeutung der Nationalitätengliederung« erwiesen.[240] Diesen Zielen waren bereits Langhans' Sprachenkarten aus der Zeit vor dem Krieg verpflichtet gewesen. Unter dem Einfluss des Krieges fanden diese Positionen verstärkt Gehör.

Um die genannten Forderungen zu erfüllen, enthielt das Rundschreiben eine Reihe von Punkten, nach denen neue Karten gestaltet sein müssten. Diese lesen sich wie ein Katalog der Merkmale, die die meisten Karten von Langhans bereits seit Ende des 19. Jahrhunderts auszeichneten. Statt der englischen sollten die deutschen Territorien das »leuchtende Hellrot« erhalten, um keine Propaganda für Großbritannien zu machen. Sprachenkarten und Völkerkarten sollten insgesamt in ihrer Bedeutung aufgewertet werden. Alle geographischen Objekte sollten, wenn möglich, deutsche Namen erhalten. Deutsche »Kulturanstalten wie Schulen, Kirchen und Krankenhäuser, deutsche Berufskonsulate, besonders deutsche Forschungseinrichtungen« im Ausland sollten stärker berücksichtigt werden.[241]

Als Konsequenz des allgemein gesteigerten Interesses für Fragen des ›Volkes‹ und der daran anknüpfenden Bemühungen um das ›Auslandsdeutschtum‹, publizierte der Perthes-Verlag erstmals während des Kriegs Haack-Schulwandkarten, die die Verteilung von Völkern darstellten. Die erste ›Völkerkarte‹ in Haacks Wandkartenprogramm war die 1916 gemeinsam mit Heinrich Hertzberg entwickelte Karte *Die Völker der Erde und ihre Kultur zur Zeit des Weltkrieges* (siehe Abb. 34, S. 236-237).[242] Sie war die erste Karte der VII. Abteilung »Völker, Sprachen, Staatskunde« des *Physikalischen Wandatlas* und war im Grunde noch an die bereits vor dem Krieg erschienene Kolonial-Serie der Schulwandkarten aus

239 Ebd., S. 379.

240 Ebd.

241 Ebd., S. 380.

242 Heinrich Hertzberg, Die Völker der Erde und ihre Kultur zur Zeit des Weltkrieges, in: Hermann Haack (Hg.), Großer Physikalischer Wandatlas, 1:20.000.000, Gotha 1916.

dem *Historischen Wandatlas* angelehnt und betonte durch eine abgestufte rote Färbung die gemeinsame kulturelle Höhe Europas, welche den »gegenwärtig am meisten aktive[n] Zweig der Menschheit« umfasse, wie es in einer Werbeanzeige in *Petermanns Mitteilungen* hieß.[243] Damit verfolgte die Karte eine klassisch eurozentristische, keine germanozentristische Perspektive. Dem von der Karte dargestellten Begriff der »Kulturformen« lag ein Konzept des kolonialkritischen Geographen und Ethnologen Eduard Hahn (1856-1928)[244] zugrunde, »wonach wir als Hauptbeschäftigung der Völker der Erde zu unterscheiden haben: Jagd und Fischfang, Viehwirtschaft, tropischer Hackbau, Ackerbau und Gartenbau«.[245] Damit war der Kulturbegriff in erster Linie auf die agrarischen Wirtschaftsformen ausgerichtet.

1917 erschien die Karte *Die Völker Mitteleuropas*, ebenfalls als Karte der VII. Abteilung des *Physikalischen Wandatlas* (siehe Abb. 35, S. 238-239).[246] Hier wurden die »Hebräer« bereits nicht mehr unter den Religionen aufgeführt, wie noch in der Karte *Die Völker der Erde*, sondern als mit brauner Farbe gekennzeichnetes »Volk«. Wobei sie nur »in Rußland berücksichtigt« wurden, was vermutlich seine Ursache in der Datengrundlage hatte, möglicherweise aber auch in dem besonders negativ besetzten Stereotyp des ›Ostjuden‹.[247] In Bezug auf die Farbgebung bei »Völkerkarten« betonte Haack, diese schaffe »nicht nur Ordnung im Nebeneinander«, sondern vermöge auch »nach dem Werte zu ordnen«.[248] Man müsse dabei braune Farbe in »naheliegender Symbolik für Volksstämme dunklerer Hautfarbe« einsetzen.[249] Zudem wurden Juden in einem Kreisdiagramm zur Übersicht über den »Anteil der Völker an der Gesamtbevölkerung Europas« der Kategorie »Nichtarische Völker« zugeordnet. Dies entsprach bereits eindeutig völkisch-rassistischen Deutungsmustern. In dieser Wahrnehmung wirkten die verstreuten braunen Punkte, welche die Siedlungsgebiete der jüdischen Bevölkerung darstellen sollten, visuell als Gegenmodell des normativen Ideals von ethnischer Homogenität und territorialer Geschlossenheit.

Die Karte enthielt auch eine zeitliche Tiefenstruktur, wie sie für die Langhans-Karten typisch war, indem die »Grenze zwischen Deutschen und Slawen zur Zeit

243 O. V., Werbeanzeige: Die Völker der Erde und ihre Kultur zur Zeit des Weltkrieges, in: Dr. A. Petermann's Mitteilungen aus Justus Perthes' Geographischer Anstalt 62 (1916), H. 6, o. S.

244 Ernst Wahle, Art. »Hahn, Eduard«, in: Neue Deutsche Biographie 7 (1966), S. 504-505, URL: https://www.deutsche-biographie.de/pnd116386169.html#ndbcontent [30. 5. 2019].

245 O. V., Werbeanzeige: Die Völker der Erde und ihre Kultur zur Zeit des Weltkrieges.

246 Heinrich Hertzberg, Die Völker Mitteleuropas, in: Hermann Haack (Hg.), Großer Physikalischer Wandatlas, 1:1.000.000, Gotha 1917.

247 Die amtlichen Veröffentlichungen über den Zensus im Kaiserreich gaben die Religionszugehörigkeit der Bevölkerung nur für die einzelnen Bundesstaaten, nicht für untergeordnete Verwaltungseinheiten wieder. Vgl. Hansen, Mapping the Germans, S. 92.

248 Hermann Haack, Ostwalds Farbentheorie in der Kartographie I-IV, in: Geographischer Anzeiger 25 (1924), H. 5/6, S. 124-133, H. 7/8, S. 167-181, H. 9/10, S. 213-223, hier S. 126.

249 Ebd., S. 130.

Karls des Großen« eingetragen war. Damit konnte, gemäß dem Narrativ von einer deutschen Kolonisierung des ›Ostens‹, deren räumliches Fortschreiten im Laufe der Jahrhunderte betrachtet werden. Auch der Vergleich des aktuellen Siedlungsgebiets der Wenden mit der eingetragenen »Ehemalige[n] Wendengrenze um 1500« zielte in diese Richtung. Weit nach Ostmitteleuropa griffen die Grenzen der verschiedenen, als deutsch bezeichneten Hausformen sowie die Grenzen zwischen »Niederdeutschen«, »Mitteldeutschen« und »Oberdeutschen« aus. Damit schloss die Karte inhaltlich stark an die Langhans-Karte *Sprachen und Religionen in Europa und die Grenze zwischen west- und osteuropäischer Kultur* an, die ebenfalls 1917 erschien,[250] nur dass sie die charakteristische Anschaulichkeit und farbliche Intensität der Haack-Wandkarten aufwies.

1920 erschien schließlich die Karte *Die Völker Europas* (siehe Abb. 36, S. 240-241).[251] Ihr Erscheinen fiel genau in die Zeit der schweren Konflikte nach der Unterzeichnung des Versailler Vertrags im Juni 1919. Dementsprechend wies sie gegenüber der Karte der *Völker Mitteleuropas* auch die Staatsgrenzen auf. So konnte die Nichtübereinstimmung zwischen der Verteilung der ›Völker‹ und der staatlichen Grenzen problematisiert werden, womit wiederum Fragen der Minderheiten und des ›Auslandsdeutschtums‹ verknüpft waren. Die Karte enthielt eine horizontale, rote Schraffur, die vor allem in den Gebieten verwendet wurde, die vor dem Krieg zu Deutschland gehörten und die deren Zugehörigkeit zu Deutschland betonen sollte. Dass eine derartige Gestaltung nicht genau war, darauf wies Haack selbst hin. Denn die Karte müsse sich ihrem »unumschränkte[n] Herrscher«, dem Maßstab beugen. Daher könnten nur Karten allergrößten Maßstabs die exakten ethnischen Verhältnisse wiedergeben. Wand-, Hand- und Atlaskarten müssten generalisiert sein, insbesondere Wandkarten seien auf »Fernwirkung und Anschaulichkeit« ausgelegt und daher besonders stark generalisiert.[252] Diese an sich völlig zutreffende Argumentation wurde in den 1920er und 1930er Jahren jedoch zum Vorwand für die stete Verstärkung der Generalisierung und die Verschärfung der farblichen Kontraste von Schulwandkarten – bis zu dem Punkt, an dem »Vergröberung« eine kartographische Tugend wurde (vgl. Kap. 7).

Wie in Langhans' Artikel *Deutsche Landkarten unter dem Einfluß des Weltkriegs* gefordert, blieb das mit Abstand kräftigste Rot auf den Karten *Die Völker Mitteleuropas* und *Die Völker Europas* nun ausschließlich den Deutschsprachigen vorbehalten, wogegen es vor dem Weltkrieg im Allgemeinen für die Engländer ver-

250 Paul Langhans, Sprachen und Religionen in Europa und die Grenze zwischen west- und osteuropäischer Kultur, in: Dr. A. Petermann's Mitteilungen aus Justus Perthes' Geographischer Anstalt 63 (1917), Tafel 1.

251 Heinrich Hertzberg, Die Völker Europas, in: Hermann Haack (Hg.), Großer Physikalischer Wandatlas, 1:3.000.000, Gotha 1920.

252 Schultz, Völkerkarten im Geografieunterricht, S. 31. Schultz führt hier auch Beispiele an, wie die Karte der »Völker Europas« von Schulgeographen wie Johannes Wütschke (1882-1931) expansiv interpretiert wurden. Ebd., S. 32 ff.

wendet wurde. Aber, so Haack, »welcher Deutsche hätte es ertragen mögen, dass sein zertretendes Volk mit den Engländern durch die gleiche Farbe zusammengefaßt würde?«[253]

4.10 Zusammenfassung: Der Erste Weltkrieg als doppelter Wendepunkt

Hermann Haack folgte wie schon im Falle des Kolonialismus dem konservativen Mainstream und das bedeutete nach dem Ersten Weltkrieg zunehmend aufmerksam zu sein für die »völkische Struktur der Staaten«.[254] Der Nationalismus wurde nach 1914 insgesamt stärker völkisch, insofern überrascht es nicht, dass Haack diese Tendenz aufnahm und der Perthes-Verlag seine Schulwandkarten in diese Richtung erweiterte, um hiervon geschäftlich zu profitieren. Gerade weil der Erste Weltkrieg ein Ereignis war, das bis dato wie kaum ein anderes einen Bruch zwischen »Erwartungshorizont« und »Erfahrungsraum« markierte,[255] setzte er extreme Dynamiken des sozialen, politischen und kulturellen Wandels frei, zu denen auch die sich verstärkende Akzeptanz völkischer Sichtweisen durch weite Bevölkerungskreise zu zählen ist.[256]

Veränderungen in der Beziehung zwischen Langhans und Haack während des Ersten Weltkriegs lassen sich auf zwei Ebenen feststellen. Zum einen – auf einer verlagsinternen Ebene – verfestigten sich Entwicklungen, die bereits vor dem Krieg eingesetzt hatten: Haack stieg zur unbestrittenen Führungsfigur im Verlag auf, die einstige duale Führungsstruktur verschob sich endgültig zu Haacks Gunsten. Zwar war Langhans weiterhin Herausgeber der *Mitteilungen*, aber ein Brief von Langhans an Joachim Perthes vom Dezember 1921 zeigt, wie prekär deren Existenz in der unmittelbaren Nachkriegszeit war und dass Langhans selbst seine Entwicklung im Verlag durchaus realistisch einschätzte:

> Meine im Laufe der letzten zehn Jahre mehr und mehr auf das redaktionelle Gleis verschobene Betätigung würde durch die Übernahme des Kalenders und Almanachs diejenige wirtschaftliche Festigung erfahren, die im Hinblick auf den unsicheren Bestand von »Peterm. Mitt.« mir dringend erwünscht erscheint.[257]

253 Zit. nach ebd., S. 31.

254 So der Titel eines Leitartikels von Alexander Supan, den er auf Wunsch Haacks Anfang des Jahres 1919 im Geographischen Anzeiger veröffentlichte. Alexander Supan, Die völkische Struktur der Staaten, in: Geographischer Anzeiger 20 (1919), H. 1/2, S. 1-4.

255 Koselleck, ›Erfahrungsraum‹ und ›Erwartungshorizont‹.

256 Herbert, Geschichte Deutschlands, S. 125.

257 Brief von Paul Langhans an Joachim Perthes vom 21. Dezember 1921, Forschungsbibliothek Gotha, Sammlung Perthes, SPA ARCH PGM 558, Bl. 92. Mit dem Gothaischen Hofkalender

Langhans steigerte bereits vor dem Krieg sukzessive, möglicherweise kompensatorisch, sein weltanschauliches Engagement außerhalb des Verlags und versuchte Gotha zu einem Mittelpunkt völkischer Wissenschaft zu machen. Aber auch hier musste er schwere Rückschläge einstecken. Der Brand in der Deutschen Nationalbücherei mag hier symbolisch für diese buchstäblich zu Asche verbrannten Vorhaben stehen.[258] Insofern stellten die Jahre des Ersten Weltkriegs für Langhans einen entscheidenden Einschnitt dar – der Zenit seiner kartographischen Produktivität und seiner politischen Unternehmungen war überschritten.

Auf einer allgemeineren Ebene erwies sich der Krieg ebenfalls als Wendepunkt. Völkische Deutungsmuster, die Langhans' Karten bereits vor der Jahrhundertwende visualisiert hatten, wurden im Laufe des Ersten Weltkriegs stärker wahrgenommen und geteilt. Durch die extremen Erfahrungen des Weltkriegs – an denen Haack in Arlon selbst teilhatte – sowie der Nachkriegsjahre, die in ein ressentimentgeladenes, von Feindbildern nach innen und außen geprägtes gesellschaftliches Klima mündeten, drangen Positionen der Alldeutschen oder des Deutschbundes vermehrt in weite Teile der Bevölkerung vor und wurden nun konsensfähig.[259] Auch der Antisemitismus erreichte eine neue Dimension. Der Imperialismus des Wilhelminismus, der den ersten Weltkrieg als ein »Kreuzzug im Dienste des Weltgeistes« und einen Sieg Deutschlands als einen »Segen für alle beteiligten Länder« verbrämt hatte,[260] wandelte sich durch die Niederlage und die Kriegsfolgen in einen stärker völkisch akzentuierten Revanchismus.

So kann der Weltkrieg, bezogen auf Haack und Langhans, als zweifacher oder doppelter Wendepunkt bezeichnet werden: Einerseits waren die Machtverhältnisse innerhalb des Verlags nun unbestritten zugunsten Haacks verteilt. Der auf ein breites Publikum zielende Nationalismus des *Anzeigers* hatte sich ökonomisch für den Verlag als wertvoller erwiesen als die auf radikaleren Positionen fußende und gleichzeitig mehr wissenschaftlich aufgemachte, weniger popularisierend gestaltete *Deutsche Erde*. Andererseits übernahm Haack – hier im Einklang stehend mit den allgemeinen Entwicklung in Deutschland – im Laufe des Ersten Weltkriegs verstärkt weltanschauliche Perspektiven, für die Langhans als ein Wegbereiter gelten muss, der »der Zeit vorauseilte«.[261]

Dennoch versuchte der Perthes-Verlag – gewissermaßen gegenläufig bzw. parallel zu dieser Entwicklung – in der Nachkriegszeit auch internationale Kontakte und Absatzmöglichkeiten aufrechtzuerhalten bzw. neu zu knüpfen. Diese

und dem Almanach de Gotha waren sehr populäre und weltweit bekannte genealogische Nachschlagewerke gemeint, die ebenfalls bei Perthes erschienen (siehe Kap. 5.3).

258 Manfred Langhans, Familiengeschichte, S. 17.

259 Walkenhorst, Nation – Volk – Rasse, S. 333.

260 So der Staatswissenschaftler, Ökonom und Soziologe Johann Plenge (1874-1963), zit. nach Bruendel, Volksgemeinschaft, S. 115.

261 Hermann Rüdiger, Geographen in der volksdeutschen Arbeit, in: Petermanns Geographische Mitteilungen 85 (1939), S. 298-299, hier S. 299.

Strategie wurde aber im Klima der Empörung über den Versailler Vertrag massiv erschwert. Die traditionellen internationalen Wirtschaftsinteressen des Hauses waren daher immer schwieriger mit der sich verschärfenden nationalistischen Stimmung zu vereinbaren. Dies war eine Entwicklung, die bereits bei der Konzeption der zehnten Auflage des *Stieler-Handatlas* manifest wurde: Erstmals in der Verlagsgeschichte wurden zwei getrennte Varianten produziert, eine nationale und eine internationale Ausgabe. Dies war ein kartographisches Sinnbild für die tiefen Gräben in der Welt, für die zunehmende Verunmöglichung einer dem Nationalismus enthobenen, universalen Perspektive. Gleichzeitig macht die Herausgabe von zwei *Stieler*-Varianten den Versuch des Verlags deutlich, gemäß seiner Tradition und seiner wirtschaftlichen Interessen weiterhin sowohl den nationalen als auch den internationalen Markt zu bedienen. Dies war nach dem Krieg nur noch durch einen schwierig auszuführenden Balanceakt möglich – aber auch hierfür erwies sich Haack als der geeignete Mann (vgl. Kap. 6). Die Exponenten des völkischen Nationalismus erwiesen sich hingegen für Perthes nunmehr sogar als potentiell geschäftsgefährdend (vgl. Kap. 5). Wie aufgeheizt die Stimmung in nationalen Kreisen nach der Niederlage 1918 war – das erfuhren Justus Perthes und Paul Langhans bereits im Frühjahr 1919 am eigenen Leibe, als sie in eine Affäre verwickelt wurden, die noch bis in die 1930er Jahre nachhallen sollte.

5. Karten zwischen den Fronten: Nationalistische Agitation nach dem verlorenen Krieg

5.1 Anstelle einer Einleitung: Ein Skandal

Bevor ein Überblick über den Inhalt des Kapitels erfolgt, soll ausführlicher von einer Episode wenige Monate nach dem Waffenstillstand im November 1918 berichtet werden, die schlaglichtartig die aufgeladene Stimmung nach Kriegsende und die damit verbundenen neuen Problemkonstellationen für Justus Perthes deutlich macht. Auch zeigt sich an diesem ›Skandal‹, in welchem Ausmaß sich die politische Sprengkraft von Sprachen- und Nationalitätenkarten im Zuge des Ersten Weltkriegs verschärft hatte.

Am 19. März 1919, also noch während der andauernden Friedenskonferenz in Paris, hatte die französische Tageszeitung *Le Temps* den Ausschnitt einer Karte veröffentlicht, die noch während des Krieges – im Februar 1918 – bei Justus Perthes gedruckt worden war.[1] Die Karte mit dem Titel *Nationalitätenkarte der östlichen Provinzen des Deutschen Reiches nach den Ergebnissen der amtlichen Volkszählung vom Jahre 1910*[2] löste einen Schock unter den deutschen Geographen und hektische Aktivitäten im Auswärtigen Amt aus.[3] Grund für die Aufregung war zum einen, dass die Karte viele der nach dem Ersten Weltkrieg zwischen Polen und Deutschland umstrittenen Gebiete in den preußischen Provinzen Schlesien, Posen, West- und Ostpreußen – insbesondere den Polnischen Korridor – als Gebiete mit überwiegend polnischer Bevölkerungsmehrheit auswies, zum anderen, dass der Artikel vorgab, die Karte sei von dem renommierten deutschen Verlag Perthes herausgegeben und stelle damit auch eine von den Deutschen als wissenschaftlich korrekt angesehene Repräsentation der nationalen Verhältnisse in diesen Gebieten dar.

Die deutschen Reaktionen schwankten zwischen Wut und Hilflosigkeit. Vor allem auch deswegen, weil die deutsche Seite selbst kaum geeignete Karten auf-

1 Jureit, Das Ordnen von Räumen, S. 199 f. Walter Geisler, Die Sprachen- und Nationalitätenverhältnisse an den deutschen Ostgrenzen und ihre Darstellung. Kritik und Richtigstellung der Spettschen Karte, Gotha 1933, S. 14.

2 Jakob Spett, Nationalitätenkarte der östlichen Provinzen des Deutschen Reiches nach den Ergebnissen der amtlichen Volkszählung vom Jahre 1910, Wien 1918.

3 Zu den Reaktionen der Geographie vgl. Herb, Under the Map, S. 34-48. Zu den Aktivitäten des Auswärtigen Amtes vgl. Jureit, Das Ordnen von Räumen, S. 200 ff. Siehe auch Laba, Die Grenze im Blick, S. 131 ff.

bieten konnte, um den polnischen Ansprüchen ihre eigene Sicht entgegenhalten zu können.[4] Der besonders für seine geomorphologischen Arbeiten bekannte Albrecht Penck (1858-1945),[5] zwischen 1917 und 1918 Rektor der Berliner Friedrich-Wilhelms-Universität und einer der einflussreichsten Geographen Deutschlands, bezeichnete die Karte als »Meisterwerk der Fälschung«.[6] Der seit 1918 in Breslau und ab 1922 in Leipzig lehrende Professor für Geographie Wilhelm Volz (1870-1958) sprach von einer »raffinierten Urkundenfälschung«.[7] Besonders große Kritik von deutscher Seite rief das Verfahren des Urhebers der Karte, Jakob Spett, hervor, Bevölkerungsgruppen wie die Kaschuben in Westpreußen, die Masuren in Ostpreußen sowie die in einem eigenen polnischen Dialekt sprechenden sogenannten Wasserpolen und die Tschechen in Schlesien als ethnische Polen darzustellen.

Justus Perthes wurde umgehend von der Geschäftsstelle für die Friedensverhandlungen im Auswärtigen Amt zu einer Stellungnahme aufgefordert und sah sich mit der Tatsache konfrontiert, dass sich eine hervorragende internationale Reputation unter den Vorzeichen eines eskalierenden Nationalismus in ihr glattes Gegenteil verkehren konnte und die reale Gefahr bestand, am Ende zwischen allen Stühlen zu sitzen.[8] Eilig versicherte der Verlag, die Karte sei »nicht von ihm, sondern vom Verlag Moritz Perles in Wien herausgegeben worden«, man sei nur für den Druck zuständig gewesen.[9] 1933 wurde der Geograph Walter Geisler (1891-1945), ein überzeugter Nationalsozialist und ab 1941 Ordinarius an der ›Grenzlanduniversität‹ Posen sowie einflussreicher Raumplaner in der Reichsarbeitsgemeinschaft für Raumforschung,[10] beauftragt, die Karte von Spett in einer Monographie en détail zu widerlegen. Dafür wurde er mit umfangreichen Mitteln des Auswärtigen Amtes ausgestattet.[11] Das Ergebnis erschien – vielleicht als eine Art Wiedergutmachung – bei Justus Perthes, in der von Langhans herausgegebe-

4 Jureit, Das Ordnen von Räumen, S. 194.

5 Zum ›politischen‹ Penck siehe Hans-Dietrich Schultz, »Ein wachsendes Volk braucht Raum.« Albrecht Penck als politischer Geograph, in: Bernhard Nitz/Hans-Dietrich Schultz/Marlies Schulz (Hg.), 1810-2010: 200 Jahre Geographie in Berlin, 2. Aufl., Berlin 2011, S. 99-153. Ders., Albrecht Penck: Vorbereiter und Wegbereiter der NS-Lebensraumpolitik? Zum ›geologischen‹ Penck siehe Henniges, Die Spur des Eises.

6 Zit. nach Geisler, Die Sprachen- und Nationalitätenverhältnisse, S. 13.

7 Ebd.

8 Bereits im Frühjahr 1918 hatte sich Perthes zu einer Stellungnahme veranlasst gesehen, als in der Pariser Tageszeitung *L'Œuvre* ein frei erfundener Brief des Verlags an Kaiser Wilhelm II. abgedruckt worden war. Vgl. Justus Perthes, Ein französisches Fälscherstück, in: Dr. A. Petermann's Mitteilungen aus Justus Perthes' Geographischer Anstalt 64 (1918), H. 2, o. S.

9 Jureit, Das Ordnen von Räumen, S. 200, Anm. 96.

10 Ariane Leendertz, Art. »Reichsarbeitsgemeinschaft für Raumplanung«, in: Michael Fahlbusch/Ingo Haar/Alexander Pinwinkler (Hg.), Handbuch der völkischen Wissenschaften, Bd. 2: Forschungskonzepte – Institutionen – Organisationen – Zeitschriften, 2. Aufl., Berlin/Boston 2017, S. 1926-1934, hier S. 1930.

11 Herb, Under the Map, S. 39.

nen Reihe wissenschaftlicher Monographien, den *Ergänzungsheften* zu *Petermanns Mitteilungen*.[12]

Geisler rekonstruierte den Vorgang der Entstehung der Karte darin folgendermaßen: Am 9. August 1917 habe sich Jakob Spett erstmalig an Justus Perthes gewandt und einzelne Blätter von *Vogels Karte des Deutschen Reiches* erbeten. Im Oktober habe Spett dann beim Verlag angefragt, ob dieser Herausgabe und Druck einer von ihm auf der Grundlage der Blätter von Vogels Karte gezeichneten Nationalitätenkarte der »östlichen Provinzen« Deutschlands übernehmen würde. Perthes habe die Herausgabe »unter Hinweis auf die von Professor Langhans bearbeiteten Karten« abgelehnt. Nur der Druck sei am 22. Februar 1918 vom Verlag übernommen worden, die Militärzensur habe die Karte zudem genehmigt.[13] Geisler war sichtlich bemüht, den Verlag aus der Schusslinie zu nehmen. Denn die unmittelbare Kritik am Verlag war durchaus heftig gewesen. Der Kustos am Berliner Institut für Meereskunde und Mitarbeiter von Albrecht Penck, Walter Stahlberg (1863-1951), empörte sich im Mai 1920: »Es ist leider kein Zweifel: deutsche Arbeit und deutsches Ansehen haben dem polnischen Begehren Vorschub geleistet. Mußte das sein?«[14] Stahlberg nahm das Verhalten von Perthes als Ausdruck eines allgemeinen Mangels an politischer Reife in Deutschland, ein »sträflich unpolitisches Geschehenlassen«:[15]

> Natürlich hat die Firma Perthes auf den Inhalt der Karte gar keinen Einfluß gehabt, hat auch, und das ist, was wir beklagen und verurteilen, gar nicht daran gedacht, ihn zu nehmen, [...]. Obwohl es gerade für Herrn Professor Langhans als Fachmann für kartographische Darstellung der Bevölkerungsverteilung in den Grenz- und Außengebieten unseres Volkstums ganz gewiß wertvoll gewesen wäre, von dem Inhalt einer Karte Kenntnis zu nehmen, [...]. Er hätte sofort die Fälschung erkannt, und ich könnte mir wohl denken, daß er dann aus Gewissensbedenken abgeraten hätte, eine das Deutsche Reich offenkundig schädigende Karte in der berühmten deutschen geographischen Anstalt von Justus Perthes drucken zu lassen.[16]

Stahlbergs Kritik gipfelte in dem Vorwurf, Perthes habe die »Sache als reines Druckgeschäft« betrachtet.[17]

Über die angeblichen Auftraggeber sowie über Jakob Spett selbst wurde in deutschen Kreisen derweil vielfach spekuliert. Bereits Stahlberg urteilte rassistisch,

12 Geisler, Die Sprachen- und Nationalitätenverhältnisse.

13 Ebd., S. 14.

14 Walter Stahlberg, Mußte das sein? Ein Stück vom politischen Polen und vom unpolitischen Deutschen, in: Eiserne Blätter 1 (1920), H. 44, S. 767-772, hier S. 769.

15 Ebd., S. 772.

16 Ebd., S. 770.

17 Ebd., S. 772.

Spett sei »ein fanatischer Pole, im übrigen getaufter Jude, also Jude«.[18] Walter Geisler insistierte, entgegen dem von ihm selbst vorgebrachten Hinweis auf die allgemeinen Unklarheiten über Spett und ohne nähere Angaben darüber, woher seine Informationen stammten:

> Tatsache ist, daß der frühere Privatingenieur Jakob Spett, der später im Dienste der österreichischen Staatsbahn stand, polnischer Jude ist. Während des Krieges hat er im polnischen Okkupationsgebiet Dienst getan. Er wurde zum Ministerialrat ernannt. Jetzt besitzt er ein Gut in Polen und ist polnischer Staatsangehöriger![19]

Der Doyen der wissenschaftlichen Kartographie Max Eckert bezeichnete Spett in einer postum erschienenen Publikation von 1939 im Sinne antisemitischer Klischees als »Kartenfabrikanten«.[20] Neben der geübten fachlichen Kritik zielte die deutsche Seite von Anfang an darauf ab, die Karte in den Dunstkreis der Topoi von jüdischer Verstellung, Hinterhältigkeit, Lüge und Fälschung zu stellen – was einmal mehr die explosive Stimmungslage nach dem Krieg, den vielfach polemischen Charakter der transnationalen Debatten im Rahmen der Friedenskonferenz von Paris und den nach der Niederlage spürbar zunehmenden Antisemitismus verdeutlicht.

Dem Perthes-Verlag hingegen führte die ganze Affäre um die Spett'sche Karte vor allem eines in aller Deutlichkeit vor Augen, nämlich welch großes publizistisches Risiko die Herstellung von Karten mit ethnischen Inhalten in den Zeiten des allgegenwärtigen Rufs nach dem ›Selbstbestimmungsrecht der Völker‹ barg.[21]

5.2 Gesinnung oder Geschäft: Perthes im Konflikt

Auf analytischer Ebene verdeutlichen die Querelen um die Spett'sche Karte und die von deutsch-nationaler Seite in Richtung Perthes geäußerten Vorwürfe eine latente ökonomisch-politische Spannung, mit dem sich der Verlag nach dem Ersten Weltkrieg in verschärfter Form konfrontiert sah: Der Verlag versuchte, an

18 Ebd., S. 771.

19 Geisler, Die Sprachen- und Nationalitätenverhältnisse, S. 14. Spett war ein Ingenieur aus Lemberg, der die Karte im Auftrag des Polnischen Kreises in Wien bearbeitete. Vgl. Laba, Die Grenze im Blick, S. 132.

20 Eckert, Kartographie. Ihre Aufgaben und Bedeutung für die Kultur der Gegenwart, S. 344.

21 Zu den unterschiedlichen Deutungen und den Missverständnissen der Kriegsparteien in Bezug auf Wilsons Konzept vgl. Jureit, Das Ordnen von Räumen, S. 182 ff. Zur Aneignung des Konzepts durch die deutsche Schulgeographie nach dem Ersten Weltkrieg siehe Hans-Dietrich Schultz, »Steißpauker«, »Lügen« und »wehrlose Kinder«. Wie Schulgeographen dazu beitrugen, nach dem Ersten Weltkrieg den Frieden zu verlieren, in: GW-Unterricht 148 (2017), H. 4, S. 43-57.

Abb. 2: Ahnengalerie mit der Kartensammlung im Verlag Justus Perthes (1906)

Abb. 3: Paul Langhans an seinem Schreibtisch (um 1935)

Abb. 4: Hermann Haack an seinem Schreibtisch (1932)

Abb. 6: Das Porträt von Paul Langhans im Ahnensaal

Abb. 7: Das Porträt von Hermann Haack im Ahnensaal

Abb. 8: Porträtgemälde »Hermann Haack«, gemalt von Wilhelm Otto Pitthan (1953)

Zur Einführung.

Die neuzeitliche Bewegung zu Gunsten der Erwerbung von staatsrechtlich dem Mutterlande verbundenen reichsdeutschen überseeischen Schutzgebieten hat den Begriff der Kolonie im Sprachgebrauch dermafsen vereinseitigt, d. h. auf den der Staatskolonie beschränkt, dafs es gewagt erscheinen konnte, eine kartographische Darstellung der gesamten Siedelthätigkeit des Deutschtums mit dem Namen Kolonial-Atlas zu belegen. Wenn es dennoch geschah, so war die Erwägung mafsgebend, dafs es notwendig sei, immer wieder darauf hinzuweisen, dafs die heutige Kolonialpolitik des Deutschen Reiches nicht als etwas unvermittelt Neues, sondern im Rahmen und im Zusammenhange mit der Jahrhunderte alten kolonisatorischen Thätigkeit der Deutschen betrachtet und verstanden sein will, als letztes Glied dieser Thätigkeit, das dem Anwachsen des deutschen Volksgefühls und der wirtschaftlichen Entwickelung entspricht. Unter diesem Gesichtspunkte des inneren Zusammenhanges aller deutschen Tochtersiedelungen will der Inhalt der nachfolgenden Blätter betrachtet sein.

Die reichsdeutschen Schutzgebiete nehmen freilich vermöge ihrer grofsen Flächen am meisten Raum ein: fast ausschliefslich aus Handelskolonien hervorgegangene Kultivationsgebiete, schliefsen sie in ihre Grenzen weite Strecken wirtschaftlich nicht oder schwer nutzbaren Landes ein, im Gegensatz zu den meisten Ackerbausiedelungen, die nur das ihnen zusagende Land geschlossen besetzen. Als Mafsstab ihrer Verjüngung wurde behufs bequemen Vergleichs mit Vogels Standkarte des Deutschen Reiches (1 : 500000) 1 : 2 Mill. gewählt. Der Anschauung, dafs nicht die politische, sondern die wirtschaftliche Besitzergreifung das wesentliche Kennzeichen einer Kolonie sei, ist durch zahlreiche Nebenkarten gröfseren Mafsstabes Rechnung getragen, welche die Arbeitsfelder deutscher Pflanzungsthätigkeit, die Brennpunkte des Handels und Verkehrs und die bisherige wirtschaftliche Entwickelung der einzelnen Schutzgebiete zur Darstellung bringen; daneben zeigen Pläne der politischen und militärischen Verwaltungssitze deren Aufblühen und Wachstum seit der deutschen Besitzergreifung. Die Einzeldarstellungen der Arbeitsgebiete christlicher Missionen nehmen den ihnen in Hinsicht auf den sittigenden und kulturfördernden Einflufs ihrer Thätigkeit gebührenden Raum ein. Durch sorgfältige Behandlung des Geländes in Verbindung mit farbiger Angabe der Bodenbedeckung wurde versucht, dem Kartenbilde Leben und Bewegung einzuflöfsen und den Überblick über die wirtschaftliche Nutzbarkeit der einzelnen Gebiete zu erleichtern; durch Beigabe ethnographischer Übersichten ist die Hauptkarte entlastet. Bequemen Vergleich der Gröfsenverhältnisse gewähren Übersichtskärtchen von Gegenden des Mutterlandes in gleichem Mafsstabe.

Neben den reichsdeutschen Schutzgebieten sind am eingehendsten diejenigen Länder behandelt, welche sich der Siedelungsthätigkeit deutscher Auswanderer am meisten förderlich erwiesen haben und in welchen das Deutschtum gegenüber fremdvölkischen Einflüssen seine selbständige Eigenart mehr oder weniger bewahrt hat: die deutschen Ackerbau-Kolonien. Die zähe Eroberungs- und Ansiedelungs-Politik der Welfen, Askanier, Hohenzollern und auch Habsburger, sowie des Deutschen Ordens nach Osten hin hat die Länder zwischen Elbe und Weichsel und grofse Teile der ungerländischen Ebenen und Bergbezirke verdeutscht. An die Thätigkeit ersterer knüpft die Arbeit der „Ansiedelungs-Kommission" an, jener neuzeitlichen Staats-

Abb. 10: Einleitung zu Paul Langhans' »Deutschem Kolonial-Atlas«, Teil 1

kolonisation zum Schutze des Errungenen gegen slawische Hochflut, die besonders auch jenseits der Karpathen im Verein mit dem erwachten madjarischen Staatsgedanken dem Deutschtum so vielen Abbruch gethan hat. Und doch steht auch heute noch die deutsche Ackerbaukolonisation des Ostens nicht still. Deutscher Fleiſs und deutsche Tüchtigkeit lassen die deutschen Ackerbausiedelungen Süd-Ruſslands trotz slawischer Gegenarbeit immer weiter um sich greifen; bis an die Hänge des Kaukasus und in die Steppen Innerasiens ziehen fortwährend deutsche Kolonistenscharen. Serben und Rumänen müssen im Banat und in Slawonien deutscher Betriebsamkeit weichen, und das neu erschlossene Bosnien bietet deutschen Ackerbauern lohnendes Arbeitsfeld.

Jenseits des Weltmeeres sammeln sich die geschlossenen deutschen Kolonialgebiete um vier Mittelpunkte: die Vereinigten Staaten in Nord-Amerika mit den angrenzenden Teilen des britischen Kanada, das subtropische Süd-Amerika (im Osten die Urwaldkolonien Süd-Brasiliens, im Westen die des südlichen Chile), die Südspitze Afrikas bis hinauf zum Sambesi mit niederdeutschem Untergrund und britischer Färbung, und als kleinster die Südostecke Australiens. Den Brennpunkten deutscher Siedelungsarbeit innerhalb dieser weiten Gebiete sind Nebenkarten gröſseren Maſsstabes gewidmet, geschichtlich anziehenden Stätten ist besondere Berücksichtigung zu teil geworden und in Anerkennung ihrer Verdienste um die Erhaltung deutscher Art auf möglichst vollzählige Angabe deutscher Kirchen- und Schulgemeinen, deutscher Zeitungen und Vereine Bedacht genommen. Da die gesamte kolonisatorische Thätigkeit des Deutschtums zur Darstellung gelangen sollte, nicht nur derjenigen deutschen Stämme, welche die neue Reichsgrenze umschlieſst, sind gleicherweise die Siedelungen der mennonitischen Deutsch-Russen in Nord-Amerika, der evangelischen Deutsch-Russen in der Dobrudscha, der niederdeutschen Buren in Süd-Afrika, der Schweizer und Tiroler in Amerika, der Flamen in Wales und auf den Flamischen Inseln u. s. w. berücksichtigt. Auch beschränkt sich die Darstellung nicht auf den jetzigen Stand der deutschen Siedelungen, sondern auch die untergegangenen deutschen Acker- und Bergbaukolonien, besonders in Europa, die wegen ihrer Kleinheit dem verschmelzenden Einflusse des umgebenden Volkstums nicht widerstehen konnten, sind vertreten, ebenso wie die ersten Versuche deutscher staatlicher Kolonisation, die brandenburgisch-preuſsischen Besitzungen an der afrikanischen Westküste.

Die deutsche Handelskolonisation, sowohl die mittelalterliche der Deutschen Hansa, wie die heutige die ganze Erde umspannende, bildet als weiteres wichtiges Glied deutscher Siedelthätigkeit einen Hauptgegenstand der Darstellung. Anschlieſsend wurde das deutsche Wirtschaftsgebiet, die handelspolitischen Beziehungen des Deutschen Reiches zum Auslande, der deutsche Schiffsverkehr in fremden Häfen, die konsularischen Vertretungen, die Stationen der deutschen Kriegsmarine und die wichtigsten Ausfuhr-Industriegebiete des Reiches behandelt. Doch auch der Verbreitung der geistigen deutschen Kultur wurde Rechnung getragen: die Bestrebungen deutscher Auswanderer, Seemanns- und Heiden-Missionen, das deutsche Schul- und Kirchenwesen des Auslandes, der Anteil der Deutschen an der Erschlieſsung bisher unerforschter Gebiete, finden sich verzeichnet.

Abb. 11: Einleitung zu Paul Langhans' »Deutschem Kolonial-Atlas«, Teil 2

Die

Schutzgebiete des Deutschen Reiches.

Von Professor Dr. J. Partsch.

Vor 400 Jahren erweiterten die groſsen Entdeckungsfahrten mit einem Zauberschlage die Grenzen der Welt. Es begann die Teilung der Erde unter Europas Nationen. Sie befanden sich in sehr ungleicher Lage für die Ausnutzung der entscheidungsvollen Gelegenheit. Nicht nur die räumliche Stellung, sondern auch die Zeitverhältnisse begünstigten in diesem Wettstreit die Völker des Westens. Deutschland, dessen Bewohner im Mittelalter nicht nur an ihrer Ostgrenze, sondern auch in den Meeren des Nordens ihre Fähigkeit zur Kolonisation bewiesen hatten, blieb nun dem Ringen nach überseeischem Besitz völlig fern. An seinen Küsten bestand kein gröſseres leistungsfähiges Staatswesen. Die rein binnenländische österreichische Hausmacht war gegen die Türkengefahr gekehrt. Schlieſslich machten religiöse Gegensätze Deutschland zum Tummelplatz raubgieriger Nachbarn. Der dreiſsigjährige Krieg hinterlieſs das Land zum Tode erschöpft: die Küste groſsenteils in der Hand eines fremden Eroberers. Erst das Aufstreben Brandenburgs, sein Kampf um die deutsche Ostseeküste, schuf allmählich die Vorbedingungen einer deutschen Seemacht. Im Widerstreit weitblickender Einsicht und unzulänglicher Kraft entstand und verging ein kühner Versuch überseeischer Kolonisation an der Goldküste (1681—1721). Dann verwehrten der Ausbau des preuſsischen Staates und die schwere Erschütterung der Napoleonischen Kriege jeden Gedanken an Unternehmungen in fremden Erdteilen. Erst im 19. Jahrhundert, als in langer Friedenszeit Deutschland wieder aufblüte, die Bevölkerung wuchs und der Raum für die Verwertung ihrer Kräfte in der Heimat immer enger wurde, erwachten Bestrebungen, in der nahezu vergebenen Welt noch Platz für deutsche Arbeit und deutsches Kulturleben zu sichern. Selbst der Miſserfolg der ersten Versuche, welche der Unternehmungsgeist einzelner ohne jeden staatlichen Rückhalt in Texas (1844) und der Moskitoküste ins Werk setzte, konnte das Verlangen nach deutschen Kolonieen nicht für immer zurückdrängen. Die Nachteile, welche aus dem Mangel jedes überseeischen Besitzes für Deutschlands Weltstellung und seine Zukunftsaussichten erwuchsen, wurden allgemein empfunden. Mit Wehmut sieht der Deutsche jährlich über 100 000 Landsleute dem Vaterlande den Rücken kehren, meist Männer im rüstigsten Alter, gestützt auf ein kleines Kapital, die jenseits des Ozeans, in der Regel in den Vereinigten Staaten eine neue Heimat suchen. Von 1821—1892 wurden über 5 Millionen deutsche Auswanderer gezählt. Nach einer mäſsigen Schätzung nahmen sie mindestens zwei Milliarden Mark mit in die Fremde. Aber dieser bare Kapitalverlust verschwindet im Vergleich mit der Summe wirtschaftlicher Kraft, die in den Auswanderern selbst dem Vaterlande verloren geht. Verloren geht im vollsten Sinne! Wer aus England hinüberzieht nach einem fremden Erdteil, stärkt dort ein neues England jenseits des Meeres. Der Deutsche in der Union hält im allgemeinen eine, höchstens zwei Generationen fest an seiner Sprache; dann taucht er unter in der Flut des fremden Volkstums. Es wäre für die Befestigung der deutschen Handelsbeziehungen, noch mehr für die künftige Geltung des Deutschtums in der Welt ein unschätzbarer Gewinn, wenn Deutschland seine Auswanderer in ein überseeisches Gebiet lenken könnte, in welchem sie, wenn schon keinen politischen Zusammenhang mit dem Vaterlande, so doch ihre Sprache bewahrten. Aber die gemäſsigten Zonen, das Ziel der Massenauswanderung, sind vergeben. Selbst der Hoffnung, im auſsertropischen Südamerika, nach dem Beispiel der Siedelungen in Rio Grande do Sul, geschlossene Gebiete bescheidenen Umfangs mit Deutschen bevölkert zu sehen, sind enge Schranken gesetzt. Der letzte Rest Südafrikas, auf den deutscher Unternehmungsgeist noch seine Hand legen konnte, weil er niemandem früher zur Besitzergreifung lockend genug erschienen war, weckt nur höchst bescheidene Erwartungen. So schlieſst die Suche nach einem für die Erhaltung der Nationalität geeigneten Ziele der Massen deutscher Auswanderer mit dem Eindruck: Zu spät!

Damit ist aber noch nicht die Unmöglichkeit jeglicher kolonialer Erwerbungen entschieden. Noch blieb in den Tropen manch wertvoller Platz für Handels-Stationen und Pflanzungs-Kolonieen. Wenigstens von diesem Gebiete hoffnungsvoller Arbeit sich nicht völlig ausschlieſsen zu lassen, dazu drängten unsere Generation alle Anzeichen der Verschärfung des wirtschaftlichen Wettbewerbs auf der dem rührigen Menschengeschlecht allmählich enger werdenden Erde. Für ein Land, dessen Gedeihen wesentlich abhängt von Gewerbthätigkeit und Handel, wirkt die Wahrnehmung beunruhigend, daſs Gebiete, die lange dem Zufluſs seiner Erzeugnisse offen standen, sich dagegen zu verschlieſsen beginnen. Die Entwickelung Amerikas lenkt unter der Führung der Union sichtlich ein in die Bahnen eines wirtschaftlichen Zusammenschlusses der amerikanischen Freistaaten mit dem Endziel, den europäischen Handel immer mehr von den amerikanischen Märkten zu verdrängen und gleichzeitig in Europa selbst den amerikanischen Waren breiteren Raum zu erobern. Diese Aussicht führt, zumal eine wirksame Erleichterung der seit dem Anfang des Jahrhunderts bestehenden Erschwerungen des Handels mit dem Russischen Reiche nicht füglich erwartet werden kann, unverkennbar zu einer erhöhten Wertschätzung der in steigender Entwickelung begriffenen Handelsbeziehungen mit Afrika und den Ländern des Groſsen Ozeans. Aber auch dort kehren die Bestrebungen nach einem Zusammenschluſs der australischen Kolonieen eine deutliche Spitze gegen den europäischen Handel, und das Übergreifen ihrer Herrschaftsgelüste nach den bisher selbständigen Inselgruppen des Ozeans bedrohte unmittelbar das einzige Gebiet, in welchem der deutsche Handel, unbeengt durch festbegründete Ansprüche anderer europäischer Staaten, sich hatte entwickeln und festigen können. In der Verteidigung des Handelsgebietes der Südsee liegen die Wurzeln der spät begonnenen, aber doch noch zu bescheidenen Erfolgen gediehenen Kolonialpolitik des Deutschen Reiches.

Eine Zeit lang glaubten die Leiter der deutschen Politik die Interessen des deutschen Handels und deutscher Pflanzungsunternehmungen in Ozeanien ausreichend schützen zu können durch Freundschafts- und Handelsverträge mit den Herrschern der einzelnen Inselgruppen. Solche Verträge kamen zu stande 1876 mit den Tonga-Inseln, 1877 und

Abb. 12: Joseph Partsch, Die Schutzgebiete des Deutschen Reiches. Einleitung zu Richard Kieperts »Deutschem Kolonial-Atlas«, Teil 1

— 2 —

1879 mit den Samoa-Inseln, 1881 mit der Hawaiischen Inselgruppe. Die Reichsregierung war zunächst keineswegs geneigt, den von klangvollen Stimmen der öffentlichen Meinung empfohlenen Weg der Kolonialpolitik zu beschreiten. Aber sie ward schliefslich dazu gedrängt durch die Steigerung der anglo-australischen Bewegung für die Annexion der ozeanischen Inselwelt und insbesondere durch die von der britischen Kolonialregierung 1874 wirklich vollzogene Besitzergreifung der Viti-Inseln, die dabei beliebte Nichtachtung rechtlich verbriefter deutscher Interessen, die Langwierigkeit der ein Jahrzehnt sich hinschleppenden Verhandlungen über eine mäfsige Entschädigung der durch die Willkürlichkeiten dieser Annexion schwer benachteiligten deutschen Kapitalisten und Landbesitzer. Nur die aus Erfahrung gewonnene Überzeugung, dafs bei den Verhältnissen der Südsee ein wirksamer Schutz deutscher Interessen bisweilen nur durch ein Entfalten der deutschen Flagge zu erzielen sei, hat die Schutzbriefe diktiert, welche am 17. Mai 1885 und am 13. Dezember 1886 die Erwerbungen der Neu-Guinea-Kompagnie im Norden dieser Insel, im Bismarcks- und Salomons-Archipel, sowie am 15. Oktober 1885 und 16. April 1888 die Gruppe der Marshall-Inseln nebst Nauru unter die Schutzherrschaft des Deutschen Reiches stellten. Schon vorher hatten deutsche Unternehmer auch für ihre Erwerbungen auf dem Boden Afrikas den Schutz des Reiches nachgesucht und erlangt, zuerst A. Lüderitz für das Küstenland im N. des Oranje-Flusses bis 26° S. B. Für die Festigung dieses Besitzes und für die Begründung der deutschen Schutzherrschaft über Togoland (4. Juli 1884) und Kamerun (14. Juli 1884) ward entscheidend die Reise des Generalkonsuls Gust. Nachtigal. Es war der letzte Dienst, den er seinem Vaterlande leistete. In Kamerun empfing er den Keim des Todes. Überall schwebte der Reichsregierung das Ziel vor, bestehenden, wohlbegründeten deutschen Interessen ihren Schutz zu sichern. Der Gedanke, aus eigenem Antriebe und mit den Mitteln des Reiches zur Neubegründung von Kolonieen zu schreiten, lag dem Leiter der Reichspolitik entschieden fern. Am frühesten und am weitesten wurde die Reichsregierung über diese ursprüngliche Richtschnur ihres Verhaltens durch den Zug der Ereignisse hinausgeführt in Ostafrika. Die Urkunde, welche der Gesellschaft für deutsche Kolonisation am 27. Februar 1885 für die ersten Erwerbungen des Dr. Peters den Schutz des Reiches verhiefs, unterschied sich nicht von anderen Schutzbriefen. Aber der nur durch kräftiges Einsetzen der Mittel des Reiches niedergeschlagene Araberaufstand von 1888 lehrte, dafs nur die Macht des Reiches, nicht eine Handelsgesellschaft die feste Gewähr bieten könne für die ungestörte Behauptung des weiten Gebietes, das dort dem deutschen Einflufs teils unterworfen, teils vorbehalten war. Dieser Einsicht entsprach die abschliefsende Regelung der Verhältnisse durch die Verträge vom 1. Juli und 20. November 1890.

Was Deutschland so in wenigen Jahren erworben oder für die Zukunft sich gesichert hat, ist wenig im Vergleich mit den ausgedehnten und wertvollen überseeischen Besitzungen der Westmächte, selbst der Niederlande und Portugals. Den Wert des Gewonnenen wird die Zukunft sicherer wägen als unsere Zeit. Dieser fallen — das ist unvermeidlich — zunächst die Opfer zu, die für die Erschliefsung und die Entwickelung der für deutsche Kulturarbeit umgrenzten Räume zu bringen sind. Aber die ernstere Beschäftigung mit der Natur und der Lage der Schutzgebiete befestigt die Hoffnung, dafs diese Opfer nicht vergebens gebracht sein werden. Vorläufig allerdings nehmen die deutschen Kolonieen im Gesamtbilde der deutschen Handelsbewegung noch einen sehr bescheidenen Raum ein. Blatt 1 dieses Atlas zeigt das unverkennbar. Die wichtigsten Fäden der deutschen Postdampfer-Kurse sind nach ganz anderen Zielen hinübergesponnen, denen nicht nur der private Unternehmungsgeist, sondern auch die Fürsorge der Reichsregierung für die Entwickelung der deutschen Handelsbeziehungen in erster Linie sich zuwenden mufste. Als das Reich sich 1884 entschlofs die Begründung überseeischer deutscher Schnelldampferlinien durch einen jährlichen Zuschufs von 4 Millionen Mark (auf 15 Jahre) zu erleichtern, galt es auf den hochentwickelten, hoffnungsreichen Handelsgebieten Ostasiens und Australiens den deutschen Handel gegenüber mächtigen Wettbewerbern zu stärken. Erst 1890 war es möglich, auch der Entwickelung des Verkehrs mit Ostafrika zu Hülfe zu kommen durch einen Reichsbeitrag von jährlich 900 000 Mk. für eine direkte Dampferlinie. Durch das Zusammenwirken ihrer Unternehmer mit der Deutsch-Ostafrikanischen Gesellschaft ist nun auch eine deutsche Verbindung Ostafrikas mit Bombay gesichert. Die Verbindung der westafrikanischen Handelsplätze mit Deutschland vermittelt die Hamburger Woermann-Linie; sie berührt von den deutschen Schutzgebieten nicht nur Kamerun, sondern auch das Togo-Land, das seinen Anschlufs nicht mehr in Keta oder Accra an der Goldküste zu suchen braucht. Wenn schon für die genannten Gebiete die Nachbarschaft der englichen Verkehrscentren in Sansibar, der Goldküste und Lagos eine wertvolle Vervielfältigung der Verbindungen bietet, ist Deutsch-Südwest-Afrika vollständig auf die Anlehnung an die Kapstadt angewiesen. Kaiser Wilhelmsland hat zuerst eine Anknüpfung an Cooktown (Queensland) versucht, dann an Soerabaya, schliefslich aber es vorteilhafter gefunden, sich direkt an die Linie des Norddeutschen Lloyd in Singapore anzuschliefsen. Jaluit (Marshall-Inseln) ist auf gelegentliche Verbindung mit Manila, San Francisco, Honolulu oder Sydney angewiesen. Die Dauer der Überfahrt beträgt je nach den gewählten Linien von Hamburg nach Accra 24, nach Keta 21 oder 33, nach Kamerun 24 Tage. Kapstadt wird von Southampton in 19 Tagen, Sansibar von Marseille in 18 oder 20, von Brindisi in 17 oder 20, Dar es-Salam von Neapel in 21 Tagen erreicht. Die Fahrt von Brindisi nach Friedrich-Wilhelms-Hafen auf Neu-Guinea währt 42 Tage.

Während an der Entwickelung des Personen- und Waren-Verkehrs Deutschland mit einer Reihe eigener Dampferlinien sich beteiligt, dienen dem schnellen überseeischen Gedanken-Austausche nur fremde Kabel. Dennoch wird auch für die Praxis des telegraphischen Fernverkehrs Blatt 1 des Atlas sich nützlich erweisen. Beinahe sämmtliche auf ihm verzeichnete Orte sind an das Netz der Telegraphenlinien angeschlossen; die Namen der wenigen, welchen telegraphische Verbindung fehlt, sind im Verzeichniss mit einem Sternchen * versehen. Im Interesse der Absender und Empfänger von Kabeltelegrammen empfahl sich ferner die Eintragung der Meridiane in 15° Abstand, entsprechend der Verschiebung der Ortszeit um je 1 Stunde. Auch die Datumsgrenze mit Berücksichtigung ihrer neuesten Veränderung an den Samoa-Inseln wird willkommen sein.

Den Hauptinhalt des Blatt 1 bildet die Übersicht der konsularischen und diplomatischen Vertretungen des Deutschen Reiches für die gesamte Erdoberfläche, mit besonderen Kartons für ihre dichtere Verteilung in Europa. Rang, Besetzungsweise und Vollmacht der einzelnen Vertretungen sind durch Zeichen, die keiner weiteren Erläuterung bedürfen, unterschieden.

Togo-Land.

Die unter 5° N. gelegene Nordküste des Meerbusens von Guinea vom Kap Palmas bis zur Niger-Mündung ist dem Seeverkehr schwer zugänglich. Sie ist fast allenthalben flach und auf den seichten Gründen vor dem Ufersaum brechen sich die heranrollenden Wogen in so wilder Brandung (portug. calema), dafs nur die dafür besonders geschulten Neger dieser Küste mit kaltblütiger Geschicklichkeit Reisende, Waren und die in fest verspundeten Fäfschen geborgenen Postbeutel von den auf offener See ankernden Dampfern sicher ans Land zu rudern vermögen. Am schwächsten ist die Brandung, wenn der Harmatan kräftig vom Land herabweht, zwischen November und Januar. Aber vom März bis Juni kommt es nicht selten vor, dafs sie den Verkehr

Abb. 13: Joseph Partsch, Die Schutzgebiete des Deutschen Reiches. Einleitung zu Richard Kieperts »Deutschem Kolonial-Atlas«, Teil 2

Abb. 14: Karte »Die Thätigkeit der Ansiedelungs-Kommission für die Provinzen Westpreussen und Posen 1886-1896. Auf Vogels Karte des Deutschen Reiches in 1:500.000 auf Grund amtlicher Angaben« von Paul Langhans (1896)

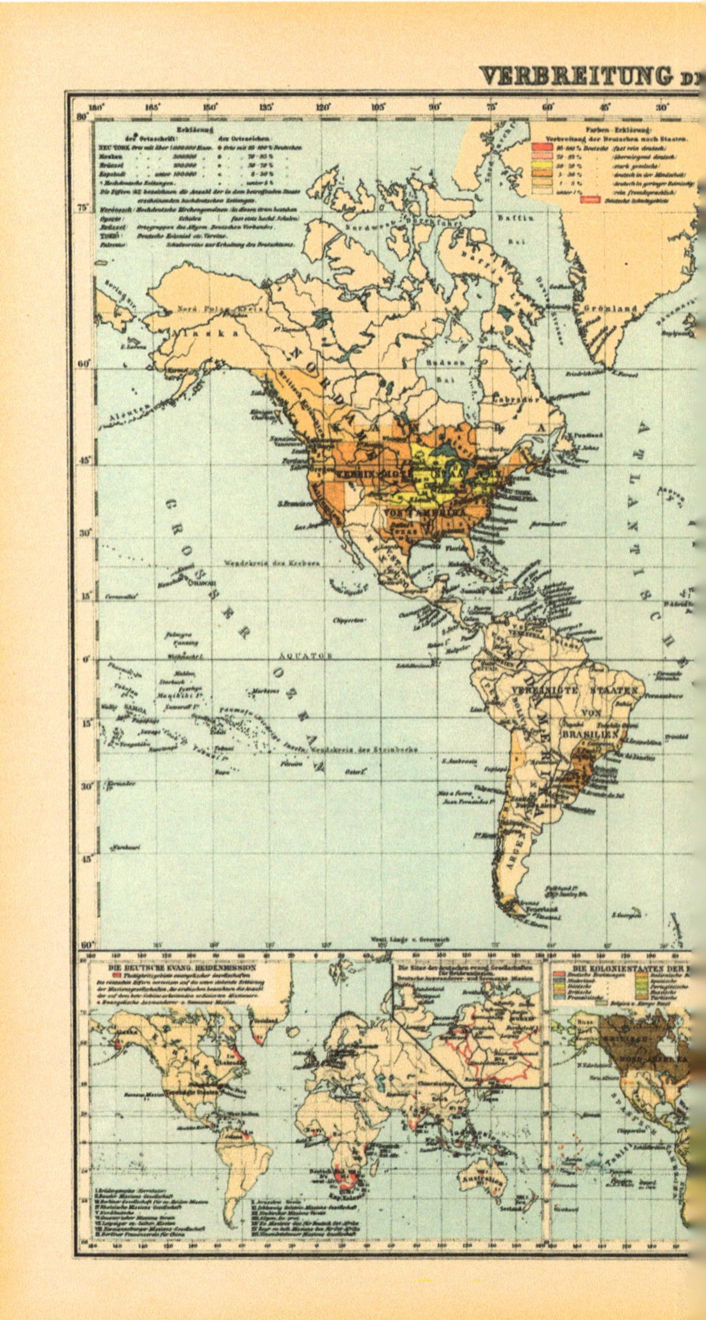

Abb. 15: Karte »Verbreitung der Deutschen über die Erde« von Paul Langhans (1893)

EN ÜBER DIE ERDE.
LANGHANS' DEUTSCHER KOLONIAL-ATLAS, Nr. 1.
ASIEN
INDISCHER OZEAN
AUSTRALIEN
Abgeschlossen Oktober 1897.

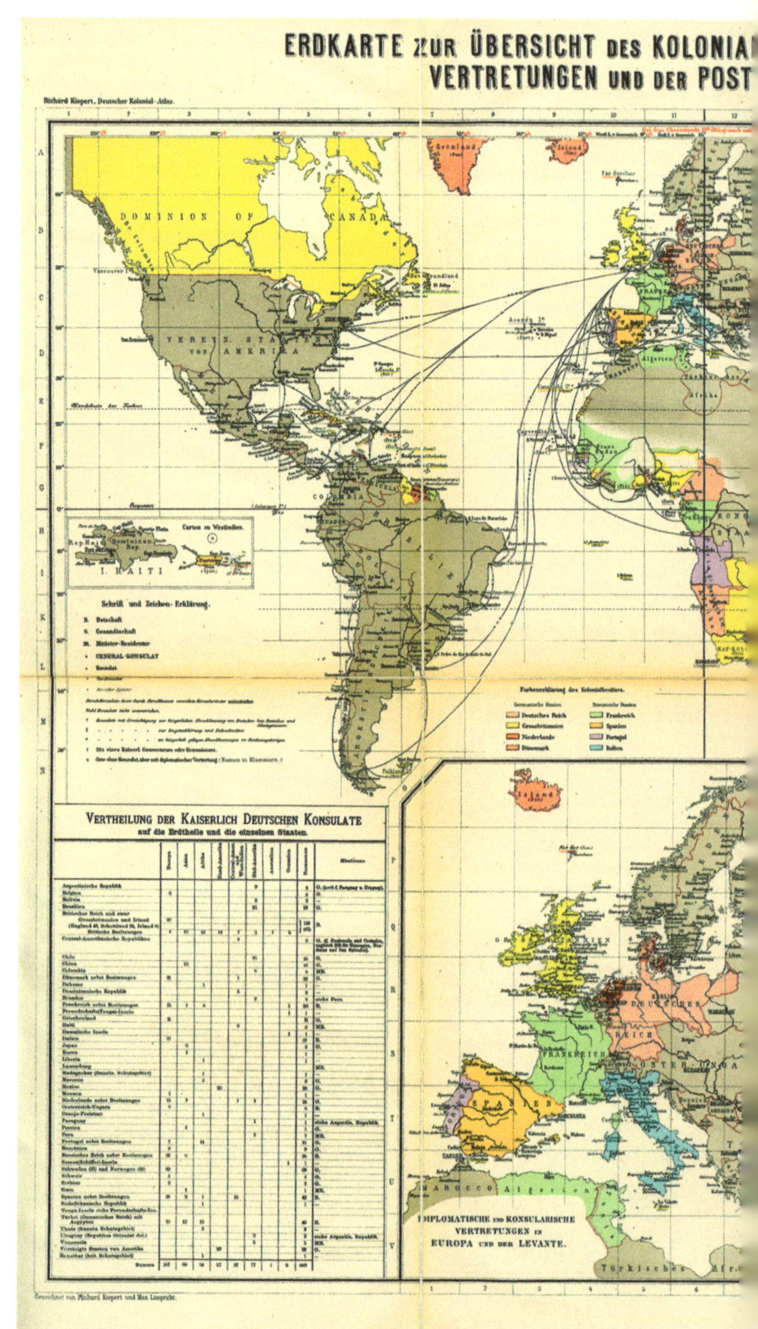

Abb. 16: Karte »Erdkarte zur Übersicht des Kolonialbesitzes, der Konsularischen und Diplomatischen Vertretungen und der Postdampferlinien des Deutschen Reiches« von Richard Kiepert (1893)

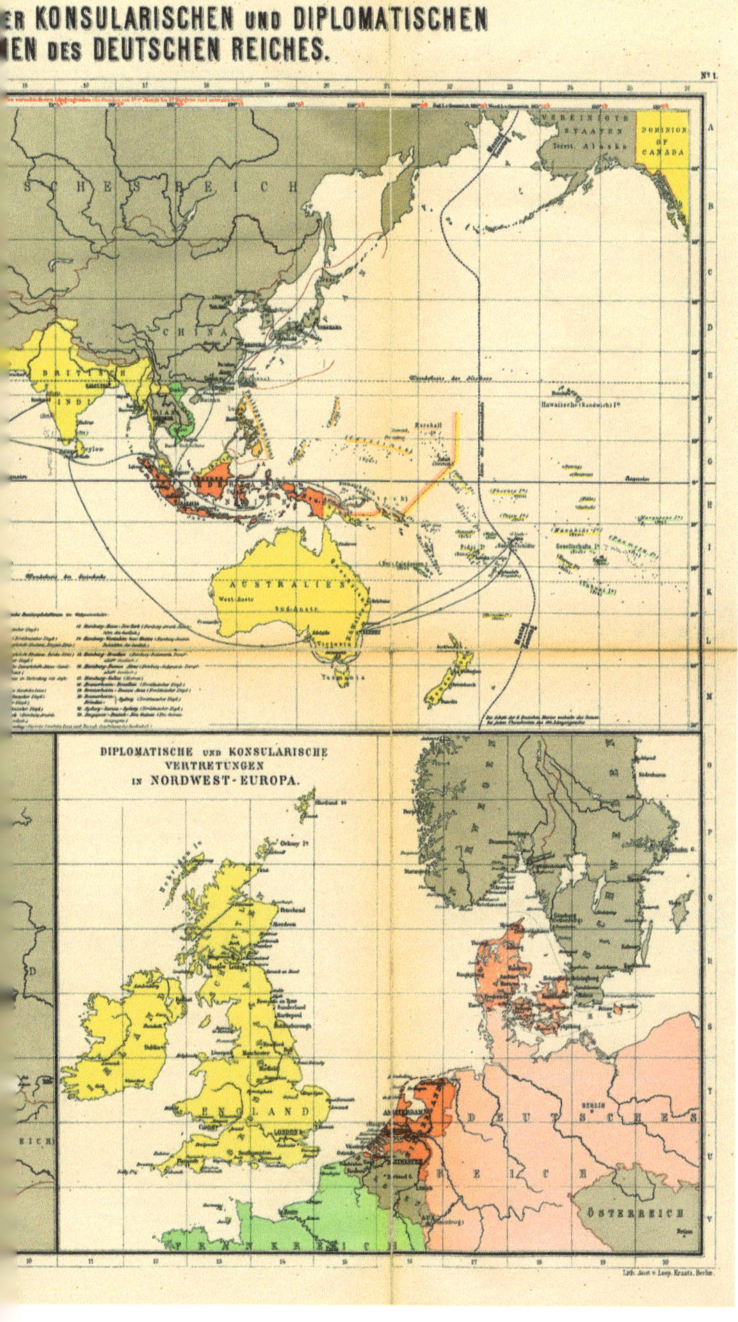
ER KONSULARISCHEN UND DIPLOMATISCHEN
IEN DES DEUTSCHEN REICHES.
Nº 1.
VEREINIGTE STAATEN
Territ. Alaska
DOMINION OF CANADA
CHINA
BRITISCH INDIEN
AUSTRALIEN
West-Austr.
Süd-Austr.
Victoria
Tasmania
Hawaiische (Sandwich) I.
DIPLOMATISCHE UND KONSULARISCHE VERTRETUNGEN IN NORDWEST-EUROPA.
ENGLAND
LONDON
AMSTERDAM
DEUTSCHES REICH
BERLIN
ÖSTERREICH
FRANKREICH
Lith. Anst. v. Leop. Kraatz, Berlin.

Abb. 17: Karte »Deutsche Kulturbestrebungen in Afrika« von Paul Langhans (1897).

UNGEN IN AFRIKA.
r afrikanischen Schutzgebiete.
LANGHANS' DEUTSCHER KOLONIAL-ATLAS, Nº 10.
Anteil der Deutschen an der Erforschung des Erdteils.
Mittelländisches Meer
Arabien
Dar-Fur
Fran. Ubangi
Kongo
Angola
Nord-Sambesia
Madagaskar
Goldküste
Togo
Dahome
Sklaven
Benin
Niger-Küsten-Schutzgebiet
Maßstab 1:30.000.000 der natürlichen Länge
Abgeschlossen Februar 1897

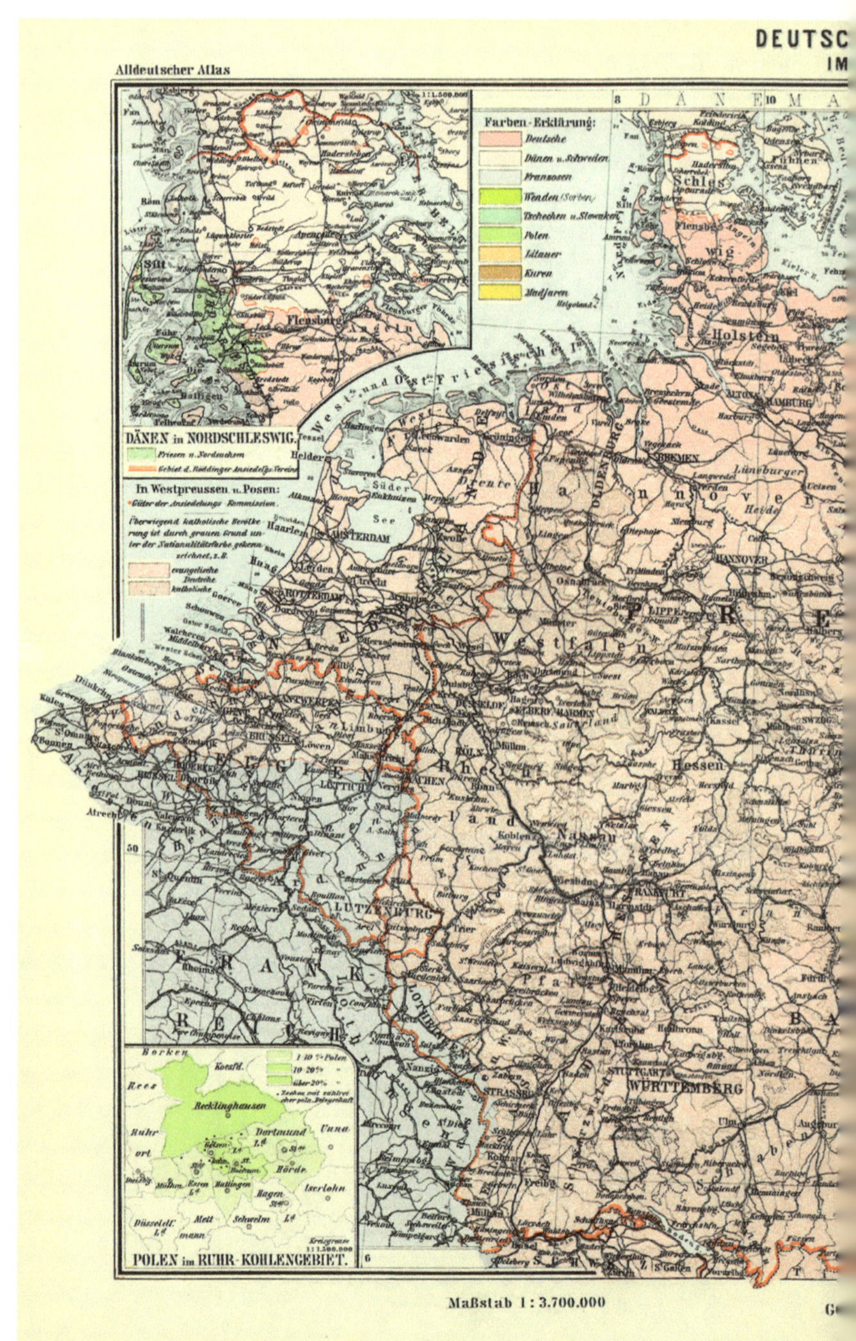

Abb. 18: Karte »Deutsche und Undeutsche im Deutschen Reich« von Paul Langhans (1905)

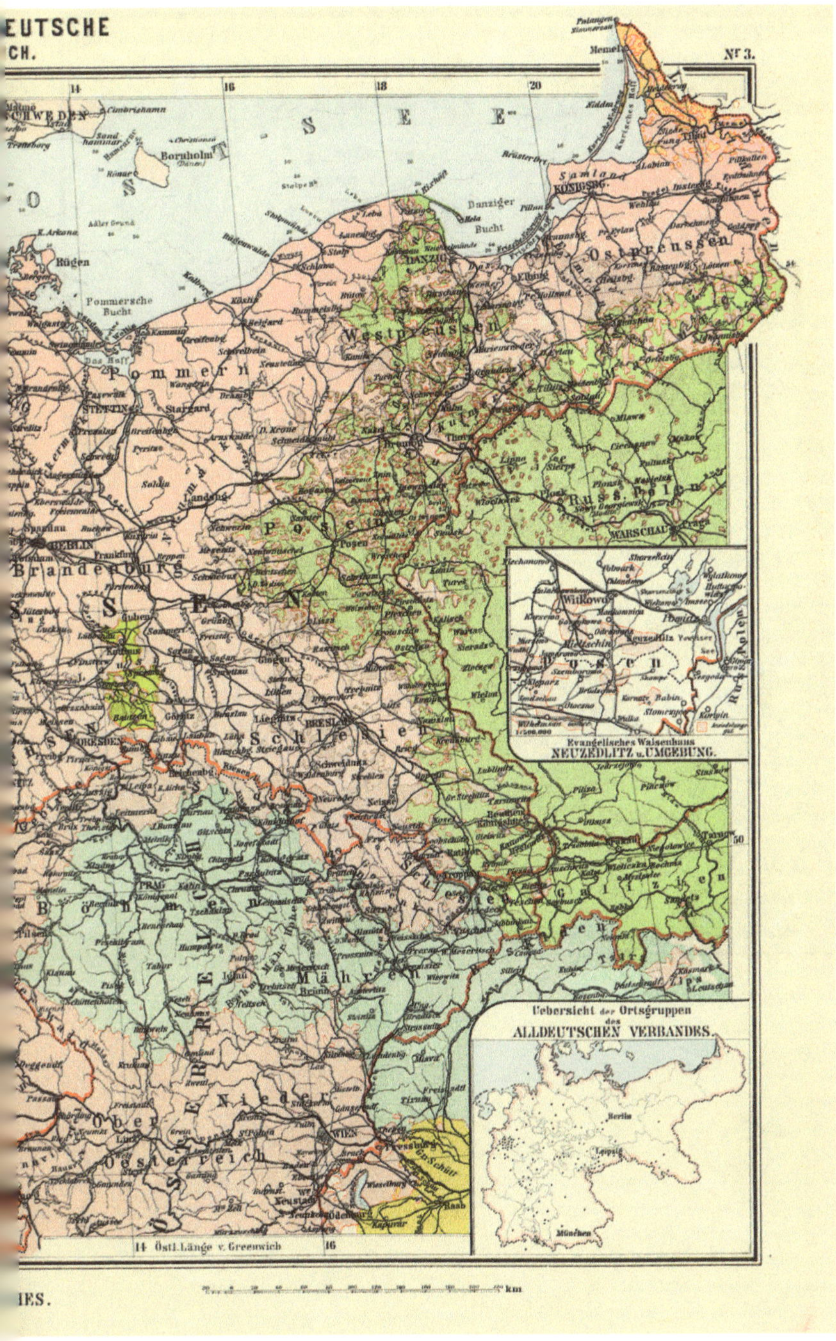
EUTSCHE
CH.
Nº 3.
Ostpreussen
Westpreussen
Pommern
Posen
Schlesien
Brandenburg
Böhmen
Mähren
Galizien
Russ. Polen
Ober Oesterreich
Nieder
Pommersche Bucht
Danziger Bucht
Bornholm
Rügen
BERLIN
DANZIG
WARSCHAU
WIEN
BRESLAU
Evangelisches Waisenhaus
NEUZEDLITZ u. UMGEBUNG.
Witkowo
Uebersicht der Ortsgruppen des
ALLDEUTSCHEN VERBANDES.
Berlin
Leipzig
München
14 Östl. Länge v. Greenwich
16
km
IES.

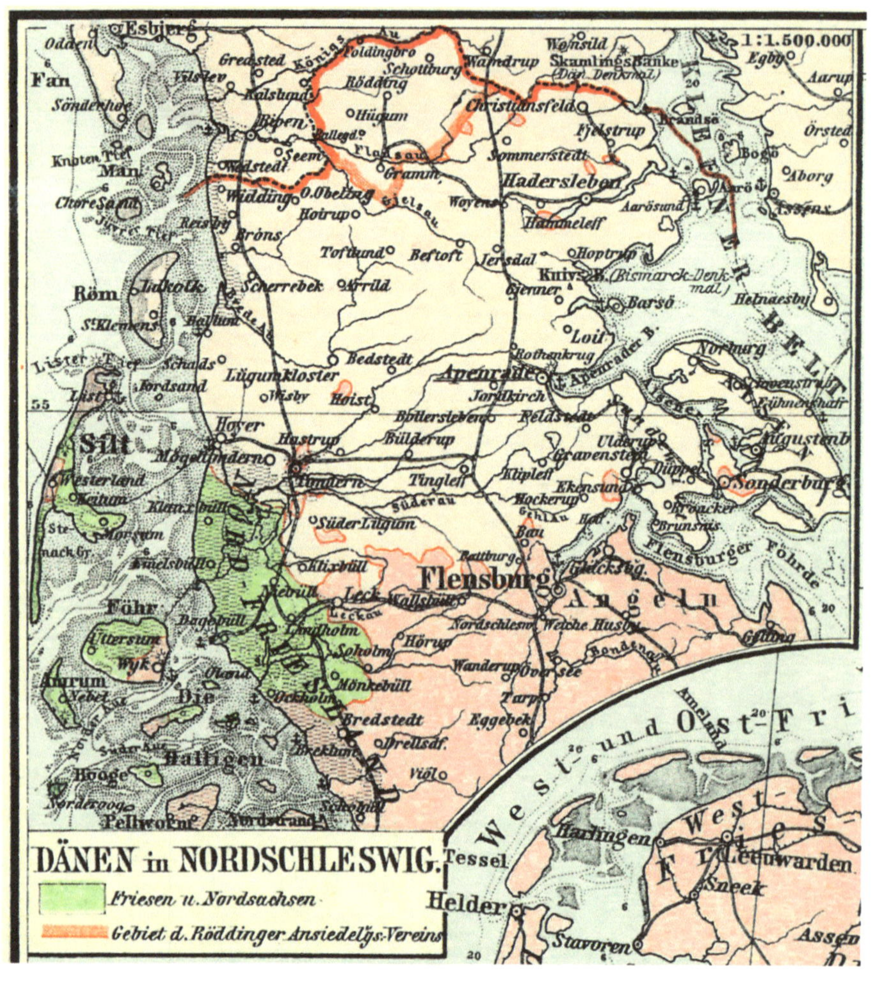

Abb. 19: Nebenkarte: »Dänen in Nordschleswig«

Abb. 20: Nebenkarte: »Evangelisches Waisenhaus Neuzedlitz und Umgebung«

Abb. 24: Karte »Schutzgebiete in Afrika« von Paul Langhans (1908)

DKARTEN. Nr. I. Schutzgebiete in Afrika.
Uganda
Viktoria See (Njansa)
Brit.-Ost-Afrika
Mombassa
Pemba
Sansibar
Daressalam
Mafia
Tabora
Rhodesien
Portugiesisch-Ostafrika
Afrika
Erklärungen
Erklärungen:
PERSIEN
SAHARA
Französ. Westafrika
Koloniale Rohstoffe
Mineralien
Deutsches Reich
im Maßstab der Schutzgebiete
Afrika
Tabak
Sisalhanf
Liberia-Kaffee
Sesam
Nashorn-Hörner
Kokospalme

Abb. 25: Karte »Südsee-Schutzgebiete« von Paul Langhans (1908)

DKARTEN. Nr. 2. Südsee-Schutzgebiete.
Erklärungen
1:500,000
SAWAII
UPOLU
Samoa und Ostfriesische Inseln
Deutsches Reich
im Maßstab der Schutzgebiete
Marshall Inseln
Ralik-Kette
Ratak-Kette
Karolinen
Pónape
1:2,000 000
Erklärungen:
Deutsch-Neu-Guinea
Australischer Bund
Sunda Inseln
Ostasien und Australien

Abb. 27: Karte »Alpenländer« von Hermann Haack (1911)

NDER
Gotha: Justus Perthes
NIEDERBAYERN
OBERBAYERN
TRIEST
VENEDIG
Golf von Venedig
ADRIATISCHES MEER
BOLOGNA
RIMINI

Abb. 28: Karte »Das Zeitalter der Entdeckungen (von 1490 bis zum Beginn des XVII. Jahrhunderts)« von Heinrich Hertzberg und Hermann Haack (1912)

Ochotskisches Meer
Bering Meer
Arabisches Meer
Golf von Bengalen
INDISCHER OZEAN
Kerguelen
EISMEER
Wilkes Land
Süd Victoria Land
CKUNGEN

Aufruf
an die deutschen Schulgeographen!

Wissen ist Macht, geographisches Wissen ist Weltmacht! Nur wer den Boden des eigenen Vaterlandes und die Schätze kennt, die er seit Ewigkeiten birgt oder durch die belebende Kraft der Sonne alljährlich neu hervorsprießen läßt, kann die Grundlagen und Entwicklungsmöglichkeiten seines Wirtschaftslebens beurteilen und in Wechselbeziehung setzen mit dem Wirken der Länder jenseits von Grenz und See!

Nur wem die traute Kenntnis von Art und Wesen deutscher Stämme Vertrauen zu deutscher Volkskraft vermittelt hat, wird die Sendung verstehen können, die ihr zu kolonialer Betätigung in aller Welt für Gegenwart und Zukunft geworden ist!

Nur wer mit tiefem Verständnis eingedrungen ist in die oft geheimnisvoll verschlungenen, dabei in ihren Wirkungen mit seltener Kraft in die Erscheinung tretenden Wechselbeziehungen, die Erde und Mensch seit Vorbeginn verbinden, wird frei von den Fesseln ärmlicher Gegenwart die erhabene und erhebende Unendlichkeit des Weltganzen empfinden!

Abb. 29: Aufruf an die deutschen Schulgeographen, Teil 1

So vermittelt die Erdkunde ein Wissen, das sich wie kaum ein anderes dem Wesen unseres Volkes anpaßt, die Brücke schlägt zwischen humanistischer und realistischer Grundbildung, in der Vergangenheit wurzelt und in die Zukunft weist. Unwürdig ist deshalb die Stellung, die ihr die deutsche Schule der Gegenwart gewährt, unwürdig die Tatsache, daß die geographische Unkenntnis selbst der gebildeten Deutschen zum Gespötte der Welt wird. Hier gilt es Abhilfe zu schaffen, zu der allein enger Zusammenschluß die Macht gibt. Lehrer und Freunde der Erdkunde, erwerbt sie durch Beitritt zum

Verband deutscher Schulgeographen!

Johanna Becker,
Oberlehrerin, Spandau

Johannes Dück,
Prof. der Handelsakademie, Innsbruck

Heinrich Fischer,
Prof., Dir. der Schillerschule, Vorsitz. der ständigen Kommission für den erdkundlichen Schulunterricht des Deutschen Geographentages, Berlin

Dr. Alois Geistbeck,
Kgl. Prof. an der Realschule, Kitzingen a. M.

Dr. M. Geistbeck,
Studienrat, Dir. der Lehrerbildungsanstalt, Freising

Dr. Chr. Goeders,
Prof. a. d. Kgl. Hauptkadettenanstalt, Gr. Lichterfelde-Berlin

Dr. Hermann Haack,
Schulkartograph, Gotha

Ernst Heise,
Seminarlehrer, Osterburg (Altmark)

Dr. Roman Hödl,
Dir. der k. k. Lehrerbildungsanstalt, Oberhollabrunn

Heinrich Kerp,
Kreisschulinspektor, Attendorn (Westf.)

Dr. Felix Lampe,
Prof. am Andreas-Realgymnasium, Mitgl. der Prüfungskommission für Mittelschullehrer, Doz. an der Humboldtakademie, Berlin

Dr. Rud. Langenbeck,
Prof. am Protest. Gymnasium, Straßburg

Richard Lehmann,
Mittelschullehrer, Vorsitzender der geographischen Sektion des Magdeburg. Lehrervereins, Magdeburg

Dr. E. Letsch,
Prof. am Gymnasium, Präsident des Vereins schweizerischer Geographielehrer an Mittelschulen, Zürich

Dr. Georg A. Lukas,
Prof. an der Oberrealschule, Graz

Albert Müller,
Lehrer, Magdeburg

Edmund Oppermann,
Schulinspektor, Braunschweig

Dr. Karl Schlemmer,
Prof. am Bugenhagen-Gymnasium, Treptow-Rega

Dr. Max G. Schmidt,
Prof., Dir. d. Realgymnasiums, Lüdenscheid

Ed. Schumann,
Oberstudienrat, Oberrealschul-Rektor a. D., Stuttgart

Dr. Hermann Wagner,
Geh. Reg.-Rat, o. ö. Professor der Geographie der Universität Göttingen

Dr. Paul Wagner,
Prof. a. d. Oberrealschule u. d. Studienanstalt für Mädchen, Dresden.

M. Walter,
Reallehrer am Großh. Lehrerseminar, Ettlingen (Baden)

Dr. W. Wolkenhauer,
Prof. an der Realschule in der Altstadt, Bremen

Dr. J. Zemmrich,
Prof., Dir. der Realschule, Plauen

Abb. 30: Aufruf an die deutschen Schulgeographen, Teil 2

Abb. 34: Karte »Die Völker der Erde und ihre Kultur zur Zeit des Weltkrieges« von Heinrich Hertzberg und Hermann Haack (1916)

R ERDE
Gotha: Justus Perthes
Bering-Meer
Ochotskisches Meer
Arabisches Meer
I N D I S C H E R
O Z E A N
E I S M E E R
Wilkes-Land
RDE

Abb. 35: Karte »Die Völker Mitteleuropas« von Heinrich Hertzberg und Hermann Haack (1917)

TELEUROPAS
Gotha: Justus Perthes
MAGYAREN

Abb. 36: Karte »Die Völker Europas«
von Heinrich Hertzberg und Hermann Haack (1920)

EUROPAS
Gotha: Justus Perthes
OSTJAKEN
WOGULEN
KIRGISEN
Innere Kirgisen horde
KALMÜKEN
KASPISCHES MEER
SCHWARZES MEER
TURKMENEN
ARABER
MEER
Nachkriegsausgabe

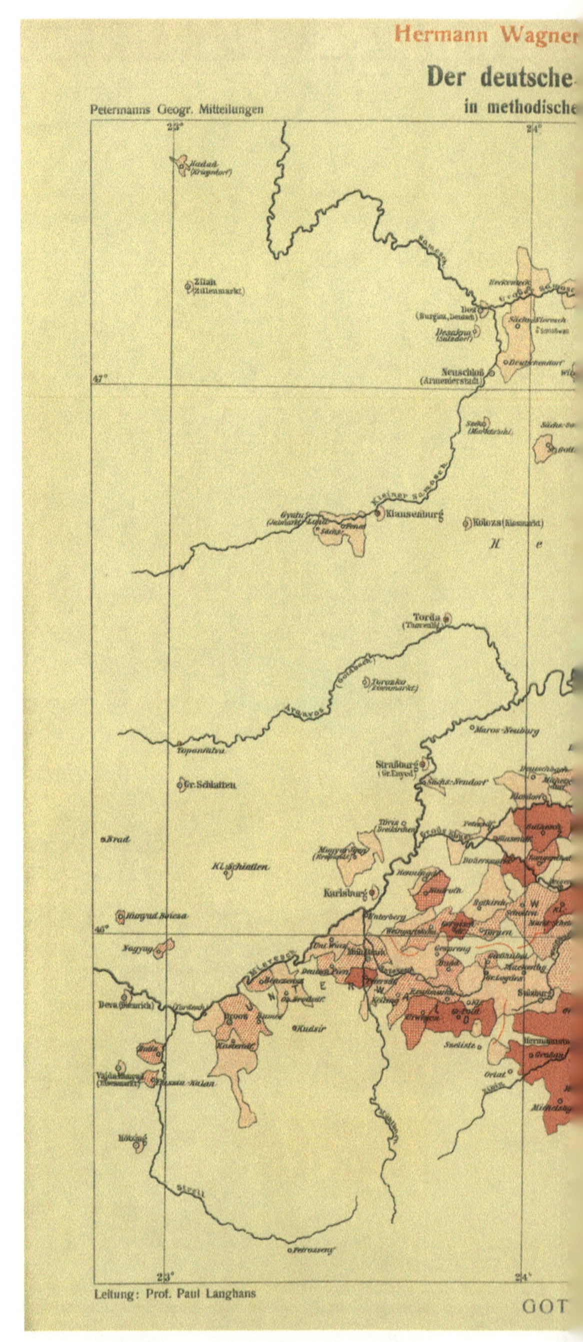

Abb. 37: Karte »Der deutsche Sprachboden Siebenbürgens in methodischer Darstellung« von Paul Langhans (1920)

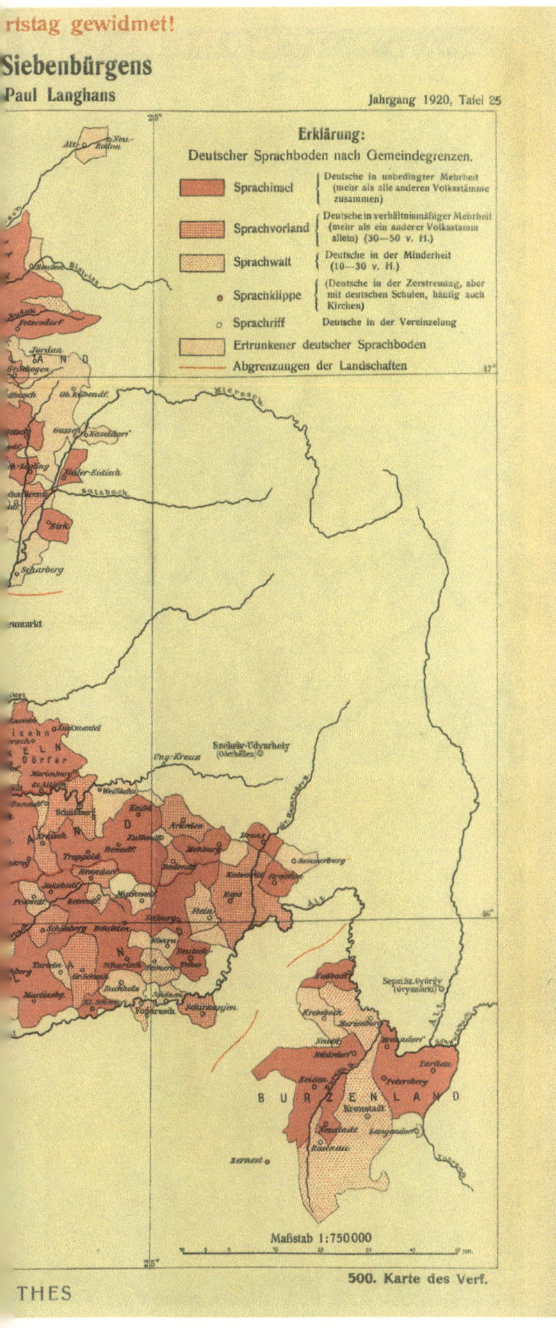
rtstag gewidmet!
Siebenbürgens
Paul Langhans
Jahrgang 1920, Tafel 25
Erklärung:
Deutscher Sprachboden nach Gemeindegrenzen.
Sprachinsel
Deutsche in unbedingter Mehrheit (mehr als alle anderen Volksstämme zusammen)
Sprachvorland
Deutsche in verhältnismäßiger Mehrheit (mehr als ein anderer Volksstamm allein) (30—50 v. H.)
Sprachwall
Deutsche in der Minderheit (10—30 v. H.)
Sprachklippe
(Deutsche in der Zerstreuung, aber mit deutschen Schulen, häufig auch Kirchen)
Sprachriff
Deutsche in der Vereinzelung
Ertrunkener deutscher Sprachboden
Abgrenzungen der Landschaften
Szekely-Udvarhely (Oderhellen)
Schäßburg
Fogarasch
Sepsi.Sz.György (Gyrgsmarkt)
B U R Z E N L A N D
Kronstadt
Zernest
Maßstab 1:750000
500. Karte des Verf.
THES

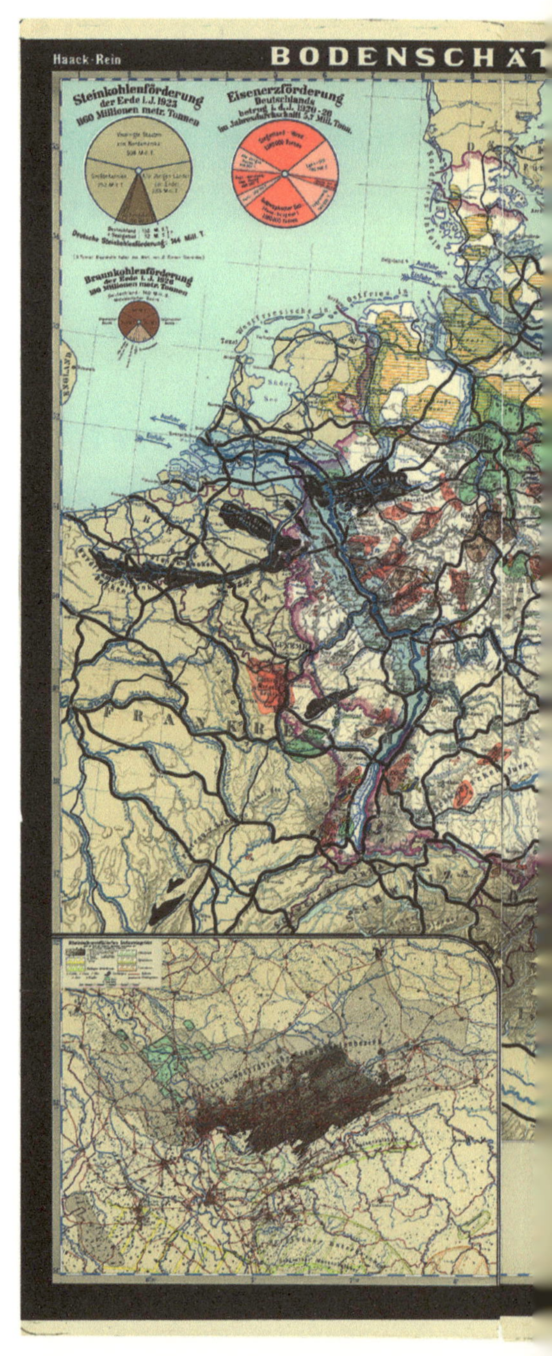

Abb. 40: Karte »Bodenschätze Mitteleuropas« von Richard Rein und Hermann Haack (1924)

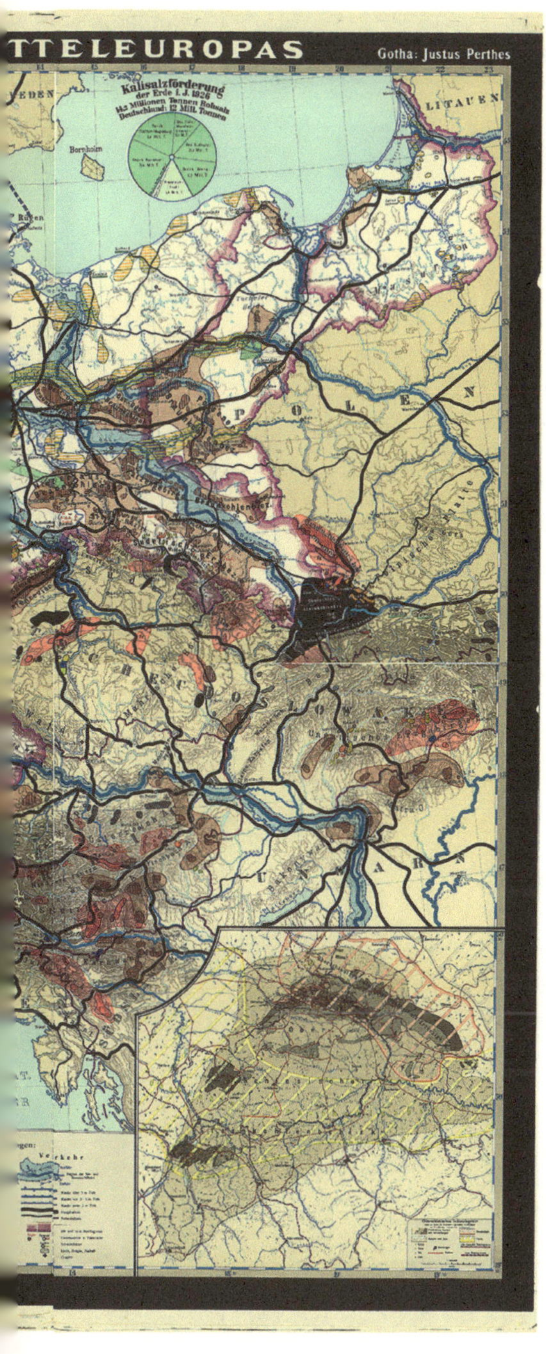
TTELEUROPAS
Gotha: Justus Perthes
Kalisalzförderung
der Erde i. J. 1926
LITAUEN
Bornholm
POLEN
UNGARN

Abb. 41: Karte »Das Deutschtum der Erde«
von Hermann Rüdiger und Hermann Haack (1929)

DER ERDE
Gotha: Justus Perthes
Asien
Australien
Afrika
Deutschland 1 : 1500000

Abb. 42: Karte »Das Diktat von Versailles«
von Max Georg Schmidt und Hermann Haack (1933)

Aufteilung der Deutschen Schutzgebiete
ESTLAND
Ösel
Gotland
LETTLAND
Art. 116
LITAUEN
Art. 28
Memelland
Art. 102
FREIST. DANZIG
Ostpreußen
Westpreußen
Art. 93:
Schutz der nationalen Minderheiten
RÄTE-BUND
S.S.S.R.
POLEN
WARSCHAU
Art. 88
Oberschlesien
Hultschin
Art. 27
TSCHECHOSLOWAKEI
BUDAPEST
UNGARN
RUMÄNIEN
Art. 331
Donau Kommission
Belgrad
SLAWIEN
Österreich-Ungarns Zerstückelung
BULGARIEN

Abb. 43: Karte »Die Rassen Europas« von Egon von Eickstedt und Hermann Haack (1934)

EUROPAS
Gotha: Justus Perthes
Sibiride
Tungide
Salzsteppen
Armenide
Orientalide

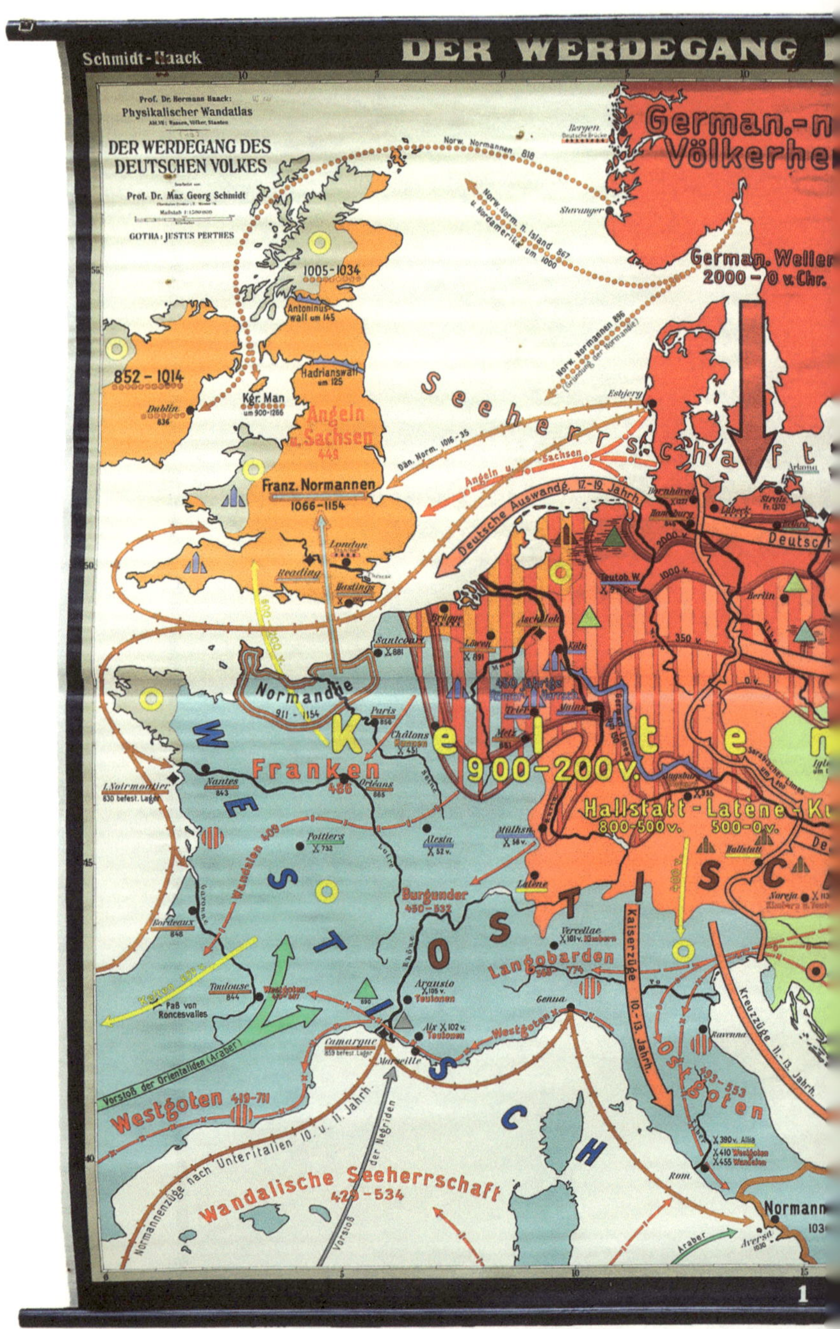

Abb. 44: Karte »Der Werdegang des deutschen Volkes« von Max Georg Schmidt und Hermann Haack (1935)

EUTSCHEN VOLKES
Gotha: Justus Perthes
Farben- u. Zeichenerklärung:
Ladoga-S.
Ilmen-S.
Reval
Pernau
Dorpat
Riga
Libau
Kowno
Nowgorod
Smolensk
Kiew
OSTBALTISCH
Urslaven
bis 400 n. Chr.
Slav. Einwanderung
5. u. 6. Jahrh.
um 500
Wolhynien
Anf. d. 19. Jahrh.
Waragerweg
Vorstöße der Turaniden u. Tungiden
Ostgoten
um 200
Zips
12. u. 13. Jahrh.
Bukowina
Sathmar
um 1750
Siebenbürgen
12. Jahrh.
Banat
Beßarabien
Anf. d. 19. Jahrh.
Dobrudscha
Westgoten
um 200
NARISCH
Adrianopel
Konstantinopel
Galatien
Türkische Vorstöße 15.-17. Jahrh.
Ostgrenze deutscher Verkehrssprache
Ritterorden 1230-1466
n. d. Kaspischen Meere u. Persien 914

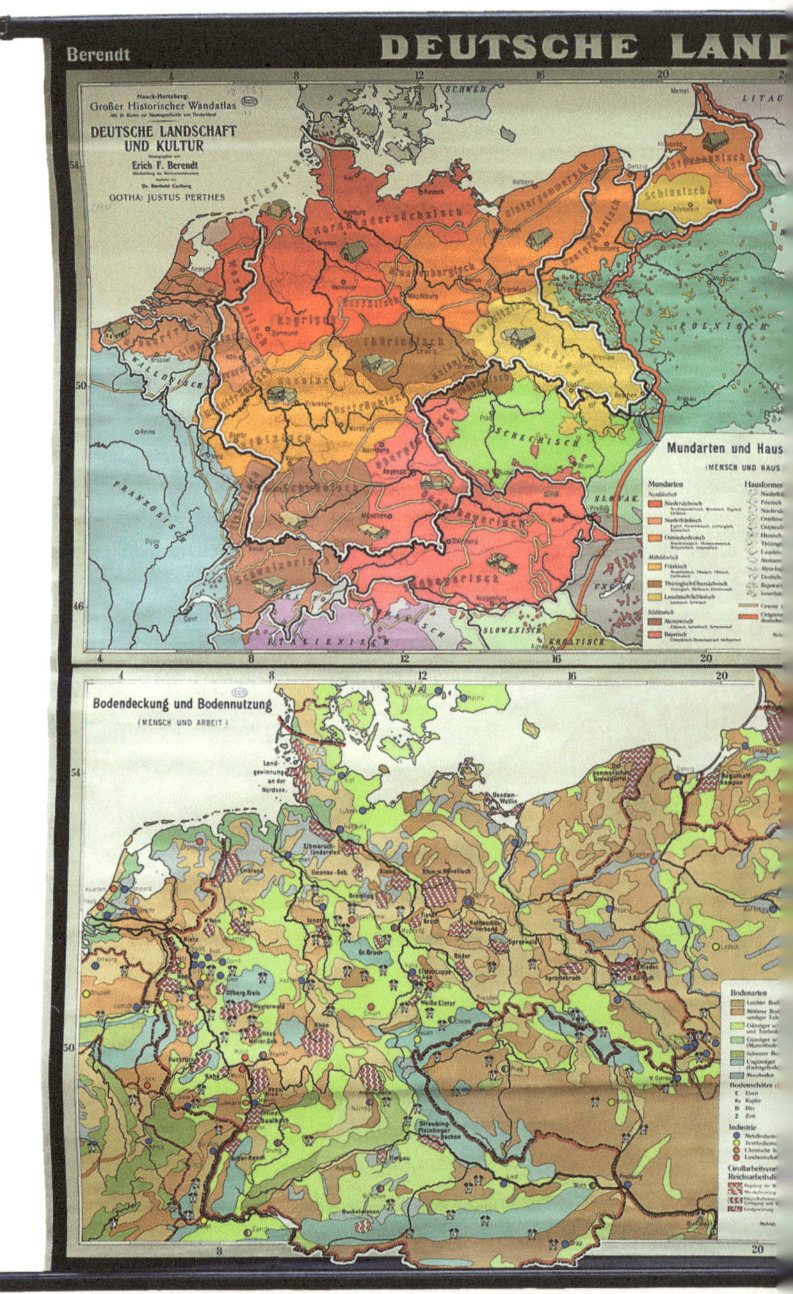

Abb. 45: Karte »Deutsche Landschaft und Kultur« von Erich F. Berendt und Berthold Carlberg (1938)

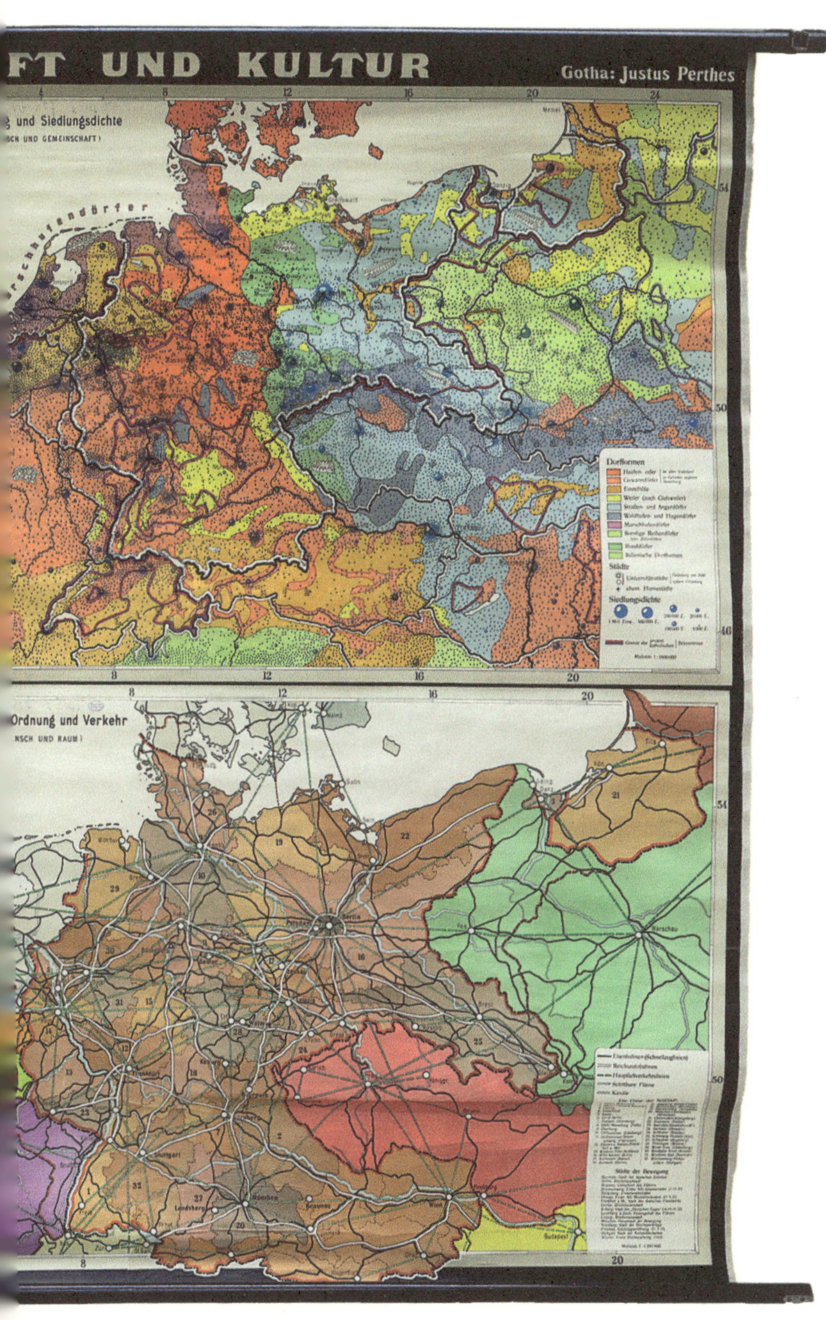
FT UND KULTUR
Gotha: Justus Perthes
und Siedlungsdichte
Dorfformen
Städte
Siedlungsdichte
Ordnung und Verkehr
Stuttgart
München
Wien
Berlin
Warschau
Budapest
Braunau
Landsberg
Städte der Bewegung

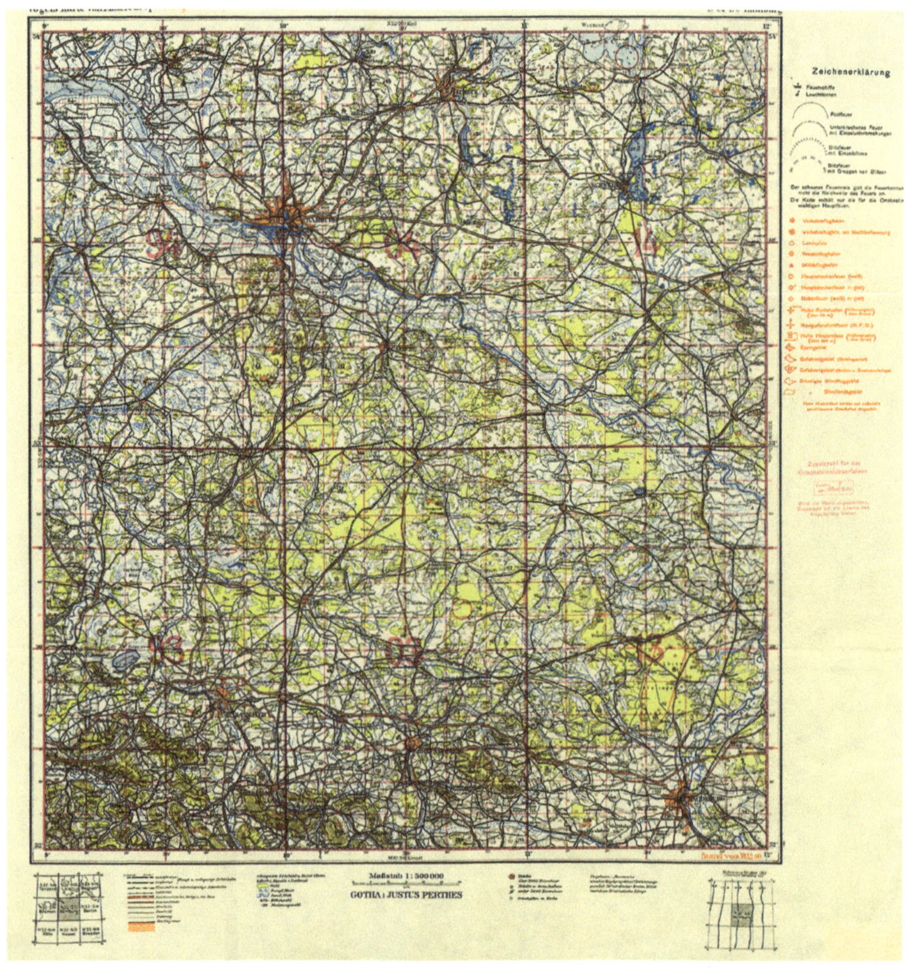

Abb. 46: Militärische »Fliegerkarte«, Blatt 32 SO Hamburg

seine Tradition als Austauschplattform für die wissenschaftlichen Debatten der internationalen geographischen Scientific Community anzuknüpfen. Dabei sah er sich jedoch mit politischen, sozialen und kulturellen Kontexten konfrontiert, die sich unter dem Einfluss des zunehmenden Nationalismus seit dem Ende des 19. Jahrhunderts gewandelt hatten. Nationalistische Weltbilder hatten spürbar an Einfluss gewonnen. Außerdem war es immer schwieriger geworden, mit anspruchsvollen, aber in der Herstellung langwierigen und kostenintensiven Kartenwerken Gewinne zu erwirtschaften. Bereits 1897 hatte Bernhard Perthes geklagt: »Ein Atlas ist ein bloßes Handelsprodukt von Papier und Farbe geworden, die wissenschaftliche Leistung wird nicht gewertet.«[22]

Die Antwort des Verlags auf diese Herausforderungen hatte bereits seit dem Ende des 19. Jahrhunderts in einer doppelgleisigen Strategie bestanden. Einerseits produzierte man Karten, die das nationale Gefühl ansprachen, Kolonialambitionen und völkische Weltanschauung bedienten, andererseits versuchte man, Produkte wie *Petermanns Mitteilungen* unter sich stetig verschärfenden Bedingungen auf internationalem Kurs zu halten. Das Ergebnis war die parallele Produktion von Karten, die letztlich antagonistische Weltbilder bedienten. Der nationalistische Furor im Gefolge des Ersten Weltkriegs hatte jedoch Bedingungen geschaffen, die diese ökonomisch lukrative, pluralistische Raumbildproduktion erschwerten. Denn Verlage konnten schnell in Verdacht geraten, die ›Feinde‹ Deutschlands zu unterstützen und wurden in diesem Fall scharf angegriffen.

Äußerungen des Verlagsinhabers Joachim Perthes vom Mai 1922, als über einen größeren Auftrag für Perthes aus Frankreich verhandelt wurde, verdeutlichen sowohl seine Befürchtungen in Bezug auf die Reaktionen aus dem nationalistischen Lager in Deutschland, als auch das durch den Weltkrieg zerrüttete Vertrauensverhältnis zu den Franzosen:

> Der […] Auftrag führt hoffentlich zu einem geschäftlichen Erfolg ohne äußerliche Begleiterscheinungen. Mir kommt ja – nach wie vor – die ganze französische Angelegenheit etwas unheimlich vor! Warum (mit welchen Hintergedanken) drängen sich die Franzosen mit aller Macht zu Justus Perthes? Die fraglichen Atlanten erfordern übrigens doch jedenfalls eine größere Umarbeitung?[23]

Theodor Klemm konnte Perthes zumindest bezüglich des letzten Punktes beruhigen. Hermann Haack habe bereits einen Entwurf für den in Auftrag gegebenen Taschenatlas »Atlas de Poche« fertiggestellt und arbeite nun am »Atlas classique«, vermutlich eine französische Version des *Atlas Antiquus*, dem historischen Taschenatlas zur Antike. Der *Stieler* hingegen solle ohne Kartenänderung nach

22 Zit. nach Köhler, Gothaer Wege, S. 175.

23 Brief von Joachim Perthes an Theodor Klemm vom 12. Mai 1922, Forschungsbibliothek Gotha, Sammlung Perthes, SPA ARCH MFV 307, Bl. 614.

Frankreich geliefert werden, nur die Kartenblätter würden in ihrer Reihenfolge umgestellt und Frankreich vor Deutschland platziert. Ein wenig zweckoptimistisch schloss Klemm seinen Brief mit der Bemerkung, man habe auf französischer Seite wohl »großen Respekt vor J. P. [Justus Perthes] & wird sehr pietätsvoll verfahren. Nous verrons!«[24]

Auch nach Spanien und Schweden lieferte Perthes seine Produkte nach dem Krieg, und bereits 1920 schrieb Klemm von wichtigen Verhandlungen mit dem Börsenverein der deutschen Buchhändler bezüglich »unsere[r] lebhaften Auslandsinteressen«.[25] Der Verlag versuchte also nach dem Krieg, die wirtschaftlichen Beziehungen ins Ausland – auch zu den ehemaligen ›Feindmächten‹ – wieder zu beleben. Die Inflation in Deutschland und der gute Ruf der Perthes-Produkte dürften dabei von Vorteil gewesen sein.[26] Genauso wie die Auslandsgeschäfte wiederum einen großen Anteil daran hatten, Perthes bis zur allmählichen Verbesserung der allgemeinen wirtschaftlichen Situation in Deutschland ab dem November 1923 über die schwierigsten Phasen der Krise hinwegzuhelfen.[27]

In diesem Kapitel wird Paul Langhans unter dem Blickwinkel der konfligierenden Interessen zwischen national und international ausgerichteter Verlagskartographie betrachtet. Dabei sollen die antagonistischen Kräfte des sich verstärkenden Nationalismus und der internationalen Tradition des Verlags unter den Bedingungen der Inflation herausgearbeitet und ferner nachgezeichnet werden, wie dieser Konflikt die weitere Entwicklung von Langhans beeinflusste. Kapitel sechs wird sich dann aus derselben Perspektive Hermann Haack widmen.

Zunächst ist grundlegend festzustellen, dass paradoxerweise der ideologisierte Langhans in seiner Rolle als Herausgeber von *Petermanns Mitteilungen* stärker die internationalen Interessen des Verlags zu berücksichtigen hatte, während der Pragmatiker Haack im *Geographischen Anzeiger* die Bedürfnisse der national orientierten Lehrerschaft bediente. Dass Haack sich dieser Bedürfnisse bewusst war und er auch hier vor allem an den wirtschaftlichen Resultaten interessiert war, zeigt ein Schreiben an den Kartenautor Max Georg Schmidt vom Juli 1921, in dem er vom Stand der Arbeiten an einer Wandkarte zur Marneschlacht vom September 1914 für den *Großen Historischen Wandatlas* berichtet:

> Wir können also demnächst auf den Druck der Marneschlacht rechnen. Was meinen Sie, ob man das wagen kann? Daß die Marneschlacht der Höhe- und

24 Brief von Theodor Klemm an Joachim Perthes vom 13. Mai 1922, Forschungsbibliothek Gotha, Sammlung Perthes, SPA ARCH MFV 307, Bl. 616.

25 Brief von Theodor Klemm an Joachim Perthes vom 9. September 1920, Forschungsbibliothek Gotha, Sammlung Perthes, SPA ARCH MFV 307, Bl. 543. Für eine Auswahl der Länder, in die Perthes Produkte lieferte, siehe Justus Perthes, Fünf Generationen Justus Perthes 1785-1935, S. XXVII f.

26 Brief von Theodor Klemm an Joachim Perthes vom 1. April 1922, Forschungsbibliothek Gotha, Sammlung Perthes, SPA ARCH MFV 307, Bl. 601.

27 Köhler, Gothaer Wege, S. 228.

> Entscheidungspunkt des ganzen Krieges war steht ja wohl nun fest. Aber glauben Sie, daß sich unsere stramm deutsch nationalen Oberlehrer zum Ankauf entschließen werden? Ich weiß nicht recht, was ich tun soll.[28]

Die Rückversicherung Haacks belegt auch das Vertrauensverhältnis zwischen den beiden und unterstreicht, dass die Herstellung einer Schulwandkarte ein Aushandlungsprozess zwischen Kartographen und Kartenautor war (vgl. Kap. 3).

Zunächst sollen Langhans' politische Aktivitäten nach dem Ende des Ersten Weltkriegs skizziert und anschließend seine Situation im Verlag in dieser Zeit beschrieben werden. Daraufhin wird Langhans in Bezug auf das geschilderte Spannungsverhältnis zwischen nationalen und internationalen Interessen zunächst als Herausgeber und dann anhand eines Fallbeispiels auch als Autor der *Mitteilungen* betrachtet. Abschließend soll in einem breiteren Kontext der Frage nachgegangen werden, warum Langhans nach dem Ersten Weltkrieg deutlich weniger Karten produzierte als in der Zeit davor. Auf diesem Weg sollen Zusammenhänge zwischen Langhans' eigenen politischen Auffassungen, seiner Arbeit im Verlag, dessen wirtschaftlicher Agenda und den politischen Rahmenbedingungen erschlossen werden.

5.3 Paul Langhans zwischen Agitation und Verlagsinteressen

Wie beschrieben erlitten Paul Langhans' Ambitionen sowohl in Bezug auf seine Vorhaben außerhalb des Verlags als auch hinsichtlich seiner kartographischen Betätigung im Verlag während des Ersten Weltkriegs schwere Rückschläge (vgl. Kap. 4). Die *Deutsche Erde* hatte bereits vor dem Krieg mit sinkenden Absatzzahlen zu kämpfen, den letztendlichen Ausschlag für ihre Einstellung gaben jedoch die ökonomischen Zwänge des Krieges. Mit ihr verlor Langhans nicht nur diejenige Plattform, die am stärksten seine eigenen Interessen widerspiegelte, sondern auch das Organ, mit dem er einen beachtlichen Wirkungsgrad entfaltet hatte. Alle Versuche am Ende des Krieges, die Zeitschrift wiederzubeleben, scheiterten an den schwierigen wirtschaftlichen Verhältnissen. Die Deutsche Nationalbücherei und das Hochstift für deutsche Volksforschung – Projekte, für die Langhans viel Aufwand betrieben hatte – kamen unter den Bedingungen der Nachkriegszeit nicht zur Geltung bzw. war die Nationalbücherei großenteils abgebrannt (vgl. Kap. 4).

Doch war Langhans weiterhin in radikalnationalen und antisemitischen Kreisen aktiv. So saß Langhans, wie erwähnt, stellvertretend für den Deutschbund im ›Judenausschuss‹, der im September 1918 vom Alldeutschen Verband eingesetzt

28 Brief von Hermann Haack an Max Georg Schmidt vom 29. Juli 1921, Forschungsbibliothek Gotha, Sammlung Perthes, SPA ARCH MFV 027/5, o. P.

wurde. Dieser sollte die »Stellung des Verbandes zur Judenfrage und zur judengegnerischen Bewegung klären«.[29] Weitere »maßgebliche[n] Persönlichkeiten der antisemitischen Bewegung« waren Mitglieder dieses Ausschusses: u. a. Konstantin von Gebsattel (1854-1932), Theodor Fritsch (1852-1933), Alfred Roth (1879-1948), Ferdinand Werner (1876-1961) und Adolf Bartels.[30] Der Gründung dieses Gremiums war ein gewandeltes Verhältnis des Alldeutschen Verbandes zur ›Judenfrage‹ vorausgegangen. Konnten sich überzeugte Rassenantisemiten, wie der seit 1908 amtierende Vorsitzende Heinrich Claß (1868-1953),[31] vor dem Krieg selbst innerhalb des Alldeutschen Verbandes keiner Mehrheit sicher sein, so wird auch hier der Krieg als eine tiefgreifende Zäsur sichtbar.[32] Man hielt nunmehr »die sofortige Aufnahme eines großangelegten Kampfes gegen die Juden« für zwingend notwendig.[33] Aus dem ›Judenausschuss‹ ging im März 1919 als zentrale Organisation der antisemitischen Aktivitäten in der frühen Weimarer Republik der Deutsche Schutz- und Trutzbund (DSTB) hervor, der sich später in Deutschvölkischer Schutz- und Trutzbund umbenannte. Hauptziel dieser Vereinigung war die massenwirksame Agitation: »Moderne Methoden der Massenmobilisierung trugen Hetzparolen auf Klebezetteln an Häuserwände, Schaufenster von jüdischen Geschäften und an Litfaßsäulen, in öffentliche Verkehrsmittel und Bedürfnisanstalten.«[34] Der Schutz- und Trutzbund überzog die junge Republik mit einer wahren Flut an judenfeindlicher Propaganda.[35] 1922 – nach dem Mord an Walther Rathenau – wurde er in den meisten deutschen Staaten verboten.

Eine Führungsfunktion im Deutschvölkischen Schutz- und Trutzbund hat Langhans offenbar nicht ausgeübt, dafür jedoch in einer anderen Dachorganisation der zahlreichen völkischen Verbände, der Deutschvölkischen Arbeitsgemeinschaft. Diese sollte die bestehenden Organisationen bündeln und koordinieren.

29 Uwe Lohalm, Völkischer Radikalismus. Die Geschichte des Deutschvölkischen Schutz- und Trutzbundes 1919-1923, Hamburg 1970, S. 19.

30 Ebd.

31 Siehe zu Heinrich Claß: Johannes Leicht, Heinrich Claß 1868-1953. Die politische Biographie eines Alldeutschen, Paderborn u. a. 2012. Rainer Hering, »[…] ist der Einfluß der Juden auf sittlich-geistigem Gebiete […] noch viel verderblicher«. Antisemitismus in der populären Geschichtsdarstellung von Heinrich Claß, in: Werner Bergmann/Ulrich Sieg (Hg.), Antisemitische Geschichtsbilder, Essen 2009, S. 193-210.

32 Walkenhorst, Nation – Volk – Rasse, S. 295 f.

33 Lohalm, Völkischer Radikalismus, S. 19. Insbesondere weil man in bewusster Ausblendung der Tatsachen weder die Reichsleitung noch die Oberste Heeresleitung, sondern die Juden »als treibende Kraft« für den deutschen »Zusammenbruch« verantwortlich machte. Ebd., S. 17. Zum Zusammenhang von Erstem Weltkrieg und verstärktem Antisemitismus siehe Herbert, Geschichte Deutschlands, S. 153 f.

34 Uta Jungcurt, Alldeutscher Extremismus in der Weimarer Republik. Denken und Handeln einer einflussreichen bürgerlichen Minderheit, Berlin/Boston 2016, S. 291.

35 1920 druckte der DSTB 7,6 Mio. Flugblätter, 4,8 Mio. Handzettel und 7,9 Mio. Aufkleber. Er umfasste im selben Jahr 200.000 Mitglieder. Ebd., S. 292.

Am 12. und 13. April 1919 fanden in Gotha – vermutlich auf Bestreben von Langhans – hierzu erste Gespräche statt. Dabei waren der Deutsche Schutz- und Trutzbund, der Reichshammerbund, der Deutschbund, der Deutschvölkische Bund und die Fichte-Gesellschaft vertreten.[36] Nach langen Verhandlungen und dem Beitritt weiterer völkischer Verbände konstituierte sich am 11. Januar 1920 – möglicherweise bewusst symbolträchtig am Tag nach Inkrafttreten des Versailler Vertrags – in Berlin die Gemeinschaft deutschvölkischer Bünde. Damit vereinigte sie im Grunde »nahezu alle größeren Organisationen, die den Antisemitismus zum Zweck und Ziel ihres Wirkens erhoben hatten und sich zu einer gemeinsamen rassenideologischen Grundhaltung bekannten«.[37] Langhans gehörte ihrem Geschäftsführenden Ausschuss an.[38] Doch konnte die Gemeinschaft deutschvölkischer Bünde im Gegensatz zum Deutschvölkischen Schutz- und Trutzbund keine besondere Wirksamkeit entfalten und erwies sich eher als »Aussprache-forum« der zugehörigen Verbände.[39]

Langhans engagierte sich also auch nach den massiven Rückschlägen, die er bei der Nationalbücherei und dem Hochstift zu verzeichnen hatte, weiter im politisch extrem rechten Spektrum und versuchte auch in der nun massenwirksam agierenden antisemitischen Strömung Initiative zu ergreifen. Zwar liefen ihm hier – wie auch im Deutschbund[40] – andere Akteure sukzessive den Rang ab, dennoch übersieht eine Deutung, wonach es sich bei Langhans um einen eher traditionellen Antisemiten »frei von rassenantisemitischen Tönen«[41] gehandelt habe, dass der Deutschbund, in dem er bereits um 1900 führend aktiv gewesen war,[42] von Beginn an einen biologistischen Antisemitismus verfolgte. So verlangte man hier von Eintrittswilligen einen »Ariernachweis«, lange bevor dies etwa im Alldeutschen Verband mehrheitsfähig gewesen wäre.[43]

Die rassenzentrierte Weltsicht von Langhans lässt sich auch an dessen Kontakt zu dem Historiker Ludwig Schemann (1852-1938) aufzeigen, der die Texte des

36 Lohalm, Völkischer Radikalismus, S. 78.

37 Ebd., S. 79.

38 Paul Langhans, Zusammenschluß der deutschvölkischen Verbände, in: Deutschbund-Blätter 25 (1920), Nr. 9/12, o. S.

39 Lohalm, Völkischer Radikalismus, S. 79 f.

40 Als interner Konkurrent von Langhans im Deutschbund ist besonders der thüringische Ministerialrat Max Robert Gerstenhauer (1873-1940) zu nennen. Vgl. Gregor Hufenreuter, Art. »Gerstenhauer, Max Robert«, in: Wolfgang Benz (Hg.), Handbuch des Antisemitismus. Judenfeindschaft in Geschichte und Gegenwart, Bd. 2/1: Personen A-K, Berlin 2009, S. 280-281.

41 Lohalm, Völkischer Radikalismus, S. 37.

42 Seit 1899 war er Leiter der mitgliederstarken Deutschbundgemeinde Gotha vgl. Fricke, Paul Langhans, S. 915 f.

43 Der ADV schloss Juden 1924 von der Mitgliedschaft aus. Vgl. Johannes Leicht, Art. »Alldeutscher Verband«, in: Wolfgang Benz (Hg.), Handbuch des Antisemitismus. Judenfeindschaft in Geschichte und Gegenwart, Bd. 5: Organisationen, Institutionen, Bewegungen, S. 9-12, hier S. 11 f.

Rassentheoretikers Arthur de Gobineau (1816-1882) ins Deutsche übersetzt hatte und die zentrale Figur für die Verschärfung und Popularisierung von dessen Theorien in Deutschland war.[44] Bereits 1912 hatte Langhans in seiner Funktion als Bundeswart des Deutschbundes Schemann eingeladen, einen Vortrag zum Thema »rassenbiologische Forschung« zu halten.[45] Auch scheint Langhans eine persönliche Verehrung für Gobineau und dessen Übersetzer gehegt zu haben. 1927 fragte er bei Schemann nach einer Büste Gobineaus für die Räumlichkeiten der »Rassenbücherei des Deutschbundes« an – dabei handelte es sich um die Überreste der abgebrannten Nationalbücherei, die im Nationalsozialismus schließlich der Stadt Gotha übergeben wurden (vgl. Kap. 8), was wiederum ein bezeichnendes Licht auf die Nationalbücherei wirft.[46] 1935 bat Langhans um ein Porträt Schemanns, »möglichst in Kabinettsformat«. Die Deutschbund-Gemeinde Gotha wolle »für ihr Gesellschaftszimmer« ein »Gesamtbild der 12 geistigen Führer des Deutschbundes« anfertigen, »um ständig die Bildnisse derselben auf sich wirken zu lassen«.[47]

Die rastlosen Tätigkeiten im Dienst seiner politischen Überzeugungen bedeuteten für Langhans einen beträchtlichen Energie- und Zeitaufwand. Wenn im Folgenden der Bedeutungsverlust von Langhans innerhalb des Perthes-Verlags beschrieben wird, so darf dabei als Ursache keinesfalls der Faktor außer Acht gelassen werden, dass Langhans' Karriere bei Perthes stets unter dem Umstand gelitten hatte, dass er fortwährend umfangreiche Aufgaben außerhalb der Verlagsgeschäfte wahrnahm, die im Zusammenhang mit seiner Weltanschauung standen. Dagegen besaß der Verlag bei Hermann Haack stets unangefochten die oberste Priorität, bzw. verstand dieser es geschickt, die Aktivitäten im Verband deutscher Schulgeographen in Einklang mit den wirtschaftlichen Interessen von Perthes zu bringen. Vielsagend ist in dieser Hinsicht die Bemerkung von Manfred Langhans, sein Vater habe »nicht ohne Drängen seiner Ehefrau« Therese Langhans (1870-1960) 1923 aus »beruflicher Rücksichtnahme« eine weniger einflussreiche und eher repräsentative Rolle im Deutschbund akzeptiert.[48] An anderer Stelle schreibt Manfred Langhans über seine Mutter, sie habe ein Gespür besessen »für die ihrem Mann – durch gelegentliches Überwuchern seiner ausserberuflichen Interessen – drohenden Gefahren im eigenen Beruf«. Dadurch habe sie ihn stets »doch wieder auf den rechten Weg« gebracht.[49]

44 Julian Köck, Ludwig Schemann und die Gobineau-Vereinigung, in: Zeitschrift für Geschichtswissenschaft 59 (2012), H. 9, S. 723-740.

45 Brief von Paul Langhans an Ludwig Schemann vom 27. Januar 1912, Universitätsbibliothek Freiburg, Nl Ludwig Schemann, Nl 12/1007, Bl. 13.

46 Briefe von Paul Langhans an Ludwig Schemann vom 9. und 19. September 1927, Universitätsbibliothek Freiburg, Nl Ludwig Schemann, Nl 12/1234, Bl. 7-8.

47 Brief von Paul Langhans an Ludwig Schemann vom 4. Dezember 1935, Universitätsbibliothek Freiburg, Nl Ludwig Schemann, Nl 12/1234, Bl. 20.

48 Manfred Langhans, Familiengeschichte, S. 16.

49 Ebd., S. 21.

Dennoch hatte sich Langhans' Stand bei Perthes bereits vor dem Krieg sichtlich verschlechtert. Diese Tendenz setzte sich nun fort: Nach dem Krieg fand er seine Zuständigkeiten mehr und mehr auf die Herausgeberschaft von *Petermanns Mitteilungen* beschränkt. Gegenüber Hermann Wagner hatte er bereits im Juni 1919 seine für ihn zutiefst unbefriedigende Situation im Verlag beklagt:

> Die Verlagsleitung ruht unbeschränkt in den Händen des Herrn Klemm und dessen Ziel ist die Ausmerzung aller Verlagsartikel, mit denen kein »Geschäft« zu machen ist. Wir wurden zudem ausgehungert, d.h. wir haben bis zum 1. Mai d.J. [des Jahres] keinen Pfennig Teuerungszulage erhalten. Wem es nicht gefällt, mag seinen Stab weiter setzen. Das ist bitter, wenn man 30 lange Jahre Justus Perthes gedient hat, mit wenig Anerkennung und Erfolg, aber doch immerhin mit besten Kräften. Ich bin seit 1916 vollständig auf Pet. Mitt. [Petermanns Mitteilungen] beschränkt worden, alle Zeichner sind mir weggenommen, ich arbeite nur noch mit einer Sekretärin allein.[50]

In dem Schreiben kommt noch einmal Langhans' geringschätzige Haltung gegenüber pekuniären Gesichtspunkten deutlich zum Ausdruck. Den diesbezüglich geringen Erfolg seiner Karten gestand er ebenfalls ein. Auch wird seine schwierige persönliche Lage ersichtlich. Langhans bat Joachim Perthes in dieser für ihn prekären Situation, ihm die Schriftleitung des *Gothaischen Hofkalenders* und seines internationalen Pendants, den *Almanach de Gotha* zu überantworten, um seine finanziellen Verhältnisse angesichts der Krise der *Mitteilungen* zu verbessern.[51] Tatsächlich wurde Langhans 1923 die Redaktion des statistischen Teils des *Hofkalenders*, der nun eigenständig als *Gothaisches Jahrbuch für Diplomatie, Verwaltung und Wirtschaft* erschien, übertragen, wodurch seine redaktionelle Rolle im Verlag jedoch weiter untermauert wurde.[52]

Eine nicht zu unterschätzende Rolle hierbei spielte die gewichtige Meinung von Theodor Klemm. Und dieser ließ 1925 in einer allgemeinen Einschätzung von Langhans' Rentabilität kein gutes Haar an ihm:

> Sein bis 1917 fortgeführtes Erfolgskonto weist, ohne die Kriegskartenergebnisse, für die er schließlich ja nichts kann, einen Zuschußbetrag von rund M. 500.000.– aus, ohne Zinsen gerechnet. [...] Nur einem so gut fundierten Hause, wie es Justus Perthes war, war die Tragung einer Belastung »Langhans« möglich. An anderer Stelle tätig, konnte er gut ein Dutzend Verlagsbuchhandlungen auf dem Gewissen

50 Brief von Paul Langhans an Hermann Wagner vom 23. Juni 1919, Niedersächsische Staats- und Universitätsbibliothek Göttingen, Nl Hermann Wagner, Cod Ms H Wagner 31:10, Bl. 20.

51 Brief von Paul Langhans an Joachim Perthes vom 21. Dezember 1921, Forschungsbibliothek Gotha, Sammlung Perthes, SPA ARCH PGM 558, Bl. 92.

52 Vgl. Paul Langhans, Das Diplomatische Jahrbuch als Quellenwerk der politischen Erdkunde, in: Dr. A. Petermann's Mitteilungen aus Justus Perthes' Geographischer Anstalt 70 (1924), H. 1/2, S. 30-31.

haben. Heute, unter so grundlegend geänderten Verhältnissen ist größte Vorsicht in seiner Heranziehung zu irgendwelchen Verlagsunternehmungen geboten. Seine ungehemmte Mitarbeit könnte für Justus Perthes katastrophal wirken.[53]

5.4 Paul Langhans als Herausgeber von *Petermanns Mitteilungen*

Die *Mitteilungen*, die Zeitschrift, die Langhans bereits seit April 1909 herausgab[54] und auf die er während des Krieges »zunehmend beschränkt« wurde, zeichnete sich durch viele Besonderheiten aus.[55] 1855 von August Petermann gegründet, der sie bis zu seinem Tod 1878 herausgab, wurde in ihrer Redaktion von Anfang an ein besonderer Wert auf Karten und kartographische Beiträge gelegt. Petermann wollte in jeder Ausgabe hochwertige, aktuelle Kartenbeilagen liefern.[56] Auch deswegen entwickelte sich die Zeitschrift schnell zu einem Knotenpunkt der weltweiten geographischen Forschung und wies seit den Tagen Petermanns eine stark außereuropäische Ausrichtung auf.[57]

Für die ›explorative Geographie‹ des 19. Jahrhunderts nahm die Redaktion der *Mitteilungen* die Rolle eines globalen Zentrums für das Sammeln, Verarbeiten, Visualisieren und Popularisieren geographischen Wissens ein.[58] Perthes bildete

53 Buchführungs-Ergebnisse 1924, Bl. 25 vom 4. September 1925, Forschungsbibliothek Gotha, Sammlung Perthes, SPA ARCH FFA. Hervorhebungen im Original.

54 Imre Demhardt, Vom geographischen Magazin zur populären Fachzeitschrift – die einflussreichen Jahre von PGM bis zum Ersten Weltkrieg, in: Petermanns Geographische Mitteilungen 148 (2004), H 6, S. 10-19, hier S. 18 f.

55 *Petermanns Mitteilungen* bilden ein eigenes Forschungsgebiet. Vgl. Brogiato, Gotha als Wissens-Raum. Ders., PGM in der Epoche der Weltkriege. Wardenga, Petermanns Geographische Mitteilungen, Geographische Zeitschrift und Geographischer Anzeiger. Demhardt, Der Erde ein Gesicht geben. Zu den Karten in den *Mitteilungen* siehe Jan Smits, Petermann's maps: cartobibliography of the maps in Petermanns Geographische Mitteilungen 1855-1945, 't Goy-Houten 2004.

56 »Unsere ›Mittheilungen‹ sollen sich dadurch von allen ähnlichen Schriften unterscheiden, dass sie auf sorgfältig bearbeiteten und sauber ausgeführten Karten das Endresultat neuer geographischen [sic!] Forschungen zusammenfassen und graphisch veranschaulichen. Nie wird deshalb eine Nummer unserer Schrift ausgegeben werden, ohne eine oder mehrere Karten-Beilagen, […].« August Petermann, Vorwort, in: Mittheilungen aus Justus Perthes' Geographischer Anstalt über wichtige neue Erforschungen auf dem Gesammtgebiete der Geographie 1 (1855), Februar-Ausgabe, S. 2.

57 Hermann Haack, 100 Jahre Stieler. Geschichte und Werdegang eines deutschen Handatlas, Unveröffentlichtes Manuskript, Forschungsbibliothek Gotha, Sammlung Perthes, SPA MFV 30/2, Bl. 174.

58 Brogiato, Gotha als Wissens-Raum. Imre Josef Demhardt/Frauke Kraas/Sebastian Lentz, Editorial, in: Petermanns Geographische Mitteilungen 148 (2004), H. 6, S. 3.

ein *Center of Calculation* avant la lettre, indem der Verlag für die geographische und kartographische Forschung basale Funktionen erfüllte: »[...] first, the mobilization of resources; second, the stabilization of new knowledge claims; and third, the extension of knowledge networks for the validation, dissemination and preservation of knowledge and its products.«[59] Ein weiteres wichtiges Alleinstellungsmerkmal der *Mitteilungen* war es, trotz der zunehmenden Ausdifferenzierung der Geographie am Ende des 19. Jahrhunderts und der damit einhergehenden ›Massenproduktion‹ von Spezialliteratur, einen möglichst vollständigen und internationalen Überblick der wichtigsten neu erscheinenden Titel zu geben.[60]

Heinz Peter Brogiato ist in einem Aufsatz der interessanten Frage nachgegangen, wie sich diese transnational ausgerichtete Fachzeitschrift mit einer großen internationalen Abonnentengemeinde unter der Leitung des völkischen Kartographen Langhans entwickelt hat.[61] Dass Langhans eine verengt-nationale Sicht etwa auf August Petermann hatte, belegt ein Text, den er 1909 in der *Deutschen Erde* veröffentlichte und in dem er Petermanns Verdienste vor allem dahingehend umriss, »durch Jahrzehnte unserem geographischen Wissen den Stempel deutschen Geistes aufgeprägt zu haben«.[62] Die Entscheidung Langhans als Herausgeber von *Petermanns Mitteilungen* zu installieren, war in Anbetracht der tradierten internationalen Konzeption der Zeitschrift also keineswegs naheliegend.[63] Langhans konnte auch keine gleichwertige akademische Karriere wie sein diesbezüglich profilierter Vorgänger Alexander Supan vorweisen. Er hatte zwar studiert, jedoch aufgrund von Geldmangel keinen Doktortitel erwerben können (vgl. Kap. 2).[64] In einem Brief an Richard Boeckh schilderte Langhans bereits 1906 ausführlich dieses Problem:

> Ich besitze nicht den einfachsten akademischen Titel, der nun einmal für notwendig gehalten wird, um der Außenwelt die akademische Bildung zu bekunden. Zwar haben meine Vorgänger Petermann, Berghaus, Hassenstein, Vogel alle nicht studiert, aber sie waren Ehrendoktoren, da war der Schaden wieder gut gemacht. Für mich spitzt sich jetzt die Lage insofern zu, als der Chef der Anstalt in Folge der fortwährenden Berufungen auf erledigte geographische Lehrstühle damit rechnet, daß eines schönen Tages der jetzige Leiter von »Petermanns geogr. Mitteilungen« Prof. Dr. Supan sein Amt niederlegt und

59 Heike Jöns, Center of Calculation, in: John Agnew/David N. Livingstone (Hg.), The Sage Handbook of Geographical Knowledge, London 2011, S. 158-170, hier S. 160. Allgemein zum Begriff Center of Calculation siehe Latour, Science in Action, S. 232 ff.

60 Demhardt, Vom geographischen Magazin, S. 17.

61 Brogiato, PGM in der Epoche der Weltkriege.

62 Paul Langhans, August Petermann, in: Deutsche Erde 8 (1909), H. 7, S. 193.

63 Bereits um die Jahrhundertwende hatte es aus dem Ausland kritische Stimmen gegenüber der politischen Ausrichtung von Langhans' Kartographie gegeben. Vgl. Köhler, Gothaer Wege, S. 151, 168.

64 Manfred Langhans, Familiengeschichte, S. 11.

> wieder auf eine Hochschule zieht. Da besteht nun die Gefahr, daß mir, der in der geogr. Anstalt [Justus Perthes] wohl allein in Betracht käme, die »Mitteilungen« nicht übertragen werden, sondern einem Fremden, nur weil mir der Titel Dr. fehlt. Letzterer darf nach Ansicht des Chefs, dem Herausgeber der ersten wissenschaftlichen geogr. Zeitschrift nicht fehlen. […] Sie dürfen immer nicht vergessen, daß dem Chef der Anstalt das eigene Urteil über die wissenschaftliche Leistung abgehen muss als Buchhändler, daß er es vielmehr sich bildet nach der Anerkennung, die sein Mitarbeiter von wissenschaftlicher Seite findet.[65]

Diese pessimistische Bewertung seiner Situation ist umso erstaunlicher, als Langhans bereits 1900 ehrenhalber zum Professor ernannt worden war.[66] Jedenfalls wurde Langhans nach der tatsächlich erfolgten Berufung Supans 1909 an die Universität Breslau doch zu dessen Nachfolger. Imre Demhardt bemerkt hierzu, dass letztlich wohl Kostengründe den Ausschlag gegeben hätten. Langhans war schlicht und ergreifend die kostengünstigere Variante gegenüber der erneuten Anstellung eines externen Akademikers.[67] Obwohl Langhans' völkische Interessen und Ansichten der transnationalen Orientierung der *Mitteilungen* entgegenstanden, hat er die leitenden Prinzipien der Zeitschrift während seiner Herausgeberschaft nicht grundlegend verändert, wie Brogiato in seinem Aufsatz zeigt.[68] Allerdings ergänzte Langhans die Zeitschrift um die neue Beilage *Militärgeographie*, die von Oktober 1909 bis Dezember 1914 bestand und deren Beiträge weitestgehend von Offizieren stammten.[69] Die thematische Ausrichtung der Zeitschrift blieb insgesamt jedoch sehr breit, bzw. wurde sogar noch erweitert, der Autorenkreis wies bis zum Beginn des Ersten Weltkriegs weiterhin einen hohen Anteil aus dem nichtdeutschsprachigen Ausland auf.

Für die Beibehaltung eines internationalen Kurses gab es allerdings sehr triftige Gründe, die vor allem mit der Verlagspolitik von Perthes zu tun hatten. So folgert Brogiato: »Dass PGM [Petermanns Geographische Mitteilungen] eine Fachzeitschrift auf hohem Niveau blieb, war wohl dem internationalen Ansehen geschul-

65 Brief von Paul Langhans an Richard Boeckh vom 24. Mai 1906, Zentral- und Landesbibliothek Berlin, Sammlung Kuczynski, Kuc7-4-15.

66 1927 bekam Langhans anlässlich seines 60. Geburtstags den Ehrendoktor durch die Universität Jena verliehen. Vgl. Nachrichtenblatt der Stadt Gotha vom 28. März 1940, Forschungsbibliothek Gotha, Sammlung Perthes, SPA ARCH PGM 558, Bl. 88.

67 Demhardt, Vom geographischen Magazin, S. 18 f.

68 Brogiato, PGM in der Epoche der Weltkriege, S. 27. Obwohl Brogiato konstatiert, dass ein Teil der Beiträge unter dem Herausgeber Langhans zu »einer Politisierung der Zeitschrift« führten. Vgl. Brogiato, Wissen ist Macht, S. 99.

69 Zur Beilage Militärgeographie vgl. Ulrich Best, Von Mächten, Massen und Räumen: Die »Beilage Militärgeographie« in Petermanns Geographischen Mitteilungen, in: Sebastian Lentz/Ferjan Ormeling (Hg.), Die Verräumlichung des Welt-Bildes. Petermanns Geographische Mitteilungen zwischen »explorativer Geographie« und der »Vermessenheit« europäischer Raumphantasien, Stuttgart 2008, S. 123-138.

det und dem Willen der deutschen Geographen und vor allem des Verlags, die Zeitschrift auch in schwierigen politischen Zeiten als internationales Sprachrohr der Disziplin im In- und Ausland zu erhalten.«[70] Ein weiterer Beleg für diese Haltung ist ein Schreiben von Joachim Perthes an Langhans vom Juni 1931, in dem er einen Aufsatz von Manfred Langhans, der eigentlich in den *Mitteilungen* publiziert werden sollte, mit der Bemerkung an die *Zeitschrift für Geopolitik* verwies, er habe »stets Wert darauf gelegt, daß J. P. [Justus Perthes] sich nicht in Fragen der hohen Politik mischt« und er »an diesem Grundsatz unbedingt festhalten« wolle.[71] Dieser Standpunkt irritiert, angesichts der vielen dezidiert politischen Produkte und Werbeanzeigen des Verlags, zeigt aber, dass Perthes offenbar das Gefühl hatte, Langhans mitunter ausbremsen zu müssen und dies auch tat. Bereits Bernhard Perthes hatte gegenüber Hermann Wagner bezüglich der Eigensinnigkeit von Langhans bemerkt: »Es ist für mich zuweilen wirklich schwer, diesem edlen Mut immer wieder in die Zügel zu fallen!«[72]

Wenn die Konzeption der *Mitteilungen* sich unter Langhans also nicht fundamental veränderte, so taten dies gleichwohl die Zeitumstände: die politischen, sozialen und wissenschaftlichen Kontexte. Der Erste Weltkrieg bedeutete für *Petermanns Mitteilungen* eine Zäsur. In der Zeit zwischen 1910 und 1914 hatte der Anteil der Autoren, die nicht aus Deutschland, Österreich oder der deutschsprachigen Schweiz stammten, zwischen 18 und 25 % betragen. Während des Krieges sank dieser Anteil auf etwas über 10 % ab, wobei die Beiträge hauptsächlich »nur noch aus den neutralen Staaten, vor allem aus den Niederlanden, aus Schweden, Dänemark und Norwegen« kamen.[73] Dieser Trend setzte sich in der unmittelbaren Nachkriegszeit fort. Zwischen 1923 und 1932 blieb der Anteil trotz der zunehmenden internationalen Entspannung bei unter 10 %.[74] In diesem Zeitraum erschien kein einziger Beitrag aus England, mit dem Beitrag des französischen Geographen und Forschungsreisenden Émile-Félix Gautier (1864-1940) nur ein einziger aus der Frankophonie (Algier), nur ein einziger aus Polen sowie jeweils zwei aus Italien und den USA.[75] Aus den skandinavischen Ländern und aus den Niederlanden wurden hingegen weiterhin regelmäßig Beiträge veröffentlicht.

70 Brogiato, PGM in der Epoche der Weltkriege, S. 25.

71 Brief von Joachim Perthes an Paul Langhans vom 30. Juni 1931, Forschungsbibliothek Gotha, Sammlung Perthes, SPA ARCH PGM 558, Bl. 44.

72 Brief von Bernhard Perthes an Hermann Wagner vom 3. Februar 1898, Forschungsbibliothek Gotha, Sammlung Perthes, SPA ARCH MFV 305/306, Bl. 1196-1199.

73 Alle Angaben bei Brogiato, PGM in der Epoche der Weltkriege, S. 27.

74 Die Zahlen basieren auf eigener Auszählung auf Grundlage der Angaben in *Petermanns Mitteilungen*. Gezählt wurden Mitarbeiter/innen, die eine institutionelle Anbindung im Ausland angaben.

75 Die Angaben beruhen auf eigener Auszählung der Beiträge. Der Beitrag von Gautier war im Jahrgang 1929 von *Petermanns Mitteilungen* enthalten, ebenso der polnische Beitrag, ein italienischer und ein US-amerikanischer Beitrag. Der zweite italienische Aufsatz stammte von 1927, der zweite amerikanische aus dem Jahr 1931.

Auch aus Russland und der Tschechoslowakei war eine gewisse Häufigkeit an Beiträgen zu verzeichnen. Der Erste Weltkrieg hat also nachhaltig zu einer geringeren Internationalität der Beiträge von *Petermanns Mitteilungen* geführt.

Die Situation der *Mitteilungen* bezüglich der Zahl der Abonnements war für Langhans hingegen von Anfang an schwierig gewesen, wie er gegenüber Hermann Wagner bereits 1912 betonte:

> Für mich lag nach Uebernahme der »Mitteilungen« die Sache einfach so. Während Supans Redaktion war die Abnehmerzahl der »Mitteilungen« gesunken von 2800 auf 1340, in steter, regelmässiger Abnahme Jahr für Jahr, sodass sich, wie Supan selbst einmal drastisch sich äußerte, mathematisch genau der Zeitpunkt berechnen liess, wann der letzte Abonnent der Zeitschrift den Rücken gekehrt habe. Aber im Ernst: Die Sachlage zwang zu ernster Kraftanstrengung, denn es bestand keine Gewähr für die Zukunft, dass der Verlag dauernd die Last einer Zeitschrift tragen würde, deren Einflusskreis mehr und mehr zusammenschrumpft.[76]

Während in den Jahren vor dem Krieg die Zahl der Abnehmer/innen kräftig zugenommen hatte[77] – vermutlich auch aufgrund der 1910 erfolgten Übernahme der bis dahin im Vieweg-Verlag in Braunschweig erschienenen Zeitschrift *Globus. Illustrierte Zeitschrift für Länder- und Völkerkunde* – spitzten sich im Ersten Weltkrieg und während der unmittelbaren Nachkriegszeit die Probleme wieder zu. 1921 sprach Langhans in einem Brief an Joachim Perthes, wie bereits erwähnt, offen vom »unsicheren Bestand« der *Mitteilungen*.[78]

1924 brach der vorsichtige und zu skeptischen Einschätzungen neigende Theodor Klemm für seine Verhältnisse daher regelrecht in Jubel aus: »Es ist erreicht! P.M. [Petermanns Mitteilungen] haben sich, wie seit Supan's Zeiten nicht mehr, im Jahre 1924 wieder selbst erhalten.«[79] Unter Einbeziehung der Reihe der Ergänzungshefte war sogar ein kleiner Gewinn von rund 1.700 Mark erzielt worden. Auch hier folgte postwendend der Seitenhieb auf Langhans: »Das war letztmals für den Jahrgang 1908 der Fall, oder zeitlich zusammenfallend mit der Uebernahme der Schriftleitung durch Professor Langhans.«[80] Die Zeit von 1909 bis 1917

76 Brief von Paul Langhans an Hermann Wagner vom 17. Juni 1912, Niedersächsische Staats- und Universitätsbibliothek Göttingen, Nl Hermann Wagner, Cod Ms H Wagner 31:10, Bl. 11.

77 1909 wurden durchschnittlich 1370 Exemplare pro Ausgabe verkauft, 1914 waren es 2045, 1917 nur noch 1269. Die Zahlen basieren auf eigener Auszählung auf Grundlage des Auslieferungsbuches von Justus Perthes. Ausgangsbuch 1895-1919, Forschungsbibliothek Gotha, Sammlung Perthes, SPA ARCH FFA.

78 Brief von Paul Langhans an Joachim Perthes vom 21. Dezember 1921, Forschungsbibliothek Gotha, Sammlung Perthes, SPA ARCH PGM 558, Bl. 92.

79 Buchführungsergebnisse 1924, Bl. 26 vom 9. September 1925, Forschungsbibliothek Gotha, Sammlung Perthes, SPA ARCH FFA.

80 Ebd.

bilanzierte Klemm mit einem Defizit von »über 80.000 Goldmark«. Daraus wird ersichtlich, dass die Mitteilungen auch in den Jahren vor dem Ersten Weltkrieg, als die Zahl der verkauften Exemplare deutlich anstieg, Verluste machten. Das lag vermutlich an ihrem unter Langhans angewachsenen Umfang und den damit einhergehenden gestiegenen Redaktions- und Produktionskosten. Solche Zustände, forderte Klemm eindringlich, »dürfen nicht wiederkehren«.[81]

Und tatsächlich schlossen die *Mitteilungen* auch in den Geschäftsjahren 1925 bis 1926 mit Gewinnen ab. Dann aber erfolgte aufgrund einer Erweiterung des Umfangs der Zeitschrift ohne die entsprechende Preiserhöhung und ohne die erhoffte Absatzsteigerung für das Jahr 1927 wieder der Umschlag in die »Zuschussbedürftigkeit«.[82] Für Klemm, der sich der Wichtigkeit der Zeitschrift in Bezug auf Renommee und Reputation von Perthes und ihrer Funktion als Bindeglied zur internationalen geographischen Wissenschaft durchaus bewusst war, überschritt dies offensichtlich eine Grenze. Es sei »doch eigentlich wirtschaftlicher Selbstmord«, legte er den Finger in die Wunde, »einen so umfangreichen Apparat wie ihn die Herstellung von *Petermanns Mitteilungen* nebst Beiheften erfordert«, mit Kosten von »beinahe M. 56.000.– im Jahr« zu unterhalten, wenn man im Endeffekt nichts verdiene, sondern im Gegenteil noch zuzahlen müsse: »Nötig ist das nicht, wie die Jahre zuvor und die Supansche Zeit erweisen.«[83] Daraufhin erfolgten im September und Oktober 1928 zwei Krisensitzungen zwischen Langhans und der Verlagsleitung, in denen Langhans strikte Sparmaßnahmen bei der Führung der Redaktion von *Petermanns Mitteilungen* und des *Diplomatischen Jahrbuchs* auferlegt wurden.[84] Diese Maßnahmen fruchteten offenbar, denn für das Geschäftsjahr 1929 schlossen die *Mitteilungen* mit einem Plus von 3.848,23 Reichsmark ab.[85] 1930 erfolgte dann aufgrund der Wirtschaftskrise der erneute Einbruch. Allerdings bemerkte Klemm unnachgiebig: »Der Ruf nach ›Sparen‹, der 1929 gute Früchte getragen hatte, ist überhaupt schon wieder verhallt, wie die um beinahe RM 5000.– gestiegenen Aufwendungen zeigen. Das

81 Ebd.

82 Denkschrift von Theodor Klemm »Was die Buchführung über die von Herrn Professor Dr. Langhans herausgegebenen Verlagswerke: ›Diplomatisches Jahrbuch‹, ›Almanach de Gotha‹, ›Petermanns Mitteilungen‹ und ›Ergänzungshefte‹ dazu lehrt«, Buchführungsergebnisse 1928, Bl. 63-64 vom 6. September 1928, Forschungsbibliothek Gotha, Sammlung Perthes, SPA ARCH FFA.

83 Buchführungsergebnisse 1927, Bl. 28 vom 15. August 1928, Forschungsbibliothek Gotha, Sammlung Perthes, SPA ARCH FFA.

84 Denkschrift von Theodor Klemm »Was die Buchführung über die von Herrn Professor Dr. Langhans herausgegebenen Verlagswerke: ›Diplomatisches Jahrbuch‹, ›Almanach de Gotha‹, ›Petermanns Mitteilungen‹ und ›Ergänzungshefte‹ dazu lehrt«, Buchführungsergebnisse 1928, Bl. 60-65 vom 6. September 1928, Forschungsbibliothek Gotha, Sammlung Perthes, SPA ARCH FFA.

85 Buchführungsergebnisse 1929, Bl. 48 vom 24. Juli 1930, Forschungsbibliothek Gotha, Sammlung Perthes, SPA ARCH FFA.

Ergebnis ist dann auch entsprechend.«[86] Ein Minus von 6.179,46 Reichsmark schlug zu Buche.[87]

Langfristig betrachtet war die ökonomische Entwicklung von *Petermanns Mitteilungen* also wenig geeignet, Optimismus zu verbreiten. Auch das Ziel der Selbstfinanzierung konnte nicht erreicht werden, da es nicht gelang, den Negativtrend bei der Zahl der Abonnements dauerhaft zu stoppen. Sie belief sich in den Jahren zwischen 1925 und 1933 im Durchschnitt auf 913, 1925 betrug die Zahl der Bezieher/innen 969, der Höchststand wurde 1929 mit 1003 Abonnements erreicht. 1933 betrug ihre Zahl schließlich nur noch 725. Interessant ist der Fakt, dass die Zahl der Bezieher/innen aus dem Ausland auch nach dem Ersten Weltkrieg bedeutend blieb und während der Weltwirtschaftskrise weniger stark nachließ, als es für die Zahl der Inlandabonnements der Fall war.[88] Das belegt, dass die Bemühungen des Verlags, die traditionelle transnationale Ausrichtung weiterhin zu verfolgen, einen realen ökonomischen Hintergrund besaßen.

Unter diesen Bedingungen war es für Langhans nach dem Krieg wichtig, wenn auch schwierig, dem tradierten Anspruch gerecht zu werden, wieder eine führende Fachzeitschrift auf internationaler Ebene zu werden. Bei der Auswahl der Autorenschaft hat er daher zu dieser Zeit völkische oder andere Prämissen seiner Weltanschauung nicht angelegt. Mehrere Geographen, darunter etwa Friedrich Leyden (1891-1944), Paul Borchardt (1886-1957) oder auch Alfred Philippson (1864-1953), die im Nationalsozialismus als Juden definiert und verfolgt wurden, publizierten in der Zeit der Weimarer Republik in den *Mitteilungen*[89] – in den 1930er Jahren änderte sich dies schließlich (vgl. Kap. 8). Als Herausgeber hat Langhans in dieser Zeit das Credo, wonach *Petermanns Mitteilungen* überparteilich ausgerichtet seien und sich nicht »zum ausschließlichen Sprachrohr einer bestimmten Lehrmeinung« machen dürften, durchaus praktiziert.[90]

86 Buchführungsergebnisse 1930, Bl. 45 vom 22. Juli 1931, Forschungsbibliothek Gotha, Sammlung Perthes, SPA ARCH FFA.

87 Buchführungsergebnisse 1930, Bl. 46 vom 22. Juli 1931, Forschungsbibliothek Gotha, Sammlung Perthes, SPA ARCH FFA.

88 Das Verhältnis der Anzahl der Bezieher/innen von *Petermanns Mitteilungen* im Inland zu denen im Ausland entsprach 1927: 442 zu 516, 1928: 439 zu 535, 1929: 438 zu 565, 1930: 388 zu 570, 1931: 330 zu 562, 1932: 282 zu 499, 1933: 263 zu 462. Ab 1934 wurde das Verhältnis nicht mehr aufgeschlüsselt. Siehe Buchführungsergebnisse 1927-1933, Forschungsbibliothek Gotha, Sammlung Perthes, SPA ARCH FFA.

89 Langhans bot Alfred Philippson die Publikation von dessen Forschungsergebnissen einer Kleinasienreise in den Ergänzungsheften von *Petermanns Mitteilungen* an. Vgl. Alfred Philippson, Wie ich zum Geographen wurde. Aufgezeichnet im Konzentrationslager Theresienstadt zwischen 1942 und 1945, hg. von Hans Böhm und Astrid Mehmel, Bonn 1996, S. 744 f.

90 Paul Langhans, Zum Abschluß des 75. Bandes von Petermanns Mitteilungen, in: Dr. A. Petermann's Mitteilungen aus Justus Perthes' Geographischer Anstalt 75 (1929), H. 11/12, S. 289-290, hier S. 289 f. Brogiato, PGM in der Epoche der Weltkriege, S. 20.

Dass dies allerdings auf eine Passivität Langhans' als Herausgeber zurückzuführen sei, und er »wohl im wesentlichen« das abdruckte, »was gerade kam«, wie sein Nachfolger Nikolaus Creutzburg mutmaßte und wie es auch Brogiato vermutet, ist allerdings zweifelhaft.[91] Denn Langhans versuchte aktiv, fachliche Diskussionen anzuregen und er griff auch stärker als bisher vermutet in eingehende Manuskripte ein. Ein gutes Beispiel hierfür ist der Aufsatz *Geographie* von Ewald Banse (1883-1953), der 1912 hohe Wellen schlug und die anhaltende Debatte über Gegenstand und Methodologie der Geographie weiter befeuerte.[92] Der Aufsatz stellte einen Frontalangriff auf die abstrahierend verfahrende Allgemeine Erdkunde dar, die laut Banse zugunsten einer Geographie als künstlerisch betriebene, »einheitliche Philosophie der Erdhülle« mit Fokus auf der Kategorie der Landschaft aufgegeben werden sollte.[93]

Langhans wurde wegen der Veröffentlichung dieses Aufsatzes u. a. von Hermann Wagner scharf angegriffen. Er antwortete diesem hierauf mit Bezug auf einen von Wagner geplanten Text zur Widerlegung von Banses Ideen:

> In einer Beziehung freue ich mich dagegen über die beabsichtigte, wenn auch so sehr verspätete Stellungnahme zu den Banse'schen Ausführungen, in sofern nämlich, als alle meine Bemühungen, eine Erwiderung zu veranlassen, bisher gescheitert sind. Jedenfalls war die Entrüstung bei denjenigen Dozenten wie Sievers, Hahn u. a., die ich auf eine Entgegnung hin anredete, nicht tief genug, um sie dazu geneigt zu machen. Ich habe von diesen Herren nur wiederholte Vertröstungen auf die Zukunft erhalten. Ich erwähne dies alles nur, um Ihnen zu zeigen, dass es mir um eine Erwiderung zu tun war, nicht aber darum, ihr aus dem Wege zu gehen.[94]

Langhans versuchte durchaus, Debatten anzuregen und hat womöglich auch deswegen bewusst kontroverse Beiträge wie denjenigen Banses aufgenommen. Der bereits damals bekanntermaßen streitbare Hamburger Ordinarius und spätere Vertreter einer nationalsozialistischen Geographie, Siegfried Passarge (1866-1958), war in den 1920er und 1930er Jahren einer der aktivsten Autoren und produzierte dabei zuverlässig teils polemisch ausgetragene Auseinandersetzungen. Es steht zu vermuten, dass die publizistische Anregung von Kontroversen auch als eine verlegerische Strategie zu verstehen ist, die das Ziel verfolgte, den stetigen Abwärtstrend der Abonnentenzahlen umzukehren.

91 Vgl. ebd., S. 25. Dort findet sich auch das Zitat von Creutzburg.

92 Ewald Banse, Geographie, in: Dr. A. Petermann's Mitteilungen aus Justus Perthes' Geographischer Anstalt 58 (1912), H. 1, S. 1-4, H. 2, S. 69-74, H. 3, S. 128-131.

93 Ebd., S. 128 ff. Zu Banses Geographiekonzept siehe Schultz, Die deutschsprachige Geographie von 1800 bis 1970, S. 128 ff.

94 Brief von Paul Langhans an Hermann Wagner vom 11. Dezember 1912, Niedersächsische Staats- und Universitätsbibliothek Göttingen, Nl Hermann Wagner, Cod Ms H Wagner 31:10, Bl. 12.

Langhans griff darüber hinaus auch aktiv in die Gestaltung der Beiträge ein, wie er Wagner gleichfalls deutlich machte:

> Auf die äussere Gestaltung der Arbeiten übe ich aus redaktionellem Pflichtgefühl sehr häufig einen tiefgreifenden Einfluss. Das ist ganz besonders bei Banses Aufsatz der Fall gewesen, dessen ursprünglicher Entwurf nicht nur die doppelte Länge des Abdrucks aufwies, sondern der auch in Bezug auf die Form weit schärfer gefasst war. Gerade Banse hat sich gegenüber meinen ~~Anordnungen~~ Anregungen nach Umgestaltung seiner Arbeiten stets entgegenkommend und niemals rechthaberisch erwiesen.[95]

Bezüglich der Herausgeberschaft von Langhans kann mithin festgestellt werden, dass er trotz aktiver Herausgeberschaft *quantitativ* betrachtet aus den *Mitteilungen* kein Forum des ›Deutschtums‹ machte und ein kontroverses, thematisch breit angelegtes Spektrum an Beiträgen beibehielt. Dennoch wiesen einzelne Artikel und Karten dezidiert politische Inhalte auf.[96] Insbesondere die von Langhans selbst stammenden Beiträge sind hier zu nennen – wie die Veröffentlichung der Richtlinien für die künftige Gestaltung deutscher Karten von 1916 bereits deutlich macht (vgl. Kap. 4). Als Herausgeber war Langhans gewillt, auch durch die klare Linie des Verlags hierzu verpflichtet, einen vielseitigen, auf ein internationales Publikum abgestimmten Kurs zu verfolgen – unter den hierfür nach 1914 katastrophalen Rahmenbedingungen. Hinsichtlich seiner Tätigkeit als Autor gab es bei Langhans andererseits jedoch keinen Bruch zu seinen früheren Veröffentlichungen in der *Deutschen Erde.* Diese lagen *qualitativ* auf einer Linie mit ihrem Programm, das eine Perthes-Werbebroschüre als das Bemühen beschrieben hatte, »den deutschen Gedanken auf der Erde wissenschaftlich zu

95 Brief von Paul Langhans an Hermann Wagner vom 2. Januar 1913, Niedersächsische Staats- und Universitätsbibliothek Göttingen, Nl Hermann Wagner, Cod Ms H Wagner 31:10, Bl. 13.

96 Bspw. Hugo Marquardsen, Das Schicksal der deutschen Kolonien, in: Dr. A. Petermann's Mitteilungen aus Justus Perthes' Geographischer Anstalt 66 (1920), H. 1/2, S. 21-23. Heinz Kloß, Nationalität und Boden in Pennsilvanien, in: Dr. A. Petermann's Mitteilungen aus Justus Perthes' Geographischer Anstalt 77 (1931), H. 1/2, S. 26-27. Robert Gradmann, Der Begriff Deutschland, in: Dr. A. Petermann's Mitteilungen aus Justus Perthes' Geographischer Anstalt 78 (1932), H. 5/6, S. 138. Hermann Lautensach/Willi Rudersdorf, Elsass-Lothringen im internationalen Personenverkehr 1914 und 1931, in: Dr. A. Petermann's Mitteilungen aus Justus Perthes' Geographischer Anstalt 78 (1932), H. 7/8, S. 169-176. Manfred Langhans versuchte seit den 1920er Jahren eine geopolitisch ausgerichtete ›Geojurisprudenz‹ zu etablieren und nannte sich nun Langhans-Ratzeburg. Vgl. Manfred Langhans, Rechtliche und tatsächliche Machtbereiche der Großmächte nach dem Weltkriege. Mit 3 Karten, in: Dr. A. Petermann's Mitteilungen aus Justus Perthes' Geographischer Anstalt 70 (1924), H. 1/2, S. 1-7. Ders., Karte des Selbstbestimmungsrechtes der Völker. Mit Karte, in: Dr. A. Petermann's Mitteilungen aus Justus Perthes' Geographischer Anstalt 72 (1926), H. 1/2, S. 1-9. Ders., Begriff und Aufgaben der geographischen Rechtswissenschaft (Geojurisprudenz). Systematisches über die Beziehungen der Rechtswissenschaft zur Geographie, Kartographie und Geopolitik, Berlin 1928.

begründen«.[97] Dies unterstreicht auch der im folgenden Abschnitt analysierte Beitrag von Langhans.

Insofern bilden *Petermanns Mitteilungen* zusammenfassend betrachtet, auch einen grundlegenden Zwiespalt der deutschen Geographie der Weimarer Zeit ab. Einerseits gab es öffnende Bestrebungen, um wieder an die internationale Geographie anzuschließen – was ihr von internationaler Seite aus allerdings auf Jahre hinaus verwehrt wurde. Andererseits hatten sich, gespeist aus den ideologischen Verhärtungen des Krieges und der von Mehrheit der deutschen Geographen vehement abgelehnten Nachkriegsordnung, die bereits vor 1914 angelegten Freund-Feind-Schemata verfestigt und sich Neigungen verstärkt, die eigene kulturelle Bedeutung zu überhöhen. Hinzu kam, dass nun völkisch-biologistischen Argumenten vermehrt Erklärungswert zugebilligt wurde. Diese Weltanschauung verdichtete sich in der Wahrnehmung eines nationalen Zerfalls. Eine akute Bedrohungslage wurde konstatiert, welche auch in den populären Raummetaphern der Weimarer Republik aufscheint: ›Volk ohne Raum‹, ›Raumnot‹, ›völkische Zersplitterung‹, das ›Abbröckeln von Randgebieten‹ oder das ›Zerreißen einheitlicher Wirtschaftsgebiete‹.[98] Für die Rechte war Deutschlands Bestand gleichermaßen von außen und innen bedroht. Im folgenden Abschnitt soll diese Wahrnehmung der Bedrohung paradigmatisch anhand eines Beitrags von Paul Langhans aus den *Mitteilungen* betrachtet werden, um so zum einen den weltanschaulichen Gehalt in Langhans' eigenen Beiträgen vertiefend zu analysieren, und zum anderen, um anhand eines konkreten Beispiels die Mechanismen einer Verräumlichung von Deutungsmustern der Bedrohung aufzuweisen.

Paul Langhans, der als Herausgeber einerseits unterschiedlichen Stimmen Platz einräumte und andererseits als Autor nationale Weltbilder und völkische Homogenitätsideale visualisierte, steht also selbst für widersprüchliche Imperative von Öffnung und Schließung zu dieser Zeit. Dieser Gegensatz zeugt nicht zuletzt auch von einer zunehmenden publizistischen Schieflage der *Mitteilungen* zwischen einem aus ihrer Tradition hergeleiteten transnationalen Anspruch und den eingeschränkten Möglichkeiten von dessen Fortführung in einer Zeit, die von Misstrauen zwischen den nationalen Wissenschaftskulturen geprägt war. An die herausragende internationale Bedeutung der Vorkriegszeit konnte die Zeitschrift nicht mehr anknüpfen.[99] So konnten *Petermanns Mitteilungen* letztlich weder vollständig international ausgerichtet und gänzlich frei von politischem Revisionismus sein, noch gab man die althergebrachte Tradition auf, um der Zeitschrift einen neuen Kurs auf rein nationaler Basis zu geben. Hermann Haack hatte diese

97 Korrespondenz Max Georg Schmidt, Forschungsbibliothek Gotha, Sammlung Perthes, SPA ARCH 027/5, o. P.

98 Vgl. auch die Einteilung der Raumkonzepte bei Herb, Under the Map, S. 49-62. Zur Konstruktion eines »klaustrophobischen Raumbildes« in der Weimarer Republik siehe Laba, Die Grenze im Blick, S. 290-300.

99 Brogiato, PGM in der Epoche der Weltkriege, S. 27.

Widersprüche zwischen Gegenwart und Tradition, zwischen Nationalismus und grenzüberschreitendem Geschäft bereits vor dem Krieg klar erkannt und einen gänzlich anderen Weg beschritten, wie in Kapitel sechs gezeigt wird.

Im Folgenden soll nun aber ein konkreter Beitrag von Langhans ausführlich auf die ihm inhärenten Deutungsmuster hin untersucht werden. Dies soll sowohl Rückschlüsse auf die allgemeine Weltsicht völkisch-nationalistisch gesinnter Kreise in der Weimarer Republik ermöglichen, wie auch Imaginationen und mit ihnen verknüpfte Emotionen zeigen, die spezifisch für Langhans als Kartographen waren.

5.5 Bedrohung durch die Flut: Siebenbürgen als Nordseelandschaft

5.5.1 Der Kontext des Beitrags

Der hier einer Feinanalyse unterzogene Beitrag von Paul Langhans besteht aus einem kurzen Text, der auch eine Anzahl statistischer Übersichten beinhaltet sowie aus einer Karte. Diese drei Elemente – Text, Statistiken und Karte – verweisen aufeinander und bilden ein Gefüge, das zahlreiche Deutungsmuster enthält, von denen im Folgenden nur eines erfasst und analysiert werden soll. Es wird mit dem Kode *Bedrohung* bezeichnet.

Der Beitrag erschien in der Juniausgabe 1920 von *Petermanns Mitteilungen*.[100] Ihm vorausgegangen war ein mehrteiliger Beitrag des Historikers Karl Reissenberger (1849-1921) zur Geschichte der Siebenbürger Sachsen.[101] Hierzu erschienen drei Karten in größerem Maßstab, die ebenfalls von Langhans stammten.[102] Der analysierte Beitrag stellt eine Zusammenfassung und Erweiterung des Artikels von Reissenberger und der zugehörigen Karten dar.

Langhans' Beitrag erschien unter dem Titel *Das Sprachgebiet der Siebenbürger Sachsen einst und jetzt*. Die zugehörige Karte trägt den Titel *Der deutsche Sprachboden Siebenbürgens in methodischer Darstellung* (siehe Abb. 37, S. 242-243).[103] Er ist unter-

100 Paul Langhans, Das Sprachgebiet der Siebenbürger Sachsen einst und jetzt, in: Dr. A. Petermann's Mitteilungen aus Justus Perthes' Geographischer Anstalt 66 (1920), H. 6, S. 131-136.

101 Karl Reissenberger, Die Siebenbürger Sachsen in ihrer geschichtlichen Entwicklung, in: Dr. A. Petermann's Mitteilungen aus Justus Perthes' Geographischer Anstalt 66 (1920), H. 1/2, S. 10-14, H. 3, S. 49-52.

102 Paul Langhans, Die geschichtlich-ethnographischen Karten des Siebenbürger Sachsenlandes, in: Dr. A. Petermann's Mitteilungen aus Justus Perthes' Geographischer Anstalt 66 (1920), H. 3, S. 52. Für die zugehörigen Karten siehe ders., Sprachenkarte des Sachsenlandes in Siebenbürgen und seiner geschichtlich-nationalen Entwicklung, in: Dr. A. Petermann's Mitteilungen aus Justus Perthes' Geographischer Anstalt 66 (1920), Tafeln 1, 2, 6.

103 Paul Langhans, Der deutsche Sprachboden Siebenbürgens in methodischer Darstellung, in: Dr. A. Petermann's Mitteilungen aus Justus Perthes' Geographischer Anstalt 66 (1920), Tafel 25.

teilt in die beiden Abschnitte »I. Methodisches«, welcher den eigentlichen Text enthält, und »II. Sachliches«, der den statistischen Teil umfasst (siehe Abb. 38 u. 39, S. 278-279). Die Karte stellt die räumliche Verteilung der Deutschsprachigen Siebenbürgens, also der »Siebenbürger Sachsen« und ihren Anteil an der Gesamtbevölkerung der Region dar. Es handelt sich mithin um eine thematische Karte, genauer um eine Sprachenkarte, die eine von Langhans' sehr häufig verwendete Form darstellte.[104]

Im Grunde unternimmt der Beitrag also eine Bestandsaufnahme der deutschsprachigen Minderheit in Siebenbürgen. Anhand dieses konkreten Gegenstandes versuchte Langhans jedoch, eine neue, allgemein anwendbare Terminologie zur Darstellung der Verhältnisse zwischen verschiedenen Sprachgemeinschaften einzuführen. Aufgrund des Umstands, dass er die von ihm eingeführte Terminologie nie für die Beschreibung eines anderen, nicht-deutschsprachigen Kollektivs verwendet hat, ist die von Langhans postulierte Verwendungsmöglichkeit für jedwede Sprachgemeinschaft allerdings reine Theorie geblieben und wird daher auch in der folgenden Interpretation nicht weiter berücksichtigt.

Der Beitrag wurde keineswegs zufällig im Juni 1920 veröffentlicht, und sein historischer Kontext führt mitten hinein in die ethnopolitischen Auseinandersetzungen, die Europa nach dem Ersten Weltkrieg erschütterten. Nach der Niederlage Österreich-Ungarns, zu dessen Territorium Siebenbürgen seit 1867 gehört hatte, forderte die rumänischsprachige Minderheit Ungarns den Anschluss an Rumänien.[105] Rumänien war 1916 auf Seiten der Entente in den Krieg eingetreten und ging daher als Gewinner aus dem Krieg hervor. Die territoriale Angliederung an Rumänien wurde von den Siebenbürger Sachsen zunächst ebenfalls unterstützt, da Rumänien ihnen umfangreiche Minderheitenrechte zugesichert hatte, wobei dieses Versprechen später nicht umgesetzt wurde.[106] Im Januar 1919 schuf Rumänien schließlich Tatsachen und besetzte Siebenbürgen.[107] Die völkerrechtliche Angliederung an Rumänien erfolgte durch den Vertrag von Trianon, der am 4. Juni 1920 – im Monat des Erscheinens von Langhans' Beitrag – nach langwierigen Verhandlungen und unter Protest der ungarischen Delegation unter-

104 Siehe zu Sprachenkarten Kap. 2, Anm. 48, S. 59.

105 Margaret MacMillan, Die Friedensmacher. Wie der Versailler Vertrag die Welt veränderte, Berlin 2015, S. 347.

106 Ebenso wie den Ungarisch sprechenden Szeklern wurde den Siebenbürger Sachsen durch die rumänische Regierung Autonomie in Schul- und Religionsangelegenheiten zugesagt. Vgl. Dietmar Müller, Staatsbürgerschaft und Minderheitenschutz. »Managing Diversity« im östlichen und westlichen Europa, 2006, in: Themenportal Europäische Geschichte, URL: www.europa.clio-online.de/essay/id/artikel-3309 [5.5.2018]. Florian Kührer-Wielach, Siebenbürgen ohne Siebenbürger? Zentralstaatliche Integration und politischer Regionalismus nach dem Ersten Weltkrieg, München 2014, S. 345 ff. Zur Minderheitenpolitik Rumäniens nach dem Ersten Weltkrieg siehe auch Martin Scheuermann, Minderheitenschutz contra Konfliktverhütung? Die Minderheitenpolitik des Völkerbundes in den zwanziger Jahren, Marburg 2000, S. 254 ff.

107 Rogers Brubaker/Margit Feischmidt/Jon Fox, Nationalist Politics and Everyday Ethnicity in a Transylvanian Town, Princeton 2018, S. 68.

zeichnet wurde. Bis heute wird er im kollektiven Gedächtnis der Ungarn als Unrecht erinnert und dient der nationalen Agitation.[108]

5.5.2 Beschreibung des Beitrags

Langhans konzipierte seine Terminologie um den bereits existierenden Begriff der ›Sprachinsel‹ herum. Hier machte er eingangs deutlich: »Für vereinzelt auftretende Sprachgemeinschaften inmitten fremdsprachlicher Umgebung hat sich seit langer Zeit die Bezeichnung ›Sprachinsel‹ eingebürgert.« Weiter verwies Langhans auf Friedrich Ratzel, der außerdem von »Völkersplittern als ›kaum dem Meere noch entragende Klippen‹« gesprochen habe.[109]

In diese Metaphorik von Land und Meer, von Flut und widerstehender oder überspülter Küste, situierte Langhans sämtliche seiner neu eingeführten Begriffe. Sie sollten im Sinne »klarer Begriffsbildung« und »unmißverständlicher Benennung« dazu beitragen, verschiedene Verhältnisse der »Sprachenverteilung und ihrer zeitlichen und räumlichen Veränderungen« präziser beschreiben zu können. Dabei schränkte er ein:

> Selbstverständlich kann man nicht alle statistisch darstellbaren Zustände sprachlicher Dichte mit Fachausdrücken belegen wollen, sondern nur die wichtigsten. Die übliche statistische Darstellung der Sprachverteilung nach Zehntelstufen vom Hundert der Gesamtzahl oder nach Viertelhundertstufen muß Ausdrucksform der Zahl oder statistischen Karte bleiben und vom Auge nach Zahl oder Färbung erfaßt und empfunden werden.

Den Kern der Begriffsbildung bildete, wie erwähnt, der bereits etablierte Terminus der Sprachinsel. Langhans definierte sie als »inselartigen Spracheinschluß innerhalb einer weiträumigen fremdsprachlichen Umgebung [...], der letztere als Meeresfläche gedacht gewissermaßen überragt«. Statistisch gesehen könne man von einer Sprachinsel sprechen, wenn eine Sprachgemeinschaft über die absolute Mehrheit in einem definierten Gebiet verfüge. Wenn mehr als zwei Sprachgemeinschaften existieren, müssen hierfür mehr als die Hälfte aller Bewohner/-innen in dem Gebiet einer gemeinsamen Sprachgemeinschaft angehören. Auf Grundlage der ›Sprachinsel‹ entfaltete Langhans seine weitere Begrifflichkeiten. Zunächst führte er das »Sprachvorland« ein. Von diesem könne man sprechen, wenn »mehr als zwei Sprachen um die Herrschaft ringen«, jedoch keine der beteiligten Sprachgemeinschaften die absolute Mehrheit erreiche, sondern »nur die

108 Robert Gerwarth, Die Besiegten. Das blutige Erbe des Ersten Weltkriegs, München 2017, S. 265 f.

109 Langhans, Das Sprachgebiet der Siebenbürger Sachsen einst und jetzt, S. 131. Auch alle folgenden Zitate finden sich hier, falls nicht anders angegeben.

verhältnismäßige Mehrheit besitzt, d.h. mehr Bekenner als eine andere Sprache für sich allein«. »Das meiste Vorland des Sachsenbodens ist den Sprachinseln vorgelagert oder wird von ihnen umschlossen; an einigen Stellen tritt es auch als absterbender Inselrest vereinzelt auf [...]. Die meisten Städte der Sachsen stellen Sprachvorland dar, so Schäßburg, Mediasch, Bistritz.«

Dann folgte der Begriff des »Sprachwatts«. Dieser stellt Zustände dar, in denen eine Sprachgemeinschaft sich einer anderen oder mehreren anderen gegenüber in der Minderheit befindet. Bezogen auf die Siebenbürger Sachsen, führte Langhans aus, gehe hier

> die fremdsprachliche Flut gewissermaßen bereits über sie hinweg, und nur zeitweilig wird dem lediglich auf die Zahl gerichteten Auge der deutsche Einschlag erkennbar: man darf solche Gemeinden im übertragenen Sinne als Sprachwatt bezeichnen. Vielfach wird das Sprachwatt den Gegenwartszustand eines Rückganges darstellen, der seinen Anfang nahm mit dem künstlich zurückgehaltenen Wachstum der deutschen Bevölkerung und der deutschen Abwanderung, deren Lücken das nachrückende, landhungrige Rumänentum ausfüllte.

Diesem nach Niedergang und Verfall angeordneten Begriffsspektrum schloss sich der »ertrunkene deutsche Sprachboden« an. Er bezeichnet diejenigen Gebiete, die bereits vollständig »deutsches Volkstum eingebüßt« hätten:

> Sie sind durch die Einfälle der Mongolen und Tataren und die Türkenkriege dahingefegt; Pest und Mißwachs haben die deutsche Bevölkerung dezimiert und endlich verschwinden lassen. [...] Nur Ortsnamen und Urkunden melden von dem untergegangenen Volkstum. Diese entdeutschten Gebiete liegen meist vor dem Außenrand der deutschen Sprachinseln; auf ihnen als Sockel erhebt sich gewissermaßen der heutige deutsche Sprachboden.

Dieser in einigen Gebieten »ununterbrochene Streifen ehemals deutschen Landes« wirke hier »geradezu als Sprachschelf«. Weitere Etappen dieser von Langhans beschworenen Auflösungsbewegung markierten die Termini »Sprachklippe« und »Sprachriff«: »Vereinzelt tauchen aus der fremden Sprachflut hervor eine Reihe von Sprachenklippen, deren deutsche Bewohner aber geistig versorgt werden vom Schul- und Kirchenamt des geschlossenen Sprachgebietes.«[110]

Das »Sprachriff« befand sich dieser Metaphorik folgend bereits vollständig unter der Wasseroberfläche:

> Nur durch statistische Aufnahmen zu erfassen sind die zahlreichen Orte, die vereinzelte Deutsche oder deutsche Familien beherbergen. Sie reichen nicht an die Oberfläche der Erkennbarkeit und dürften daher als Sprachriffe angesprochen werden, vergänglich und dem allmählichen Untergang geweiht.[111]

110 Ebd., S. 131 f.
111 Ebd., S. 132.

Das Sprachgebiet der Siebenbürger Sachsen einst und jetzt.

(Mit Karte, s. Tafel 25.[1])

I. Methodisches.

Für vereinzelt auftretende Sprachgemeinschaften inmitten fremdsprachlicher Umgebung hat sich seit langer Zeit die Bezeichnung „Sprachinsel“ eingebürgert. Daneben spricht Fr. Ratzel von Völkersplittern als „kaum dem Meere noch entragenden ‚Klippen‘“ [2]) und verweist auf H. Schuchardts Unterscheidung der einem „Sprachkontinent“ angelagerten Inseln, die durch fremde „Sprachflut“ abgetrennt oder junge Erhebungen sein können [3]). Der Begriff der von fremdsprachlicher Flut umbrandeten und benagten Sprachinsel ist uns durchaus geläufig, ebenso die Vorstellung von dem endlichen Untergange der allmählich verkleinerten und verflachten Sprachklippe. Es fragt sich nun, ob es im Interesse klarer Begriffsbildung und unmißverständlicher Benennung sich nicht empfiehlt, über die genannten Wörter hinaus dem morphographischen Wortschatz noch weitere sinnentsprechende Bezeichnungen zu entlehnen für alle wesentlichen Erscheinungen der Sprachenverteilung und ihrer zeitlichen und räumlichen Veränderungen. Selbstverständlich kann man nicht alle statistisch darstellbaren Zustände sprachlicher Dichte mit Fachausdrücken belegen wollen, sondern nur die wichtigsten. Die übliche statistische Darstellung der Sprachverteilung nach Zehntelstufen vom Hundert der Gesamtzahl oder nach Viertelhundertstufen muß Ausdrucksform der Zahl oder der statistischen Karte bleiben und vom Auge nach Zahl oder Färbung erfaßt und empfunden werden. Für die Hauptentwicklungs- und Zustandsstadien eines Sprachgebietes dagegen möchten passende Bezeichnungen zu finden sein.

Der Ausdruck „Sprachinsel“ bleibt einem inselartigen Spracheinschluß innerhalb einer weiträumigen fremdsprachlichen Umgebung vorbehalten, der letztere als Meeresfläche gedacht gewissermaßen überragt. Die Sprachinsel umfaßt stets eine sprachliche unbedingte (absolute) Mehrheit, d. h. mehr als die Hälfte ihrer Bewohner gehört einem Sprachstamm an. Die sprachlichen Dichtestufen ihrer Einzelteile (Gemeinden, Ortschaften usw.) entsprechen den Höhenschichten der geographischen Insel. Je größer die sprachliche Dichte, um so schärfer heben sich die Sprachinsel oder einzelne Teile von ihrer fremden Umgebung ab: die Sprachinsel erhebt sich um so schroffer und höher über die sie umbrandende fremde Sprachflut. So stürzt die Nordkante des sächsischen Mittellandes (s. Taf. 25) steil in die rumänisch-madjarische Flut, und fast senkrecht erheben sich unvermittelt drei reindeutsche Gemeinden nördlich von Sächsisch-Reen im Nösnerlande aus der fremdsprachlichen Umgebung (s. Taf. 6). Sprachinseln von sehr verschiedenem Umfang und zum Teil starker Zerrissenheit zählt das Siebenbürger Sachsenland 18, von denen elf auf das Mittelland, drei auf das Burzenland und vier auf das Nösnerland entfallen.

Wenn mehr als zwei Sprachen um die Herrschaft ringen, so hart zwar, daß keine die unbedingte Mehrheit erlangen kann, so bildet sich ein „Sprachvorland“, in dem die eine der wetteifernden Sprachen nur die verhältnismäßige Mehrheit besitzt, d. h. mehr Bekenner als eine andere Sprache für sich allein. Mit dem Ausdruck „Vorland“ verbindet sich die Vorstellung von einem Außendeichsland, das Gefahr läuft, bei Sturmfluten überschwemmt zu werden und Abbruch zu erleiden. Tatsächlich kämpfen manche dieser deutschen Vorlandsgemeinden schwer um ihr Dasein, und ihre deutsche relative Mehrheit von nur wenigen Köpfen droht dem übermächtigen Ansturm des Rumänentums zu erliegen (so in Schönberg mit drei, in Urwegen mit 17, in Kerz mit zwölf Köpfen Mehrheit). Das meiste Vorland des Sachsenbodens ist den Sprachinseln vorgelagert oder wird von ihnen umschlossen; an einigen Stellen tritt es auch als absterbender Inselrest vereinzelt auf (so Kerz am Alt und Tekendorf im Nösnerland). Die meisten Städte der Sachsen stellen Sprachvorland dar, so Schäßburg, Mediasch, Bistritz.

Erreicht eine Sprache auch nicht mehr einmal die relative Mehrheit, bleibt sie vielmehr einer anderen oder mehreren gegenüber in der Minderheit, so geht die fremdsprachliche Flut gewissermaßen bereits über sie hinweg, und nur zeitweilig wird dem lediglich auf die Zahl gerichteten Auge der deutsche Einschlag erkennbar: man darf solche Gemeinden in übertragenem Sinne als Sprachwatt bezeichnen. Vielfach wird das Sprachwatt den Gegenwartszustand eines Rückganges darstellen, der seinen Anfang nahm mit dem künstlich zurückgehaltenen Wachstum der deutschen Bevölkerung und der deutschen Abwanderung, deren Lücken das nachrückende, landhungrige Rumänentum ausfüllte. Wenn das weite Sprachwatt der Sachsen sich überhaupt noch über Wasser hält, so ist es vielfach nur der großartigen Organisation zu danken, mit der das evangelische Kirchen- und Schulwesen das ganze Land überspannt, unterstützt vom völkisch gearteten Genossenschafts- und Geldbankwesen. Das umfangreichste Sprachwatt ist dem Mittellande im Westen vor- und eingelagert, wo sogar Städte wie Mühlbach und Broos auf ihm liegen; doch auch Kronstadt im Burzenlande liegt auf einem Sprachwatt, das von den Höhen der Südkarpaten bis ins Alttal hinunterreicht.

Rund 160 Ortschaften des alten Sachsenbodens haben ihr deutsches Volkstum eingebüßt. Sie sind durch die Einfälle der Mongolen und Tataren und die Türkenkriege dahingefegt; Pest und Mißwachs haben die deutsche Bevölkerung dezimiert und endlich verschwinden lassen. Viele Quadratkilometer ertrunkenen deutschen Sprachbodens legen sich besonders um das heutige Nösnerland und vor die zerrissenen Westausläufer des Mittellandes. Nur Ortsnamen und Urkunden melden von dem untergegangenen deutschen Volkstum. Diese entdeutschten Gebiete liegen meist vor dem Außenrand der deutschen Sprachinseln; auf ihnen als Sockel erhebt sich gewissermaßen der heutige deutsche Sprachboden. Vor dem Westrande des Nösnerlandes wirkt der ununterbrochene Streifen ehemals deutschen Landes geradezu als Sprachschelf.

Vereinzelt tauchen aus der fremden Sprachflut hervor eine Reihe von Sprachklippen, deren deutsche Be-

[1]) Für die Einzelheiten sind zu vergleichen die Tafeln 1, 2 und 6 im Jan./Febr.- und im März-Heft. — [2]) Anthropogeographie I, S. 148. — [3]) Vgl. Peterm. Mitt. 1897, S. 53.

Abb. 38: Paul Langhans, Das Sprachgebiet der Siebenbürger Sachsen einst und jetzt, Teil 1

132 P. Langhans: Das Sprachgebiet der Siebenbürger Sachsen einst und jetzt.

wohner aber geistig versorgt werden vom Schul- und Kirchenamt des geschlossenen Sprachgebietes. Es sind dies meist Beamten- und Handwerkerkolonien in der größeren nichtdeutschen Städten des Landes oder Bergwerksniederlassungen, die (wie Karlshütte und Balanbanya am oberen Hamruder Bach bzw. Alt) mit den veränderten wirtschaftlichen Verhältnissen auch wieder verschwinden können. Auch zukünftigen Stürmen gegenüber dürften sich behaupten die Sprachklippen Klausenburg, Neumarkt, Groß-Enyed, Karlsburg.

Nur durch statistische Aufnahmen zu erfassen sind die zahlreichen Orte, die vereinzelte Deutsche oder deutsche Familien beherbergen. Sie reichen nicht an die Oberfläche der Erkennbarkeit und dürften daher als Sprachriffe angesprochen werden, vergänglich und dem allmählichen Untergang geweiht.

Diese für die Hauptentwicklungs- und Zustandsstadien eines Sprachgebietes gewonnenen Bezeichnungen sollen nun auf dasjenige der Siebenbürger Sachsen Anwendung finden.

II. Sachliches.

1. Mittelland.

Das „Mittelland" der Siebenbürger Sachsen — „von Broos bis Draas" — besteht in seinem Hauptteil aus einer zusammenhängenden Masse von 81 Mehrheitsgemeinden mit 16 Vorlandsgemeinden zwischen Kleiner Kokel und Alt. Westlich vorgelagert sind dieser Hauptgruppe eine Reihe kleinerer Sprachinseln, deren größte die Hermannstädter ist (11 bzw. 1 Gem.); außer ihr seien nach ihren Hauptorten benannt die Großpolder (3 bzw. 1 Gem.), die Petersdorfer (1 Gem.), die Gergischdorfer (1 Gem.) und die Bulkescher (4 bzw. 1 Gem.). Dazu kommen noch die Vorlandsgemeinden Blutroth, Kerz und Schirkanjen.

Kokeler Sprachinsel (1).

a) Die „Dreizehndörfer" und Nachbarorte nördl. der Großen Kokel.

	d.[1])	m.	r.	a.	zus.
Klein-Laßlen	645	19	26	31*	721
Klein-Alisch	666	9	44	—	719
Rode	1093	170	14	106*	1383
Zendersch	1165	14	65	71*	1315
Felldorf	521	17	44	—	582
Zuckmantel	780	42	268	—	1090
Nadesch	908	147	366	98*	1519
Marienburg	606	53	549	1	1209
Maniersch	492	8	43	34*	577
Maldorf	625	5	69	56*	755
Irmesch	675	19	99	23	816
Johannisdorf	458	12	337	—	807
Reußdorf	458	32	66	8	564
Belleschdorf [2])	364	12	296	—	672
Bogeschdorf [2])	722	47	211	171*	1151
Halwelagen	709	28	142	129	1008
Pruden	470	4	39	75	588
Groß-Alisch	1034	7	180	194	1415
	12391	**645**	**2858**	**997**	**16891**
v. H.	*73,4*	*3,8*	*16,9*	*5,9*	*100*

Die „Dreizehndörfer" zwischen der Kleinen Kokel im Norden und der Großen Kokel im Süden stellen den deutschesten Teil Siebenbürgens dar mit 73,4 v. H. der Gesamtbevölkerung; acht ihrer Ortschaften enthalten über 80 v. H. Deutsche, eine davon (Klein-Alisch) sogar über 90 v. H. Der Außenrand der Gemeinden stößt unvermittelt an die fremdsprachlichen Nachbargemeinden, kein deutschsprachliches Vorland ist ihnen vorgelagert.

* = Zigeuner. — ** = meist Zigeuner.

[1]) d. = deutsch, m. = madjarisch, r. = rumänisch, a. = anderer Sprache. — [2]) Die Fluren berühren sich nur in einem Punkte, der Höhe des Knieberges.

b) Das „Weinland" nebst drei Dörfern nördl. der Großen Kokel.

	d.	m.	r.	a.	zus.
Klein-Schelken	1354	11	599	2	1966
Frauendorf	851	40	718	15	1624
Klein-Probstdorf (nördl. der Gr. Kokel)	357	—	142	—	499
Groß-Probstdorf (nördl. der Gr. Kokel)	1071	17	262	270*	1620
Baaßen (nördl. der Gr. Kokel)	1060	33	322	237*	1652
Elbesdorf	591	6	540	136*	1273
Wurmloch	732	18	669	—	1419
Schaal	455	4	300	8	767
Petersdorf	334	1	122	6	463
Mardisch [1])	288	20	206	80*	594
Mortesdorf	695	10	131	—	836
Martinsdorf	545	18	115	9	687
Almen	350	—	231	—	581
Meschen	1168	11	658	14	1851
Mediasch	3866	1715	2729	316**	8626
Bußd	451	11	393	115*	970
Nimesch	408	—	128	—	536
Hetzeldorf	1102	33	442	58*	1635
Tobsdorf	396	3	176	—	575
Reichesdorf	886	24	248	92**	1250
Birthälm	1215	47	868	129**	2259
Scharosch	1057	122	422	45[2])	1646
Waldhütten	626	18	216	123*	983
Groß-Kopisch	582	13	452	24	1071
Neudorf	661	3	275	37*	976
Rauthal	435	3	100	66**	604
Groß-Laßlen	847	27	185	187*	1246
Felsendorf	193	—	137	42*	372
Malmkrog	867	31	394	3	1295
Kreisch	656	117	434	136*	1343
Peschendorf	560	50	178	17	805
Schäßburg	5486	2687	3031	383**	11587 [3])
Schaas	640	22	609	1	1272
Trappold	633	26	547	1	1207
Wolkendorf	220	3	21	—	244
Denndorf	642	13	257	261 [4])	1173
Keißd	1209	32	744	—	1985
Klosdorf	206	7	50	90*	353
Deutsch-Kreutz	611	30	155	134*	930
Meschendorf	523	1	249	37*	810
Bodendorf	443	15	316	248*	1022
Radeln	470	5	147	93*	715
Arkeden	607	122	324	217*	1270
Mehburg	493	90	194	180 [5])	957
	36842	**5459**	**19436**	**3712**	**65449**
v. H.	*56,3*	*8,3*	*29,7*	*5,7*	*100*

Das Weinland zwischen der Großen Kokel im Norden und in der Hauptsache der Wasserscheide zwischen Gr. Kokel und Alt (Haarbach) im Süden, umfaßt die größte Fläche deutschen Landes in Siebenbürgen, tritt aber in bezug auf seine Deutschheit mit rund 56 v. H. bedeutend hinter die Dreizehndörfer zurück. Nur eine kleine Gemeinde (Wolkendorf) zählt über 90 v. H., und eine weitere 80—90 v. H. Deutsche. Ihm gehören, allerdings nur als Vorland, die beiden Städte Schäßburg und Mediasch an; es umschließt die kleinen Sprachinseln Klein-Kopisch (madj.) und Zultendorf (rumän.) ohne Deutsche.

c) Das „Altland".

	d.	m.	r.	a.	zus.
Leschkirch	639	100	351	153**	1243
Holzmengen	510	15	497	3	1025
Marpod	1089	9	300	—	1398
Kirchberg	1034	2	429	94 [6])	1559
Martinsberg	764	8	383	84**	1239
Braller	519	17	366	118*	1020
Zied	344	1	233	—	578
Agnetheln	2476	160	949	273[7])	3858
Abtsdorf	472	—	123	3	598
Roseln	623	5	465	—	1093
Schönberg	629	5	626	1	1261
Mergeln	712	4	485	6	1207
Groß-Schenk	1173	139	1035	190**	2537
Gürteln	229	—	123	1	353
Klein-Schenk	575	21	338	1	935
Rohrbach	338	6	204	50**	598
Scharosch	714	17	396	—	1127

[1]) Die nach rechts eingerückten Gemeinden stellen Sprachvorland dar. — [2]) 33 Zigeuner. — [3]) 102 Staatsfremde. — [4]) 255 Zigeuner. — [5]) 146 Zigeuner, 34 Serben. — [6]) 93 Zigeuner. — [7]) 272 Zigeuner.

Abb. 39: Paul Langhans, Das Sprachgebiet der Siebenbürger Sachsen einst und jetzt, Teil 2

5.5.3 Feinanalyse des Beitrags

Der Text soll anhand von drei Subkodes auf das Deutungsmuster der *Bedrohung* hin analysiert werden. Als Subkodes werden *Imagination*, *Untergang* und *Raum-Zeit-Schichtungen* verwendet. Abschließend sollen die Bezüge zwischen Text, Karte und Statistik näher bestimmt werden.

Subkode *Imagination*

Langhans' Anliegen scheint zunächst einfach. Er unternahm den Versuch, für verschiedene, quantifizierbare Verhältnisse von Sprachgemeinschaften begriffliche Entsprechungen zu schaffen. Bei der Umsetzung wählte Langhans hierfür jedoch keine neutralen Begriffe, sondern entwarf eine Terminologie, die auf dem normativen Gegensatz von Land und Meer beruhte, wobei er einen »morphographischen Wortschatz« verwendete. Genauer gesagt, entlehnte Langhans seine Begriffe in sehr freier Form dem Bereich der Küstenmorphologie. Dies hatte zwei wesentliche Konsequenzen. Zum einen überführte er Begriffe – und damit implizit auch Kausalitäts- und Eindeutigkeitslogiken – aus dem Bereich der physischen Geographie in den humangeographischen Bereich. Zweitens transformierte er auf einer imaginären Ebene das Berg- und Hügelland des Siebenbürgischen Beckens, welches ja den eigentlichen geographischen Kontext der Sprachenkarte bildete, in eine Küstenlandschaft.

Langhans' Terminologie sorgte somit für eine geographische Überblendung, sie verwandelte die Hügel und Täler Siebenbürgens in die dramatische Kulisse von Land und Meer, wo das Gesetz der Gezeiten herrscht. Die Sprachenkarte transformierte Siebenbürgen mittels geographischer Imagination in eine als deutsch konnotierte Küsten- und Insellandschaft, die »von fremdsprachlicher Flut umbrandet« wurde. Darin implizit enthalten war auch das Narrativ von Landgewinnung und Urbarmachung, eine Tätigkeit, die als Sinnbild für Kulturarbeit schlechthin galt.[112] Wenn Langhans etwa ausführt, dass sich mit dem Begriff des Sprachvorlands, die »Vorstellung von einem Außendeichsland« verbinde, »das Gefahr läuft, bei Sturmfluten überschwemmt zu werden und Abbruch zu erleiden«, so wurde auf subtile Weise das Verhältnis zwischen den Deutschsprachigen und den ›Fremdsprachigen‹ in dieses Narrativ eingebettet und ihr Verhältnis in einen dichotomischen Kampf zwischen Kultur und Natur umgedeutet. Die Ausbreitung der deutschen Sprache bedeutete demnach Landgewinnung und damit ein Sieg der Kultur über die Natur, während der Verlust deutschsprachiger Gebiete dem Einbruch roher Naturgewalten gleichkam. In letzterem Fall sprach Langhans von »Abbruch«, »Zerrissenheit«, »Untergang« und vom »ertrunkenen deutschen Sprachboden«. Die verwendeten Begriffe »Sprachboden«, »Sachsenboden« etc.

112 Siehe David Blackbourn, Die Eroberung der Natur. Eine Geschichte der deutschen Landschaft, München 2008.

verweisen dabei auch auf die vorgenommene enge Verknüpfung der deutschsprachigen Bevölkerung mit dem von ihnen bearbeiteten ›Boden‹. Letzterer wird gleichsam selbst zu einem festen Bestandteil der ›Gemeinschaft‹, sodass Langhans den »deutschen Sprachboden« durch den Kunstgriff eines Anthropomorphismus sogar ertrinken lassen konnte.

Im Zusammenhang mit dem auf Sprachgemeinschaften übertragenen Kampf zwischen Kultur und Natur sind auch die Höhenverhältnisse der imaginierten Küstenlandschaft wichtig. Laut Langhans »überragt« die Sprachinsel die »als Meeresfläche gedachte«, »fremdsprachliche Umgebung«. Denn Langhans interpretierte die »sprachlichen Dichtestufen ihrer Einzelteile (Gemeinden, Ortschaften usw.)« als »Höhenschichten der geographischen Insel«. So schuf Langhans – völlig unabhängig von den tatsächlichen orographischen Höhenverhältnissen, nur auf Sprachenstatistik beruhend – regelrechte Reliefs von Landschaften, die er u. a. wie folgt beschrieb:

> Je größer die sprachliche Dichte, um so schärfer heben sich die Sprachinsel oder einzelne Teile von ihrer fremden Umgebung ab: die Sprachinsel erhebt sich um so schroffer und höher über die sie umbrandende fremde Sprachflut. So stürzt die Nordkante des sächsischen Mittellandes […] steil in die rumänisch-madjarische Flut, und fast senkrecht erheben sich unvermittelt drei reindeutsche Gemeinden nördlich von Sächsisch-Reen im Nösnerlande aus der fremdsprachlichen Umgebung.

So entsteht eine Beschreibung, die eher Bilder von Helgoland als von Siebenbürgen evoziert.[113] Diese imaginäre ›Höhe‹ der Sprachinseln stand dabei gleichzeitig für eine normative Hierarchie der Kulturen. Die deutschen Sprachinseln überragten die amorphe »Meeresfläche« der rumänisch- bzw. ungarischsprachigen Gebiete. Langhans betonte, dass das »weite Sprachwatt der Sachsen« sich »überhaupt noch über Wasser halte«, sei nur der »großartigen Organisation zu danken«, mit der das »evangelische Kirchen- und Schulwesen das ganze Land überspannt, unterstützt vom völkisch gearteten Genossenschafts- und Geldbankwesen«.

Interessanterweise erinnern diese Landschaftsmetaphern stark an eine Nordseelandschaft, wodurch sich auch biographische Bezüge herstellen lassen. Langhans war gebürtiger Hamburger, sein Vater Angestellter im Hamburger Hafen.[114] Für seine geplante Dissertation über die Sprachverhältnisse in Nordschleswig und den Verlauf der Sprachengrenzen zwischen dem Deutschen, Dänischen und Friesischen, führte Langhans Feldstudien im Bereich der Nord- und Ostseeküsten durch (vgl. Kap. 2). Es ist also naheliegend, dass ihm diese Landschaft vertraut war und sich das imaginäre Potential der von Langhans entwickelten Terminologie

113 Zu Helgoland als Sehnsuchtsort des deutschen Nationalismus vgl. Jan Rüger, Helgoland. Deutschland, England und ein Felsen in der Nordsee, Berlin 2017.

114 Manfred Langhans, Familiengeschichte, S. 5 ff.

auch aus dieser Erfahrung speiste.[115] Zugleich diente die Küsten- und Nordseemetaphorik möglicherweise auch dem Ziel, den deutschen Leser/innen das recht ferne Siebenbürgen näherzubringen und dessen Fremdheit in bekannte, bereits im Kaiserreich stark popularisierte Landschaftsbilder zu übersetzen.

Subkode *Untergang*

Die bisher angeführten Zitate dürften bereits deutlich gemacht haben, dass Langhans keine deskriptive Begriffsbildung betrieb, sondern dass er auf verschiedenen Ebenen stark normativ-ideologische Wertungen einfließen oder vielmehr einfluten ließ. Die Kulisse, vor der sich der als dramatische Auseinandersetzung geschilderte Konflikt zwischen den deutschen, rumänischen und ungarischen Sprachgemeinschaften abspielte, war eine Küstenlandschaft mitsamt den vorgelagerten Inseln eines Wattenmeers. Hier drohte beständig ›Land unter‹: »Der Begriff der von fremdsprachlicher Flut umbrandeten und benagten Sprachinsel ist uns durchaus geläufig, ebenso die Vorstellung von dem endlichen Untergange der allmählich verkleinerten und verflachten Sprachklippe.« Das ganze Szenario war also von Beginn an in eine bewusst unheilvolle Stimmung getaucht. Der Unterton von allmählicher Zersetzung und drohendem Untergang schrieb sich durch die im vorhergehenden Abschnitt beschriebene imaginäre Überblendung dem gesamten Text ein. Genau darin bestand ihre Funktion: Der potentielle Rückgang der Deutschsprachigen wurde mit der steten Zersetzung der Küste durch das Meer gleichgesetzt, was auf einer übergeordneten Ebene dieser Metaphorik für den Triumph des Chaos über Ordnung und Kultur stand.

Die eher großzügig zugeschnittene Terminologie wird dabei im Text stellenweise mit der für Langhans typischen, peniblen Statistik konkretisiert und dramatisch veranschaulicht: »Tatsächlich kämpfen manche dieser deutschen Vorlandsgemeinden schwer um ihr Dasein, und ihre deutsche relative Mehrheit von nur wenigen Köpfen droht dem übermächtigen Ansturm des Rumänentums zu erliegen (so in Schönberg mit drei, in Urwegen mit 17, in Kerz mit zwölf Köpfen Mehrheit).« Derartige Passagen ermöglichten ein auf konkrete Zahlen gestütztes mentales Zoom-In der Leserschaft: Aus dem großen Überblick heraus auf einzelne Dorfgemeinschaften, ja gefühlt auf einzelne Familien, wurde so die Vorstellungskraft fokussiert, auf der Grundlage von Zahlen, welche akribisch für jede Ortschaft zusammengestellt waren. Deren Anschein größter Genauigkeit spendete emotionalen Halt in der diffusen Angst vor Untergang und Zersetzung. Wenn dies auch drohte und sogar unvermeidlich schien, so kannte man doch wenigstens den exakten numerischen Abstand, der einen von diesen Schrecken trennte.

115 »Schon aus seinen jugendlichen Jahren stammte Paul's Interesse für Volkstumsfragen, offenbar geboren aus innerer Anteilnahme an den damaligen ›Volkstumskämpfen‹ zwischen Deutschen und Dänen in Nordschleswig und Südjütland.« Ebd., S. 14. Auch als Student »betätigte sich Paul eifrig im nordschleswigschen Volkstumskampf«. Ebd.

Langhans' Rede vom »übermächtigen Ansturm des Rumänentums« stellte dabei die zeitgenössische Gefährdung des »Deutschtums« in eine historische Kontinuität mit der Vergangenheit: »Rund 160 Ortschaften des alten Sachsenbodens haben ihr deutsches Volkstum eingebüßt. Sie sind durch die Einfälle der Mongolen und Tartaren und die Türkenkriege dahingefegt.« An anderer Stelle wurde als weitere Ursache des Bevölkerungsrückgangs bei den Siebenbürger Sachsen das »künstlich zurückgehaltene Wachstum der deutschen Bevölkerung« angeführt. Hier klangen vereinzelt auch eugenische und biopolitische Deutungsmuster an. Der Sozialdarwinismus durchzog den gesamten Text.

Die derart zum Ausdruck kommende pessimistische Bewertung der Situation und die Betonung der Bedrohung sind für Langhans' Sprachenkarten insgesamt charakteristisch. Dies hing einerseits mit seiner persönlichen Aversion gegen jede Form der Beschönigung zusammen;[116] aber noch ein anderer, funktionaler Aspekt spielte eine Rolle. Eine Diagnose, die Bedrohung und Krise, ja kommenden Untergang prophezeit, mobilisiert viel wirksamer Kräfte, als eine, die vollständige Kontrolle oder gar Prosperität signalisiert. So ist in der Perspektive von Langhans auch ein Kalkül enthalten, das auf die Aktivierung und Bündelung aller verfügbaren Kräfte zielt, um den angeblich drohenden Untergang doch noch abzuwenden. Max Eckert hat diesen Zug in seiner Charakterisierung von Langhans klar benannt:

> Auf dem Gebiete der Sprachkarte begegnet uns seit Jahren in ungetrübter Rüstigkeit Paul Langhans, ganz gleich, ob er sich der deutschen Sprache in eng umschlossenen Gebieten oder auf weiten Grenz- und außerdeutschen Gebieten annimmt. All seine zahlreichen Karten sind die Offenbarung seiner großen Liebe zum deutschen Volke und sind nicht so sehr Selbstzweck wie vielmehr Mittel, das deutsche Volk über seinen Wert nachdenken zu lehren, aber auch über die Gefahren, denen es von vielen Seiten ausgesetzt ist. Hierhergehörige Karten sind z.B. die, die sich mit den westlichsten Ausläufern des mitteldeutschen Sprachbodens beschäftigen, oder mit dem friesischen Sprachgebiete, oder mit dem des Sachsenlandes in Siebenbürgen.[117]

Das dominante Gefühl nationaler bis rechtsradikaler Kreise in der Weimarer Republik, das des Verfalls und der Bedrohung, sei es durch das ›feindliche‹ Ausland oder den ›Bolschewismus‹ und das verräterische ›Judentum‹ als Feinde im Innern,[118] konturierte die Perspektive des Textes. Doch bereits Karten von Lang-

116 Bspw. schrieb Langhans an Boeckh, der Fehler in der amtlichen Statistik von 1890 für Schleswig habe darin gelegen, »deutschgesinnte«, aber »dänischsprechende« Bauern zu »Deutschen« zu machen. Vgl. Brief von Paul Langhans an Richard Boeckh vom 5. Juni 1906, Zentral- und Landesbibliothek Berlin, Sammlung Kuczynski, Kuc7-4-16.

117 Eckert, Die Kartenwissenschaft, Bd. 2, S. 463.

118 Wobei sich unter Radikalnationalen und Völkischen in den 1920er Jahren zunehmend das Gespinst verbreitete, Juden hätten den Bolschewismus erfunden, wodurch in der Figur des Juden äußere und innere Bedrohungen miteinander verklammert wurden.

hans aus der Zeit vor dem Ersten Weltkrieg waren hiervon geprägt, wie das von Eckert angeführte Zitat belegt.[119] Vor dem Hintergrund einer aus deutsch-völkischer Sicht bedrohlichen Assimilation deutschsprachiger Minderheiten im Ausland war die Aufmerksamkeit der deutschen Öffentlichkeit für deren Situation von großer Wichtigkeit. Der Geograph Kurt Hassert betonte retrospektiv Langhans' diesbezügliche Vorreiterrolle als völkischer Kartograph im Kaiserreich:

> Aber die Zeit war für seine [Langhans'] Ideen noch nicht reif. Erst der Weltkrieg mit seinen schweren Verlusten an deutschem Volksboden und die Bedrohung der im Auslande zerstreuten deutschen Minderheiten haben weiten Kreisen die Augen geöffnet. Heute ist darum die Pflege des völkischen Gedankens und der auslanddeutschen Belange fast Modesache geworden und nimmt auch in den wissenschaftlichen Darbietungen unserer Hochschule einen immer breiteren Raum ein. Da kann man nicht nachdrücklich genug auf den reichen Schatz gehaltvoller Sprachen- und Nationalitätenkarten hinweisen, die Langhans in jahrzehntelanger Arbeit in »Petermanns Mitteilungen« niedergelegt hat.[120]

Subkode *Raum-Zeit-Schichtungen*

An dieser Stelle soll aufgezeigt werden, in welchem Zusammenhang Raum und Zeit in Langhans' Beitrag standen, d. h. wie das Deutungsmuster der Bedrohung verräumlicht und verzeitlicht wurde. Dabei sollen Karte, Text und Statistik in ihrer Wechselwirkung betrachtet werden: »Bedrohungsdiagnosen entfalten ihre alarmierende Wirkung dadurch, dass sie Gegenwartsbezug, Zukunftsorientierung und oft auch Vergangenheitsdeutung miteinander verbinden.«[121] Vergangenheit und Gegenwart wurden in Langhans' Beitrag über ein Narrativ des allmählichen Vergehens und des scheinbar unaufhaltsamen Zurückgedrängt-Werdens der deutschsprachigen Minderheit in der Region Siebenbürgen verknüpft. Diese Entwicklung wurde prognostisch in die Zukunft verlängert, bis hin zum drohenden gänzlichen Verschwinden der Siebenbürger Sachsen. Dieser Chronologie des allmählichen Verlusts entsprach der stufenweise Abstieg der von Langhans eingeführten raumbezogenen Terminologie, deren Spektrum von der Sprachinsel, welche einer »unbedingten Mehrheit (mehr als alle anderen Volksstämme zusammen)« entsprach, bis zum unter der Wasseroberfläche liegenden Sprachriff reichte, welches »Deutsche in der Vereinzelung« markierte.[122]

119 Paul Langhans, Die Reste des friesischen Sprachgebiets im Deutschen Reich, in: Dr. A. Petermann's Mitteilungen aus Justus Perthes' Geographischer Anstalt 38 (1892), Tafel 20.

120 Kurt Hassert, Paul Langhans 60 Jahre, zum 1. April 1927, unveröffentlichtes Manuskript, S. 4, Forschungsbibliothek Gotha, Sammlung Perthes, SPA ARCH PGM 558.

121 Ewald Frie/Boris Nieswand, »Bedrohte Ordnungen« als Thema der Kulturwissenschaften, in: Journal of Modern European History 15 (2017), H. 1, S. 5-35, hier S. 10.

122 Langhans, Der deutsche Sprachboden Siebenbürgens in methodischer Darstellung, Legende.

Das im Text entfaltete Deutungsmuster des stufenweisen Abstiegs nahm die Karte auf und projizierte es auf den Raum. Die Karte stellte eine Verräumlichung des postulierten Zeitlaufs des Verschwindens dar, indem sie zeigte, in welchem Stadium des Verfalls sich die einzelnen Gebiete befanden. Hierzu trugen besonders die beschriebenen imaginären Höhenstufen bei, welche dem Abstieg Plastizität verliehen. Diesen Höhenverhältnissen entsprach die Farbskala der Karte: Sprachinseln waren flächig-rot eingefärbt, wodurch sie die Wahrnehmung der Betrachter/innen auf sich zogen. Die folgenden, den stetigen Abstieg markierenden Begriffe waren zwar ebenfalls rot gekennzeichnet, jedoch war die Farbe immer feiner gerastert, sodass sie stufenweise blasser gehalten waren, analog zum postulierten Dahinschwinden des ›Deutschtums‹ in der Region.

Die von Langhans verwendete Statistik bildete die Basis seiner Terminologie und ihrer kartographischen Visualisierung. Sie ermöglichte zunächst überhaupt die Zuordnung einer bestimmten Gemeinde zu einer der Begrifflichkeiten. Denn ob es sich um eine »Sprachinsel«, um »Sprachwatt« oder »ertrunkenen deutschen Sprachboden« handelte, das entschieden, wie beschrieben, die statistischen Mehrheitsverhältnisse der Sprachgemeinschaften. Die Text und Karte zugrunde gelegte Statistik basierte auf den Daten des am 31. Dezember 1910 in Ungarn durchgeführten Zensus.[123] Die Daten wurden nach Ortschaften und Gemeinden aufgeschlüsselt. Dabei wurden die Bewohner/innen in die Kategorien »deutsch«, »madjarisch«, »rumänisch« und »andere Sprache« unterteilt.[124] In die letzte Kategorie wurden vor allem »Zigeuner«, aber auch »Serben«, »Ruthenen«, und »Polen« aufgenommen.[125] Diese Klassifikation, die vermutlich bereits auf das Erhebungsverfahren zurückging, von Langhans aber übernommen wurde, basierte bereits auf einer ethnischen Homogenisierung, bei der bspw. das Phänomen der Mehrsprachigkeit ausgeblendet wurde. Die Statistik und die darauf beruhende Terminologie des Textes sowie ihre Visualisierung in der Karte erzeugten ein simplifizierendes ethnisches Raumbild, wonach alle Menschen der untersuchten Region nur eine Sprache sprechen würden, die Sprache zudem gleichzeitig die ethnische und die politische Identität determiniere und die Sprachgemeinschaften der Region monadisch existierten. Die Daten generierten einen von der Lebenswirklichkeit

123 Langhans, Die geschichtlich-ethnographischen Karten des Siebenbürger Sachsenlandes, S. 52. Vgl. zur Bevölkerungsstatistik in Österreich-Ungarn Wolfgang Göderle, Zensus und Ethnizität: zur Herstellung von Wissen über soziale Wirklichkeiten im Habsburgerreich zwischen 1848 und 1910, Göttingen 2016. Zur österreichischen Reichshälfte siehe Emil Brix, Die Umgangssprachen in Altösterreich zwischen Agitation und Assimilation. Die Sprachenstatistik in den zisleithanischen Volkszählungen 1880-1910, Wien u. a. 1982.

124 Langhans, Das Sprachgebiet der Siebenbürger Sachsen einst und jetzt, S. 132.

125 Ebd. Langhans vermerkte auf den drei Karten Siebenbürgens größeren Maßstabs, wenn »der deutsche Sprachanteil eines Ortes eingewanderten Ostjuden zu verdanken« sei. Hier erweiterte Langhans die Zensus-Daten um eine antisemitische Komponente. Langhans, Die geschichtlich-ethnographischen Karten des Siebenbürger Sachsenlandes, S. 52.

abstrahierten Zustand eines Zeitpunkts, der bei Erscheinen des Beitrags zudem bereits fast zehn Jahre zurücklag.

Die statistischen Daten sollten dennoch Validität und Genauigkeit, mit einem Wort die Wissenschaftlichkeit des Beitrags verbürgen. Doch die langen Kolonnen von Zahlen waren schwer zu überblicken, Nutzer/innen mussten für Vergleiche blättern, notieren, rechnen etc. Hier schuf die Karte Abhilfe, sie übersetzte die Daten in eine bildliche Zusammenschau.[126] Im Gegenzug wäre jedoch die Legende der Karte, also auch die Karte selbst, ohne die vom Text eingeführten und gedeuteten Kategorien gar nicht verständlich. Geht man dem Verhältnis von Text, Statistik und Karte nach, so lässt sich feststellen, dass sie vielfache Beziehungen unterhielten, sich gegenseitig stützten, jedes Element dabei jedoch spezifische Aufgaben übernahm. Aus dieser wechselseitigen Bezugnahme bezog das Anliegen des Beitrags, »Gegenwartsbezug, Zukunftsorientierung und [...] Vergangenheitsdeutung« mit dem Deutungsmuster einer Bedrohung der Siebenbürger Sachsen zu verknüpfen, seine Plausibilität.

Die in Langhans' Beitrag erzeugte ethnische Bedrohungslandschaft war Ausdruck einer völkischen Weltanschauung. Die Bilderwelt für seine Metaphorik eines Kampfes zwischen Land und Meer, der hier archetypisch für den absoluten Gegensatz von Kultur und Natur, von Ordnung und Chaos, für die unversöhnliche Gegensätzlichkeit zwischen Eigenem und Fremdem steht, entnahm Langhans seiner geographischen Heimat, dem Nordseeraum. Dieser diente Langhans bei seiner kartographischen Bearbeitung Siebenbürgens als Metaphern- und Deutungsressource, die starke Emotionen aufrief. Das aus den Karten sprechende Gefühl der Bedrohung sagt somit nicht nur etwas über die zeitgenössischen Diskurse aus, sondern auch über die Gefühlswelt von Paul Langhans selbst.

5.6 Langhans' Kartenstil und die Debatte um Sprachenkarten nach dem Ersten Weltkrieg

Zu Beginn des Kapitels war bereits die Rede davon, dass der Erste Weltkrieg eine entscheidende Zäsur für Paul Langhans darstellte: Seine mit großem Aufwand vorangetriebenen politischen Projekte waren gefährdet, seine persönliche wirtschaftliche Situation prekär. Und die Nachricht von den Waffenstillstandsverhandlungen war für einen nationalistischen Eiferer wie Langhans, der annexionistische Kriegsziele aktiv durch die Sammlung von Petitionsunterschriften und Reden unterstützt und noch gegen Ende des Krieges für die Deutsche Vaterlands-

126 Bruno Latour, Visualisation and Cognition: Drawing Things Together, in: Knowledge and Society Studies in the Sociology of Culture Past and Present 6 (1986), S. 1-40, hier S. 12.

partei[127] »in unzähligen Stadt- und Dorfversammlungen, in- und ausserhalb Thüringens« Vorträge »zur Stärkung des Siegeswillens im Volke« gehalten hatte, mit Sicherheit schwerlich zu verkraften gewesen.[128]

In Bezug auf die kartographischen Veröffentlichungen von Langhans fällt auf, dass seine mit Abstand produktivste Phase in die Zeit vor und während des Ersten Weltkriegs fiel. Die analysierte Karte zu den Siebenbürger Sachsen trägt den Zusatz »500. Karte des Verf.[assers]«. Nach dem Krieg ging die kartographische Produktion von Langhans stark zurück. Im Folgenden sollen die hierfür ausschlaggebenden Ursachen erörtert werden, wobei zwei ganz wesentliche Faktoren ausgemacht werden können. Der eine betrifft die allgemeinen Veränderungen auf dem Gebiet ethnographischer Karten, der andere liegt stärker in der Verlagspolitik von Justus Perthes begründet. Zunächst soll der mehr allgemeine Aspekt der Kartengestaltung und sein historischer Kontext diskutiert werden.

Eines hatte sich im Laufe des Ersten Weltkriegs in besonderem Maße bestätigt, es wurde eingangs anhand der Aufregung um die Spett'sche Karte bereits kurz dargelegt: Karten, die ethnische oder nationale Verhältnisse behandelten, bargen enormen politischen Sprengstoff, was für einen privatwirtschaftlichen Verlag immer auch ein ökonomisches Risiko darstellte, denn schnell konnten aus dem nationalen Lager Vorwürfe oder gar Boykottaufrufe gegen den Verlag laut werden, was wiederum finanzielle Einbußen bedeutet hätte. Die Friedensverhandlungen sollten dann zeigen, dass Karten tatsächlich erhebliche politische Wirkung zeitigen konnten. Jason D. Hansen hat die vielfältigen diplomatischen Strategien, bei denen statistisches und kartographisches Material auf der Pariser Friedenskonferenz eingesetzt wurde und mit deren Hilfe weitreichende territoriale und bevölkerungspolitische Entscheidungen legitimiert wurden, beschrieben.[129] In Deutschland wurde das enorme Potential von Karten als Kommunikations- und Legitimationsmittel politischer Maßnahmen zunächst nicht erkannt.[130] Während etwa die polnische Delegation bei der Friedenskonferenz ihre territorialen Forderungen – wie deutsche Geographen später empört feststellten – mit visuell ausgezeichnetem Kartenmaterial untermauern konnten, war die deutsche Seite diesbezüglich völlig unvorbereitet und hatte demgegenüber zunächst nichts Gleichwertiges vorzu-

127 Die Deutsche Vaterlandspartei war die erste radikalnationalistische Massenpartei Deutschlands. Sie wurde als Reaktion auf die sich 1917 verstärkenden Friedensbestrebungen in der deutschen Gesellschaft und Politik gegründet und forderte als Kriegsziel einen »Siegfrieden auf Grundlage umfänglicher Gebietsannexionen«. Vgl. Herbert, Geschichte Deutschlands, S. 152 f.

128 Manfred Langhans, Familiengeschichte, S. 18. Für seine »weit über die Landesgrenzen anerkannt wichtige[n] Verdienste« bekam Langhans im März 1918 das von Wilhelm II. gestiftete Verdienstkreuz für Kriegshilfe verliehen. Im August 1918 erhielt Langhans das von Carl Eduard von Sachsen-Coburg und Gotha gestiftete Ehrenzeichen für Heimatverdienst. Staatsarchiv Gotha, Bestand 2-99-4002, Nr. 481, 1747, 5309, 6167.

129 Hansen, Mapping the Germans, S. 154 ff. Siehe auch MacMillan, Die Friedensmacher, S. 365.

130 Herb, Under the Map, S. 23 f. Laba, Die Grenze im Blick, S. 132.

weisen.[131] Hektische Aktivitäten auf Seiten des Auswärtigen Amtes und der Hochschulgeographie waren die Folge.[132]

Hierbei in Bezug auf Langhans entscheidend war das enorme Anwachsen der gesellschaftlichen Aufmerksamkeit, die die Fragen nationaler und ethnischer Zugehörigkeit durch den Krieg und die Pariser Vorortverträge erhielten. Dies hatte auch eine vermehrte akademische und hochschulgeographische Beschäftigung mit diesen Problemen zur Folge. Das betraf auch die im Zusammenhang mit der Karte von Spett bereits erwähnten Größen der Geographie wie etwa Albrecht Penck, der sich während des Krieges intensiver mit Fragen des ›Deutschtums‹ auseinanderzusetzen begann[133] und in den 1920er Jahren die Entwicklung der ›Volks- und Kulturbodentheorie‹ entscheidend vorantrieb, die zu einer stark rezipierten ›Waffe‹ bei der ›wissenschaftlichen‹ Bekämpfung des Versailler Vertrags und später eine Legitimation für die NS-Lebensraumpolitik wurde.[134] Ein weiterer prägender Vertreter dieser Theorie war der Geograph Wilhelm Volz (1870-1958).[135] 1923 gründete er gemeinsam mit Penck in Leipzig die Mittelstelle für zwischeneuropäische Fragen aus der 1926 die Stiftung für Volks- und Kulturbodenforschung hervorging.[136] Diese wurde zum Zentrum der revisionistisch und völkisch ausgerichteten Geographie in der Weimarer Republik.

Die Konsequenz aus diesen Entwicklungen war, dass über staatliche Zuwendungen eine intensive Förderung dieser ›Deutschtumsforschung‹ erfolgte und alles, was bisher auf diesem Gebiet publiziert worden war – insbesondere die bisherigen ethnographischen Karten und ihre Methoden – auf den Prüfstand kamen. In den 1920er Jahren wurden daher eine Reihe neuer Ansätze und Darstellungs-

131 Hansen, Mapping the Germans, S. 158 f.

132 Ausführlich bei Jureit, Das Ordnen von Räumen, S. 192 ff.

133 Henniges, Die Spur des Eises, S. 21 f., 418. Zwar publizierte er schon vor dem Krieg zu diesem Thema und hatte nach eigener Auskunft bereits »während seiner Zeit in Österreich«, also zwischen 1885 und 1906, zur »Deutschtumsarbeit« gefunden, dennoch wendete Penck sich im Krieg verstärkt dem ›Deutschtum‹ und der politischen Geographie zu. Vgl. Schultz, »Ein wachsendes Volk braucht Raum«, S. 121. Zu Penck nach dem Ersten Weltkrieg siehe auch Seegel, Map Men, S. 80-82, 121-127.

134 Schultz, »Ein wachsendes Volk braucht Raum«, S. 119 ff.

135 Agnes Laba, Art. »Wilhelm Volz«, in: Michael Fahlbusch/Ingo Haar/Alexander Pinwinkler (Hg.), Handbuch der Völkischen Wissenschaften, Bd. 1: Biographien, 2. Aufl., Berlin/Boston 2017, S. 863-867, hier S. 863. Er war Mitglied der DNVP und des Stahlhelms. Ebd.

136 Ingo Haar, Art. »Stiftung für deutsche Volks- und Kulturbodenforschung«, in: Michael Fahlbusch/Ingo Haar/Alexander Pinwinkler (Hg.), Handbuch der Völkischen Wissenschaften, Bd. 2: Forschungskonzepte – Institutionen – Organisationen – Zeitschriften, 2. Aufl., Berlin/Boston 2017, S. 1516-1526, hier S. 1516, 1520. Grundlegend siehe Fahlbusch, »Wo der deutsche … ist, ist Deutschland!«. Zu den konzeptionellen Grundlagen der Volks- und Kulturbodentheorie vor dem Ersten Weltkrieg siehe Norman Henniges, »Naturgesetze der Kultur«: Die Wiener Geographen und die Ursprünge der »Volks- und Kulturbodentheorie«, in: ACME, An International Journal for Critical Geographies 14 (2015), H. 4, S. 1309-1351. Zuletzt Laba, Die Grenze im Blick, S. 103 ff.

methoden auf dem Gebiet der Ethnokartographie entwickelt.[137] Mit diesen neuen Entwicklungen, die von breit aufgestellten Institutionen und bestens vernetzten Akteuren der akademischen Geographie getragen wurden, konnte Langhans letztlich nicht mehr Schritt halten. War er vor dem Ersten Weltkrieg, vor allem durch die Herausgabe der *Deutschen Erde*, eine zentrale Instanz der Forschung im Bereich der ›Deutschkunde‹ gewesen, so wurde Langhans von den politischen Ereignissen der Nachkriegszeit und den daraus erwachsenen massiven Reaktionen in Deutschland schlichtweg verdrängt.

Hinzu kamen interne Entwicklungen im Verlag. Zu der bereits geschilderten pekuniären Erfolglosigkeit der Mehrzahl von Langhans' Projekten kamen die durch die Vorkommnisse rund um die Spett'sche Karte verursachte Verunsicherung im Verlag und natürlich auch die allgemein schlechte wirtschaftliche Situation nach dem Krieg, die eine Konzentration der Ressourcen auf das Prestigeprojekt des Verlags, die zehnte Auflage des *Stieler-Handatlas*, erforderlich machte.

Doch zunächst zu den allgemeinen Veränderungen in der Ethnokartographie: Ein Großteil der ethnographischen Karten von Langhans, ob diese nun Völker-, Sprachen- oder Nationalitätenkarten hießen,[138] basierten letztlich auf dem Unterscheidungskriterium der Sprache (Mutter- bzw. Umgangssprache), wie es vor dem Ersten Weltkrieg – und teilweise auch noch danach – allgemein üblich war.[139] Sprache wurde seit der Mitte des 19. Jahrhunderts als wichtigstes Merkmal ethnischer Zugehörigkeit betrachtet.[140] Auch Langhans selbst vertrat diese Position.[141] Genau diese Annahme geriet jedoch im Gefolge des Krieges und den aus ihm resultierenden territorialen Verschiebungen und politischen Verwerfungen nachhaltig ins Wanken.

137 Hansen, Mapping the Germans, S. 159.

138 Eckert, Die Kartenwissenschaft, Bd. 2, S. 461.

139 Bekannte Sprachenkarten waren die von Karl Bernhardi (1799-1874), Richard Boeckh oder auch Heinrich Kiepert (1818-1899). Vgl. Hansen, Mapping the Germans, S. 55-74.

140 Ebd., S. 6. Einer der maßgeblichen Akteure bei dieser Entwicklung war Richard Boeckh. Vgl. Rudolf Kleeberg, Die Nationalitätenstatistik, ihre Ziele, Methoden und Ergebnisse, Weida 1915, S. 21, 30, 53.

141 Vgl. Langhans' Vortrag »Die Einwanderung fremder Elemente in das Reich«, gehalten auf dem Verbandstag des Alldeutschen Verbandes 1908. O. V., Der Alldeutsche Verbandstag in Berlin (Fortsetzung), in: Alldeutsche Blätter 18 (1908), Nr. 38 vom 18. September 1908, S. 317-329, hier S. 323-326. Der bei Langhans' Karten vielfach auftauchende Begriff des ›Sprachbodens‹ verdeutlicht jedoch die bereits vorgenommene enge Verknüpfung von ›Boden‹ und Ethnie und präfiguriert in gewisser Weise die ›Volks- und Kulturbodentheorie‹. Vgl. Henniges, »Naturgesetze der Kultur«, S. 1313 f. Wichtig für die Entwicklung des Konzepts vom ›Volks- und Kulturboden‹ ist m. E. auch die Karte Paul Langhans, Sprachen und Religionen in Europa und die Grenzen zwischen west- und osteuropäischer Kultur, in: Dr. A. Petermann's Mitteilungen aus Justus Perthes' Geographischer Anstalt 63 (1917), Tafel 1. Max Eckert bemerkte, diese Karte habe gezeigt, »wie das Deutschtum weiter nach O [Osten], als allgemein angenommen wird, hinüberreicht«. Eckert, Die Kartenwissenschaft, Bd. 2, S. 476.

Bereits im Juni 1918 hieß es paradigmatisch in einem Beitrag in der von dem österreichischen Kulturgeographen Hugo Hassinger (1877-1952) herausgegebenen *Kartographischen und Schulgeographischen Zeitschrift*: »In der wissenschaftlichen Welt bricht sich immer mehr die Erkenntnis Bahn, daß die Sprache allein kein entscheidendes Kriterium für die Herkunft eines Volkes abgeben kann, sondern daß Rasse, Charakter und Lebensweise desselben mit in Betracht gezogen werden müssen.«[142] Nach dem Krieg wurde die Kritik deutscher Geographen an der Gleichsetzung von Sprache und nationaler Zugehörigkeit immer lauter. Dies war hauptsächlich in den für Deutschland nachteiligen territorialen Veränderungen nach dem Ersten Weltkrieg begründet sowie in den Ergebnissen der Volksabstimmungen, die aufgrund des Versailler Vertrags zur Festlegung von Teilabschnitten der neuen Grenzverläufe abgehalten wurden.[143] Unter diesen gewandelten Bedingungen kam eine massive Kritik an den bisherigen Sprachen- und Nationalitätenkarten auf. Der Volkskundler, Geograph und Vorsitzende des Deutschen Schutzbundes Karl Christian von Loesch (1880-1951) äußerte sich 1921 in einem Schreiben an das Auswärtige Amt in diesem Sinne:

> Whoever opens, for example, a German atlas from the pre-war period today, with its unreflective equation of language and nationality, will have a striking realization and he will say to himself: it could not have been any other way than that all these seemingly objective and in reality untrue – because they were undifferentiated – representations of the ethnographic distribution directly provided our enemies with the means against Germany: they showed them how Germany should be torn apart.[144]

Ein zentraler Punkt der von der Entente vorgesehenen Nachkriegsordnung war die Auflösung der als ethnisch konfliktbehaftet und politisch anachronistisch wahrgenommenen »Landimperien« Österreich-Ungarn, Russland und des Osmanischen Reiches.[145] Die Februarrevolution hatte die Zarenherrschaft in Russland bereits 1917 beendet. Doch auch auf dem Gebiet Österreich-Ungarns sollten selbstständige Nationalstaaten geschaffen werden, wobei man jedoch übersah, dass man damit das Problem ethnischer Konflikte nur in kleinerem Rahmen reproduzierte. Die Grenzziehung sollte nach dem vom US-amerikanischen Präsidenten Woodrow Wilson vertretenen Prinzip des ›Selbstbestimmungsrechts der Völker‹ erfolgen.[146] Wobei die konkrete Umsetzung eine Mischung aus diesem Prinzip und den Kompromissen zwischen den verschiedenen politischen Interes-

142 Eugen Meller, Zur rumänischen Herkunftsfrage in deutscher Forschung, in: Kartographische und Schulgeographische Zeitschrift 7 (1918), H. 5/6, S. 99-102, hier S. 99.

143 Herb, Grenzrevision, S. 185.

144 Zit. nach Herb, Under the Map, S. 49. Im Original Deutsch.

145 Gerwath, Die Besiegten, S. 225.

146 Zu den folgenreichen »Fehlschlüssen und Deutungskonflikten« in Bezug auf das ›Selbstbestimmungsrecht der Völker‹ vgl. Jureit, Das Ordnen von Räumen, S. 182 ff.

sen der im Rat der Vier verhandelnden Staaten darstellte. Die Wiederherstellung von Polen als Nationalstaat war hierbei fest eingeplant. Bereits im Herbst 1917 hatte Frankreich sich dafür ausgesprochen und auch die Vierzehn Punkte von Wilson sahen ein unabhängiges Polen mit freiem Zugang zum Meer vor.[147] Im Entwurf des späteren Vertrags von Versailles, der auch die zukünftigen Grenzverläufe des Deutschen Reichs regelte, wurde dieser Zugang zum Meer konkretisiert: Er sollte durch einen Landkorridor ermöglicht werden – der sogenannte Polnische Korridor –, der sich von der Ostsee durch die preußische Provinz Westpreußen zog und in die mehrheitlich Polen zugesprochene Provinz Posen mündete.

Die deutsche Öffentlichkeit, die im Mai 1919 von den Bedingungen des Friedensvertrags erfuhr, war geschockt und zutiefst empört. Die Diskrepanz zwischen der Siegeszuversicht samt den ins Kraut schießenden imperialen Träumen während der deutschen Frühjahrs- und Sommeroffensive 1918 und den Konsequenzen der Niederlage wurde erst jetzt, viele Monate später, vollends sichtbar.[148] Die schönfärbende Lagebeurteilung der deutschen Politik im Herbst und Winter 1918/19 hatte diese Wahrnehmungsverzerrung der deutschen Öffentlichkeit noch verstärkt, sodass die Bevölkerung vielfach einem völlig realitätsfernen Bild der Kriegsfolgen für Deutschland aufsaß, als schließlich die harten Friedensbedingungen bekannt wurden, was die Entrüstung umso mehr steigerte.[149] Freilich wurde dabei geflissentlich übersehen, welche extremen Bedingungen Deutschland gegenüber Russland im Frieden von Brest-Litowsk im März 1918 durchgesetzt hatte.[150] Nun waren nicht nur ein Großteil der Bevölkerung und der Politiker/innen, quer über alle Parteigrenzen hinweg, außer sich, auch viele Wissenschaftler/innen machten sich daran, die Unvereinbarkeit der Festlegungen mit den Prinzipien von Wilson nachzuweisen.[151]

Zentral im Konflikt um den Polnischen Korridor war die Frage nach der nationalen Zugehörigkeit der Kaschuben, einer slawischsprachigen Bevölkerungsgruppe katholischen Glaubens, die große Teile des Korridors besiedelte. Die Vertreter Polens betrachteten sie als Polen,[152] die Deutschen versuchten, diese Deutung

147 Gerwath, Die Besiegten, S. 244. MacMillan, Die Friedensmacher, S. 289.

148 »Aus der Perspektive einer vor imperialen Machtansprüchen nahezu überschäumenden Großmacht war dieses Kriegsende eine totale Katastrophe.« Jureit, Das Ordnen von Räumen, S. 179.

149 Siehe hierzu Herb, Under the Map, S. 32 f. Insbesondere der Glaube, das Reich habe einen ausschließlichen Verteidigungskrieg geführt, war in vielen Teilen der Bevölkerung ungebrochen. Vgl. Jörn Retterath, »Was ist das Volk?« Volks- und Gemeinschaftskonzepte der politischen Mitte in Deutschland, Berlin 2016, S. 207.

150 Laba, Die Grenze im Blick, S. 54.

151 Zu den öffentlichen Reaktionen auf die Bedingungen vgl. Retterath, »Was ist das Volk?«, S. 212 ff. Herbert, Geschichte Deutschlands, S. 192 ff.

152 Zur polnischen Perspektive siehe Gernot Briesewitz, Raum und Nation in der polnischen Westforschung 1918-1948. Wissenschaftsdiskurse, Raumdeutungen und geopolitische Visionen im Kontext der deutsch-polnischen Beziehungsgeschichte, Osnabrück 2014.

zu unterminieren und betonten den Gegensatz von Polen und Kaschuben.[153] Als gewissermaßen nachträglich auftauchendes Problem für die deutsche Seite erwies sich allerdings, dass die meisten der deutschen Sprachenkarten aus der Zeit vor dem Krieg, genau dies nicht getan hatten und die Kaschuben zumindest farbig ebenfalls als Polen auswiesen.[154] Teilweise waren deswegen auch deutsche Sprachenkarten für die Untermauerung der polnischen Ansprüche verwendet worden. Auf diesen Umstand bezog sich das weiter oben angeführte Zitat Karl Christian von Loeschs, als er rückblickend konstatierte, ausgerechnet deutsche Karten hätten ›unseren Feinden‹ gezeigt, wo Deutschland ›auseinanderzureißen‹ sei.

Die sich aufgrund dieser aus ihrer Sicht unhaltbaren Situation nun massiv engagierenden deutschen Geographen und Kartographen schlugen, vereinfacht zusammengefasst, zwei unterschiedliche Wege ein, um Karten zu erstellen, die den neuen politischen Anforderungen nach einer Abwehr von territorialen Ansprüchen seitens der Entente und den neu entstehenden Staaten in Ostmitteleuropa entsprachen. Dabei hielten sie entweder am grundlegenden Prinzip der Sprachenkarte fest, beschritten aber neue Wege der Darstellung, oder sie versuchten neue Kriterien jenseits von Sprache, bspw. aus der Wirtschafts- und Kulturgeographie, zu destillieren, um den Nachweis einer unwiderruflichen Zugehörigkeit der strittigen Gebiete zu Deutschland zu erbringen.[155] Beide Richtungen kritisierten die tradierten Sprachenkarten – und damit genau die Karten, die das Markenzeichen von Langhans waren – aus jeweils unterschiedlicher Perspektive.[156] Im Folgenden sollen einige der zentralen Positionen betrachtet werden.

5.6.1 Albrecht Penck

Der Direktor des Geographischen Instituts der Friedrich-Wilhelms-Universität Berlin und Leiter des dortigen Instituts und Museums für Meereskunde Albrecht Penck ergriff als Erster die Initiative. Mit einem ganzen Stab an Mitarbeiter/innen und Studierenden dieser beiden Institute war bereits im Winter 1918/19 eine Sprachenkarte im Maßstab 1:100.000 des Polnischen Korridors in Angriff genommen worden, die nicht der bisher üblichen Methode der Choroplethenkarten entsprach.[157] Bei diesen wurden einzelne Verwaltungseinheiten – bspw. Landkreise

153 Die Färbung einer Karte von Albrecht Penck und Herbert Heyde legte sogar eine enge Verbindung von Kaschuben und Deutschen nahe, vgl. Albrecht Penck, Verteilung der Deutschen und Polen in Westpreußen und Posen, in: Zeitschrift der Gesellschaft für Erdkunde zu Berlin 54 1919, H. 1/2, Karte 1. Siehe hierzu ausführlich Laba, Die Grenze im Blick, S. 134 ff.

154 Herb, Under the Map, S. 12. Hansen, Mappping the Germans, S. 36.

155 Ebd., S. 160. Herb, Grenzrevision, S. 186 f.

156 Herb, Under the Map, S. 78.

157 Albrecht Penck, Die Deutschen im Polnischen Korridor, in: Zeitschrift der Gesellschaft für Erdkunde zu Berlin 56 (1921), H. 5-7, S. 169-185, hier S. 175, Anm. 8. 42 Blätter der Karte wurden 1919 im Berliner Gea-Verlag veröffentlicht. Vgl. ebd., Anm. 10.

oder Gemeinden, das hing vom Maßstab der Karte ab – in ihrer ganzen Fläche entsprechend der Sprachmehrheit mit einem einzigen Farbton gekennzeichnet. Penck kritisierte, ein solches Flächenkolorit suggeriere fälschlicherweise eine klare Trennung von Deutsch- und Polnischsprachigen und berücksichtige zudem nicht die unterschiedliche Bevölkerungsdichte. Eine solche Darstellung entspreche daher keineswegs der Realität: »Aus diesem Grunde schon ist bei Entwurf einer Völkerkarte mit Flächenkolorit eine gewisse, häufig recht große Willkür nicht zu vermeiden.«[158]

Penck hatte damit zwei wesentliche Kritikpunkte an den bisherigen Sprachenkarten formuliert, die in der nachfolgenden Debatte immer wieder aufgegriffen wurden: die mangelnde Differenzierung und die fehlende Darstellung der Bevölkerungsdichte. Letzteres wurde vor allem bemängelt, weil die Deutschsprachigen häufig konzentriert in städtischen Gemeinden lebten und daher flächenmäßig nicht so sehr ins Gewicht fielen, während sich demgegenüber mit einer zahlenmäßig kleineren Gruppe von Polnischsprachigen selbst bei verhältnismäßig dünner Besiedlung weite Teile ländlicher Gebiete als polnisch deklarieren ließen. Aus deutscher Sicht handelte es sich hierbei um eine fehlerhafte Darstellung, da sie zu der Ansicht führe, dass viele Gebiete mehrheitlich polnischsprachig seien, obwohl dort – unter Berücksichtigung der Städte – absolut gesehen mehr Deutschsprachige lebten. Diese Position wiederum beinhaltete implizit das statistische Umlegen der Zahl der Stadtbewohner/innen auf die ländlichen Gebiete, was ebenfalls nicht den tatsächlichen Verhältnissen gerecht wurde. Wie man es auch dreht und wendet: eine dichotomisch vorgenommene Aufspaltung von Ethnien in Regionen, wo diese sich historisch bedingt mannigfach vermischen und überlagern, ist nun einmal ein Ding der Unmöglichkeit! Selbst so stark abstrahierenden Medien wie Karten gelang die widerspruchsfreie Hypostase ethnischer Homogenitätsideale in diesen Gebieten nicht.

Penck betonte nun entgegen der allgemeinen Haltung der Vorkriegszeit die Unschärfe und den Übergangscharakter von Sprachgrenzen, insbesondere in Ostmitteleuropa:[159]

> In solchen Fällen eines Sprachübergangs sollten unsere Sprachenkarten den Übergang der einen Sprache in die andere entsprechend zum Ausdruck bringen und nicht, wie dies in der Regel geschieht, die beiden Sprachen scharf gegeneinander abheben, indem sie das verschiedene Kolorit der reinen Sprachgebiete unvermittelt aneinander stoßen lassen. Sie erwecken dadurch den Eindruck einer Schärfe, welche der Sprachgrenze gerade hier fehlt; denn solche Übergangsgrenzen sind nur scheinbar scharfe.[160]

158 Ebd., S. 169.
159 Ebd., S. 172.
160 Ebd., S. 171.

Die von Penck für seine Sprachenkarte angewandte Methode sollte diesen Umstand berücksichtigen. Sie basierte auf einer Darstellungsweise des schwedischen Geographen Sten de Geer (1886-1933) und war laut Penck neben einer ungarischen Karte eine von »zwei neueren, durch den Krieg hervorgerufenen Sprachenkarten großen Maßstabes«.[161] Diese oftmals als ›Punktverfahren‹ oder ›absolute Methode‹ bezeichnete Darstellungsweise beruhte darauf, »die Zahl der in jedem Orte deutsch, polnisch, kaschubisch Sprechenden, der Zwei- und Anderssprachigen, bis auf den Zehner genau wiederzugeben. In Gemeinden von weniger als 1000 Einwohnern erhalten je 10 Einwohner einer Sprache einen ihrer Sprache entsprechenden farbigen Kreis von 1 mm Durchmesser.«[162] In größeren Gemeinden und Städten wurden die Bewohner/innen durch verschieden große Quadrate zu Gruppen von einhundert bzw. eintausend zusammengefasst. So entstand auf der Karte ein je nach Bevölkerungsdichte mehr oder weniger engmaschiges Netz an unterschiedlich gefärbten Punkten und Quadraten anstelle des durchgängigen Flächenkolorits.[163]

In Pencks Augen verbanden sich mit dieser Methode gleich mehrere Vorteile. Sie ermöglichte theoretisch die Darstellung der möglichst exakten Zahl der Angehörigen einer Sprachgemeinschaft, anstatt nur deren prozentuales Verhältnis zueinander wiederzugeben. Außerdem wurden die Menschen dort verzeichnet, wo sie lebten, anstatt sie statistisch gleichmäßig auf die Fläche einer Verwaltungseinheit zu verteilen.[164] Schließlich ließ die Methode laut Penck, auf »den ersten Blick« erkennen, welche Sprachgemeinschaft die Mehrheit besitze, und auch die Sprachgrenze werde »sichtbar, ohne verzeichnet zu sein«.[165] Letzteres war für Penck, trotz seiner Betonung der Unschärfe sprachlicher Abgrenzungen, dann doch essentiell. Denn das erklärte politische Ziel der Penck-Karte war die Delegitimierung des polnischen Anspruchs auf den Korridor und dessen Reklamierung als deutsches Gebiet.[166] Dies geschah zunächst durch die konsequente visuelle

161 Ebd., S. 175.

162 Ebd., S. 176.

163 Penck kritisierte auch die herkömmliche Darstellung von Sprachinseln »in Form von umrandeten Inseln« als zu schematisch. Als negatives Beispiel nannte er die Wandkarte »Die Völker Europas« von Haack und Hertzberg. Ebd., S. 171, Anm. 3.

164 Ebd., S. 172 f.

165 Ebd., S. 176.

166 Penck stellte auf Grundlage des Ideals ethnischer Homogenität einen polnischen Staat prinzipiell in Frage: »Es fehlt hier [gemeint ist das Territorium des Deutschen Reiches in den Grenzen von 1914] ein geschlossenes, rein polnisches Sprachgebiet. Ein solches besteht überhaupt nicht in dem Sinne, wie ein geschlossenes deutsches, französisches, englisches oder italienisches Sprachgebiet existiert. Nie kann es ein Polen als einen reinen Nationalstaat geben – wie man auch seine Grenzen ziehen möchte, stets würde es Hunderttausende oder Millionen Anderssprachiger umfassen.« Albrecht Penck, Die deutsch-polnische Sprachgrenze, Vortrag gehalten in der Allgemeinen Sitzung der Gesellschaft für Erdkunde zu Berlin am 18. Januar 1919, in: Zeitschrift der Gesellschaft für Erdkunde zu Berlin 54 (1919), H. 1/2, S. 108-109, hier S. 109.

Trennung zwischen Kaschuben und Polen.[167] Sodann stützte sich Pencks Argumentation auf das Vorhandensein geschlossener Linien deutscher Siedlungen, eine »deutsche Brücke«, die den Polnischen Korridor entlang der Netze und der Weichsel durchziehen würde.[168]

Langhans' Karten wurden von Penck harsch kritisiert: »Die bei Justus Perthes in Gotha gedruckten, in nur wenig kleinerem Maßstabe auf Grundlage von Vogels Karte des Deutschen Reiches 1:500.000 entworfenen Karten von Langhans und J. Spett sind für unser Gebiet zum Teil ganz unzuverlässig.«[169] Neben dem Vorwurf des zu kleinen Maßstabs und der Ungenauigkeit dürfte die Tatsache, dass Penck Langhans in einem Atemzug mit dem von den deutschen Geographen zum Betrüger deklarierten Spett erwähnte, durchaus eine grobe Beleidigung dargestellt haben. Pencks schwieriges Verhältnis zum Perthes-Verlag war allerdings hinlänglich bekannt, auch dies dürfte bei seiner Bewertung von Langhans eine Rolle gespielt haben. Dennoch trafen viele Punkte von Pencks Kritik an den bisherigen Sprachenkarten tatsächlich auf die Karten von Langhans zu: der erwähnte Einsatz von Flächenkolorit, die Ausrichtung an Verwaltungseinheiten, die Außerachtlassung der Bevölkerungsdichte, das Fehlen der aus deutscher Sicht notwendigen farblichen Trennung von Kaschuben, Masuren und Polen.

1925 kritisierte Penck schließlich ganz prinzipiell die ausschließliche Verwendung von Sprache als Indikator ethnischer Zugehörigkeit. Gewissermaßen rückblickend fasste er die Praxis der Vorkriegszeit zusammen: »Wo deutsches Volk siedelt, ist deutscher Volksboden, da hört man deutsche Sprache und sieht man deutsche Arbeit. Auf ersteres ist bislang das größte Gewicht gelegt worden. Man hat das deutsche Sprachgebiet mit dem deutschen Volksboden gleichgestellt und hat aus der Sprachenkarte die Ausdehnung und Lage unseres Volksbodens ersehen.«[170] Bereits 1921 hatte Penck konstatiert: »Die meisten Völkerkarten sind im Grunde nichts anderes als Sprachenkarten, aus denen man ebenso wenig mit Sicherheit auf den Wunsch nach politischem Zusammenschluß schließen darf wie auf ethnische Zusammenhänge.«[171]

Penck erweiterte mit dem Konzept des ›Volks- und Kulturbodens‹ das Sprachkriterium und forderte, angeblich eindeutig zu bestimmende Merkmale einer ›deutschen Kultur‹ wie Haus- Siedlungs- und Flurformen seien als Fundamente

167 Penck, Die Deutschen im polnischen Korridor, S. 180 f. »Zum ersten Male bietet unsere Karte ein genaueres Bild über die Verbreitung der 100.148 Kaschuben Westpreußens, die bislang auf den Sprachenkarten von den Polen nicht unterschieden worden sind, obwohl sie eigens gezählt wurden.« Ebd., S. 180.

168 Ebd., S. 178 f. Vgl. auch Schultz, »Ein wachsendes Volk braucht Raum«, S. 123.

169 Penck, Die Deutschen im Polnischen Korridor, S. 178.

170 Albrecht Penck, Deutscher Volks- und Kulturboden, in: Karl Christian von Loesch (Hg.), Volk unter Völkern, Breslau 1925, S. 62-73, hier S. 62.

171 Penck, Die Deutschen im Polnischen Korridor, S. 170.

ethnischer und nationalstaatlicher Grenzziehungen heranzuziehen.[172] Unter dem ›Volksboden‹ verstand Penck diejenigen Gebiete, die von einem ›Volk‹ aktuell besiedelt würden, unter ›Kulturboden‹ diejenigen, die von einem ›Volk‹ historisch besiedelt worden waren und denen, so Penck, dauerhafte Bearbeitungsspuren eingeschrieben seien. Mit diesem theoretischen Konstrukt konnten strittige Gebiete nun mit dem Argument politisch reklamiert werden, sie seien durch eine bestimmte Bevölkerung geprägt, selbst wenn diese schon lange Zeit nicht mehr dort lebte bzw. kulturell und sprachlich assimiliert lebte.[173]

Penck hatte damit sowohl die üblichen Darstellungsformen von Völker- und Sprachenkarten kritisiert, als auch mit dem Konzept eines ›deutschen Kulturbodens‹ Argumentationsmuster gestärkt, die über das etablierte Sprachkriterium hinausgingen, wodurch eine Inanspruchnahme von Gebieten als deutsch ermöglicht wurde, die weit über eine reine Revision des Versailler Vertrags hinausreichte und als wissenschaftliche Legitimation einer imperialen Lebensraumpolitik dienen konnte.[174]

5.6.2 Wilhelm Volz

Auf der Suche nach neuen Abgrenzungsprinzipen jenseits von Sprache befand sich Anfang der 1920er Jahre auch Wilhelm Volz. Er beschäftigte sich in dieser Zeit intensiv mit dem ›Nationalitätenkampf‹ in Oberschlesien. Auch Volz sah in der Kultur ein entscheidendes Mittel, um die politische Forderung zu unterstützen, dass ganz Schlesien unhintergehbar deutsch sei – auch dort, wo mehrheitlich polnisch gesprochen wurde. Er argumentierte dabei, die polnischsprachigen Oberschlesier seien keine ethnischen Polen, sondern die Menschen Oberschlesiens seien ein »deutsch-slavisches Mischvolk, einheitlich in seiner völkischen Struktur«, das aber von einer rein »deutschen Kultur« geprägt sei.[175] Dabei wertete Volz Kultur und kulturgeographische Faktoren als wesentlich aussagekräftiger als die bislang statistisch erhobenen Merkmale wie Sprache oder Religion.

Diese Ansicht fasste er in einem Kommentar zu seinen Karten über die »völkische Struktur Oberschlesiens« dahingehend zusammen, dass ohne »Berücksichtigung der tieferen Zusammenhänge und geographischen Gegebenheiten« eine Karte »des Geistes entbehren und auf derselben geringen Höhe stehen [würde], wie die üblichen statistischen Orgien mit den Zahlen der Volkszählung [...]. Da-

172 Norman Henniges, Art. »Albrecht Penck«, in: Michael Fahlbusch/Ingo Haar/Alexander Pinwinkler (Hg.), Handbuch der Völkischen Wissenschaften, Bd. 1: Biographien, 2. Aufl., Berlin/Boston 2017, S. 570-577, hier S. 573.

173 Vgl. Schultz, Völkerkarten im Geografieunterricht, S. 39 f.

174 Henniges/Meyer, Hermann Haack, S. 48.

175 Wilhelm Volz, Die völkische Struktur Oberschlesiens. In 3 Karten dargestellt unter Mitarbeit von Charlotte Thilo, Breslau 1921, S. 10.

rum sind Wald, Eisenbahnen und Chausseen in das Kartenbild eingetragen.«[176] Mit der Eintragung von Wald und Verkehrswegen sollte Volz' abenteuerliche These veranschaulicht werden, wonach in Oberschlesien der Wald das ›polnische Element‹ darstelle, die Kultur hingegen, und damit meinte er vor allem Industrie und Infrastruktur, sei ›deutsch‹.

Der Umstand, dass viele Polnischsprachige bei der Volksabstimmung in Oberschlesien im März 1921 schließlich für den Verbleib bei Deutschland votiert hatten, forcierte die beschriebene Neuorientierung unter den deutschen Geographen und Kartographen. Denn das Ergebnis sorgte für eine weitere Unterminierung der Aussagekraft von Sprachenkarten in Bezug auf die nationale Zugehörigkeit. Gleiches galt für das Abstimmungsverhalten der Masuren im südlichen Ostpreußen, die im Juli 1920 mit großer Mehrheit für den Verbleib bei Deutschland gestimmt hatten. Aus dieser Logik heraus tat Volz die polnischen Ansprüche auf Oberschlesien mit dem Verweis ab, diese gründeten nicht auf der Basis von Kultur, sondern stützten sich »lediglich auf die Behauptung, daß die Oberschlesier anthropologisch, ihrer Rasse nach, zu den Polen gehören sollen«.[177] Die polnische Kultur stehe jedoch in keiner Beziehung zu Oberschlesien: »[…] auch wenn man von einer polnischen Kultur sprechen will – mit Oberschlesien und den Oberschlesiern hat diese Kultur nichts zu tun und hat sie nie etwas zu tun gehabt; die oberschlesische Kultur ist anerkanntermaßen deutsch«.[178] Diese Kultur sei vor allem durch Verkehrswege und Industrialisierungsprozesse geprägt, die laut Volz »deutsche Kraftlinien«[179] bildeten, welche den Wald durchzögen:

> Das gewaltigste Kraftzentrum aber ist der Industriebezirk. Aus einst polnischen Wäldern hat er überwiegend deutsches Gebiet gemacht, dem reineres Polentum fremd ist; nur am Nord- und Südrand besteht es, waldnah – ein Rest alter Zeit. So läßt sich Oberschlesien mit kurzen Worten charakterisieren: polnisch der Wald; und deutsch – die Kultur.[180]

Dieser Deutung entsprechend hat auch Hermann Haack die Volz-Karte »der Gebiete herrschenden Deutschtums und Polentums in Oberschlesien«[181] mit den Worten kommentiert, diese zeige »den ungeheurn, abgrundtiefen kulturellen Unterschied zwischen Deutschtum und Polentum«.[182] Dass bei der Volksabstimmung über die zukünftige staatliche Zugehörigkeit Oberschlesiens vom 20. März 1921 gerade im oberschlesischen Industrierevier viele Stimmen für Polen abgege-

176 Ebd., S. 5.
177 Ebd., S. 3.
178 Ebd.
179 Ebd., S. 9.
180 Ebd.
181 Wilhelm Volz, Das Deutschtum in den Kreisen Rybnik und Pleß, Breslau 1921, Karte 5.
182 Zit. nach Eckert, Die Kartenwissenschaft, Bd. 2, S. 466.

ben wurden,[183] ignorierten Volz und Haack offensichtlich bzw. in Volz' Karte wurde dies möglicherweise bewusst verschleiert.[184] Volz nahm mit Hilfe seines Konstrukts einer rein deutschen Kultur eine Verbindung zwischen Territorium und Bevölkerung vor, die, dauerhaft und unabhängig von dynamischen ethnischen Merkmalen wie der Sprache, Oberschlesien als deutsch markieren sollte. Die althergebrachten Sprachstatistiken der amtlichen preußischen Volkszählungen bezeichnete Volz dementsprechend als »nichts als ein Spiel mit Zahlen«.[185]

5.6.3 Walter Stahlberg

Auch Pencks Mitarbeiter Walter Stahlberg kam in seinem Aufsatz »Das Kartenspiel um Oberschlesien« zu dem Schluss, dass »Sprache und politische Gesinnung sich nicht decken«.[186] Die bisherige Praxis der Kartographen, Sprachenverhältnisse für Nationalitätenverhältnisse zu nehmen, sei ein schwerer Fehler gewesen. Denn so habe der französische Premierminister Aristide Briand nach dem Krieg Karten aus *Andrees Allgemeinem Handatlas* als Beweis anführen können, dass Oberschlesien nicht zu Deutschland gehöre:

> Mehr als einmal hat Briand bei seinen Bemühungen, die oberschlesischen Dinge in einem für Deutschland abträglichen Lichte darzustellen, sich für seine unwahren Behauptungen auf deutsche Karten berufen. Nicht nur daß, wie schon gesagt, Masuren, Kassuben und Wasserpolaken auf ihnen für gewöhnlich »der polnisch sprechenden Bevölkerung zugerechnet wurden«, [...], sie litten auch alle an einem methodischen Mangel, der ein ganz falsches Bild von der Deutschheit und von der Polnischheit der dargestellten Flächen gab und geben mußte, wenn man nun einmal fälschenderweise die Sprache als Ausdruck des politischen Bekenntnisses nahm. Und dieses falsche Bild mußte nach Lage der Dinge zuungunsten der Deutschen ausfallen.[187]

183 So stimmten in den Landkreisen der Städte Beuthen (Bytom), Gleiwitz (Gliwice) und Kattowitz (Katowice) eine Mehrheit für Polen. In den Städten selbst wurden mehr Stimmen für Deutschland abgegeben. Siehe o. V., Ergebnisse der Plebiszite (1920/21). Die Ergebnisse der durch den Versailler Vertrag festgesetzten Volksabstimmungen in West- und Ostpreußen und in Schlesien, in: Dokumente und Materialien zur ostmitteleuropäischen Geschichte. Themenmodul »Zweite Polnische Republik«, bearb. von Heidi Hein-Kircher, hg. vom Herder-Institut für historische Ostmitteleuropaforschung Marburg, URL: https://www.herder-institut.de/resolve/qid/40.html [3.5.2018].

184 Auf der Karte von Volz ist ein exaktes Ablesen der Mehrheiten nicht möglich, da die verwendete Kategorie 40-59 % Stimmen für Deutschland bzw. für Polen, die Mehrheitsverhältnisse in vielen Gemeinden im Unklaren lässt. Vgl. Volz, Die völkische Struktur Oberschlesiens, Karte 1.

185 Ebd., S. 3.

186 Walter Stahlberg, Das Kartenspiel um Oberschlesien, in: Die Grenzboten 80 (1921), H. 17/18, S. 6-27, hier S. 9.

187 Ebd., S. 7.

Stahlberg kritisierte mit diesem Verweis auf einen »methodischen Mangel« vor allem die Tatsache, dass Sprachenkarten bisher die Bevölkerungsdichte nicht berücksichtigt hatten. Demnach würden dünn besiedelte Gebiete in der Darstellung genauso behandelt wie dicht besiedelte Städte und Ballungsgebiete.[188] Das habe dazu geführt, dass große, dünnbesiedelte Gebiete mit polnischer Mehrheit auf der Karte viel größere Flächen einnehmen könnten als kleinere, aber viel dichter besiedelte Städte mit deutscher Mehrheit: »Wir haben in der Karte ein Zerrbild der Wirklichkeit vor uns, wie man sich es irreführender gar nicht vorstellen kann.«[189]

Daher begrüßte Stahlberg die neuen Karten, besonders die Karten mit den Ergebnissen der Volksabstimmungen, die diesem Mangel aus seiner Sicht abhelfen würden und die »wirkliche Trümpfe sind und das Spiel für Deutschland gewinnen lassen müssen, wenn – ja wenn es als das berühmte fair play sich vollzöge«.[190] Zu diesen »Trümpfen« zählte Stahlberg u.a. auch eine Abstimmungskarte, die auf Pencks Verfahren basierte. Durch die Berücksichtigung der Bevölkerungsverteilung, zeige sie die strittigen Gebiete so, »wie sie in dem Kampf um unsere Grenzmarken behandelt werden müssen«.[191] Diese Bemerkungen unterstreichen, wie sehr auch die neuen methodischen Ansätze von politisch-ideologischen Motiven geleitet waren. Stahlberg schloss mit dem Appell, die Karten auch entsprechend zu verwenden:

> An uns ist es nunmehr, aus den Abstimmungskarten von Oberschlesien das Erziehungsmittel zur nationalen Gesinnung zu machen, das sie sein können. Und dazu müssen noch entsprechende Karten über unsere anderen deutschen Grenzmarken kommen. Dann wird nie wieder ein französischer Ministerpräsident seine Raubgelüste aus einer politisch unklugen und tatsächlich nicht auf der Höhe stehenden Darstellung in einem deutschen Atlas begründen wollen.[192]

188 Ebenso betonte der österreichische Geograph Robert Sieger: »Deutsche Sprachinseln stellen sehr häufig menschenreiche städtische Gebiete inmitten ausgebreiteter nicht-deutscher Landstriche mit geringer Volksdichte dar. Überall wo dies der Fall ist, verschleiert also das Kartogramm ihre wahre Bedeutung.« Robert Sieger, Anregungen. Sprachenkarte und Bevölkerungskarte, in: Kartographische und schulgeographische Zeitschrift 9 (1921), H. 9/10, S. 142-147, hier S. 142.

189 Stahlberg, Das Kartenspiel, S. 8.

190 Ebd., S. 19.

191 Ebd.

192 Ebd., S. 26f.

5.6.4 Walter Geisler

1926 versuchte Walter Geisler, die neuen Ansätze in seinem Aufsatz *Politik und Sprachen-Karten* allgemein zusammenzufassen.[193]

An einer Jahre vor dem Krieg erschienenen Langhans-Karte, die u.a. für das Gebiet des Polnischen Korridors die dortige Sprachverteilung und die von der Preußischen Ansiedlungskommission erworbenen Ländereien darstellte, kritisierte Geisler, sie zeige die »Nationalitätenverteilung« nicht übersichtlich genug.[194] Außerdem bescheinigte er der verwendeten Farbgebung für die unterschiedlichen Stufen der Verteilungsskala, sie sei »fehlerhaft« und entspreche nicht

> der zu fordernden adaptiven Farbabstufung; leider ist hier die Abweichung zu Ungunsten der deutschen Verhältnisse geschehen. [...] Warum ist vor allem das Gebiet bis 25% Deutsche einfach weiß geblieben, als ob dort überhaupt keine Deutschen wohnen?[195]

Den Hauptkritikpunkt Geislers bildete aber die Tatsache, dass Langhans die im Korridor lebenden Kaschuben als Polen gekennzeichnet hatte. Apodiktisch behauptete Geisler, Kaschuben seien keine Polen und »da an der Ostsee keine Polen wohnen, sondern ein anderer slawischer Stamm, so haben die Polen auch keinen Anspruch auf diesen Strich Landes von Berent-Schönbeck bis zur Ostsee«.[196] Obwohl Langhans damit also aus Sicht der deutschen Nachkriegsgeographie einen kartographischen Kardinalfehler begangen hatte, warf ihm Geisler im Unterschied zu seinem Urteil Jakob Spett betreffend, keine Fälschung vor: »Immerhin sind die Eintragungen richtig, und die Karte ist als solche zuverlässig, es macht nur Mühe, die für uns Deutsche wertvollen Verteilungsverhältnisse klar zu erkennen.«[197] Diese Einschätzung ist ein weiterer Beleg für die vielfach als mangelhaft bewertete Anschaulichkeit von Langhans' Karten.

1933 erschien Geislers aufwendig produzierte und von staatlichen Stellen finanziell geförderte Generalabrechnung mit der Spett'schen Karte, die als *Ergänzungsheft* zu *Petermanns Mitteilungen* erschien und somit von Langhans herausgegeben wurde.[198] Dort schwächte Geisler seine Kritik an Langhans ab. Zwar sei die Farbwahl »ungünstig« und es sei »falsch«, dass »Kaschuben nicht von den Polen unter-

193 Walter Geisler, Politik und Sprachen-Karten. Ein Beitrag zur Frage des »polnischen« Korridors, in: Zeitschrift für Geopolitik 3 (1926), H. 9, S. 701-713, hier S. 701.

194 Paul, Langhans, Die Provinzen Posen und Westpreußen unter besonderer Berücksichtigung der Ansiedlungsgüter und Ansiedlungen, Staatsdomänen und Staatsforsten nach dem Stand vom 1. Juli 1905, 8. Aufl., in: Deutsche Erde 4 (1905), Sonderkarte 5.

195 Geisler, Politik und Sprachen-Karten, S. 707.

196 Ebd., S. 708.

197 Ebd., S. 707.

198 Herb, Under the Map, S. 40.

schieden sind«.[199] Die zunächst kritisierte Weißfärbung der Gebiete mit bis zu 25 % Deutschen sei aber laut Geisler »ausdrücklich zur leichteren Einzeichnung der Pläne der Ansiedlungskommission vorgenommen« worden.[200]

Die letzte Bemerkung Geislers weist auf den erwähnten Umstand hin, dass Völker- und Sprachenkarten aus der Vorkriegszeit und aus der Zeit während des Krieges ebenfalls politische Implikationen aufwiesen, man denke nur an Langhans' *Alldeutschen Atlas* oder seine Kartenserie über die *Thätigkeit der Ansiedelungs-Kommission,*[201] die sowohl den Fortgang der staatlich gestützten Germanisierungspolitik in den Ostprovinzen des Reiches dokumentieren als auch diejenigen Gebiete markieren sollte, wo der ›Drang nach Osten‹ aus Sicht ihrer Befürworter stagnierte oder gar Rückschritte zu verzeichnen waren.[202]

Vor diesem Hintergrund wurden Kaschuben zumeist als Polen betrachtet, was sich auch in den Karten der Vorkriegszeit niederschlug. In der völlig veränderten Situation nach dem Krieg ging es aus deutscher Sicht jedoch um den kartographischen Nachweis eines in den strittigen Gebieten möglichst geringen Anteils polnischer Bevölkerung. Es ging nun darum, die Kaschuben als nicht-polnisch darzustellen oder sie gar in die Nähe der Deutschen zur rücken. Hier erwiesen sich ironischerweise die Sprachenkarten der Vorkriegszeit nicht nur als kontraproduktiv, sondern gewissermaßen als Sprengladung mit zeitlich verzögerter Wirkung. Daher erfolgte die vehemente Kritik an ihnen. Es galt nun als Ausweis mangelnder Wissenschaftlichkeit, Kaschuben und Polen gleichzusetzen. Dieser Wandel und die aus ihm resultierenden Vorwürfe waren eine wesentliche Ursache dafür, dass Langhans nach dem Krieg nur noch wenige Karten – wie bspw. die analysierte Karte von Siebenbürgen – publizierte.[203]

199 Geisler, Die Sprachen- und Nationalitätenverhältnisse, S. 54 f.

200 Ebd., S. 55.

201 Paul Langhans, Die Thätigkeit der Ansiedelungs-Kommission für die Provinzen Westpreussen und Posen 1886-1896 auf Grund amtlicher Angaben, in: Dr. A. Petermann's Mitteilungen aus Justus Perthes' Geographischer Anstalt 42 (1896), Tafel 9. Siehe Abb. 14, s. 215. Siehe auch Anm. 142 in diesem Kapitel, S. 290.

202 Wie stark bereits die den Daten der Sprachenkarten zugrunde liegenden amtlichen Volkszählungen in ihrer Konzeption und konkreten Erhebungspraxis von der Germanisierungspolitik bzw. der polnischen Nationalbewegung geprägt waren, beschreibt Bernhard, Die Fehlerquellen in der Statistik der Nationalitäten, S. III, XI, XVI ff. Michael Schneider geht davon aus, dass die gesteigerte Genauigkeit der amtlichen preußischen Sprachstatistik auch mit der zunehmenden antipolnischen Repressionspolitik zusammenhing. Vgl. Michael C. Schneider, Wissensproduktion im Staat. Das königlich preußische statistische Bureau 1860-1914, Frankfurt a. M./New York 2013, S. 333. Statistiken und Karten sollten zeigen, wo politische Maßnahmen anzusetzen waren. Siehe hierzu auch Hansen, Mapping the Germans, S. 49. Zur Germanisierungspolitik im Kaiserreich siehe auch Anm. 142 in diesem Kapitel, S. 290.

203 Weitere Karten waren u. a.: Paul Langhans, Nationalitätenkarte von Galizien nach den Ergebnissen der Volkszählung vom 31. Dezember 1900, in: Dr. A. Petermann's Mitteilungen aus Justus Perthes' Geographischer Anstalt 65 (1919), Tafeln 6, 8 u. 9. Ders., Wirtschafts-Wand-

5.6.5 Max Eckert

Langhans erhielt nach dem Ersten Weltkrieg aber durchaus auch Zuspruch und der generelle Befund von Guntram Herb, Langhans habe von wissenschaftlicher Seite keinerlei Wertschätzung erfahren, ist in dieser Absolutheit nicht zu halten, insbesondere nicht für die Zeit vor 1918/19.[204]

Im zweiten, 1925 erschienenen Band von Max Eckerts *Kartenwissenschaft*, der auch thematische Karten eingehend behandelte, wird dies deutlich. Die wohlmeinende und schätzende Haltung Eckerts gegenüber Langhans wurde bereits im Zusammenhang mit der Siebenbürgen-Karte ersichtlich. Eckert bescheinigte Langhans eine »Vorliebe für ethnographische Karten«, wobei er mit diesen auch direkt in die ethnographische Forschung eingreife.[205] Die von Langhans hauptsächlich verwendete Methode bestand für Eckert darin, ein prozentual ausgedrücktes Mengenverhältnis zweier oder mehrerer »Völkergruppen« kartographisch zu verarbeiten und zumeist in Flächenkolorit darzustellen – was genau die Darstellungsweise beschrieb, die Penck, Stahlberg und Geisler kritisiert hatten.[206]

Eckert bezeichnete diese Methode als »arithmetische Korrelativ-Methode« und lobte Langhans an verschiedenen Stellen für deren Anwendung: Die Methode habe durch ihn »kartographische Vervollkommnung und Verfeinerung« erfahren, sei »vielfach vorbildlich geworden« und in ihrer »methodischen und gründlichen Art« seien vergleichbare ethnographische Karten bei keinem anderen Volk der Welt zu finden.[207] Sie seien »als Musterkarten […] aufs wärmste zu empfehlen«.[208] Das Verfahren, statistische Daten einzelner Gemeinden in einem kleineren Kartenmaßstab generalisiert darzustellen, eigne sich dabei nach Eckert sowohl für Völkerkarten als auch für Sprachenkarten. Langhans sei hier nie »in den Armen der Statistik erstickt«, sondern habe sich diese als »souveräner Kartograph und Geograph dienstbar gemacht«, je nach »Urmaterial oder Maßstab der Karte«.[209] »Zahlreiche derartige Karten sind unter der Meisterhand Langhans' entstanden, immer im Hinblick auf die Verbreitung des Deutschtums.«[210] Kein Zweifel kann also daran bestehen, dass Eckert Langhans für einen überaus fähigen, wissenschaftlich arbeitenden Kartographen hielt.

karte von Deutschland, 1:1.000.000, Gotha 1922. Ders., Staaten- und Verkehrskarte von Europa, 1:2.250.000, Gotha 1922.

204 Vgl. Herb, Under the Map, S. 11. Vgl. hierzu Hansen, Mapping the Germans, S. 76. Henniges, »Naturgesetze der Kultur«, S. 1314, Anm. 3.

205 Eckert, Die Kartenwissenschaft, Bd. 2, S. 444.

206 Ebd., S. 449, 444.

207 Ebd., S. 449, 444, 445.

208 Ebd., S. 450.

209 Ebd., S. 466.

210 Ebd.

Dennoch gestand auch Eckert ein, »die Entwicklung und Bedeutung der Sprachkarten« sei bis in die Zeit nach dem Krieg »nirgends richtig erfaßt und dargestellt worden«.[211] Er schlussfolgerte: »Die Fehler liegen im Wesen der Methoden begründet.«[212] Deswegen tendierte schließlich auch Eckert dazu, andere, aus seiner Sicht eindeutigere Kriterien als die Sprache für die Zugehörigkeit zu einer Nation zu etablieren. Als methodischen Ausweg empfahl Eckert, wie Volz und Stahlberg zuvor, vor allem Kultur als vorgeblich sicheres Unterscheidungsmerkmal von Deutschen und Polen heranzuziehen. Diesbezüglich führte er aus:

> Noch prägnanter wird die kulturelle Höhe des oberschlesischen Gebiets, wenn das polnische Gebiet, das jenseits der Grenze liegt, mit veranschaulicht wird. Aus diesem Kartenbilde, das wir Bruno Dietrich verdanken, wird mit einem Blick klar, daß die politische Grenzlinie bisher auch eine gute Naturlinie war, die auffällig den deutschen Kulturkreis von dem slawisch-polnischen schied. Im Ackerbau wie in dem Verkehrswesen zeigen sich die Unterschiede besonders grell. Die Dietrichschen Karten, die alle diese Momente festhalten, dokumentieren mehr als viele Worte die Überlegenheit der deutschen Kultur.[213]

Die politischen Grenzen nach dem Krieg seien daher »mit Gewalt geschaffen worden, ohne kulturellen und wirtschaftlichen Tatsachen Rechnung zu tragen. Sie sind wohl von der Sprachverteilung etwas dirigiert, aber es ist klar, ›daß die Sprache nicht allein über staatliche Zugehörigkeit zu entscheiden vermag‹.«[214] Für die Zukunft prognostizierte Eckert:

> Heute sprechen für die Grenzfestsetzung nicht bloß ethnographische, sondern auch kulturelle und wirtschaftliche Verhältnisse mit, weshalb die neuen Staatsgrenzen, die dem Deutschen Reich nach dem Weltkriege aufgezwungen worden sind, bloß als eine vorübergehende Erscheinung aufgefaßt werden. [...] Die Grenzansprüche, die lediglich auf ethnographischer Grundlage beruhen, wie sie hinsichtlich Italiens von P. Langhans kartiert worden sind, werden zuletzt durch den kulturellen und wirtschaftlichen Machtfaktor entschieden.[215]

In einem Vortrag auf einer Tagung der Stiftung für Volks- und Kulturbodenforschung in Ortelsburg (Szczytno) 1927 schlug Wilhelm Volz in die gleiche Kerbe:

211 Ebd., S. 476.

212 Ebd.

213 Ebd., S. 478. Bruno Dietrich, Die natürliche Grenze des nordöstlichen Oberschlesiens. Mit 4 Karten, Breslau 1921. Dietrich (1886-1945) war Geograph und in den 1930er Jahren Rektor der Wiener Hochschule für Welthandel. Vgl. Peter Berger, Die Wiener Hochschule für Welthandel und ihre Professoren 1938-1945, in: Österreichische Zeitschrift für Geschichtswissenschaften 10 (1999), H. 1, S. 9-49.

214 Eckert, Die Kartenwissenschaft, Bd. 2, S. 471.

215 Ebd., S. 499 f.

> […] wichtiger als Nationalitäten oder als Sprachgrenzen sind im Osten Kulturgrenzen; die endgültige politische Grenzführung wird einst mit ihnen zusammenfallen. Von der kulturellen Durchdringung des Ostens hängt in positivem oder negativem Sinne die Gestaltung der deutschen Ostgrenze der Zukunft ab.[216]

Anhand dieser Ausführungen lassen sich in nuce die Verschiebungen der ethnokartographischen Paradigmen ersehen. Aufgrund der für Deutschland mit Gebietsverlusten einhergehenden Bestimmungen des Versailler Vertrags, der Nationalität vor allem durch Sprachzugehörigkeit definierte, setzte eine breite Kritik an der bisherigen Gestaltung von Sprachenkarten ein, die einen direkten Zusammenhang zwischen Sprache und Nationalität vorausgesetzt hatten. Langhans war ein führender Vertreter dieses älteren Paradigmas der Vorkriegs- und Kriegsära gewesen. Die Anpassung der aus deutscher Sicht problematisch gewordenen ethnographischen Karten übernahmen insbesondere Universitätsgeographen wie Volz und Penck, die in staatlich unterstützten und revisionistisch ausgerichteten Instituten wie der Volks- und Kulturbodenstiftung agierten. Damit setzte eine Suche nach neuen Kriterien ein, die schließlich über das bisher besonders bei kolonialen Ansprüchen verwendete Kriterium ›Kultur‹ bzw. ›Kulturhöhe‹[217] zur Entwicklung des Konzeptes des ›Volks- und Kulturbodens‹ führte, welches nicht nur erlaubte, die abgetretenen Gebiete zu beanspruchen, sondern darüberhinausgehend weitaus expansivere Ansprüche ›wissenschaftlich‹ legitimieren konnte.

5.7 Verlage unter dem Druck nationaler Agitation

Abschließend sollen die verlagsinternen Gründe für Langhans' zurückgehende Kartenproduktion betrachtet werden. Diese Gründe hingen allerdings eng mit der öffentlichen Reaktion und der Kritik an den Darstellungsmethoden der Sprachenkarten zusammen. Denn mancher Kritiker ging sogar so weit, die älteren Sprachenkarten nachgerade verantwortlich zu machen für den Verlust deutscher Gebiete, wie das obenstehende Zitat von Karl Christian von Loesch belegt, in dem er

216 Archiv für Geographie, Leibniz-Institut für Länderkunde Leipzig, Nl Wilhelm Volz, K 403, Mappe 6, Bl. 6.

217 Vgl. die Beschreibung des Volks- und Kulturbodenkonzepts des Penck-Schülers Hermann Lautensach (1886-1971): »Die Verbreitung des Kulturbodens eines Volkes braucht nicht mit der Verbreitung des Volkes selbst zusammenzufallen. Vor allem der Kulturboden eines höher kultivierten Volkes erstreckt sich leicht über dessen Grenzen hinaus, besonders wenn staatliche Macht die Ausdehnung dieses Kulturbodens unterstützt.« Hermann Lautensach, Allgemeine Geographie zur Einführung in die Länderkunde. Ein Handbuch zum Stieler, 2. Aufl., Unveränderter Neudruck von 1926, Gotha 1944, S. 372. Vgl. hierzu auch Jureit, Das Ordnen von Räumen, S. 179 ff., 241.

Sprachenkarten vorwarf, sie hätten den Gegnern Deutschlands gezeigt, wo es zu teilen sei.

Einen Fingerzeig für den Zusammenhang von öffentlichem Druck und Kartenherstellung gibt ein Text, den der Schulgeograph Heinrich Harms (1861-1933) in Verbindung mit einem Kommentar von Hermann Haack 1921 im *Geographischen Anzeiger* unter dem Titel *Briand und die deutschen ethnographischen Karten* veröffentlichte.[218] Anlass war die auch von Walter Stahlberg aufgegriffene Episode, wonach der damalige französische Ministerpräsident Briand gesagt haben soll, man brauche »nur den Andreesschen Handatlas aufzuschlagen, um zu sehen, daß Oberschlesien polnisch ist«.[219] Laut Harms hätte Briand auch jede andere der »deutschen wissenschaftlichen Völkerkarten« heranziehen können, also auch eine aus der Produktion von Langhans oder eben Harms' eigene Karten. Diesen, wie Harms betonte, falschen Eindruck Briands würden nämlich sämtliche dieser Karten hervorrufen, was auch dazu geführt habe, dass es in Deutschland Stimmen gebe, die der Meinung seien, dass die verantwortlichen Kartographen »vor den Staatsanwalt gehörten«. Um diesen Vorwürfen entgegenzutreten, hatte Harms den Text überhaupt im *Anzeiger* veröffentlicht.

Interessant sind die sich direkt daran anschließenden Argumente Haacks, denn sie zielten allesamt in eine Richtung, die den bisher skizzierten Argumentationslinien der Kritik an der älteren Ethnokartographie zuwiderliefen.[220] Zunächst einmal, stellte Haack fest, würden auch die neueren, die »Volksdichte« miteinbeziehenden Methoden nicht vollauf befriedigen. Sie erzielten laut Haack keine Fernwirkung – worauf er entsprechend seiner Wertschätzung von Anschaulichkeit stets größtes Gewicht legte. Weiter führte Haack das nüchterne Argument an, die deutschen Karten könnten gestaltet sein, wie sie wollten, die Entente würde sowieso nach eigenem Gutdünken verfahren: »Sie tut was sie will und die Macht hat durchzusetzen.« Hinzu setzte er das pragmatische Argument, es sei doch »politisch wenig klug, in jetziger Zeit solche Streitfragen aufzurollen und damit das Vertrauen und Ansehen der deutschen Kartographie in aller Welt zu erschüttern«. All diese Argumente waren vor allem dem praktischen und ökonomisch reflektierten Standpunkt des Verlagskartographen geschuldet. Denn das »Ansehen der deutschen Kartographie in aller Welt« war für Perthes tatsächlich gerade in dieser Zeit existentiell, war das Auslandsgeschäft nach dem Krieg doch wieder ein wichtiges Standbein des Verlags geworden.

Haack erkannte ebenfalls den Zusammenhang zwischen der aktuellen Kritik an den älteren Karten und den völlig veränderten Zeitumständen und Zielstellungen der deutschen Ethnokartographie:

218 Heinrich Harms, Briand und die deutschen ethnographischen Karten, in: Geographischer Anzeiger 22 (1921), H. 7/8, S. 162-163.

219 Ebd., S. 162. Ebenso die folgenden Zitate.

220 Ebd., S. 163. Ebenso die folgenden Zitate.

> Ein weiterer Vorwurf ist der, daß unsere ethnographischen Karten das Abstimmungsergebnis in Masuren und Oberschlesien nicht erkennen ließen. Die Karten aber, die von den Angriffen mitgetroffen werden, sind zum größten Teil zu einer Zeit erschienen, als an Krieg und Abstimmung noch nicht zu denken war.

Neben diesen pragmatischen Argumenten führte Haack schließlich noch ein weiteres ins Feld, das wiederum deutlich macht, dass auch Haack mittlerweile populäre biologistische Metaphern verwendete (vgl. Kap. 4).[221] Haack führte aus, den heutigen Kartographen müsse das Abstimmungsverhalten der Masuren in Ostpreußen und der »Wasserpolen« in Oberschlesien freuen und er würde sie als »deutsche Staatsbürger« begrüßen. »Aber in der ethnographischen Karte muß er jene Völkerschaften doch auch weiterhin als Masuren und Wasserpolen eintragen, denn das sind sie geblieben, der Stimmzettel vermag weder Blut noch Sprache zu ändern.«[222]

In Bezug auf die Kritik an Langhans ist hier besonders von Interesse, wie Haack die polemischen Angriffe beurteilte, die gegen diejenigen deutschen Kartographen und Verleger geführt wurden, welche vermeintlich »der Entente in die Hand arbeite[n]« würden. Haack behauptete wie Eckert, nicht »die Kartographen, sondern die Methode trifft die Schuld an der Unzulänglichkeit der Darstellung«.[223] Ferner übte Haack scharfe Kritik an der Form der geäußerten Polemik:

> Meist erscheint in einem Verbandsblatt der erste Vorstoß unter einer fetten Überschrift, die Bearbeiter und Verleger von vornherein als national unsichere Kantonisten kennzeichnen soll. Die Presse übernimmt die leichtfertigen Angriffe, in denen meist auch mit Repressalien gedroht wird, unbesehen und ohne Rückfrage, und damit ist das Ziel zunächst erreicht: die Öffentlichkeit ist in Erregung gebracht, und es hagelt Zuschriften von Leuten, die die angegriffenen Karten oft gar nicht gesehen haben und sie vielleicht auch in ihrem Leben niemals sehen werden.

Wie stark der nationalistische Furor nach dem Krieg geworden war, mag man an Haacks abschließendem Satz erkennen: »Ruhige Überlegung ist etwas Seltenes geworden im lieben Vaterland; diese Zeilen sind für alle bestimmt, die sie sich trotz der trüben Zeiten zu bewahren suchen.«

Ein Beispiel von 1925 zeigt, dass Haack mit dieser Einschätzung durchaus nicht übertrieben hatte. In einem Beitrag in dem von Karl Christian von Loesch herausgegebenen Sammelband *Volk unter Völkern*, der auch Pencks zentralen Text zur Volks-und-Kulturboden-Theorie samt Karte enthielt, kritisierte der Kartograph

221 Zur Popularisierung rassenbasierter Deutungen vgl. Geulen, Wahlverwandte, S. 154 ff.

222 Harms, Briand, S. 163. Ebenso die folgenden Zitate, wenn nicht anders angegeben.

223 Ebd., S. 162.

und zeitweilige Bauhaus-Graphiker Arnold Hillen Ziegfeld (1894-1964)[224] einen aktuellen Weltatlas aus dem republikfreundlichen Ullstein-Verlag. Dieser unterstütze die »Selbstherrlichkeit der neuen Staaten«, so Ziegfeld, indem er die deutschen Namen von Städten in der Tschechoslowakei hinter den offiziellen tschechischen Namen erst an zweiter Stelle angebe. Aufgrund des öffentlichen Drucks in Deutschland habe der Verlag, so Ziegfeld, eine zweite, diesbezüglich korrigierte Auflage angekündigt und als »eine Art beruhigender Vorläufer« eine »deutsche Karte der Tschechoslowakei« herausgegeben. Ziegfeld war mit dieser Lösung aber keineswegs besänftigt: »Dieses etwas späte Zugeständnis an das nationale Gewissen kann an der Leichtfertigkeit der ersten Handlung nichts ändern. Es beweist höchstens, wie notwendig eine Überwachung der Arbeit mancher Verleger ist, und zeigt vor allem die Erfolgsmöglichkeiten eines entschlossenen Eingreifens.«[225] Eine andere Karte aus der Langenscheidt'schen Verlagsbuchhandlung, die den Titel *Karte des tschechischen Sprachgebiets* trug, war nach Ziegfeld gar »als Erzeugnis eines deutschen Verlages gleichbedeutend mit kartographischem Volksverrat«.[226] An diesem Beispiel ist eindrucksvoll zu ersehen, wie aggressiv in Teilen der Öffentlichkeit auf Karten reagiert wurde und welchen Druck nationalistische Kreise auf Verlage auszuüben vermochten.

Dass die Emotionalisierung der öffentlichen Meinung gegenüber Karten auch für Justus Perthes ein bedrohliches Maß angenommen hatte, zeigt nicht nur die Affäre um die Spett-Karte, sondern wird auch in mehreren Schreiben von Joachim Perthes an Theodor Klemm vom Mai 1921 deutlich. Klemm hatte zuvor in einem Brief berichtet, der Ostmarkenverein – ehemaliger Vertragspartner der *Deutschen Erde*[227] – habe in einem Zeitungsartikel die 1917 erschienene Wandkarte *Die Völker Mitteleuropas* (siehe Kap. 4) von Hertzberg und Haack als »unrichtig« attackiert.[228] Klemm hatte noch in relativ nonchalanter und bezeichnend pragmatischer Weise reagiert, indem er an den Ostmarkenverein geschrieben hatte, »die beiden Bearbeiter würden sich gegen seinen Angriff verwahren, im Uebrigen möchte er doch eine Karte herstellen lassen, wie er die Völkerverteilung auffaßt, J. P. [Justus Perthes] würde sie gerne drucken«.[229]

224 Henniges, »Naturgesetze der Kultur«, S. 1338. Ziegfeld hatte auch die »Karte des deutschen Volks- und Kulturbodens« für Pencks Beitrag erstellt. Vgl. Seegel, Map Men, S. 122. Ausführlich zu Ziegfeld Laba, Die Grenze im Blick, S. 123, 150 ff.

225 Arnold Hillen Ziegfeld, Die deutsche Kartographie nach dem Weltkriege, in: Karl Christian von Loesch (Hg.), Volk unter Völkern, Breslau 1925, S. 429-445, hier S. 444. Siehe hierzu auch Herb, Grenzrevision, S. 193 f.

226 Ziegfeld, Die deutsche Kartographie, S. 445.

227 Siehe Kap. 4.7.

228 Auch gegen den Westermann-Verlag in Braunschweig erhob der Ostmarkenverein Vorwürfe wegen einer ethnographischen Wandkarte Deutschlands, die auf dem Sprachkriterium basierte. Vgl. Herb, Under the Map, S. 98 ff.

229 Brief von Theodor Klemm an Joachim Perthes vom 20. Mai 1921, Forschungsbibliothek Gotha, Sammlung Perthes, SPA ARCH MFV 307, Bl. 576.

Die Antwort von Joachim Perthes zeigt indes, welches Gewicht er der Sache beimaß und welchen großen Einfluss radikalnationale Verbände gewonnen hatten. Seine an Klemm gerichtete Antwort trug fast schon panische Züge und zeugt von einer recht devoten Haltung in dieser Angelegenheit:

> Ich meine, wir müßten unter allen Umständen zu erreichen versuchen, daß eine Erörterung auch dieser Angelegenheit in der Tagespresse verhindert wird! Die Angriffe auf die Spett'sche Karte haben uns in der Fachwelt bis jetzt noch nicht geschadet.[230] [...] Wenn jetzt aber in derselben Sache ein Verlagswerk von J. P. ‹...› wird, kann die Stimmung doch umschlagen. Ich bitte deshalb um größte Vorsicht im Briefwechsel mit dem Ostmarkenverein, [...]. Ich bin sehr dafür, den Leuten die Karte hinzuschicken mit der Bitte, das ihrer Ansicht nach Fehlerhafte zu korrigieren. Vielleicht läßt sich dann durch Handkolorit oder Nachdruck der Angriffspunkt beseitigen. Ich bitte Herrn Dr. Haack jedenfalls umgehend sich mit dem Ostmarkenverein in entgegenkommender Weise in Verbindung zu setzen. Wir dürfen den Bogen jetzt nicht überspannen![231]

Die Sache verlief zwar im Sand und Klemm betrachtete die ganze Angelegenheit weiterhin nüchtern: Man habe »keinen weiteren Zeitungsausschnitt gefunden, der übertriebene Pencksche Standpunkt scheint also nicht in breiterem Umfange geteilt zu werden.[232] Dr. Haack schreibt nun an den Ostmarkenverein & Hertzberg. Ihre Bedenken teilt er nicht, ich offen gestanden auch nicht.«[233] Doch Perthes behielt seinen Standpunkt bei: »Bezügl. der Hertzberg'schen Karte möchte ich nochmals davor warnen, die Sache zu leicht zu nehmen, gerade weil es sich um eine Schulwandkarte handelt!«[234] Eine Bemerkung, die auch die ökonomische Bedeutung von Schulwandkarten für den Verlag verdeutlicht (vgl. Kap. 7).

230 Dass Joachim Perthes durchaus mit einer Attacke auf Perthes gerechnet hatte, zeigt folgendes Zitat: »Ein Angriff auf J. P. ist dank der uns wohlgesinnten Mehrheit schließlich vollständig verhindert worden, so daß alle Aufregung umsonst war!« Brief von Joachim Perthes an Theodor Klemm vom 19. Mai 1921, Forschungsbibliothek Gotha, Sammlung Perthes, SPA ARCH MFV 307, Bl. 574.

231 Brief von Joachim Perthes an Theodor Klemm vom 22. Mai 1921, Forschungsbibliothek Gotha, Sammlung Perthes, SPA ARCH MFV 307, Bl. 578.

232 Siehe hierzu Anm. 163 in diesem Kapitel, S. 294.

233 Brief von Theodor Klemm an Joachim Perthes vom 24. Mai 1921, Forschungsbibliothek Gotha, Sammlung Perthes, SPA ARCH MFV 307, Bl. 580-581.

234 Brief von Joachim Perthes an Theodor Klemm vom 25. Mai 1921, Forschungsbibliothek Gotha, Sammlung Perthes, SPA ARCH MFV 307, Bl. 582. Hervorhebung im Original.

5.8 Fazit: Paul Langhans nach dem Krieg

Zusammenfassend lassen sich also zwei wesentliche Ursachen für den Rückgang der Kartenproduktion von Langhans feststellen. Die allgemeine Ursache lag in der zunehmenden Kritik an der auch von Langhans praktizierten, herkömmlichen Darstellungsweise der zumeist auf amtlichen Statistiken wie Zensusdaten basierenden Sprachenkarten. Insbesondere das Flächenkolorit und die fehlende Berücksichtigung der Bevölkerungsdichte wurden bemängelt. Aus politischer Sicht noch schwerwiegender wog der ›Fehler‹ dieser Karten, Kaschuben, Masuren und polnischsprachige Schlesier/innen farblich als Polen bzw. Polinnen zu kennzeichnen. Im hochgradig aufgeheizten Klima der Nachkriegszeit vermischten sich in nie da gewesenem Ausmaß Kritik und Polemik, wissenschaftliche Darstellung und weltanschaulich-normative Maßgaben. Auch Langhans' Karten waren aus dieser Perspektive nicht mehr zeitgemäß. Akteure wie Albrecht Penck oder Wilhelm Volz übernahmen im weiteren Verlauf mehr und mehr das Feld der völkisch indoktrinierten ›Deutschtumskartographie‹. Zudem ergaben sich mit der Geopolitik und ihren stärker graphisch gestalteten, von der Werbung inspirierten und für die massenhafte Verbreitung in Tageszeitungen entwickelten Suggestivkarten ganz neue Entwicklungen mit einer völlig veränderten Kartensprache.[235]

Der bereits erwähnte Arnold Hillen Ziegfeld, einer der maßgeblichen Entwickler von Suggestivkarten, betonte zwei wesentliche Konsequenzen des Krieges für die Kartographie:

> Die Befreiung von dem Glauben an die Unfehlbarkeit der Statistik und die Absage an die konventionelle Art ethnographischer Darstellungen. – Als Zeugnis für den vertieften Gestaltungswillen dieser Nachkriegszeit mag die Beweglichkeit neuartigen Problemen gegenüber und die Auflockerung der kartographischen Darstellungsweise nach der künstlerischen Seite hin gelten.[236]

Langhans als ein streng an – vermeintlich objektiver – Statistik orientierter Kartograph stand für die hier kritisierte, »konventionelle« Tradition.[237]

Langhans blieb jedoch trotz allem eine Art symbolische Galionsfigur für die Protagonisten der ›Deutschtumskartographie‹. Auch wenn seine Darstellungs-

235 Grundlegend hierzu Laba, Die Grenze im Blick. Herb, Under the Map, S. 77 ff. Grundlegend zur Geopolitik siehe Sprengel, Kritik der Geopolitik. Siehe auch Hänsgen, Chorematische Kartensprache zwischen französischem Geodesign und deutscher Geopolitik. Günter Wolkersdorfer, Geopolitische Leitbilder als Deutungsschablone für die Bestimmung des »Eigenen« und des »Fremden«, in: Sebastian Lentz/Ferjan Ormeling (Hg.), Die Verräumlichung des Welt-Bildes: Petermanns Geographische Mitteilungen zwischen »explorativer Geographie« und der »Vermessenheit« europäischer Raumphantasien, Stuttgart 2008, S. 181-192.

236 Ziegfeld, Die deutsche Kartographie, S. 445.

237 Herb, Under the Map, S. 76.

methoden als überkommen und politisch kontraproduktiv bemängelt wurden, polemische Kritik an ihm persönlich blieb die Ausnahme. Seine Redlichkeit und sein vorbildlicher Einsatz für die ›nationale Sache‹ wurden hervorgehoben, seine ›Verdienste‹ als einer der ersten, der die Ethnokartographie aus völkischer Perspektive betrieben hatte, wurden nicht angezweifelt. Im Gegenteil, Max Eckert, Wilhelm Peßler oder Kurt Hassert stellten hier seine Rolle als Pionier heraus.[238]

So kam ihm in der Weimarer Republik gewissermaßen eine Scharnierfunktion zu, die eine rückblickende Kontinuität völkischer Kartographie in die Zeit des Kaiserreichs ermöglichte, als sie noch die Angelegenheit einer Minderheit gewesen war. So ist es in dem doppelten Sinn von methodischer Kritik und ideeller Wertschätzung aufzufassen, wenn Wilhelm Volz und der Geograph Hans Schwalm (1900-1992), später Mitglied des SS-Ahnenerbes, 1930 die erste Ausgabe der von ihnen herausgegebenen *Deutschen Hefte für Volks- und Kulturbodenforschung* mit folgendem Rückblick einleiteten:

> Im Jahre 1915 mußte die von Professor Paul Langhans geleitete »Deutsche Erde« ihr Erscheinen einstellen. Als »Zeitschrift für Deutschkunde. Beiträge zur Kenntnis deutschen Volkstums allerorten und allerzeiten« hat sie sowohl der wissenschaftlichen Forschung gedient, wie mitgeholfen, die Kräfte, die sich um die Erhaltung deutschen Volkstums in bedrohten Gebieten bemühten, zu sammeln, und ihnen notwendiges Rüstzeug geliefert. Der Krieg hat ihrem 13-jährigen bedeutungsvollen Wirken – in der Not der Tage kaum beachtet – ein Ende bereitet. Am Beginn einer neuen Arbeit, die, wenn auch nur in gewissem Sinne, die der einstigen »Deutschen Erde« fortsetzen will, sei deshalb zuvorderst an diese Leistung der Vergangenheit erinnert.[239]

Zur methodischen Kritik im kartographischen Diskurs kamen die verlagsinternen Entwicklungen hinzu. Einerseits sind hier generelle Spannungen zwischen Verlagsleitung und Langhans zu vermuten. Seine Ausbootung bei der zehnten Auflage des *Stieler*, die Einstellung der *Deutschen Erde*, schließlich der von Langhans erwähnte Abzug aller Zeichenkräfte: All das waren Maßnahmen, die sicher nicht zu einem harmonischen Verhältnis beitrugen und die Langhans mehr und mehr auf das »redaktionelle Gleis« festlegten. Nicht zuletzt auch Klemms harsche Bewertungen deuten auf ein gestörtes Verhältnis hin – seine betriebswirtschaftlichen Einschätzungen ließen kaum ein gutes Haar an Langhans.

Wichtig für die Antwort auf die Frage, warum Langhans seit Anfang der 1920er Jahre kaum noch Karten erstellte, ist auch der Zusammenhang von verlagsexternen und -internen Faktoren, der besonders in der scharfen Kritik nationalis-

238 Wilhelm Peßler, Deutsche Volkstumsgeographie, Braunschweig u. a. 1931, S. 36.

239 Wilhelm Volz/Hans Schwalm, Zum Geleit, in: Deutsche Hefte für Volks- und Kulturbodenforschung 1 (1930), H. 1, S. 1-3, hier S. 1.

tischer Kreise an den Karten des Verlags zum Ausdruck kommt. Perthes war bereits durch den Vorfall um die Spett'sche Karte gewarnt, musste jedoch weiterhin Kritik und einen daraus resultierenden Prestigeverlust oder gar Boykottaufrufe seitens dieser Kreise befürchten. In der von ökonomischen Motiven geleiteten Vorsicht des Verlags in Bezug auf die Herausgabe öffentlichkeitswirksam skandalisierbarer Karten ist somit neben der vielfachen Kritik an den überkommenen Sprachenkarten eine weitere Ursache für das signifikante Nachlassen von Langhans' kartographischer Produktion nach dem Ersten Weltkrieg zu sehen. Langhans beging seine weitere Karriere im Verlag als Herausgeber und (Karten-)Redakteur von *Petermanns Mitteilungen*, kaum mehr als eigenständiger Kartograph.

6. Vorkriegsplanung trifft auf Nachkriegsrealität: Der *Stieler-Handatlas* und Haacks Schulwandkarten in der Weimarer Republik

6.1 Einleitung

Dieses Kapitel zeichnet Haacks Weg als Herausgeber des *Stieler-Handatlas* nach und wie er sich hier den wechselhaften und schwierigen Bedingungen von Kriegs- und Nachkriegszeit anpasste. Anschließend beschreibt das Kapitel die zunehmende Integration völkischer Deutungsmuster in die Schulwandkarten Haacks.

1911 hatte sich Haack als alleiniger Leiter der zehnten Auflage des *Stieler* durchgesetzt (vgl. Kap. 3). Aus ökonomischen Gründen forderte er schon vor dem Ersten Weltkrieg für diese Ausgabe eine größere Berücksichtigung des erstarkenden deutschen Nationalismus. Dennoch waren ihm die wichtigen internationalen Geschäftsbeziehungen des Verlags bewusst, sodass er beabsichtigte, auch eine internationale Version des *Stieler* herauszubringen. Nach dem Ende des Ersten Weltkriegs war die Umsetzung einer internationalen Version aufgrund der schwierigen wirtschaftlichen Verhältnisse jedoch nicht möglich. Daher veranlasste Haack in der nationalen Variante des *Stieler* einige Kompromisse, damit sie auch ins Ausland verkauft werden konnte. Sehr geschickt changierte er also in dieser Zeit des aggressiven Nationalismus und des allgemeinen Hasses zwischen einer deutsch-nationalen und einer internationalen Perspektive, um dem Verlag einen gleichzeitigen Zugang zum Inlands- wie zum Auslandsmarkt zu sichern. Haack agierte hier als Pragmatiker, der den Nationalismus in erster Linie als bedeutenden Geschäftsfaktor auffasste. Als aufgrund des verlorenen Ersten Weltkriegs und seiner Konsequenzen völkische und revisionistische Deutungsmuster in Deutschland an Popularität gewannen – gerade die Schule war eine Institution für die entsprechende Prägung von Kindern und Jugendlichen –, integrierte Haack diese in sein Schulwandkartenprogramm.

6.2 Die zehnte Auflage des *Stieler-Handatlas*: Ein Mammutprojekt zur Unzeit

Nicht nur Paul Langhans musste als Schriftleiter angesichts der Wirtschaftskrise nach dem Ersten Weltkrieg um das Fortbestehen von *Petermanns Mitteilungen* bangen (vgl. Kap. 5). Der gesamte Verlag war in eine finanzielle Schieflage geraten.

Selbst der in geschäftlichen Dingen unerschütterliche Theodor Klemm schilderte 1928 in einer Denkschrift bezüglich des von Perthes verlegten Sortiments genealogischer Nachschlagewerke in schonungslosen Worten die durch die Inflation verursachten Veränderungen im Verlag:

> Die Gothaischen Genealogischen Taschenbücher […] waren vor der Inflation die tragenden Säulen des Geschäftes. Aus deren regelmäßig fließendem Ertrag konnten andere Werke, die dem Hause zwar Ansehen und Wertschätzung, aber keinen klingenden Erfolg brachten, sondern mehr oder weniger stark zuschußbedürftig waren, durchgehalten werden, umsoeher, als der Inhaber der Firma auf einen Gewinn aus dem Betrieb infolge des Einkommens aus seinem Privatvermögen nicht angewiesen war, sondern dessen Zinsertrag auch noch zum Teil in schöne, der Wissenschaft dienende, aber ertraglos bleibende Unternehmungen hineinsteckte. Der Inflationsbetrug hat die Verhältnisse gründlich gewandelt. Das Privatvermögen ist verschwunden und auch die für die Pensionierung der Mitarbeiter des Hauses in Jahrzehnten aufgesparten Beträge sind verloren. Sowohl der Inhaber des Geschäftes mit Angehörigen ist auf den Ertrag des Unternehmens angewiesen, wie auch die vorhandenen 40 Pensionäre aus laufenden Mitteln durchgehalten werden müssen. Heute muß deshalb darauf gesehen werden, daß kein Verlagswerk […] unnötig zuschußbedürftig wird.[1]

In der Hauptsache lastete das deutsche Bürgertum den Verlust seines Vermögens dem Versailler Vertrag und der Politik der Weimarer Republik an,[2] nicht aber der systematisch betriebenen staatlichen Verschuldungspolitik in der Zeit zwischen 1914 und 1918, welche die Finanzierung des Krieges ermöglicht hatte und deren Folgen nach dem Krieg die Bevölkerung zu tragen hatte.[3] Dass die Inflation nicht

1 Denkschrift von Theodor Klemm: Was die Buchführung über die von Herrn Professor Dr. Langhans herausgegebenen Verlagswerke: »Diplomatisches Jahrbuch«, »Almanach de Gotha«, »Petermanns Mitteilungen und Ergänzungshefte dazu« lehrt, Buchführungs-Ergebnisse 1928, Bl. 60 vom 6. September 1928, Forschungsbibliothek Gotha, Sammlung Perthes, SPA ARCH FFA. Hervorhebung im Original.

2 Fred Taylor, Inflation. Der Untergang des Geldes in der Weimarer Republik und die Geburt eines deutschen Traumas, München 2013, S. 346.

3 Werner Plumpe, Weimar: Über das Anhäufen von Problemen, in: Andreas Wirsching/Berthold Kohler/Ulrich Wilhelm, Weimarer Verhältnisse? Historische Lektionen für unsere Demokratie, Stuttgart 2018, S. 23-35, hier S. 24f.

nur die Pensionäre und den Inhaber des Verlags, sondern auch alle Angestellten hart traf, unterstreicht ein Brief von Klemm an Joachim Perthes vom September 1920. Darin bat Klemm um eine Erhöhung des Lohns der Angestellten »Fräulein Schmidt« um 50 Mark pro Monat, da sie »schon sehr dünn aussieht« und sie von 250 Mark pro Monat nicht leben könne: »Bei der Schmidt scheint mir aber schnelle Hilfe doppelte Hilfe zu sein.«[4]

Ausgerechnet in diese schwierige, von vielen Menschen als geradezu wahnwitzig empfundene Zeit der Inflation, fiel der Start der Auslieferung eines für die Maßstäbe von Justus Perthes wahrhaft monumentalen Projekts. Im Dezember 1920 hatte der Verlag begonnen, die neue Auflage seines Premium-Atlas, des *Stieler-Handatlas*, auf den Markt zu bringen.[5] 1909 hatte man mit den ersten Arbeiten angefangen,[6] die ersten Planungen datierten aus dem Jahr 1905. Der Zusatztitel *Hundertjahr-Ausgabe* bezog sich auf den Umstand, dass sie hundert Jahre nach dem Erscheinen der Erstauflage ausgeliefert werden sollte, die zwischen 1817 und 1823 von Adolf Stieler und Christian Gottlieb Reichard herausgegeben worden war.[7] Bernhard Perthes hatte entschieden, dass auch die zehnte Auflage auf dem Kupferstichverfahren basieren sollte, jedoch – wie bereits bei der neunten Auflage geschehen – wurden sämtliche Karten mittels Umdruckverfahren und Lithographie vervielfältigt.[8] Damit war der *Stieler* der letzte deutsche Atlas, bei dem der Kupferstich einen zentralen Bestandteil des Herstellungsprozesses bildete.

Die immensen Ausmaße dieses mit einem konstant hohen Personal- und Ressourcenaufwand betriebenen Projekts können vielleicht am besten durch einige Zahlen verdeutlicht werden: Der Atlas bestand in seiner finalen Variante aus 108 Kartenblättern, acht mehr im Vergleich zur vorherigen Auflage. 28 Blätter davon waren völlige Neuzeichnungen. Die durchschnittliche Dauer der Zeichnung eines einzelnen Blattes gab Haack mit 15 Monaten an.[9] Diese lange Zeit erstaunt nicht – einige Blätter enthielten die Namen von bis zu 5.000 geographischen Objekten. Die Namen mussten dabei im Gegensatz zu anderen Kartenelementen bereits druckreif gezeichnet werden, da, Haack zufolge, den Kupferstechern die Auswahl der Größe, Art und Platzierung der Schrift nicht überlassen werden konnte.[10] Der Kupferstich eines einzigen Kartenblattes erforderte trotzdem

4 Brief von Theodor Klemm an Joachim Perthes vom 9. September 1920, Forschungsbibliothek Gotha, Sammlung Perthes, SPA ARCH MFV 307, Bl. 541.

5 Hermann Haack, Zur Hundertjahrausgabe von Stielers Handatlas. II. Zur Technik des Kupferstiches, in: Geographischer Anzeiger 24 (1923), H. 1/2, S. 1-12, hier S. 1.

6 Hermann Haack, Die Hundertjahr-Ausgabe von Stielers Handatlas I, in: Dr. A. Petermann's Mitteilungen aus Justus Perthes' Geographischer Anstalt 67 (1921), H. 1/2, S. 19-22, hier S. 22.

7 Hermann Haack, 100 Jahre Stieler – Geschichte und Werdegang eines deutschen Handatlas, unveröffentlichtes Manuskript, SPA ARCH MFV 030/2, S. 21-26.

8 Ebd., S. 106.

9 Haack, Vom Werden des Stieler, S. 19.

10 Ebd., S. 13.

durchschnittlich zwei volle Arbeitsjahre eines einzelnen Kupferstechers.[11] Da sämtliche 108 Blätter aus dem Zusammendruck von vier separaten Kupferplatten – je eine Gewässer-, Situations-, Terrain- und Schriftplatte – entstanden, ergab sich für die Auflage die benötigte Gesamtmenge von 432 Kupferplatten. Hinzu kamen die für den Druck durchschnittlich pro Blatt verwendeten acht Lithographie-Steine aus Solnhofener Kalkschiefer. Insgesamt bestand der Grundstock des Atlas somit aus 432 Kupferplatten und 864 Lithographie-Steinen: »Alle für den Stieler nötigen Steine aufeinandergestapelt, ergeben einen Turm von rund 150 m Höhe, der dem Kölner Dom nur wenig nachstehen würde.«[12] Laut Haack wären bei einer »kleinen Auflage von 10 000 Stück« 6.480.000 Druckvorgänge nötig. Eine einzelne Schnelldruckpresse hätte hierfür sechs Jahre lang ununterbrochen laufen müssen.[13] Diese wenigen Angaben zeigen bereits die enormen Ausmaße des Unternehmens. Sie verweisen aber auch auf die langen Zeitspannen der einzelnen Arbeitsschritte. Herstellung und Auslieferung der zehnten Auflage dauerten schließlich von 1909 bis 1925, nahmen also rund 16 Jahre in Anspruch. Durchschnittlich waren permanent sechs Zeichner und zehn Kupferstecher an ihr beschäftigt.[14]

Bernhard Perthes hatte für dieses Unternehmen die entscheidenden Weichen gestellt und günstige Voraussetzungen geschaffen, »soweit es dem zukunftsblinden Menschen vorzusorgen vergönnt ist«, wie Haack rückblickend feststellte.[15] Denn angesichts der Ereignisse im Sommer 1914 wurde der ganze Plan hinfällig, die Folge für den *Stieler* war, »dass nahezu seine ganze Herstellung in dem düsteren Schatten eines Krieges stehen sollte, wie seinesgleichen auf Erden bisher noch nicht erlebt wurde«.[16] Der komplizierte und eng miteinander verwobene Apparat hochspezialisierter Berufe, der für die Bewältigung der Produktion nötig war, konnte seine Arbeit während des Krieges überhaupt nur aufgrund des hohen Durchschnittsalters der beteiligten Mitarbeiter/innen einigermaßen aufrecht halten, da diese nicht zum Militär einberufen wurden.[17] Das »Kriegsende brachte statt einer Verbesserung eine Verschlimmerung der Lage«.[18]

Schließlich konnte der Atlas bis zum Mai 1925 in 54 Lieferungen dennoch vollständig auf den Markt gebracht werden. Mit unüberhörbarem Stolz schrieb Haack schon ein Jahr zuvor: »Mit um so größerer Freude können wir feststellen, daß es auch im verflossenen Jahre gelungen ist, sechs Doppellieferungen mit zusammen

11 Ebd., S. 19.
12 Ebd.
13 Ebd.
14 Ebd.
15 Haack, 100 Jahre Stieler, S. 109.
16 Ebd.
17 Haack, Die Hundertjahr-Ausgabe von Stielers Handatlas I, S. 22.
18 Haack, 100 Jahre Stieler, S. 110.

24 Karten, also allmonatlich die bei Beginn der Lieferungsausgabe in Aussicht gestellten zwei Blätter, herauszubringen.«[19] Angesichts der enormen politischen und ökonomischen Turbulenzen in den Jahren bis 1924 war dieser Stolz sicher nicht unberechtigt. Anfang des Jahres 1923 hatte Haack rückblickend auf den Beginn der Auslieferung geschrieben, nicht einmal »der vorsichtigste Schwarzseher [...], konnte damals eine Entwicklung vorausahnen, wie wir sie in den verflossenen zwei Jahren schaudernd mit durchleben mußten«.[20] Ein Jahr später konstatierte er: »Der Abstieg hat ein solches Ausmaß angenommen, daß jede vorausschauende, zielbewußte Arbeit unmöglich geworden ist.«[21]

Die mannigfaltigen Schwierigkeiten und Lähmungen, denen sich gerade ein »feinverästelter Arbeitsorganismus«[22] wie Justus Perthes während der Inflation ausgesetzt sah, kann exemplarisch durch eine Offerte verdeutlicht werden, über die Klemm und Joachim Perthes im Mai 1922 berieten. Die Hamburg-Amerikanische-Packetfahrt-Actien-Gesellschaft (HAPAG) hatte dem Verlag das Angebot unterbreitet, die gesamten Restbestände der zwischen 1903 und 1910 von Paul Langhans herausgegebenen Reihe *Rechts und links der Eisenbahn!*[23] aufzukaufen. Klemm schrieb, die HAPAG habe »den Preis von Mk. 20,-- für das Kilo« geboten.[24] Die Karten, durch die Ergebnisse des Ersten Weltkriegs überholt, waren nur noch das Papier wert, auf dem sie gedruckt waren. Da Klemm zu dieser Zeit jedoch nicht an ein Zurückgehen der immer weiter steigenden Preise glaubte, riet er Joachim Perthes ab, sich auf den Handel einzulassen, zumal »sich aber die Verhältnisse inzwischen so wesentlich geändert haben, dass der zur Zeit des Angebotes beispielsweise genannte Papier-Tagespreis heute bereits um 50 % bezw. auf das Doppelte gestiegen ist. Die vorhandenen 160.000 Karten mögen andererseits immerhin 4000 Kilogramm wiegen und würden bei Mk. 40,– für das Kilo Mk. 160.000,– ergeben. Was nützt aber dieser Betrag, dessen Kaufkraft sich immer mehr verringert, während der Papiervorrat an Wert jeden Tag zunimmt.«[25]

Durch die rasante Geldentwertung lohnte sich der Verkauf von Waren nicht mehr und es wurde ökonomisch sinnvoller, diese einfach zu behalten. Dieser Umstand bildete den Kern der fatalen Inflationslogik, die den gesamten Warenverkehr und die Wirtschaftsproduktion zusammenbrechen ließ und die Weimarer

19 Hermann Haack, Zur Hundertjahrausgabe von Stielers Handatlas. III: Über den Landkartendruck, in: Geographischer Anzeiger 24 (1923), H. 1/2, S. 5-15, hier S. 5.

20 Haack, Zur Hundertjahrausgabe von Stielers Handatlas. II: Zur Technik des Kupferstiches, S. 1.

21 Haack, Zur Hundertjahrausgabe von Stielers Handatlas. III: Über den Landkartendruck, S. 5.

22 Haack, 100 Jahre Stieler, S. 110.

23 Paul Langhans (Hg.), Rechts und links der Eisenbahn! Neue Führer auf den Hauptbahnen im Deutschen Reiche und in den Grenzländern, Gotha 1903-1910.

24 Brief von Theodor Klemm an Joachim Perthes vom 6. Mai 1922, Forschungsbibliothek Gotha, Sammlung Perthes, SPA ARCH MFV 307, Bl. 604.

25 Ebd.

Republik im Herbst 1923 an den Rand des Abgrunds brachte. Im Laufe des Jahres 1923 ging auch Justus Perthes dazu über, »alle Vertriebsmaßnahmen« von Verlagsprodukten einzustellen, um so »lieber die Sachwerte« zu behalten, »statt sie in Papiermark einzutauschen«.[26] Eine realistische Buchführung war laut Klemm bereits 1918 »illusorisch« geworden.[27]

Während der Krise brachten Perthes und Klemm dagegen Baumaßnahmen auf den Weg, durch die das östliche Hinterhaus des Verlags 1922 um ein Stockwerk erweitert wurde, in welches das Atelier für das Aufziehen von Wandkarten unterkam – ein baulicher Ausdruck des weiter gestiegenen Stellenwerts der Wandkarten.[28] Zusätzlich wurden neue Drucksteine für die Lithographie beschafft.[29] So entschied sich die Geschäftsleitung für Investitionen in Sachwerte und reagierte damit angemessen auf den rasanten Währungsverfall.

Neben den wirtschaftlichen Schwierigkeiten bei der Arbeit am *Stieler*, teilte Haack jedoch noch ein weiteres schwerwiegendes Problem mit Langhans' Schriftleitung von *Petermanns Mitteilungen*: Die immer schwieriger werdende Balance zwischen nationalen und internationalen Verlagsinteressen. Bestand dieses Problem bis ins letzte Drittel des 19. Jahrhunderts im Grunde nicht, gefährdete der ubiquitär um sich greifende Nationalismus zunehmend die Grundlage für eine Verlagskartographie mit transnationalen Absatzmärkten. Der Erste Weltkrieg verschärfte dieses Problem in ungeahntem Ausmaß. Für einen Verlag wie Justus Perthes, der traditionell über wichtige geschäftliche Verbindungen ins Ausland verfügte, bedeutete dies ein elementares wirtschaftliches Dilemma. Der Verlag versuchte nach dem Krieg an der tradierten internationalen Ausrichtung der *Mitteilungen* wiederanzuknüpfen und selbst Langhans rührte hieran nicht grundlegend. Dennoch gelang dieses Vorhaben nur eingeschränkt und im Ergebnis beschritt die Zeitschrift einen Weg, der weder konsequent international noch national ausgerichtet war (vgl. Kap. 5). Haack optierte in dieser Frage für einen gänzlich anderen Kurs und setzte diesen auch durch.

Bereits im Sommer 1911 – die Arbeiten für die *Hundertjahr-Ausgabe* des *Stieler* waren schon seit zwei Jahren angelaufen – legte Haack Bernhard Perthes ein

26 Buchführungs-Ergebnisse 1924, Bl. 16 vom 1. September 1925, Forschungsbibliothek Gotha, Sammlung Perthes, SPA ARCH FFA.

27 Buchführungs-Ergebnisse 1924, Bl. 30 vom 15. September 1925, Forschungsbibliothek Gotha, Sammlung Perthes, SPA ARCH FFA.

28 Siehe Brief von Joachim Perthes an Theodor Klemm vom 10. Mai 1922, Forschungsbibliothek Gotha, Sammlung Perthes, SPA ARCH MFV 307, Bl. 611. Brief von Theodor Klemm an Joachim Perthes vom 12. Mai 1922, Forschungsbibliothek Gotha, Sammlung Perthes, SPA ARCH MFV 307, Bl. 612. Brief von Joachim Perthes an Theodor Klemm vom 5. Juni 1922, Forschungsbibliothek Gotha, Sammlung Perthes, SPA ARCH MFV 307, Bl. 620. Zu einzelnen Baumaßnahmen siehe Justus Perthes, Fünf Generationen Justus Perthes 1785-1935, S. XXVI f., XXIX.

29 Brief von Theodor Klemm an Joachim Perthes vom 9. Mai 1922, Forschungsbibliothek Gotha, Sammlung Perthes, SPA ARCH MFV 307, Bl. 609.

Grundkonzept vor, das sowohl eine kritische Bestandsaufnahme der bisherigen *Stieler*-Auflagen als auch eine eingehende Reflexion der veränderten Zeitumstände darstellte und beides miteinander verknüpfte.[30] Für Bernhard Perthes versprach dieser »Stieler-Reformvorschlag« ein »Markstein in der Geschichte der Anstalt zu werden«.[31]

Gleich in den ersten beiden Sätzen des Entwurfs verwies Haack auf die durch das Anwachsen des Nationalismus entstandene fundamentale Spannung innerhalb der bisherigen *Stieler*-Konzeption. In einer für ihn typischen Verbindung von Pathos und Prägnanz konstatierte Haack:

> In Stielers Handatlas ringen zwei Seelen miteinander: die nationale deutsche und die internationale. Jede einzelne Karte zeigt das Bestreben, diese beiden auseinanderstrebenden Richtungen auszusöhnen; und ebenso zeigt jedes Blatt, daß keine die andere zu rechtem Leben kommen läßt.[32]

»Um möglichst international zu sein«, so Haack weiter, hätten die bisherigen Herausgeber, insbesondere August Petermann und Carl Vogel, zwei aus Haacks Sicht mittlerweile nicht mehr zeitgemäße Grundsätze verfolgt. Zum einen sei man so vorgegangen, »daß die nach Kulturstand und Bevölkerung gleichwertigen Länder auch in den gleichwertigen Maßstäben dargestellt werden sollten«. Zum anderen sei für »die Beschriftung die Sprache und amtliche Schreibweise des betr. Landes maßgebend« gewesen.[33] Dies habe dazu geführt, dass »der deutsche Charakter des Atlas gänzlich zurückgedrängt« worden sei.[34] Haack hat an anderer Stelle behauptet, dass der Begründer und Namensgeber Adolf Stieler ursprünglich einen »Atlas mit durchaus deutschem Gepräge« geschaffen habe. Seit Petermann sei dieser jedoch zunehmend international ausgerichtet gewesen.[35] Da jedoch die strenge Einhaltung des Grundsatzes, die Beschriftung ausschließlich nach der jeweiligen Landessprache auszuführen, »zu unbegreiflichen Ungeheuerlichkeiten« geführt hätte, weil dann »Namen wie Frankreich, Spanien, Rußland, Bukarest, Mailand, Neapel, Alpen und tausend andere« nicht im *Stieler* hätten auftauchen dürfen – »denn sie heißen tatsächlich amtlich in der Sprache des eigenen Landes nicht so« – war hier nicht immer einheitlich verfahren worden.[36] Im Ergebnis

30 Brief von Hermann Haack an Bernhard Perthes vom 29. Juli 1911, Forschungsbibliothek Gotha, Sammlung Perthes, SPA ARCH MFV 300/38, Bl. 119.

31 Brief von Bernhard Perthes an Hermann Haack vom 31. August 1911, Forschungsbibliothek Gotha, Sammlung Perthes, SPA ARCH MFV 300/38, Bl. 128.

32 Hermann Haack, Erläuterungen zum Entwurf für die Jubiläumsausgabe von Stielers Handatlas vom 28. Juli 1911, Forschungsbibliothek Gotha, Sammlung Perthes, SPA ARCH MFV 300/51, Bl. 318.

33 Ebd. Siehe auch Haack, 100 Jahre Stieler, S. 89, 112.

34 Haack, Erläuterungen zum Entwurf, Bl. 318.

35 Haack, Die Hundertjahr-Ausgabe von Stielers Handatlas I, S. 19.

36 Haack, Erläuterungen zum Entwurf, Bl. 318 f.

habe man »damit aus dem ganzen Atlas einen Wechselbalg[37] gemacht, der weder deutsch noch international ist«.[38]

Nach der scharfen Analyse dieses »unheilvollen Widerspruch[s]«, wodurch »man einem Deutschen zumutet, einen Atlas zu kaufen, der die ihm wichtigsten Gebiete in genau derselben Größe darstellte, wie die, welche für ihn ohne jeden Belang sind, etwa für Deutschland und Spanien denselben Maßstab anwendet; Kleinasien in 3.7 Mill., Kapland und Australien in 5 Mill. und die Kolonien des eigenen Landes in 7.5 oder gar 10 Mill. darstellt«,[39] ging Haack dazu über, die bisherige, »kosmopolitische«[40] Konzeption des Atlas in Beziehung zum gegenwärtigen politischen Klima zu setzen:

> Als deutscher Atlas findet sich der Stieler gegenwärtig in schwerstem Gegensatz zur Zeitströmung; es wäre geradezu gefährlich, sich dem gegenüber einer Täuschung hinzugeben; in einer Zeit, wo man jedem Wirte die fremdsprachige Speisekarte in der Presse unter die Nase reibt, in einer Zeit, wo sich alle Gebildeten und alle Behörden bis zum Militär und zu den Gerichten bemühen, deutsch zu reden, muß es geradezu als ein Wunder erscheinen, daß ein Werk nicht die schärfsten Angriffe erfährt, das wie der Stieler Ausländerei treibt und dabei mit allen Mitteln des Vertriebes bis in das letzte deutsche Nest zu dringen sucht.[41]

Es würde jedoch in die Irre führen, wollte man in Haacks Ausführungen eine heißblütige nationale Predigt erblicken. Der leicht ironisierende Duktus in der Analyse der zeitgenössischen Sprachkultur macht dies bereits deutlich. Übersieht man Haacks Entwurf, so zeigt sich deutlich, wie sehr sich mit seiner Analyse der politischen Lage ökonomisches Kalkül und ein stellenweise fast zynisch wirkendes, instrumentelles Verhältnis zum zeitgenössischen Nationalismus verband. Denn der Kern von Haacks Argumentation bestand darin, eine Verbindungslinie zu ziehen, zwischen dem wachsenden Nationalismus und dem Erstarken der Konkurrenz, die dem *Stieler* seit dem letzten Drittel des 19. Jahrhunderts mehr und mehr zusetzte.[42]

37 Der Eintrag im Brockhaus beschreibt den Wechselbalg als »(nach früherem Volksglauben einer Wöchnerin von bösen Geistern od. Zwergen untergeschobenes) hässliches, missgestaltetes Kind«. Vgl. o. V., Eintrag »Wechselbalg«, in: Brockhaus – Die Enzyklopädie in 24 Bänden, hg. vom Wissenschaftlichen Rat der Dudenredaktion, Bd. 30: Deutsches Wörterbuch 3, RICK-Z, 20. Aufl. Leipzig/Mannheim 1999, S. 4443.

38 Haack, Erläuterungen zum Entwurf, Bl. 319.

39 Ebd., Bl. 318.

40 Haack, 100 Jahre Stieler, S. 96.

41 Haack, Erläuterungen zum Entwurf, Bl. 326 f. Hervorhebung im Original.

42 Für die Situation bei den Schulatlanten siehe Brogiato, Zur Entwicklung der geographischen Schulatlanten.

Der Einsatz von Lithographie und Schnellpressen hatte im letzten Drittel des 19. Jahrhunderts geringere Herstellungskosten, höhere Auflagen und damit günstigere Preise von Atlanten und Karten ermöglicht. 1881 war erstmals *Andrees Allgemeiner Handatlas* im Verlag Velhagen & Klasing erschienen, der innerhalb von 20 Jahren seinen Inhalt verdoppeln konnte und damit zum umfangreichsten Handatlas auf dem deutschen Markt wurde. 1895 folgte der *Handatlas* von Ernst Debes aus dem Verlag Wagner & Debes, der von sehr hoher Qualität war.

»Diese Atlanten«, so Haack,

> hatten zunächst das Eine vor dem Stieler voraus, dass sie als vollständige Neuschöpfungen für den Entwurf völlig freie Bahn vor sich hatten und nicht wie jener gezwungen waren, an Gegebenes anzuknüpfen und auf historisch Überliefertes Rücksicht nehmen zu müssen. Sie hatten den weiteren Vorteil, dass sie sich infolgedessen von vornherein technische Vervielfältigungsmethoden, die schneller und billiger arbeiteten als der Kupferstich, zunutze machen konnten und so die Möglichkeit erhielten, in ihrer Preisstellung weit hinter dem Stieler zurückzubleiben.[43]

Haack machte jedoch im gleichen Atemzug deutlich, dass »die Preisunterbietung« der Konkurrenz zwar »von großer Bedeutung für den Schlag gewesen« sei, allerdings, »so durchschlagend konnte er doch nur werden dadurch, daß sie [die Konkurrenzunternehmen] die schwache Stelle im Panzer des Stieler scharf herausgefunden hatten«.[44] Spöttisch beschrieb Haack die weitere Entwicklung:

> Nach dem Grundsatz, daß einem das Hemd näher liegt als der Rock verzichtete der Gegner von vornherein auf den Ausländer und die Wissenschaft und legte das Schwergewicht auf den deutschen Markt und die Praxis. Und so erlebte man die Tragikomödie, daß der Stieler international und wissenschaftlich vornehm tat, der Andree aber währenddessen als deutsch und praktisch nach Zehntausenden verkauft wurde.[45]

Dass sich der betriebene Aufwand bezüglich der Kartenherstellung zwischen den konkurrierenden Verlagen tatsächlich erheblich unterschied, unterstreicht ein Gespräch zwischen Theodor Klemm und dem Prokuristen von Wagner & Debes, Eduard Wagner (1876-1916), am Rande einer Versammlung der Lehrmittelverleger im Mai 1914 in Leipzig. In einem Brief an Bernhard Perthes schrieb Klemm, Wagner habe dabei bemerkt, dass der Verlag Wagner & Debes, was die »Kartographenfrage« angehe, nur einen »Wissenschaftler« beschäftige,

> die übrigen wären von ihnen herangezogene Bürgerschüler und mit diesen machen sie ihre Karten. Er gebe für den kartographischen Teil nichts auf

43 Haack, 100 Jahre Stieler, S. 105 f.

44 Haack, Erläuterungen zum Entwurf, Bl. 320.

45 Ebd.

> wissenschaftliche Vorbildung […]. Die alte petermannsche Methode, der auch noch der alte Debes [gemeint ist der Kartograph und Petermannschüler Ernst Debes (1840-1923)] huldige, hieße mit Kanonen auf Spatzen schießen.[46]

Die möglichen Konsequenzen der aus seiner Sicht erfolgten Vernachlässigung des »deutschen Charakters« des *Stieler* malte Haack in düsteren Farben aus:

> Der Atlas bietet in dieser Hinsicht Angriffsflächen, die, von der Konkurrenz und sonstigen guten Freunden geschickt und mit etwas Fanatismus ausgenutzt, geradezu zu einer Katastrophe führen können. Und wie leicht ist es denn, solchen Angriffen ein nationales Mäntelchen umzuhängen. Wenn der Stieler für die Zukunft das vornehmste führende Kartenwerk bleiben will, muß er aufhören, zweien Herren zugleich dienen zu wollen.[47]

Damit bezog sich Haack auf den beschriebenen Umstand, dass die bisherige *Stieler*-Konzeption sowohl die internationale als auch die deutsch-nationale Sichtweise hatte bedienen wollen. Haacks Kritik war auch Ergebnis der grundlegenden Veränderungen, die seit dem Ende des 19. Jahrhunderts immer offensichtlicher wurden: sowohl in der politischen Kultur als auch in geographischen und kartographischen Diskursen. Der sich in Schüben vertiefende und an Überzeugungskraft gewinnende Nationalismus mit seiner inhärenten Absage an einen übergeordneten Universalismus hatte weltbürgerlich ausgerichtete Publikationen mittlerweile in ein verlegerisches Risiko verwandelt – zumindest für Verlagsprodukte, die auf eine breite Käuferschaft zielten. Haack hatte diese Entwicklungen erkannt und verlangte nun die entsprechenden Konsequenzen: eine pragmatisch-ökonomisch motivierte Neuausrichtung des *Stieler* mit einer stärker nationalen Perspektive.

Dies sollte einerseits durch eine Schwerpunktsetzung auf Mitteleuropa geschehen, das in einer fast komplett neu gezeichneten, 18-teiligen Karte im größten verwendeten Maßstab von 1:925.000 dargestellt wurde – worin auch nach der Niederlage von 1918 ein nunmehr allerdings zutiefst enttäuschter deutscher Machtanspruch zum Ausdruck kam. Daneben sollte die nationale Version insbesondere durch die Toponyme ihren besonders »deutschen Charakter« bekunden:

> Grundsätzlich müssen alle großen, in die Augen fallenden Namen verdeutscht werden; das gilt von Staaten, Ländern, allen Titeln und den bekannten Großstädten. In den gemischtsprachigen Gebieten werden die deutschen Namen bevorzugt. Auf den Spezialkarten die Stelle der Namen vertauscht. Neapel kräftig ausgestochen und Napoli in Haarschrift darunter oder ganz weg. In Ungarn gelten nur die deutschen Namen.[48]

46 Brief von Theodor Klemm an Bernhard Perthes vom 9. Mai 1914, Forschungsbibliothek Gotha, Sammlung Perthes, SPA ARCH MFV 307, Bl. 474.

47 Haack, Erläuterungen zum Entwurf, Bl. 326 f.

48 Ebd., Bl. 326.

Doch auch in der symbolisch aufgeladenen und in der Öffentlichkeit hitzig debattierten Frage von Ortsbezeichnungen, scheint bei Haack ganz deutlich ein pragmatisch-instrumentelles Verständnis durch. So betonte er, die in der deutschen Ausgabe »nötig werdenden Schriftänderungen« für Ungarn seien gar »nicht so groß«.[49] Denn bezüglich »der Namen kleinerer Orte und Flüsse« werde sich »kaum etwas ändern, da es für die meisten keine deutschen Namen gibt«.[50] Abschließend warb Haack für die Umsetzung seines Vorschlags mit einem Vergleich von Aufwand und Nutzen, denn mit der aus Haacks Sicht »kleinen Maßnahme« einer ›Verdeutschung‹ der wichtigsten geographischen Objekte, »werden wir dem Stieler ein Heer von Freunden gewinnen«.[51]

Jedoch nicht nur in Bezug auf die Perspektive, auch in Bezug auf die Bearbeitung forderte Haack eine grundlegende Umorientierung. Im Zuge der sich immer weiter ausdifferenzierenden Wissenschaften war das zur Verfügung stehende Wissen im Laufe des 19. Jahrhunderts sprunghaft angestiegen. Zugleich nahm die öffentliche Aufmerksamkeit für wissenschaftliche Diskurse immer weiter zu. Der Wunsch des Publikums nach einer Ordnung der Wissensbestände, nach einem überschaubaren ›Weltganzen‹ führte zu einem Boom populärwissenschaftlicher Überblicksdarstellungen.[52] Es verwundert daher nicht, wenn auch Haack sich an der Entwicklung von »Sammelwerken« orientierte und in seinem Entwurf für die zehnte Auflage des *Stieler* explizit populäre Reihen von Wissensvermittlung und allgemeine Lexika als Referenzen erwähnte. Er machte sich in diesem Zusammenhang dafür stark, Lehrer als Autoren für das zeitgleich geplante *Stieler-Handbuch* zu gewinnen. Damit verband sich gleichzeitig eine deutliche Kritik an den akademischen Vertretern:

> Als Mitarbeiter würden vielmehr eine kleine Zahl junger Oberlehrer mit Voll-Fakultas für Erdkunde genügen, wie sie zu den Göschenbändchen, zu den Teubnerschen Heften aus »Natur- und Geisteswelt«, zu Meyer und Brockhaus bereits herangezogen sind. Die Herren sind willig, gehen mit einem Feuereifer an die Sache und man hat die Auswahl. Die Herren von der Zunft dagegen würden diese Arbeit für unter ihrer Würde halten und nach jeder Richtung hin Schwierigkeiten machen.[53]

Hält man sich vor Augen, dass Haack zu dieser Zeit – 1911 – intensiv damit beschäftigt war, die Gründung des Verbands deutscher Schulgeographen vorzu-

49 Ebd.

50 Ebd.

51 Ebd.

52 »Seit der Jahrhundertwende kann von einem Zeitalter der Wissenschaftspopularisierung gesprochen werden.« Müller, Wissenschaft und Markt um 1900, S. 140. Grundsätzlich zum Verhältnis zwischen Öffentlichkeit und Wissenschaft vgl. Fleck, Entstehung und Entwicklung einer wissenschaftlichen Tatsache, S. 138 ff.

53 Haack, Erläuterungen zum Entwurf, Bl. 339 f.

bereiten (vgl. Kap. 3), so lässt sich hier durchaus der Umriss eines Gesamtprogramms ausmachen, welches Haack in Abgrenzung zur Hochschulgeographie verfolgte und in dem stets auch wirtschaftliche Erwägungen leitend waren. Gegenüber der etablierten Akademikerschaft artikulierte Haack diesbezüglich nur Skepsis und Spott: »Weiter würde ihre Mitarbeit eine unerschöpfliche Quelle von Ärger und Zeitverlust bedeuten: die einen würden überhaupt nicht liefern, die anderen nicht zur rechten Zeit und die eifrigsten würden sich mit Philologenfuror auf Kleinigkeiten stürzen. Die Kosten vom Ganzen tragen wir.«[54]

Eng verknüpft mit Haacks Kritik an universitärer Praxis und akademischem Habitus waren seine generellen Auffassungen in Bezug auf die Beziehung von Kartographie und Wissenschaft:

> Ein weiterer Hemmschuh für eine gesunde Weiterentwicklung des Stieler liegt in dem »wissenschaftlichen Mäntelchen«, das man dem Stieler höchst unnötiger Weise umzuhängen gesucht hat. Nichts sei ferner, als den Atlas in einen Gegensatz zur Wissenschaft bringen zu wollen. Nur liegt die wirkliche kartographische Wissenschaft ganz anders wo, als sie die Bearbeiter der letzten Ausgabe vermuteten. […] Zu dem Bestreben, deutsch und international zu gleicher Zeit zu sein, gesellte sich also noch das Dritte, auch so wissenschaftlich wie möglich zu sein. Dadurch geriet der Atlas nun wieder in argen Widerspruch mit einer vierten, nicht weniger wichtigen Forderung, nämlich »praktisch« zu sein.[55]

Die bisherige – aus Haacks Sicht unzweckmäßige – Auffassung von Wissenschaft habe bspw. dazu geführt, dass in der zwischen 1900 und 1905 erschienenen neunten Auflage des *Stieler* »Marokko und Aegypten nicht größer als die Sandfelder der Sahara« dargestellt worden seien.[56] Diesem »Liebäugeln mit der Wissenschaft ist neben dem Eintragen zahlreicher überflüßiger Zeichen und Benennungen vor allem die Darstellung ganz verschieden wichtiger Gebiete in gleichem Maßstabe zu danken: denn geographisch ist bekanntlich die ganze Erdoberfläche gleich wichtig.«[57] Hieraus lässt sich die kritische Sicht Haacks auf ein rein geomorphologisch ausgerichtetes Verständnis von Geographie schlussfolgern.

Zentral bei der von Haack avisierten Neuausrichtung an stärker »praktischen« Gesichtspunkten und der konkreten Frage, welche Erdteile welche Maßstäbe erhalten sollten, waren politische Vorgänge. Dabei hatte die Berücksichtigung deutscher Interessen Vorrang: »Der 2. Punkt, der es der Konkurrenz möglich gemacht hat, dem Stieler […] den deutschen Markt streitig zu machen, ist, daß sie die für den Deutschen wichtigen Länder auch in besonders großen Maßstäben brachte: d. h. wie in jedem kleinsten Schulatlas Deutschland und die deutschen Kolonien

54 Ebd., Bl. 339.
55 Ebd., Bl. 319 f. Hervorhebung im Original.
56 Ebd., Bl. 318.
57 Ebd., Bl. 319 f.

auf besonderen Karten ausführlich darstellte.«[58] Folgerichtig waren laut Haack nunmehr der deutschen Ausgabe des *Stieler* »einige Blätter über die Kolonien, nämlich Kamerun und Togo, Deutsch-Ostafrika, Deutsch-Südwestafrika« im Maßstab »1:3.7 Mill.« einzufügen, sowie »Deutscher Besitz in der Südsee« in »1:5 Mill.«.[59] Diese Blätter waren aufgrund der Ergebnisse des Ersten Weltkriegs hinfällig geworden und in der finalen Version nicht mehr enthalten. Dennoch wird anhand dieser Aussagen deutlich, dass die scheinbar rein technische Frage des zu wählenden Maßstabs und der Maßstabsfolgen immer schon politische und ökonomische Dimensionen impliziert und miteinander verschränkt.

Haack verband mit dem Begriff der Praxis auch ein stärkeres Betonen der allgemeinen Weltpolitik und ihrer virulenten Konflikte um Grenzverläufe und Einflusssphären. Haacks Konzept für den *Stieler* wies dementsprechend vielfach Stellen auf, an denen er die geplante Orientierung im Gradnetz oder die Setzung der Blattschnitte mit der dadurch erzielten übersichtlicheren Darstellung politischer Konflikte begründete. Neben dem Maßstab besaß also auch der gewählte Kartenausschnitt eine dezidiert politische Dimension. Zu der als Nummer 54 geplanten neuen Karte »Armenien und Mesopotamien« bemerkte Haack, das »russisch-persisch-türkische Grenzgebiet« gewinne »mit jedem Tage an politischem Interesse« und »den von der Bagdadbahn durchschnittenen Ländern« sei »auf Jahrzehnte hinaus das allgemeine Interesse gesichert«.[60] Zum Kartenblatt 62 »China« konstatierte er:

> Während der alte Atlas den Osten auf Bl.[att] 64-65 zweimal bringt, läßt er im NW [Nordwesten] und SW [Südwesten] den Anschluß vermissen, einige Stellen kommen überhaupt nicht zur Darstellung. Das Bl.[att] ist deshalb nach W [Westen] zu verschieben, damit die politisch so wichtigen Grenzgebiete zwischen China – Tibet und Indien im Zusammenhang zur Darstellung kommen.[61]

Praktisch sein bedeutete für Haack neben der Betonung deutscher Interessen in erster Linie Brennpunkte des politischen Weltgeschehens möglichst übersichtlich und leicht auffindbar darzustellen. In diesen Zusammenhang muss auch die Abkehr von dem in der vorherigen Auflage praktizierten Blattschnittprinzip der zusammensetzbaren Kartenblätter eingeordnet werden. Dieses abstrakte Prinzip hatte dazu geführt, dass einzelne Länder stark zerteilt waren. Haack setzte für die neue Auflage auf ein länderkundliches Prinzip der Darstellung, wonach einzelne

58 Ebd., Bl. 327. Hier wird auch Haacks Prägung durch die Schulgeographie greifbar.

59 Ebd., Bl. 328.

60 Ebd., Bl. 325. Zur Bagdadbahn, die Istanbul über die Stadt Konya im Zentrum Anatoliens mit Bagdad verbinden sollte, siehe Malte Fuhrmann, Die Bagdadbahn, in: Jürgen Zimmerer (Hg.), Kein Platz an der Sonne. Erinnerungsorte der deutschen Kolonialgeschichte, Frankfurt a. M./New York 2013, S. 190-207.

61 Haack, Erläuterungen zum Entwurf, Bl. 324.

Staaten und geographische Einheiten möglichst geschlossen auf einem Kartenblatt dargestellt werden sollten.[62]

In Bezug auf die Wissenschaftlichkeit des *Stieler* forderte Haack eine Praxis, die sich weniger über eine möglichst gleichwertige Behandlung der gesamten Erdoberfläche, sondern wieder stärker über den Prozess der exakten Durcharbeitung des Stoffes und der genauen Ausführung der Zeichnung selbst definierte und hier detailliertes Quellenstudium und präziseste Bearbeitung zu ihren Kernbestandteilen machte. Die folgende Ausführung Haacks zeigt darüber hinaus, wie sich Haack – ohne es explizit zu benennen – seine eigene Rolle bei der Herausgabe der zehnten Auflage vorstellte:

> Steht der Plan fest, so liegt der Leitung die Vorbereitung für die einzelnen Blätter ob. Sie besteht nicht darin, wie es bisher gehandhabt wurde, daß man ein Gradnetz in dem betr. Maßstab entwirft, und sich dann freut, im günstigen Fall nach Jahresfrist das fertige Kartenblatt vom Zeichner zurückbekommen [sic!]. Die erste Arbeit muß vielmehr ein sorgfältiges Studium der der Neuzeichnung oder Bearbeitung zu Grunde zu legenden Quellen sein; [...]. Dieses Material ist dann kritisch durchzuarbeiten, so daß dem Zeichner für jedes Gradtrapez die Quelle genau bezeichnet ist, nach der er seine Zeichnung auszuführen hat. [...]. Kurzum, der Leitende soll jede einzelne Karte bis zu dem Punkte vorbereiten, wo er selbst zum Zeichenstift greifen und die Zeichnung praktisch ausführen könnte.[63]

Die von Haack vorgeschlagenen Änderungen in der Konzeption des *Stieler* reflektierten grundlegende Wandlungsprozesse am Übergang vom 19. zum 20. Jahrhundert. Haacks Analyse hob letztlich darauf ab, dass die Konkurrenz diese Transformationen schneller verarbeitet habe und ihr ökonomischer Erfolg genau darauf beruhe. Sein Appell lautete, Perthes müsse nun entsprechend nachziehen, bevor es zu spät sei. Die von Haack für dieses Problem vorgesehene Lösung – und damit komme ich zum Ausgangspunkt, dem Verhältnis von nationaler und internationaler Ausrichtung zurück – bestand nun in einer Aufspaltung der verschiedenen Perspektiven, die im *Stieler* historisch zusammengewachsenen waren. In dieser konsequenten Trennung bestand der Unterschied gegenüber der Verlagsstrategie bezüglich der *Mitteilungen*. Zusammenfassend hielt Haack diesbezüglich fest:

> Aus alledem kann nur die Lehre gezogen werden, daß es unmöglich ist, in einem Werke dem Deutschtum, der Internationale, der geographischen Wissenschaft und dem praktischen Leben zu gleicher Zeit dienen zu wollen: man wird dabei keinem von allen gerecht werden können. Der einzige Ausweg ist, daß man im engsten Anschluß an das Gewordene, Vorhandene den deutschen Belangen auf der einen Seite, den internationalen auf der anderen die Möglichkeit zu selbständiger Fortentwicklung gibt, der Wissenschaft nur durch gründliche,

62 Siehe hierzu Köhler, Gothaer Wege, S. 204.

63 Haack, Erläuterungen zum Entwurf, Bl. 335. Hervorhebung im Original.

> zuverlässige Arbeit gerecht wird, in der Stoffauswahl aber der Praxis die Führung gibt; daß man also den bisherigen Stieler in eine deutsche und eine internationale Ausgabe zerlegt.[64]

Dabei darf angenommen werden, dass Haacks handlungsleitende Maxime für diesen Schritt dieselbe war, die er bezüglich des *Stieler-Handbuchs* formulierte: Danach müsse es das primäre Ziel sein, »Käufer zu gewinnen«, dies sei »schließlich die Hauptsache«.[65] Haack glaubte, neue Käufer/innen am ehesten dadurch zu gewinnen, dass Justus Perthes für den deutschen Markt und für das Ausland getrennte, jeweils eigens auf sie zugeschnittene Raumbilder produzierte und verkaufte, wobei der deutsche *Stieler* auf der nationalen Klaviatur spielen sollte. Haacks Argumentation für dieses Vorgehen lässt sich als nüchternen Pragmatismus beschreiben, bei der nationalistische und ökonomische Argumente miteinander verschränkt wurden und sich gegenseitig Überzeugungskraft verliehen.

Haack drang damit offenbar bei der Verlagsleitung durch, denn sein Entwurf bildete schließlich die Basis für die neue Auflage. Nicht zuletzt aufgrund seiner überzeugenden Argumentation übertrug Bernhard Perthes ihm die Leitung des Unternehmens (vgl. Kap. 3). 1921 berichtete Haack in einem Artikel in *Petermanns Mitteilungen* zufrieden:

> Die Verquickung des internationalen mit dem deutschen Charakter des Stieler ist jetzt beseitigt; es ist eine reinliche Scheidung eingetreten: der soeben begonnenen deutschen Ausgabe wird sich eine internationale anschließen, deren Aufgabe es sein wird, dem Handatlas sein fremdländisches Verbreitungsgebiet zu erhalten.[66]

Haack war sich der besonderen Tradition der internationalen Beziehungen und ihrer ungebrochenen ökonomischen Bedeutung für Justus Perthes also durchaus bewusst. Daher hatte er in seinem Konzept von 1911 ebenso die bisherige, aus seiner Sicht mangelhafte Umsetzung internationaler Gesichtspunkte kritisiert. Auch diese hätten unter der bisherigen Verknüpfung beider Perspektiven gelitten.[67] Zunächst war eine zur deutschen Ausgabe parallel laufende Produktion der internationalen Ausgabe geplant gewesen.[68] Aufgrund des Ersten Weltkriegs und der Wirtschaftskrisen zu Beginn und am Ende der 1920er Jahre verzögerte sich ihre Auslieferung jedoch bis in die 1930er Jahre hinein, bevor sie schließlich während des Zweiten Weltkriegs ganz eingestellt wurde. Sie ist niemals vollständig fertiggestellt worden (vgl. Kap. 7).[69]

64 Ebd., Bl. 320 f.

65 Ebd., Bl. 340.

66 Haack, Die Hundertjahr-Ausgabe von Stielers Handatlas I, S. 19.

67 Haack, Erläuterungen zum Entwurf, Bl. 319.

68 Hermann Haack, C. Zur Internationalen Ausgabe (1934-1940), in: ders., Schriften zur Kartographie. Ausgewählt und bearbeitet von Werner Horn, Gotha/Leipzig 1972, S. 159-165, hier S. 160.

69 Köhler, Gothaer Wege, S. 210.

Aufgrund des Ersten Weltkriegs und der Ereignisse in den ersten Nachkriegsjahren war jedoch auch die Umsetzung der deutschen Ausgabe mit großen Schwierigkeiten behaftet. Der enorme Kontrast zwischen den imperialen Aussichten während des Krieges und ihrer Enttäuschung in der Nachkriegszeit machte sich auch bei den ›Kartenmachern‹ selbst deutlich bemerkbar. Bernhard Perthes selbst schrieb am 31. Dezember 1917, das Kriegsende und die territoriale Neugestaltung ungeduldig erwartend, an Haack: »Die ersten Ansätze zum Frieden sind zwar vorhanden, doch wann wir einmal die neuen Grenzen auf den Erdball ziehen, steht noch dahin! Nun so viel ist sicher, daß wir Arbeit in Hülle und Fülle vor uns haben.«[70]

Wie ein verzerrtes, niedergeschlagenes Echo dieser Erwartungen liest sich eine Werbeanzeige aus *Petermanns Mitteilungen* vom Sommer 1919:

> Deutschland in den neuen Grenzen! Welch ein Sturz von zuversichtlicher Hoffnung zu herbester Enttäuschung kündet sich in diesen Worten. Wie hatten wir Kartenzeichner uns danach gesehnt und darauf gefreut, die Ergebnisse des jahrelangen, opferreichen Ringens unseres Volkes mit dem Zeichenstift auf unseren Karten verewigen zu dürfen; mit welcher Begeisterung hoffte der Lehrer die Karte von »Deutschland mit den neuen Grenzen« vor den leuchtenden Augen seiner Schüler entrollen zu können und mit welchem Stolz hätten diese die Frucht der Taten ihrer Väter geschaut![71]

Es sei schließlich anders gekommen, fuhr die Anzeige fort. Nun sei es Aufgabe der Karte, die Größe der erlittenen Verluste vor Augen zu führen. Der Text schloss mit dem Satz: »Aber ›Deutschland‹ ist ja der Name geblieben trotz allem, denn Deutsch soll das Land bleiben, wo Deutsche wohnen, auch unter fremder Herrschaft!«[72]

Doch die so verhassten territorialen Veränderungen mussten schließlich doch in den *Stieler* hinein. Und das war technisch aufwendig und erforderte ein vielfaches Nachbearbeiten der Karten.[73] Der Gegensatz zwischen dem langwierigen Produktionsprozess des *Stieler* und den sich überschlagenden Veränderungen nach Kriegsende, konnte gar kein anderes Resultat hervorbringen, als dass die *Hundertjahr-Ausgabe* letztlich ein Palimpsest aus Vorkriegsplanungen, Weltkrieg mitsamt den entsprechenden Erwartungen an die Zukunft und der diese negierenden Nachkriegszeit darstellte. Weder konnte der Atlas die »umstürzenden«

70 Brief von Bernhard Perthes an Hermann Haack vom 31. Dezember 1917, Forschungsbibliothek Gotha, Sammlung Perthes, SPA ARCH MFV 300/38, Bl. 176.

71 O. V., Werbeanzeige: Hermann Haack, Großer Geographischer Wandatlas, Deutschland Physisch, in: Dr. A. Petermann's Mitteilungen aus Justus Perthes' Geographischer Anstalt 65 (1919), H. 7/8, o. S.

72 Ebd.

73 Buchführungs-Ergebnisse 1925, Bl. 29 vom 28. Juli 1926, Forschungsbibliothek Gotha, Sammlung Perthes, SPA ARCH FFA.

Entwicklungen nach Kriegsende komplett ignorieren, noch konnte er seine Herkunft aus der Vorkriegszeit gänzlich verbergen.

Die Divergenz zwischen Vorkriegsplanung und Nachkriegswelt zeigt sich besonders in der Argumentation Haacks bezüglich der Ortsbezeichnungen, der Grenzverläufe und der Blattschnitte. Hier wird auch sein Bestreben deutlich, gleichzeitig die nationalen und die internationalen Anforderungen zu bedienen. Als die Kartenblätter ab 1920 in Lieferungen veröffentlicht wurden, betonte er in seinen begleitenden Kommentaren stets das Ungleichgewicht zwischen Vorkriegskonzeption und den rasant erfolgenden territorialen Veränderungen im Gefolge des Krieges. So konnte auf dem Balkan nur Bulgarien wie geplant auf einem einzelnen Blatt dargestellt werden. Südslawien, Rumänien und Griechenland waren hingegen aufgrund ihrer Territorialgewinne über den für sie vorgesehenen Rahmen »hinausgewachsen«.[74] Das nach dem Krieg wiederbegründete Polen wurde ebenfalls nicht als Einheit dargestellt. Haack führte zur Begründung der gewählten Beschriftungen und Grenzen – besonders in Ostmitteleuropa – neben den technischen Sachzwängen auch den unsicheren Status der neuen Verhältnisse an. Im Zweifelsfall habe man sich daher stets für die Beibehaltung der alten Namen entschieden: »Ehe man zu einschneidenden und dabei sehr kostspieligen Änderungen schreitet, empfiehlt es sich eine gewisse Festigkeit der neugeschaffenen Verhältnisse abzuwarten.«[75] Ohne die technische und ökonomische Herausforderung einer fortlaufenden Aktualisierung der *Stieler*-Blätter in Abrede stellen zu wollen, drückt sich in dieser Haltung doch auch eine Abwehrhaltung gegen die neugeschaffene politische Ordnung aus. Bezüglich der ehemaligen deutschen Gebiete war es für Haack »selbstverständlich, daß auch in den abgetretenen deutschen Gebieten die deutsche Schreibung der Namen beibehalten worden ist«.[76] Möglicherweise hatte Haack hier die Reaktionen nationaler Scharfmacher, wie in Kapitel fünf beschrieben, vor Augen. Diese Praxis entsprach aber auch dem ursprünglichen Konzept von 1911.

Für die Darstellung der Grenzen Deutschlands wählte Haack hingegen eine Zwischenposition. Zwar erwähnte er die dem »Nationalitätenprinzip geradezu hohnsprechende Grenzführung der Friedensschlüsse« sowie die »nationale Bewegung, die leidenschaftlich forderte, daß die deutschen Atlanten die neuen Grenzen nicht berücksichtigen und einfach die alten auch weiterhin beibehalten sollten«.[77] Doch trat Haack in dieser Frage für die »vermittelnde Stellung« der Beschlüsse des Leipziger Geographentags von 1921 ein, wonach neben den neuen auch die alten Grenzen in Karten deutlich dargestellt werden sollten.

74 Hermann Haack, Die Hundertjahr-Ausgabe von Stielers Handatlas III, in: Dr. A. Petermann's Mitteilungen aus Justus Perthes' Geographischer Anstalt 70 (1924), H. 1/2, S. 9-20, hier S. 10.

75 Ebd.

76 Hermann Haack, Die Hundertjahr-Ausgabe von Stielers Handatlas II, in: Dr. A. Petermann's Mitteilungen aus Justus Perthes' Geographischer Anstalt 69 (1923), H. 1/2, S. 7-16, hier S. 12.

77 Ebd., S. 13.

Haack und die Verlagsleitung hatten längst erkannt, dass in diesen Fragen Kompromisse gar nicht zu vermeiden waren. Unter den schlechten wirtschaftlichen Bedingungen war völlig klar, dass an eine zeitnahe Umsetzung der internationalen Ausgabe nicht zu denken war. Daher mussten Vorkehrungen dafür getroffen werden, dass die nationale Ausgabe auch für den ausländischen Markt zumindest grundlegend kompatibel gestaltet wurde, da der Verlag als Übergangslösung plante, die nationale Ausgabe mit leichten Veränderungen auch ins Ausland zu verkaufen. Hätte man nur die Vorkriegsgrenzen eingedruckt, wäre dieses Vorhaben unmöglich durchführbar gewesen. Auch ein externer Bücherrevisor kam in einem Bericht von 1925 zu dem Schluss, »dass notwendige Berichtigungen z. B. der politischen Grenzen, Ortsumbenennungen usw. selbstverständlich vorgenommen werden müssen, damit das Werk einigermaßen auf der Höhe bleibt und nicht direkt Mängel erfährt, die die weitere Verkaufsfähigkeit direkt stören muss«.[78] Haack betonte zwar ausdrücklich, der ursprüngliche Entwurf von 1911 sei grundlegend eingehalten worden,[79] jedoch mussten in der Gemengelage nach dem Krieg mehr Zugeständnisse an die »internationale Seele« des Atlas gemacht werden als zu Beginn geplant. Daher war ein gewisser Balanceakt zwischen nationalen und internationalen Anforderungen nicht zu vermeiden.

Trotz dieser Bemühungen waren die Zeitumstände ungünstig, um die *Hundertjahr-Ausgabe* zu einem wirtschaftlichen Erfolg werden zu lassen. Der Umsatz blieb entsprechend der schlechten wirtschaftlichen Lage bis 1935 niedrig,[80] die Herstellungskosten waren hingegen aufgrund der vielen notwendigen Korrekturen sehr hoch,[81] die Gewinne daher, wenn überhaupt vorhanden, gering. Im Jahr der Fertigstellung 1925, betrug die Summe der noch abzutragenden Herstellungskosten – trotz der bereits verkauften Lieferungsausgaben – 593.956,07 Reichsmark.[82] Zum Vergleich: Theodor Klemm schätzte den Gesamtgewinn, der aus dem Verkauf der neunten Auflage bis 1924 erzielt wurde auf 460.000 Mark.[83] Nur 2357 gebundene Ausgaben der zehnten Auflage wurden 1925 verkauft, von der

78 Bericht des Bücherrevisors Hans Stoll vom 1. November 1925, Buchführungs-Ergebnisse 1924, Bl. 49 vom 1. November 1925, Forschungsbibliothek Gotha, Sammlung Perthes, SPA ARCH FFA.

79 Haack, 100 Jahre Stieler, S. 111 f.

80 Buchführungs-Ergebnisse 1932, Bl. 3 vom 27. Juni 1933, Forschungsbibliothek Gotha, Sammlung Perthes, SPA ARCH FFA. Buchführungs-Ergebnisse 1933, Bl. 34 vom 21. Juli 1934, Forschungsbibliothek Gotha, Sammlung Perthes, SPA ARCH FFA. Buchführungs-Ergebnisse 1934, Bl. 28 vom 14. November 1935, Forschungsbibliothek Gotha, Sammlung Perthes, SPA ARCH FFA. Buchführungs-Ergebnisse 1935, Bl. 51 vom 18. August 1936, Forschungsbibliothek Gotha, Sammlung Perthes, SPA ARCH FFA.

81 Buchführungs-Ergebnisse 1931, Bl. 46 vom 8. August 1932, Forschungsbibliothek Gotha, Sammlung Perthes, SPA ARCH FFA.

82 Buchführungs-Ergebnisse 1925, Bl. 29 vom 28. Juli 1926, Forschungsbibliothek Gotha, Sammlung Perthes, SPA ARCH FFA.

83 Buchführungs-Ergebnisse 1924, Bl. 31 vom 15. September 1925, Forschungsbibliothek Gotha, Sammlung Perthes, SPA ARCH FFA.

neunten Auflage waren es im Jahr der Fertigstellung 1905 10.770 gewesen![84] Bereits 1924 war Klemm zu dem Schluss gekommen:

> Die Fortführung des Stieler ist also, wenn von einer Auflage zur anderen so umwälzende Änderungen vorgenommen werden wie bei der Hundertjahrausgabe, für die Anstalt, angesichts der Betriebsmittelknappheit, ein äußerst gewagtes Unternehmen, das, wenn die Auflage nicht einschlägt, zur Katastrophe führen kann. [...] Auch der Stieler war, wie so viele andere Unternehmungen, nur mit dem Rückhalt ausreichender Betriebsmittel und eines dahinterstehenden noch beträchtlicheren Privatvermögens durchführbar.[85]

Es wird deutlich, dass die zehnte Auflage des *Stieler* aufgrund der zeitlichen Gegenläufigkeit von langjähriger Herstellungsdauer des Atlas und rasanter politischer Dynamik letztlich ein Palimpsest aus Vor- und Nachkriegswelt bildete. Die politischen Grenzen waren zwar meist notdürftig und kostenintensiv aktualisiert worden, Blattschnitte und damit die grundlegende Orientierung im Raum sowie die Ortsbezeichnungen stammten hingegen großenteils noch aus der Ära vor dem Krieg. So konnte der Atlas allerdings als einigermaßen neutral und aktuell präsentiert werden, ohne das ›nationale Gefühl‹ allzu sehr zu verletzen oder den Verlag gar zur Zielscheibe nationalistischer Verbände zu machen. Dem Perthes-Verlag blieb auf diese Weise sowohl der Auslands- als auch der Binnenmarkt unter den schwierigen Bedingungen nach dem Ersten Weltkrieg erhalten. Damit reduzierte sich die Gefahr, zwischen den Fronten des nationalen Furors wirtschaftlich schweren Schaden zu nehmen. Haacks Flexibilität, sein strategisches Gespür und Improvisationstalent bildeten die entscheidende Grundlagen für das Erreichen dieses Ziels. Die ökonomischen Erwartungen an das Großprojekt *Stieler* wurden trotz dieser Maßnahmen letztlich jedoch um Längen verfehlt.

Dass Haack den Balanceakt zwischen nationalen und internationalen Interessen geschickt ausführte, bedeutete allerdings keinesfalls, dass er selbst viel für Internationalismus übriggehabt hätte. Sicher unter dem Einfluss des Krieges, aber nichtsdestoweniger überzeugt, schrieb Haack 1915 im *Geographischen Anzeiger*: »Internationalismus! Ein scheußliches Wort, zumal in jetziger Zeit.« Der sich anschließende, von Haack ausgewählte Ausschnitt eines Texts des Soziologen Leopold von Wiese (1876-1969), kam zu dem Fazit, zwar sei ein neu auflebender Internationalismus nach dem Krieg unumgänglich, doch die Voraussetzung hierfür liege im »festen und stolzen Nationalismus«: »Nur wer ein guter Deutscher ist, wird dann erst und dadurch erst ein guter Europäer sein.«[86] Wie gezeigt, hatte Haack das nationalistische Klima der Zeit scharf erkannt und das Fundament des

84 Buchführungs-Ergebnisse 1925, Bl. 30 vom 28. Juli 1926, Forschungsbibliothek Gotha, Sammlung Perthes, SPA ARCH FFA.

85 Buchführungs-Ergebnisse 1924, Bl. 32 vom 15. September 1925, Forschungsbibliothek Gotha, Sammlung Perthes, SPA ARCH FFA.

86 Hermann Haack, Internationalismus, in: Geographischer Anzeiger 16 (1915), H. 1, S. 18.

Stieler daran ausgerichtet. Dass Haack den Atlas, der seit Petermann stark international ausgerichtet gewesen war, damit grundlegend veränderte und ihn in zwei verschiedene Perspektiven auf die Welt – eine nationale und eine internationale – teilte, zeigt, welchen Wirkungsgrad und Dauerhaftigkeit er dem Nationalismus zuschrieb; vor allem wenn man sich die durch den Herstellungsprozess des Kupferstichs bedingte Langlebigkeit der Kartenbilder vor Augen hält.

Noch um 1900 hatte Haack gegen die Vereinnahmung der Schulprodukte von Perthes durch eine nationalistische Stimmung polemisiert (vgl. Kap. 3), 1911 setzte er den Nationalismus in seinem *Stieler*-Konzept bereits als allgemein geteilt voraus und verlangte aus ökonomischen Erwägungen dessen stärkere Berücksichtigung. 1921 schrieb Haack im Nachgang der Plebiszite im südlichen Ostpreußen und in Oberschlesien, er lehne es ab, Masuren und ›Wasserpolen‹ in die 1920 erschienene Schulwandkarte *Die Völker Europas* als Deutsche einzutragen, da »Stimmzettel [...] weder Blut noch Sprache« ändern könnten (vgl. Kap. 5).[87] Auch an Haack war mithin das Erstarken völkischer Positionen im Zuge der allgemeinen Radikalisierung durch den Ersten Weltkriegs nicht vorbeigegangen. Sein nationalistischer Pragmatismus war durchaus anschlussfähig für derartige Positionen – wie ja auch seine Berührungen mit dem Deutschbund vor dem Krieg und die Aufnahme von ›Völkerkarten‹ in sein Schulwandkartenprogramm zeigen (vgl. Kap. 4).

Dass diese Karten keinesfalls deskriptiv-ethnographischen Zwecken entsprachen, sondern in erster Linie eine visuelle Indoktrination im Namen der Revision der politischen Nachkriegsordnung darstellte, belegen die Texte, mit denen die Karten im Perthes-Schulkatalog von 1925 beworben wurden. Der Text zur Schulwandkarte *Die Völker Europas* erlaubt dabei auch Rückschlüsse auf die vom Verlag intendierte Praxis der Kartenverwendung im Unterricht:

> Keine Karte vermag in der Gegenwart den Beschauer mehr zu fesseln als die Völkerkarte von Europa! [...] Hängt man die Staatenkarte von Europa von 1914 zur Linken, das durch den Versailler Diktatfrieden geschaffene politische Bild zur Rechten, unsere Völkerkarte aber in die Mitte, so lehrt ein vergleichender Blick, daß jetzt viele Völker mit eigener Kartenfarbe erscheinen, die früher unter den zusammenfassenden Farbflächen von Großstaaten verschwanden. [...], aber man hat es unterlassen, und darin liegt die Gefahr für die Aufrechterhaltung des Völkerfriedens, die neuen staatlichen Grenzen mit den Völkergrenzen in Einklang zu bringen.[88]

Der Text für die bereits 1918 publizierte Schulwandkarte *Die Völker Mitteleuropas* wurde in diesem Zusammenhang noch etwas deutlicher:

87 Zit. nach Henniges/Meyer, Hermann Haack, S. 45.

88 O.V., Werbeanzeige: Haack, Physikalischer Wandatlas, Die Völker Europas, bearbeitet von Prof. Dr. Heinrich Hertzberg, in: Justus Perthes, Schulkatalog Justus Perthes' Geographische Anstalt Gotha 1925, Gotha 1925, S. 92.

> Die Völkerkarte von Mitteleuropa zeigt das wahre Deutschland; wo Deutsche in geschlossener Siedlung wohnen, ist deutscher Boden. Aufgabe einer jeden Schule, die sich ihrer nationalen Verantwortung bewußt ist, wird es sein, ihren Schülern dieses Kartenbild immer wieder vor Augen zu stellen. Daß deutsches Land und Deutsches Reich wieder eine Einheit werden, muß Ziel und Aufgabe der kommenden Generation bleiben.[89]

Retrospektiv betrachtet waren diese Werbeanzeigen bereits in einem sehr unheilvollen Sinne von zukunftsweisenden Untertönen geprägt. Im letzten Abschnitt dieses Kapitels ist hierauf zurückzukommen.

6.3 Entscheidung zwischen Gotha und Berlin

Mitten in der aufreibenden Phase der Vorbereitung für die ersten Lieferungsausgaben des *Stieler*, taten sich während des Jahreswechsels 1919/1920 für Haack ganz neue berufliche Möglichkeiten auf. Die Art und Weise, wie Haack in dieser Situation agierte, zeigt, dass er nicht nur sehr geschickt die immer schwieriger zu vereinbarenden ökonomischen Anliegen des Verlags in Krisenzeiten auszutarieren verstand, sondern auch seine eigenen Interessen keinesfalls aus den Augen verlor.

Am 18. Dezember 1919 verstarb Bernhard Perthes. Für Haack, der sich seinem »ebenso vornehm wie gütig gesinnten« Förderer sehr verbunden fühlte,[90] bedeutete dies einen tiefen Einschnitt. Da der jüngere Sohn von Bernhard Perthes, Gottfried (*1893), im Juni 1915 im Baltikum umgekommen war, rückte nun der bereits seit 1916 als Teilhaber des Verlags fungierende ältere Sohn Joachim (1889-1954) alleine an die Spitze des Unternehmens. Joachim, der neben dem Absolvieren der traditionellen buchhändlerischen Ausbildung auch in Geographie promoviert hatte, übernahm das Geschäft unter denkbar ungünstigen Zeitumständen.

Im Oktober 1919 hatte Haack dem Verlag eine Art Loyalitätsbekundung geschickt. Dem vorausgegangen war eine im Sommer erfolgte monatliche Gehaltserhöhung um 750 Mark seitens Bernhard Perthes, die dieser mit der »so außergewöhnlich schwierigen Zeit« und Haacks »Zusammenstehen zum alten Haus« begründet hatte.[91] Haack war im Frühjahr 1897 mit 125 Mark Monatsgehalt eingestellt worden, 1900 betrug sein Gehalt 250 Mark, bis zum Ersten Weltkrieg stieg es

89 O. V., Werbeanzeige: Haack, Physikalischer Wandatlas, Die Völker Mitteleuropas, bearbeitet von Prof. Dr. Heinrich Hertzberg, in: Justus Perthes, Schulkatalog Justus Perthes' Geographische Anstalt Gotha 1925, Gotha 1925, S. 94.

90 Haack, 100 Jahre Stieler, S. 109.

91 Brief von Bernhard Perthes an Hermann Haack vom 31. Juli 1919, Forschungsbibliothek Gotha, Sammlung Perthes, SPA ARCH MFV 300/38, Bl. 180.

auf 6.600 Mark an, 1919 erhielt er schließlich monatlich 10.800 Mark, was nach Haacks Angaben dem Verdienst eines Oberlehrers entsprach.[92] Haack schrieb nun am 31. Oktober 1919 mit Bezug auf seine Gehaltserhöhung:

> [...] aber ich weiß auch und empfinde es schmerzlich, daß nicht besondere Leistung oder ein Aufblühen der Anstalt die Erhöhung gebracht hat, daß sie vielmehr sich ergeben hat aus dem Zwange der unsicheren Zeit. Aber diese zu überwinden will ich nach meinen Kräften mithalten und nach wie vor meine Erfahrung, mein Können und meine Arbeitskraft in den Dienst der Anstalt stellen. Es ist nicht Schönfärberei oder ein Nichtsehenwollen der Gefahr, die mich trotz allem an ihre Zukunft glauben lassen, sondern das Vertrauen darauf, daß ehrliche Arbeit und ein starker Wille auch heute noch Wunder zu wirken vermögen.[93]

Ende Januar 1920 hatten sich Haacks Ansichten grundlegend gewandelt. Der Grund hierfür war ein lukratives Angebot aus Berlin: Ihm war der Posten als Direktor der Kartographie in der Leitung der neugegründeten Landesaufnahme angeboten worden.[94] Diese Behörde war hervorgegangen aus der Preußischen Landesaufnahme, die als Teil des Großen Generalstabs formal dem Militär angehörte, aber bereits im Kaiserreich vielfältige zivile Aufgaben wahrgenommen hatte. Nach dem Ende des Ersten Weltkriegs und der durch den Versailler Vertrag verfügten Auflösung des Großen Generalstabs, wurde die Landesaufnahme als zivile Behörde neu begründet. Ab dem 1. Oktober 1919 wurde sie zunächst dem Reichsinnenministerium angegliedert, 1921 dann zum eigenständigen Reichsamt für Landesaufnahme ausgebaut.[95]

In einem Brief vom 31. Januar 1920 schrieb Haack nun an Joachim Perthes, er habe bereits früher auswärtige Angebote bekommen, sich aber der Anstalt und Bernhard Perthes so verbunden gefühlt, dass er nie ernsthaft in Erwägung gezogen habe, diese anzunehmen:

> Meine Gesinnung ist, das kann ich aufrichtig beteuern, die gleiche geblieben wie vordem; wohl aber ist in allen Verhältnissen außerhalb der Anstalt wie auch besonders in ihrer inneren Lage ein großer Wandel eingetreten. Und gerade diese Vorgänge der letzten Zeit haben mich zu einer klaren Erkenntnis der gan-

92 Brief von Hermann Haack an Joachim Perthes vom 31. Januar 1920, Forschungsbibliothek Gotha, Sammlung Perthes, SPA ARCH MFV 300/38, Bl. 182.

93 Brief von Hermann Haack an Bernhard Perthes vom 31. Oktober 1919, Forschungsbibliothek Gotha, Sammlung Perthes, SPA ARCH MFV 300/38, Bl. 181.

94 Brief von Hermann Haack an Joachim Perthes vom 31. Januar 1920, Forschungsbibliothek Gotha, Sammlung Perthes, SPA ARCH MFV 300/38, Bl. 182.

95 Friedrich Wernekke, Von der preußischen Landesaufnahme zum Reichsamt für Landesaufnahme, in: Dr. A. Petermann's Mitteilungen aus Justus Perthes' Geographischer Anstalt 69 (1923), H. 1/2, S. 16-17, hier S. 16.

zen Unsicherheit meiner Stellung und besonders meiner wirtschaftlichen Lage gebracht.[96]

Ausführlich stellte Haack anschließend alle Vorteile, die ihm der angebotene Posten bieten würde, mit den Nachteilen seiner jetzigen Stellung bei Perthes gegenüber. So würde er in Berlin monatlich 16.000 Mark – ohne Teuerungsbeihilfe – erhalten, in Gotha sei sein Verdienst dagegen wesentlich schlechter: »Während meiner ganzen Berufszeit sind mithin meine Bezüge niemals über die eines ‹…› Oberlehrers hinausgegangen.«[97]

Haack erklärte zudem, seine »8-stündige Geschäftszeit« im Verlag – »die zudem meist zur Bewältigung der Aufgaben nicht ausreicht« – schließe »eine ertragbringende Nebentätigkeit aus, […]«. Beinahe fatalistisch, aber wohl auch mit einer gehörigen Portion verhandlungstaktischer Zuspitzung, bilanzierte er: »Die Unruhe der Tagesarbeit und die Knappheit der Ferien verbietet jede Vertiefung in wissenschaftliche Arbeit. Nur einigermaßen die Fühlung mit dem Fortschritt der Wissenschaft aufrecht erhalten, ist das Höchste, was geleistet werden kann.«[98] Die angebotene Position in der Landesaufnahme biete dagegen

> eine Staatsstellung und wenn unser Jammerstaat auch noch so sehr auf dem Hund ist, seine Beamten an die Luft setzen kann er doch nicht ohne weiteres. Anrechnung der Dienstjahre und entsprechende Pension steht in sicherer Aussicht. Die Stellung ist frei und selbstständig und ermöglicht einen Aufstieg zum ersten Posten.[99]

Zum Dienstort Berlin bemerkte Haack:

> Auch der Wohnsitz in Berlin bietet mehr Licht als Schatten. […] und die Erlaubnis, ein Lektorat oder später eine Dozentur für Kartographie an der Universität oder Technischen Hochschule im Nebenamt zu bekleiden, würde ich zur Bedingung machen.

Den Seitenhieb auf den Standort des Verlags ließ Haack an dieser Stelle ebenfalls nicht aus:

> Aber während man in Gotha wissenschaftlich ganz auf sich allein angewiesen ist und ständig gegen das Versumpfen […] im Kampfe steht, ergibt sich durch die einflußreiche Stellung an der Landesaufnahme die enge Fühlung mit dem wissenschaftlichen Leben ganz von selbst.[100]

96 Brief von Hermann Haack an Joachim Perthes vom 31. Januar 1920, Forschungsbibliothek Gotha, Sammlung Perthes, SPA ARCH MFV 300/38, Bl. 182.

97 Ebd.

98 Brief von Hermann Haack an Joachim Perthes vom 31. Januar 1920, Forschungsbibliothek Gotha, Sammlung Perthes, SPA ARCH MFV 300/38, Bl. 183.

99 Ebd.

100 Ebd.

Nicht zuletzt trieb Haack die Sorge um seine Familie um, was ihn den Gedanken, nach Berlin zu gehen, ernsthaft in Erwägung ziehen ließ. Denn obwohl er zu dieser Zeit die kartographische Führungspersönlichkeit bei Perthes war – Bernhard Perthes hatte ihn schon 1914 als Leiter der Anstalt bezeichnet (vgl. Kap. 4)[101] –, entsprach die finanzielle Absicherung bei weitem nicht der einer vergleichbaren staatlichen Anstellung. Bei Justus Perthes bestanden laut Haack keine besonders günstigen Vertragskonditionen, der Verlag könne Haack wie alle seine Angestellten mit sechswöchiger Frist kündigen. Er wisse, dass Perthes diese Option nicht in Betracht ziehe, aber wer könne bei einem Verkauf des Verlags für seine Übernahme garantieren?[102] Auf der anderen Seite hing Haack an der Stadt und an Justus Perthes:

> Was mich selbst betrifft, so wohnen zwei Seelen in meiner Brust: die Größe der neuen Aufgabe, die Möglichkeit wissenschaftlicher Betätigung und wirtschaftliche Vorteile ziehen mich nach Berlin, die moralische Verpflichtung gegen die Anstalt und die Liebe zum bisher Geschaffenen und noch zu Schaffenden halten mich in Gotha.[103]

Dass sich Haack seiner zentralen, ja unverzichtbaren Stellung, gerade zu dieser Zeit – die Auslieferung des *Stieler* stand ja unmittelbar bevor –, völlig bewusst war, zeigen seine abschließenden Ausführungen. Haack teilte mit, er habe noch keine endgültige Entscheidung getroffen. Was er erwartete, machte er aber durchaus deutlich. Sollte er in Gotha verbleiben, müßte Joachim Perthes ihm vergleichbare finanzielle Konditionen und inhaltlichen Spielraum bieten:

> Aber wie auch die letzte Entscheidung fallen mag, es scheint mir kein unbilliges Verlangen, wenn ich im Falle meines Hierbleibens auf eine Sicherstellung meiner wirtschaftlichen Lage und Gewährleistung von Wünschen dränge, die im Einzelnen anzuführen ich vorläufig Abstand nehmen möchte, deren Richtung aber meine Darlegungen erkennen lassen. Vorschläge Ihrerseits sehe ich gerne entgegen.[104]

Der letzte Satz macht die Machtverhältnisse im Verlag auf frappierende Weise deutlich. Der frischgebackene Verlagsinhaber Joachim Perthes war in erheblichem Maße von Haack abhängig, sodass dieser ihm im Grunde die Bedingungen für sein weiteres Verbleiben diktieren konnte. Trotz der umfangreichen Forderungen, die gerade durch ihre relative Offenheit und ihren andeutenden Charakter

101 In einem Fragebogen von 1951 gab Haack den Zeitpunkt der »Übernahme der wissenschaftlich-kartographischen Leitung der Anstalt« mit 1909 an. Siehe Anlage zum Fragebogen des Amtes für Information vom 3. April 1951, SPA ARCH MFV 300 P, Bl. 22.

102 Brief von Hermann Haack an Joachim Perthes vom 31. Januar 1920, Forschungsbibliothek Gotha, Sammlung Perthes, SPA ARCH MFV 300/38, Bl. 183.

103 Ebd.

104 Ebd.

ihre Wirkungen nicht verfehlt haben dürften, wollte Haack aber keinesfalls mit den Teilnehmer/innen der im Verlag gleichzeitig stattfindenden Lohn- und Arbeitskämpfe verglichen werden.[105] Einseitig strich er seine Sonderstellung und ganz persönliche ›Notlage‹ heraus. Beweggründe, die er damit zugleich den anderen Angestellten und Arbeiter/innen im Verlag absprach:

> Zum Schluß muß ich noch einmal die dringende Bitte aussprechen, mein Vorgehen nicht mit den Lohntreibereien der Beamten und Arbeiter auf eine Stufe zu stellen. Nur der Zwang, eine für mein ganzes ferneres Leben maßgebende Entschließung treffen zu müssen, das Bewußtsein, vor dem letzten und entscheidenden Wendepunkt meiner Zukunft zu stehen, nötigt mich zu diesem Schritt.[106]

Letztlich entschied sich Haack für einen Verbleib in Gotha. Ein Zeitungsartikel berichtete: »Im Hinblick auf die großen Unternehmungen, die seinen Namen tragen und noch weit von einem Abschluß entfernt sind, hat er das Angebot abgelehnt und der hiesigen Anstalt die Treue gewahrt.«[107] Aus dem Briefwechsel zwischen Haack und Joachim Perthes gehen die Konditionen des neuen Vertrags nicht hervor, aber es ist davon auszugehen, dass sie ungefähr dem Angebot aus Berlin entsprachen. Zu Pfingsten 1920 wurde Haack schließlich durch die Thüringer Landesregierung zum Professor ernannt.[108] Dies war das äußere Zeichen seines Bedeutungszuwachses. Er zog so mit Langhans hinsichtlich des Professoren-Titels gleich, in Bezug auf den Stellenwert für den Verlag aber hatte er diesen bereits längst überholt. Das ließ sich auch direkt am Gehalt ablesen: Ab dem 1. März 1922 erhielt Langhans eine Gehaltserhöhung »im Hinblick auf Ihre zukünftige Arbeit«, der Herausgabe des *Diplomatischen Jahrbuchs*, mit der er 1923 begann. Demnach erhielt Langhans ab diesem Zeitpunkt monatlich insgesamt 5.000 Mark, also weniger als die Hälfte dessen was Haack bereits 1919, vor den Verhandlungen mit Joachim Perthes, verdient hatte.[109]

105 Zu den Arbeitskämpfen siehe aus marxistischer Perspektive Köhler, Gothaer Wege, S. 226 ff.

106 Brief von Hermann Haack an Joachim Perthes vom 31. Januar 1920, Forschungsbibliothek Gotha, Sammlung Perthes, SPA ARCH MFV 300/38, Bl. 183.

107 Zeitungsartikel »Ein ehrenvoller Ruf«, in: Gothaisches Tageblatt vom 9. Februar 1920, Forschungsbibliothek Gotha, Sammlung Perthes, SPA ARCH MFV 300/38, Bl. 191.

108 Bauerfeind, Hermann Haack 1872-1966, S. 87.

109 Brief von Joachim Perthes an Paul Langhans o. D., Forschungsbibliothek Gotha, Sammlung Perthes, SPA ARCH PGM 558, Bl. 28.

6.4 Evidenz im Dienst der Erziehung – Schule, kartographische Visualität und der Weg in das ›Dritte Reich‹

Neben dem *Stieler* bilden die drei umfangreichen Serien von Wandkarten den Teil von Haacks Œuvre, der auch in der Retrospektive am stärksten mit seinem Namen in Verbindung gebracht wird. Der hier besonders zum Tragen kommende Zusammenhang zwischen politischen Inhalten und Haacks Kartenstil soll im letzten Abschnitt des Kapitels anhand von Fallbeispielen herausgearbeitet werden.

Nachdem mit der schrittweisen Einführung der Rentenmark im November 1923 ein Weg aus der Hyperinflation gefunden wurde und sich die deutsche Wirtschaft langsam erholte, setzte eine vorübergehende Stabilisierung der politischen Verhältnisse ein. Dennoch war die Stimmung auch weiterhin von Unsicherheiten in Bezug auf die zukünftige Entwicklung geprägt, die weitere gesellschaftliche und politische Entwicklung war offen. Denn obwohl die Republik in den Folgejahren beachtliche Erfolge erzielen konnte, existierte nach wie vor ein breiter gesellschaftlicher Unterstrom, der die Dinge potentiell in autoritäre, antidemokratische Bahnen zu lenken vermochte: »Die innere Bedrohung der Demokratie hatte nicht aufgehört, sondern nur nachgelassen.«[110]

Das Jahr 1925 macht diese Ambivalenz deutlich. Einerseits gab es mit den Verträgen von Locarno und dem Ende der Ruhr-Besatzung Annäherungen zwischen Deutschland, Frankreich und England, was Hoffnungen Auftrieb gab, Deutschland könne den Zustand der Isolation beenden und damit auch die Auswirkungen des Versailler Vertrags auf friedlichem Weg überwinden. Andererseits war die im selben Jahr stattfindende Wahl Hindenburgs zum Reichspräsidenten – zum ›Ersatzkaiser‹ – ein deutliches Zeichen, dass die revisionistischen und ultrakonservativen Kräfte ihre Strahlkraft keineswegs eingebüßt hatten. Die jüngere Forschung zur Weimarer Republik betont diese Ambivalenzen und wendet sich damit gegen eine teleologische Lesart, wonach Weimar von Beginn an zum Scheitern verurteilt war. Die prinzipielle Offenheit ihrer historischen Entwicklungen und ihre Chancen gerade auch in der Krise werden stärker als bisher in Rechnung gestellt.[111] Dennoch scheint weiterhin unbestritten zu sein, dass gerade jene Menschen, die die Zukunft einer Gesellschaft verkörpern – die jungen Menschen – zu großen Teilen nicht hinter der von den Nationalsozialisten als ›System‹ verunglimpften Republik standen und am Ende der 1920er Jahre »die Gegner der Demokratie bereits die Herzen der Jugend gewonnen« hatten.[112]

110 Heinrich August Winkler, Weimar 1918-1933. Die Geschichte der ersten deutschen Demokratie, 1. Aufl. Paperback [1. Aufl. 1993], München 2018, S. 305.

111 Christoph Thonfeld, Krisenjahre revisited. Die Weimarer Republik und die Klassische Moderne in der gegenwärtigen Forschung, in: Historische Zeitschrift 302 (2016), S. 390-420.

112 Hagen Schulze, Vom Scheitern einer Republik, in: Karl Dietrich Bracher/Manfred Funke/Hans-Adolf Jacobsen (Hg.), Die Weimarer Republik 1918-1933. Politik – Wirtschaft – Gesellschaft,

An diesem Umstand hatten die Institution Schule und weite Teile der Lehrer/innen einen wesentlichen Anteil. Aus ihrer Sicht sollten die kommenden Generationen auf die Revision der bestehenden Zustände geeicht werden. Der erste Vorsitzende des Verbands deutscher Schulgeographen Robert Fox (1875-1957) ging noch darüber hinaus und sprach bei der erweiterten Vorstandssitzung des Verbandes im Juni 1924 davon, dass das »jetzige Deutsche Reich«, die »abgetretenen Gebiete« sowie die »übrigen geschlossenen Siedlungsgebiete des deutschen Volkes« aufgrund ihrer Einheit auf Dauer politisch nicht teilbar seien: »Der Gedanke, daß das alles auch einmal einen deutschen Staat bilden wird, entspricht dem allgemein anerkannten Selbstbestimmungsrecht der Völker und muß den Schülern eine Selbstverständlichkeit werden.«[113]

Mit der 1925 erfolgten preußischen Schulreform erhielten die Richtlinien für den Unterricht u.a. folgenden Passus, der die zunehmende völkische Tendenz festschrieb: »Mit dem Deutschunterricht zusammen erweist der Erdkundeunterricht das ganze Deutschtum als eine große geistige Einheit, die weit über die jetzigen Reichsgrenzen hinausreicht, er fördert die Beziehungen zu den Auslandsdeutschen und das Verständnis für die schweren Kämpfe, die sie um die Behauptung ihrer geistigen Eigenart führen müssen.«[114] Noch einen Schritt weiter ging die Cuxhavener Studienrätin Helene Radeck (1887-1954), die von 1931 bis 1934 dem Hauptvorstand des Verbands deutscher Schulgeographen angehörte.[115] Sie forderte auf der Versammlung deutscher Philologen und Schulmänner 1927 in Göttingen, das Ziel des Unterrichts müsse sein, das reine »Zusammengehörigkeitsgefühl zum Verantwortungsgefühl gegenüber den Auslandsdeutschen, die doch unseres Blutes sind, zu vertiefen«, um somit »den jungen Menschen zum deutschen Volksbürger zu erziehen, der den Willen hat, mitzuhelfen an einer der höchsten Zukunftsaufgaben des deutschen Volkes: die deutsche Volksgemeinschaft, die deutsche Kulturgemeinschaft zu schaffen«.[116] Die geographischen Lehrmittel sollten dementsprechend, laut dem Studienrat Friedrich Knieriem (1889-1946)[117], ab 1919 Mitarbeiter des *Geographischen Anzeigers*, die »Primaner [...] nicht nur zu deutschen Staatsbürgern, sondern auch zu volksbewußten Deut-

2. Aufl., Bonn 1988, S. 617-625, hier S. 625. Was auch mit der hohen Jugendarbeitslosigkeit während der Wirtschaftskrise nach 1929 zusammenhing. Vgl. Herbert, Geschichte Deutschlands, S. 240 f., 271.

113 Hermann Haack, Bericht über die erweiterte Vorstandssitzung des Verbandes Deutscher Schulgeographen am 11. und 12. Juni 1924 in Frankenhausen am Kyffhäuser, in: Geographischer Anzeiger 25 (1924), H. 7/8, S. 193-196, hier S. 194.

114 Zit. nach Friedrich Knieriem, Vorwort des Herausgebers, in: Gerhard Engelmann, Das Deutschtum in Rumänien. I: Siebenbürgen, Gotha 1928, S. 3-4, hier S. 3.

115 Brogiato, Wissen ist Macht, S. 416.

116 Zit. nach Knieriem, Vorwort des Herausgebers, S. 3.

117 Zu Knieriem siehe Brogiato, Wissen ist Macht, S. 186-195.

schen« erziehen helfen.[118] Eine völkische Weltanschauung wurde in schulgeographischen Kreisen nach dem Ersten Weltkrieg immer stärker zum allgemein geteilten Denkstil.[119]

Bereits seit der Jahrhundertwende hatte eine zentrale Forderung der Reformpädagogik darin bestanden, die rein ›mechanische‹ Vermittlung möglichst umfangreicher Wissensbestände aufzugeben und im Unterricht ›charakterbildende Kräfte‹ stärker zu berücksichtigen. Die ›Erziehung‹ insbesondere in staatsbürgerlicher Hinsicht stand zunehmend im Zentrum der didaktischen Überlegungen und Debatten, auch in der Schulgeographie.[120] Diese Entwicklungen hinterließen auch bei den Perthes-Schulprodukten Spuren: Im Rahmen der Forderungen nach stärkerer Betonung von ›Erziehung‹ und ›Persönlichkeit‹ sollte sich zeigen, dass in Bezug auf politisch relevante Inhalte die Grundsätze wissenschaftlicher Zuverlässigkeit bei Schulwandkarten mehr und mehr als zu vernachlässigende Größe galten. Dies kam bereits vor dem Ersten Weltkrieg in dem von Benno Bohnenstaedt verfassten Erläuterungstext zum *Historischen Wandatlas* zum Ausdruck (vgl. Kap. 3), aber auch in den Diskussionen um ›Völkerkarten‹ nach dem Krieg (vgl. Kap. 5).[121] In den 1920er und 1930er Jahren verstärkte sich dieser Trend weiter, bis hin zum Schlagwort einer im Namen der Anschaulichkeit angeblich notwendigen »Vergröberung« von Schulwandkarten (vgl. Kap. 7).

Im Kontext politischer Bildung war Haacks Kartenstil daher stärker auf Anschaulichkeit im Sinne von Einprägsamkeit und Belebung des Kartenbildes ausgerichtet als auf wissenschaftliche Genauigkeit. Die Belebung des Kartenbildes sollte insbesondere durch die Dynamik der Darstellung erreicht werden. Ziel war hier eine Abkehr von der traditionellen Darstellung der Geschichte in einzelnen, statischen Zuständen zugunsten der Visualisierung einer mehrere Zustände umfassenden Bewegung, d.h. der Darstellung von historischer Entwicklung in einer Karte (vgl. Kap. 3). 1921 hieß es in einer Rezension zum *Historischen Wandatlas*:

> Was bietet der »Wandatlas« an wertvollem Neuen? Vor allem ist jede Karte ein Wunderwerk an Farbe und Linienführung, […] schön und dabei praktisch! Auch im großen Schulzimmer »spricht« die Karte zu jedem Schüler, auch dem in der hintersten Reihe. Ja, die Karten »sprechen«. Expansionslust der Staaten, Niederbruch einer Macht, sie treten dramatisch aus der Karte heraus. Nicht der Zustand zu irgendeiner Zeit ist nämlich farblich gekennzeichnet, auch nicht die Entwicklung nur einer Erscheinung dargestellt, wie in anderen Kartenwerken […]. Beides ist vereinigt […]. Eine Anzahl geschichtlicher Abwandlungsreihen wird auf jeder Karte anschaulich – graphisch – dargestellt, Handlung, Bewegt-

118 Zit. nach Knieriem, Vorwort des Herausgebers, S. 4.

119 Brogiato, Wissen ist Macht, S. 467. Zum Begriff des Denkstils vgl. Fleck, Entstehung und Entwicklung einer wissenschaftlichen Tatsache, S. 129 ff.

120 Brogiato, Wissen ist Macht, S. 467.

121 Köhler, Gothaer Wege, S. 220.

> heit also statt des Zustandes gegeben. Damit kommt Leben in die Karte, Leben auch in den Schüler, der sie studiert.[122]

Die visuelle Zuspitzung und Eindrücklichkeit mit Hilfe der Gestaltungsmittel von kräftigen Farben, ›sprechenden‹ Signaturen und später auch dominanten Pfeilen sollten für die in einer Perthes-Werbeanzeige hervorgehobenen ›leuchtenden Augen‹ der Schüler/innen sorgen (vgl. Kap. 3). Leben, Bewegung und Dramatik sind die Schlagwörter für den Effekt, auf den Haacks Kartenstil abzielte. Auf diese Weise konnte die Evidenz der Kartenaussagen gesteigert werden, im Sinne der in der Einleitung formulierten Definition eines durch Augenschein erlangten, intuitiven Glaubens an eine kohärente Relation zwischen Kartenaussage und Kartenreferenz. ›Leuchtende Augen‹ bezeugten die Evidenz der Karten, machten sie als politische Ressourcen wertvoll und damit für den Verlag wirtschaftlich einträglich. Hier liegt Haacks Bedeutung für die Kartographie in ihrer ganzen Ambivalenz. Und hier lag auch seine große Stärke gegenüber Paul Langhans, dessen Kartenstil davon geprägt war, eine möglichst vollständige Darstellung der zur Verfügung stehenden Daten zu erreichen, was zu einer häufigen Überlastung der Kartenbilder und damit zur Verminderung ihrer Evidenz führte (vgl. Kap. 2).

Als 1923 im Rahmen der Reihe des *Physikalischen Wandatlas* die Karte der *Bodenschätze Mitteleuropas* (siehe Abb. 40, S.244-245) erschien, nutzte Haack die Gelegenheit und stellte die von Oberstudienrat Richard Rein (1883-1956)[123] und ihm bearbeitete Karte im *Geographischen Anzeiger* vor, wobei er auch seine Gestaltungsgrundsätze ausführlich erläuterte.[124] Haack grenzte sich dabei von herkömmlichen Wirtschaftskarten ab, die sich vor allem dadurch auszeichnen würden, dass sie eine minutiöse und vollständige Darstellung wirtschaftlich relevanter Sachverhalte zu erreichen versuchten: »Man setzt eine Ehre darein, auch das kleinste Vorkommen zu verzeichnen, vielleicht aus der Besorgnis heraus, im anderen Falle der Flüchtigkeit oder gar der Unkenntnis geziehen zu werden.«[125] Die Folgen dieser Herangehensweise seien

> ein Gewimmel von unzähligen Kartenzeichen, ein Gewirr von Linien, ein Geflimmer von Farben, ein Durcheinander von Namen, dem allen der Beschauer

122 Friedrich Stahl, »Großer Historischer Wandatlas« von Haack und Hertzberg, in: Vergangenheit und Gegenwart. Zeitschrift für den Geschichtsunterricht und staatsbürgerliche Erziehung in allen Schulgattungen 11 (1921), H. 1, S. 12-16, hier S. 13 f.

123 Rein gab 1933 Vorschläge für den »Rassenunterricht« heraus vgl. Wolf Gruner, Deutsches Reich 1933-1937 (Die Verfolgung und Ermordung der europäischen Juden durch das nationalsozialistische Deutschland 1933-1945, Bd. 1), hg. von Susanne Heim u. a. im Auftrag des Bundesarchivs u. a., Berlin 2008, S. 265 ff.

124 Richard Rein, Bodenschätze Mitteleuropas, in: Hermann Haack (Hg.), Großer Physikalischer Wandatlas, 1:750.000, Gotha 1924. Hermann Haack, Eine neue Wandkarte der Bodenschätze Mitteleuropas, in: Geographischer Anzeiger 24 (1923), H. 11/12, S. 253-257.

125 Ebd., S. 254.

> auf den ersten Blick hilflos gegenübersteht. Verzweifelt wandert das Auge über eine solche Karte, vergeblich bemüht, Sinn und Ordnung in dieses Tohuwabohu zu bringen.[126]

Gegen diese Negativfolie betonte Haack das Primat seines Kartenstils, wonach »das Wichtige und Wesentliche, die Grundzüge und die Hauptsachen, deutlich aus dem Kartenbild hervortreten. Die Güter, die das Wirtschaftsleben eines Landes charakterisieren, die ihm das eigentliche Gepräge geben, muß der Schüler von jedem Klassenplatz ohne weiteres von der Wandkarte ablesen können.«[127] Die augenfällige und in die Ferne wirkende, zweckgebundene Gliederung von Wissen, die vor allem durch eine starke Generalisierung und einen effektiven Farbeinsatz erreicht wurde, war das auszeichnende Prinzip seiner Schulwandkarten. Dass einer Wirtschaftskarte in der Zwischenkriegszeit überdies eine große politische Bedeutung zukam, wird aus der zugehörigen Perthes-Werbeanzeige deutlich: »Die Bodenschätze Mitteleuropas sind in der Gegenwart der am heißesten umstrittene Kampfpreis der Erde. […] Unsere Karte zeigt mit dem Schauplatz des Kampfes zugleich seinen Preis!«[128]

Die Karte der *Bodenschätze* verkaufte sich ausgezeichnet. 1924 setzte der Verlag bereits 767 Stück ab.[129] Zum Vergleich: Von allen in diesem Jahr noch verfügbaren Langhans-Wandkarten wurden 489 Stück abgesetzt.[130] Aus der gesamten Reihe des *Sydow-Habenicht Orohydrographischen Wandatlas*, ein Perthes-Klassiker, wurden 446 Karten verkauft.[131] Vom althergebrachten, vor allem im Ausland nachgefragten historischen Wandatlas *Spruner-Bretschneider* wurden insgesamt 1.000 Karten verkauft, zumeist in das »neue Polen«.[132] 1925 erzielten die *Bodenschätze* wiederum den für eine einzelne Karte sehr guten Absatz von 580 Stück. Klemm schlussfolgerte: »Die Nutzanwendung daraus ergibt sich von selbst: möglichst schnell weitere derartige Karten zu bringen.«[133] Im Jahr darauf hielt er fest, dass

126 Ebd.

127 Ebd.

128 O. V., Werbeanzeige: Haack, Physikalischer Wandatlas, Bodenschätze Mitteleuropas, bearbeitet von Dr. R. Rein, in: Justus Perthes, Schulkatalog Justus Perthes' Geographische Anstalt Gotha 1925, Gotha 1925, S. 88.

129 Buchführungs-Ergebnisse 1924, Bl. 20 vom 2. September 1925, Forschungsbibliothek Gotha, Sammlung Perthes, SPA ARCH FFA.

130 Buchführungs-Ergebnisse 1924, Bl. 24 vom 4. September 1925, Forschungsbibliothek Gotha, Sammlung Perthes, SPA ARCH FFA.

131 Buchführungs-Ergebnisse 1924, Bl. 34 vom 17. September 1925, Forschungsbibliothek Gotha, Sammlung Perthes, SPA ARCH FFA. Klemm bemerkte: »Wieder eine geborstene Säule des Hauses Justus Perthes! Früher einer der besten und einträglichsten Verlagsartikel, pfeift er heute aus dem letzten Loch.« Ebd.

132 Buchführungs-Ergebnisse 1924, Bl. 29 vom 12. September 1925, Forschungsbibliothek Gotha, Sammlung Perthes, SPA ARCH FFA.

133 Buchführungs-Ergebnisse 1925, Bl. 18 vom 20. Juli 1926, Forschungsbibliothek Gotha, Sammlung Perthes, SPA ARCH FFA.

wiederum fast die Hälfte der Gesamteinnahmen des *Physikalischen Wandatlas* auf diese Karte entfallen seien. Er wiederholte seinen Appell: »Damit ist der Weg, welche Art Karten neu gemacht werden soll, eigentlich vorgeschrieben.«[134]

Dass Hermann Haack die von ihm entwickelten Gestaltungsprinzipien auch bei ethnischen Karten anwandte, belegen bereits seine ›Völkerkarten‹, die während und nach dem Ersten Weltkrieg herauskamen (vgl. Kap. 4). Die 1929 im Rahmen des *Physikalischen Wandatlas* erschienene Schulwandkarte *Das Deutschtum der Erde* (siehe Abb. 41, S. 246-247), die Haack herausgab und von Hermann Rüdiger (1889-1946) bearbeitet wurde, stellte eine weitere Verstärkung der Deutschtums-Ideologie innerhalb der Reihe der Haack-Schulwandkarten dar.[135] Gleich im ersten Absatz des zur Karte gehörigen Erläuterungsheftes treten die beschriebenen Entwicklungen in der Schulgeographie bereits deutlich hervor. Die Karte sei demnach »Hilfsmittel bei der Behandlung des Deutschtums und Auslandsdeutschtums im Geographie-, Geschichts- und Deutschkundeunterricht«, da gemäß den »Richtlinien und Lehrplänen der deutschen Unterrichtsverwaltung« diese Themen für den Schulunterricht immer stärkeres Gewicht erhielten.[136] Die Karte sei weiter »ausschließlich für Schulzwecke bestimmt«, sie »will und kann keine wissenschaftliche Lösung des Problems versuchen, wie man am besten, am methodisch richtigsten und einwandfreiesten das Deutschtum der Erde kartographisch darzustellen vermag«.[137] Die Karte gebe seine Verbreitung »nur in groben Zügen wieder«, da sie »auf möglichst große Fernwirkung bedacht bleiben muß«.[138] Aus dem gleichen Grund wurde auch von der Verwendung der als methodisch exakter betrachteten »absoluten Methode« Pencks abgesehen, da sie »für die Ferne, auf die es bei einer Schulwandkarte vor allem ankommt, wirkungslos ist«. Daher wurde die herkömmliche relative Methode einer »flächenhafte[n] Darstellung« beibehalten (vgl. Kap. 5).[139] In diesem Zusammenhang wurde darauf verwiesen, dass die »wissenschaftliche Forschung« selbst über keinerlei »gesicherte Ergebnisse« des »Auslandsdeutschtums« verfüge. Denn die »deutsche Wissenschaft hat sich vor dem Weltkrieg – von vereinzelten Ausnahmen abgesehen – nicht mit der Erforschung des Deutschtums im Ausland beschäftigt. Was in Jahrzehnten versäumt wurde, läßt sich trotz heißesten Bemühens nicht in wenigen Jahren nachholen.«[140] Da jedoch ›Erziehung‹ das Kernanliegen gerade der »deutschkundlichen« Fächer

134 Buchführungs-Ergebnisse 1926, Bl. 21 vom 9. August 1927, Forschungsbibliothek Gotha, Sammlung Perthes, SPA ARCH FFA.

135 Hermann Rüdiger/Hermann Haack, Das Deutschtum der Erde, in: Hermann Haack (Hg.), Großer Physikalischer Wandatlas, 3 Kt. in verschied. Maßstäben auf 1 Bl., Gotha 1929.

136 Hermann Haack/Hermann Rüdiger, Erläuterungen, Das Deutschtum der Erde, Großer Physikalischer Wandatlas, Gotha 1930, S. 3.

137 Ebd.

138 Ebd.

139 Ebd., S. 5 f.

140 Ebd., S. 3.

sei, dürfe die Schule keinesfalls weitere Zeit verschwenden: »Würde sie warten, so würde sie sich an der volklichen Erziehung der heutigen Nachkriegsgeneration und damit an der Zukunft des gesamten deutschen Volkes auf das Schwerste versündigen.«[141] Das Ziel der Karte sei es »der Schule das Unterrichtsmittel in die Hand [zu] geben, was sie unbedingt zu[r] volksdeutschen Erziehung unserer Jugend und damit zur Schaffung einer gesamtdeutschen Volks- und Kulturgemeinschaft benötigt«.[142] Die Erzeugung von Evidenz im Dienst weltanschaulicher Erziehung, nicht ein möglichst hoher Grad an wissenschaftlicher Exaktheit der Darstellung, war der unumwundene Zweck der Karte. Damit beschritt die Schule einen Weg, der den Idealen der NS-Schulpolitik bereits vorgriff. Eine Bildung im Sinne rein politischer Erziehung und die Ablehnung von ›abstrakten‹ wissenschaftlichen Erkenntnissen wird bereits an dieser Karte greifbar. In diese Richtung muss auch eine Bemerkung Klemms eingeordnet werden, der in Bezug auf die 1928 erschienene Schulwandkarte *Klimakarte der Erde,*[143] die Haack mit den bekannten Klimatologen Wladimir Köppen (1846-1940) und Rudolf Geiger (1894-1981) herausgab, bemerkte: »Ein Mißerfolg dürfte dagegen die Klimakarte der Erde sein, die als zu wissenschaftlich von den Höheren Schulen abgelehnt wird.«[144] Es waren zunehmend die politischen und ideologischen Inhalte, die eine Nachfrage erzeugten.

Die Genauigkeit der zugrunde liegenden Bevölkerungsstatistik spielte bei der Bearbeitung der Wandkarte des *Deutschtums der Erde* ebenfalls nur noch eine nachgeordnete Rolle. Die statistischen Grundlagen vor allem der »Erfassung des deutschen Volkes außerhalb der Grenzen des Deutschen Reiches« waren laut dem Erläuterungsheft sowieso »außerordentlich unzuverlässig und schwankend«, aus »statistischen wie aus politischen, begrifflichen und anderen Gründen«.[145] Im Gegensatz zu der Zeit vor dem Ersten Weltkrieg, als für viele Kartographen wie Langhans das Sprachkriterium ein objektives Unterscheidungsmerkmal für Ethnien gebildet hatte, erschütterten die Ereignisse nach 1918 diese Sicht nachhaltig (vgl. Kap. 5). Aus der allgemeinen Unsicherheit einer »volklichen« Bestimmbarkeit wurde allerdings nicht der Schluss gezogen, solche Unterscheidungen generell kritisch zu hinterfragen, vielmehr wurde jetzt dezisionistisch vorgegangen: anstelle der aus deutscher Sicht trügerischen aktuellen Daten, legte man der kartographischen Darstellung einfach die angeblich korrekteren Zensus-Daten von 1910 zugrunde. Begründet wurde dieser Schritt damit, dass diese Angaben »gleichsam einen heute überholten Idealzustand, den Höchststand des Deutsch-

141 Ebd.

142 Ebd., S. 4.

143 Wladimir Köppen/Rudolf Geiger, Klimakarte der Erde, in: Hermann Haack (Hg.), Großer Physikalischer Wandatlas, 1:20.000.000, Gotha 1928.

144 Buchführungs-Ergebnisse 1927, Bl. 22 vom 10. August 1928, Forschungsbibliothek Gotha, Sammlung Perthes, SPA ARCH FFA.

145 Haack/Rüdiger, Erläuterungen, S. 3.

tums vor dem Weltkriege in den jetzt vom Reiche oder von Österreich abgetrennten Gebieten« darstellten.[146] Anstelle der Abbildung des tatsächlichen Zustandes wurde also im Sinne der ›Erziehung‹ ein normativer Zustand visualisiert – mit Hilfe von Daten, die implizit als richtig hingestellt wurden, weil sie der deutschen Perspektive entsprachen. Aus dieser Haltung heraus, stellte es auch keinen Widerspruch dar, wenn auf der Karte »unter die bei Südwestafrika verzeichneten Namen deutscher Forscher gar ein Dichter, Hans Grimm, geraten ist«. Dies habe »einen tieferen Sinn; denn Grimm hat aus dem Übersee- und Kolonialerlebnis heraus den Roman ›Volk ohne Raum‹, das große Epos der gesamtdeutschen Nachkriegsnot, geschaffen«.[147]

Die insgesamt drei Teilkarten der Schulwandkarte – Welt-, Europa- und Mitteleuropakarte – weisen zusammen eine Vielzahl historisch weit auseinanderliegender Ereignisse, Personen und Strukturen auf: Der Flug des Zeppelins ›Bremen‹ oder der General Friedrich Wilhelm von Steuben (1730-1794), der im Amerikanischen Unabhängigkeitskrieg kämpfte, finden sich ebenso wie die Grenzen des mittelalterlichen Stauferreichs – welche eingezeichnet sind, als hätte es sich um einen modernen Nationalstaat gehandelt –, das Handelsgebiet der Hanse, das »weiteste Vordringen deutscher Truppen im Weltkriege« oder das »Einflußgebiet deutscher Kultur«. Damit erinnert die Karte sehr stark an den charakteristischen Stil der Langhans-Karten, etwa aus dem *Deutschen Kolonial-Atlas* oder dem *Alldeutschen Atlas*. Sie kennzeichnet ein stark narrativer Zug, der in einem Kartenbild oder Kartenensemble geographisch und historisch weit auseinanderliegende Phänomene miteinander verknüpft und zu komplexen Erzählungen verschweißt (vgl. Kap. 2).

Doch während die Karten von Paul Langhans gemäß seiner Auffassung von Wissenschaftlichkeit besonders auf Vollständigkeit angelegt waren und üblichen statistischen Konventionen folgten, gestalteten Haack und Rüdiger *Das Deutschtum der Erde* konsequent nach den Prinzipien des Kartenstils der Haack-Schulwandkarten: starke Generalisierung, Anschaulichkeit und Dynamik zur Herstellung größtmöglicher Evidenz. Somit übernahm Haack seit dem Ersten Weltkrieg sukzessive Elemente und Deutungsmuster einer von Langhans' geprägten Kartographie. Dabei transferierte er sie aus den Kreisen einer völkisch orientierten Wissenschaft, wie sie die *Deutsche Erde* repräsentiert hatte, in die Schulen, gestaltete sie dabei nach seinen kartographischen Grundsätzen – und machte sie damit zu einem wirtschaftlichen Erfolg. Klemm berichtete trotz der Wirtschaftskrise 1930, das »Deutschtum der Erde« habe bisher einen »ganz guten Anklang gefunden«, es könne »sicher damit gerechnet werden«, dass »sich die Karte nicht nur bezahlt macht, sondern auch einen Gewinn lassen wird«.[148] Während Klemm

146 Ebd., S. 6.

147 Haack/Rüdiger, Erläuterungen, S. 9.

148 Buchführungs-Ergebnisse 1929, Bl. 37 vom 22. Juli 1930, Forschungsbibliothek Gotha, Sammlung Perthes, SPA ARCH FFA.

1924 ganz allgemein festgestellt hatte, »alle deutschtümlichen Veröffentlichungen Langhans'« seien letztlich erfolglos geblieben, nur die *Deutsche Erde* »erhielt sich« und diejenigen seiner Wandkarten hätten partiell Erfolg gehabt, die als erste ihrer Art auf den Markt kamen,[149] verkaufte sich die Haack-Schulwandkarte des ›Deutschtums‹ in den 1930er Jahren sehr gut und erlebte bis 1939 drei Auflagen.[150]

Im Gegensatz zu Langhans' Kartengestaltung, der bei Perthes ursprünglich für die nationalistische Produktlinie verantwortlich war, sorgte Haacks spezifischer Kartenstil dafür – gemeinsam mit der veränderten politischen Situation –, dass seine Wandkarten ein wirtschaftlicher Erfolg wurden. Dies trug dazu bei, dass der Verlag schließlich in den 1930er Jahren das Sortiment politisch-ideologisch geprägter Schulwandkarten weiter ausbaute. Somit sorgte nicht der persönlich überzeugte ›Weltanschauungskartograph‹ Langhans, sondern der pragmatisch-profitorientierte Haack in der Zeit nach dem Ersten Weltkrieg für die erfolgreiche Etablierung einer völkisch-rassistischen Kartenproduktion bei Justus Perthes.

Insofern ist bezogen auf den Perthes-Verlag eine fragmentierte Kontinuität zwischen der Zeit vor und nach 1933 festzustellen. Was die Permanenz von imperialistischen, völkischen und antisemitischen Raumbildern anlangt, so ist hier in erster Linie Paul Langhans zu nennen. Auf der Ebene der kartographischen Gestaltung ist jedoch Hermann Haack als Wegbereiter der Entwicklungen nach 1933 anzusprechen. Doch erst die Kombination von Raumbildern und anschaulicher Gestaltung, wie sie in der Karte vom *Deutschtum der Erde* verkörpert ist, wies in die Zeit des Nationalsozialismus, indem sie völkische Narrative mit einer effektiven Visualität für die ideologische Erziehung verband. Hermann Haack vereinte damit seit dem Ersten Weltkrieg mehr und mehr die beiden vor dem Krieg auf Langhans und ihn aufgeteilten Produktlinien von völkisch-nationaler Kartographie und Schulkartographie.

149 Buchführungsergebnisse 1924, Bl. 24-25 vom 4. September 1925, Forschungsbibliothek Gotha, Sammlung Perthes, SPA ARCH FFA.

150 Liste der Publikationen Hermann Haacks von 1942, Bundesarchiv Berlin, BArch R/4901 726, Bl. 83.

7. Hermann Haack im Nationalsozialismus: zwischen »neuer deutscher Schule«, Friedensmission und militärischer Aufrüstung

7.1 Einleitung

Dieses Kapitel widmet sich Hermann Haack in der Zeit des Nationalsozialismus. Dabei werden Haacks Beziehung zur Politik und die weitere Entwicklung seines Kartenstils in den Blick genommen. Abschließend soll auch Haacks Rolle bei der Produktion von Karten für die Luftwaffe betrachtet werden. Wie Haack persönlich zur sogenannten neuen Zeit nach 1933 stand, ist weniger eindeutig zu fassen, als es bei Paul Langhans der Fall ist (vgl. Kap. 8). Haack versuchte in den ersten Monaten nach dem 30. Januar 1933, dem Verband deutscher Schulgeographen (VdS) durch Anpassung an die veränderten politischen Verhältnisse, eine gewisse organisatorische Eigenständigkeit gegenüber dem von Hans Schemm (1891-1935)[1] geleiteten Nationalsozialistischen Lehrerbund (NSLB) zu bewahren.[2] Haack war aber »sicher nicht einer derjenigen, die sich gegen die Gleichschaltung stemmten, denn für ihn persönlich hing an dieser Frage sein Lebenswerk: der Verband und die Zeitschrift [der *Geographische Anzeiger*]«.[3] Haacks kurzzeitige Bemühung um die Sicherung partieller Eigenständigkeit scheiterte und auf der Mitgliederversammlung des Verbands am 22. Mai 1934 in Bad Nauheim wurde »die Auflösung des VdS und seine Eingliederung in den NSLB« endgültig beschlossen.[4] Der *Geographische Anzeiger* wurde im selben Jahr zur offiziellen Zeitschrift der »Sachgruppe Erdkunde« im NSLB – nachdem sich Karl Haushofer (1869-1946), der bekannteste Vertreter der deutschen Geopolitik,[5] auf Bitten Joachim Perthes'

1 Ursprünglich Volksschullehrer, wurde Schemm 1933 zum Gauleiter der ›Bayrischen Ostmark‹ und zum Staatsminister für Unterricht und Kultus in Bayern ernannt. Bereits 1928 hatte er den NSLB gegründet. Er starb 1935 bei einem Flugzeugabsturz. Vgl. Rudolf Endres, Art. »Schemm, Hans«, in: Neue Deutsche Biographie 22 (2005), S. 662-663, URL: https://www.deutsche-biographie.de/pnd118977628.html#ndbcontent [6.6.2019].

2 Haack betonte, der VdS habe »sich der neuen Zeitrichtung einzugliedern«. Zit. nach Brogiato, Wissen ist Macht, S. 479. Bei Brogiato werden diese Vorgänge ausführlich dargestellt, weswegen sie hier nur knapp zusammengefasst sind.

3 Brogiato, Wissen ist Macht, S. 485.

4 Ebd., S. 484.

5 Dan Diner, »Grundbuch des Planeten«. Zur Geopolitik Karl Haushofers, in: Vierteljahrshefte für Zeitgeschichte 32 (1984), H. 1, S. 1-28. Christian W. Spang, Karl Haushofer und Japan. Die

dafür bei Schemm eingesetzt hatte.[6] Hermann Haack blieb bis 1936 alleiniger Herausgeber des *Anzeigers* und trat zum 1. Oktober 1933 in den NSLB ein.[7] Parteimitglied der NSDAP wurde er nicht.

7.2 Leitprinzip »Mimikry«: Haack, das politische ›Chamäleon‹

Ein Dokument aus dem persönlichen Nachlass vermittelt hinsichtlich Haacks politischen Ansichten und Verhaltensweisen dennoch Erhellendes. Es handelt sich um den Entwurf eines offenen Briefes, adressiert an Heinrich Anz (1870-1944), der ab 1914 Direktor des Ernestinums, dem humanistischen Gymnasium in Gotha war, an dem auch Haack 1893 sein Abitur gemacht hatte (vgl. Kap. 3).[8] Als Anz 1935 in den Ruhestand ging, schrieb Haack als »langjähriger Vorsitzender des Elternbeirates und der Vereinigung ehemaliger Schüler« – er hatte am Ernestinum zudem eine Zeitlang selbst unterrichtet – eine Würdigung zum Abschied des »Oberstudiendirektors«.[9] Interessant ist der an sich eher nebensächliche Brief, weil er einerseits Auskunft über Haacks persönliche Einstellungen in der Zeit vor und nach 1933 gibt und weil er andererseits auch grundsätzlich etwas über Haacks Agieren auf politischem Terrain verrät.

Zunächst einmal beschrieb Haack den Führungsstil von Anz in seinem für ihn typischen humoristischen und eloquenten Stil. Laut Haack waren es Anz' besondere Führungsqualitäten, die es ihm ermöglicht hatten, die Schule von 1919 bis 1924 durch »die schwersten Jahre, die ihr seit ihrem Bestehen beschieden waren« zu führen.[10] Haacks Schilderung der Gefahren, die der Schule in diesen Jahren drohten, werfen auch ein Schlaglicht auf sein Verhältnis zur Weimarer Republik

Rezeption seiner geopolitischen Theorien in der deutschen und japanischen Politik, München 2013.

6 Brogiato, Wissen ist Macht, S. 485f.

7 Ebd., S. 489. Brief von Haack an den Präsidenten der Reichsschrifttumskammer vom 13. Juni 1938 mit Zusendung des Fragebogens zur Bearbeitung des Aufnahmeantrages für die Reichsschrifttumskammer, Bundesarchiv Berlin, BArch R/9361-V 20621, Bl. 1. Ab 1936 war Haack mit Friedrich Knieriem gemeinsamer Herausgeber des *Geographischen Anzeigers*, wobei Knieriem die Annahme oder Ablehnung von Beiträgen oblag. Ab 1939 wurde Knieriem durch Albrecht Burchard (1888-1939) ersetzt, nach dessen Tod im Dezember 1939 wurde Knieriem im Februar 1940 wiederum gemeinsamer Herausgeber mit Haack. Vgl. Brogiato, Wissen ist Macht, S. 190f., 197f.

8 Bauerfeind, Hermann Haack 1872-1966, S. 20.

9 Hermann Haack, Entwurf eines offenen Briefs an Herrn Oberstudiendirektor Professor Dr. Anz, o. D., S. 1, Familienarchiv Heiner Haack, Nl Hermann Haack. Der Entwurf ist undatiert. Da aber auf den Tod von Hans Schemm Bezug genommen wird, muss er nach dem 5. März 1935 abgefasst worden sein.

10 Ebd., S. 4.

und seinen nationalkonservativen Wertekanon, der grundlegend geprägt war durch die obrigkeitsbetonte wilhelminische Gesellschaftsordnung:[11]

> Wer kennt nicht all die Klippen, die das Schulschiff bedrohten: die unheilvollen, sich überstürzenden Verordnungen einer verständnislosen Regierung hier, dort ein durch aufgezwungene Fremdkörper in seiner Harmonie gestörtes Kollegium, eine durch politische und weltanschauliche Spaltungen zerrissene und mit Misstrauen erfüllte Elternschaft hier, und dort eine Schülerschaft, die in ihrem Autoritätsgefühl erschüttert in den ihr freigiebig verliehenen Rechten und Freiheiten jeden Halt zu verlieren drohte.[12]

Die Rede von »Fremdkörper[n]« im Kollegium ist nicht eindeutig einzuordnen, weil Haack nicht weiter ausführt, wen genau er damit adressiert. Die Bemerkung kann aber vor dem Hintergrund späterer antisemitischer Aussagen Haacks als Hinweis auf einen politischen Radikalisierungsprozess interpretiert werden, den Haack in den 1930er Jahren durchlief. In der Zeit nach 1933 schienen sich, jedenfalls nach Ansicht Haacks, die von ihm geschilderten Probleme dann gänzlich in Wohlgefallen aufgelöst zu haben:

> Ein gütiges Schicksal hat es gewollt, dass Ihre letzten Dienstjahre in die Zeit des Aufstiegs von Volk und Vaterland fielen. Mit welcher Freude muss es Sie erfüllen, dass für die Jugend die Bahn wieder frei wird, Sie, der Sie Ihr ganzes Leben der Jugend geweiht haben. Wir selber wollen nun nach Altershausen gehen und mit den Pfunden wuchern, die uns noch geblieben sind.[13]

Tatsächlich verstand sich Haack auf Letzteres ausgezeichnet – sowohl in der Zeit bis 1945 als auch danach. Eine wichtige Rolle sollte nach 1945 seine bereits 1932 erfolgte Ernennung zum Korrespondierenden Mitglied der Geographischen Gesellschaft der UdSSR in Leningrad spielen (vgl. Kap. 8).[14]

Die ungetrübte Harmonie zwischen Schuldirektor Anz und Haack als Vorsitzendem des Elternbeirates wurde scheinbar nur einmal »auf eine schwere Belastungsprobe gestellt«, wie Haack freimütig berichtete. Anfang 1919 »überfiel« Haack nämlich gemeinsam mit einem »Oberingenieur Negendank« Anz in dessen Büro und schlug die Einrichtung eines Elternbeirates vor:

> Der Rätegedanke stand damals bei allen vaterländisch fühlenden in übelstem Verruf, […]. Aber Sie verstanden uns recht, Sie erkannten, dass unser Elternrat nicht Spionage und Angriff, sondern Mitarbeit und Schutz bedeuten sollte und

11 Wolfgang J. Mommsen, Der autoritäre Nationalstaat. Verfassung, Kultur und Gesellschaft im Deutschen Kaiserreich, Frankfurt a. M. 1992, S. 255 f.

12 Haack, Offener Brief an Herrn Oberstudiendirektor Professor Dr. Anz, S. 4.

13 Ebd., S. 5.

14 Langer, Hermann Haack. Der Schöpfer der Wand-Atlanten, S. 37. Die Originalurkunde befindet sich in der ›Haack-Stube‹ im Heimatmuseum Friedrichswerth.

> dass der ominöse Name ausschließlich nach den Gesetzen der Mimikry gewählt worden war. Wir wollten durch eigenen freien Entschluss einem unerwünschten, aber unvermeidbaren Zwange zuvorkommen. Unter Ihrer dankenswerten, umsichtigen Mitwirkung gelang der Plan.[15]

Das hier selbstgewählte Stichwort der »Mimikry« ist im Grunde emblematisch für Haacks Verhältnis zur Politik insgesamt. Anpassung, Tarnung, Maskenspiel zur Wahrung bestehender Verhältnisse und Privilegien bezeichnen den Kern seiner Handlungslogik und so wie er glaubte, dass dadurch von »unserem Ernestinum die stürmischen Wogen der Zeit abprallen mussten, ohne dauernden Schaden anrichten zu können«,[16] glaubte er auf diese Weise auch von sich persönlich und von Justus Perthes Schaden abhalten zu können bzw. wenn möglich, durch Anpassung und Neuausrichtung gar zu profitieren. Und dies war während des Nationalsozialismus sowohl für Haack als auch für den Verlag der Fall.

Fast wie ein Gegenstück zu Haacks Brief liest sich ein Bericht von Heinrich Anz, der im August 1935 erschien und der das Geschehen rund um das Ernestinum von Ostern 1927 bis Ostern 1935 aus seiner Sicht zusammenfasste.[17] Anz nahm hier Stellung zu den Ereignissen vor und nach 1933, also zu genau jener Zeit, die Haack als »Zeit des Aufstiegs von Volk und Vaterland« bezeichnet hatte. In dem Bericht fügen sich die Ereignisse seit der Niederlage von 1918 in der Rückschau zu einer Deutung zusammen, wie sie typisch war für eine nationalkonservative Position mit Anschlussmöglichkeiten an die Weltanschauung des Nationalsozialismus. Ausgehend von »Kriegserlebnis« und vom »schmachvollen Zusammenbruch«, schilderte Anz die Zeit der Weimarer Republik als durchgehende Leidenszeit. Diese, vor allem die Zeit der Wirtschaftskrise, wurde von Anz metaphorisch als Winterzeit bezeichnet, auf die der »deutsche Frühling« gefolgt sei: »Unsere Altvorderen wußten etwas vom Kampf des Gewittergottes mit den Eis- und Schnee-Thursen: und dann war für den Frühling freier Raum. Mir scheint, so oder so ähnlich haben auch wir diese Jahre erlebt von 1927-1935.«[18] Die Wirtschaftskrise stellte Anz monokausal und unter Verwendung eines populären Schlagworts, als Folge der »Erfüllungspolitik« dar.[19]

Für Anz stand daher fest: »Die Krise der Zeiten drängte zur Lösung.«[20] Und aus der 1935 erfolgten Rückschau konnte diese, gleichsam naturgegeben, nur in der Machtübernahme der Nationalsozialisten bestehen. Was diese mit sich brachte,

15 Haack, Offener Brief an Herrn Oberstudiendirektor Professor Dr. Anz, S. 3 f.

16 Ebd., S. 5.

17 Heinrich Anz, Zur Einleitung, in: ders., Das Gymnasium Ernestinum zu Gotha (Gymnasium mit Realgymnasium) von Ostern 1927 bis Ostern 1935. Bericht erstattet von Professor Dr. Heinrich Anz, Oberstudienrektor i. R., Gotha 1935, S. 2-3.

18 Ebd., S. 2.

19 Ebd.

20 Ebd., S. 3.

dazu positionierte sich Anz unzweideutig. Zunächst begeisterte ihn, wie viele Deutsche aus unterschiedlichen politischen Lagern, die kompromisslose Haltung der Nationalsozialisten gegenüber dem Versailler Vertrag:

> Am 29. Oktober [1932] wurde zum ersten Male in unserer Schule die Wechselspruchfeier gegen die Schmach des Versailler Diktats begangen, ein feierlicher liturgischer Akt, der jeden Sonnabend zu Schulschluß die ganze Schulgemeinde in der Aula zusammenführte.[21]

Darüber hinaus wurden aber auch Republik und Demokratie in Gänze abgelehnt und mit Niedergang und Willkür identifiziert. Gerade die Schulen standen, wie bereits angedeutet, zumeist in bekennender Gegnerschaft zur Republik und ihrem schließlichen Ende war von Lehrer- und Schüler/innen mehrheitlich vorgearbeitet worden (vgl. Kap. 7). Auch Anz fügt sich in dieses Bild: »Vergessen war fortab die Verfassungsfeier vom 11. August, die bis zum Jahre 1932 noch dem alten System zur inneren Beruhigung hatte verhelfen sollen. Unsere Jugend war dem längst vorangestürmt.«[22] Anhand der Fahnenhissungen vor der Schule beschreibt Anz das Ende der Weimarer Republik als eine Geschichte symbolischer Kontinuität. Zunächst sei am 18. Januar 1933, anlässlich der »Reichsgründungsfeier« erstmals wieder die »ruhmreiche Flagge des alten Reiches«, des deutschen Kaiserreichs von 1871, gehisst worden und »am 12. März gesellte sich zu ihr das siegreiche Symbol des neuen Reiches. […] Eine neue Welt war um uns entstanden.«[23]

Diese »neue Welt« setzte auch eine »neue deutsche Schule« ins Werk, die im Wesentlichen von den Schlagworten des pädagogischen Diskurses seit der Mitte der 1920er Jahre geprägt war.[24] Neben der »Betonung des Deutsch- und Geschichtsunterrichts wie der Vermehrung des Turnunterrichts« sollte der Fokus nun aber zusätzlich auf die »Rassen- und Vererbungslehre« gelegt werden. »Der Umbau des Geschichtsunterrichts wie der Einbau des Biologieunterrichts werden im allmählichen Neubau des deutschen Schulwesens die ersten charakteristischen Marksteine sein«. Dies sollte den »natürlichen Boden« abgeben für »die Charaktererziehung, die als Ziel aller Jugendformung immer deutlicher emporwächst«.[25] Selbst in den Ruhestand eintretend, war der Ausblick, den Anz gab – im dystopischen Sinne – wegweisend: »Eine neue Jugend wächst heran: neue Lehrer sind dazu nötig: die neue deutsche Schule werden die nächsten Jahre bringen. Es ist

21 Ebd. In Thüringen waren die Nationalsozialisten bereits im Sommer 1932 an die Macht gekommen. Gotha selbst war als dritte Stadt in Deutschland, nach Coburg und Ohrdruf, bereits seit März 1930 nationalsozialistisch regiert. Vgl. Matthias Wenzel, Gotha 1933-1945 in Fotografien, Erfurt 2016, S. 7.

22 Anz, Das Gymnasium Ernestinum zu Gotha, S. 3.

23 Ebd.

24 Brogiato, Wissen ist Macht, S. 466.

25 Anz, Das Gymnasium Ernestinum zu Gotha, S. 3. Zum Begriff des ›Charakters‹ vgl. Leo, Der Wille zum Wesen.

alles noch ein Werden, ein starkbewegtes Werden. Das sind nicht Zeiten der Ruhe.«[26] Mit diesen letzten Sätzen beschrieb Anz nicht nur den Alltag und die Stimmung an einem Gymnasium in einer mittelgroßen, ehemaligen Residenzstadt. Sie sind geeignet, ein allgemeineres Bild dieser Zeit zu geben. Auch für die deutschen Juden spitzten sich die Verhältnisse seit Anfang 1935 erneut dramatisch zu. So brach im März in München eine Welle antisemitischer Unruhen los, die sich bis Ende Mai hinzogen und an denen sich wahrscheinlich auch die Hitlerjugend als Vertreter der »neuen Jugend« beteiligte.[27] Im Sommer kam es erneut zu brutalen Übergriffen gegen Juden auf dem Kurfürstendamm in Berlin.[28] Ebenfalls wurde erstmals in vielen deutschen Städten Juden der Eintritt zu Schwimmbädern untersagt, in vielen Dörfern war ihre bloße Anwesenheit verboten.[29] Im Gothaer Beobachter wurde eine zehnteilige Serie mit dem Titel *Der Judenspiegel* veröffentlicht, dessen letzter Teil unter der Überschrift *Die Juden in Gotha. Mit wem wir nicht verkehren können – eine Judenliste!* am 12. September 1935 erschien. Der Artikel listete alle Menschen in Gotha, die aus der Sicht der Nationalsozialisten als Jüdinnen und Juden definiert wurden, mit Namen und Wohnadressen auf.[30] Am 15. September 1935 wurden die Nürnberger Rassengesetze erlassen.[31]

Von diesen Entwicklungen war in Anz' Bericht kein Wort zu lesen. Dafür erwähnte dieser die von der NSDAP eingerichtete »Staatsschule für Führertum und Politik« im thüringischen Egendorf.[32] Dorthin wurden die seit August 1934 auf Hitler vereidigten Lehrer/innen des Ernestinums »einer [...] nach dem anderen für 14 Tage zum Schulungskurs« geschickt, denn »der ganze Mensch [...] sollte durch und durch ergriffen werden, ein neuer Mensch als Träger des neuen Reiches. Hier wird die künftige Arbeit der Schule einsetzen und einsetzen müssen.«[33]

Gerade solche »Schulungseinrichtungen der Partei« waren, wie die Allgemeine Übersicht der Buchführungs-Ergebnisse für das Jahr 1936 festhielt, neben dem Reichsarbeitsdienst die Hauptabnehmer von Perthes-Wandkarten. Im »eigentlichen Schulgeschäft« war dagegen aufgrund der weiterhin geringen Etats von Schulen, Universitäten und Bibliotheken keine signifikante Steigerung des Absatzes erfolgt.[34] Der Umsatz des Jahres 1936 betrug dennoch mehr als das Doppelte

26 Anz, Das Gymnasium Ernestinum zu Gotha, S. 3.

27 Saul Friedländer, Das Dritte Reich und die Juden 1933-1945, gekürzt von Orna Kenan, München 2013, S. 63.

28 Ebd., S. 63 f.

29 Ebd., S. 58.

30 Wenzel, Gotha 1933-1945 in Fotografien, S. 67.

31 Friedländer, Das Dritte Reich und die Juden, S. 64 ff.

32 Zu dieser Einrichtung vgl. Andreas Kraas, Lehrerlager 1932-1945. Politische Funktion und pädagogische Gestaltung, Bad Heilbrunn 2004, S. 54-64.

33 Anz, Das Gymnasium Ernestinum zu Gotha, S. 3.

34 Buchführungs-Ergebnisse (Allgemeine Übersicht) 1936, Bl. 17 vom 24. April 1937, Forschungsbibliothek Gotha, Sammlung Perthes, SPA ARCH FFA.

gegenüber 1933.[35] Diese bedeutende »Belebung« war »fast ausschließlich auf das Wandkartengeschäft« sowie die »fremden Aufträge« zurückzuführen, auf die noch weiter einzugehen sein wird.[36] Dieser Umstand weist darauf hin, welchen Stellenwert Aufträge seitens der NSDAP und ihrer Organe für Perthes besaßen. Das Exportgeschäft, darunter Aufträge für die belgische und die mexikanische Regierung, machte 1936 ca. 30 % des Gesamtumsatzes von Perthes aus und hielt sich damit weiterhin »auf erfreulicher und von wenigen anderen Firmen erreichter Höhe«,[37] trotzdem mit Spanien aufgrund des Bürgerkriegs einer der über Jahrzehnte hinweg »besten Abnehmer von Karten und Atlanten« wegfiel.[38] Dies verdeutlicht, dass der Verlag nach wie vor eine duale Absatzstrategie verfolgte und sowohl den nationalen Markt – seit 1933 mit einer deutlichen Steigerung politisch-ideologischer Karteninhalte, insbesondere bei Wandkarten – als auch das Ausland zu bedienen versuchte (vgl. Kap. 6).

7.3 Die Haack-Schulwandkarten nach 1933 im Spannungsfeld von Politik und Ökonomie

Franz Köhler vertritt in seiner grundlegenden Arbeit zur Geschichte von Justus Perthes zwei Thesen hinsichtlich der Beziehung zwischen Haack, seinen Schulwandkarten, den beteiligten Kartenautoren und der nationalsozialistischen Propaganda. Zunächst sei die Wandkartenproduktion in den 20er und 30er Jahren aufgrund »ökonomischer Probleme« stark erschwert und ihr Absatz marginal gewesen. Erst mit dem Zweiten Weltkrieg wurden laut Köhler die Karten stark nachgefragt und dienten nun zur Verbreitung der »faschistischen Kriegspsychose unter der Jugend«.[39] Die Zahlen, mit denen Köhler diese These belegt, beziehen sich jedoch nur auf zwei physische Karten des *Geographischen Wandatlas*. Die Absatzzahlen des *Physikalischen Wandatlas* und des *Historischen Wandatlas* zieht er

35 1936 betrug der gesamte Umsatz 956.977,51 Reichsmark. Davon entfielen auf Wandkarten, Globen und Anschauungsbilder 579.011,34 Reichsmark. Vgl. Buchführungs-Ergebnisse (Allgemeine Übersicht) 1936, Bl. 11 vom 15. Juli 1937, Forschungsbibliothek Gotha, Sammlung Perthes, SPA ARCH FFA. 1933 betrug der gesamte Umsatz 526.637,35 Reichsmark. Davon machte der Umsatz von Wandkarten, Globen und Anschauungsbildern 243.797,20 Reichsmark aus. Vgl. Buchführungs-Ergebnisse (Allgemeine Übersicht) 1934, Bl. 1 vom 25. Oktober 1935, Forschungsbibliothek Gotha, Sammlung Perthes, SPA ARCH FFA.

36 Buchführungs-Ergebnisse (Allgemeine Übersicht) 1936, Bl. 17 vom 24. April 1937, Forschungsbibliothek Gotha, Sammlung Perthes, SPA ARCH FFA.

37 Buchführungs-Ergebnisse (Allgemeine Übersicht) 1936, Bl. 18 vom 24. April 1937, Forschungsbibliothek Gotha, Sammlung Perthes, SPA ARCH FFA.

38 Ebd.

39 Köhler, Gothaer Wege, S. 216.

nicht heran. Bei Letzterem, dies ist seine zweite These, seien allein die Kartenautoren – Benno Bohnenstaedt, Heinrich Hertzberg und Max Georg Schmidt – für die Karteninhalte zuständig gewesen (vgl. auch Kap. 3), welche nach dem Ersten Weltkrieg »verstärkt zu Nationalismus und Chauvinismus« tendierten.[40] Für Haack als Kartograph habe hingegen immer »Richtigkeit und Wahrhaftigkeit« an erster Stelle gestanden. Die Zeitumstände hätten jedoch, laut Köhler, dazu geführt, dass Haack seine angestrebte Einheit von Karteninhalt und Form nicht habe verwirklichen können.[41] Gleichzeitig betont Köhler, dass unter »dem maßgeblichen Einfluss von Haack« ganz neue Ausdrucksmittel wie »Pfeile, Balkenschraffur und anderes« in die »Geschichtskartographie« eingeführt und somit Dynamik und Entwicklung historischer Prozesse visuell darstellbar wurden.

Köhler trennt hier also zwischen einem zu verurteilenden Inhalt und einer lobenswerten kartographischen Form und verkennt, dass beides zusammenzudenken ist. Er zitiert sogar die Kritik Haacks an dem 1934 von der Deutschen Forschungsgemeinschaft finanzierten, bei Perthes erschienenen *Saar-Atlas*, der von dem Geographen Hermann Overbeck (1900-1982) und dem Historiker Georg Wilhelm Sante (1896-1984) herausgegeben wurde.[42] Der Atlas litt nach Haacks Ansicht unter der fehlenden Mitwirkung eines »kartographischen Mitredakteurs«. Dadurch hätte der Atlas, der, wie Köhler betont, eindeutig propagandistischen Zwecken der Nationalsozialisten diente, an »Einheitlichkeit und Geschlossenheit in Entwurf und Aufbau, in zweckmäßiger Wahl der Maßstäbe und topographischen Unterlagen, in Harmonie und Schönheit des Farbendruckes, in Anordnung und Gleichmäßigkeit der Beschriftung« gewinnen können.[43] Genau für diese Aufgaben, die eben der Evidenzherstellung der zu vermittelnden Aussagen dienten, war bei den Wandatlanten der leitende Kartograph, also Haack, verantwortlich. Eine Auftrennung in ›progressive Form‹ und ›reaktionären Inhalt‹, wie Köhler sie vornimmt, ist damit nicht aufrechtzuerhalten, da beides für eine evidente Vermittlung zusammengehört und auch der tatsächlichen Praxis des Kartenherstellungsprozesses widerspricht (vgl. Kap. 3).[44]

Im Folgenden soll – entgegen Köhlers These – die große wirtschaftliche Bedeutung der Schulwandkarten am Ende der 1920er und während der 1930er Jahre aufgezeigt werden. Außerdem soll die in diesem Zusammenhang zentrale Bedeutung der Visualisierung der NS-Weltanschauung an Einzelbeispielen beleuchtet werden.

Die Wirtschaftskrisen der 1920er Jahre waren auch an Justus Perthes nicht spurlos vorübergegangen. Bereits im Bericht für das Geschäftsjahr 1924 hatte Klemm

40 Ebd., S. 220 f.

41 Ebd., S. 220.

42 Hermann Overbeck/Georg Wilhelm Sante (Hg.), Saar-Atlas, hg. im Auftrag der Saar-Forschungsgemeinschaft, Gotha 1934.

43 Zit. nach Köhler, Gothaer Wege, S. 223.

44 Siehe hierzu auch Henniges/Meyer, Hermann Haack, S. 56.

gefordert, dass zur Verringerung der Herstellungskosten »der bisherigen Bewegungsfreiheit der leitenden wissenschaftlichen Kräfte« Schranken auferlegt werden müssten und diese nur noch nach Absprache mit der Verlagsleitung und nach ökonomischen Gesichtspunkten »neue Arbeiten« beginnen sollten.[45]

> Sparsamkeit nach allen Richtungen, Vermeidung jedes entbehrlichen Handgriffes, wenn er Zeit und damit Geld kostet, ist daher oberste Pflicht für jeden Mitarbeiter, soll die augenblickliche gefährliche Krisis überwunden und die Anstalt wieder zu ihrer früheren Gestalt eines wissenschaftlichen Institutes, das sich aber selbst erhält, zurückgeführt werden können.[46]

Diese Einschätzung zeigt die Verschiebungen zwischen Vor- und Nachkriegsära, die massiven Probleme, die damit einhergingen, dass beispielsweise die zehnte Auflage des *Stieler* auch langfristig ein Verlustgeschäft zu bleiben drohte.[47] Der Druck, rein wirtschaftliche Gesichtspunkte stärker zu berücksichtigen und die Verlagsproduktion nach ihnen auszurichten, hatte durch den Ersten Weltkrieg enorm zugenommen, wie Langhans' Brief vom Juni 1919 an Hermann Wagner bereits unterstreicht (vgl. Kap. 5). Trotzdem waren die Jahre 1924 bis 1926 insgesamt recht einträglich.[48] Doch blieb die allgemeine Situation im Vergleich zur Vorkriegszeit grundlegend prekär, da nach der Inflation sowohl das Privatvermögen der Familie Perthes als auch die Pensionskasse des Verlags nicht mehr existent waren und daher der Unterhalt des Verlagsinhabers und die Pensionen ehemaliger Mitarbeiter/innen aus den laufenden Einnahmen bestritten werden mussten (vgl. Kap. 6).

1928 trübte sich die wirtschaftliche Lage wieder ein. Die Steindruck-Abteilung arbeitete aufgrund der schlechten Auftragslage nur in Teilzeit,[49] was nach Auffassung Klemms dazu führte, dass die Steindrucker langsamer arbeiteten, wodurch sich die Herstellungskosten der Karten weiter erhöhten.[50] Hinzu kamen die seit

45 Buchführungs-Ergebnisse 1924, Bl. 32 vom 15. September 1925, Forschungsbibliothek Gotha, Sammlung Perthes, SPA ARCH FFA.

46 Ebd.

47 Buchführungs-Ergebnisse 1925, Bl. 29-31 vom 28. Juli 1926, Forschungsbibliothek Gotha, Sammlung Perthes, SPA ARCH FFA.

48 Das Jahr 1924 brachte ein Netto-Gewinn von 205.895,82 Mark ein. Vgl. Buchführungs-Ergebnisse 1924, Bl. 44 vom 7. Oktober 1925, Forschungsbibliothek Gotha, Sammlung Perthes, SPA ARCH FFA. Das Jahr 1925 erbrachte einen Netto-Gewinn von 212.939,81 Mark. Vgl. Buchführungs-Ergebnisse 1925, Bl. 40 vom 4. August 1926, Forschungsbibliothek Gotha, Sammlung Perthes, SPA ARCH FFA. Für das Jahr 1926 fielen 205.796,65 Mark an. Vgl. Buchführungs-Ergebnisse 1926, Bl. 3 vom 25. August 1927, Forschungsbibliothek Gotha, Sammlung Perthes, SPA ARCH FFA.

49 Buchführungs-Ergebnisse 1927, Bl. 40 vom 11. Oktober 1928, Forschungsbibliothek Gotha, Sammlung Perthes, SPA ARCH FFA.

50 Buchführungs-Ergebnisse 1929, Bl. 1 vom 23. Januar 1930, Forschungsbibliothek Gotha, Sammlung Perthes, SPA ARCH FFA. Vgl. ebenfalls Buchführungs-Ergebnisse 1930, Bl. 50 vom 23. Juli 1931, Forschungsbibliothek Gotha, Sammlung Perthes, SPA ARCH FFA.

1924 »um nahezu 100 %« gestiegenen Lohnkosten.[51] Ferner monierte Klemm: »Auch Krankmeldungen kamen vor, denen von weitem anzusehen war, daß das Krankengeld, das höher war als der Lohn für 32 Arbeitsstunden, dem Werken vorgezogen wurde.«[52] Gemeinsam mit Klemms harschen Beurteilungen einzelner Drucker, als »bequemste der Maschinenmeister«,[53] »pomadig«[54] oder »nicht gerade glänzend«,[55] die hinter der Standardmaßgabe von 18.000 verkaufsfähigen Drucken wöchentlich zurückgeblieben waren,[56] ist diese Bemerkung ein Indiz dafür, welche Atmosphäre zu dieser Zeit in den Werkstätten herrschte. Schon 1922 hatte Joachim Perthes gegenüber Klemm bezüglich eines dem Verlag geschenkten Bierfasses bemerkt, eine »Verwendung nach früherem Muster«, vermutlich der Ausschank an die Belegschaft, sei in diesen Zeiten unangebracht und hatte das Fass in den Keller stellen lassen.[57]

Ende der 1920er Jahre war die Lage so schwierig geworden, dass Klemm in seinen Berichten stets konkrete Empfehlungen gab, welche Drucker aufgrund geringer Leistungen weniger Arbeitsstunden erhalten sollten bzw. bei weiterer Verschlechterung der wirtschaftlichen Lage »ans Aussetzen glauben müssen, so bedauerlich ein Brachliegen derartiger, auf das Sondergebiet des Kartendruckes eingearbeiteter Kräfte an sich und für die Anstalt ist«.[58] Der Prokurist war ratlos: »Helfen können nur größere Auflagen, aber woher sie nehmen bei der immer allgemeiner werdenden Kaufeinschränkung?«[59] 1930 stellte er in Bezug auf die unsicheren Zeiten resigniert fest: »Heute ist alles möglich.«[60] Selbst für Dauerbrenner wie die Perthes-Taschenatlanten war das Berichtsjahr 1929 »ein ausserordentlich ungünstiges, wie es in den vorangegangenen Jahren nie der Fall war. [...] Lange Jahre ein sicheres Gewinnobjekt, schließen sie dieses Jahr mit Verlust

51 Buchführungs-Ergebnisse 1924, Bl. 1 vom 30. Juli 1925, Forschungsbibliothek Gotha, Sammlung Perthes, SPA ARCH FFA.

52 Buchführungs-Ergebnisse 1929, Bl. 1 vom 23. Januar 1930, Forschungsbibliothek Gotha, Sammlung Perthes, SPA ARCH FFA.

53 Buchführungs-Ergebnisse 1929, Bl. 2 vom 23. Januar 1930, Forschungsbibliothek Gotha, Sammlung Perthes, SPA ARCH FFA.

54 Buchführungs-Ergebnisse 1930, Bl. 4 vom 28. Januar 1931, Forschungsbibliothek Gotha, Sammlung Perthes, SPA ARCH FFA.

55 Buchführungs-Ergebnisse 1930, Bl. 5 vom 28. Januar 1931, Forschungsbibliothek Gotha, Sammlung Perthes, SPA ARCH FFA.

56 Buchführungs-Ergebnisse 1926, Bl. 1 vom 25. Januar 1927, Forschungsbibliothek Gotha, Sammlung Perthes, SPA ARCH FFA.

57 Brief von Joachim Perthes an Theodor Klemm vom 8. Mai 1922, Forschungsbibliothek Gotha, Sammlung Perthes, SPA ARCH MFV 307, Bl. 606.

58 Buchführungs-Ergebnisse 1929, Bl. 4 vom 23. Januar 1930, Forschungsbibliothek Gotha, Sammlung Perthes, SPA ARCH FFA.

59 Ebd.

60 Buchführungs-Ergebnisse 1929, Bl. 71 vom 31. Juli 1930, Forschungsbibliothek Gotha, Sammlung Perthes, SPA ARCH FFA.

ab.«[61] Das traf insbesondere auch für den *Stieler* und die Palette der Schulatlanten zu. Die Umsätze aus dem Verkauf der zehnten *Stieler*-Auflage waren 1929 »abermals, und zwar recht beträchtlich« zurückgegangen.[62] Bereits für 1928 hatte Klemm festgehalten, dass der Atlas bei anhaltend schwachem Verkauf noch zehn Jahre benötigen würde, um sich zu amortisieren.[63] Die neunte Auflage, die 1905 fertiggestellt wurde, hatte dagegen sämtliche Kosten bereits 1911 wieder eingebracht.[64]

Unter der Bezeichnung »Haack-Schulatlanten« wurden in den Buchführungsergebnissen folgende Atlanten zusammengefasst: der *Kleinste Schulatlas*, der *Deutsche Schulatlas*, der *Schulatlas zur Geschichte des Altertums* von Wilhelm Sieglin (1855-1935) und die *Übungsatlanten* sowie – 1929 neu hinzugekommen – der *Geopolitische Typenatlas* von Max Georg Schmidt und Hermann Haack, der sich wirtschaftlich als Fehlschlag erwies.[65] Der Gewinn dieses Kontos war mit etwas über 3.000 Reichsmark für 1929 sehr gering und Klemm stellte die Frage, ob es überhaupt zweckmäßig sei, weitere Mittel auszugeben, »um die Schulen auch für Schulatlanten zu gewinnen«.[66] Drei Jahre später, im Bericht für das Geschäftsjahr 1932, wurde Klemm noch grundsätzlicher: »Durch den üblichen Absatz an die Schulen nebst Freiexemplaren sind die Grundkosten, die ein Schulatlas erfordert, doch nie wieder zu erlangen.«[67] Vermutlich im Zuge der Machtübernahme der NSDAP auf einschneidende Veränderungen hoffend, war daher aus Klemms Sicht sogar eine Verstaatlichung des Sektors für Schulatlanten erstrebenswert, da selbst ein nur geringer Gewinn durch staatliche Druckaufträge besser sei, als »die Herausgabe neuer Schulatlanten auf eigenes Risiko«.[68] Zu dem Entschluss, die

61 Ebd.

62 Von 124.860,84 Reichsmark im Jahr 1928 auf 85.819,99 Reichsmark im Jahr 1929. Buchführungs-Ergebnisse 1929, Bl. 54 vom 26. Juli 1930, Forschungsbibliothek Gotha, Sammlung Perthes, SPA ARCH FFA.

63 Buchführungs-Ergebnisse 1928, Bl. 46 vom 9. August 1929, Forschungsbibliothek Gotha, Sammlung Perthes, SPA ARCH FFA. Die zehnte Auflage stand zu diesem Zeitpunkt noch mit 443.519, 25 Reichsmark »zu Buch«. Ebd. Bis einschließlich 1934 blieben die jährlichen Gewinne aus dem *Stieler* sehr gering, danach erhöhte sich der Absatz und bis Kriegsbeginn lagen die jährlichen Gewinne zwischen 5.000 und 12.000 Reichsmark. Siehe die entsprechenden Jahrgänge der Buchführungs-Ergebnisse.

64 Buchführungs-Ergebnisse 1924, Bl. 30 vom 15. September 1925, Forschungsbibliothek Gotha, Sammlung Perthes, SPA ARCH FFA.

65 Buchführungs-Ergebnisse 1929, Bl. 29 vom 16. Juli 1930, Forschungsbibliothek Gotha, Sammlung Perthes, SPA ARCH FFA.

66 Buchführungs-Ergebnisse 1929, Bl. 31-32 vom 16. Juli 1930, Forschungsbibliothek Gotha, Sammlung Perthes, SPA ARCH FFA.

67 Buchführungs-Ergebnisse 1932, Bl. 22 vom 22. Juni 1933, Forschungsbibliothek Gotha, Sammlung Perthes, SPA ARCH FFA.

68 Buchführungs-Ergebnisse 1932, Bl. 24 vom 22. Juni 1933, Forschungsbibliothek Gotha, Sammlung Perthes, SPA ARCH FFA.

Schulatlanten ganz aufzugeben, wollte Klemm jedoch nicht raten, da eine derartige Maßnahme dem Absatz von Lehrbüchern und Wandkarten hätte schaden können.[69] Klemm betrachtete die aufzuwendenden Kosten für die Schulatlanten – ebenso wie diejenigen des *Geographischen Anzeigers*[70] – als für das Wandkartengeschäft notwendige Posten![71]

Der erstmals 1888 erschienene Oberstufenatlas, *Sydow-Wagners Methodischer Schul-Atlas*, war noch unrentabler, da er in der Herstellung wesentlich teurer war. Die 19. Auflage, in der von Haack und Hermann Lautensach vorgenommenen Neubearbeitung von 1930, an der seit 1925 gearbeitet wurde, verursachte Grundkosten in Höhe von über 180.000 Reichsmark.[72] Klemm monierte: »Gefragt, ob die Kosten wieder einbringbar sein werden, wurde weder bei Umfang-Bestimmung noch bei der Ausarbeitung.«[73] Zur »Abbürdung« der Kosten seien jährlich Auflagen von 20.000 Exemplaren nötig, so Klemm weiter, diese aber »werden auch bei der Neubearbeitung ebensowenig zu erreichen sein wie bei der 1. bis 18. Auflage«.[74] Tatsächlich wurden 1931 von der 19. Auflage nur 2.756 Exemplare verkauft. 1932 ging der Absatz auf 1705 zurück.[75] Das Grundproblem des Atlas war aus Sicht des Prokuristen, dass er zwar von Studierenden gekauft wurde, nicht aber »von höheren Schulen und deren Schülern«.[76] Aus diesem Grund konnte die starke Position der Konkurrenz nicht entscheidend geschwächt werden und es sei daher »die Kalkulation, mit dem ›Sydow-Wagner‹ dem ›Diercke‹ und ›Gäbler‹ das Wasser abzugraben, […] nicht geglückt und wird wohl auch nicht glücken«.[77]

69 Ebd.

70 Buchführungs-Ergebnisse 1924, Bl. 9 vom 7. August 1925, Forschungsbibliothek Gotha, Sammlung Perthes, SPA ARCH FFA. Siehe für diesen Zusammenhang auch Buchführungs-Ergebnisse 1934, Bl. 11 vom 5. November 1935, Forschungsbibliothek Gotha, Sammlung Perthes, SPA ARCH FFA.

71 Bereits 1926 empfahl Klemm aufgrund der schwierigen Lage auf dem Schulatlantenmarkt, den »Hauptdruck der Erzeugung auf die Schulwandkartenförderung zu legen«. Buchführungs-Ergebnisse 1925, Bl. 13 vom 14. Juli 1926, Forschungsbibliothek Gotha, Sammlung Perthes, SPA ARCH FFA.

72 Buchführungs-Ergebnisse 1930, Bl. 20 vom 30. Juni 1931, Forschungsbibliothek Gotha, Sammlung Perthes, SPA ARCH FFA.

73 Ebd.

74 Buchführungs-Ergebnisse 1930, Bl. 22 vom 30. Juni 1931, Forschungsbibliothek Gotha, Sammlung Perthes, SPA ARCH FFA.

75 Buchführungs-Ergebnisse 1932, Bl. 25 vom 22. Juni 1933, Forschungsbibliothek Gotha, Sammlung Perthes, SPA ARCH FFA.

76 Buchführungs-Ergebnisse 1930, Bl. 21 vom 30. Juni 1931, SPA ARCH FFA, Forschungsbibliothek Gotha, Sammlung Perthes, SPA ARCH FFA.

77 Buchführungs-Ergebnisse 1931, Bl. 21 vom 18. Juli 1932, Forschungsbibliothek Gotha, Sammlung Perthes, SPA ARCH FFA. Siehe auch Buchführungs-Ergebnisse 1928, Bl. 26 vom 26. Juli 1929, Forschungsbibliothek Gotha, Sammlung Perthes, SPA ARCH FFA.

Zusätzlich machte eine Notverordnung vom Juli 1931, die eine Etatsperre für Schulen vorsah, Perthes schwer zu schaffen und lähmte den »Schulartikelverkauf«.[78] Hinzu kamen, laut Klemm, allgemein »ruinöse Steuergesetze«, die es dem Staat erlaubten, Gewinne von Karten zu besteuern, deren Herstellungskosten aus vorhergehenden Jahren noch nicht gedeckt waren.[79] Kartenserien, die große Investitionen nötig machten, also insbesondere solche, die mit einem hohen Anspruch an Exaktheit, Umfang und Informationsdichte hergestellt und laufend aktualisiert wurden wie der *Stieler* und die sich auch unter günstigen Bedingungen erst nach einigen Jahren rentieren konnten, waren so finanziell auf lange Sicht kaum noch durchzuhalten. Diese Entwicklung erhöhte für Justus Perthes nach 1933 den Anreiz, auf politische Ressourcen zu setzen.

Was die drei Serien der Haack-Schulwandkarten – *Geographischer Wandatlas, Historischer Wandatlas* und *Physikalischer Wandatlas* – anging, so erwiesen sie gerade in der Wirtschaftskrise am Ende der 1920er und zu Beginn der 1930er Jahre ihren großen Wert. 1929 bezeichnete Klemm die Wandkarten als »Nährquelle des Hauses«,[80] und schon 1924 schrieb er, sie seien das Erzeugnis, »von der das Gedeihen der Anstalt im Wesentlichen abhängt. Nichts darf daher versäumt werden, sie dauernd fließend zu erhalten.«[81] In den Krisenjahren gewährleisteten die Wandkarten eine stabile Einnahme, wenn auch hier Absatz und Gewinne zwischen 1929 und 1933 zurückgingen. Im Gegensatz zu anderen Produktlinien, die regelrecht einbrachen und zu Verlustgeschäften wurden, warfen sie jedoch immerhin noch etwas ab – bitter nötig in einer Zeit, in der durch die »wirtschaftliche Depression«, »ertragbringende Verlagswerke kaum noch vorhanden sind«.[82] Von allen drei Haack-Wandatlanten schloss in den Jahren 1929 bis 1932 nur der *Historische Wandatlas* 1931 mit Verlust ab.[83] Doch bereits ein Jahr später erwirtschaftete auch er wieder Gewinn. Der *Physikalische Wandatlas* und der *Geographische Wandatlas* schrieben während der Krise – und trotz der Etatsperre 1931 – durchweg schwarze Zahlen, wenn sich auch die Gewinne von 1931 lediglich auf rund 10.000 Reichsmark bzw. 30.000 Reichsmark beliefen, während sie 1929 noch bei

78 Buchführungs-Ergebnisse 1931, Bl. 9-10 vom 13. Juli 1932, Forschungsbibliothek Gotha, Sammlung Perthes, SPA ARCH FFA.

79 Buchführungs-Ergebnisse 1931, Bl. 10 vom 13. Juli 1932, Forschungsbibliothek Gotha, Sammlung Perthes, SPA ARCH FFA. Klemm beschwerte sich auch nach 1933 über diese Besteuerungspraxis. Vgl. Buchführungs-Ergebnisse 1934, Bl. 8 vom 25. Oktober 1935, Bl. 10 vom 30. Oktober 1935, Forschungsbibliothek Gotha, Sammlung Perthes, SPA ARCH FFA.

80 Buchführungs-Ergebnisse 1928, Bl. 26 vom 26. Juli 1929, Forschungsbibliothek Gotha, Sammlung Perthes, SPA ARCH FFA.

81 Buchführungs-Ergebnisse 1924, Bl. 19 vom 1. September 1925, Forschungsbibliothek Gotha, Sammlung Perthes, SPA ARCH FFA.

82 Buchführungs-Ergebnisse 1932, Bl. 21 vom 26. Juni 1933, SPA ARCH FFA, Forschungsbibliothek Gotha, Sammlung Perthes, SPA ARCH FFA.

83 Buchführungs-Ergebnisse 1931, Bl. 31 vom 27. Juli 1932, Forschungsbibliothek Gotha, Sammlung Perthes, SPA ARCH FFA.

rund 75.000 bzw. 50.000 Reichsmark gelegen hatten.[84] Klemm äußerte sich im Bericht für das Jahr 1932 jedoch bei allen drei Serien vorsichtig optimistisch über die Zukunftsaussichten und rechnete mit steigenden Gewinnen, wenn sich erst die finanzielle Lage der Schulen wieder verbessert habe.[85] Der allgemeine Negativtrend setzte sich dennoch zunächst bis einschließlich 1933 fort. 1934 markierte dann einen »Wendepunkt«.[86] Der Gewinn betrug in diesem Jahr für den *Geographischen Wandatlas* 25.618,59 Reichsmark,[87] für den *Historischen Wandatlas* 34.567,34 Reichsmark[88] und für den *Physikalischen Wandatlas* 14.957,40 Reichsmark.[89] Das letzte Ergebnis war fast ausschließlich auf den Absatz der neuerschienenen Karte *Die Rassen Europas* zurückzuführen, die allein 38.000 Reichsmark an Umsatz einbrachte.[90] Im Hinblick auf den Gesamtumsatz von Perthes von rund 570.000 Reichsmark für das Jahr 1934 war dies schon erheblich für eine einzelne Karte.[91] Insgesamt hatten sich seit der Markteinführung der drei Serien von Wandatlanten bis 1934 beträchtliche Gewinne für den Verlag ergeben, wie Klemm auf der Preisgrundlage von 1914 berechnete: Für den *Geographischen Wandatlas* (seit 1907) waren dies insgesamt 718.164,23, für den *Physikalischen Wandatlas* (seit 1913) 238.447,22 und für den *Historischen Wandatlas* (seit 1912) 55.334,14 Reichsmark.[92]

Was die inhaltliche Kompatibilität der Schulwandkarten mit den politischen Umwälzungen 1933 anlangte, hatte sich Klemm zunächst besorgt geäußert. Kritisch fragte er in Bezug auf den *Historischen Wandatlas*: »Entsprechen die Karten aber auch den Gesichtspunkten des kommenden deutschen Geschichtsunterrichts oder wird auch hier zerstört statt aufgebaut werden?«[93] Zwei Jahre später waren

84 Buchführungs-Ergebnisse 1931, Bl. 28 vom 23. Juli 1932, Forschungsbibliothek Gotha, Sammlung Perthes, SPA ARCH FFA. Buchführungs-Ergebnisse 1931, Bl. 26 vom 22. Juli 1932, Forschungsbibliothek Gotha, Sammlung Perthes, SPA ARCH FFA.

85 Buchführungs-Ergebnisse 1932, Bl. 15, 17, 28 vom 26. u. 23. Juni 1933, Forschungsbibliothek Gotha, Sammlung Perthes, SPA ARCH FFA.

86 Buchführungs-Ergebnisse (Allgemeine Übersicht) 1934, Bl. 1 vom 25. Oktober 1935, Forschungsbibliothek Gotha, Sammlung Perthes, SPA ARCH FFA.

87 »Hauptsächlich dank einiger größerer Verkäufe [...] an neugegründete Unterrichtsanstalten«. Buchführungs-Ergebnisse 1934, Bl. 18 vom 9. November 1935, Forschungsbibliothek Gotha, Sammlung Perthes, SPA ARCH FFA.

88 Buchführungs-Ergebnisse 1934, Bl. 24 vom 12. November 1935, Forschungsbibliothek Gotha, Sammlung Perthes, SPA ARCH FFA.

89 Buchführungs-Ergebnisse 1934, Bl. 20 vom 11. November 1935, Forschungsbibliothek Gotha, Sammlung Perthes, SPA ARCH FFA.

90 Ebd. Von ihr wurden 1934 798 Exemplare verkauft. Buchführungs-Ergebnisse 1934, Bl. 21 vom 11. November 1935, Forschungsbibliothek Gotha, Sammlung Perthes, SPA ARCH FFA.

91 Buchführungs-Ergebnisse (Allgemeine Übersicht) 1934, Bl. 1 vom 25. Oktober 1935, Forschungsbibliothek Gotha, Sammlung Perthes, SPA ARCH FFA.

92 Buchführungs-Ergebnisse 1934, Bl. 19, 21, 25 vom 9., 11., 12. November 1935, Forschungsbibliothek Gotha, Sammlung Perthes, SPA ARCH FFA.

93 Buchführungs-Ergebnisse 1932, Bl. 15 vom 26. Juni 1933, SPA ARCH FFA, Forschungsbibliothek Gotha, Sammlung Perthes, SPA ARCH FFA.

diese Zweifel offensichtlich ausgeräumt und Klemm konnte berichten, dass der Verkauf der Wandkarten zusammen mit den zu diesem Zeitpunkt wirtschaftlich relativ unerheblichen Globen und Anschauungsbildern einen stolzen Anteil von 309.295,90 Reichsmark am bereits erwähnten Gesamtumsatz von 571.354,98 Reichsmark ausmachten. Dabei erwähnte Klemm explizit, dass der Mehrabsatz »hauptsächlich auf die auf den deutschen Markt zugeschnittenen Wandkarten entfiel«.[94] An anderer Stelle präzisierte er, dass die »Absatzbelebung im Schulgeschäft, von wenigen Ausnahmen abgesehen, nur der jüngsten Produktion von dem Zeitgeist Rechnung tragenden Veröffentlichungen zugute gekommen« sei.[95]

Damit war vor allem eine Schulwandkarte gemeint, die den Auftakt einer ganzen Reihe stark weltanschaulich geprägter Schulwandkarten aus dem Hause Perthes bildete, die im Laufe der 1930er Jahre erschienen. Die Rede ist von der Wandkarte *Das Diktat von Versailles,*[96] die im Sommer 1933 im Rahmen des *Historischen Wandatlas* erschien (siehe Abb. 42, S.248-249). Bearbeitet war die Karte von Max Georg Schmidt. Bereits in ihrem Erscheinungsjahr hatte sie einen Umsatz von rund 82.000 Reichsmark erzielt, 1934 waren es noch ganze 48.534,20 Reichsmark.[97] Mit einem Gewinn von rund 31.000 Reichsmark machte sie 1934 knapp 60 % der durch die Karten des *Historischen Wandatlas* insgesamt erzielten Gewinne aus![98] In den Folgejahren ging ihr Absatz dann stark zurück, sie wurde von Klemm deswegen als »Konjunkturkarte« bezeichnet.[99] Sie wurde in den folgenden Jahren durch neue solcher »Konjunkturkarten« ersetzt. Der Begriff »Konjunkturkarte« macht deutlich, dass die zeitlichen Abläufe von Produktion und Gewinn sich bei den stark ideologisch geprägten Schulwandkarten in den 1930er Jahren veränderten. Klassischerweise war eine Schulwandkarte dafür ausgelegt, über einen längeren Zeitraum – teilweise Jahrzehntelang – auf einem relativ konstant bleibenden Niveau verkauft zu werden, bis sie schließlich veraltet war.[100] Die »Konjunkturkarten« aber fanden sofort nach Erscheinen ein enormes Interesse, teilweise mussten sie im selben Jahr mehrfach nachgedruckt werden; sie brachten daher im Allgemeinen sehr schnell hohe Gewinne. Genauso schnell, spätestens

94 Buchführungs-Ergebnisse (Allgemeine Übersicht) 1934, Bl. 1 vom 25. Oktober 1935, Forschungsbibliothek Gotha, Sammlung Perthes, SPA ARCH FFA.

95 Buchführungs-Ergebnisse 1934, Bl. 10 vom 30. Oktober 1935, Forschungsbibliothek Gotha, Sammlung Perthes, SPA ARCH FFA.

96 Max Georg Schmidt, Das Diktat von Versailles, in: Hermann Haack/Heinrich Hertzberg (Hg.), Großer Historischer Wandatlas, 1:1.000.000, Gotha 1933.

97 Buchführungs-Ergebnisse 1934, Bl. 23 vom 12. November 1935, Forschungsbibliothek Gotha, Sammlung Perthes, SPA ARCH FFA.

98 Buchführungs-Ergebnisse 1934, Bl. 25 vom 12. November 1935, Forschungsbibliothek Gotha, Sammlung Perthes, SPA ARCH FFA.

99 1933 wurden 1809 Karten verkauft, 1934 1070, 1935 203, 1936 68, 1937 noch 57. Vgl. die entsprechenden Einträge in den Buchführungs-Ergebnissen.

100 Ein Beispiel hierfür waren der Sydow-Habenicht, Methodischer Wandatlas oder der Spruner-Bretschneider, Historischer Wandatlas.

aber nach wenigen Jahren, war die Nachfrage vollständig erloschen, weil sie aufgrund der irrwitzigen politischen Dynamik des Nationalsozialismus überholt oder nicht mehr opportun waren. Dieses Phänomen ist interessant, weil es den Verlag veranlasste, immer neue dieser Karten auf den Markt zu bringen und sich damit auch die Produktions- und Verkaufszyklen beschleunigten. Die Buchführungsergebnisse für den *Historischen Wandatlas* bemerkten 1937 diesbezüglich, dass »es sich bei den neuen Karten durchweg um gangbare in Jahresfrist zu verkaufende Exemplare handelt«.[101] Symptomatisch fasste diese Beschleunigung ein Schreiben der Verlagsleitung aus dem Jahr 1939 zusammen: »Im Übrigen braucht eine Entscheidung, die vor einem Jahre (Darstellung der Industrie z. B. auf dem ehemaligen tschechoslowakischen Gebiete) richtig war, heute, politisch bedingt, nicht mehr richtig zu sein, und sie braucht es erst recht in einem Jahr nicht mehr.«[102] D. h. die politischen Rahmenbedingungen, die der Nationalsozialismus in Gang setzte, schlugen sich sowohl inhaltlich als auch auf den Produktionsprozess der Karten selbst nieder. Eine langfristige, vorausschauende Planung wurde durch eine fieberhafte, situationsbestimmte Produktionspraxis ersetzt. Letztlich war für den Verlag jedoch entscheidend, was dabei finanziell heraussprang – und das ließ sich, wie gezeigt, durchaus sehen. Zumal die zehnte Auflage des *Stieler* deutlich vor Augen geführt hatte, dass langfristige und kostenintensive Projekte in Krisenzeiten durchaus ein wirtschaftliches Risiko darstellten und schwerlich zu gewinnbringenden Verlagstiteln wurden.

Wie bereits im Bericht von Heinrich Anz deutlich wurde, spielte der erhitzte Protest gegen den von vielen Deutschen nicht verwundenen Vertrag von Versailles eine zentrale Rolle beim Übergang von der Republik zum Nationalsozialismus. Die ablehnende Meinung dem Friedensvertrag und der allgemeinen Nachkriegsordnung gegenüber teilte eine Mehrheit der deutschen Bevölkerung, die in

101 Buchführungs-Ergebnisse 1937, Bl. 39 vom 20. Juni 1938, Forschungsbibliothek Gotha, Sammlung Perthes, SPA ARCH FFA.

102 Brief an Nikolaus Creutzburg vom 11. April 1939, SPA ARCH PGM 626/04, o. P. Es ist nicht eindeutig zu ermitteln gewesen, ob der Verfasser dieses Briefes der Geschäftsführer Johannes Flicek (*1896) oder Joachim Perthes war. Flicek, ein rigoroser Nationalsozialist, vertrat in den 1930er Jahren Joachim Perthes in allen betrieblichen Entscheidungen. Vgl. Brogiato, Wissen ist Macht, S. 202, Anm. 417. Flicek arbeitete aber bereits seit den 1920er Jahren für Justus Perthes und erhielt 1925 Gesamtprokura. Vgl. Geschäftsrundschreiben von Justus Perthes vom 25. Mai 1925, Deutsche Nationalbibliothek Leipzig, Sammlung der Geschäftsrundschreiben der Börsenvereinsbibliothek, Bö-GR/P/201. Der Geograph und Kartograph Rudolf Habel (1921-2001), der 1940 Mitarbeiter bei Perthes wurde, beschrieb 1991 in einem Interview die Zusammenarbeit zwischen Joachim Perthes und Flicek. Demnach habe Flicek alle wichtigen Verlagsschreiben abgefasst und Perthes diese unterschrieben. Vgl. Vorgespräch mit Rudolf Habel in Gotha am 4. Juni 1991, 2. Teil, URL: https://doi.org/10.22032/dbt.39192 [15. 3. 2021]. Es ist also davon auszugehen, dass Flicek relativ weitreichende Befugnisse hatte. Trotzdem sind wohl alle wichtigen Entscheidungen zwischen Joachim Perthes und Flicek abgestimmt worden, denn schließlich stand Perthes für diese mit seinem Namen ein.

anderen Fragen bezüglich der Beendigung der politischen und wirtschaftlichen Krise tief gespalten war.[103] Darauf bauten die Nationalsozialisten auf, denn hier konnten sie sich einer breiten Zustimmung der Bevölkerung sicher sein.[104] Auch die bereits erwähnte »Konjukturkarte« bediente das Schlagwort vom ›Versailler Diktat‹. Das 1934 erschienene, von Max Georg Schmidt verfasste Erläuterungsheft der Karte enthält aufschlussreiche Passagen über die Auffassungen der Herausgeber und auch des Verlags im Hinblick auf den Übergang von Republik zur Diktatur, die mit dem ›Ermächtigungsgesetz‹ vom 24. März 1933 auch formal entstanden war und die die parlamentarische Demokratie mit ganzen zwei Spalten Gesetzestext hinwegfegt hatte.[105]

Schmidt führte in den Text ein, indem er zunächst berichtete, dass die Karte sich bereits während der Zeit der Weimarer Republik in Vorbereitung befand, »als noch keine Hoffnung auf eine amtliche Förderung der mit einer solchen Karte in Verbindung stehenden Gedankengänge zu erwarten war«.[106] Die bereits im Zusammenhang mit den Entwicklungen ab der Mitte der 1920er Jahre beschriebenen Positionen der Lehrer/innen (vgl. Kap. 6) wurden hier – aus einer triumphalen Retrospektive heraus – noch einmal bestätigt: Eine tiefe Aversion gegen Pazifismus, Internationalismus und eine völkische Rechts- und Identitätsauffassung, in Kombination mit einem pädagogischen Eifer, diese Weltanschauung in der Jugend zu verankern.[107] Fast selbstverständlich war es da, dass die Karte von den zuständigen Behörden nunmehr »bestens empfohlen« wurde.[108] Neben den abgedruckten Empfehlungen des Reichsministeriums für Volksaufklärung und Propaganda sowie des Reichswehrministeriums, befindet sich im Erläuterungsheft auch eine aufschlussreiche Bewertung der Karte durch Karl Haushofer, dem bereits erwähnten Doyen der Geopolitik. Sie bezog sich vor allem auf die Gestaltung der Karte, wobei interessanterweise die visuelle Wirkung der Karte mit dem Karteninhalt, den Auswirkungen des Vertrags von Versailles, parallelisiert wurde: »Die Karte ist eine außerordentlich glückliche Lösung des Problems, wie man die ganze zerstörende Gewalt dieses furchtbaren Unfrieden-Werkzeuges in ihrer anschaulichen Wucht schon der Schule einprägen kann. In gleicher Dynamik gab es seines Gleichen nicht bisher.«[109] Anschaulichkeit, Wucht, Einprägsamkeit und Dynamik:

103 Winkler, Weimar 1918-1933, S. 285-305.

104 Herbert, Geschichte Deutschlands, S. 354.

105 O. V., Gesetz zur Behebung der Not von Volk und Reich [»Ermächtigungsgesetz«] vom 24. März 1933, in: 100(0) Schlüsseldokumente zur deutschen Geschichte im 20. Jahrhundert, Bayerische Staatsbibliothek München, URL: https://www.1000dokumente.de/index.html?c=dokument_de&dokument=0006_erm&object=facsimile&l=de [6.3.2019].

106 Max Georg Schmidt, Erläuterungen, Das Diktat von Versailles, Großer Historischer Wandatlas, Gotha 1934, S. 5.

107 Ebd.

108 Ebd., S. 2.

109 Ebd.

das waren die Stichworte Haushofers, um die Wirkung der Karte zu umreißen und sie trafen exakt die Intentionen des Kartenstils von Haack im spezifischen Kontext dieser Zeit.

Die visuelle Kraft der Karte resultierte u. a. aus dem Umstand, dass sie auf Piktogramme zurückgriff und sich damit die Bildsprache der in den 1920er Jahren entwickelten Informationsgraphik und Bildstatistik zu eigen machte.[110] Um den Unterschied in der militärischen Stärke zwischen den ehemaligen Mittelmächten und den übrigen europäischen Staaten möglichst effektvoll darzustellen, wurden je 50.000 Soldaten der offiziellen Heeresstärke durch das Piktogramm eines Soldaten mit jeweils landesspezifischer Helmform dargestellt. Das gleiche Prinzip kam für Panzer, Flugzeuge, Maschinengewehre, Geschütze und verschiedene Klassen von Kriegsschiffen zum Einsatz. Bei den Staaten der ehemaligen Entente sowie den nach dem Krieg gegründeten Staaten Polen, Tschechoslowakische Republik, dem Königreich Südslawien, der UdSSR, sowie Litauen, Lettland und Estland wurden auch die potentiellen Heeresreserven durch Piktogramme abgebildet. So entstand die Visualisierung eines umklammerten Deutschen Reichs, dessen reduziertes Heer, – symbolisiert durch zwei Piktogramme von Soldaten, einer nach Osten, einer nach Westen blickend – überwältigenden Massen feindlicher Soldaten gegenüberstand. Der Effekt des zur Seite Schauens bei den deutschen Soldaten führte zu einer Darstellung im Profil, was ihnen im Vergleich zu den gesichtslos erscheinenden Soldaten der anderen Staaten auch einen menschlicheren Ausdruck verlieh.

Das derart dargestellte Europa repräsentierte nicht das Europa der Verträge von Locarno (1925) und Berlin (1926) oder der Konferenz von Lausanne (1932). Dies war Deutschland umgeben von Feinden – ein Europa, das die Gegenwart durch die Perspektive der Verhältnisse von 1914 bzw. 1918 betrachtete. Schon der 1929 erschienene *Geopolitische Typenatlas* von Schmidt und Haack enthielt eine Serie von Kartenskizzen zur *Einkreisung des Deutschen Reiches vor und nach dem Weltkrieg.*[111] Diesem Weltbild, das auf einer Kontinuität des Freund-Feind-Schemas basierte und das keine Aufgabe der deutschen Revisionsforderungen zugunsten einer Annäherung an die vormaligen Gegner duldete, war auch die Karte vom ›Versailler Diktat‹ verpflichtet. Zur Negierung der außenpolitischen Annäherung kam eine Visualisierung vielfach geteilter, rassistischer Stereotype hinzu. Diese drückten sich dadurch aus, dass die Kolonialtruppen Frankreichs gesondert als »Farbige« gekennzeichnet waren, indem die entsprechenden Piktogramme der Soldaten mit schwarz eingefärbten Köpfen und Händen versehen waren. Das Erläuterungsheft griff in diesem Zusammenhang das damals kursierende Schlag-

110 Siehe hierzu Helena Doudova/Stephanie Jacobs/Patrick Rössler (Hg.), Bildfabriken. Infografik 1920-1945: Fritz Kahn, Otto Neurath et al., Leipzig 2018.

111 Max Georg Schmidt/Hermann Haack, Geopolitischer Typen-Atlas zur Einführung in die Grundbegriffe der Geopolitik, Gotha 1929, S. 23.

wort von der »Schwarzen Schmach am deutschen Rhein« auf, womit der Umstand gemeint war, dass ein Teil der französischen Truppen, die zwischen 1919 und 1930 rechts- und linksrheinische Gebiete besetzt hielten, aus Angehörigen afrikanischer Kolonialtruppen bestanden.[112] Dies stellte laut Schmidt für Deutschland eine »unerträgliche seelische Belastung der Bevölkerung« dar.[113]

Die Rassenideologie selbst stand im Zentrum der beiden Wandkarten *Die Rassen Europas* und *Die Rassen der Erde* (siehe Abb. 43, S. 250-251), die 1934 und 1935 im Rahmen von Haacks *Physikalischem Wandatlas* erschienen.[114] Als Kartenautor fungierte in beiden Fällen der Anthropologe Egon von Eickstedt (1892-1965).[115] Eickstedt, der bei Felix von Luschan (1854-1934) in Berlin studiert hatte, war seit 1931 Direktor des Breslauer Instituts für Anthropologie.[116] Im Zusammenhang mit dem seit dem Ende des Ersten Weltkriegs anhaltenden deutsch-polnischen Konflikt um Schlesien, versuchte er in den 1930er Jahren in einer groß-angelegten Studie empirisch nachzuweisen, dass die schlesische Bevölkerung »rassisch« zum »deutschen Volk« gehöre.[117]

Anhand von Eickstedts Karriere können einige typische Kennzeichen der Humanwissenschaften im Nationalsozialismus verdeutlicht werden. Zum einen erfuhr sein Arbeitsgebiet, die Anthropologie, im Zuge der Förderung von ›Rassenkunde‹ und ›Rassenhygiene‹ seit 1933 eine massive Aufwertung und Zuwendung von Ressourcen seitens der Politik. Gleichzeitig kam es während der Zeit bis 1945 immer wieder zu Konflikten mit Kollegen und Kolleginnen sowie mit Dienst-

112 Die 14.000 im Krieg getöteten afrikanischen Soldaten, die in Afrika auf deutscher Seite gekämpft hatten, wurden sogar aus der amtlichen deutschen Statistik der Gefallenen herausgerechnet. Vgl. Max Georg Schmidt, Erläuterungen, Der Weltkrieg 1914-18, Großer Historischer Wandatlas, Gotha 1935, S. 46.

113 Schmidt, Erläuterungen, Das Diktat von Versailles, S. 15. Weiterführend siehe Iris Wigger, Die »Schwarze Schmach am Rhein«. Rassistische Diskriminierung zwischen Geschlecht, Klasse, Nation und Rasse, Münster 2007. Die Kinder, die aus Beziehungen zwischen deutschen Frauen und afrikanischen Soldaten hervorgingen, wurden nach 1933 zwangssterilisiert. Vgl. Julia Roos, Kontinuitäten und Brüche in der Geschichte des Rassismus. Anregungen zur Erforschung der »Rheinlandbastarde« aus einem privaten Briefwechsel, in: Birthe Kundrus/Sybille Steinbacher (Hg.), Kontinuitäten und Diskontinuitäten. Der Nationalsozialismus in der Geschichte des 20. Jahrhunderts, Göttingen 2013, S. 154-170.

114 Egon von Eickstedt, Die Rassen Europas, in: Hermann Haack (Hg.), Großer Physikalischer Wandatlas, 1:3.000.000, Gotha 1934. Egon von Eickstedt, Die Rassen der Erde, in: Hermann Haack (Hg.), Großer Physikalischer Wandatlas, 1:16.000.000, Gotha 1935.

115 Egbert Klautke, German »Race Psychology« and its Implementation in Central Europe: Egon von Eickstedt and Rudolf Hippius, in: Marius Turda/Paul Weindling (Hg.), »Blood and Homeland«. Eugenics and Racial Nationalism in Central and Southeast Europe, 1900-1940, Budapest 2007, S. 23-40.

116 Ebd., S. 26.

117 Dirk Preuß, »Anthropologe und Forschungsreisender«. Biographie und Anthropologie Egon Freiherr von Eickstedts (1892-1965), München 2009, S. 95.

stellen und Funktionär/innen der NSDAP.[118] Da Eickstedt als akademischer ›Rassenforscher‹ eine komplexere Auffassung des Rassenbegriffs vertrat, als dies die NS-Propaganda tat, kamen Konflikte auf. So machte sich Eickstedt bspw. schon Anfang der 1920er Jahre über den Begriff einer »arischen Rasse« lustig und vertrat die Auffassung, es existiere keine »jüdische Rasse«.[119] Das bedeutet im Umkehrschluss aber nicht, dass seine Theorien nicht rassistisch oder antisemitisch gewesen wären. So repräsentierten Juden aus Eickstedts Sicht einen »Volkstypus«, der aus Teilen der »armeniden« und der »orientalen Rasse« bestehe. Erstere sei »Geschäftskundig und rücksichtslos, anpassungsfähig, wohltätig und nüchtern«. Die zweite beschrieb er als »Leidenschaftlich und herrschsüchtig, geschmeidig, lebhaft und rachsüchtig«.[120] Es ist hier zu betonen, dass der zugrunde liegende Denkstil sowohl im »Populärrassismus«[121] als auch in der akademisch gefassten Rassenanthropologie strukturell identisch war. Beide verbanden physiologische Merkmale mit Persönlichkeitsmustern und entwickelten hieraus Gruppenidentitäten, die sie stereotyp auf alle Individuen übertrugen, die vermeintlich einer derart konstruierten Gruppe angehörten. Dennoch bestand auch unter den akademischen ›Rasseforschern‹ keineswegs Einigkeit, vielmehr gab es reichlich Konfliktstoff. So zum Beispiel in der Frage über die geographische Herkunft der als kulturell am wertvollsten betrachteten ›nordischen Rasse‹. Eickstedt vertrat die These, ihre »Urheimat« habe in Sibirien gelegen. Andere Vertreter wie der Sprachwissenschaftler und Inhaber des Berliner Lehrstuhls für Rassenkunde Hans F. K. Günther (1891-1968)[122], der Professor für Anthropologie und Ethnologie in Leipzig Otto Reche (1879-1966)[123], oder der Direktor des Kaiser-Wilhelm-Instituts für Anthropologie, menschliche Erblehre und Eugenik in Berlin, Eugen Fischer (1874-1967)[124], waren Anhänger der »Nordthese« und behaupteten, die ›nordische Rasse‹ habe ihren Ursprung in Skandinavien.[125]

118 Ebd., S. 57, 60 f.

119 Ebd., S. 252.

120 Egon von Eickstedt, Erläuterungen, Die Rassen Europas, Großer Physikalischer Wandatlas, Gotha 1935, S. 17 f. Eingehender hierzu Preuß, »Anthropologe und Forschungsreisender«, S. 253 ff.

121 Christian Gerlach, Der Mord an den europäischen Juden. Ursachen, Ereignisse, Dimensionen, München 2017, S. 147.

122 Uwe Hoßfeld, Art. »Hans F. K. Günther«, in: Michael Fahlbusch/Ingo Haar/Alexander Pinwinkler (Hg.), Handbuch der völkischen Wissenschaften, Bd. 1: Biographien, 2. Aufl., Berlin/Boston 2017, S. 248-253.

123 Katja Geisenhainer, Art. »Otto Reche«, in: Michael Fahlbusch/Ingo Haar/Alexander Pinwinkler (Hg.), Handbuch der völkischen Wissenschaften, Bd. 1: Biographien, 2. Aufl., Berlin/Boston 2017, S. 616-620. Siehe auch dies., »Rasse ist Schicksal«. Otto Reche (1879-1966) ein Leben als Anthropologe und Völkerkundler, Leipzig 2002.

124 Zu Fischer siehe Niels C. Lösch, Rasse als Konstrukt. Leben und Werk Eugen Fischers, Frankfurt a. M. u. a., 1997.

125 Dirk Preuß, »Anthropologe und Forschungsreisender«, S. 250. Vgl. hierzu auch Otto Reche, Die Indogermanen- und Germanenfrage, in: Petermanns Geographische Mitteilungen 84 (1938),

Auf der Ebene des praktischen Handelns bestanden nach 1933 indes geringere Differenzen zwischen den ›Rasseforschern‹. Eickstedt diente sich, wie die meisten seiner Fachkolleg/innen, bei den maßgeblichen Stellen an und war in diesem Zusammenhang auch in die Verbrechen des Nationalsozialismus involviert. So erstellten er und seine Mitarbeiter/innen von 1936 bis 1945 »erb- und rassenkundliche Gutachten« im Auftrag des Reichssippenamtes, deren Befunde über Leben und Tod der auf diese Weise ›untersuchten‹ Menschen entscheiden konnten.[126] Nach dem Krieg schaffte es Eickstedt, seine Tätigkeiten als rein wissenschaftliche Arbeit darzustellen und erhielt 1947 den Lehrstuhl für Anthropologie an der Universität Mainz.[127]

Der Konflikt um die Herkunft der ›nordischen Rasse‹ unterstreicht exemplarisch ein allgemeines Kennzeichen, das besonders von der neueren Forschung bezüglich des Verhältnisses von Wissenschaft und Nationalsozialismus herausgearbeitet worden ist. Hier wird betont, dass die humanwissenschaftlichen und bevölkerungspolitischen Diskurse, die an die zentralen Begriffe des Nationalsozialismus wie ›Rasse‹, ›Volk‹ oder ›Lebensraum‹ anknüpften, zwar durchaus von Partei und Behörden überwacht wurden, dass innerhalb dieses Rahmens jedoch Freiräume für vielfältige und auch gegensätzliche Interpretationen bestanden. Lutz Raphael konstatierte in diesem Zusammenhang, dass die NS-Weltanschauung als ein »politisch kontrolliertes, aber intellektuell offenes Meinungsfeld« aufzufassen sei, »das bloß auf einige Begriffshülsen verbindlich festgelegt war, in dem aber die unterschiedlichen Elemente rassistischer Bewertungsschemata einen zentralen Platz einnahmen«.[128]

Die »Begriffshülsen« der NS-Weltanschauung konnten demnach – innerhalb fundamentaler Prämissen wie dem Antisemitismus – durchaus verschieden aufgefasst und ausgestaltet werden. Diese relative Offenheit wirkte mobilisierend. Mit ganz unterschiedlichen Beweggründen und Zielvorstellungen konkurrierten Wissenschaftler/innen daher um die Ressourcen des NS-Systems und die in Aussicht gestellten Gestaltungsfreiräume. Der Historiker Per Leo stellte im Hinblick auf rechtskonservative Intellektuelle und ihr Verhältnis zum Nationalsozialismus fest: »Entscheidend ist, dass man offenbar mit ganz unterschiedlichen Zielen – sei es die Prätention einer pädagogischen Philosophenherrschaft, das Projekt einer rechtsförmigen Diktatur oder die Vision einer Polizeiherrschaft auf rassenbiologischer Grundlage – den Versuch wagen konnte, auf den nationalsozialistischen Hochgeschwindigkeitszug aufzuspringen.«[129] Michael Wildt hat in Bezug auf die

H. 10, S. 303. Allgemein zur »nordischen Bewegung« siehe Stefan Breuer, Die nordische Bewegung in der Weimarer Republik, Wiesbaden 2018.

126 Preuß, »Anthropologe und Forschungsreisender«, S. 67-69.

127 Klautke, German »Race Psychology«, S. 35.

128 Raphael, Radikales Ordnungsdenken, S. 28. Ash spricht in diesem Zusammenhang von der »Plastizität des Rassenbegriffs«. Siehe Ash, Reflexionen zum Ressourcenansatz, S. 550 f.

129 Leo, Der Wille zum Wissen, S. 21 f.

Herstellung der ›Volksgemeinschaft‹ die Selbstmobilisierung »von unten« betont und ihren Vollzug als soziale Praxis einer gewaltvollen »Selbstermächtigung« beschrieben.[130] So entstand in den 1930er Jahren ein dynamisches Geflecht von miteinander verwobenen Diskursen und Praktiken der Zugehörigkeit und Nichtzugehörigkeit – ein Geflecht von Grenzlinien, metaphorisch gesprochen, das permanent aushandelte und vollzog, wer Teil des ›Volkskörpers‹ war und wer nicht oder anders gesagt, wer mit ›aufbauen‹ durfte und wer ›ausgemerzt‹ werden sollte – mit sich stetig radikalisierenden und unter den Bedingungen des Zweiten Weltkriegs letztlich historisch beispiellosen Konsequenzen.

Die vielfach wechselnden, situativ angepassten Gesetze, Leitlinien, Erlasse und Begriffe sorgten vielfach für Unklarheit und Verunsicherung, etablierten aber emotional tief verankerte Grenzen zwischen denen, die zur ›Volksgemeinschaft‹ gehörten und den Juden, den Roma und Sinti und den sogenannten Gemeinschaftsfremden, die ausgeschlossen waren. Eine von Victor Klemperer beschriebene Situation veranschaulicht dies: In dem Dresdner Papierverarbeitungswerk Thiemig & Möbius, in dem er Zwangsarbeit leisten musste, hatte er eine ›arische‹ Kollegin, die eines Tages erstaunt äußerte, sie habe gehört, die Frau von Klemperer sei ›deutsch‹. Klemperer bemerkte dazu, »sie hatte ›artfremd‹ und ›deutschblütig‹ und ›niederrassig‹ und ›nordisch‹ und ›Rassenschande‹ allzuoft gehört und nachgesprochen: sie verband sicherlich mit alledem keinen klaren Begriff – aber ihr Gefühl konnte es nicht fassen, daß meine Frau eine Deutsche sein sollte«.[131]

Für viele Wissenschaftler/innen besaßen diese Aushandlungsprozesse auch eine Appellfunktion, mitzumachen, zu ordnen, zu stabilisieren. Zumal die Wissenschaftler/innen, die das System unterstützten oder sich entsprechend präsentierten, auf Förderung seitens des Staates und der Partei hoffen durften. Gerade die verbrecherischen Seiten des Regimes boten den Wissenschaften ungeahnte Gestaltungs- und Experimentiermöglichkeiten.[132] So etablierten sich intensive

130 Michael Wildt, Volksgemeinschaft als Selbstermächtigung. Gewalt gegen Juden in der deutschen Provinz 1919 bis 1939, Hamburg 2007. Ders., Die Ambivalenz des Volkes, S. 37 ff. Zum in den letzten Jahren vielbeforschten Thema ›Volksgemeinschaft‹ siehe auch Dietmar von Reeken/Malte Thießen (Hg.), »Volksgemeinschaft« als soziale Praxis. Neue Forschungen zur NS-Gesellschaft vor Ort, Paderborn u. a. 2013. Martina Steber/Bernhard Gotto, Volksgemeinschaft im NS-Regime. Wandlungen, Wirkungen und Aneignungen eines Zukunftsversprechens, in: Vierteljahreshefte für Zeitgeschichte 62 (2014), S. 433-445. Detlef Schmiechen-Ackermann u. a. (Hg.), Der Ort der »Volksgemeinschaft« in der deutschen Gesellschaftsgeschichte, Paderborn 2018.

131 Victor Klemperer, LTI. Notizbuch eines Philologen, Leipzig 1966, S. 117.

132 Peter Weingart/Jürgen Kroll/Kurt Bayertz, Rasse, Blut und Gene, Geschichte der Eugenik und Rassenhygiene in Deutschland, Frankfurt a. M. 1992. Paul Weindling, »Ressourcen« für humanmedizinische Zwangsforschung, 1933-1945, in: Sören Flachowsky/Rüdiger Hachtmann/Florian Schmaltz (Hg.), Ressourcenmobilisierung. Wissenschaftspolitik und Forschungspraxis im NS-Herrschaftssystem, Göttingen 2017, S. 503-534. Rössler, »Wissenschaft und Lebensraum«.

Verbindungen zwischen Wissenschaft und Politik, in denen sich beide Seiten als »Ressourcen füreinander« zu nutzen verstanden.

7.4 Schulwandkarten als visuelle Ressource der NS-Weltanschauung: *Der Werdegang des deutschen Volkes*

Natürlich wäre es verfehlt an dieser Stelle zu behaupten, Justus Perthes habe sich direkt an der ›Rassenforschung‹ beteiligt. Ein Teil des Schulwandkartenprogramms des sich nach wie vor als wissenschaftlich arbeitenden Verlag verstehenden Unternehmens Perthes war aber daran beteiligt, den Rassismus als Denkstil zu etablieren, ihn visuell zu popularisieren, indem er Schüler/innen und Teilnehmer/innen politischer Lehrgänge als Wahrheit ›vor Augen‹ gestellt wurde. Die Perthes-Schulwandkarten entfalteten auf Basis der Gestaltungsgrundsätze Haacks bereits seit dem Ersten Weltkrieg und verstärkt seit dem Ende der 1920er Jahre ihr Wirkungspotential auch für ideologische Inhalte. Die Vermittlung wissenschaftlicher Erkenntnisse rückte mehr und mehr gegenüber der Betonung von ›Erziehung‹ und ›Charakterbildung‹ in den Hintergrund. Die starke Generalisierung – bis hin zum Schlagwort der »Vergröberung« – sowie die gesteigerte Bewegtheit des Kartenbildes waren dabei die entscheidenden Mittel auf der Ebene der Gestaltung. Hinzu kam ein stark kontrastierender Farbeinsatz mitsamt dem für die Haack-Wandkarten klassisch gewordenen schwarzen Rand zur Verstärkung der Farbwirkung. Die Karten wurden somit zu dynamischen Visualisierungen eines seinerseits hochgradig dynamischen und anpassungsfähigen Sets von Begriffen, Bildern und Emotionen, die als Ganzes das unabgeschlossene, aber gerade deswegen mobilisierend wirkende Konglomerat der nationalsozialistischen Weltanschauung bildeten. Damit konnten sie zu wirkungsvollen Ressourcen für eine ideologische Pädagogik werden.

7.4.1 Beschreibung der Karte

Anhand eines konkreten Beispiels, das der Schulwandkarte *Der Werdegang des deutschen Volkes* (siehe Abb. 44, S. 252-253),[133] soll im Folgenden aufgezeigt werden, wie rassistische Eigen-Fremd-Unterscheidungen in die Haack-Schulwandkarten visuell implementiert wurden. Bei der Karte fungierte Max Georg Schmidt erneut als Kartenautor, Haack als Herausgeber und leitender Kartograph. Sie

133 Max Georg Schmidt, Der Werdegang des deutschen Volkes, in: Hermann Haack (Hg.), Großer Physikalischer Wandatlas, 1:1.500.000, Gotha 1935.

erschien wie die Rassen-Karten von Eickstedt und Haack ebenfalls in der Reihe des *Physikalischen Wandatlas*, ebenfalls in der VII. Abteilung, die mittlerweile nicht mehr »Völker, Sprachen, Staatskunde« hieß, wie noch 1930, sondern »Rassen, Völker, Staaten«. In einer Werbung des Verlags für die zweite Auflage der Karte von 1941 wurde ihr Zweck folgendermaßen umrissen:

> Die sinngemäße Fortsetzung und Ergänzung der Eickstedtschen Wandkarte »Die Rassen Europas« bildet die neue Karte von Prof. Dr. M. G. Schmidt »Der Werdegang des deutschen Volkes«, die in gewissem Sinne als der erste Versuch einer rassischen Dynamik angesprochen werden kann. Denn ihr Grundgedanke liegt darin, daß sie eine großzügige Übersicht über das geschichtliche Werden des deutschen Volkes bieten soll von den germanischen Wanderwellen bis zu den noch in der Gegenwart sich vollziehenden Wandlungen im deutschen Volkskörper.[134]

Die Karte visualisiert die historische Genese europäischer Ethnien aus der Perspektive der Prähistorischen Archäologie, einer Disziplin, die vom Nationalsozialismus besonders gefördert wurde und ihm ideologisch nahestand.[135] Aus diesem ausufernden Komplex sollen an dieser Stelle lediglich die in der Karte dargestellten Narrative zur Genese der Germanen und der Slawen analysiert werden. Die Karte zeigt im Maßstab 1:1.500.000 einen Ausschnitt Europas, der im Wesentlichen auf die Gebiete von Mittel- und Osteuropa beschränkt ist. In einer reduzierten, aber sehr kräftigen Farbpalette werden die »Hauptvölkergruppen der Gegenwart«, die »Germanen«, »Romanen« und »Slaven« dargestellt.[136] Andere ›Völker‹ wie Ungarn, Letten oder Kelten sind schlicht grau gehalten. Das vorgebliche Verbreitungsgebiet der »Slaven« wird in einem stumpfen Grün, das der »Romanen« in blassem Blau veranschaulicht. England und Holland als zu den »Germanen« gehörige Gebiete sind orange gefärbt und damit von den »Germanen« Skandinaviens und Mitteleuropas deutlich abgesetzt. Diese erscheinen in einem abgestuften dunkel- und hellleuchtenden Rot und sind farblich derart dominant und hervorstechend, dass die Wirkung selbst für eine Haack-Karte als extrem zu bezeichnen ist.

134 Max Georg Schmidt, Erläuterungen, Europa im 19. Jahrhundert, Großer Historischer Wandatlas, 2. Aufl., Gotha 1941, o. S. Der Verweis auf die Wandkarte von Eickstedt unterstreicht den engen Zusammenhang der Wandkarten und die aufeinander aufbauende Atlasstruktur der Wandkartenserien von Haack.

135 Vgl. Christiane Althoff, »Die Ergebnisse der vorgeschichtlichen Forschung sind das Alte Testament des deutschen Volkes«. Ur- und Frühgeschichte in den Schulen des Dritten Reiches, in: Dies./Jochen Löher/Rüdiger Wulf (Hg.), Auch du gehörst dem Führer. »Nationalpolitische Erziehung« in den Schulen der NS-Diktatur, Dortmund 2003. Zum aktuellen Forschungsstand bezüglich der Genese von ›Identitätsgruppen‹ siehe Mischa Meier, Geschichte der Völkerwanderung. Europa, Asien und Afrika vom 3. bis zum 8. Jahrhundert n. Chr., München 2019.

136 Vgl. Schmidt, Werdegang des deutschen Volkes, Legende.

Eine Ahnung ihrer Farbwirkung vermittelt ein Text des Mediävisten Ferdinand Seibt (1927-2003).[137] Der Anlass für diesen Text war eine neuerschienene Reprintausgabe der Karte, für die er (unerbetenerweise) eine Werbebroschüre erhalten hatte. Seibt schrieb, er selbst könne sich noch an einige Wandkarten aus seiner Schulzeit während des Nationalsozialismus erinnern: »Manche haben sich so fest eingeprägt, daß man das Wiedersehen spürt.« Die Wandkarte des *Werdegangs* war offensichtlich so eine Karte. Als Seibt die Broschüre aufschlug, »leuchtete mir eine Karte aus meinen alten Schulerinnerungen entgegen: Der Werdegang des deutschen Volkes. Verlag Justus Perthes, Gotha 1936«. Das Kartenbild »dieser einstmals von Max Georg Schmidt und Hermann Haack hergestellten Darstellung« steckte für ihn »voll von Erinnerungen«.[138] Welche Inhalte sollten mit einer derart ›leuchtenden‹ Prägekraft der Farben vermittelt werden?

7.4.2 Synthese durch Farbe: nordische Rasse und deutsches Volk

Die Karte gab vor, neben der Ausdehnung von Siedlungsgebieten einzelner ›Völker‹ und ›Rassen‹ auch deren historische Entwicklung darzustellen. Skandinavien, flächig in ein dunkles Rot getaucht, fungierte – gemäß der These, dort befände sich der Ursprung der ›nordischen Rasse‹ – als mythischer »German.[isch]-nord.[ischer] Völkerherd«, von dem ausgehend seit 2000 v. Chr. mehrere »German.[ische] Wellen« den Kontinent überrollt hätten. Diese in kräftiger Schraffur dargestellten »Wellen« entfalten sich auf der Karte wie ein Fächer über weite Gebiete in Mittel- und Ostmitteleuropa und verweben sich durch ihre rote Färbung mit dem nur um ein weniges heller nuancierten Rot des gegenwärtigen Verbreitungsgebiets der mitteleuropäischen »Germanen«. Dieses Gebiet war wiederum in seinen Grenzen deckungsgleich mit dem von den Nazis propagierten ›Großdeutschland‹ – der einzige Unterschied bestand darin, dass in der Karte die deutschsprachige Schweiz hinzugenommen wurde – und damit auch mit dem völkisch definierten ›deutschen Volk‹. Die »Germanen« Hollands und Großbritanniens wurden, wie erwähnt, durch ein kräftiges Orange hiervon klar unterschieden.

Auf diese Weise wurde visuell eine innere Einheit zwischen dem gegenwärtigen ›deutschen Volk‹ und den »Germanisch-nordischen Ausbreitungswellen« erzeugt. In der Anthropologie bestand dagegen bereits seit dem Ende des 19. Jahrhunderts ein Konsens darüber, dass ein ›Volk‹ niemals ›rassisch‹ homogen sei, sondern immer eine ›Rassenmischung‹ darstelle.[139] Durch den Kunstgriff eines visuellen

137 Ferdinand Seibt, Eine »neue« Wandkarte von 1936, in: Bohemia. Zeitschrift für Geschichte und Kultur der böhmischen Länder 34 (1993), H. 1, S. 115-122.

138 Ebd., S. 115.

139 Cornelia Essner, »Im Irrgarten der Rassenlogik« oder nordische Rassenlehre und nationale Frage (1919-1935), in: Historische Mitteilungen 7 (1994), H. 1, S. 81-101, hier S. 81.

Übergangs zwischen ›nordischer Rasse‹ und ›deutschem Volk‹ erzeugte die Karte entgegen dieser Auffassung den Eindruck, das ›deutsche Volk‹ sei im Grunde identisch mit der ›nordischen Rasse‹, welcher im Rassendiskurs die wertvollsten Eigenschaften zugeschrieben wurden.[140] Durch ihre Integration der Rassensysteme von Hans F. K. Günther und Egon von Eickstedt stellte die Karte damit eine Verbindung zwischen dem »Populärrassismus« der NS-Propaganda und der wissenschaftlich verbrämten, universitären Rassenanthropologie her. So konnten Widersprüche der NS-Propaganda und des akademischen Rassendiskurses[141] visuell ausgeblendet werden und der rassistischen Weltanschauung für didaktische Zwecke eine Kohärenz verliehen werden, die sie nicht besaß.

Auf der Karte entfaltet diese Nord- und Mitteleuropa beherrschende, leuchtend rotgefärbte nordisch-germanisch-deutsche Chimäre durch die kräftigen, geschwungenen und weitausgreifenden Pfeile eine Dynamik, mit denen das »Vordringen der Deutschen« – insbesondere in Richtung Osten – veranschaulicht wurde. Die Pfeile sind stark hervorgehoben, womit sie den – historisch falschen – Eindruck erwecken, es habe sich bei der mittelalterlichen und frühneuzeitlichen »Deutschen Kolonisation« in Ostmitteleuropa um eine geschlossene Bewegung und regelrechte Massenauswanderungen gehandelt, wie auch Seibt kritisch bemerkt.[142] Dieser Eindruck wird verstärkt durch die leuchtend roten Punkte, die auf der Karte überall in Ostmitteleuropa zu finden sind und auf die »deutschen Sprachinseln« verweisen. Über weite Teile des ostmitteleuropäischen und osteuropäischen Gebiets hinweg zieht sich der Schriftzug »Deutsche Kolonisation« und die »Ostgrenze der deutschen Verkehrssprache« verläuft, in weitem Bogen bis über den Dnjepr hinausgeschoben, im Norden vom Ladogasee bis zum Schwarzen Meer im Süden.

Konstatieren lässt sich, dass die Karte des *Werdegangs* viele bereits vorher verwendete, typische Stilmittel der Haack-Wandatlanten nutzte, diese aber weiter verstärkte. Farbwirkung und Signaturen wie die hier massiv eingesetzten Pfeile und die kräftigen Schraffuren generierten ein Deutungsmuster der Kongruenz zwischen ›nordischer Rasse‹ und ›deutschem Volk‹, das dementsprechend als aktiv, dynamisch, dominant und kulturell überlegen präsentiert werden konnte. Diese Darstellung nahm den ab 1939 begonnen Angriffskrieg um ›Lebensraum‹, der ab 1941 als gnadenloser Vernichtungskrieg geführt wurde, im Klassenzimmer bereits vorweg.

140 Gerlach, Der Mord an den europäischen Juden, S. 147.
141 Zu den Widersprüchen des Rassismus siehe ebd., S. 159 ff.
142 Seibt, Eine »neue« Wandkarte von 1936, S. 119.

7.4.3 Die Slawen – das ›Volk‹ aus dem Sumpf

Der propagierten Höherwertigkeit der Deutschen entsprach, dem rassistischen Denkstil entsprechend, die Minderwertigkeit anderer Ethnien. Die Karte nutzte hier teilweise sehr subtile Darstellungsmittel, wie das mit feinen Strichellinien verzeichnete Biotop des Sumpfes.

Direkt unter dem ganz Osteuropa bedeckenden Schriftzug zur Kennzeichnung des Verbreitungsgebietes der »Ostbaltischen Rasse« – die laut Günther die schlechtesten Eigenschaften aufwies[143] – befindet sich der Schriftzug »Urslaven bis 400 nach Christus«, womit die »Urheimat« der Slawen geographisch verortet werden sollte. Diese lag angeblich im Gebiet der Prypjatsümpfe, die sich im heutigen südlichen Weißrussland und im Norden der Ukraine befinden. Mittels Strichellinien ist diese Sumpflandschaft als Untergrund der »Urslaven« in der Karte verzeichnet. Auch die grünen Dreiecks-Signaturen der Slawen in der Lausitz und im Emsland sind von feinen Strichellinien grundiert. Der Hintergrund für den behaupteten Zusammenhang von Slawen und Sumpf war ein Aufsatz des Slawisten Max Vasmer (1886-1962), der 1926 in einem von Wilhelm Volz herausgegebenen Sammelband die These kolportiert hatte, dass die Ethnogenese der Slawen in den undurchdringlichen Sümpfen Polesiens, also den Prypjatsümpfen stattgefunden habe.[144] Das Deutungsmuster einer engen Beziehung von Slawen und Sümpfen existierte jedoch schon länger und verband sich mit negativ besetzten Stereotypen über die Slawen, die sich sowohl in unzähligen wissenschaftlichen Publikationen, als auch in literarischen Darstellungen über Ostmittel- und Osteuropa wiederfanden.[145] Besonders ausgeprägt im Genre des sogenannten Ostmarkenromans in der Nachfolge von Gustav Freytags *Soll und Haben* von 1855, das sich durch die einseitige Betonung kultureller Leistungen der deutschen ›Ostkolonisation‹ auszeichnete. Ein wirkmächtiges Narrativ, das für viele Deutsche zur unumstößlichen Tatsache und zum festen Bestandteil ihrer räumlichen Imagination vom östlichen Europa wurde.[146] Die Erzählung von der kulturellen Überlegenheit der Deutschen drückte sich dabei häufig in dem Gegensatz zwischen den Landwirtschaft betreibenden Deutschen und den Slawen als fischfangende Sumpfbewohner aus. Eng verknüpft waren damit auch sexuelle Vorurteile, bspw.

143 Die Angehörigen der »Ostbaltischen Rasse« zeichneten sich laut Günther durch Charaktereigenschaften wie Verschlagenheit, Rachsucht, Dumpfheit und Schwerfälligkeit aus. Vgl. Hans F. K. Günther, Kleine Rassenkunde des deutschen Volkes. Mit 100 Abbildungen und 13 Karten, Bonn 1935, S. 66 f.

144 Blackbourn, Die Eroberung der Natur, S. 308.

145 Vgl. bspw. die Dissertation des Geographen Martin Bürgener (1912-1987), die in der Reihe der Ergänzungshefte zu *Petermanns Mitteilungen* erschien: Martin Bürgener, Pripet-Polessïe, das Bild einer polnischen Ostraum-Landschaft, Gotha 1939.

146 Gregor Thum, Die kulturelle Leere des Ostens. Legitimierung preußisch-deutscher Herrschaft im 19. Jahrhundert, in: Ulrike Jureit (Hg.), Umkämpfte Räume. Raumbilder, Ordnungswille und Gewaltmobilisierung, Göttingen 2016, S. 263-285, hier 273 ff.

über die angeblich große Fruchtbarkeit der Slawen sowie bevölkerungspolitische Ängste von der ›Slawenflut‹, ein Topos, dessen sich auch Paul Langhans im Vorwort seines *Deutschen Kolonial-Atlas* bedient hatte (vgl. Kap. 2).[147]

Dieses mit Emotionen der Überlegenheit, der Angst und des Abscheus verknüpfte Deutungsmuster schlug sich in drastischen literarischen Schilderungen nieder, von dem der Historiker Gregor Thum ein Beispiel aus dem 1904 erschienenen Roman *Das schlafende Heer* von Clara Viebig (1860-1952) anführt. Die zitierte Passage beschreibt eine Zugfahrt des deutschen Protagonisten Hanns-Martin von Doleschals in die Provinz Posen:

> Die große Monotonie des Ostens war da. Und wo der Zug hielt, fremdartige Stationsnamen [...]. Über den bespuckten Flur schritt er durchs Bahngebäude nach der Straße. Dort saß eine Hökerin mit einem Fäßchen auf der untersten Treppenstufe des Portals, ein triefäugiges, schmutziges Weib, und eine Frau in polnischer Haube stand bei ihr und feilschte um einen Hering. Das alte Weib fuhr mit schwarzen Fingern in die Tonne – die Salzlake troff – und die andre nahm den Hering auch in die Hand und fraß ihn auf, stehenden Fußes, mit Kopf und Schwanz, mit Schuppen und Salzlake; nur die Gräte des Rückgrates spuckte sie vor sich hin. Ihn ekelte. Tief verstimmt schritt er in die Stadt hinein.[148]

Viele dieser negativ besetzten Stereotype stützten die von deutscher Seite vorgebrachte Argumentation – in struktureller Analogie zur Rechtfertigung der kolonialen Landnahme in Übersee (vgl. Kap. 2) –, die Slawen seien kulturell nicht in der Lage, ihr Land effektiv zu bewirtschaften und zu erschließen. Ein Deutungsmuster mit langer Latenz, das sich in der Zwischenkriegszeit jedoch zunehmend rassistisch ausprägte und in den 1930er Jahren schließlich direkt als Begründung deutscher Expansionspläne herangezogen wurde – mit dem ›Generalplan Ost‹ als Höhepunkt einer totalitären Planungsvision und mörderischen Gestaltungsobsession.[149]

Diese beiden Narrative über die Ethnogenese des ›deutschen Volkes‹ und der ›Slawen‹ seien hier nur angedeutet als Beispiele für die zahlreichen Deutungsmuster, an die die Karte vom *Werdegang des deutschen Volkes* anknüpfte und die sie zu einem äußerst komplexen, von der NS-Ideologie zutiefst geprägten Raumbild synthetisierte.[150] Die Karte ist daher als ein visuell wirkmächtiges, räumlich

147 Blackbourn, Die Eroberung der Natur, S. 312 f.

148 Zit. nach Thum, Die kulturelle Leere des Ostens, S. 276.

149 Rössler/Schleiermacher (Hg.), Der »Generalplan Ost«. Aly/Heim, Vordenker der Vernichtung.

150 Ein weiteres Bsp. bildet der in der Karte als durchgehend von der Ostsee bis zum Mittelmeer verlaufend dargestellte »Sorabische Limes«. Die historische Form und Dauer dieser ›Grenze‹ zwischen Franken und Sorben aus dem 8. Jahrhundert ist in der Forschung umstritten. Vgl. Matthias Hardt, Linien und Säume, Zonen und Räume an der Ostgrenze des Reiches im frühen und hohen Mittelalter, in: Walter Pohl/Helmut Reimitz (Hg.), Grenze und Differenz im frühen Mittelalter, Wien 2000, S. 39-56. In der Karte ist der ›Limes‹ hingegen dargestellt, als hätte es sich um eine Hauptkampflinie aus dem Ersten Weltkrieg gehandelt.

organisiertes Kompendium von Erzählungen über rassistisch strukturierte Eigen- und Fremdidentitäten anzusprechen.

Auch diese Karte fand reißenden Absatz. Im Jahr ihres Erscheinens 1935 wurden 1632 Exemplare verkauft und die Karte wurde in den Buchführungs-Ergebnissen des Verlags als die »beste Erfolgskarte« des *Physikalischen Wandatlas* bezeichnet. Noch im gleichen Jahr musste sie zweimal neu aufgelegt werden.[151] Auch sie entsprach dem Muster der »Konjunkturkarte«, d. h. sie wies keinen dauerhaft hohen Absatz auf.[152]

7.4.4 Die weitere Entwicklung der Schulwandkarten

Angesichts dieser Umstände verwundert es nicht, dass in den 1930er Jahren eine ganze Reihe weiterer ideologisch geprägter Wandkarten im Rahmen des *Physikalischen* und des *Historischen Wandatlas* erschienen. Hier seien nur die wichtigsten genannt: 1936 erschien die von Walter Geisler (1891-1945) bearbeitete Karte *Die Deutsche Kulturlandschaft. Mundart, Haus und Dorf der Deutschen.*[153] Die Karte enthielt eine »Grenze der geschlossenen deutschen Kulturlandschaft«, die sich – angelehnt an die Volks- und Kulturbodentheorie – von der Stadt Memel an der Ostsee entlang der Reichsgrenze von 1914 bis hinter Bratislava vorschiebend über Zagreb verlaufend bis fast zur Adria zog. Zudem enthielt die Karte auf der Legende die Behauptung, auf »ehemals reichsdeutschem Gebiet wurde überall und von jedem deutsch gesprochen«.[154] Eine interessante Auffassung, bedenkt man die auch von Langhans' Karten vorgenommene dualistische Aufteilung von Deutsch- und Polnischsprachigen sowie die politischen Maßnahmen gegen die Polnischsprachigen in den Ostprovinzen vor 1914.[155] Der Karte zur *Deutschen Kulturlandschaft* war allerdings nur ein geringer wirtschaftlicher Erfolg beschieden.[156]

151 Gemeinsam mit den zugehörigen Erläuterungsheften wurde ein Umsatz von 75.714,27 Reichsmark erzielt. Buchführungs-Ergebnisse 1935, Bl. 40 vom 13. August 1936, Forschungsbibliothek Gotha, Sammlung Perthes, SPA ARCH FFA. Der Gewinn des »Physikalischen Wandatlas« betrug in diesem Jahr 41.558,87 Reichsmark. Ebd.

152 1936: 831, 1937: 294, 1938: 113, 1939: 57, 1940: 50 und 1941: 121 verkaufte Exemplare. Siehe die entsprechenden Einträge in den Buchführungs-Ergebnissen.

153 Walter Geisler, Die deutsche Kulturlandschaft. Mundart, Haus und Dorf der Deutschen, in: Hermann Haack (Hg.), Großer Physikalischer Wandatlas, 1:750.000, Gotha 1936.

154 Ebd., Legende.

155 Zur deutschen Sprachpolitik in den Ostprovinzen vgl. Volkmann, Die Polenpolitik des Kaiserreichs, S. 75-82.

156 Buchführungs-Ergebnisse 1935, Bl. 40 vom 13. August 1936, Forschungsbibliothek Gotha, Sammlung Perthes, SPA ARCH FFA.

Dem wachsenden Einfluss Deutschlands im südöstlichen Europa entsprach die Karte von Schmidt und Haack *Der Donauraum, geopolitisch* von 1937.[157] Die Karte verband politische Elemente wie Staatsgrenzen und Staatsverträge mit ethnischen Elementen, die NS-typische, martialische Bezeichnungen wie »Völkische[n] Bruchlinien« oder »Völkische[n] Unruheherde[n]« trugen. 1938 kam eine Neuauflage der 1929 erstmals erschienenen Karte *Das Deutschtum der Erde* auf den Markt.[158] An dieser Auflage wirkte auch Egon von Eickstedt mit, dementsprechend gewann die rassistische Perspektive an Gewicht.

Eine weitere Zuspitzung erfuhr das Wandkartenprogramm durch die Karten des Reichsarbeitsdienstfunktionärs Erich Franz Berendt. Von diesem erschien erstmals 1937 die Karte *Vom Ersten zum Dritten Reich,*[159] von der allein im ersten Jahr 2894 Karten abgesetzt wurden und die 1939 bereits die vierte Auflage erlebte.[160] 1938 erschien vom selben Autor die Karte *Deutsche Landschaft und Kultur* (siehe Abb. 45, S. 254-255).[161] Die bereits von Haack praktizierte starke Generalisierung ging hier so weit, dass die Karte heftige Kritik seitens der Hochschulgeographie erfuhr. Im März 1939 reichte der Wiener Kulturgeograph Hugo Hassinger beim Zentralausschuss des Deutschen Geographentages wegen dieser Karte schriftlich Beschwerde ein.[162] Scharf kritisierte er u. a. die Generalisierung bei den Bodenarten als »zu primitiv« und über die Teilkarte das »Netz der Verkehrslinien« bemerkte er, sie gleiche in ihrem Schematismus einer »Fahrplankarte«.[163] Bezeichnend war nun die Argumentation seitens der Verlagsleitung, mit der die Gestaltung der Karte verteidigt wurde:

157 Max Georg Schmidt, Der Donauraum, geopolitisch, in: Hermann Haack/Heinrich Hertzberg (Hg.), Großer Historischer Wandatlas, 1:750.000, Gotha 1937. Siehe hierzu Stephen G. Gross, Export Empire. German Soft Power in Southeastern Europe, 1890-1945, Cambridge 2015.

158 Hermann Rüdiger/Hermann Haack/Egon von Eickstedt, Das Deutschtum der Erde, in: Hermann Haack (Hg.), Großer Physikalischer Wandatlas, 3 Kt. in verschied. Maßstäben auf 1 Bl., Gotha 1938.

159 Erich F. Berendt/Berthold Carlberg, Vom Ersten zum Dritten Reich, in: Hermann Haack/Heinrich Hertzberg (Hg.), Großer Historischer Wandatlas, 4 Kt. in verschied. Maßstäben auf 1 Bl., Gotha 1937.

160 Buchführungs-Ergebnisse 1937, Bl. 37 vom 20. Juni 1938, Forschungsbibliothek Gotha, Sammlung Perthes, SPA ARCH FFA.

161 Erich F. Berendt/Berthold Carlberg, Deutsche Landschaft und Kultur, in: Hermann Haack/Heinrich Hertzberg (Hg.), Großer Historischer Wandatlas, 4 Kt. in verschied. Maßstäben auf 1 Bl., Gotha 1938.

162 Zu Hassinger siehe Petra Svatek, »Das südöstliche Europa als Forschungsraum«. Wiener Raumforschung und »Lebensraumpolitik«, in: Sören Flachowsky/Rüdiger Hachtmann/Florian Schmaltz (Hg.), Ressourcenmobilisierung. Wissenschaftspolitik und Forschungspraxis im NS-Herrschaftssystem, Göttingen 2017, S. 82-120.

163 Undatierte Abschrift eines Schreibens von Hugo Hassinger an den Zentralausschuss des Deutschen Geographentages, SPA ARCH PGM 626/04, o. P.

> Der Angriff geht von einer völligen Verkennung der Aufgabe dieser Karte aus. Diese Karte ist nicht für die Hochschule geschaffen, ja nicht einmal für den Schulunterricht auf der Oberstufe. Sie ist bewusst eine Karte für die Volksschule, für die Unter- und Mittelstufe und für die politische Schulung, insbesondere im R.A.D. [Reichsarbeitsdienst]. Das Ziel dieser Karte war und musste sein, aufs stärkste zu generalisieren. Viele Versuche waren nötig, um eine ausreichend starke Vergröberung und damit Wirkung zu erreichen. Die nächste Auflage der Karte, die etwa im Mai des Jahres in die Maschine kommt, wird eine weitere Vergröberung sehen. [...] Es gibt keinen Standpunkt, der unmoderner und auch den herrschenden Anschauungen widersprechender ist, als der, detaillierte Eintragungen auf einer solchen Karte zu verlangen. Entlastung nicht Belastung ist das sehr berechtigte Schlagwort.[164]

Auch das wirtschaftliche Ergebnis wird aus der Stellungnahme ersichtlich: »Im Übrigen hoffe ich, dass die Karte, einer der grössten und am meisten anerkannten Erfolge meiner geographischen Anstalt, in weiter verbesserter Form noch weiterhin viele Neuauflagen sehen wird.«[165] Das war nicht übertrieben: die Berendt-Karten stellten einen enormen finanziellen Erfolg dar. 1938 erbrachte der *Historische Wandatlas* einen Umsatz von rund 255.000 Reichsmark. Davon erzielten die beiden Berendt-Karten allein zusammen rund 146.000 Reichsmark.[166] Die beiden Karten trugen im Kartenrand allerdings nicht mehr den Namen Haack als Mitherausgeber und auch in einer Liste seiner Publikationen, die im *Geographischen Anzeiger* 1942 veröffentlicht wurde, tauchen sie im Gegensatz zu allen anderen hier erwähnten Karten nicht auf.[167] Möglicherweise ging ihm die hier betriebene »Vergröberung« zu weit. Dennoch liegt die Karte in der Fluchtlinie, deren Ausgang Haacks Kartenstil bildete.

Zu dieser Einschätzung kam auch Norbert Krebs (1876-1947) – ein Schüler Pencks und ab 1927 dessen Nachfolger als Inhaber des Lehrstuhls für Geographie an der Friedrich-Wilhelms-Universität Berlin.[168] Für die Beurteilung der Frage, ob Haack anlässlich seines 70. Geburtstages mit der Goethe-Medaille für Wissenschaft und Kunst ausgezeichnet werden sollte, verfasste er im Juli 1942 ein Gut-

164 Brief an Nikolaus Creutzburg vom 11. April 1939, SPA ARCH PGM 626/04, o. P. Zum Verfasser siehe Anm. 102 in diesem Kapitel, S. 362.

165 Ebd.

166 Buchführungs-Ergebnisse 1938, Bl. 32 vom 17. Juni 1939, Forschungsbibliothek Gotha, Sammlung Perthes, SPA ARCH FFA. Der Gewinn des Großen Historischen Wandatlas betrug 1938 100.716,27 Reichsmark. Vgl. Buchführungs-Ergebnisse 1938, Bl. 33 vom 17. Juni 1939, Forschungsbibliothek Gotha, Sammlung Perthes, SPA ARCH FFA.

167 O. V., Die Veröffentlichungen von Professor Dr. Hermann Haack. Nach dem Erscheinungsjahr geordnet, in: Geographischer Anzeiger 43 (1942), H. 19-22, S. 421-429.

168 Edgar Lehmann, Art. »Krebs, Norbert« in: Neue Deutsche Biographie 12 (1979), S. 730, URL: https://www.deutsche-biographie.de/pnd116404175.html#ndbcontent [8.3.2019].

achten über dessen wissenschaftliche Bedeutung. Krebs schrieb hier über Haacks Kartengestaltung:

> Die Schulwandkarten aber sind in hohem Mass sein Werk und sind nach seinen Plänen in Gotha hergestellt. Es sind teils physikalische und politische, teils rein physische und historische Karten, die im Unterricht viel verwendet werden. [...] Es ist ein Verdienst der historischen Karten, dass sie den Entwicklungsgedanken zu einer Zeit betonten, wo noch die Darstellung einzelner Zustände im Vordergrund stand. Von den Länderkarten wird man allerdings sagen müssen, dass sie in der für den Unterricht angeblich notwendigen Verstärkung der Farben recht weit gegangen sind [...]. Es ist eine Ironie des Schicksals, dass unsere auf noch gröbere Wirkung hinzielende Zeit, die Haack doch nicht mehr mitmachen wollte, den Weg ins Extrem verfolgt, den er selbst zuerst beschritten hat.[169]

Wirtschaftlich betrachtet war die Unternehmung der Wandatlanten äußerst erfolgreich. Insofern ist die hinter den politisch relevanten Wandkarten stehende Verlagsstrategie als eine Selbstmobilisierung innerhalb des Nationalsozialismus aufzufassen, bei der ökonomischer Pragmatismus und weltanschauliche Zustimmung zum System miteinander verschmolzen. Mit dem von Mitchell Ash entwickelten Konzept der »Ressourcen füreinander« (vgl. Kap. 1) kann auch die kartographische Wissensproduktion des Perthes-Verlags für den Schul- und Schulungssektor als ein wechselseitiges Verhältnis beschrieben werden, bei dem der Verlag wirtschaftlich durch die Abnahme von Wandkarten seitens Parteischulungseinrichtungen und durch Staatsaufträge von der NS-Politik profitierte, der Verlag im Gegenzug mit seiner visuellen Expertise dazu beitrug, die NS-Weltanschauung zu plausibilisieren und damit das System zu stabilisieren.[170] Mit Kriegsbeginn druckte der Verlag Wandkarten im Auftrag der Wehrmacht zum *Polenfeldzug* und dem *Krieg im Westen*, die im Rahmen des *Historischen Wandatlas* erschienen.[171]

169 Gutachten von Norbert Krebs vom 8. Juli 1942, Bundesarchiv Berlin, BArch R/4901 726, Bl. 109.

170 Ash, Wissenschaft und Politik als Ressourcen für einander.

171 O. V., Der Feldzug in Polen im September 1939, bearb. und hg. vom Generalstab des Heeres, kriegswissenschaftliche Abt., in: Hermann Haack/Heinrich Hertzberg (Hg.), Großer Historischer Wandatlas, 1:750.000, Gotha 1940. O. V., Der Krieg im Westen 1940, bearb. und hg. vom Generalstab des Heeres, kriegswissenschaftliche Abt., in: Hermann Haack/Heinrich Hertzberg (Hg.), Großer Historischer Wandatlas, 10 Kt. in verschied. Maßstäben auf 1. Bl., Gotha 1943. In diesem Zusammenhang muss auch der »Seuchen-Atlas« genannt werden, in dem geomedizinische, militärische und ideologische Wissensbestände visualisiert wurden. Heinz Zeiss (Hg.), Seuchen-Atlas, Hg. im Auftrag des Chefs des Wehrmachtssanitätswesens, Gotha 1942-1945.

7.5 Die internationale Ausgabe des *Stieler* und die *Fliegerkarte*

Doch soll hier noch einmal aus dem Jahr 1939 zurückgeschwenkt werden in das Jahr 1934. Nach jahrelangen Verzögerungen begann in diesem Jahr die internationale Ausgabe des *Stieler-Handatlas* in Lieferungen zu erscheinen (vgl. Kap. 6).[172] Im August desselben Jahres fand in Warschau der 14. Internationale Kongress für Geographie statt, ausgerichtet von der Internationalen Geographischen Union (IGU). Erstmals seit dem Kongress in Rom 1913 wurde auch wieder eine deutsche Delegation eingeladen.

Der Leiter der deutschen Delegation Ludwig Mecking (1879-1952), Richthofen-Schüler und zu dieser Zeit Ordinarius für Geographie in Münster, hob in seinen Grußworten die besondere Perspektive der deutschen Teilnehmer hervor, für die der Anlass des Zusammentreffens kein gewöhnlicher Kongress sei, der alle drei Jahre stattfinde, sondern ein »Wiedersehen nach zwei Jahrzehnten des Weltschicksals«.[173] Mecking drückte die »Befriedigung« der deutschen Delegation über die Einladung und die damit einhergehende Wertschätzung aus und betonte, dass Wissenschaft sich auf Dauer nicht »auseinanderreissen« lasse. Diese versöhnlichen Worte kamen nicht ganz ohne Untertöne aus, so schloss Mecking aus der Einladung der deutschen Geographen, dass sich nun auch international und allgemein die »Erkenntnis von der Unmöglichkeit und Nichtberechtigung des 1918 geschaffenen Zustandes der Wissenschaften« durchgesetzt habe. Nicht wenige der Zuhörer/innen werden bei dieser Passage über den Zustand der Wissenschaften gedanklich auch auf den allgemeinen politischen Zustand geschlossen haben. Auch ließ Mecking mit der emphatischen Beschwörung, zwischen »Vertretern echten wissenschaftlichen Geistes« könne es keine dauerhafte Entfremdung geben, zumindest Raum für die Vermutung, unter den Anwesenden befänden sich auch Personen eines pseudowissenschaftlichen Geistes. Ein Echo der transnationalen Wissenschaftsdebatten nach dem Krieg, in denen der Vorwurf der Unwissenschaftlichkeit und der rein politisch motivierten Forschung an der Tagesordnung gewesen war (vgl. Kap. 5). All dies, so sprach es aus den Worten Meckings, wollte man nun hinter sich lassen und verlorenes Vertrauen wiederherstellen. Als Vertreter der »Regierung des Deutschen Reiches« betonte er gleichfalls, diese habe

> unsere Beteiligung am Kongress warm begrüsst und gefördert [...], getreu dem Geiste ehrlicher Verständigung und freundnachbarlichen Zusammenlebens, wie ihn unserer Volkskanzler und Führer verkörpert mit seinem festen Willen,

172 Hermann Haack (Hg.), Stieler Grand Atlas de Géographie Moderne. 10e Édition. Édition Internationale, 1e Livraison, Gotha 1934.

173 O. V., Discours du Professeur L. Mecking, Délégué du Gouvernement Allemand, in: Comptes Rendus du Congrès International de Géographie Varsovie 1934, hg. von der Union Géographique Internationale, Bd. 1: Actes du Congrès, Travaux de la Section I, Warschau 1935, S. 105-106, hier S. 105.

seiner grossen Seele, seinem tiefen Erfassen des Wesens und Lebens von Volk und Völkern.[174]

Die allgemeine Betonung des Friedenswillens, besonders auch gegenüber Polen, gehörte in der Anfangs- und Konsolidierungsphase der nationalsozialistischen Herrschaft zu einem der außenpolitischen Grundsätze des Regimes und mündete schließlich auch in der deutsch-polnischen Nichtangriffserklärung vom Januar 1934 – die Hitler im April 1939 aufkündigte – und einen damit verbundenen intensiven Kulturaustausch.[175] Die deutsche Delegation auf dem Warschauer Geographenkongress hatte im Vorfeld genaue Instruktionen seitens des Auswärtigen Amtes und des Reichsinnenministeriums erhalten. Jedwede aggressive oder revisionistische Formulierung wurde strikt untersagt.[176]

Hermann Haack schlug diesen Vorgaben gemäß ähnliche Töne wie Mecking an. In seinem Vortrag, gehalten in der Vormittagssitzung des 27. August, berichtete Haack von den Arbeiten an der internationalen *Stieler*-Ausgabe, den er bei dieser Gelegenheit vorstellen und bewerben wollte. Haack betonte gleich zu Beginn seines Vortrags, die Kartographie »besitzt ihrem Wesen nach einen stark ausgeprägten internationalen Zug«.[177] Entsprechend Haacks Fähigkeit, Dinge von verschiedenen Seiten zu betrachten und eine dialektische Argumentation zu verfolgen, schränkte er jedoch sofort ein, dass jede Karte auch einen nationalen Horizont besitze, bedingt durch den »Ort ihrer Entstehung und den Zweck, den sie verfolgt«.[178] Die Aufgabe eines internationalen Atlas sei es nun, das nationale Moment, das besonders in Gliederung und Beschriftung, in der Wahl des Maßstabs sowie in der Anzahl der Blätter für die jeweiligen Länder zum Ausdruck komme, weitestgehend zurückzudrängen.

Bei dem Problem der Beschriftung, das Haack ausführlich referierte, stellte er sich auf den Standpunkt, es sei bei internationalen Atlanten das lateinische Alphabet und die jeweilige Schreibweise der »Kultursprachen« zu verwenden. Dadurch sei die »Hauptschwierigkeit durch die Einbeziehung zahlreicher Sprachen von unselbstständigen Völkern« gelöst. Schließlich würden »deren Länder [...] meist von europäischen Völkern kartiert«.[179] Der in den Ländern Europas jeweils unterschiedlich ausgeprägte »Kartentypus« müsse zu einer Form synthetisiert werden, die es erlaube, »für jeden Benutzer ohne Rücksicht auf seine Volkszugehörigkeit

174 Ebd., S. 106.

175 Karina Pryt, Befohlene Freundschaft. Die deutsch-polnischen Kulturbeziehungen 1934-1939, Osnabrück 2010, S. 123 f.

176 Vgl. Rössler, »Wissenschaft und Lebensraum«, S. 35.

177 Hermann Haack, Zur internationalen Ausgabe von Stielers Handatlas, in: Comptes Rendus du Congrès International de Géographie Varsovie 1934, hg. von der Union Géographique Internationale, Bd. 1: Actes du Congrès, Travaux de la Section I, S. 214-219, hier S. 214.

178 Ebd.

179 Ebd., S. 216.

anschaulich, verständlich und leicht lesbar« zu sein.[180] Haack stimmte auch den übrigen Inhalt ganz auf das internationale Verkaufsinteresse von Perthes sowie die konkreten politischen Vorgaben ab. Im Gegensatz zu seiner Forderung von 1911, als er auf die stärkere Berücksichtigung der deutsch-nationalen Perspektive im *Stieler* gedrängt hatte, beschloss er seinen Vortrag daher »mit dem Wunsch, dass friedliche Zeiten die Vollendung des grossen Werkes ermöglichen möchten und dass es an seinem bescheidenen Teil mit dazu helfen möge, Brücken des Verständnisses und der Achtung zwischen den Völkern zu schlagen«.[181]

Wirtschaftlich fruchtete diese Geste indes wenig. Klemm berichtete ein gutes Jahr später, im November 1935, über den Erfolg der internationalen Ausgabe in ihrem Erscheinungsjahr 1934. »Diese Ausgabe ist«, hielt Klemm fest, »nicht zuletzt infolge des behinderten Auslandsverkehrs, die aufgelegte Pleite.«[182] Die bisher erschienenen sechs Lieferungen hätten bisher jeweils nur ungefähr 2000 Abnehmer/innen gehabt. Bis Jahresende 1934 hatte die Ausgabe insgesamt 623.252,19 Reichsmark an ungedeckten Kosten verursacht.[183] Das bis 1941 aus der Produktion des internationalen *Stieler* resultierende Defizit betrug fast 900.000 Reichsmark![184] Angesichts dieser Zahlen war es kein Wunder, dass Klemm, bezogen auf beide *Stieler*-Versionen, bereits 1934 ernüchtert feststellte, dass die Gewinne aus anderen Produkten, die der Verlag über die Jahre in den *Stieler* hineingesteckt hatte, ja ohnehin »weggesteuert« worden wären:[185] »So haben wenigstens Dutzende von Arbeitskräften beinahe 2 Jahrzehnte lang Arbeit gehabt und J.P. [Justus Perthes] darf sich mit Recht weiter als die führende kartographische Anstalt der Welt bezeichnen.«[186] Im selben Jahr hatte sich jedoch ein Geschäft angebahnt, das wesentlich ergiebigere Bilanzen zeitigen sollte, wenn es auch den von Haack in Warschau bekundeten Wunsch nach »friedliche[n] Zeiten« als ein bloßes Lippenbekenntnis offenbar werden ließ.

Im Februar und März 1935 wurde von offizieller Seite die Existenz einer deutschen Luftwaffe bestätigt.[187] Ihr Aufbau war seit der Machtübernahme der Nationalsozialisten unter enormen Anstrengungen vorangetrieben worden. Bereits seit 1934 fanden bei Perthes unter der Leitung von Hermann Haack erste Vorarbeiten

180 Ebd., S. 217.

181 Ebd., S. 219.

182 Buchführungs-Ergebnisse 1934, Bl. 36 vom 15. November 1935, Forschungsbibliothek Gotha, Sammlung Perthes, SPA ARCH FFA.

183 Ebd.

184 Es wurde mit 895.603,11 Reichsmark ausgewiesen. Buchführungs-Ergebnisse 1942, Bl. 33 vom 18. Juni 1943, Forschungsbibliothek Gotha, Sammlung Perthes, SPA ARCH FFA.

185 Buchführungs-Ergebnisse 1934, Bl. 37 vom 15. November 1935, Forschungsbibliothek Gotha, Sammlung Perthes, SPA ARCH FFA.

186 Ebd.

187 Wilhelm Deist u.a., Ursachen und Voraussetzungen der deutschen Kriegspolitik (Das Deutsche Reich und der Zweite Weltkrieg, Bd. 1), hg. vom Militärgeschichtlichen Forschungsamt, 6. Aufl. [1. Aufl. 1979], Stuttgart 2017, S. 484.

zur Ausarbeitung einer *Fliegerkarte* in einer zivilen und einer militärischen Version auf der Basis von *Vogels Karte des Deutschen Reiches und der Alpenländer* statt, die zwischen 1913 und 1915 erschienen war.[188] Die Bearbeitung dieser Karte war unter der Regie von Paul Langhans erfolgt und diente bereits im Ersten Weltkrieg militärischen Zwecken.[189] Der Grund für die Nutzung als Fliegerkarte war der hierfür günstige Maßstab der Karte von 1:500.000.[190]

Klemm resümierte 1934, dass nach dem verlorenen Krieg das Militär, »der bisherige Hauptabnehmer der Karte«, ausgefallen war und daher von einer weiteren Überarbeitung der Karte bisher abgesehen worden war.[191] Laut Klemm eröffnete die »Wiederwehrhaftmachung« Deutschlands, sprich die Aufrüstung nach 1933, der Karte nun jedoch neue Erfolgsaussichten. Die Karte zeige »nunmehr wieder einige Gangbarkeit, namentlich bei Fliegerformationen«. Zudem stehe »eine Neubearbeitung auf Reichskosten« in Aussicht.[192] Dies ist in den Verlagsunterlagen die früheste Spur des Aufbaus einer »Waffenschmiede«, wie es Werner Painke (1920-1988), ein Schüler Haacks,[193] rückblickend durchaus treffend bezeichnete.[194] Painke begann seine Anstellung als Kartograph bei Perthes im März 1939 nachdem er in Berlin zum Kartographen ausgebildet worden war.[195] Schon beim ersten Betreten des Verlags in Gotha beeindruckte Painke damals das Traditionsbewusstsein, besonders die »Ahnengalerie« der berühmten Kartographen: »Durchweg bärtige Männer schauten ernsten Blickes auf uns herab.«[196] Eine zeitgemäßere Form der Repräsentation hatte sich Justus Perthes zu seinem 150. Jubiläum 1935 gegeben. In Form eines prunkvollen Bildbandes, der alle Mitarbeiter/innen an ihrem Arbeitsplatz als »Gefolgschaft« präsentierte – samt beflaggtem Verlagsgebäude und Joachim Perthes als »Betriebsführer« – entsprechend den Idealen der ›Volksgemeinschaft‹ (siehe Abb.47-50, S.383-384).[197] Der Verlag wurde schließlich auch NS-Musterbetrieb.[198]

188 O. V., Vogels Karte von Mitteleuropa 1:500.000, B: Fliegerausgabe, Gotha 1936-1945. Für ein Beispiel aus diesem Kartenwerk siehe Abb. 46, S. 256.

189 Siehe Kann, Karten des Krieges.

190 Köhler, Gothaer Wege, S. 232.

191 Buchführungs-Ergebnisse 1934, Bl. 34 vom 16. November 1935, Forschungsbibliothek Gotha, Sammlung Perthes, SPA ARCH FFA.

192 Ebd.

193 Helmut Langer, Infoblatt des Klett-Verlags zu Hermann Haack (1872-1966), URL: https://www2.klett.de/sixcms/list.php?page=infothek_artikel&extra=&artikel_id=158844&inhalt=klett71prod_1.c.158576.de [27. 2. 2019].

194 Werner Painke, 1785-1985: 200 Jahre Justus Perthes Geographische Verlagsanstalt Gotha-Darmstadt, Darmstadt 1985, S. 21.

195 Ebd., S. 20.

196 Ebd., S. 5.

197 Justus Perthes, Die Gefolgschaft im Jubiläumsjahr 1935, verkleinerte Wiedergabe der dem Betriebsführer als Festgabe überreichten Bildermappe, Gotha 1935.

198 Brogiato, Wissen ist Macht, S. 87.

Abb. 47: Hermann Haack mit seiner Sekretärin Finke (1935)

Abb. 48: Paul Langhans mit seiner Sekretärin Eckhardt (1935)

Abb. 49: Vorbereitungen in der Druckerwerkstatt (1935). Im Bild die Anlegerinnen Oelbaum und Schottmann sowie der Maschinenmeister Hähner

Abb. 50: Eine Schulwandkarte »Der Werdegang des deutschen Volkes« nach dem Aufziehen (1935). Im Bild die Aufzieher Erbstößer und Weidemüller

Painke fiel 1939 auf, dass in dem Jubiläumsband von 1935 »außer Hermann Haack, dem wissenschaftlichen Leiter« nur wenige Kartographen – Langhans zählte er nicht dazu – abgebildet waren:

> Hier zeigten sich noch die Folgen der Wirtschaftskrise. Viele junge Perthes-Kartographen mußten in diesen schweren Jahren Gotha verlassen und andernorts ihr Glück versuchen; [...]. Vielen Kupferstechern, Lithographen, Druckern und Buchbindern wird es ähnlich ergangen sein.[199]

1939 stellte sich die Situation dagegen völlig anders dar. Perthes warb nun sogar zusätzliche Kartographen aus Berlin an, darunter Painke selbst, weil die verlagsinterne Ausbildung den Bedarf nicht mehr deckte: »Schnell wurde klar, wozu die vielen jungen Kartographen gebraucht wurden. Als neues Kartenwerk entstand die Fliegerkarte.«[200] Laut Painke versorgte Perthes mit dem Beginn des Zweiten Weltkrieges die Luftwaffe mit umfangreichem Kartenmaterial: »Vogels Karte reichte bald schon nicht mehr aus. In neuester Technologie entstanden moderne Fliegerkarten, Funkortungskarten, Flugmeldekarten und viele ähnliche Spezialkarten.«[201]

Die Belieferung der Luftwaffe hatte jedoch entgegen Painkes Erinnerungen bereits Jahre vor Kriegsbeginn eingesetzt. Die Allgemeine Übersicht der Buchführungsergebnisse für das Jahr 1936 hielt fest, dass »in einzelnen Betriebsabteilungen verstärkte Überstunden nicht zu umgehen« waren, da »Arbeiten im Interesse der Landesverteidigung beschleunigt ausgeführt werden mussten«.[202] Dem Bericht ist weiter zu entnehmen, dass die »Übertragung dieser ehrenvollen Aufgabe« sogar zu einer Überbelastung der Kapazitäten des Verlags führte.[203] Hier sind Parallelen zu anderen Bereichen der besonders intensiv forcierten Aufrüstungsmaßnahmen für die Luftwaffe erkennbar.[204] Zu Beginn scheint man bei Perthes allerdings skeptisch hinsichtlich der Beurteilung des Verhältnisses von Aufwand und Ertrag gewesen zu sein. Die Arbeiten an *Vogels Karte von Mitteleuropa* hatten laut den Buchführungs-Ergebnissen den Verlag »zeitweise [...] stärker belastet, als es erwünscht war«. Der wirtschaftliche Ertrag sei zunächst hingegen »nicht erheblich« gewesen. Man erhoffte sich aber bessere Ergebnisse für eine Zeit, »in der an größere Druckauflagen gegangen werden kann« – ob damit konkret der Krieg gemeint war, muss dahingestellt bleiben, erscheint aber naheliegend.[205] In der Tat

199 Painke, 200 Jahre Justus Perthes, S. 20.

200 Ebd.

201 Painke, 200 Jahre Justus Perthes, S. 21 f.

202 Buchführungs-Ergebnisse (Allgemeine Übersicht) 1936, Bl. 22 vom 24. April 1937, Forschungsbibliothek Gotha, Sammlung Perthes, SPA ARCH FFA.

203 Buchführungs-Ergebnisse (Allgemeine Übersicht) 1936, Bl. 24 vom 24. April 1937, Forschungsbibliothek Gotha, Sammlung Perthes, SPA ARCH FFA.

204 Deist u. a., Ursachen und Voraussetzungen der deutschen Kriegspolitik, S. 480 ff.

205 Buchführungs-Ergebnisse (Allgemeine Übersicht) 1936, Bl. 25 vom 24. April 1937, Forschungsbibliothek Gotha, Sammlung Perthes, SPA ARCH FFA.

betrugen die erzielten Gewinne für *Vogels Karte von Mitteleuropa* in den Jahren 1935 und 1936 zusammen rund 35.000 Reichsmark.[206] Das war kein überragendes, aber trotzdem ein gutes Ergebnis. Für 1937 betrug der Gewinn dann bereits beachtliche 154.903,77 Reichsmark.[207] Der mit Abstand größte Teil der Einnahmen resultierte dabei stets aus den als »fremde Aufträge« gekennzeichneten Posten der Luftwaffe.

1939 erreichte der Gewinn schließlich die Summe von 401.601,66 Reichsmark![208] Der Gesamtgewinn für *Vogels Karte von Mitteleuropa*, bei der die militärische Version den überwältigenden Anteil ausmachte,[209] betrug bis einschließlich 1942 1.255.443,59 Reichsmark.[210] Abzüglich der vom Verlag geleisteten Rückzahlungen an militärische Stellen in den Jahren 1939 bis 1942 in Höhe von 551.000 Reichsmark – vermutlich handelte es sich dabei um Vorschussleistungen – verblieb immer noch ein gigantischer Gewinn von 704.443,59 Reichsmark.[211] Daher lässt sich Justus Perthes mit Fug und Recht als Profiteur des Krieges bezeichnen.

Doch bereits vor dem Krieg profitierte der Verlag von den geschäftlichen Kontakten mit der Luftwaffe. So erfolgte ab Mitte der 1930er Jahre eine technische Modernisierung der Werkstätten, wodurch nun partiell Spezialfolien für die Erstellung kartographischer Druckvorlagen als Ersatz für Kupferstich und Lithographie zum Einsatz kamen. In diesem Zusammenhang wurden auch neue photographische Reproduktionsverfahren, etwa für die Kartenschrift, eingeführt. Schließlich kam so 1936 auch die erste Offsetdruckmaschine in den Verlag. Die Beschaffung dieser technischen Ressourcen diente insbesondere der Entwicklung und Produktion moderner militärischer Fliegerkarten.[212] Aber auch bezüglich personeller ›Ressourcen‹ profitierte der Verlag von der nationalsozialistischen Gesetzgebung. So wurde die Wahl des Arbeitsplatzes eingeschränkt, während des Krieges gab es Zwangsverpflichtungen. Außerdem profitierte der Verlag vom System der NS-Zwangsarbeit.[213] Der Geschäftsführer Flicek nutzte seine guten Kontakte als Wehrwirtschaftsführer, um Mitarbeiter, die an der Produktion der

206 Buchführungs-Ergebnisse 1937, Bl. 51 vom 22. Juni 1938, Forschungsbibliothek Gotha, Sammlung Perthes, SPA ARCH FFA.

207 Buchführungs-Ergebnisse 1937, Bl. 52 vom 22. Juni 1938, Forschungsbibliothek Gotha, Sammlung Perthes, SPA ARCH FFA.

208 Buchführungs-Ergebnisse 1939, Bl. 56 vom 31. Juli 1940, Forschungsbibliothek Gotha, Sammlung Perthes, SPA ARCH FFA.

209 Bspw. betrugen die Einnahmen aus der militärischen Version für das Jahr 1942 131.277,48 RM gegenüber 2059,43 RM für die zivile Version. Buchführungs-Ergebnisse 1942, Bl. 43 vom 23. Juni 1943, Forschungsbibliothek Gotha, Sammlung Perthes, SPA ARCH FFA.

210 Ebd.

211 Ebd.

212 Köhler, Gothaer Wege, S. 231-235.

213 Ebd., S. 234 f. Painke, 200 Jahre Justus Perthes, S. 21 f. Wenzel, Gotha 1933-1945 in Fotografien, S. 91. Diesem wichtigen Thema konnte im Rahmen der Arbeit nicht nachgegangen werden, es bleibt ein Forschungsdesiderat. Zu den ethischen Schwierigkeiten bei der Rede von ›Res-

militärischen Fliegerkarten beteiligt waren, als ›unabkömmlich‹ vom Wehrdienst freizustellen.[214]

Und Hermann Haack? Er hielt noch eine weitere Rede auf einem Kongress der Internationalen Geographischen Union, auf dem 15., der im Juli 1938 in Amsterdam stattfand. Diesmal sprach Haack über *Flugkarten unter besonderer Berücksichtigung der deutschen Fliegerkarte von Mitteleuropa 1:500.000.*[215] Seine hier gemachten Ausführungen lassen zweierlei deutlich werden: Zunächst kann kein Zweifel daran bestehen, dass Haack führend an der Konzeption und Umsetzung der *Fliegerkarte* beteiligt war. Er war als wissenschaftlicher Leiter bei Perthes ohnehin federführend an allen kartographischen Vorgängen beteiligt. Die in seinem Vortrag geäußerten fundierten und praktisch orientierten Kenntnisse des Zusammenhangs von Luftfahrt und dessen spezifischen kartographischen Bedürfnissen belegen aber, dass er auch konzeptionell an den Arbeiten der *Fliegerkarte* beteiligt war.[216] Ausdrücklich hob Haack hervor, der »Neuaufbau der deutschen Wehrmacht machte aber die Schaffung einer deutschen Flugkarte von Mitteleuropa zu einer dringenden Notwendigkeit«.[217] Zweitens wird anhand der Schlussbemerkung des Vortrags klar, dass Haack sowohl die Belieferung der Luftwaffe mit Kartenmaterial durch Perthes, als auch deren massiven Auf- und Ausbau begrüßte:

> Die deutsche »Fliegerkarte« […] hat gewiss noch nicht ihre endgültige Form gefunden, sie befindet sich noch im Stadium der Entwicklung, aber auch in ihrer jetzigen Gestalt hat sie eine empfindliche Lücke im Zyklus der amtlichen Kartenwerke ausgefüllt und leistet dem im stürmischen Aufwärtsstreben befindlichen jungen deutschen Flugwesen wertvolle Dienste.[218]

Schlägt man nun den Bogen zwischen den beiden Vorträgen Haacks von 1934 und 1938, zwischen dem scheinbaren Widerspruch von Friedensbeteuerung und selbstbewussten Verweis auf die militärische Stärke Deutschlands – gerade der Aufbau der Luftwaffe war ja ein Symbol hierfür – zeigen sich unabweisbare Parallelen zu den Verschiebungen in den Positionen der deutschen Außenpolitik

sourcen‹ im Zusammenhang mit dem Nationalsozialismus siehe Flachowsky/Hachtmann/Schmaltz, Editorial, S. 14. Ebenso Ash, Reflexionen zum Ressourcenansatz, S. 551 ff.

214 Köhler, Gothaer Wege, S. 234. Allerdings nutzte Flicek seine Kontakte zur Wehrmacht wohl auch, um »mißliebige Mitarbeiter« zum Militär einziehen zu lassen. Ebd. Dies deckt sich mit den Aussagen von Rudolf Habel in dessen Interview von 1991. Siehe Anm. 102 in diesem Kapitel, S. 362.

215 Hermann Haack, Flugkarten unter besonderer Berücksichtigung der deutschen Fliegerkarte von Mitteleuropa 1:500 000, in: Comptes Rendus du Congrès International de Géographie Amsterdam 1938, hg. von der Union Géographique Internationale, Bd. 2/1: Travaux de la Section I Cartographie, Leiden 1938, S. 114-123.

216 Ebd., S. 118.

217 Ebd., S. 120.

218 Ebd., S. 122.

während dieser Zeit. War die erste Zeit der nationalsozialistischen Herrschaft neben Einschüchterung und Gewalt auch von Unsicherheiten, Kompromissen und Konsolidierung gekennzeichnet, was sich auch in den ›Friedensreden‹ Hitlers und Goebbels niederschlug, zeigten sich nach 1936 zunehmend auch außenpolitisch ihre charakteristischen Züge: Brutalität, Rücksichtslosigkeit, geschicktes Ausnutzen des Momentums bei maximaler Risikobereitschaft und höchster Flexibilität in der Wahl der Mittel.

Die gesamte politische Situation war 1938 gegenüber 1934 grundlegend verändert, die Nachkriegsordnung der Pariser Vorortverträge zerstört. Im Juli 1938 war der sogenannte Anschluss Österreichs und hernach eine verschärfte antisemitische Kampagne bereits erfolgt, der Spanische Bürgerkrieg war seit Jahren im Gang, Hitlers Forderungen gegenüber der Tschechoslowakei hatten im Mai einen Krieg in greifbare Nähe gerückt.[219] Vor diesem Hintergrund von einem »im stürmischen Aufwärtsstreben befindlichen jungen deutschen Flugwesen« zu sprechen, dürfte seine Wirkung kaum verfehlt haben. Natürlich wäre es unzutreffend, eine nähere Beziehung zwischen Haack und der deutschen Außenpolitik unterstellen zu wollen. Die grundlegende Entwicklung in der Haltung aber, die Veränderung in der Außendarstellung, war identisch. Zieht man in Betracht, dass, wie bereits erwähnt, die deutschen Delegationen für die Konferenzen der Internationalen Geographischen Union von staatlichen Stellen Anweisungen erteilt bekamen und die offiziellen NS-Presseanweisungen dem Kongress in Amsterdam eine besondere Bedeutung beimaßen,[220] so erhalten diese Aussagen doch eine gewisse, wenn auch auf den Rahmen eines internationalen Fachkongresses beschränkte, politische Relevanz.

Dass Haack spätestens nach Ausbruch des Krieges sowohl die Außenpolitik des Deutschen Reiches unterstützte als auch dessen Siedlungspolitik und Antisemitismus publizistisch befürwortete, zeigen Kommentare Haacks im *Geographischen Anzeiger* aus dem Jahr 1940. Hier findet sich u. a. ein enthusiastischer Kommentar anlässlich der Jährung der Angliederung des seit 1923 von Litauen besetzten Memelgebietes an Deutschland im März 1939: »So wehen die Fahnen des großdeutschen Reiches seit einem Jahre wieder und für ewig über dem Lande nördlich der Memel! Trotz schwerster Not ist dieser deutsche Boden dem Reiche nicht verloren gegangen.«[221] Durch die Angliederung sei zudem der »drohenden Gefahr der Verjudung des Landes ein erfreuliches Ende bereitet« worden, »lebten doch schätzungsweise 5500 Juden im Memelgebiet«.[222]

219 Hildebrand, Das vergangene Reich, S. 652.

220 Karen Peter, NS-Presseanweisungen der Vorkriegszeit, Bd. 6/2: Quellentexte Mai bis August 1938, München 1999, S. 641.

221 Hermann Haack, Ein Jahr Grossdeutsches Memelland. Zum 22. März, in: Geographischer Anzeiger 41 (1940), H. 5/6, S. 49-50, hier S. 50.

222 Ebd., S. 49. Siehe auch Henniges/Meyer, Hermann Haack, S. 52.

Weiterhin sah Haack in der »Umsiedelung deutscher Volksgenossen aus Fremdland zurück in die deutsche Heimat« einen »Markstein in der Entwicklung- und Siedlungsgeschichte des Deutschen Volkes als eines einheitlichen Organismus«.[223] Die antisemitische und rassistische »Ostforschung«, die die praktische Umsetzung der Lebensraumideologie betrieb, bezeichnete Haack anlässlich der Gründung des Instituts für deutsche Ostarbeit im besetzten Krakau durch den Generalgouverneur Hans Frank (1900-1946) als Ausdruck »wirklichkeitsnaher im Lebenskampf des Volkes mitstreitender Wissenschaft«, welche »die Entwicklung in den besetzten Gebieten nicht irgendwelchen durch den Augenblick bedingten Entscheidungen« überlasse, sondern in der Zielstellung »nach bestimmten Plänen« gestaltet sei.[224] Haack bemerkte weiterhin in Bezug auf die »Ostforschung«:

> Es ist nicht zu leugnen, daß die Erforschung der deutschen Ostbewegung und ihrer historischen Wirkungen wesentlich dazu beigetragen haben, das deutsche Geschichtsbewusstsein neu auszurichten und auch dem Binnendeutschen die Schicksalsverflechtung unseres Volkes mit dem Osten vor Augen zu stellen, wie umgekehrt der nationale Umbruch auch diesem Zweige der Wissenschaft stärkste Impulse verlieh, ja ihn auf eine neue weltanschauliche Grundlage stellte. Heute ist die Ostforschung so weit, daß sie der Nation auch ganz konkrete Dienste zu leisten vermag, wie das der Sinn des neuen Instituts in Krakau sein soll.[225]

Hier nimmt Haack unzweideutig eine affirmative Position zur »Ostforschung« ein, die in den megalomanen Machbarkeitsphantasien des ›Generalplan Ost‹ gipfelte, der neben dem Holocaust sicherlich zu den zentralen Kennzeichen der NS-Herrschaft als eines singulären ›Zivilisationsbruchs‹ gehört.[226]

223 Hermann Haack, Volksdeutsche Umsiedlung, in: Geographischer Anzeiger 41 (1940), H. 3/4, S. 25-26, hier S. 26. Zur Umsiedlungspolitik von ›Volksdeutschen‹ siehe Maria Fiebrandt, Auslese für die Siedlergesellschaft. Die Einbeziehung Volksdeutscher in die NS-Erbgesundheitspolitik im Kontext der Umsiedlungen 1939-1945, Göttingen/Bristol 2014.

224 Hermann Haack, Institut für deutsche Ostarbeit, in: Geographischer Anzeiger 41 (1940), H. 7/8, S. 88.

225 Ebd. Grundlegend zum Thema ›Ostforschung‹ siehe Burleigh, Germany turns eastwards. Weiter siehe Fahlbusch, Wissenschaft im Dienst der nationalsozialistischen Politik? Gideon Botsch, »Politische Wissenschaft« im Zweiten Weltkrieg. Die »Deutschen Auslandswissenschaften« im Einsatz 1940-1945, Paderborn u. a. 2006. Ulrike Jureit, Wissenschaft und Politik. Der lange Weg zu einer Wissenschaftsgeschichte der »Ostforschung«, in: Neue politische Literatur 55 (2010), H. 1, S. 71-88.

226 Diner, Das Jahrhundert verstehen, S 242 f.

7.6 Vorläufiger Abgang mit Auszeichnung

Am 29. Oktober 1942 wurde Hermann Haack 70 Jahre alt. Bereits im Juni hatte der Perthes-Verlag Anstrengungen unternommen, ihn zu diesem Anlass mit der Goethe-Medaille für Kunst und Wissenschaft auszeichnen zu lassen. Diese Auszeichnung war 1932 durch Paul von Hindenburg im Rahmen der Feierlichkeiten des 100. Todesjahres von Goethe gestiftet worden und diente der Würdigung bedeutender Personen aus Kunst, Wissenschaft und Politik.[227]

Der Perthes-Verlag hatte im Juni 1942 ein Schreiben an das Thüringer Volksbildungsministerium geschickt, mit der Bitte, Haack für die Verleihung vorzuschlagen. Begründet wurde dies mit Haacks Verdiensten »auf dem Gebiet der praktischen und der wissenschaftlichen Kartographie und besonders der Schulkartographie«.[228] In dem Schreiben wurde Haack als »der führende deutsche Kartograph des letzten Menschenalters« bezeichnet. Die Medaille solle ihm an seinem 70. Geburtstag verliehen werden, er scheide damit zugleich aus dem »aktiven Dienst« aus.[229]

Zwei Gutachten hatte Perthes angefordert, sie sollten die Eignung Haacks für die Verleihung belegen.[230] Eines stammte von Friedrich Knieriem, der ein überzeugter Nationalsozialist und ab 1939 Reichssachbearbeiter für Erdkunde im NSLB war,[231] das zweite hatte Carl Wagner (*1871), Präsident der Deutschen Kartographischen Gesellschaft in Leipzig und Vorsteher des Deutschen Buchgewerbevereins, erstellt. Wagner befürwortete nachdrücklich die Verleihung an Haack und betonte: »In ihm erblickt die deutsche kartographische Industrie ihren Lehrer und Meister.«[232] Knieriem schrieb, Haack sei ihm seit 1909 persönlich bekannt und gehöre »zu den schöpferischen Persönlichkeiten unter den deutschen Kartographen […], denen er Wegweiser und Führer zugleich war«.[233] Knieriem verwies besonders auf Haacks Schulwandkarten, die im In- und Ausland einflussreich gewesen seien. Zudem habe Haack

227 Zu den Voraussetzungen für die Verleihung der Goethe-Medaille und die Verleihungspraxis siehe Otto Thomae, Die Propaganda-Maschinerie. Bildende Kunst und Öffentlichkeitsarbeit im Dritten Reich, Berlin 1978, S. 190 ff. Demnach waren »besonders hervorragende Verdienste« auf dem Fachgebiet entscheidend, die aber im Einklang mit den »kulturpolitischen Ziele[n]« der Nationalsozialisten stehen mussten. Ebd.

228 Brief der Verlagsanstalt an das Thüringer Volksbildungsministerium vom 16. Juni 1942, Bundesarchiv Berlin, BArch R/4901 726, Bl. 62.

229 Ebd.

230 Ebd.

231 Außerdem war Knieriem zwischen 1936 und 1939 und dann wieder ab 1940 Mitherausgeber des *Geographischen Anzeigers*. Siehe Anm. 7 in diesem Kapitel, S. 348.

232 Gutachten der Deutschen Kartografischen Gesellschaft Leipzig vom 24. Juni 1942, Bundesarchiv Berlin, BArch R/4901 726, Bl. 86.

233 Gutachten von Friedrich Knieriem vom 18. Juli 1942, Bundesarchiv Berlin, BArch R/4901 726, Bl. 87.

> schon früh die nationalpolitische Bedeutung der Erdkunde für die Erziehung des Deutschen Volkes erkannt und die Lebensarbeit eines Mannes darauf verwandt, diese Erkenntnis zur Tat werden zu lassen. Die Grundhaltung der Zeitschrift [des *Geographischen Anzeigers*] war immer deutsch im besten Sinne des Wortes gewesen und deshalb konnte sie nach der Machtübernahme auch ohne Kursänderung die Zeitschrift des Sachgebietes Erdkunde der Reichswaltung des NSLB werden.[234]

Noch im Juni übersandte das Thüringer Volksbildungsministerium den Antrag an das Reichsministerium für Wissenschaft, Erziehung und Volksbildung (REM) in Berlin und empfahl die Verleihung an Haack. Das Reichsministerium forderte im Juli ein weiteres Gutachten bei Norbert Krebs an. Sein Gutachten, aus dem bereits zitiert wurde, nahm eine hochschulgeographische Sicht ein und fiel insgesamt kritischer aus. Haack sei zwar »jahrzehntelang der anerkannte Führer der Schulgeographen und einer der angesehensten Persönlichkeiten auf dem Gebiet der deutschen Kartographie«[235] gewesen, doch liege Haacks Wirken eher auf der »praktischen Seite« und dem Gebiet der »angewandten Wissenschaft im Dienste der Schule und der Allgemeinheit«.[236] Hier habe er trotz Gegnerschaft und Unzulänglichkeiten zweifellos Verdienste, weniger aber auf streng wissenschaftlichem Gebiet. Die Verleihung der Goethe-Medaille hänge daher davon ab, so Krebs abschließend, ob sie für »reine Forscherarbeit« vorbehalten sein solle oder nicht.[237] Haacks farbliche Gestaltung der Wandkarten kritisierte Krebs: Die charakteristische Verstärkung der Farben gehe zu weit, die rote Färbung der Hochgebirge bezeichnete er sogar als »hässliche rote Flecken«.[238] Trotz des durchwachsenen Urteils von Krebs leitete das Reichswissenschaftsministerium den Antrag am 2. September 1942 an den »Herrn Staatsminister und Chef der Präsidialkanzlei des Führers und Reichskanzlers« Otto Meissner (1880-1953), mit der Bitte, Haack bei Hitler für die Verleihung der Goethe-Medaille vorzuschlagen.[239] Am 17. Oktober erfolgte die Antwort der Reichskanzlei, der »Führer« habe der »Anregung entsprochen«.[240]

234 Ebd.

235 Gutachten von Norbert Krebs vom 8. Juli 1942, Bundesarchiv Berlin, BArch R/4901 726, Bl. 109.

236 Ebd., Bl. 110.

237 Ebd.

238 Ebd., Bl. 109.

239 Schreiben des Reichsministeriums für Wissenschaft, Erziehung und Volksbildung an die Präsidialkanzlei des Führers und Reichskanzlers vom 2. September 1942, Bundesarchiv Berlin, BArch R/4901 726, Bl. 111.

240 Brief der Präsidialkanzlei des Führers und Reichskanzlers an das Reichsministerium für Wissenschaft, Erziehung und Volksbildung vom 17. Oktober 1942, Bundesarchiv Berlin, BArch R/4901 726, Bl. 142.

Haack reagierte auf diese Ehrung – er war an seinem Geburtstag auch zum Ehrenmitglied der Deutschen Kartographischen Gesellschaft ernannt worden[241] – am 3. November 1942 mit folgendem Rundschreiben:

> Zu meinem 70. Geburtstage sind mir vom FÜHRER, höchsten Reichs- und Staatsbehörden und Parteistellen, vom Oberbürgermeister und aus weiten Kreisen meiner Heimatstadt Gotha, von wissenschaftlichen Körperschaften und Gesellschaften, von Fachgenossen und Mitarbeitern in und außer dem Hause weit über Erwarten höchste Ehrungen, Glückwünsche und Grüße zuteil geworden.[242]

Im Dezember 1942 trat Haack aus der Redaktion des *Geographischen Anzeigers* aus.[243] Nicht ohne denjenigen zu danken, die im Laufe der Zeit als Mitherausgeber fungiert hatten: dem verstorbenen Heinrich Fischer, Albert Müller (1874-1934) und Friedrich Knieriem. Haack war Letzterem besonders dafür verbunden, dass dieser dem *Anzeiger* nach 1933 den »Geist der neuen Zeit« eingeflößt habe.[244]

Ein weiteres Mal meldete sich Haack anlässlich des 65. Geburtstages des erwähnten Vorsitzenden der Deutschen Kartographischen Gesellschaft, Carl Wagner, öffentlich zu Wort. Für eine Wagner gewidmete Sonderausgabe des *Archivs für Buchgewerbe und Gebrauchsgraphik* vom Dezember 1942 trug er den Aufsatz *Ein Halbjahrhundert deutscher Kartographie. Rückblick und Ausschau* bei.[245] Der Text fasste kenntnisreich und souverän die Entwicklungen der praktischen und theoretischen Kartographie seit 1890 zusammen. Was den politischen Inhalt anging, war es ein für Haack charakteristischer Text. Einerseits verurteilte er in scharfen Worten Versailles, die »Systemzeit« der Weimarer Republik und die Ereignisse der Novemberrevolution:

> Das Fieber der bolschewistischen Revolution brach aus und erfaßte die Massen des Volkes bis in seine Tiefen. In den Betrieben tobten sich Arbeiterräte aus und selbst ältere, ruhige Männer erfaßte der wahnsinnige Taumel und machte jede stetige, erfolgreiche Arbeit unmöglich. Kaum waren nach schweren Kämpfen dieser Hydra die Giftköpfe abgeschlagen, so brachte die lawinenhaft hereinbrechende Inflation neues Unheil.[246]

241 Urkunde vom 29. Oktober 1942, Forschungsbibliothek Gotha, Sammlung Perthes, SPA ARCH MFV 300/38, Bl. 272.

242 Rundschreiben von Hermann Haack vom 3. November 1942, Forschungsbibliothek Gotha, Sammlung Perthes, SPA ARCH MFV 300/38, Bl. 273. Hervorhebung im Original.

243 Zugleich gab er seine Position als Kartographisch-Wissenschaftlicher Leiter des Verlags auf. Vgl. Arbeitsbuch Hermann Haack, S. 8, Familienarchiv Heiner Haack, Nl Hermann Haack. 1944 verabschiedete er sich endgültig in den Ruhestand. Siehe Brogiato, Wissen ist Macht, S. 166.

244 Hermann Haack, Ein Wort des Abschieds und des Dankes, in: Geographischer Anzeiger 43 (1942), H. 23/24, S. 441.

245 Hermann Haack, Ein Halbjahrhundert deutscher Kartographie. Rückblick und Ausschau, in: Archiv für Buchgewerbe und Gebrauchsgraphik 79 (1942), H. 12, S. 532-539.

246 Ebd., S. 535.

Man muss sich vor dem Hintergrund dieser Aussagen vor Augen führen, dass Haack nur wenige Jahre später ein Funktionär der Gesellschaft für Deutsch-Sowjetische Freundschaft wurde (vgl. Kap. 8)! Andererseits begrüßte Haack zwar die ›Machtergreifung‹ von 1933 nachdrücklich, verfiel aber nicht in eine platte Panegyrik, wie es für die Texte Knieriems typisch war. So erwähnte er den von besonders NS-ergebenen Geographen scharf kritisierten Alfred Hettner und würdigte dessen Verdienste in der theoretischen Auseinandersetzung mit der Kartographie.[247] Auch im Hinblick auf die Idee einer Verstaatlichung der privaten Verlagsanstalten im Zuge der nationalsozialistischen Bemühungen um »Vereinheitlichung« in der Kartographie sprach sich Haack in abwägend vorgetragener Argumentation letztlich gegen diese aus. Er warnte in diesem Zusammenhang vor der »Lahmlegung des schöpferischen Geistes« bei einer zu stark ausgeprägten Zentralisierung und Planung der Kartographie.[248]

Im Großen und Ganzen entsprach seine Perspektive der von ihm im Text selbst benannten »alten Kartographenregel«, wonach »Vorteile auf der einen Seite stets mit Nachteilen auf der anderen Seite verbunden zu sein pflegen«.[249] Diese Maxime war ihm nicht nur Leitlinie in Fragen kartographischer Methodologie, sondern auch im politischen Denken und Handeln. Sein Agieren zielte im Kern stets auf Anpassung und das Ausnutzen des damit verbundenen Vorteils für Justus Perthes. Darüber hinaus war ihm insbesondere die Schulkartographie ein wichtiges Anliegen und schließlich, unlöslich damit verbunden, auch seine eigene Karriere. Jedoch ist zu berücksichtigen, dass sich die politischen Aussagen Haacks im Laufe der NS-Herrschaft und besonders seit Kriegsbeginn deutlich verschärften. Und dies zu einer Zeit, als Justus Perthes über Auftragsmangel nicht klagen konnte und sich Haack kurz vor dem Eintritt in den Ruhestand befand. Von daher ist davon auszugehen, dass diesen Aussagen nicht ausschließlich pragmatische Motive zugrunde lagen, sondern durchaus persönliche Überzeugungen. Mit einem dementsprechend einzuordnenden Ausblick auf die Zukunft beendete Haack seinen Aufsatz über *Ein Halbjahrhundert deutscher Kartographie*:

> […] so läßt die Ausschau unser Auge freudig und hoffnungsvoll in die Zukunft blicken, in der unerschütterlichen Zuversicht, daß der gesicherte Endsieg unserer Waffen all die schönen und verheißungsvollen Ansätze, auf die wir hinweisen konnten, zur vollen Entwicklung bringen wird.[250]

Diese Passage unterstreicht, wie sehr wissenschaftliche Ambitionen und politisch-militärische Expansionsgelüste im Nationalsozialismus verknüpft waren.[251]

247 Ebd., S. 536.
248 Ebd., S. 538.
249 Ebd., S. 539.
250 Ebd.
251 Ash, Reflexionen zum Ressourcenansatz, S. 541.

Zu der Zeit, als Haack in den Ruhestand trat, zeichnete sich allerdings an der Ostfront die Wende des Krieges ab, die Haacks hier vorgetragene Hoffnungen zunichte machen sollte, die ihm aber zugleich nach 1945 unter den völlig veränderten Vorzeichen einer weiteren ›neuen Zeit‹ die Rückkehr ins Arbeitsleben und in den Perthes-Verlag ermöglichte.

8. Paul Langhans in den 1930er Jahren und nach 1945: Aufstieg und Fall eines politischen Kartographen

8.1 Einleitung

In diesem Kapitel werden die Tätigkeiten von Paul Langhans in der Politik und bei Justus Perthes in den 1930er Jahren beschrieben. Dabei soll aufgezeigt werden, dass es zwischen beiden Bereichen durchaus Überschneidungspunkte gab, vor allem in Bezug auf den Antisemitismus. Letztlich kann aber konstatiert werden, dass Langhans in den 1930er Jahren zwar auf politischem Gebiet propagandistische Aktivitäten entfaltete, auf wissenschaftlichem Gebiet seine Karriere jedoch keinen neuen Schwung erhielt – obwohl seine Weltanschauung der des Nationalsozialismus entsprach. Er behielt bei Perthes dennoch seine gegenüber Haack untergeordnete Rolle bei. Nach dem Krieg wurde er jedoch auf andere Weise nützlich für den Verlag: Langhans wurde nun zum alleinigen Repräsentanten des NS-Systems und zur Symbolfigur einer politisch belasteten Wissenschaft erklärt. Damit konnten die Graustufen der Wirklichkeit in der Zeit vor 1945 reduziert werden, was es Hermann Haack als Exponent einer vorgeblich unpolitischen Wissenschaft ermöglichte, entscheidend daran mitzuwirken, den Verlag mehr oder minder wohlbehalten in die Zeit der sich konstituierenden Deutschen Demokratischen Republik zu überführen.

8.2 Paul Langhans in den 1930er Jahren: Völkischer ›Hohepriester‹ und lokaler Honoratior

Zum Jahresende 1942, als sich Hermann Haack mit der trügerischen Prophezeiung in den einstweiligen Ruhestand verabschiedete, der »gesicherte Endsieg unserer Waffen«, werde »all die schönen und verheißungsvollen Ansätze« der deutschen Kartographie »zur vollen Entwicklung bringen«,[1] war Paul Langhans

1 Haack, Ein Halbjahrhundert deutscher Kartographie, S. 539. Haack arbeitete aber weiterhin an verschiedenen Projekten wie dem Handbuch der praktischen Kartographie oder dem Bericht über die Fortschritte der Kartographie 1936-1942 für das Geographische Jahrbuch. Vgl. Berthold Carlberg, Ein Handbuch der praktischen Kartographie, in: Petermanns Geographische Mitteilungen 88 (1942), H. 10/11, S. 415-421. Brief von Hermann Haack an Edgar Lehmann vom

bereits seit Jahren Pensionär. Im April des Jahres hatte ihm die *Deutsche Allgemeine Zeitung* anlässlich seines 75. Geburtstages einen Artikel gewidmet – er war also durchaus noch in der Öffentlichkeit präsent. In dem Artikel wurde Langhans als »bedeutendster Mitarbeiter von Perthes« geadelt – was in Bezug auf seine Stellung im Verlag eine Fehleinschätzung war. Zutreffender war hingegen die Feststellung, bereits seit 1895 betätige er sich »als Vorkämpfer des völkischen Gedankens«.[2] Hier kam einmal mehr die bereits beschriebene Rolle des ›Vorkämpfers‹ zum Ausdruck, die Langhans seit den 1920er Jahren in den Augen völkischer Geographen und Kartographen einnahm. Zwar waren aus ihrer Sicht seine Karten gestalterisch nicht mehr auf der Höhe der Zeit, sie stellten ihnen zufolge aber Zeugnisse völkischer Weltanschauung aus dem Kaiserreich dar. Langhans verkörperte für sie die Kontinuität zu den Anfängen der völkischen Bewegung (vgl. Kap. 5).

Im Gegensatz zu Haack galt Langhans' Rolle als persönlich überzeugter ›Vorkämpfer‹ auch in Bezug auf den Nationalsozialismus. Zwar übernahm Haack in einigen seiner Schulwandkarten schon während des Ersten Weltkriegs völkische Deutungsmuster, auch hatte er bereits vor dem Krieg dem Deutschbund angehört, jedoch mehrheitlich aus pragmatischen Erwägungen heraus (vgl. Kap. 3). Sein Verhältnis zum Nationalsozialismus gestaltete sich ähnlich. Im Vordergrund stand für Haack nach 1933 zunächst die Ablehnung der Weimarer Republik, die Hoffnung auf ökonomische Vorteile sowie die partielle Zustimmung zum Nationalsozialismus auf Grundlage seiner deutschnationalen Ansichten. Genuin antisemitische und die bevölkerungspolitischen Maßnahmen der Nationalsozialisten befürwortende Äußerungen finden sich bei Haack schließlich nach Ausbruch des Zweiten Weltkriegs. Es ist hier also eine sukzessive Radikalisierung in den Äußerungen Haacks zu konstatieren (vgl. Kap. 7).

Mitglied der NSDAP wurde Haack nicht, auch wenn dieser Tatsache nach heutigem Forschungsstand wenig Aussagekraft in Bezug auf die Zustimmung zur NS-Politik zukommt.[3] Langhans war dagegen bereits am 1. Juni 1931 in die NSDAP eingetreten und betätigte sich spätestens ab diesem Zeitpunkt propagandistisch für deren Ziele – insbesondere auch was den Antisemitismus anbelangte.[4] So trat Langhans regelmäßig als Redner bei NSDAP-Veranstaltungen in Gotha und darüber hinaus in ganz Thüringen in Erscheinung. Weiterhin fungierte Langhans als

25. November 1941, Archiv für Geographie, Leibniz-Institut für Länderkunde Leipzig, Nl Edgar Lehmann, K 665, Mappe 1, Bl. 12-13.

2 Zeitungsartikel aus der Deutschen Allgemeinen Zeitung vom 12. April 1942, Forschungsbibliothek Gotha, Sammlung Perthes, SPA ARCH PGM 558, Bl. 25.

3 So besaßen selbst viele der aktiv am Holocaust Beteiligten kein ›Parteibuch‹ der NSDAP. Vgl. Stefan Reinecke, Das Wie und das Warum, Diskussionsforum Europa und der Judenmord, in: Journal of Modern European History 16 (2018), H. 1, S. 5-10, hier S. 6 f.

4 Vgl. die Karteikarte von Paul Langhans in der NSDAP-Gaukartei, Bundesarchiv Berlin, BArch R/9361-IX KARTEI/24860211.

Schulungsredner an der NSDAP-Kreisschule Schönau vor dem Walde im Landkreis Gotha.[5] Laut dem damaligen Oberbürgermeister Gothas, Fritz Schmidt (1888-1968), der bereits seit 1930 mit Unterstützung der NSDAP im Amt war, hielt Langhans sogar Reden »im Ausland vor Auslandsdeutschen im Auftrage der Partei«. Überhaupt habe Langhans trotz seines Alters »die Mühen und Beschwerden der zahlreichen Reisen, die er im Dienste der Partei unternahm, in vorbildlicher Weise auf sich genommen«.[6]

Genauer nachvollziehen und analysieren lässt sich eine Rede von Langhans, die er am 9. Oktober 1931 im Gothaer Parkpavillon hielt, da diese in einem Artikel einer lokalen Zeitung abgedruckt wurde.[7] Dass es sich bei dem dort von Langhans Geäußertem weder um die geflissentliche Anpassung einer lokalen Persönlichkeit noch um eine Unterstützung der Ziele der NSDAP in einigen ausgesuchten Punkten handelte, macht bereits die Einleitung des Artikels deutlich: »Aus allen Schichten waren sie erschienen, um das weltanschauliche Bekenntnis dieses weit über die Grenzen Deutschlands bekannten schöpferischen Geographen zu hören.« Weiter heißt es: »Der Fünfundsechzigjährige sprach mit der Tiefgründigkeit eines Erfahrenen über die Grundlagen von Rasse und Volk, predigte mit einem Feuer die Idee Adolf Hitlers, wie sie nur einem tiefen seelischen Erlebnis und Bekenntnis entspringen kann.« Hieraus kann nur geschlossen werden, dass Langhans spätestens zu Anfang der 1930er Jahre ein zutiefst überzeugter Proponent der NS-Weltanschauung war – besonders bezüglich der Rassenideologie und des Antisemitismus – und sich ihrer Verbreitung aktiv in den Dienst stellte.

In der Rede stellte er auch Kontinuitäten zu seinen früheren politischen Tätigkeiten her. So berichtete er von seiner Unterstützung der Buren während des Zweiten Burenkrieges um die Jahrhundertwende: »Es sind heute genau dreißig Jahre, als an dieser Stelle Zeugnis abgelegt wurde für den Freiheitskampf der Buren gegen die Engländer. Vor mir standen damals die führenden Männer von Hayden, Devett, die Hilfe bei uns suchten, angesichts des Elends, das ihr Volk ertragen musste.« Bereits aus seinem *Kolonial-Atlas* geht hervor, dass Langhans die Buren aus seiner völkischen Perspektive heraus als ›Niederdeutsche‹, als Teil des globalen ›Deutschtums‹ betrachtete (vgl. Kap. 2). Die Tatsache, dass Langhans den Burenkrieg auch in Karten darstellte, zeigt erneut, dass sich politisches Interesse, ideologische Ansichten und kartographische Tätigkeit bei Langhans vielfach

5 Lebenslauf Ehrenbürger Paul Langhans, Stadtarchiv Gotha 1.1/9720, Bl. 81.

6 Antrag zur Ernennung von Paul Langhans zum Ehrenbürger der Stadt Gotha durch Fritz Schmidt in der Ratsherrenberatung vom 16. Januar 1940, Stadtarchiv Gotha 1.1/9722, Bl. 15.

7 Zeitungsartikel »Rasse, Volk und Dingeldey«, Forschungsbibliothek Gotha, Sammlung Perthes, SPA ARCH PGM 558, Bl. 13. Auch die folgenden Zitate aus der Rede finden sich hier. Für die Ankündigung der Rede durch die Ortsgruppe Gotha der NSDAP siehe Abb. 51, S. 398. Eduard Dingeldey (1886-1942) war ein Reichstagsabgeordneter der Deutschen Volkspartei. Vgl. o. V., »Dingeldey, Peter Gustav Eduard«, in: Hessische Biografie, URL: https://www.lagis-hessen.de/pnd/118671995 [15. 6. 2019].

Massenversammlung der Nationalsozialisten

am Freitag, den 9. Oktober 1931, abends 8[30] Uhr im „Park-Pavillon".

Es spricht unser Gothaer Pg. Professor Dr. h. c. Paul Langhans über das Thema: „Rasse, Volk und Dingeldey!"

Volksgenossen erscheint in Massen. Eintritt: RM. —.60, —.30 und —.10. Juden haben keinen Zutritt. Die SS.-Kapelle ist anwesend. Vorverkauf: Geschäftsstelle Hünersdorfstraße 2. N. S. D. A. P., Ortsgruppe Gotha.

Jede praktisch wirtschaftende Hausfrau muß unsere Landfrauen-Bücher besitzen.

Zur Herbstpflanzung

Alfred Stichling, Gärtnerei, Weckmar bei Gotha.

Benno-Pillen und Tee

Zu verleihen

Wohnhaus

Kleines Wohnhaus

24 Monate Ziel

Gelegenheitskauf! Eine neue Reise-Schreibmaschine

Reste

Greizer Stoff-Lager, Querstraße 12.

Frack

1 Speisezimmer

Radio-Gerät

10/40 Opel-Limousine

Betten

1 Piano, 1 Flügel, Emil Richter

Teppiche

Winterbirnen

Speise-Kartoffeln

Birnen

Knoblauchzwiebelsaft

Arterienverkalkung

Hupfeld-Phonola

Tafelbirnen

Winter-Aepfel

Kaufgesuch

Hypotheken und Darlehen

Billige Tilgungs-Hypotheken

Preise für Schuh-Reparaturen

Schuh-Haack

Stellengesuch

Offene Stellen

Tüchtiges Mädchen

Verloren

Zu vermieten

3-Zimmerwohnung

4 Zimmerwohnung

Miet-Gesuche

Rettenarmband

Rudolf Hartwig

Landestheater

Bettfedern-Reinigung

Donnerstag, den 8. Oktober, im Saale des „Schützen" 20 Uhr

Experimental-Vortrag

E. Hammer über Astrologie

Garmisch-Partenkirchen

Bayer. Zugspitzbahn, Sporthotel 2650 m

Ingenieurschule Ilmenau

Kunstgewerbeschule Erfurt

Oskar Schmidt und Frau

Abb. 51: Ankündigung der Rede von Paul Langhans am 9. Oktober 1931 in einer Lokalzeitung

überlagerten.[8] Besonders unter rassistischen Gesichtspunkten stellte Langhans die Buren in seiner Rede als vorbildhaft dar. Durch »innere Einkehr und den geschlossenen Willen« seien sie »wieder zum Herrscher ihres Landes geworden«. Da dort »100 000 Weißen Millionen Neger gegenüberstehen« sei »der Rassenkampf das herrschende Moment in Südafrika«. In Analogie sah Langhans die Gründe der aktuellen Krise in Deutschland ›rassisch‹ begründet. Besonders Juden stellten für Langhans eine Gefährdung der ›Rassenreinheit‹ dar. Im Zuge seiner Rede billigte er auch Gewalt gegen Juden, indem er sagte: »Der geringste Deutsche muß uns mehr wert sein, als alle Juden auf dem Kurfürstendamm«, worauf laut Artikel Beifall aus dem Publikum ertönte. Wenige Wochen zuvor, am 12. September 1931, war es zum sogenannten Ku'dammkrawall gekommen. Etwa 1000 Angehörige der SA hatten auf dem Kurfürstendamm in Berlin Juden und Menschen, die sie für solche hielten, auf offener Straße tätlich angegriffen, mehrere Cafés gestürmt und verwüstet. Dabei wurden etliche Menschen verletzt, einige von ihnen schwer.[9]

8 Paul Langhans, Politisch-militärische Karte von Süd-Afrika zur Veranschaulichung der Kämpfe zwischen Buren und Engländern bis zur Gegenwart, Gotha 1899. Ders., Karte des Afrikander-Aufstandes im Kaplande und des Angriffskrieges der Buren, Gotha 1901.

9 Siehe hierzu Reiner Zilkenat, Der »Kurfürstendamm-Krawall« am 12. September 1931. Vorgeschichte, Ablauf und Folgen einer antisemitischen Gewaltaktion, in: Yves Müller/Reiner

Langhans' Rede gipfelte in der Aussage: »Wir wollen als die Erben einer großen Vergangenheit unser Volk nicht mehr von Juden und Mongolen überfremden lassen. Wir können nicht denken, daß der Herr den göttlichen Funken in die Herzen eines Negers oder Juden gesenkt hat.« Damit sprach Langhans – unter Verwendung einer religiösen Metapher[10] – Juden und Schwarzen den Besitz einer Seele und damit ihr Menschsein ab. Eine Dehumanisierung, die zeigt, welche extremen Positionen schon Jahre vor 1933 im rechten Spektrum öffentlich sagbar und zustimmungsfähig waren. Dass Langhans ein Christentum vertrat, das mit einem extremen Nationalismus und Rassismus ohne Schwierigkeiten vereinbar war, untermauern auch seine Schlussworte: »In unserem unumstößlichen Glauben an Gott, Volk und Vaterland werden wir die Macht erringen.« Langhans war also beileibe kein Chamäleon wie Haack, sondern ein politischer Missionar im Dienst einer radikalnationalen Weltanschauung. Hier gibt es deutliche Kontinuitätslinien, bspw. zu seiner Tätigkeit im ›Judenausschuss‹ 1918/19 (vgl. Kap. 5), aber auch bis in die 1890er Jahre, als er die Gothaer Ortsgruppe der antisemitischen Deutschsozialen Reformpartei gründete (vgl. Kap 1).[11]

Nachdem bereits seit 1930 die NSDAP die stärkste Fraktion im Gothaer Stadtrat stellte[12] und die NSDAP 1932 in Thüringen an die Macht gekommen war, übernahm Langhans auch lokale politische Ämter. Seit dem 1. Oktober 1935 war er Ratsherr der Stadt und seit 1938 Kulturbeirat.[13] In dieser Funktion betreute er auch die ›Rassenbücherei‹. Dabei handelte es sich um die Überreste der von Langhans 1912 initiierten und 1917 großenteils abgebrannten ›Deutschen Nationalbücherei‹, die er der Stadt »zu treuen Händen« übergeben hatte. Die Stadt wollte diese 1942 »zu seinen Ehren und in seinem Sinne nicht nur bestens verwalten, sondern auch entsprechend weiter entwickeln«.[14] Hinsichtlich der Frage nach Kontinuitäten wirft bereits der Name Rassenbücherei ein bezeichnendes Licht auf das vorhergehende Projekt der Nationalbücherei. Es zeigen sich an ihr aber auch Veränderungen in Bezug auf den Maßstab von Langhans' Ambitionen. Vor dem Ersten Weltkrieg wollte er eine völkische Bibliothek mit der Reichweite des globalen ›Deutschtums‹ etablieren, nach Weltkrieg und Brand wurde sie städtische ›Rassenbücherei‹. Als Kulturbeirat war er weiterhin für die Bereiche »Schul- und

Zilkenat (Hg.), Bürgerkriegsarmee. Forschungen zur nationalsozialistischen Sturmabteilung (SA), Frankfurt a. M. 2013, S. 45-62.

10 Zur Beziehung des Deutschbundes zum Christentum, siehe Hufenreuter, Völkisch-religiöse Strömungen im Deutschbund.

11 Lebenslauf Ehrenbürger Paul Langhans, Stadtarchiv Gotha 1.1/9720, Bl. 81.

12 Wenzel, Gotha 1933-1945 in Fotografien, S. 9.

13 Glückwunsch der Stadt Gotha an Paul Langhans vom 1. April 1942, Stadtarchiv Gotha 1.1/9722, Bl. 48. An anderer Stelle heißt es, er sei seit 1936 Ratsherr. Vgl. Lebenslauf Ehrenbürger Paul Langhans, Stadtarchiv Gotha 1.1/9720, Bl. 81.

14 Glückwunsch der Stadt Gotha an Paul Langhans vom 1. April 1942, Stadtarchiv Gotha 1.1/9722, Bl. 48.

Leibespflegewesen«, »Stadtgartenverwaltung mit unbebautem Grundbesitz und Friedhöfen« sowie für die »städtischen Kulturaufgaben« zuständig. 1942 beschrieb Bürgermeister Schmidt Langhans' Tätigkeiten:

> Stets hat er es auf Grund seiner weltweiten geopolitischen Kenntnisse und Erwägungen mit überlegener Meisterschaft verstanden, aus den vielen Einzelheiten des Lebens des außen- und innenpolitischen Kampfes und des täglichen Lebens die treibenden Kräfte und deren Zielsetzung zu erkennen und deren Bedeutung für das Deutschtum im Großen und für die Stadt Gotha im Kleinen gesehen in klare Linien und gegenseitige Auswirkungen zu bringen.[15]

An dieser Aussage ist zu ersehen, dass die völkische und rassistische Weltanschauung alltägliche, lokale Stadtplanungs- und Verwaltungsakte durchdrang und prägte.[16]

Aufgrund seiner Tätigkeiten wurde Langhans am 26. Januar 1940 die Ehrenbürgerschaft der Stadt Gotha verliehen.[17] Sowohl im Antrag des Oberbürgermeisters Schmidt, als auch im Presseecho nach der Verleihung, lassen sich hierfür drei Begründungen feststellen: Zunächst sein politischer Einsatz für die völkische Bewegung, dann seine Verdienste als Kartograph und schließlich sein Engagement für die Stadt Gotha. Zunächst wurden überall und in erster Linie seine Verdienste als ›Vorkämpfer der völkischen Bewegung‹ hervorgehoben: »Er hat sich für diese also schon zu einer Zeit tatkräftig eingesetzt, als nur wenige Deutsche sich ernstlich um völkische Fragen kümmerten.«[18] In diesem Zusammenhang wurden seine Aktivitäten im Deutschbund erwähnt und in direkter Kontinuität seine Verdienste für die NSDAP betont.[19]

In den ausführlichen Presseberichten über dieses Ereignis kamen vor allem »Parteigenossen« zu Wort. So betonte ein Sanitätsrat Dr. Weigel aus Ohrdruf, Langhans sei in Gotha und Umgebung »einer der ältesten Mitkämpfer auf völkischem Gebiete. […] Ueberall, wo es galt, dieser Gesinnung Ausdruck zu geben, trat Langhans auf den Plan.« Laut Weigel erfuhr Langhans dafür im ehemals liberalen Gotha »zahlreiche Anfeindungen«.[20] Kreispropagandaleiter Magdlung hob

15 Ebd.

16 Zum Thema der Lokalverwaltung im Nationalsozialismus siehe Florian Wimmer, Die völkische Ordnung von Armut. Kommunale Sozialpolitik im nationalsozialistischen München, Göttingen 2014. Grundlegend zur Verwaltung siehe Christiane Kuller, »Kämpfende Verwaltung«. Bürokratie im NS-Staat, in: Dietmar Süß/Winfried Süß (Hg.), Das »Dritte Reich«. Eine Einführung, München 2008, S. 227-245.

17 Lebenslauf Ehrenbürger Paul Langhans, Stadtarchiv Gotha 1.1/9720, Bl. 81.

18 Antrag zur Ernennung von Paul Langhans zum Ehrenbürger der Stadt Gotha durch Fritz Schmidt in der Ratsherrenberatung vom 16. Januar 1940, Stadtarchiv Gotha 1.1/9722, Bl. 15.

19 Zeitungsartikel »Ehrenbürger Professor Dr. Paul Langhans«, in: Beiblatt zum Gothaischen Tageblatt Nr. 77 vom 1. April 1940, Forschungsbibliothek Gotha, Sammlung Perthes, SPA ARCH PGM 558, Bl. 12.

20 Ebd.

Langhans' Einsatz als Redner hervor: »Der Versammlungsredner stand und steht in vorderster Front. Er ist der Propagandist der Bewegung. [...] Es gibt wohl kaum einen Ort im Kreise Gotha, wo er nicht in Versammlungen der Nationalsozialistischen Deutschen Arbeiterpartei gesprochen hat.«[21] Auch Langhans' Erfolge als Kartograph wurden angeführt, jedoch stets in einen Zusammenhang mit seiner politischen Einstellung gebracht, ja ihr gegenüber als nachrangig eingeordnet. So schrieb die *Gauzeitung*, viele würden Langhans nur als »geschätzten Kreisredner« kennen, er sei aber auch ein »großer Kartograph«. In diesem Zusammenhang wurde er besonders als Begründer der ›Deutschkunde‹ hervorgehoben. Diese habe »Entstehung und Wachsen unseres Volkes und seine Beziehungen zur Fremde, seine Siedlungstätigkeit und Kolonisation zu untersuchen« begonnen. Zusammenfassend hieß es in Bezug auf Langhans' wissenschaftliche Leistungen: »Eines aber wird jeder erkennen, hier hat ein politischer Mensch gewirkt, der mit wissenschaftlichem Ernst gerade zur Tagespolitik – möchte man sagen – vorstieß.«[22] Die wissenschaftliche Tätigkeit trat also in der Begründung hinter die politischen Aktivitäten zurück und wurde mit ihnen verknüpft.

Die zeremonielle Verleihung der Ehrenbürgerschaft selbst fand am 1. April 1940 – an Langhans' Geburtstag – in der Ratsstube in Anwesenheit des NSDAP-Kreisleiters, Mitglied des Reichstags und des Thüringischen Staatsrats Wilhelm Busch (1892-1968) statt. Oberbürgermeister Schmidt beschrieb in seiner Rede »den Sinn des Lebens als Kampf, als Ringen und Opfer für die Gemeinschaft«. Nach diesem Grundsatz sei auch das Leben von Langhans verlaufen.[23] Und tatsächlich korrespondierte diese Einschätzung mit Langhans' selbstgewähltem Motto als Herausgeber von *Petermanns Mitteilungen* »Kampf ist nötiger als Beifall«.[24] Zwar bezog sich dies auf wissenschaftliche Auseinandersetzungen, dennoch wird deutlich, dass hier Antiindividualismus, unbedingtes Pflichtbewusstsein im Dienste einer übersteigerten Gemeinschaftsideologie und sozialdarwinistische Ansichten ineinander griffen, und dass diese Werte – in politischer wie beruflicher Hinsicht – tief in die Persönlichkeit von Langhans eingelassen waren.

Die Verleihung der Ehrenbürgerschaft war auch eine der seltenen Gelegenheiten, an denen sich Langhans öffentlich über sein eigenes Leben äußerte. In einem Artikel einer Lokalzeitung wurden in indirekter Rede Auszüge seiner Lebensbeschreibung wiedergegeben:

21 Ebd.

22 Zeitungsartikel »Nationaler Kartograph – Kämpfer – Gründer der Deutschkunde«, in: Gauzeitung vom 1. April 1940, Forschungsbibliothek Gotha, Sammlung Perthes, SPA ARCH PGM 558, Bl. 20.

23 Zeitungsartikel »Professor Langhans erhielt Ehrenbürgerbrief«, in: Beiblatt zum Gothaer Tageblatt Nr. 77 vom 2. April 1940, Stadtarchiv Gotha 1.1/9722, Bl. 41.

24 Brogiato, PGM in der Epoche der Weltkriege, S. 24. Langhans, Zum Abschluß des 75. Bandes von Petermanns Mitteilungen, S. 289.

> Hamburg, die Stadt seiner fernen Kindheitstage, habe ihn hinausgewiesen in die Welt. Das Schicksal führte seinen Lebensweg nach Gotha, wenn er auch Sehnsucht gehabt habe nach der Ferne – im Raume der Stadt habe er bleiben müssen, an sie sei er gebannt gewesen. Von dem hohen Ideal ernster Pflichterfüllung sprach er weiter und von dem größten Tage seines Lebens, wie er ihn nannte, dem 30. Januar 1933, an welchem Tage der Führer jenen großen Gedanken erfüllte, dem er selber oft nachgestrebt habe.[25]

Auch aus diesem Zitat sprechen schwülstige Schicksalsergebenheit und übersteigerte Pflichterfüllung, außerdem eine ausgesprochene Verehrung Hitlers. Interessanterweise verlor Langhans anscheinend kein einziges Wort über Justus Perthes. Ein möglicher Hinweis darauf, dass aus Langhans' Sicht sein lebenslanger Einsatz für den Verlag nicht entsprechend honoriert worden war, worauf ja bereits sein Brief an Hermann Wagner aus dem Jahr 1919 hindeutet (vgl. Kap. 5). Im Gegensatz zu seinen beruflichen Erwartungen, scheinen sich seine politischen Vorstellungen mit der Machtübernahme Hitlers jedoch erfüllt zu haben. Auch privat hatte er keinen Grund zur Klage: Er war in Gotha zu dieser Zeit ein geachteter und von der Partei sowie der Lokalpresse hofierter Bürger. Am 10. Dezember 1940 trug sich Langhans in das Goldene Buch der Stadt ein.[26]

Wie sah es nun mit den überregionalen politischen Aktivitäten von Langhans und ihrem Wirkungsgrad aus? Hier ist in erster Linie seine Stellung im Deutschbund zu betrachten. Dieser war in der Reihe der vielen radikalnationalistischen Vereinigungen diejenige, dem sich Langhans am engsten verbunden fühlte und in dem er den größten Handlungsspielraum und die höchste Reputation besaß. Der Deutschbund war die einzige der völkischen Organisationen, dessen Mitgliedern es nach 1933 erlaubt war, die Mitgliedschaft des Deutschbundes beizubehalten und gleichzeitig hohe Positionen in der NSDAP einzunehmen, da der Deutschbund schon vor 1933 personell eng mit der NSDAP verbunden gewesen war. Allgemein ließ der Einfluss aller radikalnationalistischen und völkischen Vereinigungen ab 1933 allerdings stark nach, auch der des Deutschbundes. Ein Bericht des Sicherheitsdienstes des Reichsführers SS (SD) kam 1937 zu dem Schluss, dem Deutschbund »müsse jede Existenzberechtigung abgesprochen werden«.[27] Er wurde jedoch erst nach dem Krieg von den Alliierten verboten.[28] Eine Ursache des nachlassenden Einflusses radikalnationaler und völkischer Organisation war, dass sie in den grundlegenden politischen Zielen mit den Nationalsozialisten übereinstimmten, wie bspw. eine gemeinsame Eingabe des Deutschbundes, des Alldeutschen Verbandes und des Ostmarken-Vereins vom Frühjahr 1933 zeigt. Dort

25 Zeitungsartikel »Professor Langhans erhielt Ehrenbürgerbrief«, in: Beiblatt zum Gothaer Tageblatt Nr. 77 vom 2. April 1940, Stadtarchiv Gotha 1.1/9722, Bl. 41.

26 Lebenslauf Ehrenbürger Paul Langhans, Stadtarchiv Gotha 1.1/9720, Bl. 81.

27 Zit. nach Hufenreuter, Völkisch-religiöse Strömungen im Deutschbund, S. 220.

28 Ebd., S. 230 f.

wurde u. a. im Sinne der Rassenhygiene eine »ausmerzende Erbgesundheitspflege (Verhinderung der Nachkommenschaft von verbrecherischen, geistig und sittlich untauglichen Familien, Verhinderung der Einwanderung und Einbürgerung untauglicher und rassisch minderwertiger Menschen)« gefordert.[29] In dem Maße, wie der Nationalsozialismus diese Forderungen umsetzte, wurden seine ideologischen Wegbereiter obsolet bzw. wurden sie von den Nazis auch als potentielle Konkurrenten ausgeschaltet.

Langhans selbst, der seit 1909 in der Nachfolge von Friedrich Lange (1852-1917) als Bundeswart im Deutschbund fungierte und damit die entscheidende Position besetzte, hatte aber bereits zu Beginn der 1920er Jahre an Einfluss verloren.[30] Sein interner Widersacher, der Ministerialrat im Thüringischen Ministerium für Inneres und Wirtschaft, Max Robert Gerstenhauer (1873-1940), nahm 1923 den neugeschaffenen Posten eines ›Bundesgroßmeisters‹ ein. Damit wurde er die »bei allen den Bund betreffenden Angelegenheiten letzte entscheidende Instanz« und der »ideologische Führer« des Deutschbundes.[31] Auch Manfred Langhans konstatierte, dass sein Vater seit 1923 eine nunmehr stark repräsentative Rolle im Deutschbund ausfüllte.[32] Langhans kümmerte sich in der Folge vor allem um die »Leitung der Bundesfeste und die Pflege des Bundesgedankens«.[33]

Hier ergeben sich Parallelen zu Langhans' Karriere als Kartograph. Nach dem Ersten Weltkrieg ohne prägenden Einfluss und bei den neuen Entwicklungen der ›Deutschtumskartographie‹ ins Hintertreffen geratend, blieb er dennoch eine überregionale völkische Identifikationsfigur. Als Veteran der völkischen Bewegung konnte Langhans einem Narrativ als lebendes Vorbild dienen, wonach der Kampf einer kleinen Minderheit in den 1890er Jahren trotz aller Rückschläge und Niederlagen 1933 schließlich doch noch zum Sieg geführt habe. Diese Funktion kommt auch in der Ausgabe der *Deutschbund-Blätter* anlässlich von Langhans' 75. Geburtstag im April 1942 deutlich zum Ausdruck. Den Leitartikel unter der Überschrift »Unserem Paul Langhans zum 75. Geburtstag« verfasste Ferdinand Werner (1876-1961).[34] Dieser war, wie Langhans, 1918/19 Mitglied des alldeutschen ›Judenausschusses‹, 1919 erster Vorsitzender des Deutschvölkischen Bundes und nach 1933 kurzzeitig nationalsozialistischer Staatspräsident von Hessen gewesen.[35] Werner betonte im Sinne des erwähnten Narrativs, »der Durchbruch des gemein-

29 Zeitungsartikel »Eugenik und Weltanschauung«, in: Deutsche Zeitung Nr. 73 vom 26. März 1933.

30 Breuer, Die Völkischen in Deutschland, S. 162.

31 Ebd. Siehe auch Hufenreuter, Art. »Gerstenhauer, Max Robert«, S. 281.

32 Manfred Langhans, Familiengeschichte, S. 16.

33 Breuer, Die Völkischen in Deutschland, S. 162.

34 Ferdinand Werner, Unserem Paul Langhans zum 75. Geburtstag, in: Deutschbund-Blätter 47 (1942), H. 2, S. 9.

35 Elke Kimmel, Art. »Werner, Ferdinand Friedrich Karl«, in: Wolfgang Benz (Hg.), Handbuch des Antisemitismus. Judenfeindschaft in Geschichte und Gegenwart, Bd. 2/2: Personen L-Z, Berlin 2009, S. 882.

samen Gedankens, für den sich ein langes Kämpferstreben stets hervorragend eingesetzt hat, ist doch wohl der allerschönste Gruß, der einem ganzen Manne, unserem Paul Langhans, dargebracht werden kann«.[36]

Dies unterstreicht, dass Langhans im Deutschbund immer noch Einfluss besaß, wenn auch nur im Sinne einer repräsentativen Integrationsfigur. Allerdings übte er auch nach 1933 führende Funktionen im Deutschbund aus. So leitete er mindestens noch 1934 die bedeutendste Feierlichkeit des Deutschbundes, das ›Hermannsfest‹, das in diesem Jahr in der Alten Nicolai-Kirche in Frankfurt stattfand, wo Langhans, wie es in den *Deutschbund-Blättern* hieß, »im Dämmerlicht des Altarraumes der von uns gegangenen Altmeister gedachte und die neuen begrüßte. Auch hier wieder die wunderbare Kraft seiner Worte, Herz und Seele der Lauschenden mit hoch zu reißen, zu neuer Liebe und Arbeit am Deutschtum.«[37] In derartiger Weise wurde Langhans gehuldigt, vor allem in seiner Hauptfunktion als Redner.[38] Dabei wurden ihm in den abgedruckten Zuschriften, ganz im kruden Stil des Deutschbundes, in einer Mischung aus christlicher Heilslehre und völkisch-nationalistischer Ekstase,[39] nahezu metaphysische Kräfte zugeschrieben. Bei der von Langhans zur Aufnahme neuer Deutschbund-Mitglieder vorgenommenen »Weihehandlung«,

> strahlte von Ihnen eine hohepriesterliche Würde und Wärme aus, die wie Pfingstgeist die Herzen und Sinne der Miterlebenden ergriff und mit der Idee des ewigen unsterblichen Deutschlands erfüllte, so daß dieser Ihnen obliegende Dienst am Deutschbunde recht eigentlich als Gottesdienst am deutschen Volke empfunden wurde. […] So stehen Sie vor uns besessen und Besitz ergreifend von der Idee des reinen, von allen Schlacken der Zeitlichkeit gereinigten Deutschtums.[40]

Zu dieser wahnhaften Apotheose des ›Deutschtums‹ gehörte auch die manichäisch dargestellte Gegenseite. Im Namen des Vorstands der Deutschen Kunstgesellschaft,[41] schrieben der Maler Hans Adolf Bühler (1877-1951)[42], der Ministerialdirektor im badischen Finanz- und Wirtschaftsministerium Hermann Fecht (1880-1952)[43] und die Künstlerin Bettina Feistel-Rohmeder (1873-1953):

36 Werner, Unserem Paul Langhans zum 75. Geburtstag, S. 9.

37 Richard Kahl, DBbr. Langhans und die Bundestage des Deutschbundes, in: Deutschbund-Blätter 47 (1942), H. 2, S. 12-13, hier S. 12 f.

38 Fricke, Der »Deutschbund«, S. 332.

39 Ziel des Deutschbunds war es von Anfang an, den ›Deutschgedanken‹ zu einem religiösen Bekenntnis zu gestalten. Vgl. Hufenreuter, Völkisch-religiöse Strömungen im Deutschbund, S. 219.

40 Behm, Sehr verehrter lieber Br. Langhans!, in: Deutschbund-Blätter 47 (1942), H. 2, S. 11.

41 Zur Deutschen Kunstgesellschaft siehe Joan L. Clinefelter, The German Art Society and the Battle for »Pure German Art« 1920-1945, Ann Arbor (MI) 1995.

42 Zu Bühler siehe Christina Soltani, Leben und Werk des Malers Hans Adolf Bühler (1877-1951). Zwischen symbolistischer Kunst und völkischer Gesinnung, Weimar 2016.

43 Vgl. o. V., Lebenslauf »Fecht, Hermann«, in: Akten der Reichskanzlei. Weimarer Republik Online, hg. von der Historischen Kommission bei der Bayerischen Akademie der Wissenschaf-

> Mit dem herzlichen Wunsche, daß Gesundheit und Kraft und Freude an seinem Lebenswerk DBbr. [Deutschbundbruder] Langhans durch die kommenden Jahre begleiten, verbinden wir den anderen ebenso warm empfundenen, ihn nach vollendetem Sieg Großdeutschlands über den mit allen höllischen Mächten verbündeten Weltfeind des Deutschtums seiner idealen Aufgabe als Bundeswart und Stärker aller Herzen weiter walten zu sehen![44]

Hier tritt ein apokalyptisch aufgeladener Erlösungsantisemitismus zutage, der auch für Hitlers Weltanschauung kennzeichnend war. Hitler hat in vielen seiner Reden die Juden als »Weltfeind« bezeichnet,[45] womit sich die fixe Idee verband, die Juden würden als zerstörerische und ›teuflische Macht‹ alle Feinde Deutschlands und der Menschheit lenken – sowohl den Kommunismus als auch die liberalen und kapitalistisch verfassten Demokratien.[46] In diesem Sinne sprach die NS-Propaganda in Bezug auf den Zweiten Weltkrieg auch vom »jüdischen Krieg«, womit betont werden sollte, dass die Kriegsgegner Deutschlands letztlich von Juden gesteuert seien.[47]

Am 10. Mai 1942 – wenige Wochen also nach Erscheinen der Geburtstagsgrüße für Langhans – wurden fast alle der noch in Gotha verbliebenen als Jüdinnen und Juden verfolgten Menschen in das Ghetto Bełżyce im Distrikt Lublin des Generalgouvernements deportiert.[48] Nur zwei von ihnen überlebten den Krieg.[49] Langhans war an diesen Verbrechen vermutlich nicht direkt beteiligt. Deutlich wird aber, dass er ein politischer Missionar war, ein ›Hohepriester‹ des völkischen Deutschtums und bekennender Antisemit, der sich sein Leben lang für die Verbreitung einer rassistischen und nationalistischen Weltanschauung einsetzte.

ten und dem Bundesarchiv, URL: http://www.bundesarchiv.de/aktenreichskanzlei/1919-1933/0000/adr/getPPN/133567052/ [2.4.2019].

44 Hans Adolf Bühler/Hermann Fecht/Bettina Feistel-Rohmeder, Bundeswart DBbr. Dr. Langhans zum 75. Geburtstag, in: Deutschbund-Blätter 47 (1942), H. 2, S. 12.

45 Bspw. in seiner jährlichen Rede vor dem Reichstag am 30. Januar 1942. Hier sagte Hitler in Bezug auf den Zweiten Weltkrieg: »Je weiter sich diese Kämpfe ausweiten, um so mehr wird sich – das mag sich das Weltjudentum gesagt sein lassen – der Antisemitismus verbreiten. […] Und es wird die Stunde kommen, da der böseste Weltfeind aller Zeiten wenigstens auf ein Jahrtausend seine Rolle ausgespielt haben wird.« Zit. nach Friedländer, Das Dritte Reich und die Juden, S. 315.

46 Ebd., S. 291.

47 Der Begriff Erlösungsantisemitismus stammt von Saul Friedländer. Er bewertet diesen spezifischen Typus des Antisemitismus als zentral im Hinblick auf Planung und Umsetzung der ›Endlösung der Judenfrage‹. Vgl. Jan Schleusener, Art. »Erlösungsantisemitismus«, in: Wolfgang Benz (Hg.), Handbuch des Antisemitismus. Judenfeindschaft in Geschichte und Gegenwart, Bd. 3: Begriffe, Theorien, Ideologien, Berlin/New York 2010, S. 73-75. Zum Topos des ›jüdischen Kriegs‹ vgl. Victor Klemperer, LTI. Notizbuch eines Philologen, Leipzig 1966, S. 211-222.

48 O. V., Statistik und Deportation der jüdischen Bevölkerung aus dem Deutschen Reich, URL: https://www.statistik-des-holocaust.de/list_ger_mid_420510.html [20.03.2019].

49 Wenzel, Gotha 1933-1945 in Fotografien, S. 86.

8.3 Wissenschaftlichkeit und Wirtschaftlichkeit von *Petermanns Mitteilungen* in den 1930er Jahren

Wie verlief die weitere Entwicklung von Langhans bei Perthes? Wie bereits beschrieben, leitete die Zeit des Ersten Weltkriegs den Abstieg seiner Karriere als Kartograph ein. Doch bereits vor dem Krieg hatte es Rückschläge für ihn gegeben: Seine völkisch-nationalistischen Karten waren bis auf wenige Ausnahmen Misserfolge.[50] Die *Deutsche Erde* trug sich zwar zeitweise selbst,[51] büßte aber schon vor dem Krieg Abonnent/innen ein und konnte die finanziellen Erwartungen der mit ihr in Verbindung stehenden nationalistischen und völkischen Verbände nicht erfüllen. Dass Langhans sowohl mit den ökonomischen Belangen des Verlags Schwierigkeiten hatte als auch mit deren Personifizierung, dem Prokuristen Theodor Klemm, gestand er 1919 in einem Brief an Hermann Wagner offen ein (vgl. Kap. 5).

Diese Geringschätzung beruhte auf Gegenseitigkeit, wie zahlreiche Stellen aus den Buchführungs-Ergebnissen der 1920er Jahre belegen. Klemm ließ hier kaum ein gutes Haar an Langhans und empfahl immer wieder, Langhans keinesfalls mehr zu kartographischen Arbeiten heranzuziehen (vgl. Kap. 5). Dort, wo Langhans doch zum Einsatz kam, bemängelte der Prokurist vielfach dessen lange Bearbeitungszeiten und den betriebenen hohen Aufwand bei den Korrekturen, wodurch aus seiner Sicht sowohl die Herstellungskosten in die Höhe getrieben als auch die Absatzmöglichkeiten verringert wurden, da es für ihn entscheidend war, mit dem Produkt als Erstes den Markt zu besetzen. 1926 machte Klemm in Bezug auf den *Weltatlas* aus der Serie der Perthes-Taschenatlanten offenbar lange aufgestautem Ärger Luft: »Trotzdem diese Neubearbeitung erst zwei Jahre alt ist, erklärt Langhans den Weltatlas als schon wieder überholt und will ihn umgearbeitet sehen. Er kann anscheinend nicht vertragen, daß ein Verlagsartikel, dessen Schicksal ihm anvertraut wird, Gewinn bringt. Es muß solange daran herumexperimentiert werden, bis der Ertrag zum Verlust wird.«[52] 1929 schrieb Klemm in Bezug auf eine möglichst kostengünstige Überarbeitung der Taschenatlanten:

> Professor L. ist dafür wohl kaum der richtige Mann. Außerdem hat er ja auch keine Zeit dazu. Die zu Anfang des Jahres erbetenen Entwürfe zu neuen Welt- und Reichsatlanten [ebenfalls aus der Reihe der Taschenatlanten] sind heute noch nicht geliefert und wenn sie geliefert wären, würden sie wieder unter einer

50 Buchführungs-Ergebnisse 1924, Bl. 25 vom 4. September 1925, Forschungsbibliothek Gotha, Sammlung Perthes, SPA ARCH FFA.

51 Ebd.

52 Buchführungs-Ergebnisse 1925, Bl. 35 vom 2. August 1926, Forschungsbibliothek Gotha, Sammlung Perthes, SPA ARCH FFA.

> Ueberfülle hineingepreßten Stoffes leiden, die eine Ausführung nicht ratsam erscheinen läßt.[53]

Auch in dieser Bemerkung zeigt sich wieder Langhans' spezifischer Kartenstil, der auf eine möglichst vollständige Darstellung abzielte, was – unabhängig vom Kartentypus – vielfach zu einer visuellen Überlastung des Kartenbildes führte (vgl. Kap. 2).

Aus diesen Gründen setzte sich Klemm dafür ein, nachdem Langhans noch einige wirtschaftsgeographische Wandkarten zu Beginn der 1920er Jahre veröffentlicht hatte, diese künftig in das Wandkartenprogramm von Haack zu überführen:

> Nachdem die Haack'schen Weltwirtschaftskarten in ihrer Farbenfreudigkeit und Lebendigkeit guten Anklang gefunden haben, liegt es auf der Hand, daß die Ersatzkarten in Haack'scher Bearbeitung herauskommen sollen [...]. Langhans wieder in die Kartenherstellung und zeichnerische und lithographische Arbeit hereinzunehmen, empfiehlt sich nicht. Er hat an seinen anderen Aufgaben reichlich zu tun und soll sich lieber bemühen, sie wieder wirtschaftlicher zu gestalten, statt die frühere Ertragsfähigkeit in Zuschußbedürftigkeit umzuwandeln.[54]

Damit spielte der Prokurist auf Langhans' Tätigkeit als Herausgeber von *Petermanns Mitteilungen* und des *Diplomatischen Jahrbuchs* an, das ihm seit 1923 anvertraut war. Auch hier monierte Klemm – was schließlich auch seiner Aufgabe als unternehmerisches Korrektiv der Kartographen entsprach – die zu hohen Herstellungskosten, die den Gewinn schmälerten. Langhans' penibles Korrekturbedürfnis scheint dennoch außergewöhnlich gewesen zu sein, denn in Bezug auf Haack fehlen derartige Bemerkungen.[55]

Joachim Perthes besaß hingegen eine Sicht auf Langhans, die nicht nur die ökonomische Seite des Verlags berücksichtigte. So würdigte er stets dessen redaktionellen Einsatz und schrieb 1934 an Langhans anlässlich seines 25-jährigen Jubiläums als Herausgeber der *Mitteilungen* und bedankte sich »aufrichtig für Ihre nimmermüde Arbeit«.[56] Allerdings blieb das Verhältnis distanziert, was sicher auch an Langhans' Eigenart lag, persönlicher Wertschätzung aus dem Weg zu gehen. 1937 etwa, zu Langhans' 70. Geburtstag, richtete Joachim Perthes schriftlich seine Glückwünsche aus, »da Sie sich einer mündlichen Beglückwünschung ent-

53 Buchführungs-Ergebnisse 1928, Bl. 58 vom 15. August 1929, Forschungsbibliothek Gotha, Sammlung Perthes, SPA ARCH FFA.

54 Buchführungs-Ergebnisse 1927, Bl. 23 vom 10. August 1928, Forschungsbibliothek Gotha, Sammlung Perthes, SPA ARCH FFA.

55 Buchführungs-Ergebnisse 1928, Bl. 10 vom 22. Juli 1929, Forschungsbibliothek Gotha, Sammlung Perthes, SPA ARCH FFA.

56 Brief von Joachim Perthes an Paul Langhans vom 1. April 1934, Forschungsbibliothek Gotha, Sammlung Perthes, SPA ARCH PGM 558, Bl. 46.

zogen haben«. Dennoch hoffte Perthes auf einen weiteren Erhalt der »beneidenswerten Gesundheit«, »damit wir in 2 ½ Jahren Ihr 50-jähriges Arbeitsjubiläum gemeinsam feiern können!«.[57] Allerdings besaß das negative Urteil des erfahrenen und krisenerprobten Klemm für Perthes mit Sicherheit einiges Gewicht. Und so blieb Langhans bis zu seinem Eintritt in den aktiven Ruhestand im Herbst 1939 weitestgehend auf redaktionelle Tätigkeiten beschränkt, wobei Langhans allerdings die anspruchsvolle, vielfältige und auch quantitativ bedeutsame Kartenproduktion der *Mitteilungen* leitete.[58]

Bereits in Kapitel fünf wurde ausführlich auf die wirtschaftliche Entwicklung der Zeitschrift unter Langhans eingegangen. Nach einer kurzen Phase von 1924 bis 1926, in der sich Kosten und Erträge nicht nur die Waage hielten, sondern Gewinne eingefahren werden konnten, rutschte sie ab 1927 wieder in die Verlustzone. Dieser Negativtrend hielt in den 1930er Jahren unvermindert an bzw. verstärkte sich sogar. Bis einschließlich 1939 – also auch nach dem Ausscheiden von Langhans als Herausgeber – erwirtschafteten *Petermanns Mitteilungen* in keinem einzigen Jahrgang Gewinn. In den Jahren 1934, 1935, 1937 und 1938 betrug der Verlust jeweils sogar über 10.000 Reichsmark.[59] Die Verluste nach 1934 scheinen aber aufgrund der sich bessernden allgemeinen wirtschaftlichen Situation des Verlags nicht mehr allzu schwerwiegend bewertet worden zu sein. Jedenfalls sind die Buchführungs-Ergebnisse in Ton und Analyse wesentlich nüchterner gehalten, was aber auch an Klemms Ausscheiden als Prokurist gelegen haben mag, der letztmalig den Bericht für das Geschäftsjahr 1934 verfasste. Der Verlag versuchte trotz der eingefahrenen Verluste 1934 den Absatz der *Mitteilungen* zu steigern, indem der Umfang von 42 auf 49 Bögen pro Heft erhöht und gleichzeitig der Preis für ausländische Abonnent/innen von 39 auf 33 Reichsmark gesenkt wurde. Gefruchtet haben diese Maßnahmen jedoch nicht.[60] Die Zahl der Abonnements pendelte sich in den Jahren zwischen 1933 und 1939 bei ungefähr 730 ein, 1939 sank sie schließlich auf 719 ab.[61]

57 Brief von Joachim Perthes an Paul Langhans vom 1. April 1937, Forschungsbibliothek Gotha, Sammlung Perthes, SPA ARCH PGM 558, Bl. 48.

58 Für eine Übersicht dieser Karten siehe Jan Smits, Petermann's maps.

59 Buchführungs-Ergebnisse 1934, Bl. 29 vom 14. November 1935, Forschungsbibliothek Gotha, Sammlung Perthes, SPA ARCH FFA. Buchführungs-Ergebnisse 1935, Bl. 47 vom 17. August 1936, Forschungsbibliothek Gotha, Sammlung Perthes, SPA ARCH FFA. Buchführungs-Ergebnisse 1937, Bl. 30 vom 20. Juni 1938, Forschungsbibliothek Gotha, Sammlung Perthes, SPA ARCH FFA. Buchführungs-Ergebnisse 1938, Bl. 35 vom 19. Juni 1939, Forschungsbibliothek Gotha, Sammlung Perthes, SPA ARCH FFA. Da die Reihe der Ergänzungshefte von *Petermanns Mitteilungen* teilweise mit Gewinn abschloss, war die Bilanz für das Gesamtkonto *Petermanns Mitteilungen* besser und einige Jahrgänge konnten trotz des negativen Ergebnisses der *Mitteilungen* mit Gewinn abschließen.

60 Buchführungs-Ergebnisse 1934, Bl. 29 vom 14. November 1935, Forschungsbibliothek Gotha, Sammlung Perthes, SPA ARCH FFA.

61 Buchführungs-Ergebnisse 1939, Bl. 35 vom 22. Juli 1940, Forschungsbibliothek Gotha, Sammlung Perthes, SPA ARCH FFA.

Auch der *Geographische Anzeiger* verlor seit dem Ende der 1920er Jahre an Abonnent/innen und war ebenso wie *Petermanns Mitteilungen* ein Zuschussgeschäft. 1933 betrug die Zahl der Abnehmer/innen 1041, der *Anzeiger* schloss mit einem Verlust von 3.751,86 Reichsmark.[62] 1939 bestanden nur noch 800 Abonnements, das Minus betrug nun satte 11.651,76 Reichsmark.[63] In den Buchführungs-Ergebnissen wurde jedoch stets die wirtschaftliche Notwendigkeit dieser Zuschüsse betont und damit begründet, dass der *Anzeiger* positive Effekte auf den Verkauf anderer Perthes-Produkte habe,[64] wobei insbesondere die Verbindung zum Geschäft mit den Schulwandkarten hervorgehoben wurde.[65] Erwartete sich der Verlag vom *Anzeiger* also eine Stimulierung des Absatzes seiner Schulprodukte, so dienten die *Mitteilungen* der Akkumulation symbolischen Kapitals und dem Nachweis der wissenschaftlichen Relevanz des Verlags.[66]

Was den wissenschaftlichen Ruf von Langhans anging, wurde dieser jedoch mittlerweile recht skeptisch beurteilt. Zumindest sahen dies die beiden Nachfolger von Langhans, die die *Mitteilungen* gemeinsam herausgaben so. Nikolaus Creutzburg, seit 1937 Professor für Geographie an der Technischen Hochschule Dresden, der als wissenschaftliches Aushängeschild fungieren sollte und Max Hannemann (1892-1960), der das alltägliche redaktionelle Geschäft in Gotha besorgen sollte, übernahmen die Zeitschrift am 1. Januar 1938.[67] Ihre Personalakten geben interessante Einblicke in ihre Pläne für die Zeitschrift und ihre Sichtweisen auf Langhans. Creutzburg wollte die unter Langhans enorm gewachsene thematische Breite einschränken und sie wieder »geographischer« machen. Der Titel der Zeitschrift wurde dementsprechend von *Dr. A. Petermann's Mitteilungen aus Justus Perthes' Geographischer Anstalt* in *Petermanns Geographische Mitteilungen* geändert. Insbesondere die Zahl der historischen Beiträge sollte beschränkt werden, was aber in den Folgejahren de facto nicht geschah.[68] Beide bewerteten Langhans' Herausgeberschaft kritisch. Hannemann berichtete, Langhans habe in Bezug auf den Ruf der *Mitteilungen* bei der Hochschulgeographie für einen »wohl wirklich vorhandenen Schaden« gesorgt.[69]

62 Buchführungs-Ergebnisse 1933, Bl. 8 vom 11. Juli 1934, Forschungsbibliothek Gotha, Sammlung Perthes, SPA ARCH FFA.

63 Buchführungs-Ergebnisse 1939, Bl. 9 vom 15. Juli 1940, Forschungsbibliothek Gotha, Sammlung Perthes, SPA ARCH FFA.

64 Buchführungs-Ergebnisse 1928, Bl. 19 vom 25. Juli 1929, Forschungsbibliothek Gotha, Sammlung Perthes, SPA ARCH FFA.

65 Buchführungs-Ergebnisse 1934, Bl. 11 vom 5. November 1935, Forschungsbibliothek Gotha, Sammlung Perthes, SPA ARCH FFA.

66 Zu den Kapitalsorten Pierre Bourdieus vgl. Pierre Bourdieu, Die feinen Unterschiede. Kritik der gesellschaftlichen Urteilskraft, Frankfurt a. M. 1982.

67 Siehe Brogiato, Wissen ist Macht, S. 99 ff., und ders., PGM in der Epoche der Weltkriege, S. 27 f. Hier auch weiterführende Informationen zu Creutzburg und Hannemann.

68 Ebd., S. 28.

69 Bericht von Johannes Flicek über die Besprechung mit Max Hannemann vom 23. Juni 1936, Forschungsbibliothek Gotha, Sammlung Perthes, SPA ARCH FFA P 201, Bl. 3. Vgl. auch Brogiato, Wissen ist Macht, S. 99, Anm. 301.

Wie stand es nun um das Verhältnis von Wissenschaftlichkeit und Politik im Nationalsozialismus? Die bisherige Forschung geht davon aus, dass *Petermanns Mitteilungen* aufgrund ihrer großen internationalen Bedeutung und ihrer Funktion als Aushängeschild der deutschen geographischen Wissenschaft insgesamt »eine Zeitschrift auf hohem wissenschaftlichen Niveau«[70] blieb bzw. aufgrund der eindeutigen NS-Affinität anderer Fachzeitschriften wie dem *Geographischen Anzeiger*, die Möglichkeit besaß »an der wissenschaftlichen Ausrichtung festzuhalten«.[71] Was die Auswahl der behandelten Themen angeht, so ist diesem Urteil zuzustimmen. Die Themenwahl im Kontext der Anpassung an die politischen Rahmenbedingungen im Nationalsozialismus war sehr komplex und von vielen Unsicherheiten geprägt. Bei *Petermanns Mitteilungen* ist – ähnlich wie es Gerhard Sandner für die *Geographische Zeitschrift* gezeigt hat[72] – nach 1933 von einer Gemengelage aus direkter Einflussnahme staatlicher bzw. parteiamtlicher Stellen und proaktiver Anpassung seitens der Herausgeber in Form von Selbstzensur und vorauseilendem Gehorsam auf Grundlage subjektiv erfolgender Risikoabschätzungen auszugehen.[73] Es gab aber durchaus Akteure in der Wissenschaft, die die amtlichen Anordnungen, zumindest phasenweise, schlichtweg ignorierten. So berichtete bspw. 1941 ein Dr. Griewank von der Deutschen Forschungsgemeinschaft, dass dort die Briefe des Propagandaministeriums einfach zu den Akten gelegt würden.[74]

In einem anderen Bereich als dem der Themenauswahl, verfuhr die Redaktion der *Mitteilungen* allerdings ideologisch und keinesfalls wissenschaftlich im normativen Sinne. Dies betraf die Auswahl der Autor/innen von eingereichten Manuskripten. Nach 1933 wurde es für jüdische Autor/innen immer schwieriger zu publizieren – auch in wissenschaftlichen Reihen, Fachzeitschriften usw. Allerdings kam es auch hier sehr auf die konkrete Haltung der verantwortlichen Herausgeber/innen an, denn ein allgemeines Publikationsverbot für jüdische Autor/innen wurde erst am 15. April 1940 erlassen.[75] Manche Verleger/innen und

70 Brogiato, PGM in der Epoche der Weltkriege, S. 20.

71 Sandner, Die »Geographische Zeitschrift« 1933-1944, S. 144. Die jüngere Forschung hat herausgearbeitet, dass die Einhaltung wissenschaftlicher Standards durchaus mit ideologischen und antisemitischen Prämissen kombiniert werden konnte. Vgl. Dirk Rupnow, »Pseudowissenschaft« als Argument und Ausrede. Antijüdische Wissenschaft im »Dritten Reich« und ihre Nachgeschichte, in: ders. u. a. (Hg.), Pseudowissenschaft, Frankfurt a. M. 2008, S. 279-307, insb. S. 299 ff.

72 Sandner, Die »Geographische Zeitschrift« 1933-1944.

73 Siehe hierzu auch Brogiato, Wissen ist Macht, S. 527.

74 Sandner, Die »Geographische Zeitschrift« 1933-1944, S. 81. Vermutlich handelte es sich hierbei um den Historiker Karl Griewank (1900-1953).

75 Ralph Stöwer, Erich Rothacker. Sein Leben und seine Wissenschaft vom Menschen, Göttingen 2012, S. 188. Ausführlich Volker Dahm, Das jüdische Buch im Dritten Reich, 2. Aufl., München 1993, S. 192 ff. Zur NS-Politik bezüglich der wissenschaftlichen Literatur von ›nichtarischen Autoren‹ vgl. ebd., S. 195-199.

Herausgeber/innen entledigten sich aber schon im Sommer 1933 »eilfertig aller jüdischen Angestellten, Herausgeber, Mitherausgeber und Autoren«.[76] Andere, wie bspw. die Herausgeber der *Deutschen Vierteljahrsschrift für Literaturwissenschaft und Geistesgeschichte*, bestehend aus dem Philosophen Erich Rothacker (1888-1965), der dem Nationalsozialismus nahestand, und dem politisch ambivalenten Germanisten Paul Kluckhohn (1886-1957), veröffentlichten auch 1936 noch, trotz »inzwischen schwerer Bedenken« einen Aufsatz des jüdischen Kunsthistorikers Nikolaus Pevsner (1902-1983).[77] Zwar hatte Bernhard Rust als Reichsminister für Wissenschaft, Erziehung und Volksbildung wohl bereits 1935 ein Verbot für jüdische Autor/innen in der Wissenschaft erlassen, dieses ist aber in den Akten bisher nicht nachweisbar und muss auch Ausnahmen ermöglicht haben bzw. teilweise ignoriert worden sein, wie das Beispiel von Pevsner zeigt.[78] Da zudem eine vollständige Übersicht von als ›jüdisch‹ oder ›halbjüdisch‹ definierten Autor/innen nie fertiggestellt wurde – die Deutsche Bücherei arbeitete noch 1945 an der »absurden Herkulesarbeit« einer »Bibliographie des jüdischen Schrifttums in deutscher Sprache« – konnte eine »schrifttumspolitische ›Endlösung‹« niemals umgesetzt werden.[79] Von daher blieb, sowohl vor als auch nach dem Totalverbot von 1940, der Ausschluss »jüdischer Schriften« auf »informelle Elemente« wie die Selbstzensur seitens der Herausgeber/innen und »mehr oder weniger dubiose private Verzeichnisse« über jüdische Autor/innen angewiesen.[80]

Paul Langhans, der in den 1920er Jahren Beiträge jüdischer Autoren in den *Mitteilungen* veröffentlicht hatte und von dem Bonner Geographieprofessor Alfred Philippson (1864-1953), der 1942 nach Theresienstadt deportiert wurde,[81] als durchaus entgegenkommend beschrieben wurde,[82] gehörte in den 1930er Jahren zu denjenigen Herausgebern, die sich bedingungslos in den Dienst der nationalsozialistischen Maßnahmen zur Ausgrenzung von Juden und Jüdinnen aus dem wissenschaftlichen Leben Deutschlands stellten. Langhans' Selbstmobilisierung führte auch dazu, dass er ein Verzeichnis anlegte, in dem er Namen von Wissenschaftler/innen zusammentrug, die er für »jüdisch« oder »jüdisch versippt« hielt. Dazu unterhielt er ein regelrechtes Netzwerk an Korrespondenzen, mit dem Ziel, diese Liste auszubauen und zu aktualisieren. Soweit aus dem Schriftwechsel der Redaktion von *Petermanns Mitteilungen* ersichtlich wird, war sein wichtigster Ansprechpartner hierfür der bereits erwähnte Anthropologe und ›Rassenkundler‹

76 Stöwer, Erich Rothacker, S. 189.

77 Ebd., S. 189 f.

78 Vgl. hierzu Dahm, Das jüdische Buch, S. 195.

79 Ebd., S. 198.

80 Ebd., S. 177, 184.

81 Astrid Mehmel, Alfred Philippson (1. Januar 1864-28. März 1953) – ein deutscher Geograph, in: Aschkenas. Zeitschrift für Geschichte und Kultur der Juden 8 (1998), H. 2, S. 353-379.

82 Philippson, Wie ich zum Geographen wurde, S. 744 f.

Otto Reche (1879-1966).[83] Reche war seit 1927 Professor für Völkerkunde und Anthropologie sowie Direktor des Ethnologisch-Anthropologischen Instituts der Universität Leipzig.[84] Gleichzeitig war er auch Mitglied des Deutschbundes, über den er Langhans vermutlich kannte.[85]

Jedenfalls lässt darauf die Anrede »Sehr geehrter Herr Kollege und lieber D.-B. Br. [Deutschbundbruder]!« eines Briefes schließen, den Reche am 14. November 1936 an Langhans schickte. Reche schrieb:

> Auf Ihre Anfrage vom 12. kann ich Ihnen heute schon eine kleine Liste von Bestätigungen bzw. Berichtigungen schicken; auch für mich ist es natürlich sehr wichtig zu wissen, ob einer Jude oder jüdisch versippt ist, und so bin ich über die meinem Fach näher stehenden Leute unterrichtet; aber eine Anzahl der von Ihnen genannten ist mir nicht näher bekannt, und so habe ich über diese Erkundigungen einzuziehen versucht; sobald ich Nachricht habe, schreibe ich Ihnen. Ich würde Ihnen übrigens raten, bei der »Reichsstelle für Sippenforschung« Berlin [...] anzufragen; sie hat eine umfangreiche Judenkartei und wird Ihnen sicher Auskunft geben, wenn Sie dazu schreiben, daß Sie es vermeiden möchten, Aufsätze von Juden unwissentlich in die Zeitschrift aufzunehmen.[86]

Die Ergebnisse seiner »Erkundigungen« schickte Reche ebenfalls mit. Sie geben einen bezeichnenden Einblick in die Arbeits- und Denkweise antisemitischer Wissenschaftler/innen, die sich in grotesken Argumenten und wilden Spekulationen ergingen und dabei häufig auf physiognomische Merkmale verwiesen, die angeblich sichere ›Urteile‹ ermöglichten:[87]

> 1) Prof. Dr. Franz Boas: aus Deutschland stammender Jude; sehr gefährlicher politischer Gegner! Ist einer der Hauptdrahtzieher der deutschfeindlichen Propaganda, auch der wirtschaftlichen Boykottbewegung!! Grundsätzlich alle Beiträge von ihm ablehnen!
>
> 2) Prof. Dr. Edelstein aus Leningrad: meiner Überzeugung nach Jude!

83 Für Literatur zu Otto Reche siehe Anm. 123, Kap. 7, S. 366.

84 Geisenhainer, Art. »Otto Reche«, S. 617.

85 In einem Artikel der Deutschbund-Blätter von 1939 wurden Reches Forschungen folgendermaßen charakterisiert: »Leben und Wissenschaft zu einem völkischen Hochwert verschmolzen: Das ist die einheitlich kennzeichnende Prägung seines bisherigen Lebensweges.« Vgl. Otto Tröbes, Ein deutscher Wissenschaftler, ein deutsches Leben. Zu DBbr. Prof. Dr. Otto Reches 60. Geburtstag, in: Deutschbund-Blätter 44 (1939), H. 1, S. 1-2, hier S. 1.

86 Brief von Otto Reche an Paul Langhans vom 14. November 1936, SPA ARCH PGM 626 62 A, Mappe 1, o. P.

87 Zum »physiognomischen wissenschaftlichen Sehen« im Rahmen der ›Rassenforschung‹ vgl. Daston/Galison, Objektivität, S. 357-360.

3) Dr. H. Kallner, Jerusalem; ich kenne ihn nicht, aber schon der Umstand, daß er dort an der Hebr.-Univ.[Hebräischen Universität] tätig ist, ist meiner Meinung nach restloser Beweis seines Judentumes. Auch d. Name klingt jüd.[isch].

4) Prof. Friederichsen in Breslau: sieht recht jüdisch aus; […] Uebrigens sah auch der Vater (der Hamburg. Verlagsbuchhändler) recht jüdisch aus, wie mir immer wieder, so oft ich ihn sah, auffiel; allerdings war er blond u. blauäugig, aber d. Nase!

5) Lucian Scherman, München = 100 % Jude, als solcher seit Jahrzehnten bekannt

6) Prof. Dr. Volz, jetzt Leipzig: mit Jüdin verheiratet; von ihr 5 Kinder!! […].[88]

Im Januar 1937 ergänzte Reche Angaben zu weiteren Geographen, die Langhans vorher bei ihm angefragt hatte. Dabei verwies er auf Angaben aus den *Sigilla Veri*,[89] einem verschwörungstheoretischen, antisemitischen Personenlexikon und bezeichnete den Vater des emeritierten Heidelberger Professors für Geographie Alfred Hettner als »Halbjuden«:[90]

Sie fragten mich im vorigen Monat danach, ob einige bei Ihnen genannte Geographen jüdischer Abstammung sind. Ich habe inzwischen erfahren, daß in dem recht zuverlässigen Werk Sigilla Veri sich folgende Eintragungen finden:

1) Hettner, Hermann, Dr. Univ.-Prof. (Literatur und Kunst), geb. 1821 in Leisersdorf, gest. 1882 in Dresden. Eine Anna Grähl hat geschrieben: »das jüdische Volk kennt kein Gewissen, darum kennt es auch keine Tragödie, die immer aus Gewissenskämpfen heranwächst … Der verstorbene Hettner (Halbjude) hat diese treffende Bemerkung gemacht« – Kinder:

a) Alfred Hermann Hettner, Dr. Univ.-Prof. (Geographie) in Heidelberg, geb. 1859 in Dresden, verheiratet mit der Tochter des Univ.-Prof. Erwin Rohde […].[91]

88 Brief von Otto Reche an Paul Langhans vom 14. November 1936, SPA ARCH PGM 626 62 A, Mappe 1, o. P.

89 Vgl. hierzu Gregor Hufenreuter, Sigilla Veri (1913), in: Wolfgang Benz (Hg.), Handbuch des Antisemitismus. Judenfeindschaft in Geschichte und Gegenwart, Bd. 6: Publikationen, Berlin/Boston 2013, S. 641-643. Die Sigilla Veri, die als Neuauflage des von dem antisemitischen Publizisten Philipp Stauff (1876-1923) verfassten Semi(ten)-Kürschners zwischen 1929 und 1931 erschienen waren, sowie die 1925 von Adolf Bartels veröffentlichte Schrift »Jüdische Herkunft und Literaturwissenschaft«, zogen aufgrund von »Falschdenunziationen« angeblich jüdischer Autor/innen in den 1930er Jahren zahlreiche »Beschwerden und Prozessandrohungen« nach sich. Vgl. Dahm, Das jüdische Buch, S. 177.

90 Was nicht der Wahrheit entsprach. Vgl. Wardenga, Geographie als Chorologie, S. 25-27.

91 Brief von Otto Reche an Paul Langhans vom 11. Januar 1937, SPA ARCH PGM 626 62 A, Mappe 1, o. P.

Somit stellt die Charakterisierung von Manfred Langhans, die er 1967 von seinem Vater gab und wonach dieser »jüdischen Mitbürgern«, »in strikter, aber doch stets höflicher Distanz« gegenüberstand und der »mörderischen Aggressivität« der Nationalsozialisten gegenüber »erschrocken und hilflos« war, »soweit er das (z. B. ›Kristallnacht‹ 1938) überhaupt noch mitbekam« eine Schutzbehauptung dar.[92] In seiner Funktion als Herausgeber von *Petermanns Mitteilungen* war er ein aktiver Akteur bei der Ausschließung von jüdischen Wissenschaftler/innen oder solchen, die dafür gehalten wurden – außerdem begrüßte er öffentlich Gewalt gegen Jüdinnen und Juden und forderte deren Ausschluss aus der deutschen Gesellschaft, wie seine Rede vom Oktober 1931 deutlich macht.

An keiner Stelle geht aus dem Briefwechsel hervor, dass die Praxis der Ausschließung nach 1933 für Langhans eine moralische Belastung oder einen bedauerlichen Zwang darstellte, wie es bei anderen Herausgeber/innen von Fachzeitschriften zumindest teilweise nachweisbar ist.[93] Es muss anhand der politischen Einstellung und des tiefverwurzelten Antisemitismus von Langhans im Gegenteil vielmehr davon ausgegangen werden, dass der Ausschluss von Jüdinnen und Juden aus dem geistigen und kulturellen Leben in Deutschland, ein durchgehendes Ziel seiner langjährigen politischen Aktivitäten darstellte. Hier sei nur auf seine Agitation gegen jüdische Ärztinnen und Ärzte verwiesen (vgl. Kap. 4). Der Nationalsozialismus hatte die politischen Tatsachen für die Verwirklichung dieses langgehegten Vorhabens geschaffen. Langhans verkündete 1940 öffentlich – zwei Jahre nach dem Novemberpogrom von 1938 –, der 30. Januar 1933 sei der glücklichste Tag in seinem Leben gewesen.

Der Deutschbund diente ihm als weltanschauliches Netzwerk, in dem sich berufliche und politische Interessen überlagerten und durchdrangen (vgl. Kap. 5), wie seine Korrespondenz mit Otto Reche belegt. Unter den Bedingungen des Nationalsozialismus verschwand nunmehr auch das vorher greifende Korrektiv seitens der Verlagsleitung. So skizzierte der Geschäftsführer Johannes Flicek im August 1937 Nikolaus Creutzburg die ihm vorschwebende Arbeitsteilung und inhaltliche Ausrichtung der Zeitschrift:

> Eine Mitentscheidung durch mich muss ich mir nur insofern vorbehalten, als Aufsätze Dinge von besonderer politischer, wirtschaftlicher oder finanzieller Tragweite behandeln oder entsprechende Folgerungen nach sich ziehen können, d. h.: Ich muss mir – was ich für eine theoretische Bedingung halte – eine Mit-Stimme in dem Fall vorbehalten, dass die Herstellungskosten der Tafeln oder Karten im Einzelfalle zu hoch erscheinen, dass Aufsätze angeboten werden, die die politische oder wirtschaftliche Stellung des Verlages durch die vorgetragenen Ansichten verletzen können usw. Praktisch sind derartige Fälle heute nicht mehr zu erwarten, da ja zwischen allen Beteiligten Einverständnis darüber

92 Manfred Langhans, Familiengeschichte, S. 15.

93 Stöwer, Erich Rothacker, S. 188.

> besteht, dass Petermanns Mitteilungen zwar nicht eine nationalsozialistische Partei-Zeitschrift werden sollen, dass sie aber für die nationalsozialistische geographische Wissenschaft einzutreten haben, wobei der Nachdruck in gleicher Weise auf »nationalsozialistisch« und »Wissenschaft« liegt.[94]

Auch Creutzburg waren jüdische Autor/innen nicht willkommen, offen nach außen vertreten wollte er diese Einstellung aber offenbar nicht. So schrieb er 1937 an seinen zukünftigen Mitherausgeber Max Hannemann über Carl Hanns Pollog (*1899):

> Pollog ist Jude oder wenigstens Halbjude. Als Mitarbeiter von P. M. [Petermanns Mitteilungen] ist er mir – und nicht nur aus diesem Grunde – nicht erwünscht. [...] Derart alte, von Langhans eingegangene Verpflichtungen oder Abmachungen können wir unmöglich übernehmen. Vielleicht schreiben Sie ihm in dem Sinne, dass der bevorstehende Herausgeberwechsel manche grundsätzliche Änderungen mit sich brachte, dass unmöglich alles übernommen werden könnte, und dass der Wechsel in der Herausgabe es eben unmöglich mache, die Sache durchzuführen.[95]

Dieser Wechsel fand zum 1. Januar 1938 statt und Langhans schied damit aus der Redaktion von *Petermanns Mitteilungen* aus. Ganz beendete er seine Tätigkeit für Perthes jedoch nicht. Er bearbeitete noch zwei Jahre lang einen geplanten Band der Perthes-Reihe *Bevölkerung der Erde,*[96] der aber wohl aufgrund des Kriegsausbruchs nicht fertiggestellt werden konnte und trat dann im Herbst 1939 – mit Erreichen seines 50. Dienstjubiläums – in den Ruhestand. Allerdings behielt er einen Arbeitsplatz im Verlag.[97] Joachim Perthes betonte diesbezüglich in einem Schreiben an Ludwig Mecking, seit 1935 Professor für Geographie an der Universität Hamburg, er freue sich, »ihm nach dieser langen und hingebungsvollen Tätigkeit einen gesicherten Lebensabend dadurch bieten zu können, dass ich ihn mit ¾ seines Gehaltes pensioniere«.[98] Also war die von rein wirtschaftlichen Gesichtspunkten dominierte Sicht Klemms auf Langhans keinesfalls die allein

94 Brief von Johannes Flicek an Nikolaus Creutzburg vom 25. August 1937, Forschungsbibliothek Gotha, Sammlung Perthes, SPA ARCH FFA P 073, o. P.

95 Brief von Nikolaus Creutzburg an Max Hannemann vom 21. Oktober 1937, SPA ARCH PGM 626/04, o. P.

96 Zu dieser Reihe vgl. Kurt Witthauer, 100 Jahre Gothaer Bevölkerungszahlen, in: Petermanns Geographische Mitteilungen 110 (1966), H. 2, S. 137-143.

97 Imre Demhardt spricht auch von einem »aktiven Ruhestand« Langhans'. Vgl. Demhardt, Kolonial-Atlas, S. 23.

98 Brief von Joachim Perthes an Ludwig Mecking vom 8. Juli 1937, Forschungsbibliothek Gotha, Sammlung Perthes, SPA ARCH FFA P 201, Bl. 9. Bis mindestens Ende 1942 zahlte der Verlag Langhans die Pension sogar in voller Höhe des letzten Gehalts. Vgl. Brief von Joachim Perthes an Paul Langhans vom 28. November 1941, Forschungsbibliothek Gotha, Sammlung Perthes, SPA ARCH PGM 558, Bl. 21.

ausschlaggebende im Verlag. Dennoch war die Art und Weise des Ausscheidens symptomatisch für das schwierige und trotz der gemeinsamen Jahrzehnte letztlich in Distanz verharrende Verhältnis zwischen Langhans und der Verlagsleitung. Zunächst hatte sich Langhans gegen eine geplante, ihm gewidmete Ausgabe von *Petermanns Mitteilungen* zur Wehr gesetzt und am Tag seines 50. Dienstjubiläums schließlich, dem 7. Oktober 1939, lag Langhans mit einem Ischiasleiden in einer Klinik in Ohrdruf bei Gotha. Joachim Perthes sandte postalisch Genesungswünsche und drückte zugleich seinen herzlichen Dank für Langhans' Verlagstätigkeit »in seltenem Schaffensdrang« aus. »Das bekannte Gedenkblatt mit der ›50‹ geht Ihnen als Postpaket zu.«[99] Langhans antwortete ebenfalls per Brief mit folgenden, knapp bemessenen Worten, aus denen sowohl Bitterkeit, als auch ein eigenwilliger Stolz sprachen. Er bedankte sich für die

> Freundlichkeit, die Sie mir zum 50. Jahrtag erwiesen! Die Widrigkeiten des Tages und die Fehlschläge einer Lebensarbeit treten zurück hinter der Verklärung einer langen Zeit ehrlichen Strebens, das am sichersten erkannt wird durch den, der Mittel und Wege zu seiner Durchführung bereitstellte. Dafür auch Dank Ihnen![100]

Langhans gut dotierter Ruhestand und sein Ruf als völkische Autorität währten bis zum Frühjahr 1945. Noch am 31. März 1945, wenige Tage bevor er vor den amerikanischen Truppen floh, die Gotha am 4. April befreiten, gratulierte Oberbürgermeister Schmidt Langhans schriftlich zu dessen 78. Geburtstag und wünschte ihm auf diesem Wege »nicht nur das für Deutschland siegreiche Ende dieses größten aller Völkerringen zu erleben, sondern noch einige weitere Jahre des Aufbauens unter Führung unseres genialen Führers Adolf Hitler«.[101]

8.4 Die letzte der ›neuen Zeiten‹ – Ausblick in die Jahre nach 1945

Die Zeit des »Aufbauens« war für Langhans nun allerdings definitiv vorbei und der Zusammenbruch des NS-Regimes hatte für ihn schwerwiegende Konsequenzen, zwar keine unmittelbar juristischen, dennoch waren die Folgen für ihn empfindlich. Bei Justus Perthes, wo man sich als nationalsozialistischer Musterbetrieb und Produzent von kriegswichtigem Kartenmaterial – den unter der Leitung von

99 Brief von Joachim Perthes an Paul Langhans vom 6. Oktober 1939, Forschungsbibliothek Gotha, Sammlung Perthes, SPA ARCH PGM 558, Bl. 51.

100 Brief von Paul Langhans an Joachim Perthes vom 10. Oktober 1939, Forschungsbibliothek Gotha, Sammlung Perthes, SPA ARCH PGM 558, Bl. 130.

101 Brief von Fritz Schmidt an Paul Langhans vom 31. März 1945, Stadtarchiv Gotha 1.1/9722, o. P.

Haack produzierten *Fliegerkarten* – an die neuen Realitäten anzupassen versuchte, wurde er zur Persona non grata erklärt. Joachim Perthes teilte ihm am 27. Juni 1945 mit, »daß es untragbar sei, daß Sie als politisch stark belastete Persönlichkeit weiterhin Ihren Arbeitsplatz hier im Hause haben. Um den Betrieb nicht zu gefährden, muß ich Sie daher bitten, die Geographische Anstalt zukünftig zu vermeiden.«[102]

In der Sitzung vom 8. November 1946 beriet die Gemeindevertretung der Stadt Gotha über den Antrag des Oberbürgermeisters Hans Loch (1898-1960) auf Überprüfung der Ehrenbürgerliste und entschied, dass der Antrag erst dem Stadtrat übergeben werden sollte. Laut Protokoll der Sitzung wurde jedoch einstimmig »bereits in dieser Sitzung Prof. Langhans das Ehrenbürgerrecht als aktivem Nazi abgesprochen«.[103] Ein knappes Jahr später wurde Langhans durch den Oberbürgermeister schriftlich über die Aberkennung benachrichtigt und aufgefordert, seine »Ehrenurkunde für die Ernennung zum Ehrenbürger der Stadt Gotha zurückzureichen«.[104] Langhans schrieb einerseits gewohnt beflissen, von der »Aberkennung meines Ehrenbürgerrechtes erhielt ich s. Z. [seinerzeit] Kenntnis durch die Zeitungen. Daraufhin habe ich die betr. Ehrenurkunde als hinfällig vernichtet, so daß ich der Bitte um deren Rückgabe nicht entsprechen kann.«[105] Ob er die Urkunde tatsächlich vernichtet hat, muss an dieser Stelle Spekulation bleiben. Die Form des Briefes, der ohne Anrede und Grußformel verfasst war, muss andererseits für Langhans' Verhältnisse schon fast als Beleidigung gelten und gibt Anhaltspunkte für seine Auffassung über die veränderten Verhältnisse in Gotha und darüber hinaus. Nicht nur in Bezug auf sein Ansehen musste Langhans den völligen Niedergang verkraften, auch materiell. Schenkt man den diesbezüglichen Ausführungen von Manfred Langhans Glauben, so war nach 1945 die »drückende materielle Not fortan ständig Weggenosse«. Eine geringe staatliche Rente sowie einen »kleinen monatlichen Geldbetrag« aus der »Privatschatulle« von Joachim Perthes standen Paul Langhans und seiner Frau zur Verfügung.[106] Am 17. Januar 1952 starb Langhans in Gotha.[107] In *Petermanns Mitteilungen* erschien eine kurze Nachricht über seinen Tod, jedoch kein Nachruf.[108]

102 Zit. nach Demhardt, Kolonial-Atlas, S. 23.

103 Protokoll der Sitzung der Gemeindevertretung vom 8. November 1946, Stadtarchiv Gotha 1.2/1151, o. P.

104 Brief von Hans Loch an Paul Langhans vom 17. September 1947, Stadtarchiv Gotha 1.1/9722, Bl. 65.

105 Brief von Paul Langhans, ohne Adressat, o. D., Stadtarchiv Gotha 1.1/9722, Bl. 65.

106 Manfred Langhans, Familiengeschichte, S. 22. Vgl. auch den Brief von Therese Langhans an Joachim Perthes vom 1. September 1951, Forschungsbibliothek Gotha, Sammlung Perthes, SPA ARCH PGM 558, Bl. 23.

107 Traueranzeige für Paul Langhans, Forschungsbibliothek Gotha, Sammlung Perthes, SPA ARCH PGM 558, Bl. 24.

108 Demhardt, Kolonial-Atlas, S. 23.

Genau ein Jahr später, im Januar 1953, erschien in den *Berichten zur deutschen Landeskunde* ein Artikel von Nikolaus Creutzburg mit dem Titel *Hermann Haack 80 Jahre.*[109] Der Text lässt erkennen, dass für Hermann Haack in der Zeit nach 1945 das ganze Gegenteil der Verhältnisse von Langhans galt: »Die Zeit scheint fast spurlos an ihm vorüberzugehen«, heißt es dort, »das Alter scheint ihn kaum zu berühren. Frisch und schaffensfreudig, erfüllt von Betätigungsdrang, lebhaften Geistes und lebhafter Rede – so wie wir ihn seit vielen Jahrzehnten kennen, achten und schätzen, so ist er auch heute noch an der Schwelle des neunten Lebensjahrzehntes.«[110] Tatsächlich sollte die Zeit nach 1945 für Hermann Haack, der Ende 1942 in »unerschütterlicher Zuversicht« an den »Endsieg« geglaubt hatte (vgl. Kap. 7)[111], ganz anders verlaufen als für Paul Langhans. Der abermalige Anbruch einer ›neuen Zeit‹ war für Haack, der sich 1945 wie Langhans offiziell im Ruhestand befand, am Morgen des 4. April 1945 erfolgt, als Gotha Einheiten der 4. US-Panzerdivision kampflos übergeben wurde.[112] Während die Familie von Haack noch im Keller Schutz vor möglichen Kampfhandlungen suchte, war er selbst wohl schon auf den Beinen und hatte die Lage in der Stadt sondiert.[113]

Der Perthes-Verlag, der nur kleinere Bombenschäden erlitten hatte und noch Anfang 1945 eine Ausgabe von *Petermanns Mitteilungen* auslieferte,[114] wurde nun aufgrund einer Verfügung des amerikanischen Stadtkommandanten vorläufig geschlossen, eine amerikanische Spezialeinheit konfiszierte Karten zu Ostasien, da sie möglicherweise für den noch andauernden Krieg gegen Japan von Nutzen waren.[115] Am 10. Juli übernahmen schließlich Einheiten der Roten Armee die Stadt.[116] Bereits im September 1945 wurden bei Perthes die ersten Arbeiten im Rahmen des Neuanfangs ausgeführt. Nun schlug Haacks Stunde und das Ende seines Ruhestands. Nachdem er Ende 1942 die Novemberrevolution 1918 als »Fieber der bolschewistischen Revolution« bezeichnet hatte, dessen »wahnsinniger Taumel« nach dem Ersten Weltkrieg »die Massen des Volkes bis in seine Tiefen« erfasst habe, bis schließlich »nach schweren Kämpfen dieser Hydra die Giftköpfe abgeschlagen« worden waren,[117] erkannte Haack schnell die grundlegend veränderten Vorzeichen der gegenwärtigen Situation. Geschickt belebte er

109 Creutzburg, Hermann Haack 80 Jahre.

110 Ebd., S. 56.

111 Haack, Ein Halbjahrhundert deutscher Kartographie, S. 539.

112 Wenzel, Gotha 1933-1945 in Fotografien, S. 109.

113 Laut der mündlich mitgeteilten Erinnerung seines damals anwesenden Enkels Heiner Haack (*28.3.1939).

114 Brogiato, PGM in der Epoche der Weltkriege, S. 28.

115 Köhler, Gothaer Wege, S. 236.

116 Ebd.

117 Haack, Ein Halbjahrhundert deutscher Kartographie, S. 535.

seine Kontakte zur Geographischen Gesellschaft in Leningrad, der er seit 1932 als Korrespondierendes Mitglied angehörte (vgl. Kap. 7).[118]

Am 1. Juli 1946 schrieb Haack an deren Präsidenten Lew Semjonowitsch Berg (1876-1950).[119] Vordergründig, um ihm nachträglich zu seinem 70. Geburtstag zu gratulieren. Im weiteren Verlauf des Briefes kam Haack dann auf seine guten Kontakte zur sowjetischen Geographie und Kartographie zu sprechen. Zunächst erwähnte er, dass er Korrespondierendes Mitglied der Geographischen Gesellschaft der UdSSR sei und gab an, er sei damit der »einzige Deutsche«, der sich »dessen heute erfreuen darf«.[120] Haack schrieb ferner, er könne fließend Russisch lesen, habe die Veröffentlichungen der Geographischen Gesellschaft aufmerksam verfolgt und sei in persönliche Beziehungen mit russischen Fachkollegen getreten. Hier erwähnte er Dmitri Nikolajewitsch Anutschin (1843-1923). Dieser sei, so Haack, seit 1894 Mitarbeiter des bei Perthes erscheinenden *Geographischen Jahrbuchs* und Übersetzer von Perthes-Publikationen ins Russische gewesen. Darüber hinaus nannte Haack Juli Michailowitsch Schokalski (1856-1940), »dessen kartographische Arbeiten sich eines internationalen Rufes erfreuen durften«.[121] Mit Schokalski sei er 1934 auf dem internationalen Kongress für Geographie in Warschau in »persönliche freundschaftliche« Beziehung getreten.[122] Ob diese Angabe der Wahrheit entsprach, muss dahingestellt bleiben, sie konnte anhand der vorliegenden Quellen nicht überprüft werden.[123] Berg konnte dies damals allerdings ebenfalls nicht ohne Schwierigkeiten in Erfahrung bringen, waren doch beide Gewährsmänner Haacks bereits verstorben.

Aufschlussreich ist der in dem Brief geäußerte, knappe Kommentar Haacks zum Nationalsozialismus: »Ein schweres Schicksal ist es für mich, in meinen letzten Lebensjahren noch den Zusammenbruch der deutschen Kartographie erleben zu müssen, umsomehr, als ich dem Nationalsozialismus völlig fern gestanden und seine Gefahren von seinem ersten Auftreten an klar erkannt habe!«[124] Wenn er die »Gefahren« von Beginn an erkannt haben wollte, wie erklärt sich dann, dass er

118 Haack hatte vorher vermutlich kaum Kontakt zur Gesellschaft gehabt. Köhler schreibt, während des »Faschismus« sei die Zusammenarbeit »unterbrochen« gewesen. Köhler, Gothaer Wege, S. 237.

119 Brief von Hermann Haack an Lew Semjonowitsch Berg vom 1. Juli 1946, SPA ARCH MFV 300 P, Bl. 2.

120 Ebd.

121 Ebd.

122 Ebd.

123 Nachweisbar ist nur, dass sich Haack anlässlich des internationalen geographischen Kongresses 1908 in Genf, wenn auch in eher liebenswürdiger Art und Weise, über Schokalski mokierte. Vgl. Brief von Hermann Haack an Bernhard Perthes vom 31. Juli 1908, Forschungsbibliothek Gotha, Sammlung Perthes, SPA ARCH MFV 300/38, Bl. 100.

124 Brief von Hermann Haack an Lew Semjonowitsch Berg vom 1. Juli 1946, SPA ARCH MFV 300 P, Bl. 2.

noch wenige Jahre zuvor die »Verjudung« des Memelgebietes befürchtet und die »mitstreitende Ostforschung« begrüßt hatte?

Mit seinem Kartenstil hatte er dazu beigetragen, dass von ihm herausgegebene und mitgestaltete Karten, die eindeutig propagandistischen Zielen dienten, ihren Zweck wesentlich besser erfüllen konnten, weil sie aufgrund der ausgefeilten Generalisierung, der intensiven Farbwirkung und ihrer Dynamik den auf diesen Karten abgebildeten ideologischen Aussagen und geographischen Imaginationen eine visuelle Evidenz verliehen und damit hochgradig persuasiv wirkten. Haack war sich dessen voll bewusst, er reflektierte die diesbezüglichen Möglichkeiten der Kartographie. So konstatierte er 1942: »Dank ihrer suggestiven Wirkungskraft ist die Karte als Werkzeug politischer Propaganda sehr geschätzt – und sehr gefährlich, denn sie kann betonen und verschweigen – aber auch unauffällig lügen und damit das Vertrauen in die kartographische Darstellung überhaupt untergraben.«[125]

Als kartographischer Leiter von Perthes verantwortete er zudem die militärische Version der *Fliegerkarte* und trug durch eine möglichst effektive Kartengestaltung einen Teil dazu bei, dass die Bomberformationen der Luftwaffe ihre Ziele fanden. Von einem »völligen Fernstehen« kann also keine Rede sein. Gewiss, Haack war kein völkischer ›Missionar‹ wie Langhans, bei dem Nationalismus und Antisemitismus religiöse Züge besaßen. Er ließ sich die Freiheit eines eigenen Urteils nicht nehmen und würdigte bspw. den im Nationalsozialismus verfemten Alfred Hettner öffentlich (vgl. Kap. 7). Das kann jedoch nicht darüber hinwegtäuschen, dass es zahlreiche Überschneidungen zwischen Haacks eigenen Auffassungen und der NS-Politik gab. Durch seine herausragende Stellung bei Perthes und innerhalb der deutschen Kartographie besaßen Haacks Karten im Nationalsozialismus eine größere Reichweite als die von Paul Langhans, wie die Absatzzahlen seines Wandkartenprogramms sowie die Auszeichnung mit der Goethe-Medaille unterstreichen.

Haack war es, der die dezidiert am Weltbild des Nationalsozialismus ausgerichteten Schulwandkarten, wie etwa *Die Rassen Europas*, herausgab. Er nutzte gemeinsam mit der Verlagsleitung die Ressourcen, die der Nationalsozialismus dem Verlag bot und stellte im Gegenzug sich und die Kapazitäten von Perthes bereitwillig für Propaganda und Aufrüstung zur Verfügung (vgl. Kap. 7).[126] Das wirtschaftliche Ergebnis war dementsprechend: Der Umsatz von Perthes betrug 1935 879.384,74 Reichsmark, der Gewinn 12.799,70 Reichsmark, was zu einem Anstieg des Geschäftsvermögens auf insgesamt 817.206,22 Reichsmark führte. 1939 lag der Umsatz bereits bei 1.607.423,23 Reichsmark, der Gewinn bei 227.801,04 Reichsmark, das Vermögen des Verlags stieg auf 1.204.940,05 Reichsmark. 1942 betrug der Umsatz schließlich 3.187.474,81 Reichsmark, der Gewinn 224.205,09 Reichs-

125 Haack, Ein Halbjahrhundert deutscher Kartographie, S. 536.

126 Ash, Wissenschaft und Politik als Ressourcen für einander. Ders., Wissenschaftswandlungen und politische Umbrüche im 20. Jahrhundert.

mark, das Gesamtvermögen 1.789.671,47 Reichsmark.[127] Die Summen, die aus dem Militär in die *Fliegerkarte* flossen sowie der große Absatz der Wandkarten ermöglichten die Finanzierung von Perthes-Produkten, wie etwa der internationalen Ausgabe von *Stielers-Handatlas*, die dem Renommee und dem Ausweis von Wissenschaftlichkeit dienten. Auch Projekte, die vor allem Prestigeobjekte darstellten, wie z. B. der *Zentralasien-Atlas* der Reisen Sven Hedins (1865-1952), dürften vom Umsatz der Karten mit einem unmittelbaren politischen oder militärischen Praxisbezug profitiert haben.

Nach dem vollständigen militärischen und moralischen Zusammenbruch Deutschlands unternahm Haack den Versuch, den Verlag an die neuen Realitäten anzupassen. So kam Haack in dem erwähnten Brief an Berg schließlich auf sein eigentliches Anliegen zu sprechen. Er schrieb, die sowjetische Militäradministration sorge bereits für einige Aufträge bei Perthes, doch sei der weitere Bestand des Verlags gefährdet. Haack bat Berg daher um Einflussnahme der Geographischen Gesellschaft zur Sicherung von Perthes und zum Schutz von Haacks Privat-Bibliothek von über 3.000 Bänden.[128] Und das ›Chamäleon‹ Haack hatte wieder Erfolg. Berg antwortete im Dezember 1946, die Geographische Gesellschaft der UdSSR habe beim Ministerium für auswärtige Angelegenheiten die Sicherung von Perthes und den Schutz von Haacks Bibliothek befürwortet, da sie Haacks Arbeiten sehr schätzen würde.[129]

Haack schaffte es, über die Kontakte zur Geographischen Gesellschaft in Leningrad die sowjetische Administration für den Verlag zu gewinnen. Im Juni 1947 schrieb er an Berg und bedankte sich für den Schutz von Perthes und seiner Privatbibliothek und bezeichnete diese Bemühungen als »vollen Erfolg«. Der Verlag stehe dank der Aufträge der sowjetischen Administration wieder »mit ganzer Belegschaft in vollem Betrieb« und habe die uneingeschränkte Verlagslizenz erhalten. Man arbeite nun daran, *Petermanns Geographische Mitteilungen* und das *Geographische Jahrbuch* wieder erscheinen zu lassen, selbstredend »im Geiste der neuen Zeit«. Zudem habe sich die sowjetische Kommandantur in Gotha sehr um sein »persönliches Wohlergehen« bemüht.[130]

Die Wiederbelebung der *Mitteilungen* stellte wohl Haacks größten Coup der Nachkriegszeit dar und fand ein breites Echo. Im Juli 1948 kündigte Haack ihr

127 Buchführungs-Ergebnisse (Allgemeine Übersicht) 1935, Bl. 5, 10 vom 28. August 1936, Forschungsbibliothek Gotha, Sammlung Perthes, SPA ARCH FFA. Buchführungs-Ergebnisse (Allgemeine Übersicht) 1939, Bl. 47, 58 vom 1. August 1940, Forschungsbibliothek Gotha, Sammlung Perthes, SPA ARCH FFA. Buchführungs-Ergebnisse (Allgemeine Übersicht) 1942, Bl. 91, 108 vom 30. Juni 1943, Forschungsbibliothek Gotha, Sammlung Perthes, SPA ARCH FFA.

128 Brief von Hermann Haack an Lew Semjonowitsch Berg vom 1. Juli 1946, SPA ARCH MFV 300 P, Bl. 3.

129 Ebd.

130 Brief von Hermann Haack an Lew Semjonowitsch Berg vom 10. Juni 1947, SPA ARCH MFV 300 P, Bl. 16.

Wiedererscheinen unter seiner Herausgeberschaft an. Dabei betonte er, die Zeitschrift würde »auch in Zukunft ihren bisherigen streng wissenschaftlichen Charakter wahren«, was, zwischen den Zeilen gelesen, bedeuten sollte, dass sie in der jüngsten Vergangenheit vollkommen unpolitisch gewesen sei. Zugleich kündigte Haack jedoch an, »den Anforderungen, die die demokratische Erneuerung Deutschlands an die geographische Forschung und Lehre stellen muß, gerecht zu werden«.[131] Das aber konnte ja nichts anderes bedeuten, als sich den aktuellen politischen Gegebenheiten anzupassen. Was Haack für die Gegenwart also als Notwendigkeit darstellte, wurde von ihm gleichzeitig für die NS-Zeit in Abrede gestellt. Dass dies nicht der Wahrheit entsprach, dafür stehen die Namen jüdischer Wissenschaftler/innen, die während des Nationalsozialismus nicht in den *Mitteilungen* hatten publizieren dürfen.

In den folgenden Jahren gelang es Haack, aufgrund seiner Erfahrung, seinen Kontakten zur Sowjetgeographie und nicht zuletzt aufgrund des Mythos von einer unpolitischen, rein wissenschaftlich und technisch verfahrenden Kartographie,[132] als deren bescheidenen Vertreter Haack sich darstellte, Justus Perthes in das Verlagssystem der entstehenden Deutschen Demokratischen Republik einzubinden – Anfang April 1947 wurde die Verlagslizenz erteilt.[133] Dabei hatte der weiterhin als privater Betrieb unter der Führung von Joachim Perthes stehende Verlag zunehmend Probleme mit staatlichen Stellen, wie etwa den Finanzbehörden.[134] Sehr bald nach der Staatsgründung wurde klar, dass die Privatwirtschaft in der DDR als Auslaufmodell, allenfalls als Übergangslösung galt. Aufgrund der sich verschlechternden ökonomischen Perspektive verließ Joachim Perthes um den Jahreswechsel 1952/1953 Gotha und zog nach Darmstadt, wo er gemeinsam mit seinem Sohn Wolf-Jürgen Perthes (1921-1964) Justus Perthes Geographische Verlagsanstalt Darmstadt gründete.[135]

131 Hermann Haack, Zum Geleit! [Rundschreiben bezüglich des Wiedererscheinens von Petermanns Geographischen Mitteilungen], Familienarchiv Heiner Haack, Nl Hermann Haack, o. P.

132 Ash spricht hier von einer konstruierten »technokratischen Unschuld« vgl. Ash, Wissenschaft und Politik als Ressourcen für einander, S. 43 f.

133 Buchführungs-Ergebnisse (Allgemeine Übersicht) 1948, Bl. 1 vom 8. August 1949, Forschungsbibliothek Gotha, Sammlung Perthes, SPA ARCH FFA. Abgedruckt bei Köhler, Gothaer Wege, S. 243 f. Analog dazu spielten auch beim Neuaufbau der Hochschulgeographie in der DDR emeritierte Professoren eine große Rolle. Vgl. Bruno Schelhaas, Institutionelle Geographie auf dem Weg in die wissenschaftspolitische Systemspaltung. Die Geographische Gesellschaft der DDR bis zum III. Hochschul- und Akademieforum 1968/69, Leipzig 2004, S. 27.

134 Buchführungs-Ergebnisse (Allgemeine Übersicht) 1949, Bl. 34, o. D., Forschungsbibliothek Gotha, Sammlung Perthes, SPA ARCH FFA.

135 Zur weiteren wechselhaften Verlagsgeschichte von Justus Perthes siehe Weigel, Die Sammlung Perthes Gotha. Painke, 200 Jahre Justus Perthes. Köhler, Gothaer Wege. Imre Demhardt, Art. »Justus Perthes (Germany)«, in: Mark S. Monmonier (Hg.), Cartography in the Twentieth Century, Bd. 1 (The History of Cartography, Bd. 6, 1), Chicago/London 2015, S. 720-725.

Haack hingegen wurde zur vielfältigen Integrationsfigur. Für die Sowjetunion und die offiziellen Stellen der DDR war er ein nützlicher Experte und williges Sprachrohr, er wurde im Gegenzug zur Personifizierung der humanistischen Werte deutscher Wissenschaftstradition stilisiert. Für Kartographen und Geographen im geteilten Deutschland repräsentierte er das Gesicht der ›guten alten Zeit‹ und das Ideal einer gesamtdeutschen Kartographie; er wurde auf Tagungen in die Bundesrepublik eingeladen und unterhielt hierhin weiter vielfache Verbindungen.[136] Auch international war er geachtet und hielt die Korrespondenz mit den Größen des Faches wie bspw. dem Schweizer Kartographen Eduard Imhof (1895-1986) aufrecht.[137] Für Justus Perthes wurde er zur stabilisierenden Konstante: sein Name fungierte als Brücke über alle Brüche und Stürme des 20. Jahrhunderts hinweg, zurück in die glorreiche Ära des 19. Jahrhunderts, wodurch er zur lebenden Verkörperung einer Tradition wurde, auf die man stolz sein konnte und die nicht durch Not, Zerstörung und Schuld belastet war.[138] Der Wunsch nach einer unbelasteten deutschen Wissenschaft machte aus Haack einen ihrer vornehmsten Repräsentanten. Paul Langhans hingegen wurde in dieser Um- und Neudeutung zum Gegenspieler erklärt, der in der marxistischen Verlagshistorie dann zum Gesicht des ›chauvinistischen‹ und ›imperialistischen‹ Bürgertums wurde, das von nun an endgültig der Vergangenheit angehören sollte.[139]

Haack, der sich aktiv in der Gesellschaft zum Studium der Kultur der Sowjetunion engagierte und von 1947 bis 1950 erster Vorsitzender Thüringens in der Gesellschaft für Deutsch-Sowjetische Freundschaft war,[140] wurde hingegen zum Vertreter eines universalen Humanismus. Als Ehrenvorsitzender dieser Gesellschaft erhielt er 1960 ein Glückwunschschreiben, in dem er als »grosser Humanist« bezeichnet wurde, der stets »die Freundschaft unter den Völkern«, gepflegt habe,

> insbesondere aber die brüderliche Verbundenheit zu den Völkern der Sowjetunion. […] Ich wünsche Ihnen weiterhin Gesundheit und viel Freude am gemeinsamen Schaffen für unser Ziel, die Sicherung des Friedens und den Sieg des Sozialismus.[141]

136 Brief von Richard Dehmel an Hermann Haack vom 14. Juni 1953, SPA ARCH MFV 300 P, Bl. 38. Laut überlieferter Rednerliste hielt Emil Meynen eine Grabrede bei der Beerdigung Haacks am 26. Februar 1966, Familienarchiv Heiner Haack, Nl Hermann Haack.

137 Brief von Hermann Haack an Eduard Imhof vom 27. Januar 1949, SPA ARCH PGM 626/04, o. P.

138 Henniges/Meyer, Hermann Haack, S. 56. Bei Werner Horn heißt es dementsprechend: »Hermann Haack. In ihm verkörpert sich der Übergang von der Vergangenheit der Anstalt zu ihrem gegenwärtigen Leben.« Bedeutende Mitarbeiter aus der Vergangenheit der Gothaer Geographischen Anstalt, in: Petermanns Geographische Mitteilungen 104 (1960), H. 4, Tafel 57.

139 Vgl. Köhler, Gothaer Wege, S. 168, 190.

140 Verzeichnis der Prof. H. bisher erteilten Ehrungen, Familienarchiv Heiner Haack, Nl Hermann Haack. Für das entsprechend dekorierte Wohnhaus von Hermann Haack siehe Abb. 52, S. 424.

141 Brief des Präsidenten der Gesellschaft für Deutsch-Sowjetische Freundschaft Georg Handke an Hermann Haack vom 29. Oktober 1960, Familienarchiv Heiner Haack, Nl Hermann Haack.

Abb. 52: Das Haus von Herman Haack in Gotha in der Emminghausstraße 18 mit einem Transparent der Gesellschaft für Deutsch-Sowjetische Freundschaft (1953).

1952, im Jahr von Langhans' Tod, wurde Haack mit der Ehrendoktorwürde der Universität Jena ausgezeichnet.[142] Sie markierte den Beginn einer ganzen Reihe von hohen Auszeichnungen. Allein 1953 erhielt Haack die Ehrenbürgerschaft der Stadt Gotha und seines Geburtsortes Friedrichswerth, den Nationalpreis 1. Klasse für Wissenschaft und Technik der DDR sowie die Alexander-von-Humboldt-Medaille der Gesellschaft für Erdkunde zu Berlin.[143] Mit der Umbenennung des Perthes-Verlags in den VEB Hermann Haack 1955, volkseigener Betrieb wurde er bereits 1953, avancierte Haack endgültig zur Ikone der DDR-Kartographie. Ab 1951 erhielt er auf Beschluss des Ministerrates der DDR eine Ehrenpension.[144] 1960 stiftete die Geographische Gesellschaft der DDR die Hermann-Haack-Medaille.[145]

142 Verzeichnis der Prof. H. bisher erteilten Ehrungen, Familienarchiv Heiner Haack, Nl Hermann Haack.

143 Ebd.

144 Schreiben des Büros des Förderungsausschusses beim Stellvertreter des Ministerpräsidenten der DDR an Hermann Haack vom 11. Januar 1951, Familienarchiv Heiner Haack, Nl Hermann Haack. Diese Pension ließ Haack aber aufgrund einer Neuregelung seiner Alterspension mit dem VEB Hermann Haack ab 1953 zurückstellen. Vgl. Brief von Hermann Haack an das Büro des Förderungsausschusses vom 20. Oktober 1953, Familienarchiv Heiner Haack, Nl Hermann Haack.

145 Klaus-Harro Tiemann/Bernd-Rainer Barth, Art. »Haack, Hermann Otto«, in: Helmut Müller-Enbergs u. a. (Hg.), Wer war wer in der DDR? Ein Lexikon ostdeutscher Biographien, 5. Aufl., Berlin 2010, S. 465.

Kurzum, die Geschichte von Haack und Langhans nach 1945 ist ein Paradebeispiel für die Konstruktion von Gründungsmythen und die Erfindung von Traditionen entlang politischer und wirtschaftlicher Bedürfnisse im konkreten, gegenwärtigen Gefüge von Machtkonstellationen. Die vorhergehenden Verstrickungen des Verlags in die Bildungsziele und Gesellschaftsideale des Nationalsozialismus wurden nachträglich in der Person von Paul Langhans gebündelt und dieser kurzerhand zur missliebigen Figur erklärt. Im ›Ahnensaal‹ des Verlags wurde sein Porträt abgehängt (siehe Abb. 6, S. 210). Hermann Haack hingegen wurde 1956 in einem Gemälde mit Globus und Zirkel als ›Nestor der deutschen Kartographie‹ verewigt (siehe Abb. 8, S. 210).[146] Hochbetagt starb er am 22. Februar 1966 in Gotha.

146 Angefertigt wurde das Gemälde von dem Maler Wilhelm Otto Pitthan (1896-1967), der ebenfalls als Beispiel einer politisch gebrochenen, diskontinuierlichen Biographie gelten kann und der Auftragsporträts u. a. von Gustav Stresemann, Joseph Goebbels und Reinhard Heydrich anfertigte. Die Informationen zu Pitthan stammen aus einem Vortrag von Petra Weigel aus der Veranstaltungsreihe ›Perthes im Gespräch‹.

9. Schlussbetrachtungen

Das Auf- und Abhängen von Porträts in Amtsgebäuden und Unternehmen ist oftmals ein hochgradig symbolischer Akt. Er markiert Zäsuren und ist gleichzeitig sichtbarer Ausdruck von Verschiebungen in der Erzählung über die eigene Tradition und Vergangenheit.

Mit dem Abnehmen des Porträts von Paul Langhans im ›Ahnensaal‹ des Perthes-Verlags sollten symbolisch die Verstrickungen des Verlags in den Nationalsozialismus gelöst und verbannt werden. Mit dem Gemälde von Hermann Haack wurde dagegen eine Verlagsgeschichte ins Bild gesetzt, die die Person Haack als Schlussstein einer ungebrochenen Kontinuität setzte, die bis ins 19. Jahrhundert und damit bis in die Zeiten reichte, als der Verlag an der globalen Spitze geographischer Wissenschaft stand. Diese Kontinuität war gekennzeichnet durch eine Vision des Fortschritts, die immer umfangreichere und genauere Kenntnisse der Erde versprach. Dieses Wissen konnte – so die Perspektive der 1950er Jahre – entweder politisch missbraucht oder in den Dienst einer unpolitischen Humanität gestellt werden. Für diese beiden Möglichkeiten standen nach 1945 holzschnittartig die Kartographen Langhans und Haack. Jener stand für die erste, ›chauvinistische‹ Möglichkeit, dieser für den Weg des humanistischen Fortschritts.[1] Die Zukunft sollte der Humanität gehören – Langhans und alles, wofür er stand, der Vergangenheit angehören. Diese Bildpolitik war prägend für die nachfolgende Rezeption der beiden Kartographen und für die Erzählung ihres Verhältnisses zur Politik.

Die vorliegende Arbeit hat jedoch gezeigt, dass die Entwicklungen von Haack und Langhans aufeinander bezogen und miteinander verknüpft werden müssen. Aus der Perspektive des Zusammenhangs von politischen Aussagen und kartographischer Gestaltung wird so eine differenzierte Erzählung möglich, die, anhand von Biographien, unterschiedliche Verläufe politisch-kartographischer Beziehungen mit samt ihren Kontinuitäten und Diskontinuitäten sichtbar macht, kritisch einordnet und kontextualisiert.

Diese Perspektive korrespondiert auch mit dem Entschluss der Sammlung Perthes, das Porträt von Paul Langhans, das nach der Abnahme im Verlagsarchiv versteckt wurde, im restaurierten ›Ahnensaal‹ wieder anzubringen. Damit wird ein Geschichtsbild repräsentiert, das völkisch-radikalnationalistische Tendenzen nicht verschweigt, sondern als einen Bestandteil nicht nur der allgemeinen, sondern auch der von Brüchen geprägten kartographischen Wissensproduktion des 19. und 20. Jahrhunderts zeigt.

1 Köhler, Gothaer Wege, S. 168. Hermann Haack wird dort ein »verführter Patriotismus« bescheinigt. Langhans gilt Köhler dagegen als notorischer Chauvinist.

Kann Langhans als ein ideologischer Wegbereiter des Nationalsozialismus hinsichtlich seiner frühen, umfangreichen und kontinuierlichen Integration völkischer Deutungsmuster in die kartographische Wissensproduktion gelten, so muss zugleich festgestellt werden, dass er dabei einem komplexen, eher statisch-narrativen Kartenstil des 19. Jahrhunderts verhaftet blieb und damit als Verlagskartograph letztlich scheiterte (vgl. Kap. 2 u. 5). Die Mehrzahl seiner Karten verkaufte sich schlecht, als rhetorische Ressource für Politik im Sinne des Konzepts von Mitchell Ash eigneten sie sich nicht, da sein Kartenstil kaum Evidenz zu generieren vermochte.[2] Haack hingegen begann seine Verlagskarriere im Bereich der Schulkartographie und wandte sich hier zunächst gegen die Integration völkischer Weltbilder und kolonialistischer Inhalte. Im Laufe weniger Jahre passte er sich jedoch der nationalistischen Weltanschauung vieler Lehrer/innen an, die seine wichtigste Adressatengruppe darstellten, und korrigierte seine Karten und Artikel im *Geographischen Anzeiger* in diesem Sinne. In Bezug auf völkisches Gedankengut ist bei Haack vor dem Ersten Weltkrieg eine Haltung zu konstatieren, die sich zunächst durch geschäftsbezogene Kritik und später, als Haack Mitglied des Deutschbundes wurde, durch zweckdienliches Engagement auszeichnete (vgl. Kap. 3). Haack changierte mithin zwischen jeweils pragmatisch motivierter Distanz und Nähe.

Zur gleichen Zeit entwickelte Haack einen innovativen Kartenstil für sein Schulwandkartenprogramm, in das er während des Ersten Weltkriegs schließlich auch völkische Inhalte aufnahm (vgl. Kap. 4). Haack prägte einen Stil, der besonders auf ›Anschaulichkeit‹, ›Klarheit‹ und ›Richtigkeit‹ abzielte (Kap. 3 u. 7).[3] Die Gestaltungsmittel, mit denen er diese Ziele erreichen wollte, perfektionierte und verfeinerte er im Laufe der Zeit. Seine Schulwandkarten erwiesen sich auch als außerordentlich effektiv für die Vermittlung politischer Aussagen – weil sie im Gegensatz zu den Karten von Langhans eine evidente Darstellung gewährleisteten. Damit wurden sie als Ressourcen für einen immer stärker politisierten Schulunterricht interessant. In den 1920er Jahren intensivierte sich die Verschränkung der von Haack entwickelten Visualität mit revisionistischen, expansiven und völkischen Deutungsmustern und brachte auch den gewünschten ökonomischen Erfolg, was den Verlag dazu bewog, dieses Programm fortzusetzen (vgl. Kap. 6).

Bereits vor dem Ersten Weltkrieg, 1911, hatte Haack seine gestalterische Flexibilität bei der Anpassung an die jeweiligen Zielgruppen von Karten auch im Falle des *Stieler-Handatlas* untermauert. Indem er plante, die zehnte Auflage des *Stieler* in zwei getrennten Ausgaben herauszugeben – einer nationalen und einer internationalen –, wollte er sowohl den sich verschärfenden Nationalismus in Deutschland berücksichtigen, als auch die traditionellen Auslandsinteressen des Verlags

2 Evidenz verstanden als die Fähigkeit des Kartenstils, eine unmittelbare, intuitive Überzeugung von einer kohärenten Relation zwischen Kartenaussage und dem von ihr dargestellten Gegenstand bzw. Zusammenhang zu erzeugen. Siehe hierzu den Abschnitt Forschungsstand und Fragestellung der Untersuchung.

3 Siehe auch Henniges/Meyer, Hermann Haack, S. 38.

bedienen. Entsprechend passte Haack die jeweilige Konzeption an: Für die auf den deutschen Markt zugeschnittene Ausgabe forderte er bei Bernhard Perthes eine stärker nationale Perspektive ein, die internationale Ausgabe sollte auf nationale Interessen verzichten (vgl. Kap. 6).

Haacks Flexibilität gewährleistete dann eine ebenso nahtlose Anpassung an die veränderten politischen Umstände in Deutschland nach 1933. Von ihm herausgegebene, gemeinsam mit den Kartenautoren konzipierte und von ihm kartographisch verantwortlich umgesetzte Schulwandkarten mit imperialistischen und rassistischen Deutungsmustern erschienen nun in schneller Folge – und wurden als ›Konjunkturkarten‹ zu Kassenschlagern. Die große Nachfrage von Schulungseinrichtungen der NSDAP machte dabei einen signifikanten Anteil des Umsatzes dieser Karten aus. Zudem hatte der Perthes-Verlag im Zuge der forcierten Aufrüstung des NS-Regimes nun Zugang zu bedeutenden finanziellen Ressourcen der Politik erhalten und lieferte dafür seinerseits Karten an die Luftwaffe – unter der Leitung Haacks, der dies 1938 auch selbstbewusst auf dem Internationalen Kongress für Geographie in Amsterdam kundtat (vgl. Kap. 7).

Langhans' Karriere im Verlag begann dagegen bereits vor dem Ersten Weltkrieg zu stagnieren, da sein nationalistisch-völkisches Programm den erhofften Absatz schuldig blieb. Seine Verbindungen zu radikalnationalen Verbänden erwiesen sich als ökonomisch nicht in gleichem Maße zugkräftig wie die im Verband deutscher Schulgeographen organisierten Lehrer/innen, zumal Letztere die Zielgruppe für die verlagswirtschaftlich bedeutenden Schulwandkarten bildeten. Die politische Agitation radikalnationaler Verbände nach dem Ersten Weltkrieg wurde vom Verlag in Bezug auf seine Auslandsgeschäfte, die insbesondere während der Inflation enorm wichtig waren, sogar als potentiell geschäftsschädigend wahrgenommen (vgl. Kap. 5).

Langhans' auf eine möglichst hohe Informationsdichte abzielender Kartenstil vermochte es durchaus, weltanschauliche Deutungsmuster zu komplexen Narrativen zu verdichten, war aber häufig zu überladen, um eingängige, evidente Kartenbilder zu erzeugen. Seine Schulwandkarten wiesen zudem nur eine geringe Fernwirkung auf (vgl. Kap. 2). Dennoch wurde Langhans als ›Vorkämpfer‹ einer nationalen und völkischen Kartographie wahrgenommen und von Teilen der wissenschaftlichen Geographie durchaus ernst genommen. Er war für die ›Deutschtumskartographie‹ nach dem Ersten Weltkrieg jedoch nicht mehr in dem Maße prägend wie noch vor dem Krieg. Aufgrund der veränderten politischen Situation nach dem Versailler Vertrag waren hier Transformationen erfolgt, die sich in einer Kritik an den bisherigen ›Deutschtumskarten‹ sowie in der Entwicklung neuer Konzepte und Darstellungsmethoden äußerten. Zu diesen Entwicklungen konnte Langhans kaum mehr beitragen (vgl. Kap. 5). Bei Perthes nahm er seit der Mitte der 1920er Jahre fast ausschließlich redaktionelle Aufgaben wahr und engagierte sich in den 1930er Jahren zunehmend in der nationalsozialistischen Lokalpolitik (vgl. Kap. 8).

Mit dem Umbruch 1945 erfolgte jedoch die neuerliche Wende: Langhans wurde nun zum alleinigen kartographischen Repräsentanten des ›Chauvinismus‹ und ›Faschismus‹,[4] Haack dagegen zum unpolitischen Kartographen und später zum Erbe einer humanistischen Wissenschaftstradition deklariert.

Langhans gelang es trotz seiner Aktivitäten als völkischer ›Missionar‹ und seiner germanozentrischen Karten, die teilweise auch antisemitische Züge trugen, nicht, eine Beziehung zwischen Politik und kartographischer Wissensproduktion zu etablieren, in der diese sich gegenseitig als Ressourcen nutzen konnten, was in den Eigenheiten seines Kartenstils begründet liegt. Für die Etablierung einer solchen Beziehung sorgte Hermann Haack als Typus des ›Chamäleons‹, d.h. durch seine mimetische Anpassung an Klientel und Zeitumstände und die Entwicklung seines spezifischen Kartenstils. Steht Langhans also für ideologische Kontinuitäten zwischen völkischer Bewegung am Ende des 19. Jahrhunderts und den 1940er Jahren, so steht Haack für visuelle Kontinuitäten zwischen Kaiserreich und Nationalsozialismus, sein Kartenstil gewährleistete die entscheidende Verschränkung von Weltanschauung und Anschaulichkeit.

Damit wird deutlich, dass bei der kartographischen Wissensproduktion von Justus Perthes in der Zeit zwischen 1890 und 1945 im Hinblick auf den radikalen Nationalismus von zwischen Hermann Haack und Paul Langhans zu differenzierenden Kontinuitätslinien ausgegangen werden muss, woraus sich insgesamt ein Bild fragmentierter Kontinuitäten und Diskontinuitäten ergibt.

Zugleich werden auch zwei unterschiedliche Typen in der Beziehung zwischen Kartographie und Politik im Untersuchungszeitraum ersichtlich: eine weltanschaulich motivierte, letztlich aber ökonomisch erfolglose und eine kalkülgesteuerte, anpassungsfähige und wirtschaftlich erfolgreiche, die visuelle Evidenz als Ressource für politische Ideologie mobilisieren konnte. Hierbei sind auch die gewissermaßen überkreuz liegenden Prioritäten der beiden Kartographen wichtig: Wollte Langhans den Verlag für die Verbreitung völkischer Weltbilder nutzen, so dienten Haack politische Überzeugungen, wie die unter Schulgeographen weit verbreitete Kolonialbegeisterung, dem Zweck der Absatzsteigerung von Justus Perthes. Haacks Verhältnis zur Politik zeichnete sich durch Nützlichkeitserwägungen aus. Trotzdem war er es, der durch den Erfolg seiner Karten nationalsozialistischen Weltbildern letztlich eine größere Reichweite verschaffte als Langhans.

Die Untersuchung konnte aufzeigen, dass es fruchtbar ist, die Beziehung von Politik und Kartographie unter Aspekten der Ökonomie und der visuellen Gestaltung von Karten zu befragen. Die Verknüpfung dieser Elemente ermöglicht es, simplifizierende moralische Deutungen zu unterlaufen, kritisch Rezeptionsstrategien und Traditionsbildungsprozesse zu hinterfragen und historische Konstellationen der kartographischen Wissensproduktion in verschiedenen politischen Ordnungen differenziert zu fassen und darzustellen. Zudem konnte auf Grund-

4 Köhler, Gothaer Wege, S. 168, 234.

lage der detaillierten Auseinandersetzung mit den Kartographen Hermann Haack und Paul Langhans zwei unterschiedliche Typen der Beziehung von Verlagskartographie und Weltanschauung im Untersuchungszeitraum herausgearbeitet werden. Somit sind auch konzeptionelle Anhaltspunkte für die weitere Erforschung des Verhältnisses von Politik und Kartographie gegeben. Dass die Analyse visueller Welterzeugung im Kontext nationalistischer Weltbilder – für die Karten nach wie vor eine eminente Rolle spielen – nicht nur rein historiographische Interessen berührt, sondern weiterhin relevant ist, zeigen die globalen Entwicklungen der letzten Jahre.

10. Dank

Im Rückblick können unterschiedliche Metaphern dem Entstehungsprozess von Büchern eine Form verleihen; aus dem Bereich der Pflanzenmorphologie etwa oder aus der Paläontologie. Mir gefällt das Bild der Schichten, die einander überlagern, die aber noch die Spuren älterer Vorgänge aufweisen. Vielschichtig ist auch die Gruppe der Menschen, die Anteil an dieser Arbeit haben und denen ich hierfür danken möchte.

Ganz besonders hervorheben möchte ich meine beiden Betreuerinnen Susanne Rau und Ute Wardenga, ohne die es weder die Idee noch ein Ergebnis gegeben hätte. Susanne Raus Unterstützung war von grundlegender Bedeutung sowohl für die Entwicklung der Fragestellung als auch für die Fertigstellung der Arbeit, die sie mit großer fachlicher und institutioneller Kenntniss sowie menschlichem Feingefühl stets gefördert hat. Auch die Diskussion in ihrem Kolloquium haben der Arbeit wichtige Impulse gegeben. Ute Wardenga hat das Projekt entschlossen und mit unerschöpflichem Engagement unterstützt. Mindestens ebenso viel verdankt diese Arbeit jedoch ihrem geographischen wie historischen Wissen. Auch für die Einbindung in das Institut für Länderkunde in Leipzig bin ich ihr sehr dankbar.

Der Dreh- und Angelpunkt dieses Buches liegt in Gotha. Ohne die außergewöhnliche Sammlung Perthes wäre ein ganz anderes Buch entstanden. Der Wert der Sammlung aber steht und fällt mit den Menschen, die sie erforschen und erhalten: Sven Ballenthins und Petra Weigels Expertise und Beistand sind für diese Arbeit von schwerlich zu überschätzendem Wert.

Für die anregenden Gespräche, Hinweise und auch kritischen Perspektiven möchte ich herzlich danken: Stephan Pietsch, Oliver Kann, Verena Bunkus, Sebastian Dorsch, Nils Güttler, Hannes Wietschel und insbesondere Norman Henniges, dem diese Arbeit sehr vieles verdankt.

Darüber hinaus möchte ich den Kollegen und Kolleginnen vom Institut für Länderkunde in Leipzig für den Austausch und ihre grundlegenden Publikationen danken, ohne die ich mich in der Kartographie und Geographie nicht hätte orientieren können. Hier möchte ich vor allem Heinz Peter Brogiato, Dirk Hänsgen, Bruno Schelhaas sowie Jana Moser erwähnen.

Für die finanzielle Unterstützung, die freundliche Begleitung und die inspirierenden »Gespräche auf der Treppe«, die ihren Ruf zurecht haben, möchte ich dem Evangelischen Studienwerk Villigst danken. Das Promotionsstipendium hat mir eine Freiheit gegeben, die es mir fern von starren Formaten ermöglicht hat, meine eigene Arbeit zu schreiben, und Jahre geschenkt, für die ich sehr dankbar bin. Der mehr als großzügige Zuschuss des Förderungsfonds Wissenschaft der VG Wort hat eine Gestaltung des Buchs ermöglicht, über die ich mich sehr freue.

Bedanken möchte ich mich in diesem Zusammenhang ganz besonders bei Ina Lorenz vom Wallstein Verlag für ihre kenntnisreiche, kreative und geduldige Betreuung.

Nikola Offermann von der Kartensammlung der Deutschen Nationalbibliothek in Leipzig möchte ich für ihre große Hilfsbereitschaft danken. Auch der Kartenabteilung der Staatsbibliothek zu Berlin möchte ich für die entgegenkommende Bereitstellung von Karten und Atlanten danken.

Heiner Haack und Jürgen Langhans möchte ich für den herzlichen Empfang und die freigiebige Einsicht in die Nachlässe ihrer Großväter danken. Ebenso möchte ich mich bei Stephan Justus Perthes für das Interesse und die Aufgeschlossenheit dem Projekt gegenüber bedanken.

Nicht nur für das Korrekturlesen einzelner Kapitel, sondern vor allem für ihre Freundschaft möchte ich mich bedanken bei: Philipp Wille, Peter Sondermeyer, Julia Böcker, Daniel Weißbrodt, Jonathan Böhm, Stephan Pietsch und Norman Henniges.

Mehr Dankbarkeit, als sich hier ausdrücken ließe, empfinde ich gegenüber meinen Eltern, Dörte und Hans-Georg Meyer, meinen Großeltern und meinen Geschwistern Alina-Johanna und Alexander, der mir auch beim photographischen Einfangen der Schulwandkarten und der Bildbearbeitung sehr geholfen hat. Und Inka, die mir stets Zuversicht gibt. Euch allen ist das Buch gewidmet.

11. Anhang

11.1 Abkürzungsverzeichnis

Abb.	Abbildung
Abt.	Abteilung
ADB	Allgemeine Deutsche Biographie
ADV	Allgemeiner Deutscher Verband, ab 1894 Alldeutscher Verband
Anm.	Anmerkung
Art.	Artikel
Aufl.	Auflage
bearb.	bearbeitet
betr.	betreffend, betreffende
bezügl.	bezüglich
bezw.	beziehungsweise
Bd.	Band
Bde.	Bände
Bl.	Blatt
Br.	Bruder
Bsp.	Beispiel
bspw.	Beispielsweise
ca.	circa
DB	Deutschbund
Dbbr.	Deutschbundbruder
Dbfr.	Deutschbundfreund
DDR	Deutsche Demokratische Republik
ders.	derselbe
d. h.	das heißt
dies.	dieselbe/dieselben
d. J.	des Jahres
DNVP	Deutschnationale Volkspartei
DSTB	Deutscher Schutz- und Trutzbund
dt.	deutsch
DVSTB	Deutschvölkischer Schutz- und Trutzbund
Erg.	Ergänzung
erw.	erweitert, erweiterte
etc.	et cetera
f.	folgende
ff.	fortfolgende
geb.	geboren

geogr.	geographisch
gest.	gestorben
H.	Heft
Hg.	Herausgeber/innen
hg.	herausgegeben
IGU	Internationale Geographische Union
insb.	insbesondere
J. P.	Justus Perthes
Kt.	Karte
M.	Mark
Mill.	Millionen
Mk.	Mark
Neuausg.	Neuausgabe
Nl	Nachlass
NDB	Neue Deutsche Biographie
NSDAP	Nationalsozialistische Deutsche Arbeiterpartei
NSLB	Nationalsozialistischer Lehrerbund
o. D.	ohne Datum
od.	oder
o. P.	ohne Paginierung
o. S.	ohne Seitenangabe
o. V.	ohne Verfasser/in
PGM	Petermanns Geographische Mitteilungen
Prof.	Professor/in
Rez.	Rezension
RM	Reichsmark
S.	Seite
Slg.	Sammlung
sogen.	sogenannte/r
u.	und
u. a.	unter anderem
überarb.	überarbeitet
Übs.	Übersetzung
usw.	und so weiter
v. a.	vor allem
VEB	Volkseigener Betrieb
Verf.	Verfasser/in
VdS	Verband deutscher Schulgeographen
VDSt	Verein Deutscher Studenten
versch.	verschiedene
vgl.	vergleiche
verschied.	verschiedene

z. B. zum Beispiel
zit. zitiert

11.2 Literatur- und Quellenverzeichnis

11.2.1 Literatur

Abend, Pablo: Geobrowsing, Google Earth und Co. Nutzungspraktiken einer digitalen Erde, Bielefeld 2013.

Althoff, Christiane: »Die Ergebnisse der vorgeschichtlichen Forschung sind das Alte Testament des deutschen Volkes«. Ur- und Frühgeschichte in den Schulen des Dritten Reiches, in: dies./Jochen Löher/Rüdiger Wulf (Hg.), Auch du gehörst dem Führer. »Nationalpolitische Erziehung« in den Schulen der NS-Diktatur, Dortmund 2003.

Anderson, Benedict: Die Erfindung der Nation. Zur Karriere eines folgenreichen Konzepts, erw. Ausgabe [1. Aufl. in dt. Übs. 1988], Berlin 1998.

Ash, Mitchell G.: Wissenschaft und Politik als Ressourcen für einander, in: Rüdiger vom Bruch/Brigitte Kaderas (Hg.), Wissenschaften und Wissenschaftspolitik. Bestandsaufnahmen zu Formationen, Brüchen und Kontinuitäten im Deutschland des 20. Jahrhunderts, Wiesbaden 2002, S. 32-51.

Ash, Mitchell G.: Wissenschaftswandlungen und politische Umbrüche im 20. Jahrundert – was hatten sie miteinander zu tun?, in: Rüdiger vom Bruch/Uta Gerhardt/Aleksandra Pawliczek (Hg.), Kontinuitäten und Diskontinuitäten in der Wissenschaftsgeschichte des 20. Jahrhunderts, Stuttgart 2006, S. 19-38.

Ash, Mitchell G.: Pseudowissenschaft als historische Größe. Ein Abschlusskommentar, in: Dirk Rupnow u. a. (Hg.), Pseudowissenschaft. Konzeptionen von Nichtwissenschaftlichkeit in der Wissenschaftsgeschichte, Frankfurt a. M. 2008, S. 451-460.

Ash, Mitchell G.: Reflexionen zum Ressourcenansatz, in: Sören Flachowsky/Rüdiger Hachtmann/Florian Schmaltz (Hg.), Ressourcenmobilisierung. Wissenschaftspolitik und Forschungspraxis im NS-Herrschaftssystem, Göttingen 2017, S. 535-553.

Axster, Felix/Lelle, Nikolas (Hg.), »Deutsche Arbeit«. Kritische Perspektiven auf ein ideologisches Selbstbild, Göttingen 2018.

Baberowski, Jörg: Brauchen Historiker Theorien?, in: ders. (Hg.), Arbeit an der Geschichte. Wie viel Theorie braucht die Geschichtswissenschaft?, Frankfurt a. M./New York 2010, S. 117-128.

Bade, Klaus Jürgen: Die zweite Reichsgründung in Übersee: Imperiale Visionen, Kolonialbewegung und Kolonialpolitik in der Bismarckzeit, in: Adolf Birke/Günther Heydemann (Hg.), Die Herausforderung des europäischen Staatensystems. Nationale Ideologie und staatliches Interesse zwischen Restauration und Imperialismus, Göttingen/Zürich 1989, S. 183-215.

Bauer, Jenny/Fischer, Robert (Hg.): Perspectives on Henri Lefebvre. Theory, Practices and (Re)Readings, Berlin 2018.

Bauerfeind, Günter: Hermann Haack 1872-1966. Nestor der deutschen Kartographie, Gotha 2009.

Baumgartner, Wilhelm: Art. »Evidenz«, in: Peter Prechtl/Franz-Peter Burkard (Hg.), Metzler Lexikon Philosophie, 3. Aufl., Stuttgart/Weimar 2008, S. 171.

Benz, Wolfgang: Professoraler Populismus. Gedanken zum Fall Baberowski: Warum Historiker den Versuchungen der Demagogie widerstehen sollten, Der Tagesspiegel Online vom 21. 6. 2017, URL: https://www.tagesspiegel.de/wissen/streit-um-thesen-zur-migration-professoraler-populismus/19957412.html.

Berger, Peter/Luckmann, Thomas: The Social Construction of Reality. A Treatise in the Sociology of Knowledge, Garden City (NY) 1966.

Berger, Peter: Die Wiener Hochschule für Welthandel und ihre Professoren 1938-1945, in: Österreichische Zeitschrift für Geschichtswissenschaften 10 (1999), H. 1, S. 9-49.

Best, Ulrich: Von Mächten, Massen und Räumen: Die »Beilage Militärgeographie« in Petermanns Geographischen Mitteilungen, in: Sebastian Lentz/Ferjan Ormeling (Hg.), Die Verräumlichung des Welt-Bildes. Petermanns Geographische Mitteilungen zwischen »explorativer Geographie« und der »Vermessenheit« europäischer Raumphantasien, Stuttgart 2008, S. 123-138.

Biesalski, Ernst-Peter: »Sinnbild unserer Zeit und unseres Fleißes«: Die technischen Ausstellungsbereiche auf der Bugra, in: Ernst Fischer/Stephanie Jacobs (Hg.), Die Welt in Leipzig: Internationale Ausstellung für Buchgewerbe und Graphik, BUGRA 1914, Stuttgart 2014, S. 477-508.

Blackbourn, David: Das Kaiserreich transnational. Eine Skizze, in: Sebastian Conrad/Jürgen Osterhammel (Hg.), Das Kaiserreich transnational. Deutschland in der Welt 1871-1914, Göttingen 2004, S. 302-324.

Blackbourn, David: Die Eroberung der Natur. Eine Geschichte der deutschen Landschaft, München 2008.

Blesse, Giselher: Altamira-Decke und Palau-Haus. Das Museum für Völkerkunde zu Leipzig und die Bugra, in: Ernst Fischer/Stephanie Jacobs (Hg.): Die Welt in Leipzig: Internationale Ausstellung für Buchgewerbe und Graphik, BUGRA 1914, Stuttgart 2014, S. 509-542.

Bollmann, Jürgen: Art. »kartographische Generalisierung«, in: ders./Wolf Günther Koch (Hg.), Lexikon der Kartographie und Geomatik. In zwei Bänden, Bd. 2: Karto bis Z, Heidelberg/Berlin 2002, S. 21-23.

Bosse, Heinz: Hermann Haack. Ein Gedenken zum 100. Geburtstag, in: Kartographische Nachrichten 22 (1972), H. 5, S. 173-177.

Botsch, Gideon: »Politische Wissenschaft« im Zweiten Weltkrieg. Die »Deutschen Auslandswissenschaften« im Einsatz 1940-1945, Paderborn u. a. 2006.

Bourdieu, Pierre: Die feinen Unterschiede. Kritik der gesellschaftlichen Urteilskraft, Frankfurt a. M. 1982.

Bourdieu, Pierre: Die biographische Illusion, in: BIOS 3 (1990), H. 1, S. 75-81.

Braun, Peter: Objektbiographie: Ein Arbeitsbuch, Weimar 2015.

Breuer, Stefan: Ordnungen der Ungleichheit. Die deutschen Rechte im Widerstreit ihrer Ideen 1871-1945, Darmstadt 2001.

Breuer, Stefan: Die Völkischen in Deutschland: Kaiserreich und Weimarer Republik, Darmstadt 2008.

Breuer, Stefan: Die nordische Bewegung in der Weimarer Republik, Wiesbaden 2018.

Briesewitz, Gernot: Raum und Nation in der polnischen Westforschung 1918-1948. Wissenschaftsdiskurse, Raumdeutungen und geopolitische Visionen im Kontext der deutsch-polnischen Beziehungsgeschichte, Osnabrück 2014.

Brix, Emil: Die Umgangssprachen in Altösterreich zwischen Agitation und Assimilation. Die Sprachenstatistik in den zisleithanischen Volkszählungen 1880-1910, Wien u. a. 1982.

Brocke, Bernhard vom: Art. »Lamprecht, Karl«, in: Neue Deutsche Biographie 13 (1982), S. 467-472, URL: https://www.deutsche-biographie.de/pnd118569015.html#ndbcontent.

Brogatio, Heinz Peter/Sperling, Walter: Betrachtungen zur Wandkarte »Asia« von Emil von Sydow (1838): 150 Jahre Schulwandkarten bei Justus Perthes, Darmstadt 1989.

Brogiato, Heinz Peter/Hänsgen, Dirk/Schmid, Ulrike/Sperling, Walter: Paul Langhans und seine Wandkarte der Deutschen Kolonien in Afrika 1908, in: Harald Leisch (Hg.), Perspektiven der Entwicklungsländerforschung. Festschrift für Hans Hecklau, Trier 1995, S. 81-102.

Brogiato, Heinz Peter: »An dem Knochen wird von vielen genagt«. Zur Entwicklung der geographischen Schulatlanten im 19. Jahrhundert, in: Internationale Schulbuchforschung 19 (1997), H. 1, S. 35-66.

Brogiato, Heinz Peter: »Wissen ist Macht – geographisches Wissen ist Weltmacht«. Die schulgeographischen Zeitschriften im deutschsprachigen Raum (1880-1945) unter besonderer Berücksichtigung des Geographischen Anzeigers, 2 Bde., Trier 1998.

Brogiato, Heinz Peter/Mayr, Aloys (Hg.): Joseph Partsch –Wissenschaftliche Leistungen und Nachwirkungen in der deutschen und polnischen Geographie. Beiträge und Dokumentationen anlässlich des Gedenkkolloquiums zum 150. Geburtstag von Joseph Partsch (1851-1925) am 7. und 8. Februar 2002 im Institut für Länderkunde Leipzig, Leipzig 2002.

Brogiato, Heinz Peter: PGM in der Epoche der Weltkriege (1909-1945), in: Petermanns Geographische Mitteilungen 148 (2004), H. 6, S. 20-29.

Brogiato, Heinz Peter: Paul Langhans: Der völkische Kartograph, in: Gothaer Geowissenschaftler in 220 Jahren. Gotha 2005, S. 39-40.

Brogiato, Heinz Peter: »Baedeker« und »Stieler«. Die Rolle des Verlagswesens zwischen Popularisierung und Professionalisierung der Geographie im 19. Jahrhundert, in: Monika Estermann/Ute Schneider (Hg.), Wissenschaftsverlage zwischen Professionalisierung und Popularisierung, Wiesbaden 2007, S. 77-114.

Brogiato, Heinz Peter: Gotha als Wissens-Raum, in: Sebastian Lentz/Ferjan Ormeling (Hg.), Die Verräumlichung des Welt-Bildes. Petermanns Geographische Mitteilungen zwischen »explorativer Geographie« und der »Vermessenheit« europäischer Raumphantasien, Stuttgart 2008, S. 15-30.

Brogiato, Heinz Peter: Die Gründung des Verbands deutscher Schulgeographen, in: Frank-Michael Czapek, 100 Jahre Verband Deutscher Schulgeographen, hg. vom Verband Deutscher Schulgeographen e. V., Bretten 2012, S. 139-163.

Brogiato, Heinz Peter: Exkurs: Geographielehrer in der Zeit des Ersten Weltkriegs, in: ders./Bruno Schelhaas, »Die Feder versagt …« Feldpostbriefe aus dem Ersten Weltkrieg an den Leipziger Geographie-Professor Joseph Partsch, Leipzig 2014, S. 415-420.

Brogiato, Heinz Peter: Von der Expedition zur Schulwissenschaft. Die Entwicklung der Geographie im 19. Jahrhundert, in: Jürgen Runge (Hg.), Arktis bis Afrika – 150 Jahre wissenschaftliche Geographie in Deutschland, Frankfurt a. M. 2015, S. 161-207.

Brogiato, Heinz Peter: »Sich selbst ein Monument gesetzt« – Hans Meyer und der Kilimandscharo, in: ders./Matthias Röschner (Hg.), Koloniale Spuren in den Archiven der Leibniz-Gemeinschaft, Halle a. S. 2020, S. 52-73.

Brubaker, Rogers/Feischmidt, Margit/Fox, Jon: Nationalist Politics and Everyday Ethnicity in a Transylvanian Town, Princeton 2018.

Bruch, Rüdiger vom: Weltpolitik als Kulturmission. Auswärtige Kulturpolitik und Bildungsbürgertum in Deutschland am Vorabend des Ersten Weltkrieges, Paderborn u. a. 1982.

Bruch, Rüdiger vom (Hg.): Friedrich Naumann in seiner Zeit, Berlin/New York 2000.

Bruendel, Steffen: Volksgemeinschaft oder Volksstaat. Die »Ideen von 1914« und die Neuordnung Deutschlands im Ersten Weltkrieg, Berlin 2003.

Bruns, Claudia/Hampf, Michaela (Hg.): Wissen – Transfer – Differenz. Transnationale und interdiskursive Verflechtungen von Rassismus ab 1700, Göttingen 2018.

Büschel, Hubertus: Hitlers adliger Diplomat. Der Herzog von Coburg und das Dritte Reich, Frankfurt a. M. 2016.

Burleigh, Michael: Germany turns eastwards. A study of Ostforschung in the Third Reich, Cambridge/New York 1989.

Certeau, Michel de: L'invention du quotidien, Bd. 1: Arts de faire, Paris 1990.

Chickering, Roger: We men who feel most German. A cultural study of the Pan-German League 1886-1914, London/Sydney 1984.

Christoph, Andreas: Geographica und Cartographica aus dem Hause Bertuch. Zur Ökonomisierung des Naturwissens um 1800, München 2012.

Ciminski, Judith: Die Gewalt der Zahlen. Preußische »Judenzählung« und jüdische Kriegsstatistik, in: Arndt Engelhardt u. a. (Hg.), Ein Paradigma der Moderne: jüdische Geschichte in Schlüsselbegriffen. Festschrift für Dan Diner zum 70. Geburtstag, Göttingen 2016, S. 309-332.

Clark, Christopher: Die Schlafwandler. Wie Europa in den Ersten Weltkrieg zog, München 2015.

Clinefelter, Joan L.: The German Art Society and the Battle for »Pure German Art« 1920-1945, Ann Arbor (MI) 1995.

Conrad, Sebastian: Deutsche Kolonialgeschichte, München 2008.

Crampton, Jeremy W./Krygier, John: An Introduction to Critical Geography, in ACME: An International E-Journal for Critical Geographies 4 (2005), H. 1, S. 11-33.

Dahm, Volker: Das jüdische Buch im Dritten Reich, 2. Aufl., München 1993.

Daston, Lorraine/Lunbeck, Elizabeth (Hg.): Histories of Scientific Observation, Chicago/London 2011.

Daston, Lorraine/Galiston, Peter: Objektivität. Wissenschaftliche Sonderausgabe, Berlin 2017.

Deist, Wilhelm u. a., Ursachen und Voraussetzungen der deutschen Kriegspolitik (Das Deutsche Reich und der Zweite Weltkrieg, Bd. 1), hg. vom Militärgeschichtlichen Forschungsamt, 6. Aufl. [1. Aufl. 1979], Stuttgart 2017.

Demhardt, Imre/Kraas, Frauke/Lentz, Sebastian: Editorial, in: Petermanns Geographische Mitteilungen. Zeitschrift für Geo- und Umweltwissenschaften 148 (2004), H. 6, S. 3.

Demhardt, Imre: Vom geographischen Magazin zur populären Fachzeitschrift – die einflussreichen Jahre von PGM bis zum Ersten Weltkrieg, in: Petermanns Geographische Mitteilungen 148 (2004), H 6, S. 10-19.

Demhardt, Imre: Der Erde ein Gesicht geben. Petermanns geographische Mitteilungen und die Anfänge der modernen Geographie in Deutschland, Erfurt 2006.

Demhardt, Imre: Paul Langhans und der Deutsche Kolonial-Atlas 1893-1897, in: Cartographica Helvetica 39-40 (2009), H. 40, S. 17-30.

Demhardt, Imre: Art. »Justus Perthes (Germany)«, in: Mark S. Monmonier (Hg.), Cartography in the Twentieth Century, Bd. 1 (The History of Cartography, Bd. 6, 1), hg. von Brian Harley/David Woodward/Matthew H. Edney, Chicago/London 2015, S. 720-725.

Diner, Dan: »Grundbuch des Planeten«. Zur Geopolitik Karl Haushofers, in: Vierteljahrshefte für Zeitgeschichte 32 (1984), H. 1, S. 1-28.

Diner, Diner: Das Jahrhundert verstehen. Eine universalhistorische Deutung, München 1999.

Döring, Jörg/Thielmann, Tristan (Hg.): Spatial turn. Das Raumparadigma in den Kultur- und Sozialwissenschaften, Bielefeld 2008.

Dommann, Monika: Alles fließt. Soll die Geschichte nomadischer werden?, in: Geschichte und Gesellschaft 42 (2016), H. 3, S. 516-534.

Doudova, Helena/Jacobs, Stephanie/Rössler, Patrick (Hg.): Bildfabriken. Infografik 1920-1945: Fritz Kahn, Otto Neurath et al., Leipzig 2018.

Edney, Matthew H.: Mapping an Empire. The Geographical Construction of British India, 1765-1843, Chicago 1997.

Edney, Matthew H.: Cartography. The Ideal and its History, Chicago/London 2019.

Eisler, Rudolf: Art. »Evidenz (evidentia)«, in: Wörterbuch der Philosophischen Begriffe. Historisch-quellenmässig bearbeitet von Rudolf Eisler, 4. Aufl., Bd. 1: A-K, Berlin 1927, S. 418-420.

Eley, Geoff: Reshaping the German right. Radical nationalism and political change after Bismarck, New Haven 1980.

Endres, Rudolf, Art. »Schemm, Hans«, in: Neue Deutsche Biographie 22 (2005), S. 662-663, URL: https://www.deutsche-biographie.de/pnd118977628.html#ndbcontent.

Espenhorst, Jürgen: Petermann's Planet. A Guide to German Handatlases and their Siblings throughout the World 1800-1950, Bd. 1: The Great Handatlases, Schwerte 2003.

Essner, Cornelia: »Im Irrgarten der Rassenlogik« oder nordische Rassenlehre und nationale Frage (1919-1935), in: Historische Mitteilungen 7 (1994), H. 1, S. 81-101.

Essner, Cornelia: Zwischen Vernunft und Gefühl. Die Reichstagsdebatten von 1912 um koloniale »Rassenmischehe« und »Sexualität«, in: Zeitschrift für Geschichtswissenschaft 45 (1997), S. 503-519.

Estermann, Monika/Schneider, Ute (Hg.): Wissenschaftsverlage zwischen Professionalisierung und Popularisierung, Wiesbaden 2007.

Estermann, Monika: »Schrift und Druck sind nicht einfache kulturgeschichtliche Erscheinungen ...«. Die Halle der Kultur, in: Ernst Fischer/Stephanie Jacobs (Hg.), Die Welt in Leipzig: Internationale Ausstellung für Buchgewerbe und Graphik, BUGRA 1914, Stuttgart 2014, S. 265-288.

Etzemüller, Thomas: Ein ewigwährender Untergang. Der apokalyptische Bevölkerungsdiskurs im 20. Jahrhundert, Bielefeld 2007.

Etzemüller, Thomas: Das biographische Paradox – oder: wann hört eine Biographie auf, eine Biographie zu sein?, in: Non Fiktion 8 (2013), H. 1, S. 89-103.

Fabian, Johannes: Out of Our Minds. Reason and Madness in the Exploration of Central Africa, Berkeley 2000.

Fahlbusch, Michael: »Wo der deutsche ... ist, ist Deutschland!« Die Stiftung für Deutsche Volks- und Kulturbodenforschung in Leipzig 1920-1933, Bochum 1994.

Fahlbusch, Michael: Wissenschaft im Dienst der nationalsozialistischen Politik? Die »Volksdeutschen Forschungsgemeinschaften« von 1931-1945, Baden-Baden 1999.

Fahlbusch, Michael/Haar, Ingo/Pinwinkler, Alexander (Hg.): Handbuch der völkischen Wissenschaften. Akteure, Netzwerke, Forschungsprogramme, 2 Bde., 2. Aufl., Berlin/Boston 2017.

Fahlbusch, Michael: Art. »Emil Meynen«, in: ders./Ingo Haar/Alexander Pinwinkler (Hg.), Handbuch der völkischen Wissenschaften, Bd. 1: Biographien, 2. Aufl., Berlin/Boston 2017, S. 509-517.

Fenske, Hans: Ungeduldige Zuschauer. Die Deutschen und die europäische Expansion 1815-1880, in: Wolfgang Reinhard (Hg.), Imperialistische Kontinuität und nationale Ungeduld im 19. Jahrhundert, Frankfurt a. M. 1991, S. 87-123.

Fiebrandt, Maria: Auslese für die Siedlergesellschaft. Die Einbeziehung Volksdeutscher in die NS-Erbgesundheitspolitik im Kontext der Umsiedlungen 1939-1945, Göttingen/Bristol 2014.

Fischer, Hendrik K.: Konsum im Kaiserreich. Eine statistisch-analytische Untersuchung privater Haushalte im wilhelminischen Deutschland, Berlin 2011.

Fischer-Tiné, Harald: Pidgin-Knowledge. Wissen und Kolonialismus, Zürich/Berlin 2013.

Flachowsky, Sören/Hachtmann, Rüdiger/Schmaltz, Florian: Editorial, in: dies. (Hg.), Ressourcenmobilisierung. Wissenschaftspolitik und Forschungspraxis im NS-Herrschaftssystem, Göttingen 2017, S. 7-32.

Fleck, Ludwik: Schauen, sehen, wissen, in: ders., Erfahrung und Tatsache. Gesammelte Aufsätze, hg. von Lotha Schäfer und Thomas Schnelle, Frankfurt a.M. 1983, S. 147-174.

Fleck, Ludwik: Entstehung und Entwicklung einer wissenschaftlichen Tatsache. Einführung in die Lehre vom Denkstil und Denkkollektiv, hg. von Lothar Schäfer und Thomas Schnelle, 10. Aufl. [1. Aufl. 1935], Frankfurt a.M. 2015.

Foucault, Michel: Andere Räume, in: Karlheinz Barck (Hg.), Aisthesis, Wahrnehmung heute oder Perspektiven einer anderen Ästhetik. Essais, Leipzig 1990, S. 34-46.

Foucault, Michel: Wahnsinn und Gesellschaft. Eine Geschichte des Wahns im Zeitalter der Vernunft, 11. Aufl. [1. Aufl. 1973], Frankfurt a.M. 1995.

Foucault, Michel: Überwachen und Strafen. Die Geburt des Gefängnisses, 2. Aufl. [1. Aufl. 1977], Frankfurt a.M. 1995.

Foucault, Michel: Geschichte der Gouvernementalität, Bd. 2: Die Geburt der Biopolitik. Vorlesung am Collège de France 1978-1979, hg. von Michel Sennelart, Frankfurt a.M. 2006.

Frech, Stefan: Wegbereiter Hitlers? Theodor Reismann-Grone. Ein völkischer Nationalist (1863-1949), Paderborn u.a. 2009.

Frevert, Ute: Die kasernierte Nation. Militärdienst und Zivilgesellschaft in Deutschland, München 2001.

Fricke, Dieter: Art. »Deutschsoziale Reformpartei (DSRP) 1894-1900«, in: ders. (Hg.), Die bürgerlichen Parteien in Deutschland. Handbuch der Geschichte der bürgerlichen Parteien und anderer bürgerlicher Interessenorganisationen vom Vormärz bis zum Jahre 1945, Bd. 1: Alldeutscher Verband – Fortschrittliche Volkspartei, Leipzig 1968, S. 759-762.

Fricke, Dieter: Art. »Der Deutschbund«, in: Uwe Puschner/Walter Schmitz/Justus H. Ulbricht (Hg.), Handbuch zur »Völkischen Bewegung« 1871-1918, München 1999, S. 328-340.

Fricke, Dieter: Art. »Paul Langhans«, in: Uwe Puschner (Hg.), Handbuch zur »Völkischen Bewegung« 1871-1918, München 1999, S. 915-916.

Frie, Ewald/Nieswand, Boris: »Bedrohte Ordnungen« als Thema der Kulturwissenschaften, in: Journal of Modern European History 15 (2017), H. 1, S. 5-35.

Friedländer, Saul: Das Dritte Reich und die Juden 1933-1945, gekürzt von Orna Kenan, München 2013.

Fuhrmann, Malte: Die Bagdadbahn, in: Jürgen Zimmerer (Hg.), Kein Platz an der Sonne. Erinnerungsorte der deutschen Kolonialgeschichte, Frankfurt a.M./New York 2013, S. 190-207.

Geisenhainer, Katja: »Rasse ist Schicksal«. Otto Reche (1879-1966) ein Leben als Anthropologe und Völkerkundler, Leipzig 2002.

Geisenhainer, Katja: Art. »Otto Reche«, in: Michael Fahlbusch/Ingo Haar/Alexander Pinwinkler (Hg.), Handbuch der völkischen Wissenschaften, Bd. 1: Biographien, 2. Aufl., Berlin/Boston 2017, S. 616-620.

Gelhard, Andreas/Hackler, Ruben/Zanetti, Sandro: Einleitung, in: dies. (Hg.), Epistemische Tugenden. Zur Geschichte und Gegenwart eines Konzepts, Tübingen 2019, S. 1-8.

Gerlach, Christian: Der Mord an den europäischen Juden. Ursachen, Ereignisse, Dimensionen, München 2017.

Gerwarth, Robert/Malinowski, Stephan: Der Holocaust als »kolonialer Genozid«?, in: Geschichte und Gesellschaft 33 (2007), H. 3, S. 439-466.

Gerwarth, Robert: Die Besiegten. Das blutige Erbe des Ersten Weltkriegs, München 2017.

Geulen, Christian: »The Final Frontier …« Heimat, Nation und Kolonie um 1900: Carl Peters, in: Birthe Kundrus (Hg.), Phantasiereiche. Zur Kulturgeschichte des deutschen Kolonialismus, Frankfurt a. M./New York 2003, S. 35-55.

Geulen, Christian: Wahlverwandte. Rassendiskurs und Nationalismus im späten 19. Jahrhundert. Hamburg/Bielefeld 2004.

Glasze, Georg: Karten und Kartographie, in: Manfred Rolfes/Anke Uhlenwinkel (Hg), Metzler Handbuch Geographieunterricht. Ein Leitfaden für Praxis und Ausbildung, Braunschweig 2013, S. 333-341.

Glauert, Günter: Art. »Fischer, Theobald« in: Neue Deutsche Biographie 5 (1961), S. 205 f., URL: https://www.deutsche-biographie.de/pnd116562544.html#ndbcontent.

Göderle, Wolfgang: Zensus und Ethnizität: zur Herstellung von Wissen über soziale Wirklichkeiten im Habsburgerreich zwischen 1848 und 1910, Göttingen 2016.

Goetz, Walter: Art. »Bartels, Adolf«, in: Neue Deutsche Biographie 1 (1953), S. 597, URL: https://www.deutsche-biographie.de/pnd118652702.html#ndbcontent.

Górny, Maciej: Vaterlandszeichner. Geografen und Grenzen im Zwischenkriegseuropa, Osnabrück 2019.

Gosewinkel, Dieter: Rückwirkungen des kolonialen Rasserechts? Deutsche Staatsangehörigkeit zwischen Rassestaat und Rechtsstaat, in: Sebastian Conrad/Jürgen Osterhammel (Hg.), Das Kaiserreich transnational. Deutschland in der Welt 1871-1914, Göttingen 2004, S. 236-256.

Gossler, Ascan: Friedrich Lange und die »völkische Bewegung« des Kaiserreichs, in: Archiv für Kulturgeschichte 83 (2001), S. 377-411.

Gräbel, Carsten: Die Erforschung der Kolonien. Expeditionen und koloniale Wissenskultur deutscher Geographen, 1884-1919, Bielefeld 2015.

Grone, Carolyn: Schulen der Nation? Nationale Bildung und Erziehung an höheren Schulen des Deutschen Kaiserreichs von 1871 bis 1914, Bielefeld 2007, URL: https://pub.uni-bielefeld.de/record/2306162.

Gross, Stephan G.: Export Empire. German Soft Power in Southeastern Europe, 1890-1945, Cambridge 2015.

Grosse, Pascal: Kolonialismus, Eugenik und bürgerliche Gesellschaft 1850-1918, Frankfurt a. M./New York 2000.

Großer, Konrad: Art. »Karte«, in: Ernst Brunotte u. a. (Hg.), Lexikon der Geographie, Bd. 2, Heidelberg/Berlin 2002, S. 207.

Gruner, Wolf: Deutsches Reich 1933-1937 (Die Verfolgung und Ermordung der europäischen Juden durch das nationalsozialistische Deutschland 1933-1945, Bd. 1), hg. von Susanne Heim u. a. im Auftrag des Bundesarchivs u. a., Berlin 2008.

Güttler, Nils: Unsichtbare Hände. Die Koloristinnen des Perthes Verlags und die Verwissenschaftlichung der Kartographie im 19. Jahrhundert, in: Archiv für Geschichte des Buchwesens, 68 (2013), S. 133-154.

Güttler, Nils: Das Kosmoskop. Karten und ihre Benutzer in der Pflanzengeographie des 19. Jahrhunderts, Göttingen 2014.

Güttler, Nils/Heumann, Ina: Sammeln. Ökonomien wissenschaftlicher Dinge, in: dies. (Hg.), Sammlungsökonomien, Berlin 2016, S. 7-22.

Gugerli, David/Speich, Daniel: Topografien der Nation. Politik, kartografische Ordnung und Landschaft im 19. Jahrhundert, Zürich 2002.

Haar, Ingo: Art. »Stiftung für deutsche Volks und Kulturbodenforschung«, in: Michael Fahlbusch/Ingo Haar/Alexander Pinwinkler (Hg.), Handbuch der Völkischen Wissenschaften, Bd. 2: Forschungskonzepte – Institutionen – Organisationen – Zeitschriften, 2. Aufl., Berlin/Boston 2017, S. 1516-1526.

Habel, Rudolf: Hermann Haack – Gesellschaftlicher Fortschritt und Wandel, in: Gottfried Suchy (Hg.), Gothaer Geographen und Kartographen. Beiträge zur Geschichte der Geographie und Kartographie, Gotha 1985, S. 127-133.

Habermas, Rebekka: Skandal in Togo. Ein Kapitel deutscher Kolonialherrschaft, Frankfurt a. M. 2016.

Hachtmann, Rüdiger: Wissenschaftsmanagement im Dritten Reich. Geschichte der Generalverwaltung der Kaiser-Wilhelm-Gesellschaft, 2 Bde., Göttingen 2007.

Hänsgen, Dirk: Chorematische Kartensprache zwischen französischem Geodesign und deutscher Geopolitik – ein Leseversuch, in: Peter Haslinger/Vadim Oswalt (Hg.), Kampf der Karten: Propaganda- und Geschichtskarten als politische Instrumente und Identitätstexte, Marburg 2012, S. 62-84.

Hamann, Brigitte: Hitlers Wien. Lehrjahre eines Diktators, München/Zürich 2001.

Hansen, Jason D.: Mapping the Germans. Statistical Science, Cartography, and the Visualization of the German Nation, 1848-1914, Oxford 2015.

Hantzsch, Viktor: Art. »Berghaus, Hermann«, in: Allgemeine Deutsche Biographie 46 (1902), S. 379-381, URL: https://www.deutsche-biographie.de/pnd116132469.html#adbcontent.

Harders, Levke: Historische Biografieforschung, Version: 1.0, in: Docupedia-Zeitgeschichte, URL:https://docupedia.de/zg/Harders_historische_Biografieforschung_v1_de_2020#-Institutionalisierung_der_Biografieforschung.

Hardt, Matthias: Linien und Säume, Zonen und Räume an der Ostgrenze des Reiches im frühen und hohen Mittelalter, in: Walter Pohl/Helmut Reimitz (Hg.), Grenze und Differenz im frühen Mittelalter, Wien 2000, S. 39-56.

Harley, Brian: Deconstructing the Map, in: Cartographica 26 (1989), H. 2, S. 1-20.

Harley, Brian: The New Nature of Maps. Essays in the History of Cartography, Baltimore 2001.

Haschemi Yekani, Minu: Koloniale Arbeit. Rassismus, Migration und Herrschaft in Tansania (1885-1914), Frankfurt a. M. 2019.

Haslinger, Peter (Hg.), Schutzvereine in Ostmitteleuropa. Vereinswesen, Sprachenkonflikte und Dynamiken nationaler Mobilisierung 1860-1939, Marburg 2009.

Haslinger, Peter/Oswalt, Vadim: Raumkonzepte, Wahrnehmungsdispositionen und die Karte als Medium von Politik und Geschichtskultur, in: Peter Haslinger/Vadim Oswalt (Hg.), Kampf der Karten: Propaganda- und Geschichtskarten als politische Instrumente und Identitätstexte, Marburg 2012, S. 1-12.

Heinrich, Horst-Alfred: Politische Affinität zwischen geographischer Forschung und dem Faschismus im Spiegel der Fachzeitschriften. Ein Beitrag zur Geschichte der Geographie in Deutschland von 1920 bis 1945, Gießen 1991.

Henniges, Norman: »Sehen lernen«: Die Exkursionen des Wiener Geographischen Instituts und die Formierung der Praxiskultur der geographischen (Feld-)Beobachtung in der Ära Albrecht Penck (1885-1906), in: Mitteilungen der Österreichischen Geographischen Gesellschaft 156 (2014), S. 141-170.

Henniges, Norman: »Naturgesetze der Kultur«: Die Wiener Geographen und die Ursprünge der »Volks- und Kulturbodentheorie«, in: ACME, An International Journal for Critical Geographies, 14 (2015), H. 4, S. 1309-1351.

Henniges, Norman: Rezension zu: Carsten Gräbel, Die Erforschung der Kolonien: Expeditionen und koloniale Wissenskultur deutscher Geographen, 1884-1919, Bielefeld 2015, in: Berichte. Geographie und Landeskunde 89 (2015), H. 3, S. 259-262.

Henniges, Norman/Meyer, Philipp: »Das Gesamtbild des Vaterlandes stets vor Augen«: Hermann Haack und die Gothaer Schulkartographie vom Wilhelminischen Kaiserreich bis zum Ende des Nationalsozialismus, in: Zeitschrift für Geographiedidaktik 44 (2016), H. 4, S. 37-60.

Henniges, Norman: Art. »Albrecht Penck«, in: Michael Fahlbusch/Ingo Haar/Alexander Pinwinkler (Hg.), Handbuch der Völkischen Wissenschaften, Bd. 1: Biographien, 2. Aufl., Berlin/Boston 2017, S. 570-577.

Henniges, Norman: Die Spur des Eises. Eine praxeologische Studie über die wissenschaftlichen Anfänge des Geologen und Geographen Albrecht Penck (1858-1945), Leipzig 2017.

Herb, Guntram: Under the Map of Germany. Nationalism and propaganda 1918-1945, London/New York, 1997.

Herb, Guntram: Von der Grenzrevision zur Expansion: Territorialkonzepte in der Weimarer Republik, in: Iris Schröder/Sabine Höhler (Hg.), Welt-Räume. Geschichte, Geographie und Globalisierung seit 1900, Frankfurt a. M./New York 2005, S. 175-203.

Herbert, Ulrich: Geschichte Deutschlands im 20. Jahrhundert, München 2014.

Herbert, Ulrich: Best. Biographische Studien über Radikalismus, Weltanschauung und Vernunft, Neuaufl. [1. Aufl. 1996], München 2016.

Herbert, Ulrich: The Short and the Long Twentieth Century. German and European Perspectives, in: German Historical Institute London Bulletin 42 (2020), H. 2, S. 9-24.

Hering, Rainer: Konstruierte Nation. Der Alldeutsche Verband 1890 bis 1939, Hamburg 2003.

Hering, Rainer: »[…] ist der Einfluß der Juden auf sittlich-geistigem Gebiete […] noch viel verderblicher«. Antisemitismus in der populären Geschichtsdarstellung von Heinrich Claß, in: Werner Bergmann/Ulrich Sieg (Hg.), Antisemitische Geschichtsbilder, Essen 2009, S. 193-210.

Heske, Hennig: Und morgen die ganze Welt. Erdkundeunterricht im Nationalsozialismus, 2. Aufl. [1. Aufl. 1988], Norderstedt 2015.

Heyden, Ulrich van der/Zeller, Joachim (Hg.): Kolonialismus hierzulande – Eine Spurensuche in Deutschland, Erfurt 2008.

Hildebrand, Klaus: Das vergangene Reich. Deutsche Außenpolitik von Bismarck bis Hitler, Studienausgabe, München 2008.

Hobsbawm, Eric: Das Zeitalter der Extreme. Weltgeschichte des 20. Jahrhunderts, München 1998.

Holzbach, Heidrun: Das System Hugenberg. Die Organisation bürgerlicher Sammlungspolitik vor dem Aufstieg der NSDAP, Stuttgart 1981.

Horn, Werner: In Memoriam. Das Lebenswerk von Hermann Haack, in: Petermanns Geographische Mitteilungen 110 (1966), H. 3, S. 161-175.

Horne, John/Kramer, Alan: Deutsche Kriegsgreuel 1914. Die umstrittene Wahrheit, Hamburg 2001.

Hoßfeld, Uwe: Art. »Hans F. K. Günther«, in: Michael Fahlbusch/Ingo Haar/Alexander Pinwinkler (Hg.), Handbuch der völkischen Wissenschaften, Bd. 1: Biographien, 2. Aufl., Berlin/Boston 2017, S. 248-253.

Holtorf, Christian: Wissensgeschichte von Geografie und Kartografie. Einleitung, in: Berichte zur Wissenschaftsgeschichte 40 (2017), H. 1, S. 7-16.

Hoyer, Tom: Raumkonstruktionen im Web 2.0 erkennen, bewerten und reflektieren: Über technische Möglichkeiten und soziale Praktiken im Umgang mit nutzergenerierten Webkarten, Duisburg/Essen 2020, URL: https://doi.org/10.17185/duepublico/71830 [10. 6. 2021].

Hübinger, Gangolf: Hingabe an die Nation. Die Ideenkämpfe 1911-1914, in: Zeitschrift für Ideengeschichte 8 (2014), H. 1, S. 8-16.

Hufenreuter, Gregor: Art. »Gerstenhauer, Max Robert«, in: Wolfgang Benz (Hg.), Handbuch des Antisemitismus. Judenfeindschaft in Geschichte und Gegenwart, Bd. 2/1: Personen A-K, Berlin 2009, S. 280-281.

Hufenreuter, Gregor: Artikel »Lange, Friedrich«, in: Wolfgang Benz (Hg.), Handbuch des Antisemitismus. Judenfeindschaft in Geschichte und Gegenwart, Bd. 2/2: Personen L–Z, Berlin 2009, S. 452-453.

Hufenreuter, Gregor: Völkisch-religiöse Strömungen im Deutschbund, in: Uwe Puschner/ Clemens Vollnhals (Hg.), Die völkisch-religiöse Bewegung im Nationalsozialismus. Eine Beziehungs- und Konfliktgeschichte, Göttingen 2012, S. 219-232.

Hufenreuter, Gregor: Sigilla Veri (1913), in: Wolfgang Benz (Hg.), Handbuch des Antisemitismus. Judenfeindschaft in Geschichte und Gegenwart, Bd. 6: Publikationen, Berlin/Boston 2013, S. 641-643.

Imhof, Viola: Artikel »Partsch, Joseph«, in: Neue Deutsche Biographie 20 (2001), S. 76-77, URL: https://www.deutsche-biographie.de/pnd116048786.html#ndbcontent.

Jacobs, Stephanie: »Alle Sprachen der Welt klingen an unser Ohr.« Die Nationalpavillons auf der Bugra, in: Ernst Fischer/Stephanie Jacobs (Hg.), Die Welt in Leipzig: Internationale Ausstellung für Buchgewerbe und Graphik, BUGRA 1914, Stuttgart 2014, S. 289-318.

Jahn, Karsten/Wardenga, Ute: Wie Afrika auf die Karte kommt. Das Beispiel Georg Schweinfurth, in: Geert Castryck/Silke Strikrodt/Katja Werthmann (Hg.), Sources and Methods for African History and Culture. Essays in Honour of Adam Jones, Leipzig 2016, S. 137-161.

Jöns, Heike: Center of Calculation, in: John Agnew/David N. Livingstone (Hg.), The Sage Handbook of Geographical Knowledge, London 2011, S. 158-170.

Jungcurt, Uta: Alldeutscher Extremismus in der Weimarer Republik. Denken und Handeln einer einflussreichen bürgerlichen Minderheit, Berlin/Boston 2016.

Jureit, Ulrike: Wissenschaft und Politik. Der lange Weg zu einer Wissenschaftsgeschichte der »Ostforschung«, in: Neue politische Literatur 55 (2010), H. 1, S. 71-88.

Jureit, Ulrike: Das Ordnen von Räumen. Territorium und Lebensraum im 19. und 20. Jahrhundert, Hamburg 2012.

Kann, Oliver: Karten des Krieges. Deutsche Kartographie und Raumwissen im Ersten Weltkrieg, Paderborn 2020.

Keller, Reiner: Diskursforschung. Eine Einführung für SozialwissenschaftlerInnen, 4. Aufl., Wiesbaden 2011.

Keller, Ulrich: Schuldfragen. Belgischer Untergrundkrieg und deutsche Vergeltung im August 1914, Paderborn u. a. 2017.

Kent, Alexander J./Vujakovic, Peter: Introduction, in: dies. (Hg.), The Routledge Handbook of Mapping and Cartography, New York/London 2017, S. 1-6.

Kienemann, Christoph: Der koloniale Blick gen Osten. Osteuropa im Diskurs des Deutschen Kaiserreiches von 1871, Paderborn 2018.

Kimmel, Elke: Art. »Werner, Ferdinand Friedrich Karl«, in: Wolfgang Benz (Hg.), Handbuch des Antisemitismus. Judenfeindschaft in Geschichte und Gegenwart, Bd. 2/2: Personen L-Z, Berlin 2009, S. 882.

Klautke, Egbert: German »Race Psychology« and its Implementation in Central Europe: Egon von Eickstedt and Rudolf Hippius, in: Marius Turda/Paul Weindling (Hg.), »Blood and Homeland«. Eugenics and Racial Nationalism in Central and Southeast Europe, 1900-1940, Budapest 2007, S. 23-40.

Knorr Cetina, Karin: Die Fabrikation von Erkenntnis. Zur Anthropologie der Naturwissenschaft, 2. Aufl. [1. Aufl. 1984], Frankfurt a. M. 2002.

Koch, Wolf Günther: Art. »Sprachen- und Völkerkarten«, in: Jürgen Bollmann/Wolf Günther Koch (Hg.), Lexikon der Kartographie und Geomatik. In zwei Bänden, Bd. 2: Karto bis Z, Heidelberg/Berlin 2002, S. 337.

Köchy, Kristian: Ganzheit und Wissenschaft. Das historische Fallbeispiel der romantischen Naturforschung, Würzburg 1997.

Köck, Julian: Ludwig Schemann und die Gobineau-Vereinigung, in: Zeitschrift für Geschichtswissenschaft 59 (2012), H. 9, S. 723-740.

Köhler, Franz: Die Wandatlanten von Hermann Haack und die gesellschaftlichen Einflüsse ihrer Entstehung, in: Hans Richter u. a. (Hg.), Fortschritte in der geographischen Kartographie, Gotha 1985, S. 58-69.

Köhler, Franz: Gothaer Wege in Geographie und Kartographie, Gotha 1987.

Königseder, Angelika: Walter de Gruyter. Ein Wissenschaftsverlag im Nationalsozialismus, Tübingen 2016.

Kopp, Kristin: Gray Zones. On the Inclusion of ›Poland‹ in the Study of German Colonialism, in: Michael Perraudin/Jürgen Zimmerer (Hg.), German Colonialism and National Identity, New York 2011, S. 33-42.

Koselleck, Reinhart: Art. »Volk, Nation, Nationalismus, Masse«, in: Otto Brunner/Werner Conze/Reinhart Koselleck (Hg.), Geschichtliche Grundbegriffe. Historisches Lexikon zur politisch-sozialen Sprache in Deutschland, Bd. 7: Verw-Z, Stuttgart 1992, S. 141-431.

Koselleck, Reinhart: ›Erfahrungsraum‹ und ›Erwartungshorizont‹ – zwei historische Kategorien, in: ders., Vergangene Zukunft. Zur Semantik geschichtlicher Zeiten, 4. Aufl [1. Aufl. 1979]., Frankfurt a. M. 2000.

Kraas, Andreas: Lehrerlager 1932-1945. Politische Funktion und pädagogische Gestaltung, Bad Heilbrunn 2004.

Kreienbrink, Christian/Weigel, Petra: Papierreinigung mit Elektrostatik. Entstaubung, Reinigung und Neuordnung der Kartensammlung Perthes, in: Restauro 2, März 2013, S. 39-43.

Kretschmer, Ingrid: Lexikon zur Geschichte der Kartographie. Von den Anfängen bis zum Ersten Weltkrieg (Die Kartographie und ihre Randgebiete, Bd. C), hg. von Erik Arnberger, 2 Bde., Wien 1986.

Kretschmer, Ingrid: Naturnahe Farben kontra Farbhypsometrie, in: Cartographica Helvetica 21 (2000), H. 1, S. 39-48.

Krumeich, Gerd: Juli 1914. Eine Bilanz. Mit einem Anhang: 50 Schlüsseldokumente zum Kriegsausbruch, Paderborn u. a. 2014.

Kühl, Stefan: Die Internationale der Rassisten. Aufstieg und Niedergang der internationalen eugenischen Bewegung im 20. Jahrhundert, 2. Aufl. [1. Aufl 1997], Frankfurt a. M./New York 2014.

Kührer-Wielach, Florian: Siebenbürgen ohne Siebenbürger? Zentralstaatliche Integration und politischer Regionalismus nach dem Ersten Weltkrieg, München 2014, S. 345 ff.

Kuller, Christiane: »Kämpfende Verwaltung«. Bürokratie im NS-Staat, in: Dietmar Süß/Winfried Süß (Hg.): Das »Dritte Reich«. Eine Einführung, München 2008, S. 227-245.

Kundrus, Birthe: Moderne Imperialisten. Das Kaiserreich im Spiegel seiner Kolonien, Köln u.a. 2003.

Kundrus, Birthe: Colonialism, Imperialism, National Socialism. How Imperial was the Third Reich?, in: Geoff Eley/Bradley Naranch (Hg.), German Colonialism in a Global Age, Durham/London 2014, S. 330-346.

Laak, Dirk van: Imperiale Infrastruktur. Deutsche Planungen für eine Erschließung Afrikas 1880 bis 1960, Paderborn u.a. 2004.

Laak, Dirk van: Über alles in der Welt. Deutscher Imperialismus im 19. und 20. Jahrhundert, München 2005. Dirk van Laak, Über alles in der Welt. Deutscher Imperialismus im 19. und 20. Jahrhundert, München 2005.

Laba, Agnes: Art. »Wilhelm Volz«, in: Michael Fahlbusch/Ingo Haar/Alexander Pinwinkler (Hg.), Handbuch der Völkischen Wissenschaften, Bd. 1: Biographien, 2. Aufl., Berlin/Boston 2017, S. 863-867.

Laba, Agnes: Die Grenze im Blick. Der Ostgrenzen-Diskurs der Weimarer Republik, Marburg 2019.

Laidlaw, Zoë: Das Empire in Rot. Karten als Ausdruck des britischen Imperialismus, in: Christof Dipper/Ute Schneider (Hg.): Kartenwelten. Der Raum und seine Repräsentation in der Neuzeit, Darmstadt 2006, S. 146-176.

Langer, Helmut: Hermann Haack. Der Schöpfer der Wand-Atlanten, in: Gothaer Geowissenschaftler in 220 Jahren, hg. von Urania e.V., Gotha 2005, S. 36-38.

Langer, Helmut: Infoblatt des Klett-Verlags Hermann Haack (1872-1966), URL: https://www2.klett.de/sixcms/list.php?page=infothek_artikel&extra=&artikel_id=158844&inhalt=klett71prod_1.c.158576.de.

Latour, Bruno: Science in Action. How to Follow Scientists and Engineers Through Society, Harvard University Press, 1987.

Latour, Bruno: Visualisation and Cognition: Drawing Things Together, in: Knowledge and Society Studies in the Sociology of Culture Past and Present 6 (1986), S. 1-40.

Latour, Bruno: Zirkulierende Referenz. Bodenstichproben aus dem Urwald am Amazonas, in: ders., Die Hoffnung der Pandora, 5. Aufl. [1. Aufl. 2002], Frankfurt a.M. 2015, S. 36-95.

Leendertz, Ariane: Ordnung schaffen. Deutsche Raumplanung im 20. Jahrhundert, Göttingen 2008.

Leendertz, Ariane: Art. »Reichsarbeitsgemeinschaft für Raumplanung«, in: Michael Fahlbusch/Ingo Haar/Alexander Pinwinkler (Hg.), Handbuch der völkischen Wissenschaften, Bd. 2: Forschungskonzepte – Institutionen – Organisationen – Zeitschriften, 2. Aufl., Berlin/Boston 2017.

Lefebvre, Henri: La production de l'espace, 4. Aufl. [1. Aufl. 1974], Paris 2000.

Lehmann, Edgar: Art. »Krebs, Norbert« in: Neue Deutsche Biographie 12 (1979), S. 730, URL: https://www.deutsche-biographie.de/pnd116404175.html#ndbcontent.

Lehn, Patrick: Deutschlandbilder. Historische Schulatlanten zwischen 1871 und 1990. Ein Handbuch, Köln u.a. 2008.

Leicht, Johannes: Art. »Alldeutscher Verband«, in: Wolfgang Benz (Hg.), Handbuch des Antisemitismus. Judenfeindschaft in Geschichte und Gegenwart, Bd. 5: Organisationen, Institutionen, Bewegungen, Berlin 2012, S. 9-12.

Leicht, Johannes: Heinrich Claß 1868-1953. Die politische Biographie eines Alldeutschen, Paderborn u.a. 2012.

Lembrecht, Christina: Die Entwicklung des wissenschaftlichen Verlagswesens in Deutschland im 19. und 20. Jahrhundert. Forschungsergebnisse und -desiderate, in: Archiv für Geschichte des Buchwesens 68 (2013), S. 197-213.

Leo, Per: Der Wille zum Wesen. Weltanschauungskultur, charakterologisches Denken und Judenfeindschaft in Deutschland 1890-1940, Berlin 2013.

Leonhard, Jörn: Die Büchse der Pandora. Geschichte des Ersten Weltkriegs, München 2014.

Leonhard, Jörn: Comparison, Transfer and Entanglement or: How to write European History today?, in: Journal of Modern European History 14 (2016), H. 2, S. 149-163.

Lerp, Dörte: Farmers to the Frontier. Settler Colonialism in the Eastern Prussian Provinces and German Southwest Africa, in: Journal of Imperial and Commonwealth History 44 (2013), H. 4, S. 567-583.

Lerp, Dörte: Beyond the Prairie. Adopting, Adapting and Transforming Settlement Policies within the German Empire, in: Journal of Modern European History 14 (2016), H. 2, S. 225-244.

Lerp, Dörte: Imperiale Grenzräume. Bevölkerungspolitiken in Deutsch-Südwestafrika und den östlichen Provinzen Preußens 1884-1914, Frankfurt a. M. 2016.

Lessing, Theodor: Geschichte als Sinngebung des Sinnlosen, München 1919.

Lindner, Ulrike: Transimperiale Orientierung und Wissenstransfers. Deutscher Kolonialismus im Kontext, in: Deutscher Kolonialismus. Fragmente seiner Geschichte und Gegenwart, hg. vom Deutschen Historischen Museum, Darmstadt 2016, S. 16-29.

Livingstone, David N.: Putting Science in its Place. Geographies of Scientific Knowledge, Chicago 2003.

Lösch, Niels C.: Rasse als Konstrukt. Leben und Werk Eugen Fischers, Frankfurt a. M. u. a., 1997.

Lohalm, Uwe: Völkischer Radikalismus. Die Geschichte des Deutschvölkischen Schutz- und Trutzbundes 1919-1923, Hamburg 1970.

MacMillan, Margaret: Die Friedensmacher. Wie der Versailler Vertrag die Welt veränderte, Berlin 2015.

Malberg, Hans-Joachim: Die Welt auf dem Papier. Ein Leben für Geographie, Atlas und Landkarte, Weimar 1956.

Martin, Geoffrey J.: All Possible Worlds. A History of Geographical Ideas, 4. Aufl. [1. Aufl. 1972], Oxford 2005.

Mehmel, Astrid: Alfred Philippson (1. Januar 1864-28. März 1953) – ein deutscher Geograph, in: Aschkenas. Zeitschrift für Geschichte und Kultur der Juden 8 (1998), H. 2, S. 353-379.

Mehr, Christian: Kultur als Naturgeschichte. Opposition oder Komplementarität zur politischen Geschichtsschreibung 1850-1890?, Berlin 2009.

Meier, Mischa: Geschichte der Völkerwanderung. Europa, Asien und Afrika vom 3. bis zum 8. Jahrhundert n. Chr., München 2019.

Meyer, Philipp: Art. »Paul Langhans«, in: Michael Fahlbusch/Ingo Haar/Alexander Pinwinkler (Hg.), Handbuch der völkischen Wissenschaften, Bd. 1: Biographien, 2. Aufl., Berlin/Boston 2017, S. 404-408.

Michalsky, Tanja: Karten schaffen Räume. Kartographie als Medium der Wissens- und Informationsorganisation, in: Ute Schneider/Stefan Brakensiek (Hg.), Gerhard Mercator – Wissenschaft und Wissenstransfer, Darmstadt 2015, S. 15-40.

Michel, Boris: Der Geographische Blick. Überlegungen zu einer Wissenschaftsgeschichte geographischer Visualitätsregime, in: Geographische Zeitschrift 101 (2013), H. 1, S. 20-35.

Middell, Matthias: Weltgeschichte und Weltausstellung. Karl Lamprecht, das Leipziger Institut für Kultur- und Universalgeschichte und die Bugra, in: Ernst Fischer/Stephanie Jacobs (Hg.), Die Welt in Leipzig: Internationale Ausstellung für Buchgewerbe und Graphik, BUGRA 1914, Stuttgart 2014, S. 70-98.

Möhring, Maren/Pisarz-Ramirez, Gabriele/Wardenga, Ute: Imaginationen, Berlin/Boston 2019.

Mommsen, Wolfgang J.: Imperialismus. Seine geistigen, politischen und wirtschaftlichen Grundlagen. Ein Quellen- und Arbeitsbuch, Hamburg 1977.

Mommsen, Wolfgang J.: Der autoritäre Nationalstaat. Verfassung, Kultur und Gesellschaft im Deutschen Kaiserreich. Frankfurt a. M. 1992.

Mommsen, Wolfgang J.: Die Mitteleuropaidee und die Mitteleuropaplanungen im Deutschen Reich vor und während des Ersten Weltkrieges, in: Richard G. Plaschka u. a. (Hg.), Mitteleuropa-Konzeptionen in der ersten Hälfte des 20. Jahrhunderts, Wien 1995, S. 3-24.

Monmonier, Mark S.: Rhumb Lines and Map Wars. A Social History of the Mercator Projection, Chicago 2004.

Morris-Reich, Amos: Race and Photography. Racial Photography as Scientific Evidence 1876-1980, Chicago/London 2016.

Moser, Jana: Untersuchungen zur Kartographiegeschichte von Namibia. Die Entwicklung des Karten- und Vermessungswesens von den Anfängen bis zur Unabhängigkeit 1990, Dresden 2007.

Moser, Jana/Meyer, Philipp: The Use of Color in Geographic Maps, in: Bettina Bock von Wülfingen (Hg.), Science in Color. Visualizing Achromatic Knowledge, Berlin/Boston 2019, S. 163-180.

Müller, Dietmar: Staatsbürgerschaft und Minderheitenschutz. »Managing Diversity« im östlichen und westlichen Europa, 2006, in: Themenportal Europäische Geschichte, URL: www.europa.clio-online.de/essay/id/artikel-3309.

Müller, Helen: Wissenschaft und Markt um 1900. Das Verlagsunternehmen Walter de Gruyters im literarischen Feld der Jahrhundertwende, Tübingen 2004.

Müller, Jakob: Die importierte Nation. Deutschland und die Entstehung des flämischen Nationalismus 1914 bis 1945, Göttingen 2020.

Müller, Thomas: Imaginierter Westen. Das Konzept des »deutschen Westraums« im völkischen Diskurs zwischen Politischer Romantik und Nationalsozialismus, Bielefeld 2009.

Neitzel, Sönke: Weltmacht oder Untergang. Die Weltreichslehre im Zeitalter des Imperialismus, Paderborn u. a. 2000.

Nielsen, Philipp: Between Heimat and Hatred. Jews and the Right in Germany 1871-1935, New York 2019.

Nipperdey, Thomas: Deutsche Geschichte 1866-1918, Bd. 2: Machtstaat vor Demokratie, 3. Aufl., München 1995.

Nyhart, Lynn K.: Modern Nature. The Rise of a Biological Perspective in Germany, Chicago 2009.

Oldenburg, Jens: Der deutsche Ostmarkenverein 1894-1934, Berlin 2002.

Osterhammel, Jürgen: Die Wiederkehr des Raumes: Geopolitik, Geohistoire und historische Geographie, in: Neue politische Literatur. Berichte über das internationale Schrifttum 43 (1998), S. 374-397.

Osterhammel, Jürgen: Die Verwandlung der Welt. Eine Geschichte des 19. Jahrhunderts, Jubiläums-Edition [1. Aufl. 2009], München 2013.

O. V.: Ergebnisse der Plebiszite (1920/21). Die Ergebnisse der durch den Versailler Vertrag festgesetzten Volksabstimmungen in West- und Ostpreußen und in Schlesien, in: Dokumente und Materialien zur ostmitteleuropäischen Geschichte. Themenmodul »Zweite Polnische Republik«, bearb. von Heidi Hein-Kircher, hg. vom Herder-Institut für historische Ostmitteleuropaforschung Marburg, URL: https://www.herder-institut.de/resolve/qid/40.html.

O. V.: Eintrag »Alfred Freyberg«, in: Datenbank der deutschen Parlamentsabgeordneten, Bayerische Staatsbibliothek München, URL: http://www.reichstag-abgeordnetendatenbank.de/select.html?pnd=126529787.

O. V.: Lebenslauf »Fecht, Hermann«, in: Akten der Reichskanzlei. Weimarer Republik Online, hg. von der Historischen Kommission bei der Bayerischen Akademie der Wissenschaften und dem Bundesarchiv, URL: http://www.bundesarchiv.de/aktenreichskanzlei/1919-1933/0000/adr/getPPN/133567052/.

O. V.: Eintrag »Wechselbalg«, in: Brockhaus – Die Enzyklopädie in 24 Bänden, hg. vom Wissenschaftlichen Rat der Dudenredaktion, Bd. 30: Deutsches Wörterbuch 3, RICK–Z, 20. Aufl. Leipzig/Mannheim 1999, S. 4443.

O. V.: Statistik und Deportation der jüdischen Bevölkerung aus dem Deutschen Reich, URL: https://www.statistik-des-holocaust.de/list_ger_mid_420510.html.

O. V.: »Dingeldey, Peter Gustav Eduard«, in: Hessische Biografie, URL: https://www.lagis-hessen.de/pnd/118671995.

Painke, Werner: Haacks Wandatlanten gestern und heute, in: Kartographische Nachrichten 22 (1972), H. 5, S. 180-183.

Painke, Werner: 1785-1985: 200 Jahre Justus Perthes Geographische Verlagsanstalt Gotha-Darmstadt, Darmstadt 1985.

Panter, Sarah: Jüdische Erfahrungen und Loyalitätskonflikte im Ersten Weltkrieg, Göttingen 2014.

Pápay, Gyula: Kartenwissen – Bildwissen – Diagrammwissen – Raumwissen. Theoretische und historische Reflexionen über die Beziehungen der Karte zu Bild und Diagramm, in: Stephan Günzel/Lars Nowak (Hg.), KartenWissen. Territoriale Räume zwischen Bild und Diagramm, Wiesbaden 2012, S. 45-62.

Paul-Jacobs, Stefan: »… nicht Pulver und Blei, sondern Lettern und Druckerschwärze.« Die Bugra und der Krieg – Friedensmission und Kriegswirklichkeit, in: Ernst Fischer/Stephanie Jacobs (Hg.): Die Welt in Leipzig: Internationale Ausstellung für Buchgewerbe und Graphik, BUGRA 1914, Stuttgart 2014, S. 203-228.

Payer, Peter: Der Klang der Großstadt. Eine Geschichte des Hörens. Wien 1850-1914, Wien u. a. 2018.

Peschel, Andreas: Friedrich Naumanns und Max Webers »Mitteleuropa«. Eine Betrachtung ihrer Konzeptionen im Kontext mit den »Ideen von 1914« und dem Alldeutschen Verband, Dresden 2005.

Pesek, Michael: Koloniale Herrschaft in Deutsch-Ostafrika. Expeditionen, Militär und Verwaltung seit 1880, Frankfurt a. M./New York 2005.

Peter, Karen: NS-Presseanweisungen der Vorkriegszeit, Bd. 6/2: Quellentexte Mai bis August 1938, München 1999.

Pfrommer, Friedrich: Die Bedeutung von Hermann Haack für die Schulgeographie und Schulkartographie, in: Kartographische Nachrichten 22 (1972), H. 5, S. 177-179.

Plumpe, Werner: Weimar: Über das Anhäufen von Problemen, in: Andreas Wirsching/Berthold Kohler/Ulrich Wilhelm, Weimarer Verhältnisse? Historische Lektionen für unsere Demokratie, Stuttgart 2018, S. 23-35.

Preuß, Dirk: »Anthropologe und Forschungsreisender«. Biographie und Anthropologie Egon Freiherr von Eickstedts (1892-1965), München 2009.

Pryt, Karina: Befohlene Freundschaft. Die deutsch-polnischen Kulturbeziehungen 1934-1939, Osnabrück 2010.

Puschner, Uwe: Die völkische Bewegung im wilhelminischen Kaiserreich: Sprache – Rasse – Religion, Darmstadt 2001.

Puschner, Uwe: Einleitung zur 2. Auflage. Verwissenschaftlichung der Weltanschauung. Völkische Aspirationen, Strategien und Rezeptionen in der langen Jahrhundertwende, in: Michael Fahlbusch/Ingo Haar/Alexander Pinwinkler (Hg.), Handbuch der völkischen Wissenschaften, Bd. 1: Biographien, 2. Aufl., Berlin/Boston 2017, S. 9-18.

Raphael, Lutz: Radikales Ordnungsdenken und die Organisation totalitärer Herrschaft: Weltanschauungseliten und Humanwissenschaftler im NS-Regime, in: Geschichte und Gesellschaft 27 (2001), H. 1, S. 5-40.

Raphael, Lutz: Ordnungsmuster der »Hochmoderne«? Die Theorie der Moderne und die Geschichte der europäischen Gesellschaften im 20. Jahrhundert, in: Ute Schneider/Lutz Raphael (Hg.), Dimensionen der Moderne. Festschrift für Christoph Dipper, Frankfurt a. M. u. a. 2008, S. 73-91.

Rath, Gernot: Art. »Gruber, Max von«, in: Neue Deutsche Biographie 7 (1966), S. 177 f., URL: https://www.deutsche-biographie.de/gnd116887311.html#ndbcontent.

Rau, Susanne: Holsteinische Landesstadt oder Reichsstadt? Hamburgs Erfindung ihrer Geschichte als Freie Reichsstadt, in: Bea Lundt (Hg.), Nordlichter. Geschichtsbewußtsein und Geschichtsmythen nördlich der Elbe, Köln u. a. 2004, S. 159-178.

Rau, Susanne: Räume der Stadt. Eine Geschichte Lyons 1300-1800, Frankfurt a. M./New York 2014.

Rau, Susanne: Räume. Konzepte, Wahrnehmungen, Nutzungen, 2. Aufl., Frankfurt a. M. 2017.

Rau, Susanne: Rhythmusanalyse nach Lefebvre, in: Sabine Schmolinsky/Diana Hitzke/Heiner Stahl (Hg.), Taktungen und Rhythmen. Raumzeitliche Perspektiven interdisziplinär, Berlin/Boston 2018, S. 9-24.

Rebenich, Stefan: C.H. Beck 1763-2013. Der kulturwissenschaftliche Verlag und seine Geschichte, München 2013.

Reckwitz, Andreas: Die Transformation der Kulturtheorien. Zur Entwicklung eines Theorieprogramms, Weilerswist 2000.

Reeken, Dietmar von/Thießen, Malte (Hg.): »Volksgemeinschaft« als soziale Praxis. Neue Forschungen zur NS-Gesellschaft vor Ort, Paderborn u. a. 2013.

Reichert, Folker: Eines Freundes Feind zu sein. Karl Lamprecht und Henri Pirenne vor und nach 1914, in: Archiv für Kulturgeschichte 100 (2018), H. 1, S. 65-92.

Reinecke, Stefan: Das Wie und das Warum, Diskussionsforum Europa und der Judenmord, in: Journal of Modern European History 16 (2018), H. 1, S. 5-10.

Retterath, Jörg: »Was ist das Volk?« Volks- und Gemeinschaftskonzepte der politischen Mitte in Deutschland, Berlin 2016.

Rössler, Mechthild: »Wissenschaft und Lebensraum«. Geographische Ostforschung im Nationalsozialismus. Ein Beitrag zur Disziplingeschichte der Geographie, Berlin/Hamburg 1990.

Rössler, Mechthild/Schleiermacher, Sabine (Hg.): Der »Generalplan Ost«. Hauptlinien der nationalsozialistischen Planungs- und Vernichtungspolitik, Berlin 1993.

Roos, Julia: Kontinuitäten und Brüche in der Geschichte des Rassismus. Anregungen zur Erforschung der »Rheinlandbastarde« aus einem privaten Briefwechsel, in: Birthe Kundrus/Sybille Steinbacher (Hg.), Kontinuitäten und Diskontinuitäten. Der Nationalsozialismus in der Geschichte des 20. Jahrhunderts, Göttingen 2013, S. 154-170.

Rüger, Jan: Helgoland. Deutschland, England und ein Felsen in der Nordsee, Berlin 2017.
Rupnow, Dirk: »Pseudowissenschaft« als Argument und Ausrede. Antijüdische Wissenschaft im »Dritten Reich« und ihre Nachgeschichte, in: ders. u.a. (Hg.), Pseudowissenschaft, Frankfurt a.M. 2008, S. 279-307.
Sandkühler, Hans Jörg: Kritik der Evidenz, in: Johannes Bellmann/Thomas Müller (Hg.), Wissen, was wirkt. Kritik evidenzbasierter Pädagogik, Wiesbaden 2011, S. 33-56.
Sandner, Gerhard: Die »Geographische Zeitschrift« 1933-1944. Eine Dokumentation über Zensur, Selbstzensur und Anpassungsdruck bei wissenschaftlichen Zeitschriften im »Dritten Reich«, in Geographische Zeitschrift 71 (1983), H. 2, S. 65-87, H. 3, S. 127-149.
Sarasin, Philipp: Was ist Wissensgeschichte?, in: Internationales Archiv für Sozialgeschichte der deutschen Literatur 36 (2011), H. 1, S. 159-172.
Sarkowski, Heinz: Aufschwung und Niedergang des deutschen Wissenschaftsverlags von 1850 bis 1945, in: Aus dem Antiquariat 2 (2004), H. 2, S. 107-113.
Saur, Klaus G.: Verlage im »Dritten Reich«, Frankfurt a.M. 2013.
Scheil, Stefan: Die Entwicklung des politischen Antisemitismus in Deutschland zwischen 1881 und 1912. Eine wahlgeschichtliche Untersuchung, Berlin 1999.
Schelhaas, Bruno: Institutionelle Geographie auf dem Weg in die wissenschaftspolitische Systemspaltung. Die Geographische Gesellschaft der DDR bis zum III. Hochschul- und Akademieforum 1968/69, Leipzig 2004.
Schelhaas, Bruno/Wardenga, Ute: »Die Hauptresultate der Reisen vor Augen zu bringen« – oder: Wie man Welt mittels Karten sichtbar macht, in: Christian Berndt/Robert Pütz (Hg.), Kulturelle Geographien. Zur Beschäftigung mit Raum und Ort nach dem Cultural Turn, Bielefeld 2007, S. 143-166.
Schelhaas, Bruno: Das »Wiederkehren des Fragezeichens in der Karte«: Gothaer Kartenproduktion im 19. Jahrhundert, in: Geographische Zeitschrift 97 (2009), Heft 4, S. 227-242.
Scheuermann, Martin: Minderheitenschutz contra Konfliktverhütung? Die Minderheitenpolitik des Völkerbundes in den zwanziger Jahren, Marburg 2000.
Schleusener, Jan: Art. »Erlösungsantisemitismus«, in: Wolfgang Benz (Hg.), Handbuch des Antisemitismus. Judenfeindschaft in Geschichte und Gegenwart, Bd. 3: Begriffe, Theorien, Ideologien, Berlin/New York 2010, S. 73-75.
Schlögel, Karl: Im Raume lesen wir die Zeit. Über Zivilisationsgeschichte und Geopolitik, Frankfurt a.M. 2006.
Schmiechen-Ackermann, Detlef u.a. (Hg.): Der Ort der »Volksgemeinschaft« in der deutschen Gesellschaftsgeschichte, Paderborn 2018.
Schneider, Michael C.: Wissensproduktion im Staat. Das königlich preußische statistische Bureau 1860-1914, Frankfurt a.M./New York 2013.
Schneider, Ute: »Den Staat auf einem Kartenblatt übersehen!« Die Visualisierung der Staatskräfte und des Nationalcharakters, in: Christoph Dipper/Ute Schneider (Hg.), Kartenwelten. Der Raum und seine Repräsentationen in der Neuzeit, Darmstadt 2006, S. 11-25.
Schneider, Ute: Der Verlag Mercator. Strategien des Vertriebs, in: dies./Stefan Brakensiek (Hg.), Gerhard Mercator. Wissenschaft und Wissenstransfer, Darmstadt 2015, S. 41-53.
Schramm, Manuel: Digitale Landschaften, Stuttgart 2009.
Schramm, Manuel: Der »Sydow«: Zur Geschichte eines Schulatlas im 19. Jahrhundert, in: Archiv für Kulturgeschichte 97 (2015), H. 1, S. 153-176.
Schröder, Iris: Eine Weltkarte aus der Provinz: Die Gothaer Chart of the World und die Karriere eines globalen Bestsellers, in: Historische Anthropologie 25 (2017), H. 3, S. 353-376.

Schubert, Michael: Der schwarze Fremde. Das Bild des Schwarzafrikaners in der parlamentarischen und publizistischen Kolonialdiskussion in Deutschland von den 1870er bis in die 1930er Jahre, Stuttgart 2003.

Schulte-Althoff, Franz-Josef: Studien zur politischen Wissenschaftsgeschichte der deutschen Geographie im Zeitalter des Imperialismus, Paderborn 1971.

Schultz, Hans-Dietrich: Die deutschsprachige Geographie von 1800 bis 1970. Ein Beitrag zur Geschichte ihrer Methodologie, Berlin 1980.

Schultz, Hans-Dietrich: Räume sind nicht, Räume werden gemacht. Zur Genese »Mitteleuropas« in der deutschen Geographie, in: Europa Regional 5 (1997), H. 1, S. 2-14.

Schultz, Hans-Dietrich: Herder und Ratzel: Zwei Extreme, ein Paradigma?, in: Erdkunde 52 (1998), H. 2, S. 127-143.

Schultz, Hans-Dietrich: Raumkonstrukte der klassischen deutschsprachigen Geographie des 19./20. Jahrhunderts im Kontext ihrer Zeit. Ein Überblick, in: Geschichte und Gesellschaft, 28 (2002), H. 3, S. 343-377.

Schultz, Hans-Dietrich: Großraumkonstruktion versus Nationsbildung: das Mitteleuropa Joseph Partschs. Kontext und Wirkung, in: Heinz Peter Brogiato/Alois Mayr (Hg.): Joseph Partsch – Wissenschaftliche Leistungen und Nachwirkungen in der deutschen und polnischen Geographie. Beiträge und Dokumentationen anlässlich des Gedenkkolloquiums zum 150. Geburtstag von Joseph Partsch (1851-1925) am 7. und 8. Februar 2002 im Institut für Länderkunde, Leipzig/Leipzig 2002, S. 85-127.

Schultz, Hans-Dietrich: Friedrich Ratzel: (k)ein Rassist?, Flensburg 2006.

Schultz, Hans-Dietrich: Das Kartenbild als Waffe in der Nachkriegszeit, in: Kartographische Nachrichten 58 (2008), H. 1, 19-27.

Schultz, Hans-Dietrich: »Ein wachsendes Volk braucht Raum.« Albrecht Penck als politischer Geograph, in: Bernhard Nitz/Hans-Dietrich Schultz/Marlies Schulz (Hg.), 1810-2010: 200 Jahre Geographie in Berlin, 2. Aufl., Berlin 2011, S. 99-153.

Schultz, Hans-Dietrich: Völkerkarten im Geografieunterricht des 20. Jahrhunderts. Ausgewählte Beispiele nebst Anregungen für den aktuellen Umgang mit diesem Kartentyp, in: Peter Haslinger/Vadim Oswalt (Hg.), Kampf der Karten. Propaganda- und Geschichtskarten als politische Instrumente und Identitätstexte, Marburg 2012, S. 13-61.

Schultz, Hans-Dietrich: Unpolitische »politische Bildung« durch Geographie? Eine disziplinhistorische Skizze, in: Zeitschrift für Geographiedidaktik 44 (2016), H. 4, S. 5-36.

Schultz, Hans-Dietrich: »Steißpauker«, »Lügen« und »wehrlose Kinder«. Wie Schulgeographen dazu beitrugen, nach dem Ersten Weltkrieg den Frieden zu verlieren, in: GW-Unterricht 148 (2017), H. 4, S. 43-57.

Schultz, Hans-Dietrich: Albrecht Penck: Vorbereiter und Wegbereiter der NS-Lebensraumpolitik?, E&G Quaternary Science Journal, 66 (2018), S. 115-129, URL: https://doi.org/10.5194/egqsj-66-115-2018 [14. 6. 2019].

Schulze, Hagen: Vom Scheitern einer Republik, in: Karl Dietrich Bracher/Manfred Funke/Hans-Adolf Jacobsen (Hg.), Die Weimarer Republik 1918-1933. Politik – Wirtschaft – Gesellschaft, 2. Aufl., Bonn 1988, S. 617-625.

Schunka, Alexander: Das Rohe, das Gekochte – und das Kochrezept. Kartenkommentare des 19. Jahrhunderts als historische Quellen, in: Steffen Siegel/Petra Weigel (Hg.), Die Werkstatt des Kartographen. Materialien und Praktiken visueller Welterzeugung, München 2011, S. 143-160.

Seegel, Steven: Map Men. Transnational Lives and Deaths of Geographers in the Making of East Central Europa, Chicago/London 2018.

Seibt, Ferdinand: Eine »neue« Wandkarte von 1936, in: Bohemia. Zeitschrift für Geschichte und Kultur der böhmischen Länder 34 (1993), H. 1, S. 115-122.

Siegel, Steffen/Weigel, Petra: Der »Mercatorgeist« des 19. Jahrhunderts – Reflexionen der globalen Ordnung in Hermann Berghaus' Chart of the World (1863-1924), in: Ute Schneider/Stefan Brakensiek (Hg.), Gerhard Mercator – Wissenschaft und Wissenstransfer, Darmstadt 2015, S. 197-230.

Smith, Woodruff D.: »Weltpolitik« und »Lebensraum«, in: Sebastian Conrad/Jürgen Osterhammel (Hg.), Das Kaiserreich transnational. Deutschland in der Welt 1871-1914, Göttingen 2004, S. 29-48.

Smith, Woodruff D.: Contexts of Colonialism, Rez. von Geoff Eley/Bradley Naranch (Hg.), German Colonialism in a Global Age, Durham/London 2014, in: History and Theory 55 (2016), H. 2, S. 290-301.

Smits, Jan: Petermann's maps: carto-bibliography of the maps in Petermanns Geographische Mitteilungen 1855-1945, 't Goy-Houten 2004.

Soja, Edward: Thirdspace. Journeys to Los Angeles and Other Real-and-Imagined Places, Cambridge u. a. 1996.

Soltani, Christina: Leben und Werk des Malers Hans Adolf Bühler (1877-1951). Zwischen symbolistischer Kunst und völkischer Gesinnung, Weimar 2016.

Spang, Christian W.: Karl Haushofer und Japan. Die Rezeption seiner geopolitischen Theorien in der deutschen und japanischen Politik, München 2013.

Spät, Robert: Die »polnische Frage« in der öffentlichen Diskussion im Deutschen Kaiserreich 1894-1918, Marburg 2014.

Speich-Chassé, Daniel/Gugerli, David: Wissensgeschichte. Eine Standortbestimmung, in: Traverse. Zeitschrift für Geschichte 19 (2012), H. 1, S. 85-100.

Sprengel, Rainer: Kritik der Geopolitik: Ein deutscher Diskurs 1914-1944, Berlin 1996.

Steber, Martina/Gotto, Bernhard: Volksgemeinschaft im NS-Regime. Wandlungen, Wirkungen und Aneignungen eines Zukunftsversprechens, in: Vierteljahreshefte für Zeitgeschichte 62 (2014), S. 433-445.

Stegner, Willi: Geschichtswandkarten im Verlagsschaffen der Gothaer Geographisch-Kartographischen Anstalt, in: Hans Richter u. a. (Hg.), Fortschritte in der geographischen Kartographie, Gotha 1985, S. 45-57.

Steinert, Tom: Nationale Selbstvergewisserung contra Weltoffenheit. Die Architekturen der Bugra und ihr städtebaulicher Zusammenhang, in: Ernst Fischer/Stephanie Jacobs (Hg.), Die Welt in Leipzig: Internationale Ausstellung für Buchgewerbe und Graphik, BUGRA 1914, Stuttgart 2014, S. 229-264.

Stöckel, Sigrid: (Hg.), Die »rechte Nation« und ihr Verleger. Politik und Popularisierung im J. F. Lehmanns Verlag 1890-1979, Berlin 2002.

Stöwer, Ralph: Erich Rothacker. Sein Leben und seine Wissenschaft vom Menschen, Göttingen 2012.

Svatek, Petra: »Das südöstliche Europa als Forschungsraum«. Wiener Raumforschung und »Lebensraumpolitik«, in: Sören Flachowsky/Rüdiger Hachtmann/Florian Schmaltz (Hg.), Ressourcenmobilisierung. Wissenschaftspolitik und Forschungspraxis im NS-Herrschaftssystem, Göttingen 2017, S. 82-120.

Taylor, Fred: Inflation. Der Untergang des Geldes in der Weimarer Republik und die Geburt eines deutschen Traumas, München 2013.

Ther, Philipp: Deutsche Geschichte als imperiale Geschichte. Polen, slawophone Minderheiten und das Kaiserreich als kontinentales Empire, in: Sebastian Conrad/Jürgen Osterhammel (Hg.), Das Kaiserreich transnational. Deutschland in der Welt 1871-1914, Göttingen 2004, S. 129-148.

Thomae, Otto: Die Propaganda-Maschinerie. Bildende Kunst und Öffentlichkeitsarbeit im Dritten Reich, Berlin 1978.

Thomé, Horst: Art. »Weltbild«, in: Joachim Ritter (Hg.), Historisches Wörterbuch der Philosophie, Bd. 12: W-Z, Basel 2004, S. 454-460.

Thonfeld, Christoph: Krisenjahre revisited. Die Weimarer Republik und die Klassische Moderne in der gegenwärtigen Forschung, in: Historische Zeitschrift 302 (2016), S. 390-420.

Thum, Gregor (Hg.): Traumland Osten. Deutsche Bilder vom östlichen Europa im 20. Jahrhundert, Göttingen 2006.

Thum, Gregor: Die kulturelle Leere des Ostens. Legitimierung preußisch-deutscher Herrschaft im 19. Jahrhundert, in: Ulrike Jureit (Hg.), Umkämpfte Räume. Raumbilder, Ordnungswille und Gewaltmobilisierung, Göttingen 2016, S. 263-285.

Tiemann, Klaus-Harro/Barth, Bernd-Rainer: Art. »Haack, Hermann Otto«, in: Helmut Müller-Enbergs u. a. (Hg.), Wer war wer in der DDR? Ein Lexikon ostdeutscher Biographien, 5. Aufl., Berlin 2010, S. 465.

Triebel, Florian: Der Eugen Diederichs Verlag 1930-1949. Ein Unternehmen zwischen Kultur und Kalkül, München 2004.

Triebel, Florian: Theoretische Überlegungen zur Verlagsgeschichte, in: IASLonline – Forum Geschichtsschreibung des Buchhandels, URL: http://www.iasl.uni-muenchen.de/discuss/lisforen/Triebel_Theorie.pdf.

Ullrich, Volker: Die nervöse Großmacht 1871-1918. Aufstieg und Untergang des deutschen Kaiserreichs, Frankfurt a. M. 2013 [1997].

Urbach, Karina: Go-Betweens for Hitler, Oxford 2015.

Varga, Alexander von: Art. »Bauch, Bruno«, in: Neue Deutsche Biographie 1 (1953), S. 630-631, URL: https://www.deutsche-biographie.de/gnd11865361X.html#ndbcontent.

Volkmann, Hans-Erich: Die Polenpolitik des Kaiserreichs. Prolog zum Zeitalter der Weltkriege, Paderborn 2016.

Wahle, Ernst: Art. »Hahn, Eduard«, in: Neue Deutsche Biographie 7 (1966), S. 504-505, URL: https://www.deutsche-biographie.de/pnd116386169.html#ndbcontent.

Walkenhorst, Peter: Nation – Volk – Rasse. Radikaler Nationalismus im Deutschen Kaiserreich 1890-1914, Göttingen 2007.

Walker, Mark u. a. (Hg.): The German Research Foundation 1920-1970. Funding poised between science and politics, Stuttgart 2013.

Wardenga, Ute: Geographie als Chorologie. Zur Genese und Struktur von Alfred Hettners Konstrukt der Geographie, Stuttgart 1995.

Wardenga, Ute: »Nun ist alles anders«: Erster Weltkrieg und Hochschulgeographie, in: dies./Ingrid Hönsch (Hg.), Kontinuität und Diskontinuität der deutschen Geographie in Umbruchphasen. Studien zur Geschichte der Geographie, Münster 1995.

Wardenga, Ute: Theorie und Praxis der länderkundlichen Forschung und Darstellung in Deutschland, in: Frank Dieter Grimm/Ute Wardenga, Zur Entwicklung des länderkundlichen Ansatzes, Leipzig 2001.

Wardenga, Ute: »Kultur« und historische Perspektive in der Geographie, in: Geographische Zeitschrift 93 (2005), H. 1, S. 17-32.

Wardenga, Ute: »Beobachtung ist die Grundlage der Geographie!«: Herbert Luis als Länderkundler, Kartograph und Geomorphologe, in: Geographie in München: disziplingeschichtliche Streifzüge, hrsg von der Geographischen Gesellschaft München, München 2007, S. 103-133.

Wardenga, Ute: Petermanns Geographische Mitteilungen, Geographische Zeitschrift und Geographischer Anzeiger: Eine vergleichende Analyse von Zeitschriften in der Geographie 1855-1945, in: Sebastian Lentz/Ferjan Ormeling (Hg.), Die Verräumlichung des Welt-Bildes. Petermanns Geographische Mitteilungen zwischen »explorativer Geographie« und der »Vermessenheit« europäischer Raumphantasien, Stuttgart 2008, S. 31-44.

Wardenga, Ute/Henniges, Norman/Brogiato, Heinz Peter/Schelhaas, Bruno: Der Verband deutscher Berufsgeographen. Eine sozialgeschichtliche Studie zur Frühphase des DVAG, Leipzig 2011.

Wardenga, Ute: Kartenkonstruktion und Kartengebrauch im Spannungsfeld von Kartentheorie und Kartenkritik, in: Armin Hüttermann (Hg.), Räumliche Orientierung. Räumliche Orientierung, Karten und Geoinformation im Unterricht, Braunschweig 2012, S. 134-143.

Wardenga, Ute: Writing the History of Geography: What We Have Learnt – and Where to Go Next, in: Geographica Helvetica 68 (2013), H. 1, S. 27-35.

Wehler, Hans-Ulrich: Bismarck und der Imperialismus, 3. Aufl. [1. Aufl. 1969], Köln 2017.

Weigel, Petra: Die Sammlung Perthes Gotha, Berlin 2011.

Weigel, Petra: Ein Archiv der Erforschung und Entdeckung der Erde. Die Sammlung Perthes Gotha, in: Ingrid Kästner/Jürgen Kiefer (Hg.), Beschreibung, Vermessung und Visualisierung der Welt, Aachen 2012, S. 353-392.

Weigel, Petra: Von Berlin nach Jerusalem 1898. Paul Langhans vergegenwärtigt kaiserliche Reisepläne, in: dies./Haim Gorem/Bruno Schelhaas/Jutta Faehndrich (Hg.), Das Heilige Land in Gotha. Der Verlag Justus Perthes und die Palästinakartographie im 19. Jahrhundert, Gotha 2014, S. 134-135.

Weigel, Petra: Geographische Wissensproduktion – Reflexionen aus der Perspektive der geographie- und kartographiehistorischen Sammlung Perthes der Forschungsbibliothek Gotha, in: Berichte zur Wissenschaftsgeschichte 40 (2017), S. 86-90.

Weigel, Petra: Das Kartenproduktionsarchiv des Justus Perthes Verlags in der Forschungsbibliothek Gotha, in: Ludger Syré (Hg.), Ressourcen für die Forschung. Spezialsammlungen in Regionalbibliotheken, Frankfurt a. M. 2018, S. 125-141.

Weindling, Paul: »Ressourcen« für humanmedizinische Zwangsforschung, 1933-1945, in: Sören Flachowsky/Rüdiger Hachtmann/Florian Schmaltz (Hg.), Ressourcenmobilisierung. Wissenschaftspolitik und Forschungspraxis im NS-Herrschaftssystem, Göttingen 2017, S. 503-534.

Weingart, Peter/Kroll, Jürgen/Bayertz, Kurt: Rasse, Blut und Gene, Geschichte der Eugenik und Rassenhygiene in Deutschland, Frankfurt a. M. 1992.

Wenzel, Matthias: Gotha 1933-1945 in Fotografien, Erfurt 2016.

Wesolowski, Tilmann: Verleger und Verlagspolitik. Der Wissenschaftsverlag R. Oldenbourg zwischen Kaiserreich und Nationalsozialismus, München 2010.

Wigger, Iris: Die »Schwarze Schmach am Rhein«. Rassistische Diskriminierung zwischen Geschlecht, Klasse, Nation und Rasse, Münster 2007.

Wildt, Michael: Volksgemeinschaft als Selbstermächtigung. Gewalt gegen Juden in der deutschen Provinz 1919 bis 1939, Hamburg 2007.

Wimmer, Florian: Die völkische Ordnung von Armut. Kommunale Sozialpolitik im nationalsozialistischen München, Göttingen 2014.

Winkler, Heinrich August: Weimar 1918-1933. Die Geschichte der ersten deutschen Demokratie, 1. Aufl. Paperback [1. Aufl. 1993], München 2018.

Witt, Werner: Art. »Kartographie und Karten: Definitionen«, in: ders., Lexikon der Kartographie (Die Kartographie und ihre Randgebiete, Bd. B), hg. von Erik Arnberger, Wien 1979, S. 301-303.

Witthauer, Kurt: 100 Jahre Gothaer Bevölkerungszahlen, in: Petermanns Geographische Mitteilungen 110 (1966), H. 2, S. 137-143.

Wolf, Gerhard: Ideologie und Herrschaftsrationalität. Nationalsozialistische Germanisierungspolitik in Polen, Hamburg 2012.

Wolkersdorfer, Günter: Geopolitische Leitbilder als Deutungsschablone für die Bestimmung des »Eigenen« und des »Fremden«, in: Sebastian Lentz/Ferjan Ormeling (Hg.), Die Verräumlichung des Welt-Bildes: Petermanns Geographische Mitteilungen zwischen »explorativer Geographie« und der »Vermessenheit« europäischer Raumphantasien, Stuttgart 2008, S. 181-192.

Wolter, Heike: Volk ohne Raum. Semantische Dimensionen des Lebensraum-Begriffs in der Weimarer Republik, in: Sebastian Lentz/Ferjan Ormeling (Hg.): Die Verräumlichung des Welt-Bildes. Petermanns Geographische Mitteilungen zwischen »explorativer Geographie« und der »Vermessenheit« europäischer Raumphantasien, Stuttgart 2008, S. 193-204.

Wood, Denis: The Power of Maps, New York 1992.

Wood, Denis/Fels, John/Krygier, John: Rethinking the Power of Maps, New York 2010.

Zachmann, Karin/Ehlers, Sarah (Hg.): Wissen und Begründen. Evidenz als umkämpfte Ressource in der Wissensgesellschaft, Baden-Baden 2019.

Zantop, Susanne M.: Kolonialphantasien im vorkolonialen Deutschland (1770-1870), Berlin 1999.

Zilkenat, Reiner: Der »Kurfürstendamm-Krawall« am 12. September 1931. Vorgeschichte, Ablauf und Folgen einer antisemitischen Gewaltaktion, in: Yves Müller/Reiner Zilkenat (Hg.), Bürgerkriegsarmee. Forschungen zur nationalsozialistischen Sturmabteilung (SA), Frankfurt a. M. 2013, S. 45-62.

Zimmerman, Andrew: Ethnologie im Kaiserreich. Natur, Kultur und »Rasse« in Deutschland und seinen Kolonien, in: Sebastian Conrad/Jürgen Osterhammel (Hg.), Das Kaiserreich transnational. Deutschland in der Welt 1871-1914, Göttingen 2004, S. 191-212.

Zirlewagen, Marc: Art. »Langhans, Paul (Max Harry)«, in: ders., Biographisches Lexikon der Vereine Deutscher Studenten: Bd. 1: Mitglieder A-L, Norderstedt 2014, S. 485-487.

11.2.2 Gedruckte Quellen

Anz, Heinrich: Zur Einleitung, in: ders., Das Gymnasium Ernestinum zu Gotha (Gymnasium mit Realgymnasium) von Ostern 1927 bis Ostern 1935. Bericht erstattet von Professor Dr. Heinrich Anz, Oberstudienrektor i. R., Gotha 1935.

Banse, Ewald: Geographie, in: Dr. A. Petermann's Mitteilungen aus Justus Perthes' Geographischer Anstalt 58 (1912), H. 1, S. 1-4, H. 2, S. 69-74 und H. 3, S. 128-131.

Behm, Sehr verehrter lieber Br. Langhans!, in: Deutschbund-Blätter 47 (1942), H. 2, S. 11.

Bernhard, Ludwig: Die Fehlerquellen in der Statistik der Nationalitäten, in: Paul Weber, Die Polen in Oberschlesien. Eine statistische Untersuchung, Berlin 1914, S. III-XXI.

Bohnenstaedt, Benno: Die Wandkarte im historischen Unterricht, in: Justus Perthes, Haack-Hertzberg Großer Historischer Wandatlas, Gotha 1912, S. 3-24.

Bühler, Hans Adolf/Fecht, Hermann/Feistel-Rohmeder, Bettina: Bundeswart DBbr. Dr. Langhans zum 75. Geburtstag, in: Deutschbund-Blätter 47 (1942), H. 2, S. 12.

Bürgener, Martin: Pripet-Polessïe, das Bild einer polnischen Ostraum-Landschaft, Gotha 1939.

Buttmann, Arno: Kriegsgeschichte des Königlich Preußischen 6. Thüringischen Infanterie Regiments Nr. 95 1914-1918, Zeulenroda 1935.

Carlberg, Berthold: Der Kartographenberuf, in: Petermanns Geographische Mitteilungen 87 (1941), H. 4, S. 146-149.

Carlberg, Berthold: Ein Handbuch der praktischen Kartographie, in: Petermanns Geographische Mitteilungen 88 (1942), H. 10/11, S. 415-421.

Creutzburg, Nikolaus: Hermann Haack 80 Jahre, in: Berichte zur Deutschen Landeskunde 12 (1953), H. 1, S. 56-61.

Dietrich, Bruno: Heidelberger Zusammenkunft der Hochschulgeographen, in: Dr. A. Petermann's Mitteilungen aus Justus Perthes' Geographischer Anstalt 62 (1916), H. 6, S. 201-204.

Eckert, Max: Die Kartographie als Wissenschaft, in: Zeitschrift der Gesellschaft für Erdkunde zu Berlin, 42 (1907), H. 8, S. 539-555.

Eckert, Max: Die Kartenwissenschaft. Forschungen und Grundlagen zu einer Kartographie als Wissenschaft, 2 Bde., Berlin/Leipzig 1921 u. 1925.

Eckert, Max: Kartenkunde, Berlin/Leipzig 1936.

Eckert, Max: Kartographie. Ihre Aufgaben und Bedeutung für die Kultur der Gegenwart, Berlin 1939.

Ehlermann, Erich: Eine Reichsbibliothek in Leipzig (1910). Gesellschaft der Freunde der Deutschen Bücherei Leipzig, Leipzig 1927.

Eickstedt, Egon von: Erläuterungen: Die Rassen Europas, in: Hermann Haack (Hg.), Großer Physikalischer Wandatlas, Gotha 1935.

Eschner, Max (Hg.): Deutschlands Kolonien. Farbige Künstler-Steinzeichnungen für Schule und Haus, Leipzig 1902.

Fabarius, Albert: Koloniale Erziehung, Aus einer Rede von Prof. A. Fabarius gelegentlich der Einweihung des Neu- und Erweiterungsbaues der Kolonialschule Witzenhausen am 21. Juni 1905, ausgewählt von Hermann Haack, in: Geographischer Anzeiger 12 (1911), H. 3, S. 61-62.

Fabri, Friedrich: Bedarf Deutschland der Colonien? Eine politisch-ökonomische Betrachtung, Gotha 1879.

Fischer, Heinrich: Kriegs und schulgeographische Schnitzel, in: Geographischer Anzeiger 18 (1917), H. 10, S. 262-266.

Fischer, Heinrich: Kriegs- und schulgeographische Schnitzel. Das deutsche Gymnasium und die Erdkunde, in: Geographischer Anzeiger 19 (1918), H. 1/2, S. 19-23.

Geisler, Walter: Politik und Sprachen-Karten. Ein Beitrag zur Frage des »polnischen« Korridors, in: Zeitschrift für Geopolitik 3 (1926), H. 9, S. 701-713.

Geisler, Walter: Die Sprachen- und Nationalitätenverhältnisse an den deutschen Ostgrenzen und ihre Darstellung. Kritik und Richtigstellung der Spettschen Karte, Gotha 1933.

Gerland, Georg: Stieler's Atlas, in: Deutsche Rundschau 32 (1882), S. 466-472.

Gradmann, Robert: Der Begriff Deutschland, in: Dr. A. Petermann's Mitteilungen aus Justus Perthes' Geographischer Anstalt 78 (1932), H. 5/6, S. 138.

Günther, Hans F. K.: Kleine Rassenkunde des deutschen Volkes. Mit 100 Abbildungen und 13 Karten, Bonn 1935.

Haack, Hermann: Über Anschauung und Anschaulichkeit im geographischen Unterricht (Schluss), in: Geographischer Anzeiger 1 (1899), Dezember-Heft, S. 4.

Haack, Hermann: Schulkartographie und Pädagogik (Schluss), in: Geographischer Anzeiger 2 (1900), September-Heft, S. 118-119.

Haack, Hermann: Das »Malerische Element« in den geographischen Lehrmitteln, Teil 1, in: Geographischer Anzeiger 3 (1902), August-Heft, S. 115-118.

Haack, Hermann (Hg.): Deutsche Art und Arbeit in Stadt und Land Gotha. Festschrift zum Hermannsfest des Deutschbundes in Gotha 10.-12. Juni 1911, im Auftrag der Deutschbund-Gemeinde Gotha, Gotha 1911.

Haack, Hermann: Gotha als Mittelpunkt deutscher Erd- und Volksforschung, in: ders. (Hg.), Deutsche Art und Arbeit in Stadt und Land Gotha. Festschrift zum Hermannsfest des Deutschbundes in Gotha, 10.-12. Juni 1911, im Auftrag der Deutschbund-Gemeinde Gotha, Gotha 1911, S. 58-63.

Haack, Hermann/Fischer, Heinrich: Aufgabe und Ziel der Zeitschrift, in: Geographischer Anzeiger 12 (1911), H. 10, o. S.

Haack, Hermann/Fischer, Heinrich: Es geht vorwärts, vorwärts auf der ganzen Linie!, in: Geographischer Anzeiger 12 (1911), H. 10, o. S.

Haack, Hermann: Marokko und Tripoli, in: Geographischer Anzeiger 12 (1911), H. 10, S. 232.

Haack, Hermann: Die Geographie auf der 51. Versammlung deutscher Schulmänner und Philologen in Posen, in: Geographischer Anzeiger 12 (1911), H. 11, S. 246-248.

Haack, Hermann: Der »Verband deutscher Schulgeographen«, eine Notwendigkeit der Zeit, in: Geographischer Anzeiger 12 (1911), H. 12, S. 265-271.

Haack, Hermann: Neue Schulwandkarten: Kartographische Grundsätze und Erläuterungen, Gotha 1913.

Haack, Hermann: Internationalismus, in: Geographischer Anzeiger 16 (1915), H. 1, S. 18.

Haack, Hermann: An die Getreuen unseres Verbandes!, in: Geographischer Anzeiger 16 (1915), H. 12, o. S.

Haack, Hermann: Durchhalten und Umlernen!, in: Jakob Wychgram (Hg.), Die deutsche Schule und die deutsche Zukunft. Beiträge zur Entwicklung des Unterrichtswesens, Leipzig 1916, S. 124-129.

Haack, Hermann: Der neue Jahrgang ohne Preiserhöhung!, in: Geographischer Anzeiger 18 (1917), H. 1, S. 1-2.

Haack, Hermann: An unsere Mitglieder, in: Geographischer Anzeiger 18 (1917), H. 1, S. 25-26.

Haack, Hermann: Rezension zu: G. F. Nicolai, Die Biologie des Krieges, in: Geographischer Anzeiger 18 (1917), H. 10, S. 275.

Haack, Hermann: Ein Wort zum Kriegsende an unsere Leser und Verbandsmitglieder, in: Geographischer Anzeiger 19 (1918), H. 11/12, o. S.

Haack, Hermann: Die Hundertjahr-Ausgabe von Stielers Handatlas I, in: Dr. A. Petermann's Mitteilungen aus Justus Perthes' Geographischer Anstalt 67 (1921), H. 1/2, S. 19-22.

Haack, Hermann: Zur Hundertjahrausgabe von Stielers Handatlas. II. Zur Technik des Kupferstiches, in: Geographischer Anzeiger 24 (1923), H. 1/2, S. 1-12.

Haack, Hermann: Eine neue Wandkarte der Bodenschätze Mitteleuropas, in: Geographischer Anzeiger 24 (1923), H. 11/12, S. 253-257.

Haack, Hermann: Die Hundertjahr-Ausgabe von Stielers Handatlas II, in: Dr. A. Petermann's Mitteilungen aus Justus Perthes' Geographischer Anstalt 69 (1923), H. 1/2, S. 7-16.

Haack, Hermann: Zur Hundertjahrausgabe von Stielers Handatlas. III: Über den Landkartendruck, in: Geographischer Anzeiger 24 (1923), H. 1/2, S. 5-15

Haack, Hermann: Die Hundertjahr-Ausgabe von Stielers Handatlas III, in: Dr. A. Petermann's Mitteilungen aus Justus Perthes' Geographischer Anstalt 70 (1924), H. 1/2, S. 9-20.

Haack, Hermann: Ostwalds Farbentheorie in der Kartographie I-IV, in: Geographischer Anzeiger 25 (1924), H. 5/6, S. 124-133, H. 7/8, S. 167-181, H. 9/10, S. 213-223.

Haack, Hermann: Bericht über die erweiterte Vorstandssitzung des Verbandes Deutscher Schulgeographen am 11. und 12. Juni 1924 in Frankenhausen am Kyffhäuser, in: Geographischer Anzeiger 25 (1924), H. 7/8, S. 193-196

Haack, Hermann: 25 Jahre Geographischer Anzeiger, in: Geographischer Anzeiger 25 (1924), H. 11/12, S. 249-263.

Haack, Hermann: Vom Werden des Stieler. Eine kartographische Plauderei für Laien, Gotha 1926.

Haack, Hermann/Rüdiger, Hermann: Erläuterungen, Das Deutschtum der Erde, Großer Physikalischer Wandatlas, Gotha 1930.

Haack, Hermann: Zur internationalen Ausgabe von Stielers Handatlas, in: Comptes Rendus du Congrès International de Géographie Varsovie 1934, hg. von der Union Géographique Internationale, Bd. 1: Actes du Congrès, Travaux de la Section I, Warschau 1935, S. 214-219.

Haack, Hermann: Flugkarten unter besonderer Berücksichtigung der deutschen Fliegerkarte von Mitteleuropa 1:500 000, in: Comptes Rendus du Congrès International de Géographie Amsterdam 1938, hg. von der Union Géographique Internationale, Bd. 2/1: Travaux de la Section I Cartographie, Leiden 1938, S. 114-123.

Haack, Hermann: Volksdeutsche Umsiedlung, in: Geographischer Anzeiger 41 (1940), H. 3/4, S. 25-26.

Haack, Hermann: Ein Jahr Grossdeutsches Memelland. Zum 22. März, in: Geographischer Anzeiger 41 (1940), H. 5/6, S. 49-50.

Haack, Hermann: Institut für deutsche Ostarbeit, in: Geographischer Anzeiger 41 (1940), H. 7/8, S. 88.

Haack, Hermann: Ein Halbjahrhundert deutscher Kartographie. Rückblick und Ausschau, in: Archiv für Buchgewerbe und Gebrauchsgraphik 79 (1942), H. 12, S. 532-539.

Haack, Hermann: Ein Wort des Abschieds und des Dankes, in: Geographischer Anzeiger 43 (1942), H. 23/24, S. 441.

Haack, Hermann: Die »Farbenplastik« Karl Peuckers in ihrer Beziehung zu den herkömmlichen Methoden der Geländedarstellung, in: ders., Schriften zur Kartographie. Ausgewählt und bearbeitet von Werner Horn, Gotha/Leipzig 1972, S. 13-19.

Haack, Hermann: Die verschiedenen Methoden der Geländedarstellung und ihre Anwendungsbereiche, in: ders., Schriften zur Kartographie. Ausgewählt und bearbeitet von Werner Horn, Gotha/Leipzig 1972, S. 20-37.

Haack, Hermann: Über die Farbe in der Kartographie und ihre gesetzmäßige Anwendung, in: ders., Schriften zur Kartographie. Ausgewählt und bearbeitet von Werner Horn, Gotha/Leipzig 1972, S. 47-90.

Haack, Hermann: C. Zur Internationalen Ausgabe (1934-1940), in: ders., Schriften zur Kartographie. Ausgewählt und bearbeitet von Werner Horn, Gotha/Leipzig 1972, S. 159-165.

Haack, Hermann: Hermann Berghaus (1828-1890), in: ders., Schriften zur Kartographie. Ausgewählt und bearbeitet von Werner Horn, Gotha/Leipzig 1972, S. 191-199.

Haack, Hermann: Richard Lüddecke (1859-1898), in: ders., Schriften zur Kartographie. Ausgewählt und bearbeitet von Werner Horn, Gotha/Leipzig 1972, S. 200-201.

Harms, Heinrich: Briand und die deutschen ethnographischen Karten, in: Geographischer Anzeiger 22 (1921), H. 7/8, S. 162-163.

Hasse, Ernst: Ein Atlas des Deutschtums, in: Alldeutsche Blätter. Mitteilungen des Alldeutschen Verbandes 3 (1893), August, S. 82.

Hasse, Ernst: Die Polenfrage, eine Daseinsfrage des Deutschtums, in: Die deutsche Ostmark. Aktenstücke und Beiträge zur Polenfrage, hg. vom All-Deutschen Verbande, Berlin 1894.

Hasse, Ernst: Deutsche Weltpolitik, hg. vom Alldeutschen-Verbande, München 1897.
Heck, Karl: Hermann Haack. Ein Bild seines Lebens und seiner Leistung, in: Geographischer Anzeiger 33 (1932), H. 11, S. 329-336.
Hein, Das kleine Buch vom deutschen Heere. Ein Hand- und Nachschlagebuch zur Belehrung über die deutsche Kriegsmacht, Kiel und Leipzig 1901.
Hillen Ziegfeld, Arnold: Die deutsche Kartographie nach dem Weltkriege, in: Karl Christian von Loesch (Hg.), Volk unter Völkern, Breslau 1925, S. 429-445.
Horn, Eugen von: Die Ostmarkenfrage und ihre Lösung, Berlin 1913.
Horn, Werner: Das Generalisieren von Höhenlinien für geographische Karten, in: Petermanns Geographische Mitteilungen 91 (1945), H. 1-3, S. 38-46, hier S. 39.
Kahl, Richard: DBbr. Langhans und die Bundestage des Deutschbundes, in: Deutschbund-Blätter 47 (1942), H. 2, S. 12-13.
Kleeberg, Rudolf: Die Nationalitätenstatistik, ihre Ziele, Methoden und Ergebnisse, Weida 1915.
Klemperer, Victor: LTI. Notizbuch eines Philologen, Leipzig 1966.
Kloß, Heinz: Nationalität und Boden in Pennsilvanien, in: Dr. A. Petermann's Mitteilungen aus Justus Perthes' Geographischer Anstalt 77 (1931), H. 1/2, S. 26-27.
Knieriem, Friedrich: Vorwort des Herausgebers, in: Gerhard Engelmann, Das Deutschtum in Rumänien. I: Siebenbürgen, Gotha 1928, S. 3-4.
Lamprecht, Karl: Deutsche Geschichte, 12 Bde. und 3 Erg.-Bde., Berlin 1891-1909.
Lamprecht, Karl: Die kulturhistorische Methode, Berlin 1900.
Lamprecht, Karl: Europäische Expansion in Vergangenheit und Gegenwart, in: Julius von Pflugk-Harttung (Hg.), Ullsteins Weltgeschichte, Bd. 6, Berlin 1908, S. 599-625.
Lamprecht, Karl: Kulturhistorische Abteilung, in: Amtlicher Katalog. Internationale Ausstellung für Buchgewerbe und Graphik Leipzig 1914, Leipzig 1914, S. 19-42.
Lamprecht, Karl: Deutscher Aufstieg 1750-1914, Gotha 1914.
Langhans, Manfred: Rechtliche und tatsächliche Machtbereiche der Großmächte nach dem Weltkriege. Mit 3 Karten, in: Dr. A. Petermann's Mitteilungen aus Justus Perthes' Geographischer Anstalt 70 (1924), H. 1/2, S. 1-7.
Langhans, Manfred: Karte der Selbstbestimmungsechtes der Völker. Mit Karte, in: Dr. A. Petermann's Mitteilungen aus Justus Perthes' Geographischer Anstalt 72 (1926), H. 1/2, S. 1-9.
Langhans, Paul: Die Sprachgrenze in Schleswig, in: Dr. A. Petermann's Mitteilungen aus Justus Perthes' Geographischer Anstalt 36 (1890), H. 10, S. 247-249.
Langhans, Paul: Die Sprachverhältnisse in Schleswig, in: Dr. A. Petermann's Mitteilungen aus Justus Perthes' Geographischer Anstalt 38 (1892), H. 11, S. 256-259.
Langhans, Paul: Zur Einführung, in: ders., Deutscher Kolonial-Atlas. 30 Karten mit 300 Nebenkarten, Gotha 1897, o. S.
Langhans, Paul: Wirtschaftliche Grundzüge der Schutzgebiete Kamerun und Togo. (Begleitworte zur »Karte der Schutzgebiete Kamerun und Togo«) II. Togo, in: ders., Deutscher Kolonial-Atlas. 30 Karten mit 300 Nebenkarten, Gotha 1897, o. S.
Langhans, Paul: August Petermann, in: Deutsche Erde 8 (1909), H. 7, S. 193.
Langhans, Paul: Gotha und die Deutschkunde, in: Deutsche Erde 9 (1910), H. 5, S. 133.
Langhans, Paul: Der Deutschbund, in: Hermann Haack (Hg.), Deutsche Art und Arbeit in Stadt und Land Gotha. Festschrift zum Hermannsfest des Deutschbundes in Gotha 10.-12. Juni 1911, hg. im Auftrag der Deutschbund-Gemeinde Gotha, Gotha 1911, S. 1.
Langhans, Paul: Die Notwendigkeit deutscher Volksforschung, in: Deutsche Erde (11) 1912, H. 6/7, Beilage zur Deutschen Erde Nr. 2, S. IX.

Langhans, Paul: Besprechung der Brr. und Frr. Ärzte des DB in Weimar, in: Deutschbund-Blätter 19 (1914), Nr. 5, Mai 1914, S. 53-54.

Langhans, Paul: Deutsche Landkarten unter dem Einfluß des Weltkriegs, in: Dr. A. Petermann's Mitteilungen aus Justus Perthes' Geographischer Anstalt 62 (1916), H. 10, S. 379-380.

Langhans, Paul: Zusammenschluß der deutschvölkischen Verbände, in: Deutschbund-Blätter 25 (1920), Nr. 9/12, o. S.

Langhans, Paul: Die geschichtlich-ethnographischen Karten des Siebenbürger Sachsenlandes, in: Dr. A. Petermann's Mitteilungen aus Justus Perthes' Geographischer Anstalt 66 (1920), H. 3, S. 52.

Langhans, Paul: Das Sprachgebiet der Siebenbürger Sachsen einst und jetzt, in: Dr. A. Petermann's Mitteilungen aus Justus Perthes' Geographischer Anstalt 66 (1920), H. 6, S. 131-136.

Langhans, Paul: Das Diplomatische Jahrbuch als Quellenwerk der politischen Erdkunde, in: Dr. A. Petermann's Mitteilungen aus Justus Perthes' Geographischer Anstalt 70 (1924), H. 1/2, S. 30-31.

Langhans, Paul: Zum Abschluß des 75. Bandes von Petermanns Mitteilungen, in: Dr. A. Petermann's Mitteilungen aus Justus Perthes' Geographischer Anstalt 75 (1929), H. 11/12, S. 289-290.

Lautensach, Hermann/Rudersdorf, Willi: Elsass-Lothringen im internationalen Personenverkehr 1914 und 1931, in: Dr. A. Petermann's Mitteilungen aus Justus Perthes' Geographischer Anstalt 78 (1932), H. 7/8, S. 169-176.

Lautensach, Hermann: Allgemeine Geographie zur Einführung in die Länderkunde. Ein Handbuch zum Stieler, 2. Aufl., Unveränderter Neudruck von 1926, Gotha 1944.

Lukas, Georg A.: Geographie und völkische Schutzarbeit, in: Geographische Zeitschrift 25 (1919), H. 8/9, S. 235-245.

Mackinder, Halford John: The Geographical Pivot of History, in: The Geographical Journal 23 (1904), H. 4, S. 421-437.

Mackinder, Halford John (Hg.): The Regions of the World, 12 Bde., London 1902-1905.

Marquardsen, Hugo: Das Schicksal der deutschen Kolonien, in: Dr. A. Petermann's Mitteilungen aus Justus Perthes' Geographischer Anstalt 66 (1920), H. 1/2, S. 21-23.

Meller, Eugen: Zur rumänischen Herkunftsfrage in deutscher Forschung, in: Kartographische und Schulgeographische Zeitschrift 7 (1918), H. 5/6, S. 99-102.

Meynen, Emil: Zu den verschiedenen Begriffsauffassungen von Deutschland, in: Der Auslandsdeutsche. Halbmonatsschrift für Auslandsdeutschtum und Auslandskunde 11 (1928), H. 18, S. 574-576.

Muris, Oswald: Hermann Haack und die deutsche Schulkartographie, in: Geographischer Anzeiger 43 (1942), H. 19-22, S. 357-364.

Naumann, Friedrich: Mitteleuropa, Berlin 1915.

O. E. [Edmund Oppermann], Professor Paul Langhans, in: Deutsche Rundschau für Geographie und Statistik 23 (1901), S. 423-426.

O. V.: Bismarck zur »pragmatischen« Kolonisierung (Rede Bismarcks vor dem Reichstag am 26. Juni 1884), in: Deutsche Geschichte in Dokumenten und Bildern (DGDB), Deutsches Historisches Institut Washington D. C., URL: http://germanhistorydocs.ghi-dc.org/sub_document.cfm?document_id=1868.

O. V.: Deutscher Kolonial-Atlas, in: Das Deutschthum im Auslande. Mitheilungen des Allgemeinen Deutschen Schulvereins 14 (1895), Januar und Februar, S. 12.

O. V.: Deutscher Kolonial-Atlas, in: Alldeutsche Blätter. Mitteilungen des Alldeutschen Verbandes 6 (1896), Oktober, S. 196.

O. V.: Art. »Etappenwesen«, in: Emil Hartmann (Hg.), Kurzgefasstes Militär-Hand-Wörterbuch für Armee und Marine, Leipzig 1896.

O. V.: Alldeutsches Werbe- und Merk-Büchlein, hg. vom Alldeutschen-Verbande, München 1899.

O. V.: Werbeanzeige: Paul Langhans, Kaufmännische Wandkarte der Erde zur Übersicht der Handelsbeziehungen, Dampfer und Kabelverbindungen des Deutschen Reiches mit Übersee sowie der deutschen Schutzgebiete und Konsulate, in: Geographischer Anzeiger 1 (1899), September-Heft, S. 17.

O. V.: Der Alldeutsche Verbandstag in Berlin (Fortsetzung), in: Alldeutsche Blätter 18 (1908), Nr. 38 vom 18. September 1908, S. 317-329.

O. V.: Neue Bahnen für den erdkundlichen Unterricht an deutschen Schulen, in: Geographischer Anzeiger 12 (1911), H. 9, S. 193-198.

O. V.: Aufruf an die deutschen Schulgeographen!, in: Geographischer Anzeiger 12 (1911), H. 12, o. S.

O. V.: Haack-Hertzberg Großer Historischer Wandatlas, IV. Abteilung: Kultur- und Kolonialgeschichte der Welt, Einleitung, in: Justus Perthes, Haack-Hertzberg Großer Historischer Wandatlas, Gotha 1912, S. 38.

O. V.: Haack-Hertzberg Großer Historischer Wandatlas, IV. Abteilung: Kultur- und Kolonialgeschichte der Welt, Nr. 5, in: Justus Perthes, Haack-Hertzberg Großer Historischer Wandatlas, Gotha 1912, S. 39.

O. V.: Aufruf zur Errichtung einer Deutschen Nationalbücherei in Gotha, Deutsche Erde 11 (1912), H. 1, S. 1.

O. V.: Der Verwaltungsausschuss (Kuratorium) der Deutschen Nationalbücherei zu Gotha, in: Deutsche Erde (11) 1912, H. 2, Beilage zur Deutschen Erde Nr. 1, S. IV.

O. V.: Die Deutsche Nationalbücherei in Gotha und die Deutsche Bücherei in Leipzig, in: Deutsche Erde (11) 1912, H. 6/7, Beilage zur Deutschen Erde Nr. 2, S. X-XI.

O. V.: 1. Nachweis der Bücherspenden, in: Deutsche Erde (11) 1912, H. 6/7, Beilage zur Deutschen Erde Nr. 2, S. XII.

O. V.: Was bringt uns die Weltausstellung für Buchgewerbe und Graphik, Leipzig 1914?, hg. vom Direktorium der Ausstellung, Leipzig 1914.

O. V.: Führer, den Kollegen, die Mitgliedschaft Leipzig, hg. vom Verband der Lithographen, Steindrucker und verwandten Berufe, Leipzig 1914.

O. V.: Amtlicher Führer durch die Internationale Ausstellung für Buchgewerbe und Graphik Leipzig 1914, hg. von der Internationalen Ausstellung für Buchgewerbe und Graphik, Leipzig 1914.

O. V.: Amtlicher Katalog. Internationale Ausstellung für Buchgewerbe und Graphik, Leipzig 1914.

O. V.: Flugblatt der Vereinigung für deutsche Siedlung und Wanderung, in: Datenbank des Deutschen Historischen Museums, URL: https://www.dhm.de/datenbank/dhm.php?seite=5&fld_0=D2A05289.

O. V.: Werbeanzeige: Die Völker der Erde und ihre Kultur zur Zeit des Weltkrieges, in: Dr. A. Petermann's Mitteilungen aus Justus Perthes' Geographischer Anstalt 62 (1916), H. 6, o. S.

O. V.: Werbeanzeige: Hermann Haack, Großer Geographischer Wandatlas, Deutschland Physisch, in: Dr. A. Petermann's Mitteilungen aus Justus Perthes' Geographischer Anstalt 65 (1919), H. 7/8, o. S.

O. V.: Werbeanzeige: Der Orient und Vorderindien, in: Justus Perthes, Wandkarten, Globen, Atlanten Bücher und Zeitschriften für den geographischen Unterricht, für Lehrer und Lernende, Gotha 1919, S. 39.

O. V.: Werbeanzeige: Haack, Physikalischer Wandatlas, Bodenschätze Mitteleuropas, bearbeitet von Dr. R. Rein, in: Justus Perthes, Schulkatalog Justus Perthes' Geographische Anstalt Gotha 1925, Gotha 1925, S. 88.

O. V.: Werbeanzeige: Haack, Physikalischer Wandatlas, Die Völker Europas, bearbeitet von Prof. Dr. Heinrich Hertzberg, in: Justus Perthes, Schulkatalog Justus Perthes' Geographische Anstalt Gotha 1925, Gotha 1925, S. 92.

O. V.: Werbeanzeige: Haack, Physikalischer Wandatlas, Die Völker Mitteleuropas, bearbeitet von Prof. Dr. Heinrich Hertzberg, in: Justus Perthes, Schulkatalog Justus Perthes' Geographische Anstalt Gotha 1925, Gotha 1925, S. 94.

O. V.: Discours du Professeur L. Mecking, Délégué du Gouvernement Allemand, in: Comptes Rendus du Congrès International de Géographie Varsovie 1934, hg. von der Union Géographique Internationale, Bd. 1: Actes du Congrès, Travaux de la Section I, S. 105-106.

O. V.: Die Veröffentlichungen von Professor Dr. Hermann Haack. Nach dem Erscheinungsjahr geordnet, in: Geographischer Anzeiger 43 (1942), H. 19-22, S. 421-429.

O. V.: Gesetz zur Behebung der Not von Volk und Reich [»Ermächtigungsgesetz«] vom 24. März 1933, in: 100(0) Schlüsseldokumente zur deutschen Geschichte im 20. Jahrhundert, Bayerische Staatsbibliothek München, URL: https://www.1000dokumente.de/index.html?c=dokument_de&dokument=0006_erm&object=facsimile&l=de.

Partsch, Joseph: Die Schutzgebiete des Deutschen Reiches, in: Richard Kiepert, Deutscher Kolonial-Atlas für den amtlichen Gebrauch in den Schutzgebieten nach den neuesten Quellen, mit Verwendung von kartographischem und sonstigem, bisher noch nicht veröffentlichtem, Material der Kolonial-Abteilung des Auswärtigen Amts und der Neu-Guinea-Compagnie, Berlin 1893, S. 1-32.

Partsch, Joseph: Mitteleuropa. Die Länder und Völker von den Westalpen und dem Balkan bis an den Kanal und das Kurische Haff, Gotha 1904.

Penck, Albrecht: Die deutsch-polnische Sprachgrenze, Vortrag gehalten in der Allgemeinen Sitzung der Gesellschaft für Erdkunde zu Berlin am 18. Januar 1919, in: Zeitschrift der Gesellschaft für Erdkunde zu Berlin 54 (1919), H. 1/2, S. 108-109.

Penck, Albrecht: Die Deutschen im Polnischen Korridor, in: Zeitschrift der Gesellschaft für Erdkunde zu Berlin 56 (1921), H. 5-7, S. 169-185.

Penck, Albrecht: Deutscher Volks- und Kulturboden, in: Karl Christian von Loesch (Hg.), Volk unter Völkern, Breslau 1925, S. 62-73.

Perthes, Justus: Wandkarten, Globen, Atlanten Bücher und Zeitschriften für den geographischen Unterricht, für Lehrer und Lernende, Gotha 1914.

Perthes, Justus: Haupt-Katalog, Gotha 1915.

Perthes, Justus: Ein französisches Fälscherstück, in: Dr. A. Petermann's Mitteilungen aus Justus Perthes' Geographischer Anstalt 64 (1918), H. 2, o. S.

Perthes, Justus: Fünf Generationen Justus Perthes 1785-1935, Gotha 1935.

Perthes, Justus: Die Gefolgschaft im Jubiläumsjahr 1935, verkleinerte Wiedergabe der dem Betriebsführer als Festgabe überreichten Bildermappe, Gotha 1935.

Peßler, Wilhelm: Das geplante Deutsche Volkstumsmuseum in Gotha, in: Deutsche Erde (11) 1912, H. 6/7, Beilage zur Deutschen Erde Nr. 2, S. V-VIII.

Peßler, Wilhelm: Deutsche Ethno-Geographie und ihre Ergebnisse, soweit sie kartographisch abgeschlossen sind. Ein Beitrag zur deutschen Ethnologie, in: Deutsche Erde 8 (1909), H. 7, S. 194-201, Deutsche Erde 8 (1909), H. 8, S. 234-239 und Deutsche Erde 9 (1910), H. 1, S. 3-9.

Peßler, Wilhelm: Grundsätzliche Bemerkungen zu neueren ethno-geographischen Karten des Deutschtums. Ein Beitrag zur deutschen Ethnologie, in: Deutsche Erde 11 (1912), H. 2, S. 34-40 und Deutsche Erde 11 (1912), H. 3, S. 62-73.

Peßler, Wilhelm: Deutsche Volkstumsgeographie, Braunschweig u. a. 1931.

Petermann, August: Vorwort, in: Mittheilungen aus Justus Perthes' Geographischer Anstalt über wichtige neue Erforschungen auf dem Gesammtgebiete der Geographie 1 (1855), Februar-Ausgabe, S. 2.

Peucker, Karl: Schattenplastik und Farbenplastik. Beiträge zur Theorie der Geländedarstellung, Wien 1898.

Philippson, Alfred: Wie ich zum Geographen wurde. Aufgezeichnet im Konzentrationslager Theresienstadt zwischen 1942 und 1945, hg. von Hans Böhm und Astrid Mehmel, Bonn 1996.

Rathsburg, Alfred: Geographische Lehrplanfragen (Fortsetzung), in: Geographischer Anzeiger 18 (1917), H. 11, S. 281-291.

Rathsburg, Alfred: Geographische Lehrplanfragen (Schluß), in: Geographischer Anzeiger 18 (1917), H. 12, S. 309-316.

Ratzel, Friedrich: Anthropo-Geographie oder Grundzüge der Anwendung der Erdkunde auf die Geschichte, 2. Aufl. in 2 Bde. [1. Aufl. 1882], Stuttgart 1891/99.

Ratzel, Friedrich: Politische Geographie oder die Geographie der Staaten, des Verkehrs und des Krieges, 2. Aufl. [1. Aufl. 1897], München/Leipzig 1903.

Ratzel, Friedrich: Der Lebensraum. Eine biogeographische Studie, in: Karl Bücher u. a., Festgaben für Alfred Schäffle, Tübingen 1901, S. 101-189.

Reche, Otto: Die Indogermanen- und Germanenfrage, in: Petermanns Geographische Mitteilungen 84 (1938), H. 10, S. 303.

Reissenberger, Karl: Die Siebenbürger Sachsen in ihrer geschichtlichen Entwicklung, in: Dr. A. Petermann's Mitteilungen aus Justus Perthes' Geographischer Anstalt 66 (1920), H. 1/2, S. 10-14 u. H. 3, S. 49-52.

Rüdiger, Hermann: Geographen in der volksdeutschen Arbeit, in: Petermanns Geographische Mitteilungen 85 (1939), S. 298-299.

Schmidt, Max Georg: Erläuterungen, Das Diktat von Versailles, Großer Historischer Wandatlas, Gotha 1934.

Schmidt, Max Georg: Erläuterungen, Der Weltkrieg 1914-18, Großer Historischer Wandatlas, Gotha 1935.

Schmidt, Max Georg: Erläuterungen, Europa im 19. Jahrhundert, Großer Historischer Wandatlas, 2. Aufl., Gotha 1941.

Sieger, Robert: Politische Weltkunde, in: Dr. A. Petermann's Mitteilungen aus Justus Perthes' Geographischer Anstalt 64 (1918), H. 6, S. 261-262.

Sieger, Robert: Anregungen. Sprachenkarte und Bevölkerungskarte, in: Kartographische und schulgeographische Zeitschrift 9 (1921), H. 9/10, S. 142-147.

Stahl, Friedrich: »Großer Historischer Wandatlas« von Haack und Hertzberg, in: Vergangenheit und Gegenwart. Zeitschrift für den Geschichtsunterricht und staatsbürgerlicher Erziehung in allen Schulgattungen 11 (1921), H. 1, S. 12-16.

Stahlberg, Walter: Mußte das sein? Ein Stück vom politischen Polen und vom unpolitischen Deutschen, in: Eiserne Blätter 1 (1920), H. 44, S. 767-772.

Stahlberg, Walter: Das Kartenspiel um Oberschlesien, in: Die Grenzboten 80 (1921), H. 17/18, S. 6-27.

Supan, Alexander: Die territoriale Entwicklung der europäischen Kolonien. Mit einem kolonialgeschichtlichen Atlas von 12 Karten und 40 Kärtchen im Text, Gotha 1906.

Supan, Alexander: Die völkische Struktur der Staaten, in: Geographischer Anzeiger 20 (1919), H. 1/2, S. 1-4.
Tröbes, Otto: Ein deutscher Wissenschaftler, ein deutsches Leben. Zu DBbr. Prof. Dr. Otto Reches 60. Geburtstag, in: Deutschbund-Blätter 44 (1939), H. 1, S. 1-2.
Volkmann, Ludwig: Von der Weltkultur zum Weltkrieg. Vortrag gehalten zu Leipzig den 17. September 1914, Leipzig 1914.
Volz, Wilhelm/Schwalm, Hans: Zum Geleit, in: Deutsche Hefte für Volks- und Kulturbodenforschung 1 (1930), H. 1, S. 1-3.
Weber, Paul: Die Polen in Oberschlesien. Eine statistische Untersuchung, Berlin 1914.
Wernekke, Friedrich: Von der preußischen Landesaufnahme zum Reichsamt für Landesaufnahme, in: Dr. A. Petermann's Mitteilungen aus Justus Perthes' Geographischer Anstalt 69 (1923), H. 1/2, S. 16-17.
Werner, Ferdinand: Unserem Paul Langhans zum 75. Geburtstag, in: Deutschbund-Blätter 47 (1942), H. 2, S. 9.
Wichmann, Hugo: Dr. Wilhelm Junker, †, in: Dr. A. Petermann's Mitteilungen aus Justus Perthes' Geographischer Anstalt 38 (1892), H. 3, S. 66-67.
Witte, Hans: Eine Aufgabe der Deutschen Nationalbücherei zu Gotha, in: Deutsche Erde (11) 1912, H. 2, Beilage zur Deutschen Erde Nr. 1, S. II-IV.
Wrobel, Ignaz [Pseudonym von Kurt Tucholsky]: Herr Adolf Bartels, in: Die Weltbühne Nr. 12 vom 23 März 1922, S. 291, URL: https://www.textlog.de/tucholsky-adolf-bartels.html.
Wychgram, Jakob: Die Entstehung dieses Buches, in: ders. (Hg.), Die deutsche Schule und die deutsche Zukunft. Beiträge zur Entwicklung des Unterrichtswesens, Leipzig 1916, S. V-XIII.
Zweig, Stefan: Die Welt von Gestern. Erinnerungen eines Europäers, 41. Aufl. [1. Aufl. 1942], Frankfurt a. M. 2014.

11.2.3 Atlanten, Karten und Kartenwerke

Berendt, Erich F./Carlberg, Berthold: Vom Ersten zum Dritten Reich, in: Hermann Haack/Heinrich Hertzberg (Hg.), Großer Historischer Wandatlas, 4 Kt. in verschied. Maßstäben auf 1 Bl., Gotha 1937.
Berendt, Erich F./Carlberg, Berthold: Deutsche Landschaft und Kultur, in: Hermann Haack/Heinrich Hertzberg (Hg.), Großer Historischer Wandatlas, 4 Kt. in verschied. Maßstäben auf 1 Bl., Gotha 1938.
Berghaus, Hermann/Stülpnagel, Friedrich von: Chart of the World on Mercator's Projection, 1 Kt. auf 8 Bl., 1:15.000.000, Gotha 1863.
Berghaus, Hermann: Berghaus' Physikalischer Atlas, 3. Aufl., Gotha 1892.
Curs, Otto: Deutschlands Gaue um das Jahr 1000, in: Deutsche Erde 8 (1909), H. 3, 5. Sonderkarte.
Dietrich, Bruno: Die natürliche Grenze des nordöstlichen Oberschlesiens. Mit 4 Karten, Breslau 1921.
Eickstedt, Egon von: Die Rassen Europas, in: Hermann Haack (Hg.), Großer Physikalischer Wandatlas, 1:3.000.000, Gotha 1934.
Eickstedt, Egon von: Die Rassen der Erde, in: Hermann Haack (Hg.), Großer Physikalischer Wandatlas, 1:16.000.000, Gotha 1935.
Geisler, Walter: Die deutsche Kulturlandschaft. Mundart, Haus und Dorf der Deutschen, in: Hermann Haack (Hg.): Großer Physikalischer Wandatlas, 1:750.000, Gotha 1936.

Haack, Hermann: Alpenländer, in: ders. (Hg.), Großer Geographischer Wandatlas, 1:450.000, Gotha 1911.

Haack, Hermann: Oberstufen-Atlas für höhere Lehranstalten. In engem Anschluß an die E. von Seydlitzsche Geographie, Gotha 1913.

Haack, Hermann: Deutschland Physisch, Riesen-Ausgabe, 1:450.000, Gotha 1914.

Haack, Hermann (Hg.): Stieler Grand Atlas de Géographie Moderne. 10e Édition. Édition Internationale, 1e Livraison, Gotha 1934.

Hedin, Sven: Zentralasien-Atlas, Gotha 1940-1942.

Hertzberg, Heinrich: Das Zeitalter der Entdeckungen (von 1490 bis zum Beginn des XVII. Jahrhunderts), in: Hermann Haack/Heinrich Hertzberg (Hg.), Großer Historischer Wandatlas, 1:20.000.000, Gotha 1912.

Hertzberg, Heinrich: Die Völker der Erde und ihre Kultur zur Zeit des Weltkrieges, in: Hermann Haack (Hg.), Großer Physikalischer Wandatlas, 1:20.000.000, Gotha 1916.

Hertzberg, Heinrich: Die Völker Mitteleuropas, in: Hermann Haack (Hg.), Großer Physikalischer Wandatlas, 1:1.000.000, Gotha 1917.

Hertzberg, Heinrich: Die Völker Europas, in: Hermann Haack (Hg.), Großer Physikalischer Wandatlas, 1:3.000.000, Gotha 1920.

Heyde, Herbert: Verteilung der Deutschen und Polen in Westpreußen und Posen, in: Zeitschrift der Gesellschaft für Erdkunde zu Berlin 54 1919, H. 1/2, Karte 1.

Kiepert, Richard: Erdkarte zur Übersicht des Kolonialbesitzes, der Konsularischen und Diplomatischen Vertretungen und der Postdampferlinien des Deutschen Reiches, in: ders., Deutscher Kolonial-Atlas für den amtlichen Gebrauch in den Schutzgebieten nach den neuesten Quellen, mit Verwendung von kartographischem und sonstigem, bisher noch nicht veröffentlichtem, Material der Kolonial-Abteilung des Auswärtigen Amts und der Neu-Guinea-Compagnie, Berlin 1893, Nr. 1.

Köppen, Wladimir/Geiger, Rudolf: Klimakarte der Erde, in: Hermann Haack (Hg.), Großer Physikalischer Wandatlas, 1:20.000.000, Gotha 1928.

Langhans, Paul: Das deutsche Gebiet an der Sklavenküste (Togoland), in: Dr. A. Petermann's Mitteilungen aus Justus Perthes' Geographischer Anstalt 31 (1885), Tafel 11.

Langhans, Paul: Die Reste des friesischen Sprachgebiets im Deutschen Reich, in: Dr. A. Petermann's Mitteilungen aus Justus Perthes' Geographischer Anstalt 38 (1892), Tafel 20.

Langhans, Paul: Justus Perthes' Staatsbürger-Atlas, Gotha 1896.

Langhans, Paul: Die Thätigkeit der Ansiedelungs-Kommission für die Provinzen Westpreussen und Posen 1886-1896. Auf Vogels Karte des Deutschen Reiches in 1:500.000 auf Grund amtlicher Angaben, in: Dr. A. Petermann's Mitteilungen aus Justus Perthes' Geographischer Anstalt 42 (1896), Tafel 9.

Langhans, Paul: Deutscher Kolonial-Atlas. 30 Karten mit 300 Nebenkarten, Gotha 1897.

Langhans, Paul: Verbreitung der Deutschen über die Erde, in: ders., Deutscher Kolonial-Atlas. 30 Karten mit 300 Nebenkarten, Gotha 1897, Nr. 1.

Langhans, Paul: Deutsche Kulturbestrebungen in Afrika, in: ders., Deutscher Kolonial-Atlas. 30 Karten mit 300 Nebenkarten, Gotha 1897, Nr. 10.

Langhans, Paul: Karte zur Palästina-Fahrt des Deutschen Kaisers. Die östlichen Mitelmeerländer in 1:3.500.000, Gotha 1898.

Langhans, Paul: Justus Perthes' Deutscher Marine-Atlas, 2. Aufl., Gotha 1898.

Langhans, Paul: Justus Perthes' Deutscher Armee-Atlas, Gotha 1899.

Langhans, Paul: Kaufmännische Wandkarte der Erde zur Übersicht der Handelsbeziehungen, Dampfer und Kabelverbindungen des Deutschen Reiches mit Übersee sowie der deutschen Schutzgebiete und Konsulate, Gotha 1899.

Langhans, Paul: Politisch-militärische Karte von Süd-Afrika zur Veranschaulichung der Kämpfe zwischen Buren und Engländern bis zur Gegenwart, Gotha 1899.

Langhans, Paul: Karte des Afrikander-Aufstandes im Kaplande und des Angriffskrieges der Buren, Gotha 1901.

Langhans, Paul (Hg.): Rechts und links der Eisenbahn! Neue Führer auf den Hauptbahnen im Deutschen Reiche und in den Grenzländern, Gotha 1903-1910.

Langhans, Paul: Deutsche und Undeutsche im Deutschen Reich, in: ders., Alldeutscher Atlas, 3. Aufl., Gotha 1905, Nr. 3.

Langhans, Paul: Deutschland nach Osten, in: ders., Alldeutscher Atlas, 3. Aufl., Gotha 1905, Nr. 4.

Langhans, Paul: Die Provinzen Posen und Westpreußen unter besonderer Berücksichtigung der Ansiedlungsgüter und Ansiedlungen, Staatsdomänen und Staatsforsten nach dem Stand vom 1. Juli 1905, 8. Aufl., in: Deutsche Erde 4 (1905), Sonderkarte 5.

Langhans, Paul: Schutzgebiete in Afrika, Deutsche Kolonial-Wandkarten Nr. 1, 6 Kt. in verschied. Maßstäben auf 1 Bl., Gotha 1908.

Langhans, Paul: Südsee-Schutzgebiete, Deutsche Kolonial-Wandkarten Nr. 2, 6 Kt. in verschied. Maßstäben auf 1 Bl., Gotha 1908.

Langhans, Paul: Die Eichen im Deutschen Reiche, in: Deutsche Erde 11 (1912), Tafel 2.

Langhans, Paul: Vogels Karte des Deutschen Reiches und der Alpenländer im Maßstab 1:500.000, 33 Blätter in Kupferstich, Gotha 1913-1915.

Langhans, Paul: Sprachen und Religionen in Europa und die Grenzen zwischen west- und osteuropäischer Kultur, in: Dr. A. Petermann's Mitteilungen aus Justus Perthes' Geographischer Anstalt 63 (1917), Tafel 1.

Langhans, Paul: Nationalitätenkarte von Galizien nach den Ergebnissen der Volkszählung vom 31. Dezember 1900, in: Dr. A. Petermann's Mitteilungen aus Justus Perthes' Geographischer Anstalt 65 (1919), Tafeln 6, 8 u. 9.

Langhans, Paul: Sprachenkarte des Sachsenlandes in Siebenbürgen und seiner geschichtlich-nationalen Entwicklung, in: Dr. A. Petermann's Mitteilungen aus Justus Perthes' Geographischer Anstalt 66 (1920), Tafeln 1, 2 u. 6.

Langhans, Paul: Der deutsche Sprachboden Siebenbürgens in methodischer Darstellung, in: Dr. A. Petermann's Mitteilungen aus Justus Perthes' Geographischer Anstalt 66 (1920), Tafel 25.

Langhans, Paul: Wirtschafts-Wandkarte von Deutschland, 1:1.000.000, Gotha 1922.

Langhans, Paul: Staaten- und Verkehrskarte von Europa, 1:2.250.000, Gotha 1922.

Langhans, Paul: Handelsschul-Atlas, unter Förderung des Deutschen Handelsschulmänner Vereins bearbeitet, 4. Aufl., Gotha 1923.

O. V.: Vogels Karte von Mitteleuropa 1:500.000, B: Fliegerausgabe, Gotha 1936-1945.

O. V.: Der Feldzug in Polen im September 1939, Bearb. und hg. vom Generalstab des Heeres, kriegswissenschaftliche Abt., in: Hermann Haack/Heinrich Hertzberg (Hg.), Großer Historischer Wandatlas, 1:750.000, Gotha 1940.

O. V.: Der Krieg im Westen 1940, bearb. und hg. vom Generalstab des Heeres, kriegswissenschaftliche Abt., in: Hermann Haack/Heinrich Hertzberg (Hg.), Großer Historischer Wandatlas, 10 Kt. in verschied. Maßstäben auf 1 Bl., Gotha 1943.

Overbeck, Hermann/Sante, Georg Wilhelm (Hg.): Saar-Atlas, hg. im Auftrag der Saar-Forschungsgemeinschaft, Gotha 1934.

Penck, Albrecht: Verteilung der Deutschen und Polen in Westpreußen und Posen, in: Zeitschrift der Gesellschaft für Erdkunde zu Berlin 54 1919, H. 1/2, Karte 1.

Rein, Richard: Bodenschätze Mitteleuropas, in: Hermann Haack (Hg.), Großer Physikalischer Wandatlas, 1:750.000, Gotha 1924.

Rüdiger, Hermann/Haack, Hermann/Eickstedt, Egon von: Das Deutschtum der Erde, in: Hermann Haack (Hg.), Großer Physikalischer Wandatlas, 3 Kt. in verschied. Maßstäben auf 1 Bl., Gotha 1929.

Rüdiger, Hermann/Haack, Hermann: Das Deutschtum der Erde, in: Hermann Haack (Hg.), Großer Physikalischer Wandatlas, 3 Kt. in verschied. Maßstäben auf 1 Bl., Gotha 1938.

Schmidt, Max Georg: Das Diktat von Versailles, in: Hermann Haack/Heinrich Hertzberg (Hg.), Großer Historischer Wandatlas, 1:1.000.000, Gotha 1933.

Schmidt, Max Georg/Haack, Hermann: Geopolitischer Typen-Atlas zur Einführung in die Grundbegriffe der Geopolitik, Gotha 1929.

Schmidt, Max Georg: Der Werdegang des deutschen Volkes, in: Hermann Haack (Hg.), Großer Physikalischer Wandatlas, 1:1.500.000, Gotha 1935.

Schmidt, Max Georg/Haack, Hermann: Der Donauraum, geopolitisch, in: Hermann Haack/Heinrich Hertzberg (Hg.), Großer Historischer Wandatlas, 1:750.000, Gotha 1937.

Spett, Jakob, Nationalitätenkarte der östlichen Provinzen des Deutschen Reiches nach den Ergebnissen der amtlichen Volkszählung vom Jahre 1910, Wien 1918.

Vogel, Carl: Karte des Deutschen Reichs, 27 Blätter in Kupferstich im Maßstab 1:500.000, Gotha 1893.

Volz, Wilhelm: Die völkische Struktur Oberschlesiens. In 3 Karten dargestellt unter Mitarbeit von Charlotte Thilo, Breslau 1921.

Volz, Wilhelm: Das Deutschtum in den Kreisen Rybnik und Pleß, Breslau 1921.

Wagner, Hermann: Sydow-Wagners Methodischer Schul-Atlas. 60 Haupt- und 50 Nebenkarten auf 44 Tafeln, Gotha 1888.

Zeiss, Heinz (Hg.): Seuchen-Atlas, Hg. im Auftrag des Chefs des Wehrmachtssanitätswesens, Gotha 1942-1945.

11.2.4 Archivalische Quellen

Berlin, Bundesarchiv Berlin-Lichterfelde

BArch R/4901 726: Reichsministerium für Wissenschaft, Erziehung und Volksbildung, Akte Goethe-Medaille (Einzelanträge) Oktober 1941-November 1944.

BArch R/9361-V 20621: Sammlung Berlin Document Center (BDC): Personenbezogene Unterlagen der Reichskulturkammer (RKK).

BArch R/9361-IX 24860211: Sammlung Berlin Document Center (BDC): Personenbezogene Unterlagen der NSDAP-Gaukartei.

Berlin, Staatsbibliothek

Sammlung Darmstaedter: Ld. 1910, Langhans, Paul: Briefwechsel zwischen Friedrich Hahn und Paul Langhans.

Berlin, Zentral- und Landesbibliothek

Sammlung Kuczynski: Kuc 7-4: Briefwechsel zwischen Richard Boeckh und Paul Langhans.

Bonn, Universitäts- und Landesbibliothek

Nl Aloys Schulte: S 2764 und S 2766: Briefwechsel zwischen Aloys Schulte und Paul Langhans.

Freiburg, Universitätsbibliothek

Nl Ludwig Schemann.
Nl 12/1007: Briefwechsel zwischen Ludwig Schemann und Deutschbund.
Nl 12/1234: Briefwechsel zwischen Ludwig Schemann und Paul Langhans.

Göttingen, Niedersächsische Staats- und Universitätsbibliothek

Nl Hermann Wagner.
Cod Ms H Wagner 44:11: Entwurf eines Briefes von Robert Sieger an Hermann Haack vom 28. Dezember 1916.
Cod Ms H Wagner 31:10: Briefwechsel zwischen Hermann Wagner und Paul Langhans.

Gotha, Sammlung Perthes, Forschungsbibliothek Gotha

SPA ARCH MFV 027: Korrespondenz Max Georg Schmidt.
SPA ARCH MFV 30/2: Manuskript »100 Jahre Stieler. Geschichte und Werdegang eines deutschen Handatlas« von Hermann Haack.
SPA ARCH MFV 188: Verlagsakte Deutsche Erde.
SPA ARCH MFV 300/38: Korrespondenz zwischen Hermann Haack, Bernhard Perthes, Joachim Perthes.
SPA ARCH MFV 300/51: Manuskript zum Entwurf für die Jubiläumsausgabe von Stielers Handatlas von Hermann Haack.
SPA ARCH MFV 300 P: Personalakte Hermann Haack.
SPA ARCH MFV 305/306: Nl Hermann Wagner.
SPA ARCH MFV 307: Nl Theodor Klemm.
SPA ARCH MFV 308: Nl Heinrich Hertzberg.
SPA ARCH FFA Ausgangsbuch: 1895-1919.
SPA ARCH FFA Buchführungs-Ergebnisse: 1924-1942.
SPA ARCH FFA Buchführungs-Ergebnisse (Allgemeine Übersicht): 1934-1942, 1948-1950.

SPA ARCH FFA P 016: Personalakte Carl Barich.
SPA ARCH FFA P 066: Personalakte Berthold Carlberg.
SPA ARCH FFA P 073: Personalakte Nikolaus Creutzburg.
SPA ARCH FFA P 201: Personalakte Max Hannemann.
SPA ARCH PGM 558: Personalakte Paul Langhans.
SPA ARCH PGM 626/04: Korrespondenz Nikolaus Creutzburg, H-J, 1935-1954, 1948/49.
SPA ARCH PGM 626 62 A: Korrespondenz Redaktion Schriftleitung PGM (Paul Langhans) 1935-39.
Lehrfilm »Karte und Atlas«, bearb. vom Reichsamt für Landesaufnahme Berlin und Justus Perthes' Geographische Anstalt Gotha, Produktion und Verleih von Naturfilm Hubert Schonger, 1928.

Gotha, Stadtarchiv

1.1/9720: Bestand zum Goldenen Buch der Stadt Gotha.
1.1/9722: Ehrenbürgerakte Dr. Langhans.
1.2/1151: Gemeindevertretung: Protokolle.

Gotha, Staatsarchiv (Landesarchiv Thüringen)

2-99-4002: Verleihung von Militärorden und Dienstauszeichnungen.

Ilsfeld, Familienarchiv Jürgen Langhans

Nl Paul Langhans: u.a. Urkunden, Autorenexemplare, Publikationsverzeichnis von Paul Langhans.

Leipzig, Archiv für Geographie, Leibniz-Institut für Länderkunde

Nl Wilhelm Volz: Kasten 403, Mappe 6: Schriftstücke zur Stiftung für deutsche Volks- und Kulturbodenforschung.
Nl Edgar Lehmann: Kasten 665, Mappe 1: Korrespondenz 1933-1945.

Leipzig, Deutsche Nationalbibliothek

Sammlung der Geschäftsrundschreiben der Börsenvereinsbibliothek: Bö-GR/P/199: Geschäftsrundschreiben von Justus Perthes vom 1. Juli 1904.
Bö-GR/P/201: Geschäftsrundschreiben von Justus Perthes vom 25. Mai 1925.
Sammlung Künstlerische Drucke, Handapparat Fachliteratur: DBSM/HA 1949 B 1019: Manuskript »Rückblick auf die ›Iba‹ 1913 und ›Bugra‹ 1914«, Maschinengeschriebenes Manuskript von Karl Stoye (1929).

Leipzig, Universitätbibliothek

Nl Eugen Mogk: NL246/2/1/4/2: Briefwechsel zwischen Eugen Mogk und Paul Langhans.

Ratzeburg, Kreisarchiv

KrArchivRz AGen2: Manuskript »Zur Familiengeschichte unseres Langhans-Stammes« von Manfred Langhans (1967).

Tutzing, Familienarchiv Heiner Haack

Nl Hermann Haack: u.a. Korrespondez mit der Familie, Photographien, Zeitungsartikel, Arbeitsbuch von Hermann Haack.

11.3 Abbildungsverzeichnis

Die Situation der Verlagsrechte ist für die Landkarten aus dem Verlag Justus Perthes eine sehr komplexe Angelegenheit. Ich habe mich nach bestem Gewissen bemüht, alle erforderlichen Rechte einzuholen und möchte mich für deren Gewährung beim Ernst Klett Verlag, der Sammlung Perthes, der Deutschen Nationalbibliothek und Stephan Justus Perthes herzlich bedanken.

Bezogen auf die Urheberrechte von Kartographen und Kartenautoren habe ich mich ebenfalls nach bestem Gewissen bemüht, die Rechte für die im Buch abgedruckten Abbildungen einzuholen, was mit teilweise sehr aufwendigen Recherchen verbunden war. Sollte hier trotz meiner Bemühungen Klärungsbedarf bestehen, bitte ich die betreffenden Rechteinhaber/innen sich an den Wallstein Verlag wenden, der dann den Kontakt zu mir herstellen wird.

Abb. 7, S. 210: Das Porträt von Hermann Haack im Ahnensaal; Quelle: SPA Ahnensaalportraits Haack, Hermann, Sammlung Perthes, Forschungsbibliothek Gotha. © Sammlung Perthes.

Abb. 8, S. 210: Porträtgemälde »Hermann Haack«, gemalt von Wilhelm Otto Pitthan (1953); Quelle: SPA Ahnensaalgemälde Haack, Hermann, Sammlung Perthes, Forschungsbibliothek Gotha. © Sammlung Perthes.

Abb. 9, S. 53: Paul Langhans um 1901; Quelle: E.O. [Edmund Oppermann], Professor Paul Langhans, in: Deutsche Rundschau für Geographie und Statistik 23 (1901), S. 423-426, hier S. 424.

Abb. 10, S. 211: Einleitung zu Paul Langhans' Deutschem Kolonial-Atlas, Teil 1; Quelle: Paul Langhans, Zur Einführung, in: ders., Deutscher Kolonial-Atlas. 30 Karten mit 300 Nebenkarten, Gotha 1897, o. S.

Abb. 11, S. 212: Einleitung zu Paul Langhans' Deutschem Kolonial-Atlas, Teil 2; Quelle: Paul Langhans, Zur Einführung, in: ders., Deutscher Kolonial-Atlas. 30 Karten mit 300 Nebenkarten, Gotha 1897, o. S.

Abb. 12, S. 213: Joseph Partsch, Die Schutzgebiete des Deutschen Reiches. Einleitung zu Richard Kieperts Deutschem Kolonial-Atlas, Teil 1; Quelle: Joseph Partsch, Die Schutzgebiete des Deutschen Reiches, in: Richard Kiepert, Deutscher Kolonial-Atlas für den amtlichen Gebrauch in den Schutzgebieten nach den neuesten Quellen, mit Verwendung von kartographischem und sonstigem, bisher noch nicht veröffentlichtem, Material der Kolonial-Abteilung des Auswärtigen Amts und der Neu-Guinea-Compagnie, Berlin 1893, S. 1-32, hier S. 1, ETH-Bibliothek Zürich, Rar K 22 TEXT. © ETH-Bibliothek Zürich

Abb. 13, S. 214: Joseph Partsch, Die Schutzgebiete des Deutschen Reiches. Einleitung zu Richard Kieperts Deutschem Kolonial-Atlas, Teil 2; Quelle: Joseph Partsch, Die Schutzgebiete des Deutschen Reiches, in: Richard Kiepert, Deutscher Kolonial-Atlas für den amtlichen Gebrauch in den Schutzgebieten nach den neuesten Quellen, mit Verwendung von kartographischem und sonstigem, bisher noch nicht veröffentlichtem, Material der Kolonial-Abteilung des Auswärtigen Amts und der Neu-Guinea-Compagnie, Berlin 1893, S. 1-32, hier S. 2, ETH-Bibliothek Zürich, Rar K 22 TEXT. © ETH-Bibliothek Zürich.

Abb. 14, S. 215: Karte »Die Thätigkeit der Ansiedelungs-Kommission für die Provinzen Westpreussen und Posen 1886-1896. Auf Vogels Karte des Deutschen Reiches in 1:500.000 auf Grund amtlicher Angaben, in: Dr. A. Petermann's Mitteilungen aus Justus Perthes' Geographischer Anstalt 42 (1896), Tafel 9« von Paul Langhans (1896); Quelle: Paul Langhans, Die Thätigkeit der Ansiedelungs-Kommission für die Provinzen Westpreussen und Posen 1886-1896 auf Grund amtlicher Angaben, in: Dr. A. Petermann's Mitteilungen aus Justus Perthes' Geographischer Anstalt 42 (1896), Tafel 9.

Abb. 15, S. 216-217: Karte »Verbreitung der Deutschen über die Erde« von Paul Langhans (1893); Quelle: Paul Langhans, Verbreitung der Deutschen über die Erde, in: ders., Deutscher Kolonial-Atlas. 30 Karten mit 300 Nebenkarten, Gotha 1897, Nr. 1, SPB 2 02031 00041, Sammlung Perthes, Forschungsbibliothek Gotha. © Sammlung Perthes.

Abb. 16, S. 218-219: Karte »Erdkarte zur Übersicht des Kolonialbesitzes, der Konsularischen und Diplomatischen Vertretungen und der Postdampferlinien des Deutschen Reiches« von Richard Kiepert (1893); Quelle: Richard Kiepert, Erdkarte zur Übersicht des Kolonialbesitzes, der Konsularischen und Diplomatischen Vertretungen und der Postdampferlinien des Deutschen Reiches, in: ders., Deutscher Kolonial-Atlas für den amtlichen Gebrauch in den Schutzgebieten nach den neuesten Quellen, mit Verwendung von kartographischem und sonstigem, bisher noch nicht veröffentlichtem, Material der Kolonial-Abteilung des

Abb. 30, S. 235: Aufruf an die deutschen Schulgeographen!, Teil 2; Quelle: o. V., Aufruf an die deutschen Schulgeographen!, in: Geographischer Anzeiger 12 (1911), H. 12, o. S.

Abb. 31, S. 163: Stand von Justus Perthes auf der Weltausstellung für Buchgewerbe und Graphik, Leipzig 1914; Quelle: Justus Perthes, Haupt-Katalog, Gotha 1915, S. 23.

Abb. 32, S. 175: Hermann Haack am 27. September 1914 als Unteroffizier in Arlon (sitzend); Quelle: SPA ARCH MFV 300, Bildarchiv Hermann Haack, Sammlung Perthes, Forschungsbibliothek Gotha. © Sammlung Perthes.

Abb. 33, S. 184: Joachim Perthes (1953); Quelle: SPA Bildarchiv Joachim Perthes 1953, Sammlung Perthes, Forschungsbibliothek Gotha. © Sammlung Perthes.

Abb. 34, S. 236-237: Karte »Die Völker der Erde und ihre Kultur zur Zeit des Weltkrieges« von Heinrich Hertzberg und Hermann Haack (1916); Quelle: Heinrich Hertzberg, Die Völker der Erde und ihre Kultur zur Zeit des Weltkrieges, in: Hermann Haack (Hg.), Großer Physikalischer Wandatlas, 1:20.000.000, Gotha 1916, Deutsche National-Bibliothek Leipzig, W 168-7, 1/Dx. © Ernst Klett Verlag Stuttgart. Photo: Alexander Meyer.

Abb. 35, S. 238-239: Karte »Die Völker Mitteleuropas« von Heinrich Hertzberg und Hermann Haack (1917); Quelle: Heinrich Hertzberg, Die Völker Mitteleuropas, in: Hermann Haack (Hg.), Großer Physikalischer Wandatlas, 1:1.000.000, Gotha 1917, Staatsbibliothek zu Berlin, Kartenabteilung, Kart. W 24851. © Staatsbibliothek zu Berlin.

Abb. 36, S. 240-241: Karte »Die Völker Europas« von Heinrich Hertzberg und Hermann Haack (1920); Quelle: Heinrich Hertzberg, Die Völker Europas, in: Hermann Haack (Hg.), Großer Physikalischer Wandatlas, 1:3.000.000, Gotha 1920, Staatsbibliothek zu Berlin, Kartenabteilung, Kart. W 24860/10. © Staatsbibliothek zu Berlin.

Abb. 37, S. 242-243: Karte »Der deutsche Sprachboden Siebenbürgens in methodischer Darstellung« von Paul Langhans (1920); Quelle: Paul Langhans, Der deutsche Sprachboden Siebenbürgens in methodischer Darstellung, in: Dr. A. Petermann's Mitteilungen aus Justus Perthes' Geographischer Anstalt 66 (1920), Tafel 25.

Abb. 38, S. 278: Paul Langhans, Das Sprachgebiet der Siebenbürger Sachsen einst und jetzt, Teil 1; Quelle: Paul Langhans, Das Sprachgebiet der Siebenbürger Sachsen einst und jetzt, in: Dr. A. Petermann's Mitteilungen aus Justus Perthes' Geographischer Anstalt 66 (1920), H. 6, S. 131-136, hier S. 131.

Abb. 39, S. 279: Paul Langhans, Das Sprachgebiet der Siebenbürger Sachsen einst und jetzt, Teil 2; Quelle: Paul Langhans, Das Sprachgebiet der Siebenbürger Sachsen einst und jetzt, in: Dr. A. Petermann's Mitteilungen aus Justus Perthes' Geographischer Anstalt 66 (1920), H. 6, S. 131-136, hier S. 132.

Abb. 40, S. 244-245: Karte »Bodenschätze Mitteleuropas« von Richard Rein und Hermann Haack (1924); Quelle: Richard Rein, Bodenschätze Mitteleuropas, in: Hermann Haack (Hg.), Großer Physikalischer Wandatlas, 1:750.000, Gotha 1924, Staatsbibliothek zu Berlin, Kartenabteilung, Kart. F 5284. © Staatsbibliothek zu Berlin.

Abb. 41, S. 246-247: Karte »Das Deutschtum der Erde« von Hermann Rüdiger und Hermann Haack (1929); Quelle: Hermann Rüdiger/Hermann Haack, Das Deutschtum der Erde, in: Hermann Haack (Hg.), Großer Physikalischer Wandatlas, 3 Kt. in verschied. Maßstäben auf 1 Bl., Gotha 1929, Deutsche National-Bibliothek Leipzig, W 168-7, 23. © Ernst Klett Verlag Stuttgart Photo: Alexander Meyer.

Abb. 42, S. 248-249: Karte »Das Diktat von Versailles« von Max Georg Schmidt und Hermann Haack (1933); Quelle: Max Georg Schmidt, Das Diktat von Versailles, in: Hermann Haack/Heinrich Hertzberg (Hg.), Großer Historischer Wandatlas, 1:1.000.000, Gotha 1933, Deut-

Personenregister

[*] Kursive Zahlen verweisen auf Stellen in Fußnoten oder Bildunterschriften.